제2판

이산수학

제2판

이산수학

조성진 · 김한두 · 최언숙 지음

KM 경문사

머리말

이산수학은 컴퓨터 공학이나 컴퓨터 과학에서 필요한 여러 가지 이론을 이해하기 위하여 갖추어야 할 수학 내용으로 구성되어 있으며 수학의 전공 교과목을 이해하는데 많은 도움이 되는 교과목이다.

이산수학은 논리, 알고리즘, 세는 방법, 관계 및 함수, 그래프, 수형도, 부울대수, 형식언어와 유한상태기계 등으로 구성되어 있으며, 이러한 내용을 학습하면서 알게 된 지식과 기능을 활용하여 실생활의 여러 가지 이산적인 상황을 수학적으로 간결하게 표현하고 처리할 수 있도록 하는 데 중점을 둔다.

이러한 이산수학의 학습 내용은 컴퓨터 과학의 전공 교과목인 자료구조, 알고리즘, 관계형 데이터베이스 이론, 오토마타와 형식언어, 컴파일러 설계, 선형 프로그래밍, 부호이론, 컴퓨터 보안이나 전자금융에 널리 응용되는 암호이론, 계산이론 등을 위한 수학적 기반을 다질 수 있게 해 주고, 수학의 전공 교과목인 선형대수 및 현대대수, 조합론, 확률론, 수학적 논리, 집합론, 정수론 등에 기초 지식을 제공해준다.

근래에는 수학자들이 컴퓨터의 도움으로 보다 복잡한 대상들에 대한 연구를 할 수 있게 되었고, 기호계산을 할 수 있는 능력이 향상된 소프트웨어인 Mathematica, Maple, Matlab 등을 수학연구에 쉽게 활용할 수 있게 되었다. 이로 인해 전에는 너무 복잡하여 연구하기가 어려웠던 대상들에 대한 연구도 가능하게 되었다. 또한 이산수학에서 얻어진 결과들은 수학의 여러 분야에서 각 분야 고유의 문제들을 연구하는데 응용되고 있다.

이 책에서 다루는 몇 가지 문제는 다음과 같다.

1. 원판을 이동하는 최소 이동횟수를 구하는 점화식을 어떻게 구하는가?
2. 알고리즘의 수행시간을 어떻게 알 수 있는가?
3. 컴퓨터 시스템에서 유효한 패스워드를 선택할 수 있는 방법은 몇 가지인가?
4. 인터넷주소가 얼마나 많은가?
5. 정수들을 오름차순으로 어떻게 정렬하는가?
6. 복권 숫자를 고르는 방법은 몇 가지인가?
7. 20명을 5명씩 4팀으로 나누는 방법은 몇 가지인가?
8. 전사함수의 개수를 구하는 공식을 어떻게 구하는가?
9. 데이터를 빠르게 저장하고 검색할 수 있는 방법은 무엇인가?
10. 포화탄화수소의 개수는 몇 가지인가?
11. 영업사원이 회사에서 출발하여 영업소를 모두 방문한 후에 회사로 돌아오는 방문 경로를 어떻게 잡는 것이 효율적인가?
12. 청소차가 거리를 청소할 때 어떤 경로를 따라 청소하는 것이 가장 효율적이겠는가?
13. 여러 위원회의 회의 시간을 겹치지 않으면서 최소 시간으로 배정하려면 어떻게 해야 하는가?
14. 우주 기지에서 지구로 화상을 전송할 때 어떻게 하면 오류를 검출하고 검출된 오류를 정정할 수

있는가?

15. 두 도시 사이의 최단경로 및 최단거리를 어떻게 구하는가?
16. 국경을 공유하고 있는 나라는 서로 다른 색을 칠하여 구분하도록 지도를 색칠하는 알고리즘은 무엇인가?
17. 복잡한 그래프의 최소 생성수형도를 어떻게 구하는가?
18. 수형도의 모든 꼭지점을 한 번씩 방문하는 방법은 무엇인가?
19. 똑같은 기능을 수행하는 간단한 논리회로를 어떻게 구성하는가?
20. 1의 개수가 짝수 개인 단어를 인식하는 유한상태기계를 어떻게 구성하는가?

이 책은 8장으로 구성되어 있으며 컴퓨터 관련학과나 수학과에서 한 학기 또는 두 학기 정도로 학습하기에 적당하며 다음 분류표에 따라 공부할 수 있도록 구성하였다.

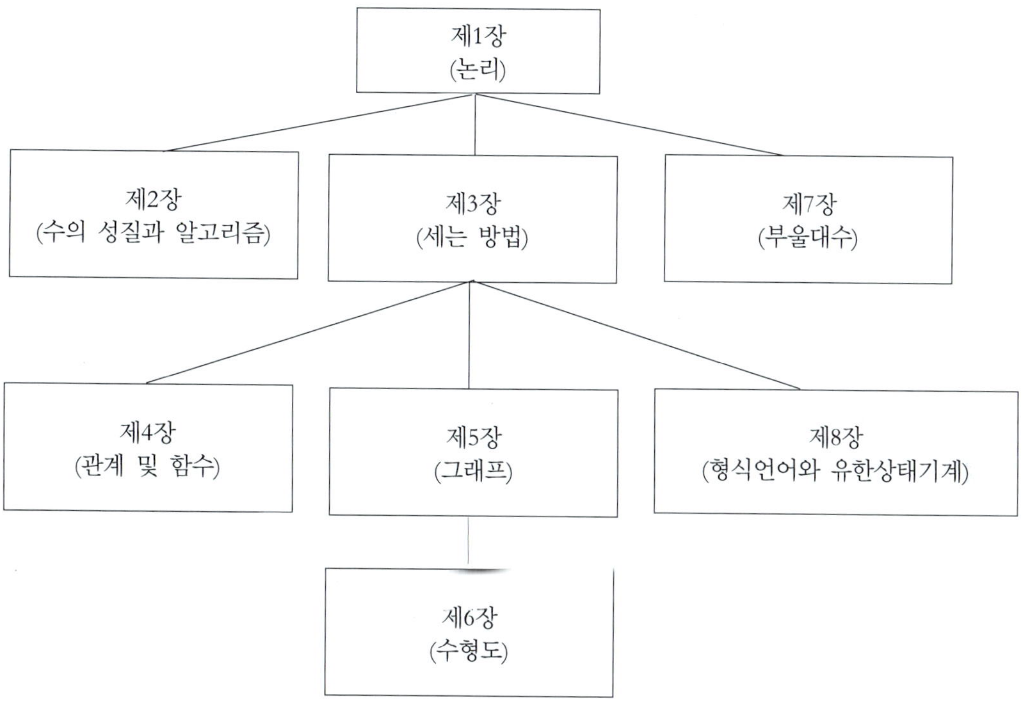

이 책의 가장 중요한 특징은 풍부한 예제와 완벽한 문제 풀이를 수록하여 독자들이 쉽게 내용을 이해하고 활용할 수 있도록 한 것이다. 이 책을 통하여 많은 사람들이 이산수학을 쉽고 효율적으로 이해할 수 있기를 바라며, 원고의 교정에 많은 시간을 할애해준 부경대학교 대학원 응용수학과 김진경 학생과 김봉수 학생에게 진심으로 고마움을 전하며 이 책을 출판해주신 경문사에 감사드린다.

2009. 02. 28

저자일동

차 례

제 5 장 그래프

제 6 장 수형도

제 7 장 부울대수

제 8 장 형식언어와 유한상태기계

제1장

논리와 명제

1.1 논리연산자와 진리표

컴퓨터과학분야에서 프로그램 설계 및 검증, 논리회로 설계, 알고리즘 설계 및 증명 등과 같은 문제를 해결할 때 수학적 논리를 적용한다.

정의 1.1.1

참(true) 또는 거짓(false)을 명확히 구분할 수 있는 문장(statement)이나 수식을 **명제**(proposition)라고 한다. 명제에서 참 또는 거짓으로 나타내는 값을 **진리값**(truth value)이라고 한다.

명제는 영어 소문자 p, q, r, $\cdots$로 나타낸다. 명제의 진리값이 참이면 T로 나타내고, 진리값이 거짓이면 F로 나타낸다.

예제 1.1.1 다음 문장들이 명제인지 아닌지 판별하여라.

(1) $1+2=4$.　　(2) 컴퓨터는 값이 비싸다.

(3) 컴퓨터 게임은 재미있다.　　(4) $x+1=2$.

풀이 (1) 거짓인 문장이므로 명제다. (2) 사람마다 다르게 생각할 수 있으므로 명제가 아니다. (3) 사람마다 다르게 생각할 수 있으므로 명제가 아니다. (4) x에 값이 주어져 있지 않아 참과 거짓을 판별할 수 없는 문장이므로 명제가 아니다. ■

하나 이상의 명제를 결합하여 새로운 명제를 생성할 수 있다. 이렇게 여러 개의 명제를 결합하여 만든 명제를 **합성명제**(compound proposition)라고 하며, 합성명제를 만들기 위해 사용하는 "and", "or", "not" 등을 **논리연산자**(logical operators)라고 한다. 합성명제의 진리값은 결합되는 명제들의 진리값과 그 명제들을 연결하는 논리연산자에 따라 달라지며, **진리표**(truth table)를 이용하여 쉽게 구할 수 있다.

정의 1.1.2

문장 p가 명제일 때, "p가 아니다."도 명제다. 이를 명제 p의 **부정**(negation)이라고 하고, $\neg p$ 또는 $\sim p$로 나타낸다.

$\neg p$의 진리표는 다음과 같다.

표 1-1 부정

p	$\neg p$
T	F
F	T

표 1-2 비트의 부정

p	$\neg p$
1	0
0	1

예제 1.1.2 명제 p가 "$1+1=2$"일 때 $\neg p$ 는 "$1+1 \neq 2$"이다.

컴퓨터는 전기가 흐르면 1, 전기가 흐르지 않으면 0으로 인식하면 간단하고 편리하므로 0과 1로만 데이터를 나타내는 이진수 표현법을 사용하는데, 관례적으로 0은 거짓, 1은 참을 의미한다. 이 때 0과 1을 표현하는 한 단위를 **비트**(bit)라고 하고, 비트 8개를 모아 묶은 단위를 **바이트**(byte)라고 한다. 비트는 이진수를 의미하는 binary digit의 줄임말이다. 바이트는 하나의 문자를 표현하는데 사용되는데, 영문자나 숫자는 1바이트로 표현이 가능하지만 한글은 2바이트로 표현이 가능하다.

표 1-3 데이터 표현 단위

비트(bit)	0, 1
바이트(byte)	1 byte = 8 bit
킬로바이트(KB : KiloByte)	1 KB = 1024 byte = 2^{10} byte
메가바이트(MB : MegaByte)	1 MB = 1024 KB = 2^{20} byte
기가바이트(GB : GigaByte)	1 GB = 1024 MB = 2^{30} byte
테라바이트(TB : TeraByte)	1 TB = 1024 GB = 2^{40} byte

정의 1.1.3

문장 p와 q가 명제일 때, p와 q의 진리값이 모두 참일 때만 참이 되고, 그렇지 않으면 거짓인 명제를 p와 q의 논리곱(conjunction)이라고 하고, $p \wedge q$로 나타낸다.

$p \wedge q$의 진리표는 다음과 같다.

표 1-4 논리곱

p	q	$p \wedge q$
T	T	T
T	F	F
F	T	F
F	F	F

표 1-5 비트의 논리곱

p	q	$p \wedge q$
1	1	1
1	0	0
0	1	0
0	0	0

정의 1.1.4

문장 p와 q가 명제일 때, p와 q의 진리값이 모두 거짓일 때만 거짓이 되고, 그렇지 않으면 참인 명제를 p와 q의 **논리합**(disjunction)이라고 하고, $p \vee q$로 나타낸다.

$p \vee q$의 진리표는 다음과 같다.

표 1-6 논리합

p	q	$p \vee q$
T	T	T
T	F	T
F	T	T
F	F	F

표 1-7 비트의 논리합

p	q	$p \vee q$
1	1	1
1	0	1
0	1	1
0	0	0

회로가 직렬 연결되어 있는 경우 전류가 흐르려면 두 스위치가 모두 연결되어야 한다.

회로가 병렬 연결되어 있는 경우 전류가 흐르려면 두 스위치 중 하나만 연결되면 된다.

그림 1-1 스위치 회로

예제 1.1.3 다음 명제 p, q에 대하여 $p \vee q$를 구하여라.

풀이 p : "그는 등교할 때 학교 버스를 이용한다." q : "그는 등교할 때 자전거를 이용한다."
$p \vee q$: 그는 등교할 때 학교 버스를 이용하거나 자전거를 이용한다. ■

정의 1.1.5

문장 p와 q가 명제일 때, p와 q의 진리값 중에서 어느 하나만이 참일 때만 참이 되고, 그렇지 않으면 거짓인 명제를 p와 q의 **배타적 논리합**(exclusive or)이라고 하고, $p \oplus q$ 또는 p XOR q로 나타낸다.

$p \oplus q$의 진리표는 다음과 같다.

표 1-8 배타적 논리합

p	q	$p \oplus q$
T	T	F
T	F	T
F	T	T
F	F	F

표 1-9 비트의 배타적 논리합

p	q	$p \oplus q$
1	1	0
1	0	1
0	1	1
0	0	0

예제 1.1.4 컴퓨터 프로그래밍 언어인 C언어는 비트 연산자 &, |, ∧를 제공한다. &는 논리곱 AND 연산, |는 논리합 OR 연산, ∧는 배타적 논리합 XOR 연산을 수행한다. 다음 비트열(bit string)들에 대하여 연산을 수행하여라.

(1) 0101 1001 & 1100 0101 (2) 0101 1001 | 1100 0101

(3) 0101 1001 ∧ 1100 0101

풀이 각 비트별로 연산을 수행한다.

```
(1)     0101 1001    (2)     0101 1001    (3)     0101 1001
    &   1100 0101        |   1100 0101        ∧   1100 0101
        ---------            ---------            ---------
        0100 0001            1101 1101            1001 1100
```

■

예제 1.1.5 컴퓨터 프로그래밍 언어인 C언어는 ASCII 코드값을 사용하여 데이터를 표현한다. 또한 데이터를 처리할 때 0은 거짓으로, 0 이외의 값은 모두 참으로 처리한다. C언어에서 다음과 같은 프로그램 명령문의 결과를 구하여라. 단, 'A'의 ASCII 코드값은 십진수로 65이고, 'a'의 ASCII 코드값은 십진수로 97이다.

(1) printf("%c", 'A'&'a'); (2) printf("%c", 'A' |'a');

풀이 (1) printf("%c", 'A'&'a');는 'A'&'a' 연산을 수행한 뒤 문자("%c")로 화면에 출력하라는 명령문이다. 'A'의 ASCII 코드값 65를 이진수로 변환하면 0100 0001이고, 'a'의 ASCII 코드값 97을 이진수로 변환하면 0110 0001이다. &는 논리곱 비트 연산자이므로 두 이진수에 대해 비트별로 논리곱 연산을 수행하면 다음과 같다.

```
    0100 0001
&   0110 0001
    ---------
    0100 0001
```

이 결과를 십진수로 변환하면 65이다. "%c"로 화면에 출력해야 하므로 65에 해당하는 ASCII 코드 문자 'A'가 출력된다.

(2) |는 논리합 비트 연산자이므로 두 이진수에 대해 비트별로 논리합 연산을 수행하면 다음과 같다

```
  0100 0001
| 0110 0001
-----------
  0110 0001
```

이 결과를 십진수로 변환하면 97이다. "%c"로 화면에 출력해야 하므로 97에 해당하는 ASCII 코드 문자 'a'가 출력된다. ■

정의 1.1.6

문장 p와 q가 명제일 때, p가 참이고 q가 거짓일 때만 거짓이 되고, 그렇지 않은 경우에는 모두 참이 되는 명제를 **함축**(implication)이라 하고 $p \to q$로 나타낸다.

$p \to q$인 명제를 **조건문**(conditional proposition)이라고도 한다.

$p \to q$의 진리표는 다음과 같다.

표 1-10 함축

p	q	$p \to q$
T	T	T
T	F	F
F	T	T
F	F	T

표 1-11 비트의 함축

p	q	$p \to q$
1	1	1
1	0	0
0	1	1
0	0	1

표 1-10에서 아래 두 경우는 '가정이 거짓이면 결론에 상관없이 함축은 항상 참'임을 의미한다.

예를 들면, 이산수학 수업시간에 선생님이 "이산수학 수업에 한 번도 결석하지 않으면 F학점은 주지 않겠다."고 약속을 하였다. 한 번도 결석하지 않은 학생의 성적이 F학점이 아니라면 약속은 지켜진 것이고, 한 번도 결석하지 않았는데도 성적이 F학점이라면 약속은 지켜지지 않은 것이다. 그러나 한 번이라도 결석했다면 F학점이 주어지든 F학점이 주어지지 않던 약속은 깨어진 것이 아니다.

함축의 기본 성질

1. p가 거짓이면 어떠한 q에 대해서도 함축 $p \to q$는 참이다.
2. q가 참이면 어떠한 p에 대해서도 함축 $p \to q$는 참이다.

예제 1.1.6 다음 명제 p, q에 대하여 $p \to q$를 구하고 진리값을 구하여라.

p : "1+1 = 1", q : "나는 왕이다."

풀이 $p \to q$: 1+1 = 1이면 나는 왕이다.

p가 거짓이므로 $p \to q$의 진리값은 참이다. ■

$p \to q$에서 p가 참이면 반드시 q가 참인 경우를 $p \Rightarrow q$로 나타내고, 'p는 q의 충분조건' 또는 'q는 p의 필요조건'이라고 한다.

예제 1.1.7 컴퓨터 프로그램에서 다음과 같은 if 조건문을 수행한 결과는 무엇인가? 현재 x는 0이다.

$$\text{if } 1+1 = 2 \text{ then } x := x+2$$

(:=은 값 할당을 나타내는 기호이다.)

풀이 컴퓨터 프로그램에서 "if p then q" 문장은 p가 참이면 q를 수행하고 p가 거짓이면 q가 수행되지 않는다. 주어진 조건 1+1 = 2이 참이므로 할당문 $x := x+2$가 수행된다. 따라서 x의 값은 2이다. ■

p와 q가 명제일 때

$$p \text{ only if } q$$

는 q가 일어나는 경우에만 p가 일어난다는 의미이다. 즉,

$$\text{if not } q \text{ then not } p$$

을 의미한다.

다시 말해

$$\text{if } p \text{ then } q$$

와 같은 의미이다.

p only if q	같은 의미	if p then q

정의 1.1.7

문장 p와 q가 명제일 때, p와 q의 진리값이 같을 때는 참이 되고, 같지 않을 때는 모두 거짓이 되는 명제를 **쌍조건문**(biconditional)이라 하고 $p \leftrightarrow q$로 나타낸다.

$p \leftrightarrow q$의 진리표는 다음과 같다.

표 1-12 쌍조건문

p	q	$p \leftrightarrow q$
T	T	T
T	F	F
F	T	F
F	F	T

표 1-13 비트의 쌍조건문

p	q	$p \leftrightarrow q$
1	1	1
1	0	0
0	1	0
0	0	1

예제 1.1.8 명제 p, q가 주어졌을 때 $(p \to q) \wedge (q \to p)$의 진리표를 구하여라.

풀이 $p \to q$와 $q \to p$의 진리값을 각각 구한 후 그 값을 이용하여 합성명제 $(p \to q) \wedge (q \to p)$의 진리값을 구하면 다음과 같다.

p	q	$p \to q$	$q \to p$	$(p \to q) \wedge (q \to p)$
T	T	T	T	T
T	F	F	T	F
F	T	T	F	F
F	F	T	T	T

4가지 각 경우에 쌍조건문 $p \leftrightarrow q$의 진리값은 $(p \to q) \wedge (q \to p)$의 진리값과 같다. ■

정의 1.1.8

명제 p, q에 대해 함축 $p \to q$의 **역**(converse)은 $q \to p$, **이**(inverse)는 $\neg p \to \neg q$, **대우**(contrapositive)는 $\neg q \to \neg p$ 이다.

함축의 역, 이, 대우의 진리표는 다음과 같다.

표 1-14 함축의 역, 이, 대우

p	q	$p \to q$	$q \to p$(역)	$\neg p \to \neg q$(이)	$\neg q \to \neg p$(대우)
T	T	T	T	T	T
T	F	F	T	T	F
F	T	T	F	F	T
F	F	T	T	T	T

1.2 논리적 동치

정의 1.2.1

합성명제를 구성하고 있는 명제의 진리값에 상관없이 합성명제의 진리값이 항상 참이면 이를 **항진명제**(tautology)라고 한다. 이와는 반대로 합성명제의 진리값이 항상 거짓이면 이를 **모순명제**(contradiction)라고 한다.

예제 1.2.1 p가 명제일 때, $p \vee (\neg p)$는 항진명제이고 $p \wedge (\neg p)$는 모순명제임을 보여라.

풀이 합성명제 $p \vee (\neg p)$와 $p \wedge (\neg p)$의 진리표는 다음과 같다.

p	$\neg p$	$p \vee (\neg p)$	$p \wedge (\neg p)$
T	F	T	F
F	T	T	F

$p \vee (\neg p)$의 진리값은 항상 참이므로 항진명제이고, $p \wedge (\neg p)$의 진리값은 항상 거짓이므로 모순명제이다.

항진명제의 부정은 모순명제이고, 모순명제의 부정은 항진명제이다.

예제 1.2.2 명제 p와 항진명제 $\mathbb{T}$, 모순명제 $\mathbb{F}$에 대해 다음 명제들의 진리값을 구하여라.

(1) $p \vee \mathbb{T}$ (2) $p \wedge \mathbb{T}$

(3) $p \vee \mathbb{F}$ (4) $p \wedge \mathbb{F}$

풀이 항진명제 $\mathbb{T}$는 진리값이 항상 참인 명제이고, 모순명제 $\mathbb{F}$는 진리값이 항상 거짓인 명제이다. 진리표를 이용하여 주어진 명제의 진리값을 구한다.

p	$\mathbb{T}$	$\mathbb{F}$	$p \vee \mathbb{T}$	$p \wedge \mathbb{T}$	$p \vee \mathbb{F}$	$p \wedge \mathbb{F}$
T	T	F	T	T	T	F
F	T	F	T	F	F	F

■

정의 1.2.2

합성명제의 진리값이 서로 같은 경우 이를 **논리적 동치**(logical equivalence)라고 하며, $p \equiv q$로 나타낸다.

항진명제 $p \vee (\neg p)$를 구성하는 명제 p를 다른 명제 $q \rightarrow r$로 대치하여 얻은 명제 $(q \rightarrow r) \vee (\neg(q \rightarrow r))$도 항진명제이다. 또한 모순명제 $p \wedge (\neg p)$를 구성하는 명제 p를 다른 명제 $p \rightarrow q$로 대치하여 얻은 명제 $(p \rightarrow q) \wedge (\neg(p \rightarrow q))$도 모순명제이다.

명제 두 개가 논리적 동치일 때 좀 더 간단한 명제를 이용함으로써 합성명제를 단순화할 수 있다. 합성명제를 구성하는 논리 연산자가 어떤 순서로 적용되어야 하는지를 명확히 하기 위해 일반적으로 괄호를 사용한다. 예를 들면, $(p \wedge q) \vee (\neg p)$은 $p \wedge q$와 $\neg p$의 논리합이다. 그러나 괄호의 수를 줄이기 위해 부정 연산자가 다른 모든 논리 연산자보다 먼저 적용되는 것으로 약속한다. 그러므로 $\neg p \wedge q$는 $\neg p$와 q의 논리곱으로서 $(\neg p) \wedge q$의 의미이며, $\neg(p \wedge q)$을 의미하는 것이 아니다. $(p \wedge q) \vee (\neg p)$는 $(p \wedge q) \vee \neg p$로 쓸 수 있다. 논리 연산자의 우선 순위는 다음 표와 같다.

표 1-15 논리 연산자의 우선 순위

논리 연산자	우선 순위
$\neg$	1
$\wedge$ $\vee$	2
$\rightarrow$ $\leftrightarrow$	3

$p \wedge q \vee r$은 $(p \wedge q) \vee r$을 의미한다.

표 1-16 논리적 동치의 기본 법칙

논리적 동치법칙 (p, q, r은 명제, $\mathbb{T}$는 항진명제, $\mathbb{F}$는 모순명제)		법칙의 이름
$p \wedge p \equiv p$	$p \vee p \equiv p$	멱등법칙(idempotent laws)
$p \wedge \mathbb{T} \equiv p$	$p \vee \mathbb{F} \equiv p$	항등법칙(identity laws)
$p \wedge \mathbb{F} \equiv \mathbb{F}$	$p \vee \mathbb{T} \equiv \mathbb{T}$	지배법칙(domination laws)
$p \wedge q \equiv q \wedge p$	$p \vee q \equiv q \vee p$	교환법칙(commutative laws)
$p \wedge (q \wedge r) \equiv (p \wedge q) \wedge r$ $p \vee (q \vee r) \equiv (p \vee q) \vee r$		결합법칙(associative laws)
$p \vee (q \wedge r) \equiv (p \vee q) \wedge (p \vee r)$ $p \wedge (q \vee r) \equiv (p \wedge q) \vee (p \wedge r)$		분배법칙(distributive laws)
$\neg(p \wedge q) \equiv \neg p \vee \neg q$ $\neg(p \vee q) \equiv \neg p \wedge \neg q$		드모르간의 법칙(De Morgan's laws)
$p \rightarrow q \equiv \neg p \vee q$		함축 법칙
$p \rightarrow q \equiv \neg q \rightarrow \neg p$		대우법칙(contraposition law)
$p \rightarrow q \equiv (p \wedge \neg q) \rightarrow \mathbb{F}$		귀류법칙(reduction ad absurdum law)

정의 1.2.3

한 논리식 A 에서 $\mathbb{F}$를 $\mathbb{T}$ 로, $\mathbb{T}$ 를 $\mathbb{F}$로, $\vee$를 $\wedge$로, $\wedge$를 $\vee$로 바꾼 논리식을 A^* 라 할 때 A^* 를 A 의 **쌍대**(dual) 논리식이라 한다.

한 논리식이 참이면 쌍대 논리식도 참이라는 것이 알려져 있다.

예제 1.2.3 다음 논리식의 쌍대 논리식을 구하여라.

(1) $p \wedge \mathbb{T} \equiv p$

(2) $\neg(p \vee q) \equiv \neg p \wedge \neg q$

(3) $p \vee (q \wedge r) \equiv (p \vee q) \wedge (p \vee r)$

풀이 (1) $p \wedge \mathbb{T} \equiv p$의 쌍대 논리식은 $p \vee \mathbb{F} \equiv p$이다.

(2) $\neg(p \vee q) \equiv \neg p \wedge \neg q$의 쌍대 논리식은 $\neg(p \wedge q) \equiv \neg p \vee \neg q$이다.

(3) $p \vee (q \wedge r) \equiv (p \vee q) \wedge (p \vee r)$의 쌍대 논리식은 $p \wedge (q \vee r) \equiv (p \wedge q) \vee (p \wedge r)$이다. ■

예제 1.2.4 드모르간의 법칙 $\neg(p \vee q) \equiv \neg p \wedge \neg q$ 와 $\neg(p \wedge q) \equiv \neg p \vee \neg q$이 성립함을 증명하여라.

풀이

p	q	$p \vee q$	$\neg(p \vee q)$	$\neg p$	$\neg q$	$\neg p \wedge \neg q$
T	T	T	F	F	F	F
T	F	T	F	F	T	F
F	T	T	F	T	F	F
F	F	F	T	T	T	T

드모르간의 법칙 $\neg(p \vee q) \equiv \neg p \wedge \neg q$이 참이므로 쌍대 논리식 $\neg(p \wedge q) \equiv \neg p \vee \neg q$도 참이다. ■

예제 1.2.4 함축법칙 $p \rightarrow q \equiv \neg(p \wedge \neg q) \equiv \neg p \vee q$이 성립함을 증명하여라.

풀이

p	q	$\neg p$	$\neg q$	$\neg p \vee q$	$p \wedge \neg q$	$\neg(p \wedge \neg q)$	$p \rightarrow q$
T	T	F	F	T	F	T	T
T	F	F	T	F	T	F	F
F	T	T	F	T	F	T	T
F	F	T	T	T	F	T	T

■

예제 1.2.6 $(p \vee q) \to r \equiv (p \to r) \wedge (q \to r)$이 성립함을 증명하여라.

풀이

p	q	r	$p \vee q$	$(p \vee q) \to r$	$p \to r$	$q \to r$	$(p \to r) \wedge (q \to r)$
T	T	T	T	T	T	T	T
T	T	F	T	F	F	F	F
T	F	T	T	T	T	T	T
T	F	F	T	F	F	T	F
F	T	T	T	T	T	T	T
F	T	F	T	F	T	F	F
F	F	T	F	T	T	T	T
F	F	F	F	T	T	T	T

$(p \vee q) \to r \equiv \neg(p \vee q) \vee r$ (예제 1.2.5)

$\equiv (\neg p \wedge \neg q) \vee r$ (드모르간의 법칙)

$\equiv (\neg p \vee r) \wedge (\neg q \vee r)$ (분배법칙)

$\equiv (p \to r) \wedge (q \to r)$ (예제 1.2.5) ■

함축을 포함한 중요한 논리적 동치는 다음과 같다.

표 1-17 함축을 포함한 논리적 동치

$p \to q$	$\equiv$	$\neg p \vee q$
$p \to q$	$\equiv$	$\neg q \to \neg p$
$p \vee q$	$\equiv$	$\neg p \to q$
$p \wedge q$	$\equiv$	$\neg(p \to \neg q)$
$\neg(p \to q)$	$\equiv$	$p \wedge \neg q$
$(p \to q) \wedge (p \to r)$	$\equiv$	$p \to (q \wedge r)$
$(p \to r) \wedge (q \to r)$	$\equiv$	$(p \vee q) \to r$

1.3 한정 기호

"x는 짝수다"와 같이 변수 x를 포함하는 문장은 x의 값에 따라 참과 거짓이 달라지기 때문에 명제라고 할 수 없다. 예를 들어 $x=2$이면 참인 명제가 되고, $x=3$이면 거짓인 명제이다. 변수 x가 속하게 될 범위를 **논의영역**(universe of discourse)이라고 한다.

정의 1.3.1

논의영역이 U인 변수 x를 포함한 문장 $P(x)$를 x에 대한 **명제함수**(propositional function)라고 한다.

예제 1.3.1 다음의 문장이 명제함수임을 설명하여라. 여기서 논의영역 U는 양의 정수의 집합이라 하자.

$$x^2\text{은 짝수다.}$$

풀이 x가 짝수인 정수이면 x^2은 짝수이고, x가 홀수인 정수이면 x^2은 홀수이다. U에 속한 x에 대해 참과 거짓을 구분할 수 있으므로 명제함수다. ■

예제 1.3.2 명제함수 $P(x)$를 "$x^2-3x+2=0$"라고 했을 때 $P(1)$와 $P(3)$의 진리값을 구하여라.

풀이 $P(1)=1^2-3\cdot 1+2=0$이므로 식이 참이다. 그러므로 $P(1)$의 진리값은 T이다.
$P(3)=3^2-3\cdot 3+2=2\neq 0$이므로 식이 참이 아니다. 그러므로 $P(3)$의 진리값은 F이다. ■

변수가 포함된 명제함수를 명제로 만들 때, 변수의 논의영역이 중요한 역할을 한다. 그러므로 논의영역의 범위와 역할을 명확히 할 필요가 있다.

정의 1.3.2

$P(x)$를 논의영역 U를 갖는 명제함수라고 하자. 이때 'U에 속하는 모든 x에 대해 $P(x)$는 참이다'라는 문장은 기호 $\forall$를 이용하여 다음과 같이 나타낸다.

$$\forall x P(x)$$

여기서 $\forall$를 $P(x)$의 **전칭기호**(universal quantifier)라고 한다.

U에 속하는 모든 x에 대해 $P(x)$의 진리값이 참일 때만 $\forall xP(x)$가 참이 된다는 것을 뜻한다.

예제 1.3.3 전칭기호를 이용하여 표현한 다음 명제를 문장으로 서술하여라.

$$\neg(\forall xP(x))$$

풀이 모든 x에 대해 $P(x)$가 성립하는 것은 아니다. 또는 $P(x)$가 성립하지 않는 x가 존재한다. ■

정의 1.3.3

$P(x)$를 논의영역 U를 갖는 명제함수라고 하자. 이때 'U에 속하는 어떤 x에 대해 $P(x)$가 참이다'라는 문장은 기호 $\exists$를 이용하여 다음과 같이 나타낸다.

$$\exists xP(x)$$

여기서 $\exists$를 $P(x)$의 **존재기호**(existential quantifier)라고 한다.
U에 속하는 원소 중 $P(x)$를 참으로 만드는 x가 적어도 하나 존재할 때 $\exists xP(x)$가 참이 된다는 것을 뜻한다.

예제 1.3.4 존재기호를 이용하여 표현한 다음 명제를 문장으로 서술하여라.

$$\exists x(\neg P(x))$$

풀이 $P(x)$가 성립하지 않는 x가 존재한다. 또는 모든 x에 대해 $P(x)$가 성립하는 것은 아니다. ■

2개 이상의 변수를 포함하는 문장을 생각할 수 있다. 예를 들면, "$x+y=0$"과 같은 것이다. 이 경우에는 $P(x, y)$로 나타낼 수 있다.

예제 1.3.5 $P(x, y)$가 $x+y=0$을 나타내는 명제함수라고 하자. $P(1, -1)$, $P(1, 2)$의 진리값은 무엇인가?

풀이 $x=1$, $y=-1$을 대입하면 $P(1, -1)$는 "$1+(-1)=0$"이 되므로 진리값은 참이다. $x=1$, $y=2$을 대입하면 $P(1, 2)$는 "$1+2=0$"이 되므로 진리값은 거짓이다. ■

예제 1.3.6 실수 x, y에 대해 명제함수 $P(x, y)$가 $x+y=0$일 때 다음 명제의 진리값을 구하여라.

(1) $\exists x\forall yP(x, y)$ (2) $\forall x\exists yP(x, y)$

풀이 (1) $\exists x\forall yP(x, y)$을 문장으로 서술하면 다음과 같다.
모든 실수 y에 대해 $P(x, y)$가 성립하는 고정된 실수 x가 존재한다.

주어진 실수 y에 대해 $x+y=0$이 성립하는 x는 $x=-y$뿐이므로,
모든 실수 y에 대해 $x+y=0$이 성립하는 단 하나의 실수 x는 존재하지 않는다. 따라서 거짓이다.
(2) $\forall x \exists y P(x, y)$을 문장으로 서술하면 다음과 같다.
모든 실수 x에 대해 $P(x, y)$가 성립하는 (x값에 의존하는) 실수 y가 존재한다.
실수 x가 어떤 값을 갖든 $x+y=0$이 성립하는 y가 존재하므로 ($y=-x$), $\forall x \exists y P(x, y)$은 참인 명제이다. ■

"$z=x+y$"와 같이 3변수 x, y, z를 갖는 문장은 $P(x, y, z)$와 같이 나타낸다.

예제 1.3.7 $P(x, y, z)$가 $z=x+y$을 나타내는 명제함수라고 하자. $P(1, 2, 3)$, $P(1, 0, 2)$의 진리값은 무엇인가?

풀이 $x=1$, $y=2$, $z=3$을 대입하면 $P(1, 2, 3)$는 "$3=1+2$"이 되므로 진리값은 참이다. $x=1$, $y=0$, $z=2$를 대입하면 $P(1, 0, 2)$는 "$2=1+0$"이 되므로 진리값은 거짓이다. ■

일반적으로 n개의 변수 x_1, x_2, $\cdots$, x_n을 포함하는 명제함수는 $P(x_1, x_2, \cdots, x_n)$으로 나타낸다.

1.4 수학적 귀납법

자연수 n에 대한 명제함수 $P(n)$이 모든 자연수 n에 대하여 성립함을 증명하려면 다음 두 단계를 밝히면 된다.

[기본단계] $n=1$일 때 명제 $P(n)$이 성립한다.
[귀납적 단계] $n=k$일 때 명제 $P(n)$이 성립한다고 가정하면,
$n=k+1$일 때도 명제 $P(n)$이 성립한다.

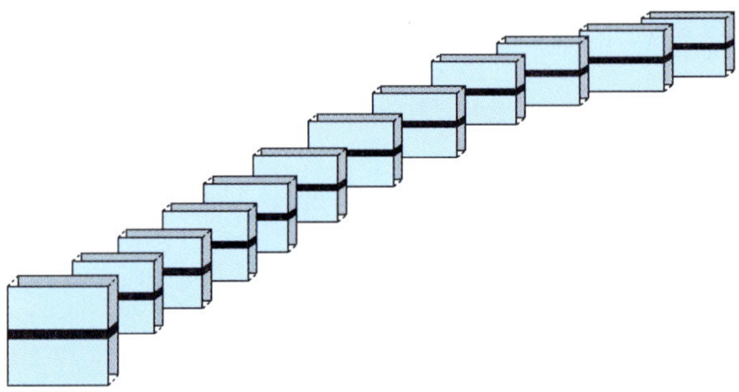

그림 1-1 도미노 현상

위와 같은 증명법을 **수학적 귀납법**(mathematical induction)이라 한다.

$1=1^2$

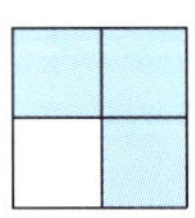

$1+3=2^2$

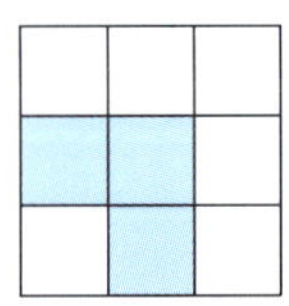

$1+3+5=3^2$

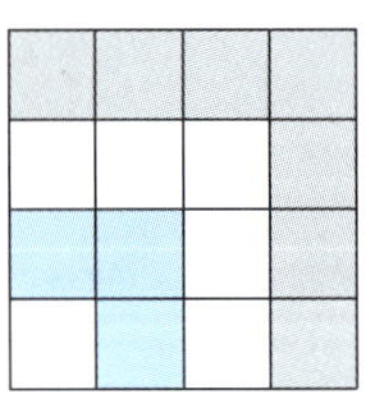

$1+3+5+7=4^2$

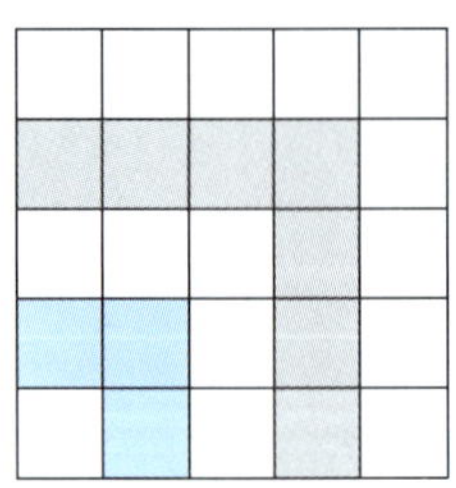

$1+3+5+7+9=5^2$

위와 같은 관찰로부터 다음 식이 성립할 것이라고 추측할 수 있다.

예제 1.4.1 수학적 귀납법을 이용하여 모든 자연수 n에 대하여 다음 식이 성립함을 증명하여라.

$$1+3+5+\cdots+(2n-1)=n^2$$

풀이 $P(n)$을 "$1+3+5+\cdots+(2n-1)=n^2$"이라 하자.

[기본단계] $n=1$일 때 $(2\cdot 1-1)=1^2$이므로 $P(1)$은 참이다.

[귀납적 단계] $n=k$일 때 $P(k)$, 즉 $1+3+5+\cdots+(2k-1)=k^2$이 성립한다고 가정하고, $n=k+1$일 때 $P(k+1)$, 즉 $1+3+5+\cdots+(2(k+1)-1)=(k+1)^2$이 성립함을 보이자.

$$\begin{aligned}1+3+5+\cdots+(2k-1)+(2(k+1)-1) &= k^2+(2(k+1)-1) \quad (\because \text{ 귀납법 가정})\\ &= k^2+(2k+1)=(k+1)^2\end{aligned}$$

그러므로 모든 자연수 n에 대하여 $1+3+5+\cdots+(2n-1)=n^2$ 이 성립한다. ■

예제 1.4.2 $n\geq 5$인 모든 자연수 n에 대하여 부등식 $2^n>n^2$이 성립함을 증명하여라.

풀이 $P(n)$을 "$2^n>n^2$" 이라 하자.

[기본단계] $n=5$일 때 $2^5>5^2$이므로 $P(5)$가 성립한다.

[귀납적 단계] $n=k(k\geq 5)$일 때 $P(k)$, 즉 $2^k>k^2$이 성립한다고 가정하자.

양변에 2를 곱하면 $2^{k+1}=2^k\cdot 2>2k^2$이다. 그런데 $k\geq 5$이므로

$2k^2-(k+1)^2=k^2-2k-1=(k-1)^2-2>0$이다.

$\therefore$ $2^{k+1}=2^k\cdot 2>2k^2>(k+1)^2$, 즉 $2^{k+1}>(k+1)^2$이다. 그러므로 $n=k+1$일 때도 명제 $P(n)$이 성립한다.

따라서 주어진 부등식은 $n\geq 5$인 모든 자연수 n에 대하여 성립한다. ■

1.5 직접증명법

직접증명법(direct proof)은 명제의 함축 $p \to q$가 참이 됨을 증명하는 방법이다. 이 방법은 명제 p를 참이라고 가정하고, 여러 가지 정리와 식을 이용하여 명제 q 또한 참이 됨을 증명하는 것이다.

예제 1.5.1 정수 n이 홀수이면 n^2도 홀수임을 증명하여라.

풀이 '$p : n$이 홀수', '$q : n^2$이 홀수' 라 할 때, 함축 $p \to q$가 참이 됨을 증명하는 문제이다. 즉, 명제 p가 참일 때 명제 q 또한 참임을 증명하는 문제이다. n이 홀수이므로 $n = 2k+1$(k는 정수)라 하자. 그러면 $n^2 = (2k+1)^2 = 4k^2+4k+1 = 2(2k^2+2k)+1$은 홀수이다. ■

예제 1.5.2 n이 3의 배수이면 n^2도 3의 배수임을 증명하여라.

풀이 $n = 3k$(단, k는 정수)라 하면 $n^2 = (3k)^2 = 9k^2 = 3(3k^2)$이므로 n^2은 3의 배수이다. ■

1.6 간접증명법

직접증명법으로 증명이 어려운 경우에는 **간접증명법**(indirect proof)을 이용한다. 간접증명법에는 **대우증명법**(contrapositive proof), **모순증명법**(proof by contradiction) 등이 있다.

대우증명법

함축 $p \rightarrow q$이 참이면 그 대우명제인 $\neg q \rightarrow \neg p$도 참이고 두 명제는 동치이다. 대우증명법은 증명하고자 하는 명제의 대우명제를 증명하는 방법이다. 주어진 명제의 대우명제가 참임을 증명함으로써 증명하고자 하는 명제가 참임을 증명하는 방법이다.

예제 1.6.1 정수 n에 대하여 n^2이 홀수이면 n이 홀수임을 증명하여라.

풀이 직접증명법을 이용하여 증명을 시도해보자. 정수 n에 대하여 n^2이 홀수이면 $n^2 = 2k+1$(k는 정수)로 나타낼 수 있다. 그러면 $n = \pm\sqrt{2k+1}$이 되는데, 이 사실로부터 n이 홀수임을 알 수 없다.

대우증명법을 이용하여 증명을 시도해보자.

n이 짝수라 가정하면 $n = 2k$(k는 정수)로 나타낼 수 있다. 그러면 $n^2 = (2k)^2 = 4k^2 = 2(2k^2)$은 짝수다. 따라서 정수 n에 대하여 n^2이 홀수이면 n이 홀수이다. ■

이 문제의 경우 대우증명법을 이용하여 증명하면 쉽게 증명이 가능함을 알 수 있다.

모순증명법

함축 $p \rightarrow q$와 $\neg(p \wedge \neg q)$가 동치임을 이용하는 증명방법이다.

예제 1.6.2 두 자연수의 곱이 64보다 크다면 둘 중 적어도 한 수는 8보다 큼을 증명하여라.

풀이 두 자연수가 모두 8보다 작거나 같다고 가정하자. 그러면 그 두 수의 곱은 64보다 작거나 같다. 이것은 두 수의 곱이 64보다 크다는 사실에 모순이다. 그러므로 처음 가정이 거짓이다. 따라서 둘 중 적어도 한 수는 8보다 커야 한다. ■

연습문제 1

01 다음 합성명제의 진리표를 작성하여라.

(1) $(p \vee q) \to (p \oplus q)$ (2) $(p \oplus q) \to (p \wedge q)$

02 드모르간의 법칙 $\neg(p \wedge q) \equiv \neg p \vee \neg q$을 진리표를 이용하여 증명하여라.

03 논리적 동치법칙 중 분배법칙 $p \vee (q \wedge r) \equiv (p \vee q) \wedge (p \vee r)$을 진리표를 이용하여 증명하여라.

04 $\mathbb{T}$가 항진명제이고 $\mathbb{F}$가 모순명제일 때 다음이 성립함을 진리표로 확인하여라.

(1) $p \wedge \mathbb{T} \equiv p$ (2) $p \vee \mathbb{F} \equiv p$

(3) $p \wedge \mathbb{F} \equiv \mathbb{F}$ (4) $p \vee \mathbb{T} \equiv \mathbb{T}$

(5) $p \vee p \equiv p$ (6) $p \wedge p \equiv p$

05 명제 p, q가 다음과 같이 주어졌을 때 함축 $p \to q$에 대한 역, 이, 대우를 구하여라.

p : 1킬로바이트는 1024바이트다.

q : 1킬로바이트는 8192비트다.

06 정수 x, y에 대해 다음 각 명제함수를 문장으로 서술하고 진리값을 구하여라.

(1) $\exists x \exists y[(y > 2) \wedge (x^2 + y^2 = 4)]$ (2) $\forall x \forall y(x^2 + y^2 = 4)$

(3) $\forall x \exists y(x^2 + y^2 = 4)$ (4) $\exists x \forall y(x^2 + y^2 = 4)$

(5) $\exists x \exists y(x^2 + y^2 = 4)$

07 컴퓨터 프로그래밍 언어인 C언어는 비트 연산자 &, |, ∧를 제공한다. &는 논리곱 AND 연산, |는 논리합 OR 연산, ∧는 배타적 논리합 XOR 연산을 수행한다. 다음 비트열에 대하여 연산을 수행하여라.

(1) (101010 ∧ 110101) ∧ 110101 (2) 101010 ∧ (110101 ∧ 110101)

(3) (101010 & 110101) & 110101 (4) 101010 & (110101 & 110101)

(5) (101010 | 110101) | 110101 (6) 101010 | (110101 | 110101)

08 다음 명제들이 항진명제임을 진리표를 이용하여 확인하여라.

(1) $p \to p$ (2) $p \wedge q \to q \wedge p$

(3) $p \to (p \wedge p)$ (4) $p \wedge q \to p$

09 다음 명제가 모순명제임을 진리표를 이용하여 확인하여라.

$$\neg((p \wedge (\neg p)) \rightarrow q)$$

10 $(p \wedge q) \rightarrow (p \vee q)$이 항진명제임을 밝혀라.

11 다음 물음에 답하여라.

(1) $(p \rightarrow r) \vee (q \rightarrow r) \equiv (p \wedge q) \rightarrow r$을 진리표를 이용하여 증명하여라.

(2) 논리적 동치법칙을 이용하여 $(p \rightarrow r) \vee (q \rightarrow r) \equiv (p \wedge q) \rightarrow r$을 증명하여라.

12 논리적 동치법칙을 이용하여 $(p \wedge q) \rightarrow r \equiv p \rightarrow (q \rightarrow r)$을 증명하여라.

13 논리적 동치법칙을 이용하여 $p \rightarrow (q \vee r) \equiv (p \wedge \neg q) \rightarrow r$을 증명하여라.

14 $n \geq 4$인 모든 자연수 n에 대하여 부등식 $2^n < n!$이 성립함을 증명하여라.

15 다음을 대우증명법과 모순증명법으로 각각 증명하여라.

정수 n에 대하여 n^3+5가 홀수이면 n은 짝수이다.

16 다음을 직접증명법, 모순증명법으로 각각 증명하여라.

정수 n에 대하여 n이 짝수면 n^2도 짝수이다.

17 모든 정수 x에 대하여 $x^2 - x$는 짝수임을 증명하여라.

18 두 유리수의 합이 유리수임을 증명하여라.

19 $\cos\theta = \dfrac{(2\sin\theta)\cos\theta}{2\sin\theta} = \dfrac{\sin 2\theta}{2\sin\theta}$,

$$\cos\theta + \cos 3\theta = 2\cos\frac{\theta+3\theta}{2}\cos\frac{\theta-3\theta}{2}$$

$$= 2\cos 2\theta\cos\theta = \frac{(2\sin\theta)2\cos 2\theta\cos\theta}{2\sin\theta} = \frac{2\sin 2\theta\cos 2\theta}{2\sin\theta} = \frac{\sin 4\theta}{2\sin\theta},$$

$$\cos\theta + \cos 3\theta + \cos 5\theta = \frac{\sin 4\theta}{2\sin\theta} + \cos 5\theta = \frac{\sin 4\theta + 2\sin\theta\cos 5\theta}{2\sin\theta}$$

$$= \frac{\sin(5\theta-\theta) + 2\sin\theta\cos 5\theta}{2\sin\theta} = \frac{\sin 5\theta\cos\theta - \cos 5\theta\sin\theta + 2\sin\theta\cos 5\theta}{2\sin\theta}$$

$$= \frac{\sin 5\theta \cos\theta + \cos 5\theta \sin\theta}{2\sin\theta} = \frac{\sin 6\theta}{2\sin\theta}$$

위와 같은 관찰로부터 다음 식이 성립할 것이라고 추측할 수 있다.

$$\cos\theta + \cos 3\theta + \cos 5\theta + \cdots + \cos(2n-1)\theta = \frac{\sin 2n\theta}{2\sin\theta}$$

수학적 귀납법을 이용하여 모든 자연수 n에 대하여 다음 식이 성립함을 증명하여라.

$$\cos\theta + \cos 3\theta + \cos 5\theta + \cdots + \cos(2n-1)\theta = \frac{\sin 2n\theta}{2\sin\theta}, \ (\sin\theta \neq 0)$$

도움말

$\sin(x+y) = \sin x \cos y + \cos x \sin y$,
$\sin(x-y) = \sin x \cos y - \cos x \sin y$, $\sin 2x = 2\sin x \cos x$,
$\cos A + \cos B = 2\cos\frac{A+B}{2}\cos\frac{A-B}{2}$

제2장

수의 성질과 알고리즘

2.1 수의 성질

수의 기본적인 성질

이진법을 사용해 모든 수를 0과 1로 나타낼 수 있다. 컴퓨터는 이진법을 기초로 하고 있다. 수를 이진법으로 나타내는 방법에 대하여 알아보자.

숫자의 위치에 따라 가중치가 달라지도록 수를 나타내는 방법을 진법이라 하고, 그 수를 진수라고 한다.

정의 2.1.1

고정된 정수 $b(b \geq 2)$에 대하여, 모든 자연수 n은 단 한 가지 방법으로 다음과 같은 꼴로 나타낼 수 있다.

$$n = a_m b^m + a_{m-1} b^{m-1} + a_{m-2} b^{m-2} + \cdots + a_1 b^1 + a_0$$

m은 음이 아닌 정수, $a_m \neq 0$, $0 \leq a_i \leq b-1$ $(i = 0, 1, 2, \cdots, m)$
위의 등식을 **n의 b진법에 관한 전개식**(base b representation of n)이라 하고

$$n = a_m a_{m-1} a_{m-2} \cdots a_1 a_{0_{(b)}}$$

로 나타낸다. 그리고 여기서 a_i들을 **자릿수**(digit)라 하고 b를 **밑수**(base)라고 한다.

$b = 10$일 때 n의 **십진전개식**(decimal representation of n)이라 하고,
$b = 8$일 때 n의 **8진전개식**(octal representation of n)이라 하고,
$b = 16$일 때 n의 **16진전개식**(hexadecimal representation of n)이라 하고,
$b = 2$일 때 n의 **이진전개식**(binary representation of n)이라 한다.

그리고 예를 들어 $a_m a_{m-1} a_{m-2} \cdots a_1 a_{0_{(10)}}$를 **십진수**(decimal number), $a_m a_{m-1} a_{m-2} \cdots a_1 a_{0_{(2)}}$를 **이진수**(binary number)라고 한다.

실수도 임의의 밑수에 대하여 나타낼 수 있다. 즉, 실수는 $a_m a_{m-1} a_{m-2} \cdots a_1 a_0 \cdot a_{-1} a_{-2} \cdots_{(b)}$로 나타낼 수 있으며,

$$a_m b^m + \cdots + a_1 b + a_0 b^0 + a_{-1} b^{-1} + a_{-2} b^{-2} + \cdots$$

을 의미한다.

밑수가 $b > 10$일 때 자릿수는 0, 1, 2, 3, 4, 5, 6, 7, 8, 9와 9보다 큰 자릿수에 대하여 문자를 사용한다.

자연수를 16진법으로 나타낼 때에는 16개의 기호

$$0,\ 1,\ 2,\ \cdots,\ 9,\ A,\ B,\ C,\ D,\ E,\ F$$

를 사용하는데 A, B, C, D, E, F는 각각 십진수 10, 11, 12, 13, 14, 15를 의미한다.

예제 2.1.1 (a) $365 = 3\times 10^2 + 6\times 10^1 + 5$

(b) $925.35 = 9\times 10^2 + 2\times 10^1 + 5\times 10^0 + 3\times 10^{-1} + 5\times 10^{-2}$

(c) $101_{(2)} = 1\times 2^2 + 0\times 2^1 + 1 = 5$

(d) $365_{(8)} = 3\times 8^2 + 6\times 8 + 5 = 245$

예제 2.1.2 (a) 이진수 $11001001_{(2)}$를 십진수로 나타내어라.

(b) 이진수 $101.101_{(2)}$를 십진수로 나타내어라.

(c) 밑수가 $b = 26$일 때 26개의 알파벳 A-Z이 각각 0-25를 나타낸다고 가정하자. 이 때, $BAD_{(26)}$을 십진수로 나타내어라. 또 $B.AD_{(26)}$을 십진수로 나타내어라.

풀이 (a) $11001001_{(2)} = 1\cdot 2^7 + 1\cdot 2^6 + 0\cdot 2^5 + 0\cdot 2^4 + 1\cdot 2^3 + 0\cdot 2^2 + 0\cdot 2 + 1 = 201$이다.

(b) $101.101_{(2)} = 1\times 2^2 + 0\times 2^1 + 1\times 2^0 + 1\times 2^{-1} + 0\times 2^{-2} + 1\times 2^{-3} = 5.625$

(c) $BAD_{(26)} = B\cdot 26^2 + A\cdot 26 + D = 1\cdot 26^2 + 0\cdot 26 + 3 = 676 + 3 = 679$,

$B.AD_{(26)} = B + A\cdot 26^{-1} + D\cdot 26^{-2} = 1\dfrac{3}{676}$ ■

예제 2.1.3 다음이 성립한다.

$A_{(16)} = 1010_{(2)} = 10_{(10)}$ $B_{(16)} = 1011_{(2)} = 11_{(10)}$ $C_{(16)} = 1100_{(2)} = 12_{(10)}$

$D_{(16)} = 1101_{(2)} = 13_{(10)}$ $E_{(16)} = 1110_{(2)} = 14_{(10)}$ $F_{(16)} = 1111_{(2)} = 15_{(10)}$

표 2-1은 십진수, 이진수, 8진수, 16진수의 관계를 나타낸 것이다.

표 2-1 진수 값 비교

십진수	이진수	8진수	16진수
0	0	0	0
1	1	1	1
2	10	2	2
3	11	3	3
4	100	4	4
5	101	5	5
6	110	6	6
7	111	7	7
8	1000	10	8
9	1001	11	9
10	1010	12	A

십진수	이진수	8진수	16진수
11	1011	13	B
12	1100	14	C
13	1101	15	D
14	1110	16	E
15	1111	17	F
16	10000	20	10
17	10001	21	11
18	10010	22	12
19	10011	23	13
20	10100	24	14
21	10101	25	15

예제 2.1.4 (a) 179를 16진수로 나타내어라.

(b) 317을 16진수로 나타내어라.

풀이 (a) $179 = 11 \cdot 16 + 3 = B \cdot 16 + 3 = B3_{(16)}$

(b) $317 = 19 \cdot 16 + 13 = (16+3)16 + 13 = 16^2 + 3 \cdot 16 + 13 = 13D_{(16)}$ ■

예제 2.1.5 16진수 $C1A2_{(16)}$를 십진수로 나타내어라.

풀이 $C1A2_{(16)} = C \cdot 16^3 + 1 \cdot 16^2 + A \cdot 16 + 2 = 49570_{(10)}$ ■

십진수를 이진수로 나타내는 방법은 다음과 같다.

진법의 변환

십진수의 정수 부분을 다른 진수로 변환하기 위해서는, 변환시키려는 밑수로 나누어 그 몫이 0이 될 때까지 계속 나누어 가며 그 나머지를 역순으로 나열하면 된다.

예제 2.1.6 (a) 160과 199를 7진수로 나타내어라.

(b) 160과 199를 7진수로 나타낸 다음 곱하여라.

풀이 (a) 160을 7진수로 나타내면 $316_{(7)}$이고 199를 7진수로 나타내면 $403_{(7)}$이다.

```
7 ) 160               7 ) 199
7 )  22  … 6  ↑       7 )  28  … 3  ↑
      3  … 1          ↑     4  … 0  ↑
```

(b) 160을 7진수로 나타내면 $316_{(7)}$이고 199를 7진수로 나타내면 $403_{(7)}$이므로 두 수를 곱하면 다음과 같다.

$$
\begin{array}{rrrrrr}
 & & & 3 & 1 & 6 \\
 & & & 4 & 0 & 3 \\
\hline
 & & 1 & 2 & 5 & 4 \\
1 & 6 & 0 & 3 & 0 & \\
\hline
1 & 6 & 1 & 5 & 5 & 4
\end{array}
$$

그러므로 $31840 = 160 \times 199 = 316_{(7)} \times 403_{(7)} = 161554_{(7)}$이다. ■

예제 2.1.7 255를 이진수, 8진수, 16진수로 나타내어라.

풀이

```
2 ) 255               8 ) 255
2 ) 127  … 1  ↑       8 )  31  … 7  ↑
2 )  63  … 1          ↑     3  … 7  ↑
2 )  31  … 1
2 )  15  … 1
2 )   7  … 1
2 )   3  … 1          16 ) 255
      1  … 1  ↑             F  … F  ↑
```

$255 = 11111111_{(2)} = 377_{(8)} = FF_{(16)}$ ■

십진수의 소수 부분의 이진수 변환은 2를 곱해서 정수로 올라가는 수를 순서대로 나열하여 2진수로 나타낸다.

예제 2.1.8 69.1415926⋯을 이진수로 나타내어라(소수점 아래 15자리까지 계산).

풀이 정수부분 69를 2로 나누고 몫과 나머지를 계산한다. 나머지를 순서대로 적어두고 몫을 다시 2로 나눈다. 최종적으로 그 몫이 0이 될 때까지 반복한다.

			나머지		이진수
2	6 9				
2	3 4	…	1	1의 자리	1
2	1 7	…	0	2의 자리	0 1
2	8	…	1	2^2의 자리	1 0 1
2	4	…	0	2^3의 자리	0 1 0 1
2	2	…	0	2^4의 자리	0 0 1 0 1
2	1	…	0	2^5의 자리	0 0 0 1 0 1
	0	…	1	2^6의 자리	1 0 0 0 1 0 1
	몫				

위 과정과 같이 화살표 방향으로 순서대로 읽어나가면 이진수로 표현된다. 즉 10진수 69는 이진수 $1000101_{(2)}$로 표현된다. 소수부분을 이진수로 나타낼 때는 2를 곱한 다음 곱한 수의 정수부분을 a_{-1}로 하고, 남은 소수부분에 2를 곱한 다음 곱한 수의 정수부분을 a_{-2}로 하고, 남은 소수부분에 2를 곱한 다음 곱한 수의 정수부분을 a_{-3}로 하는 등, 이 방법을 계속해나가면 된다.

$$69.1415926\cdots = 1000101.001001000011111\cdots_{(2)}$$

이진수	정수	소수	
	0	.1 4 1 5 9 2 6 …	
	×	2	
0 . 0	0	.2 8 3 1 8 5 2 …	곱셈 결과 정수를 적는다.
	×	2	
0 . 00	0	.5 6 6 3 7 0 4 …	
	×	2	
0 . 001	1	.1 3 2 7 4 0 8 …	
	×	2	
0 . 0010	0	.2 6 5 4 8 1 6 …	
	×	2	
0 . 00100	0	.5 3 0 9 6 3 2 …	
	×	2	
0 . 001001	1	.0 6 2 9 2 6 4 …	소수 부분이 0이 될 때까지 계산한다.

이진수를 8진수로 변환하는 방법

8진수 한 자리가 이진수 3자리에 대응이 되므로 이진수의 자리를 소수점을 기준으로 3자리씩 나누어 8진수로 바꾸면 된다. 단 소수점 이하를 3자리씩 나누되, 마지막 부분은 3자리로 만들어서 8진수로 변환해야 한다.

1 1	0 1 0	1 1 1	.	0 0 1	1 0	(이진수)
3	2	7	.	1	4	(8진수)

그림 2-1 이진수를 8진수로 변환

이진수를 16진수로 변환하는 방법

16진수 한 자리가 이진수 4자리에 대응이 되므로 이진수의 자리를 소수점을 기준으로 4자리씩 나누어 16진수로 바꾸면 된다. 단 소수점 이하를 4자리씩 나누되, 마지막 부분은 4자리로 만들어서 16진수로 변환해야 한다.

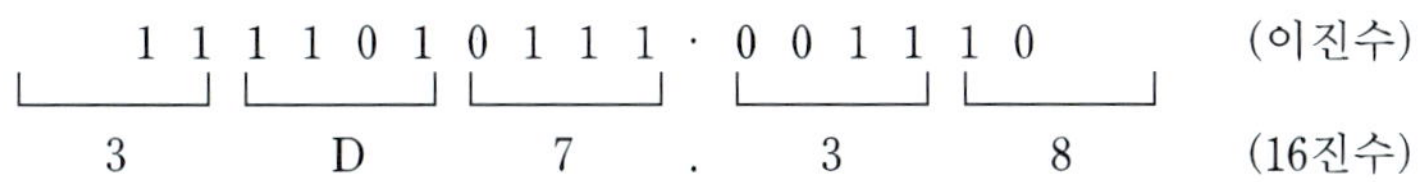

그림 2-2 이진수를 16진수로 변환

이진수를 9진수로 변환하는 방법은 먼저 이진수를 십진수로 변환한 후, 십진수를 다시 9진수로 변환해야 한다. 일반적으로 m진수를 n진수로 변환할 때는 먼저 십진수로 변환한 다음 원하는 진수로 변환을 해야 한다.

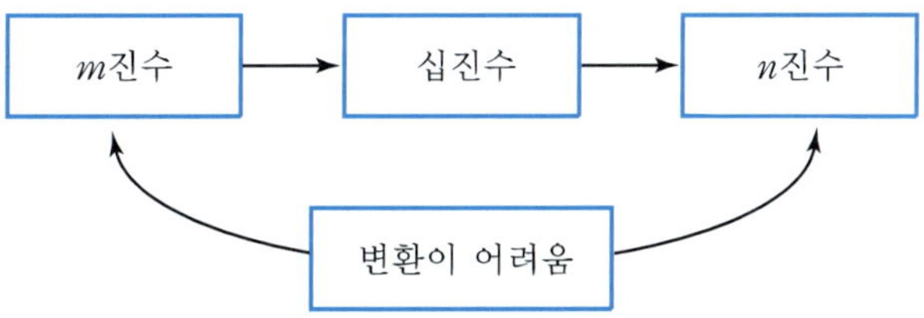

예제 2.1.9 이진수 $11001001_{(2)}$를 9진수로 변환하여라.

풀이 1단계 : $11001001_{(2)} = 1 \cdot 2^7 + 1 \cdot 2^6 + 0 \cdot 2^5 + 0 \cdot 2^4 + 1 \cdot 2^3 + 0 \cdot 2^2 + 0 \cdot 2 + 1 = 201$

2단계 : 201은 $243_{(9)}$로 변환된다.

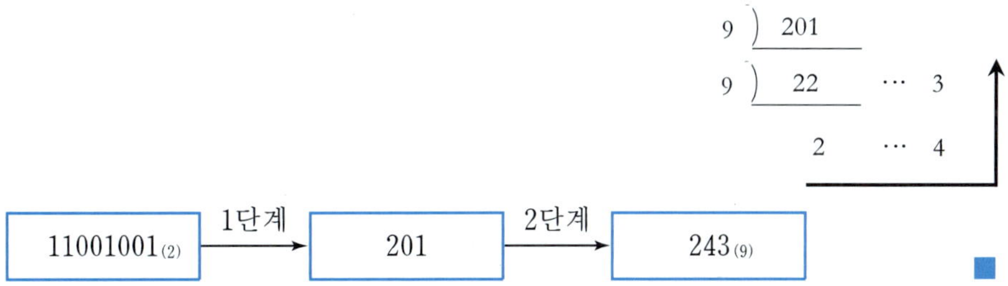

■

자릿수의 개수

$b^{k-1} \le n < b^k$를 만족하는 정수 n을 b진법으로 나타내면 자릿수는 k자리이다. 로그의 정의에 의하면 다음을 얻는다.

$$
\begin{aligned}
& b^{k-1} \leq n < b^k \\
\Leftrightarrow\quad & \log_b b^{k-1} \leq \log_b n < \log_b b^k \\
\Leftrightarrow\quad & k-1 \leq \log_b n < k \\
\Leftrightarrow\quad & \lfloor \log_b n \rfloor = k-1 \\
\Leftrightarrow\quad & k = \lfloor \log_b n \rfloor + 1 \\
\Leftrightarrow\quad & k = \left\lfloor \frac{\ln n}{\ln b} \right\rfloor + 1
\end{aligned}
$$

따라서 $b^{k-1} \leq n < b^k$를 만족하는 정수 n을 b진법으로 나타냈을 때 자릿수는 $\lfloor \log_b n \rfloor + 1 = \left\lfloor \frac{\ln n}{\ln b} \right\rfloor + 1$이다. 여기서 $\lfloor x \rfloor$는 x보다 크지 않은 최대의 정수이고 $\ln n$은 자연로그 $\log_e n$를 의미한다.

예제 2.1.10 105를 이진수로 나타내면 몇 자리 이진수가 되는가?

풀이 $k = \lfloor \log_2 105 \rfloor + 1 = 6 + 1 = 7$이므로 105는 7자리 이진수이다.

실제로 $105 = 1101001_{(2)}$이다. ■

예제 2.1.11 10^6을 이진수로 나타내면 몇 자리 이진수가 되는가? 단 $\log_2 10 = 3.32193$이다.

풀이 $\lfloor \log_2 10^6 \rfloor + 1 = \lfloor 6\log_2 10 \rfloor + 1 = 20$자리 이진수가 된다.

실제로 $10^6 = 1000000 = 11110100001001000000_{(2)}$이다. ■

표 2-1 16진수 덧셈표

+	1	2	3	4	5	6	7	8	9	A	B	C	D	E	F
1	2	3	4	5	6	7	8	9	A	B	C	D	E	F	10
2	3	4	5	6	7	8	9	A	B	C	D	E	F	10	11
3	4	5	6	7	8	9	A	B	C	D	E	F	10	11	12
4	5	6	7	8	9	A	B	C	D	E	F	10	11	12	13
5	6	7	8	9	A	B	C	D	E	F	10	11	12	13	14
6	7	8	9	A	B	C	D	E	F	10	11	12	13	14	15
7	8	9	A	B	C	D	E	F	10	11	12	13	14	15	16
8	9	A	B	C	D	E	F	10	11	12	13	14	15	16	17
9	A	B	C	D	E	F	10	11	12	13	14	15	16	17	18
A	B	C	D	E	F	10	11	12	13	14	15	16	17	18	19
B	C	D	E	F	10	11	12	13	14	15	16	17	18	19	1A
C	D	E	F	10	11	12	13	14	15	16	17	18	19	1A	1B
D	E	F	10	11	12	13	14	15	16	17	18	19	1A	1B	1C
E	F	10	11	12	13	14	15	16	17	18	19	1A	1B	1C	1D
F	10	11	12	13	14	15	16	17	18	19	1A	1B	1C	1D	1E

표 2-2 16진수 곱셈표

×	1	2	3	4	5	6	7	8	9	A	B	C	D	E	F
1	1	2	3	4	5	6	7	8	9	A	B	C	D	E	F
2	2	4	6	8	A	C	E	10	12	14	16	18	1A	1C	1E
3	3	6	9	C	F	12	15	18	1B	1E	21	24	27	2A	2D
4	4	8	C	10	14	18	1C	20	24	28	2C	30	34	38	3C
5	5	A	F	14	19	1E	23	28	2D	32	37	3C	41	46	4B
6	6	C	12	18	1E	24	2A	30	36	3C	42	48	4E	54	5A
7	7	E	15	1C	23	2A	31	38	3F	46	4D	54	5B	62	69
8	8	10	18	20	28	30	38	40	48	50	58	60	68	70	78
9	9	12	1B	24	2D	36	3F	48	51	5A	63	6C	75	7E	87
A	A	14	1E	28	32	3C	46	50	5A	64	6E	78	82	8C	96
B	B	16	21	2C	37	42	4D	58	63	6E	79	84	8F	9A	A5
C	C	18	24	30	3C	48	54	60	6C	78	84	90	9C	A8	B4
D	D	1A	27	34	41	4E	5B	68	75	82	8F	9C	A9	B6	C3
E	E	1C	2A	38	46	54	62	70	7E	8C	9A	A8	B6	C4	D2
F	F	1E	2D	3C	4B	5A	69	78	87	96	A5	B4	C3	D2	E1

예제 2.1.12 다음은 두 16진수의 덧셈, 뺄셈, 곱셈이다.

$$\begin{array}{r} E3D1 \\ +\ 2A3B \\ \hline 10E0C \end{array} \qquad \begin{array}{r} ED32 \\ -\ 875A \\ \hline 65D8 \end{array} \qquad \begin{array}{r} 37 \\ \times\ 65 \\ \hline 113 \\ 14A \\ \hline 15B3 \end{array}$$

정리 2.1.1

나눗셈 알고리즘

두 정수 $a, b(b \neq 0)$에 대하여

$$a = bq + r, \ \ 0 \leq r < |b|$$

인 두 정수 q, r은 단 하나 존재한다. 이와 같은 두 정수 q, r을 각각 **몫**(quotient), **나머지**(remainder)라고 한다.

정의 2.1.2

두 정수 a, b에 대하여 $b = ad$인 정수 d가 존재할 때, 'a는 b를 나눈다(나누어 떨어뜨린다).' 또는 'b는 a로 나누어 떨어진다.'고 하고 이 사실을 $a|b$로 나타낸다. 또, 이 경우에 a를 b의 **약수**(divisor) 또는 **인수**(factor)라 하고 b를 a의 **배수**(multiple)라고 한다. 그리고 $a|b$가 아닐 때, 이 사실을 $a \nmid b$

로 나타낸다.

약수가 1과 자기 자신뿐인 1보다 큰 자연수를 **소수**(prime number)라 하고, 소수가 아닌 1보다 큰 자연수를 **합성수**(composite number)라 한다. 1보다 큰 정수 n이 소수가 아닐 때,

$$n = de,\ 1 < d \leq e < n$$

인 두 정수 d, e가 존재한다.

예를 들면, 2, 3, 5, 7, 11은 소수이고 1, 4, 6, 8, 9, 10은 소수가 아니다. 작은 수부터 소수를 10개 구하면 다음과 같다.

$$2,\ 3,\ 5,\ 7,\ 11,\ 13,\ 17,\ 19,\ 23,\ 29$$

짝수인 소수는 2 하나뿐이다.

정리 2.1.2

유클리드의 증명

소수의 개수는 무한히 많다.

증명 소수가 유한개 있다고 가정한 후 모순을 이끌어내면 된다. 먼저 소수의 개수가 n개로

$$p_1,\ p_2,\ p_3,\ \cdots,\ p_n\ \ (p_1 = 2 < p_2 = 3 < p_3 < \cdots < p_n)$$

뿐이라 하고

$$p = p_1 \times p_2 \times p_3 \times \cdots \times p_n + 1$$

로 놓자.

이렇게 만든 수 p는 p_1으로 나누면 나머지가 1이고, p_2로 나누어도 나머지가 1이고, $\cdots$, p_n으로 나누어도 나머지가 1이 된다. 모든 소수로 나누어도 나누어 떨어지지 않으므로 p는 소수이다. 그런데 p는 $p_1,\ p_2,\ p_3,\ \cdots,\ p_n$ 중의 어떤 수보다도 큰 새로운 소수이므로 소수의 개수가 n개뿐이라는 가정에 모순이 된다. 따라서 소수의 개수는 무한히 많다.

주어진 자연수보다 작은 소수를 모두 구하는 방법으로 에라토스테네스(기원전 200년 경)가 생각해 낸 소수만을 걸러내는 **체**(sieve)를 이용하는 방법이 있다.

에라토스테네스의 체

2보다 큰 2의 배수들을 지우고, 남은 수 중에서 3보다 큰 3의 배수들을 지우고, 남은 수 중에서 5보다 큰 5의 배수들을 지우고, 남은 수 중에서 7보다 큰 7의 배수들을 지우는 식으로 이렇게 계속 2의 배수, 3의 배수, 5의 배수, 7의 배수 등 합성수들을 지워서 소수들만 걸러내는 방법이다.

에라토스테네스의 체를 이용하여 주어진 자연수 n보다 작은 소수 p를 구하는 방법은 다음과 같다.

[단계 1] 1을 지우고 p를 2로 놓는다.
[단계 2] p를 남기고 n보다 작은 p의 배수를 모두 제거한다.
[단계 3] 아직 제거되지 않은 p보다 큰 수 중에서 최소의 수를 다시 p로 놓는다.
[단계 4] 다시 단계 2로 돌아간다.

에라토스테네스의 체를 이용하여 200이하의 소수를 구해보자.

$$14 < \sqrt{200} \fallingdotseq 14.1421 < 15$$

이므로 200이하의 수 중에 합성수는 14이하인 소수들 2, 3, 5, 7, 11, 13 중에서 약수를 가진다. 그러므로 2보다 큰 2의 배수, 3보다 큰 3의 배수, 5보다 큰 5의 배수, 7보다 큰 7의 배수, 11보다 큰 11의 배수, 13보다 큰 13의 배수들을 지우고 남은 수들이 소수들임을 알 수 있다.

표 2-3 200이하의 소수

1	2	3	4	5	6	7	8	9	10	11	12	13	14	15	16	17	18	19	20
21	22	23	24	25	26	27	28	29	30	31	32	33	34	35	36	37	38	39	40
41	42	43	44	45	46	47	48	49	50	51	52	53	54	55	56	57	58	59	60
61	62	63	64	65	66	67	68	69	70	71	72	73	74	75	76	77	78	79	80
81	82	83	84	85	86	87	88	89	90	91	92	93	94	95	96	97	98	99	100
101	102	103	104	105	106	107	108	109	110	111	112	113	114	115	116	117	118	119	120
121	122	123	124	125	126	127	128	129	130	131	132	133	134	135	136	137	138	139	140
141	142	143	144	145	146	147	148	149	150	151	152	153	154	155	156	157	158	159	160
161	162	163	164	165	166	167	168	169	170	171	172	173	174	175	176	177	178	179	180
181	182	183	184	185	186	187	188	189	190	191	192	193	194	195	196	197	198	199	200

200이하의 소수는 다음과 같다.

2, 3, 5, 7, 11, 13, 17, 19, 23, 29, 31, 37, 41, 43, 47, 53, 59, 61, 67, 71,
73, 79, 83, 89, 97, 101, 103, 107, 109, 113, 127, 131, 137, 139, 149,
151, 157, 163, 167, 173, 179, 181, 191, 193, 197, 199

에라토스테네스의 체는 작은 수가 소수인지 아닌지를 판단하는 데는 사용할 수 있지만 큰 수가 소수인지 아닌지를 판단하는 데는 효율적이지 못하다. $30 = 2 \times 3 \times 5$은 세 소수 2, 3, 5의 곱으로 나타낼 수 있다. $38 = 2 \times 19$은 두 소수 2, 19의 곱으로 나타낼 수 있다. 모든 자연수는 소수의 곱으로 나타낼 수 있다. 즉 어떤 자연수의 소수인 약수를 알면 이 자연수에 관한 모든 정보를 알아낼 수 있다. 이와 같이 소수는 자연수라는 집을 짓는데 필요한 벽돌과 같은 역할을 한다.

정리 2.1.3

(I) 양의 정수 $n(n \geq 2)$은 유한개의 소수 $p_1, p_2, \cdots, p_k$의 곱 $n = p_1p_2 \cdots p_k$으로 소인수분해된다.

(II) $n(n \geq 2)$의 소인수분해는 본질적으로 단 한 가지뿐이다. 즉,

$$n = p_1 \cdots p_s,\ n = q_1 \cdots q_t \ (p_1, \cdots, p_s; q_1, \cdots, q_t \text{는 소수})$$

을 n의 소인수분해라고 하면, $s = t$이고 또 $p_1, \cdots, p_s$와 $q_1, \cdots, q_t$는 그 순서만이 다를 뿐이다.

양의 정수 $n(n \geq 2)$의 서로 다른 소인수가 $p_1, \cdots, p_r$일 때, n은 단 한 가지 방법으로 다음과 같이 소인수분해된다.

$$n = p_1^{e_1} \cdots p_r^{e_r} \quad (p_1, \cdots, p_r \text{는 서로 다른 소수이고 } e_1 \geq 1, \cdots, e_r \geq 1)$$

양의 정수 $n(n \geq 2)$을 위와 같은 꼴로 나타낸 것을 n의 **표준분해**(standard decomposition)라고 한. 예를 들어 $4200 = 2^3 \cdot 3 \cdot 5^2 \cdot 7$이다.

정의 2.1.3

두 정수 a, b에 대하여 $e|a$, $e|b$인 정수 e를 a와 b의 **공약수**(common divisor)라고 한다.

양의 정수 n에 대하여 n의 양의 약수 전체의 개수를 다음과 같이 구할 수 있다.

정수 $n(n \geq 2)$의 표준분해가 $n = p_1^{e_1}p_2^{e_2} \cdots p_r^{e_r}$일 때,

n의 양의 약수 d는 모두

$$d = p_1^{f_1}p_2^{f_2} \cdots p_r^{f_r} \quad (0 \leq f_i \leq e_i)$$

와 같은 꼴로 나타내어지고 또한 이와 같은 d는 모두 n의 양의 약수이다.

p가 소수일 때, p^e의 약수는 $1, p, p^2, \cdots, p^e$ 뿐이므로 p^e의 약수의 개수는 $e+1$이다. 정수 $n(n \geq 2)$의 표준분해가 $n = p_1^{e_1}p_2^{e_2} \cdots p_r^{e_r}$일 때, n의 약수의 개수는 $(e_1+1)(e_2+1) \cdots (e_r+1)$이다. 예를 들어 $4200 = 2^3 \cdot 3 \cdot 5^2 \cdot 7$의 약수의 개수는 $(3+1)(1+1)(2+1)(1+1) = 48$이다.

정의 2.1.4

두 정수 a, b가 동시에 0이 아닐 때 a와 b의 공약수 중 가장 큰 정수를 a와 b의 **최대공약수**(greatest common divisor)라 하고, $\gcd(a, b)$ 또는 (a, b)로 나타낸다.

$\gcd(a, b)$는 다음 두 조건을 만족하는 유일한 양의 정수 d이다.

(i) $d|a$, $d|b$, 즉 d는 a와 b의 공약수이다.

(ii) $e|a$, $e|b \Rightarrow e|d$

정리 2.1.4

두 정수 a, b가

$$a = p_1^{e_1} p_2^{e_2} \cdots p_r^{e_r},\ b = p_1^{f_1} p_2^{f_2} \cdots p_r^{f_r} \quad (e_i,\ f_i \geq 0)$$

일 때, 각 i에 대하여 $g_i = \min\{e_i,\ f_i\}$라면 $\gcd(a,\ b) = p_1^{g_1} p_2^{g_2} \cdots p_r^{g_r}$이다.

예제 2.1.13 $4200 = 2^3 \cdot 3 \cdot 5^2 \cdot 7$와 $10780 = 2^2 \cdot 5 \cdot 7^2 \cdot 11$로부터

$\gcd(4200,\ 10780) = 2^2 \cdot 5 \cdot 7 = 140$임을 알 수 있다.

정의 2.1.5

두 정수 a, b가 동시에 0이 아닐 때 a와 b의 공배수 중 가장 작은 양의 정수를 a와 b의 **최소공배수**(least common multiple)라 하고, $\text{lcm}(a,\ b)$로 나타낸다.

$\text{lcm}(a,\ b)$은 다음 두 조건을 만족하는 유일한 양의 정수 d이다.

(i) $a|d$, $b|d$, 즉 d는 a와 b의 공배수이다.

(ii) $a|e$, $b|e \ \Rightarrow\ d|e$

정리 2.1.5

두 정수 a, b가

$$a = p_1^{e_1} p_2^{e_2} \cdots p_r^{e_r},\ b = p_1^{f_1} p_2^{f_2} \cdots p_r^{f_r} \quad (e_i,\ f_i \geq 0)$$

일 때, 각 i에 대하여 $g_i = \max\{e_i,\ f_i\}$라면 $\text{lcm}(a,\ b) = p_1^{g_1} p_2^{g_2} \cdots p_r^{g_r}$이다.

예제 2.1.14 $4200 = 2^3 \cdot 3 \cdot 5^2 \cdot 7$와 $10780 = 2^2 \cdot 5 \cdot 7^2 \cdot 11$로부터

$\text{lcm}(4200,\ 10780) = 2^3 \cdot 3 \cdot 5^2 \cdot 7^2 \cdot 11 = 323400$임을 알 수 있다.

정리 2.1.6

(a) $a|b$이면, 임의의 정수 k에 대하여 $a|kb$이다.
(b) $a|b$, $b|c$이면 $a|c$이다.
(c) $a|b$, $a|c$이면 임의의 정수 x, y에 대하여 $a|(bx+cy)$이다.

증명 (a) $a|b$이므로 $b=ad$인 정수 d가 존재한다. 그러면 $kb=k(ad)=a(dk)$이 성립하므로 $a|kb$이다.
(b) $a|b$, $b|c$이므로 $b=ah$, $c=bk$인 정수 h, k가 존재한다. 그러면 $c=bk=(ah)k=a(hk)$이므로 $a|c$이다.
(c) $a|b$, $a|c$이므로 $b=as$, $c=at$인 정수 s, t가 존재한다. 그러면 $bx+cy=(as)x+(at)y=a(sx+ty)$이므로 $a|(bx+cy)$이다.

유클리드 알고리즘(Euclidean algorithm)

주어진 자연수가 대단히 큰 수인 경우에는, 이 수의 소인수분해를 구하는 일은 대단히 어렵거나 거의 불가능하므로 소인수분해를 이용하여 두 자연수의 최대공약수와 최소공배수를 구하는 방법은 실용성이 없다. 실제로 정수론에서 큰 정수를 소인수분해하는 빠른 방법을 찾는 것이 중요 연구과제이다. 다행히 a 또는 b의 소인수분해를 모르더라도 $\gcd(a, b)$를 구하는 비교적 빠른 방법이 존재한다. 그 방법이 유클리드 알고리즘이다.

두 자연수의 최대공약수를 알려주는 유클리드 알고리즘에 관하여 알아보자.

예제 2.1.15 두 자연수 66과 40의 최대공약수를 구하여라.

풀이 66의 약수는 1, 2, 3, 6, 11, 22, 33, 66이고 40의 약수는 1, 2, 4, 5, 8, 10, 20, 40이므로 공약수는 1, 2이다. 따라서 $\gcd(66, 40)=2$이다.

보조정리 2.1.7

a, $b(b\neq 0)$가 정수이고 q, r이 $a=bq+r$을 만족하는 정수이면 다음이 성립한다.

$$\gcd(a, b)=\gcd(b, r)$$

증명 a와 b의 공약수의 집합을 A, b와 r의 공약수의 집합을 B라 하자. $d\in A$이면 $d|a$, $d|b$이고 $r=a-bq$이므로 $d|r$이다. 따라서 $d\in B$이다. 한편 $e\in B$이면 $e|b$, $e|r$이고 $a=bq+r$이므로 $e|a$이다. 따라서 $e\in A$이다. 그러므로 $A=B$이다. 두 집합의 가장 큰 원소도 같으므로 $\gcd(a, b)=\gcd(b, r)$이다.

다음 유클리드 알고리즘은 보조정리 2.1.7에 의해 성립한다.

정리 2.1.8

유클리드 알고리즘

두 양의 정수 a, $b(a>b)$에 대하여 다음이 성립한다고 하자.

$$\begin{array}{ll} a=q_1b+r_1, & 0<r_1<b \\ b=q_2r_1+r_2, & 0<r_2<r_1 \\ r_1=q_3r_2+r_3, & 0<r_3<r_2 \\ r_2=q_4r_3+r_4, & 0<r_4<r_3 \\ \vdots & \vdots \\ r_{k-2}=q_kr_{k-1}+r_k, & 0<r_k<r_{k-1} \\ r_{k-1}=q_{k+1}r_k & \end{array}$$

이 때, $\gcd(a,\ b)=r_k$이다.

다음과 같이 $\gcd(a,\ b)$는 a와 b의 일차결합으로 나타낼 수 있다.

$$\begin{array}{lll} r_1 &= a-q_1b=s_1a+t_1b & s_1=1,\ t_1=-q_1 \\ r_2 &= b-q_2r_1=b-q_2(a-q_1b) & s_2=-q_2,\quad t_2=q_1q_2+1 \\ &= -q_2a+(q_1q_2+1)b=s_2a+t_2b & \\ r_3 &= r_1-q_3r_2=a-q_1b-q_3(s_2a+t_2b) & s_3=1-q_3s_2=s_1-q_3s_2 \\ &= (1-q_3s_2)a+(-q_1-q_3t_2)b & t_3=-q_1-q_3t_2=t_1-q_3t_2 \\ &= s_3a+t_3b & \\ r_4 &= r_2-q_4r_3=(s_2a+t_2b)-q_4(s_3a+t_3b) & s_4=s_2-q_4s_3 \\ &= (s_2-q_4s_3)a+(t_2-q_4t_3)b & t_4=t_2-q_4t_3 \\ &= s_4a+t_4b & \\ \vdots & & \\ r_k &= r_{k-2}-q_kr_{k-1} & s=s_{k-2}-q_ks_{k-1} \\ &= (s_{k-2}a+t_{k-2}b)-q_k(s_{k-1}a+t_{k-1}b) & t=t_{k-2}-q_kt_{k-1} \\ &= (s_{k-2}-q_ks_{k-1})a+(t_{k-2}-q_kt_{k-1})b & \\ &= sa+tb & \end{array}$$

예제 2.1.16 $\gcd(1547,\ 560)$을 구하고, 이를 1547과 560의 일차결합으로 나타내어라.

풀이 나눗셈 알고리즘을 반복 적용하면 다음을 얻는다.

$$\begin{array}{ll} 1547 = 2\cdot 560+427 & 133 = 4\cdot 28+21 \\ 560 = 1\cdot 427+133 & 28 = 1\cdot 21+7 \\ 427 = 3\cdot 133+28 & 21 = 3\cdot 7 \end{array}$$

그러므로 $\gcd(1547,\ 560)=7$이다.

7을 1547과 560의 일차결합으로 다음과 같이 나타낼 수 있다.

$$\begin{aligned}
427 &= 1547-2\cdot 560\\
133 &= 560-1\cdot 427\\
&= 560-1\cdot(1547-2\cdot 560)\\
&= -1\cdot 1547+3\cdot 560\\
28 &= 427-3\cdot 133\\
&= (1547-2\cdot 560)-3\cdot(-1\cdot 1547+3\cdot 560)\\
&= 4\cdot 1547-11\cdot 560\\
21 &= 133-4\cdot 28\\
&= (-1\cdot 1547+3\cdot 560)-4\cdot(4\cdot 1547-11\cdot 560)\\
&= -17\cdot 1547+47\cdot 560\\
7 &= 28-1\cdot 21\\
&= (4\cdot 1547-11\cdot 560)-1\cdot(-17\cdot 1547+47\cdot 560)\\
&= 21\cdot 1547-58\cdot 560
\end{aligned}$$

그러므로 $\gcd(1547, 560)=7=21\cdot 1547-58\cdot 560$이다. ■

정의 2.1.6

두 정수 a와 b의 최대공약수가 1일 때, 즉 $\gcd(a, b)=1$일 때, a와 b는 **서로소**(relatively prime)라고 한다.

정리 2.1.9

두 정수 a, b에 대하여 다음 두 조건은 서로 동치이다.

(1) $\gcd(a, b)=1$

(2) $as+bt=1$인 두 정수 s, t가 존재한다.

정리 2.1.10

(1) 소수 p와 두 정수 a, b에 대하여

$$p|ab\text{이면 } p|a \text{ 또는 } p|b\text{이다.}$$

(2) 소수 p와 정수 a에 대하여 $p|a^n$이면 $p|a$이다.

(3) $m|a$, $n|a$이고 $\gcd(m, n)=1$이면 $mn|a$이다.

증명 (1) $p|ab$, $p\nmid a$라고 가정하자. 이 때, $\gcd(a, p)=1$이므로 적당한 정수 s, t에 대하여 $as+pt=1$이고 이 경우에

$$asb+ptb=b,\ p|asb,\ p|ptb$$

이므로 $p|b$이다.

(2) (1)에 의해 성립한다.

(3) $\gcd(m, n) = 1$이므로 $mm' + nn' = 1$인 정수 m'과 n'이 존재한다. 또한 $m|a$이고 $n|a$이므로 $a = mm'' = nn''$인 정수 m''과 n''가 존재한다. 따라서

$$\begin{aligned} a &= a \cdot 1 = a(mm' + nn') = a(mm') + a(nn') \\ &= (nn'')(mm') + (mm'')(nn') = mn(m'n'' + m''n') \end{aligned}$$

이므로 $mn|a$이다.

정리 2.1.11

정수 a, b, c에 대하여 다음이 성립한다.

$\gcd(a, b) = 1$일 때, $a|bc$이면 $a|c$이다.

증명 $\gcd(a, b) = 1$이므로 $as + bt = 1$인 정수 s, t가 존재한다. $a(cs) + (bc)t = c$이므로 $a|bc$이면 $a|a$, $a|bc$이므로 $a|c$이다.

페르마의 소인수분해 방법

자연수를 인수분해하는 방법 중 **페르마의 소인수분해 방법**(Fermat's Factorization Method)이 있다. 정수 $n(> 1)$이 짝수인 경우 n은 다음과 같이 나타낼 수 있다.

$$n = 2^r m, \ r \geq 1, \ m\text{은 홀수}$$

그러므로 n이 홀수인 합성수라 가정한다.

만약 $n = x^2 - y^2$인 두 자연수 x, y를 찾을 수 있다면 $n = (x+y)(x-y)$로 인수분해된다. 그러므로 $x^2 - n = y^2$이 성립하는 자연수 x, y를 다음과 같이 찾으면 된다.

페르마의 소인수분해 방법은 다음과 같다.

1. $n \leq k^2$이 성립하는 가장 작은 자연수 k를 찾는다.
2. $k^2 - n$, $(k+1)^2 - n$, $(k+2)^2 - n$, $(k+3)^2 - n$, $\cdots$이 완전제곱수가 되는 경우를 차례로 조사한다.

예제 2.1.17 페르마의 소인수분해 방법을 이용하여 2047의 소인수분해를 다음과 같이 구할 수 있다.

1. $45 < \sqrt{2047} < 46$을 확인한다.
2. $46^2 - 2047$, $(46+1)^2 - 2047$, $(46+2)^2 - 2047$, $(46+3)^2 - 2047$, $\cdots$이 완전제곱수가 되는

경우를 차례로 조사한다.

$$46^2-2047=69 \qquad 52^2-2047=657$$
$$47^2-2047=162 \qquad 53^2-2047=762$$
$$48^2-2047=257 \qquad 54^2-2047=869$$
$$49^2-2047=354 \qquad 55^2-2047=978$$
$$50^2-2047=453 \qquad 56^2-2047=1089=33^2$$
$$51^2-2047=554$$

$x=56$, $y=33$으로 택할 수 있다. 그러므로

$2047=56^2-33^2=(56+33)(56-33)=89\cdot 23$이므로 2047은 소수가 아니다.

합동식

정의 2.1.7

m이 양의 정수이고 $a-b$가 m의 배수이면 'a와 b는 법 m에 대하여 합동'이라 하고 $a\equiv b \pmod{m}$으로 나타낸다. 고정된 양의 정수 m에 대하여, a와 b가 법 m에 대하여 합동이 아니면, $a\not\equiv b \pmod{m}$으로 나타낸다. 그리고 합동 기호 $\equiv$가 들어 있는 식을 **합동식**(congruence)이라고 한다.

합동식에 대하여 다음이 성립한다.

정리 2.1.12

a, b, c가 정수일 때 다음이 성립한다.

(1) $a\equiv a \pmod{m}$

(2) $a\equiv b \pmod{m}$이면 $b\equiv a \pmod{m}$이다.

(3) $a\equiv b \pmod{m}$이고 $b\equiv c \pmod{m}$이면 $a\equiv c \pmod{m}$이다.

증명 (1) $m|(a-a)$이므로 $a\equiv a \pmod{m}$이다.

(2) $m|(a-b)$이면 $m|(b-a)$이다.

(3) $m|(a-b)$이고 $m|(b-c)$이면 $m|\{(a-b)+(b-c)\}$이므로 $m|(a-c)$이다.

정리 2.1.13

a, b, c, d가 정수일 때 $a \equiv b \pmod{m}$이고 $c \equiv d \pmod{m}$이면 다음이 성립한다.

(1) $a+c \equiv b+d \pmod{m}$

(2) $a+c \equiv b+c \pmod{m}$

(3) $a-c \equiv b-d \pmod{m}$

(4) $a-c \equiv b-c \pmod{m}$

(5) $ac \equiv bd \pmod{m}$

(6) $ac \equiv bc \pmod{m}$

(7) 임의의 자연수 k에 대하여 $a^k \equiv b^k \pmod{m}$이다.

증명 (1) $m|(a-b)$, $m|(c-d)$이고 $(a-b)+(c-d)=(a+c)-(b+d)$이므로 $a+c \equiv b+d \pmod{m}$이다.

(2) $(a+c)-(b+c)=a-b$이므로 $a+c \equiv b+c \pmod{m}$이다.

(3) $(a-b)-(c-d)=(a-c)-(b-d)$이므로 $a-c \equiv b-d \pmod{m}$이다.

(4) $(a-c)-(b-c)=a-b$이므로 $a-c \equiv b-c \pmod{m}$이다.

(5) $ac-bd=(a-b)c+b(c-d)$이므로 $ac \equiv bd \pmod{m}$이다.

(6) $ac-bc=(a-b)c$이므로 $ac \equiv bc \pmod{m}$이다.

(7) $a^i \equiv b^i \pmod{m}$가 성립한다고 가정하면 (5)에 의하여 $a^{i+1} \equiv b^{i+1} \pmod{m}$이다. 따라서 임의의 자연수 k에 대하여 $a^k \equiv b^k \pmod{m}$이다.

예제 2.1.18 2^{1000}을 17로 나눈 나머지를 구하여라.

풀이 $2^4 \equiv 1 \pmod{17}$

$\Rightarrow (2^4)^{250} \equiv (-1)^{250} \pmod{17}$

$\Rightarrow 2^{1000} \equiv 1 \pmod{17}$

그러므로 2^{1000}을 17로 나눈 나머지는 1이다.

연습문제 2.1

01 1에서 40까지 십진수를 이진수로 나타내어라.

십진수	이진수
1	
2	
3	
4	
5	
6	
7	
8	
9	
10	

십진수	이진수
11	
12	
13	
14	
15	
16	
17	
18	
19	
20	

십진수	이진수
21	
22	
23	
24	
25	
26	
27	
28	
29	
30	

십진수	이진수
31	
32	
33	
34	
35	
36	
37	
38	
39	
40	

02 십진수 352를 이진수로 나타내어라.

03 16진수 $3FC4_{(16)}$를 이진수로 나타내어라.

04 이진수 $101101101110000011_{(2)}$를 16진수로 나타내어라.

05 다음 십진수를 16진수로 나타내어라.

(1) 63

(2) 734

06 다음 16진수를 십진수로 나타내어라.

(1) $2F3_{(16)}$

(2) $D1E3_{(16)}$

07 16진수 $5C.3A_{(16)}$를 십진수로 나타내어라.

08 십진수 36.625를 16진수로 나타내어라.

09 두 16진수의 덧셈, 뺄셈, 곱셈을 계산하여라.

(1) $ABCDE_{(16)} + 12345_{(16)}$

(2) $ABCDE_{(16)} - 54321_{(16)}$

(3) $ABCDE_{(16)} \times 123_{(16)}$

10 (1) 연이은 3개의 자연수의 곱은 3의 배수임을 보여라.

(2) 연이은 3개의 자연수의 곱은 3!의 배수임을 보여라.

11 연이은 5개의 정수 중에는 5의 배수가 존재함을 보여라.

12 (1) 연이은 4개의 자연수의 곱은 4의 배수임을 보여라.

(2) 연이은 4개의 자연수의 곱은 4!의 배수임을 보여라.

(3) 연이은 n개의 자연수의 곱은 $n!$의 배수임을 보여라.

13 (1) 임의의 정수 b와 자연수 n에 대하여 다음이 성립함을 증명하여라.

$$b^n - 1 = (b-1)(b^{n-1} + b^{n-2} + \cdots + b^2 + b + 1)$$

(2) 임의의 정수 b와 양의 정수 m과 n에 대하여 다음이 성립함을 증명하여라.

$$b^{mn} - 1 = (b^m - 1)(b^{m(n-1)} + b^{m(n-2)} + \cdots + b^{2m} + b^m + 1)$$

(3) $5^{12} - 1$을 인수분해하여라.

(4) $2^{33} - 1$을 인수분해하여라.

(5) $2^{21} - 1$을 인수분해하여라.

(6) $n = 2$에서 $n = 35$까지 $2^n - 1$을 인수분해하여라.

14 $n = 0$에서 $n = 40$까지 정수 n에 대하여 $f(n) = n^2 - n + 41$을 계산하면 모두 소수이다.

n	$f(n)$	n	$f(n)$	n	$f(n)$	n	$f(n)$
0	41	11	151	22	503	33	1097
1	41	12	173	23	547	34	1163
2	43	13	197	24	593	35	1231
3	47	14	223	25	641	36	1301
4	53	15	251	26	691	37	1373
5	61	16	281	27	743	38	1447
6	71	17	313	28	797	39	1523
7	83	18	347	29	853	40	1601
8	97	19	383	30	911	41	$41^2 - 41 + 41 = 41^2$
9	113	20	421	31	971	42	$42^2 - 42 + 41 = 42^2 - 1$ $= (42-1)(42+1) = 41 \times 43$
10	131	21	461	32	1033		

$n = 0$에서 $n = 39$까지 정수 n에 대하여 $f(n) = n^2 + n + 41$을 계산하면 모두 소수인 이유를 보여라.

15 (1) $n = 0, 1, \cdots, 39$일 때 $f(n) = n^2 - 79n + 1601$의 값과 $n = 79, 78, \cdots, 40$일 때 $f(n) = n^2 - 79n + 1601$의 값이 차례대로 같음을 보여라.

(2) $n=0$에서 $n=79$까지 정수 n에 대하여 $f(n)=n^2-79n+1601$의 값은 모두 소수임을 확인하여라.

n	$f(n)$	n	$f(n)$	n	$f(n)$	n	$f(n)$	n	$f(n)$	n	$f(n)$	n	$f(n)$	n	$f(n)$
0	1601	10	911	20	421	30	131	40	41	50	151	60	461	70	971
1	1523	11	853	21	383	31	113	41	43	51	173	61	503	71	1033
2	1447	12	797	22	347	32	97	42	47	52	197	62	547	72	1097
3	1373	13	743	23	313	33	83	43	53	53	223	63	593	73	1163
4	1301	14	691	24	281	34	71	44	61	54	251	64	641	74	1231
5	1231	15	641	25	251	35	61	45	71	55	281	65	691	75	1301
6	1163	16	593	26	223	36	53	46	83	56	313	66	743	76	1373
7	1097	17	547	27	197	37	47	47	97	57	347	67	797	77	1447
8	1033	18	503	28	173	38	43	48	113	58	383	68	853	78	1523
9	971	19	461	29	151	39	41	49	131	59	421	69	911	79	1601

(3) $n=80$일 때 $f(80)$은 합성수임을 보여라.

16 자연수 n에 대하여 n^3-1이 소수이면 $n=2$임을 보여라.

17 자연수 n에 대하여 2^n-1이 소수이면 n은 소수임을 보여라.

18 다음을 증명하여라.

(1) 양의 정수 a에 대하여 $a^{2^2}-1$은 a^2+1의 배수이다.

(2) 양의 정수 a에 대하여 $a^{2^3}-1$은 $a^{2^2}+1$의 배수이다.

(3) 양의 정수 a에 대하여 $a^{2^{n+1}}-1$은 $a^{2^n}+1$의 배수이다.

(4) 양의 정수 a, m, n에 대하여 $m>n$이면 $a^{2^m}-1$은 $a^{2^n}+1$의 배수이다.

19 m, n이 양의 정수이고 $d=\gcd(m, n)$이면 $\gcd(2^m-1, 2^n-1)=2^d-1$임을 증명하여라.

20 정수 $b(b\geq 2)$와 두 양의 정수 m, n에 대하여 다음이 성립함을 보여라.

$$\gcd(b^m-1, b^n-1)=b^{\gcd(m, n)}-1$$

21 홀수인 자연수 n에 대하여 다음이 성립함을 증명하여라.

$$a^n+1=(a+1)(a^{n-1}-a^{n-2}+\cdots+a^2-a+1)$$

22 자연수 n의 십진전개식이 다음과 같다고 하자.

$n=a_m\cdot 10^m+a_{m-1}\cdot 10^{m-1}+a_{m-2}\cdot 10^{m-2}+\cdots+a_1\cdot 10^1+a_0$,

$a_m\neq 0$, $0\leq a_i\leq 9$ $\quad(i=0, 1, 2, \cdots, m)$

다음을 증명하여라.

$$5 \mid n \Leftrightarrow a_0 = 0 \text{ 또는 } a_0 = 5$$

23 자연수 n의 십진전개식이 다음과 같다고 하자.

$n = a_m \cdot 10^m + a_{m-1} \cdot 10^{m-1} + a_{m-2} \cdot 10^{m-2} + \cdots + a_1 \cdot 10^1 + a_0,$

$a_m \neq 0,\ 0 \leq a_i \leq 9 \quad (i = 0,\ 1,\ 2,\ \cdots,\ m)$

다음을 증명하여라.

(1) $3 \mid n \Leftrightarrow 3 \mid (a_0 + a_1 + \cdots + a_m)$

(2) $9 \mid n \Leftrightarrow 9 \mid (a_0 + a_1 + \cdots + a_m)$

(3) $n = 123456t789$(t는 한 자릿수)일 때, 다음을 구하여라.

(i) $3 \mid n$인 t들을 구하여라.

(i) $9 \mid n$인 t들을 구하여라.

24 자연수 n의 십진전개식이 다음과 같다고 하자.

$n = a_m \cdot 10^m + a_{m-1} \cdot 10^{m-1} + a_{m-2} \cdot 10^{m-2} + \cdots + a_1 \cdot 10^1 + a_0,$

$a_m \neq 0,\ 0 \leq a_i \leq 9 \quad (i = 0,\ 1,\ 2,\ \cdots,\ m)$

다음을 증명하여라.

(1) $2 \mid n \Leftrightarrow 2 \mid a_0$

(2) $4 \mid n \Leftrightarrow 4 \mid (a_1 \cdot 10 + a_0)$

(3) $8 \mid n \Leftrightarrow 8 \mid (a_2 \cdot 10^2 + a_1 \cdot 10 + a_0)$

(4) 위 결과를 일반화하여라.

25 (1) 두 자리의 자연수 $n = ab$에 대하여 $11 \mid n$일 필요충분조건을 구하여라.

(2) 세 자리의 자연수 $n = abc$에 대하여 $11 \mid n$일 필요충분조건을 구하여라.

(3) 네 자리의 자연수 $n = abcd$에 대하여 $11 \mid n$일 필요충분조건을 구하여라.

(4) 다섯 자리의 자연수 $n = abcde$에 대하여 $11 \mid n$일 필요충분조건을 구하여라.

(5) 자연수 $n = a_m a_{m-1} \cdots a_1 a_0,\ a_m \neq 0,\ 0 \leq a_i \leq 9 \quad (i = 0,\ 1,\ 2,\ \cdots,\ m)$에 대하여 $11 \mid n$일 필요충분조건을 구하여라.

26 다음 수를 소인수분해하여라.

(1) 121

(2) 12321

(3) 1234321

(4) 123454321

(5) 12345654321

(6) 1234567654321

(7) 123456787654321

27 정수 a와 b가 서로소이면 $2a + 3b$와 $a + 2b$도 서로소임을 증명하여라.

28 자연수 n에 대하여 $6n + 5$와 $7n + 6$은 서로소임을 보여라.

29 페르마의 소인수분해 방법을 이용하여 2007의 소인수분해를 구하여라.

30 페르마의 소인수분해 방법을 이용하여 1234567의 소인수분해를 구하여라.

31 1053과 617의 최대공약수를 구하고 $\gcd(1053,\ 617) = 1053s + 617t$이 성립하는 정수 s, t를 구하여라.

32 양의 정수 a와 b에 대하여 $\gcd(a,\ b)\mathrm{lcm}(a,b) = ab$임을 보여라.

33 7^{201}의 1의 자릿수를 구하여라.

34 두 자연수의 곱이 n이라면 둘 중 적어도 한 수는 $\sqrt{n}$ 이하임을 보여라.

2.2 점화식

수열 $\{a_n\}$에서 n번째 항 a_n을 그 앞의 항 a_{n-1}, a_{n-2}, $\cdots$등에 의하여 규칙적으로 구할 수 있을 때, 이 수열에는 점화관계가 있다고 하고, 적절한 처음 몇 항의 값이 주어지면 수열의 모든 항을 구할 수 있다. 이 절에서는 여러 가지 상황에서 점화식을 나타내고 이 점화식에서 일반항 a_n을 구하는 방법에 대하여 살펴본다.

예제 2.1.1 첫째항이 a_1일 때, 일정한 값 d에 대하여

$$a_n = a_{n-1} + d \quad (n = 2,\ 3,\ \cdots)$$

인 식으로 표현되는 수열 $\{a_n\}$을 **등차수열**(arithmetic sequence)이라 한다. 여기서 일정한 값 d를 **공차**(common difference)라고 한다.

일반항 a_n은 다음과 같다.

$$a_n = a_1 + (n-1)d \quad (n = 2,\ 3,\ \cdots)$$

또한 첫째항부터 제 n항까지의 합은 다음과 같다.

$$S_n = a_1 + a_2 + \cdots + a_n = \frac{n(a_1 + a_n)}{2} = \frac{n\{2a_1 + (n-1)d\}}{2}$$

예제 2.2.2 수열 $\{a_n\}$에서 연속된 두 항 사이의 비가 항상 일정한 값 r이면 그 식은 다음과 같다.

$$a_{n+1} = ra_n \quad (n = 1,\ 2,\ 3,\ \cdots)$$

이와 같은 수열 $\{a_n\}$을 **등비수열**(geometric sequence)이라 한다. 여기서 일정한 비 r을 **공비**(common ratio)라고 한다.

첫째항이 a_1이고 공비가 r인 등비수열의 일반항 a_n은 다음과 같다.

$$a_n = a_1 r^{n-1} \quad (n = 2,\ 3,\ \cdots)$$

또한 첫째항부터 제n항까지의 합은 다음과 같다.

$$\begin{aligned} S_n &= a_1 + a_2 + \cdots + a_n = a_1 + ra_1 + \cdots + r^{n-1}a_1 \\ &= a_1(1 + r + r^2 + \cdots + r^{n-1}) \\ &= \begin{cases} na_1 & (r = 1) \\ \dfrac{a_1(1-r^n)}{1-r} & (r \neq 1) \end{cases} \end{aligned}$$

예제 2.2.3 식 $a_n = a_{n-1} + n$ $(n \geq 2)$, $a_1 = 1$의 일반항 a_n을 구하고 이 수열의 처음 다섯 항을 구하여라.

풀이 $a_{n-1} = a_{n-2} + (n-1)$이므로

$$\begin{aligned} a_n &= a_{n-1} + n \\ &= (a_{n-2} + (n-1)) + n \\ &= a_{n-2} + (n-1) + n, \end{aligned}$$

$a_{n-2} = a_{n-3} + (n-2)$이므로

$$\begin{aligned} a_n &= a_{n-2} + (n-1) + n \\ &= (a_{n-3} + (n-2)) + (n-1) + n \\ &= a_{n-3} + (n-2) + (n-1) + n, \end{aligned}$$

일반적으로

$$a_n = a_{n-k} + (n-k+1) + \cdots + (n-2) + (n-1) + n \quad (k = 1, 2, \cdots, n-1)$$

이다. $k = n-1$일 때 초기조건 $a_1 = 1$을 이용하면

$$\begin{aligned} a_n &= a_{n-(n-1)} + (n-(n-1)+1) + \cdots + (n-2) + (n-1) + n \\ &= a_1 + 2 + 3 + \cdots + (n-2) + (n-1) + n \\ &= 1 + 2 + 3 + \cdots + (n-2) + (n-1) + n \\ &= \frac{n(n+1)}{2} \quad (n \geq 1) \end{aligned}$$

이다. 따라서 $a_n = \dfrac{n(n+1)}{2}$(단, $n \geq 1$)이 성립한다.

이 수열의 처음 다섯 항은

$a_1 = 1$, $a_2 = a_1 + 2 = 3$, $a_3 = a_2 + 3 = 6$, $a_4 = a_3 + 4 = 10$, $a_5 = a_4 + 5 = 15$ ■

정의 2.2.1

수열에서 n번째 항을 그 앞의 항으로 나타낸 식을 **점화식**(recurrence relation)이라 한다. 예를 들어 다음과 같은 식은 모두 점화식이다.

$$a_n = c_1a_{n-1} + c_2a_{n-2} + \cdots + c_ra_{n-r} \qquad (c_i\text{는 상수})$$

$$a_n = ca_{n-1} + f(n) \qquad (c\text{는 상수})$$

점화식을 이용하여 수열의 항을 계산하기 위해서는 적절한 처음 몇 항이 주어져야 한다. 이처럼 점화식을 계산하는데 꼭 필요한 처음 몇 항을 이 점화식의 **초기조건**(initial condition)이라 한다. 예를

들어 점화식 $a_n = a_{n-1} + a_{n-2}$으로 나타내지는 수열 $\{a_n\}$은 a_1과 a_2의 값이 주어지면 수열 $\{a_n\}$의 모든 항이 결정된다. 그러므로 a_1과 a_2의 값이 이 점화식의 초기조건이다.

예제 2.2.4 (1) 한 쌍의 갓 태어난 토끼가 있다. 갓 태어난 토끼는 두 달 뒤부터 매달 암수 한 쌍의 토끼를 낳는다고 한다. n달 후의 토끼 쌍의 수를 F_n이라 할 때 F_n에 대한 점화식을 구하여라 (단, 죽는 것은 고려하지 않는다).

(2) 한 쌍의 갓 태어난 토끼가 있다. 갓 태어난 토끼는 두 달 뒤부터 매달 암수 두 쌍의 토끼를 낳는다고 한다. n달 후의 토끼 쌍의 수를 a_n이라 할 때 a_n에 대한 점화식을 구하여라(단, 죽는 것은 고려하지 않는다).

풀이 (1) 분명히 $F_0 = 1,\ F_1 = 1,\ F_2 = 2$이다. n달 후 모든 토끼 쌍의 수를 F_n이라 하면 F_n은 2달 전의 토끼 쌍에서 새로 태어난 F_{n-2}쌍과 1달 전의 토끼 F_{n-1}쌍의 합이므로 $F_n = F_{n-1} + F_{n-2}$이다.

그러므로 $F_n = F_{n-1} + F_{n-2}\ (n \geq 2),\ F_0 = 1,\ F_1 = 1$

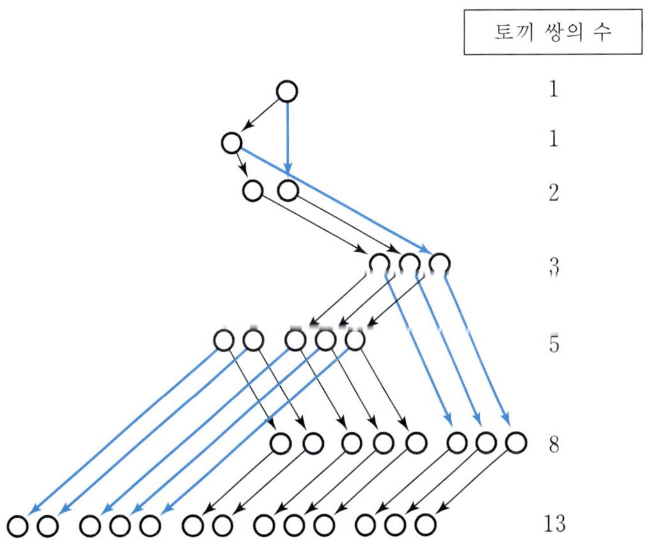

(2) 분명히 $a_0 = 1,\ a_1 = 1,\ a_2 = 3$이다. n달 후 모든 토끼 쌍의 수를 a_n이라 하면 a_n은 2달 전의 토끼 쌍에서 새로 태어난 $2a_{n-2}$쌍과 1달 전의 토끼 a_{n-1}쌍의 합이므로 $a_n = a_{n-1} + 2a_{n-2}$이다.
그러므로 $a_n = a_{n-1} + 2a_{n-2}\ (n \geq 2),\ a_0 = 1,\ a_1 = 1$이다. ■

위 점화식 $F_n = F_{n-1} + F_{n-2}\ (n \geq 2),\ F_0 = 1,\ F_1 = 1$를 만족하는 수열 $\{F_n\}$을 **피보나치 수열**(Fibonacci sequence)이라 한다.

표 2-4 피보나치 수열

피보나치 수열	
F_0	1
F_1	1
F_2	2
F_3	3
F_4	5
F_5	8
F_6	13
F_7	21
F_8	34
F_9	55
F_{10}	89
F_{11}	144
F_{12}	233
F_{13}	377
⋮	⋮

예제 2.2.5 철수가 계단을 오르는데 한 걸음에 한 계단이나 두 계단씩 오른다고 한다. 이런 방법으로 철수가 n개의 계단을 오를 수 있는 서로 다른 방법의 수를 a_n이라 할 때 a_n에 대한 점화식과 a_{10}의 값을 구하여라.

풀이 한 번에 1개 또는 2개의 계단을 오를 수 있으므로 n개의 계단을 오르는 방법의 수 a_n은 처음에 1계단을 올라간 뒤 남은 $(n-1)$개의 계단을 오르는 방법의 수 a_{n-1}과 처음에 2계단을 올라간 뒤 남은 $(n-2)$개의 계단을 오르는 방법의 수 a_{n-2}의 합이다. 그러므로 $a_n = a_{n-1} + a_{n-2}$이다. 분명히 $a_1 = 1$, $a_2 = 2$이므로 a_n에 대한 점화식은 다음과 같다.

$$a_1 = 1,\ a_2 = 2,\ a_n = a_{n-1} + a_{n-2}\ \ (n \geq 3)$$

따라서, 10개의 계단을 오르는 방법 a_{10}은 다음과 같이 구할 수 있다.

$a_3 = a_1 + a_2 = 3$, $a_4 = a_2 + a_3 = 5$, $a_5 = a_3 + a_4 = 8$, $a_6 = a_4 + a_5 = 13$,

$a_7 = a_5 + a_6 = 21$, $a_8 = a_6 + a_7 = 34$, $a_9 = a_7 + a_8 = 55$, $a_{10} = a_8 + a_9 = 89$

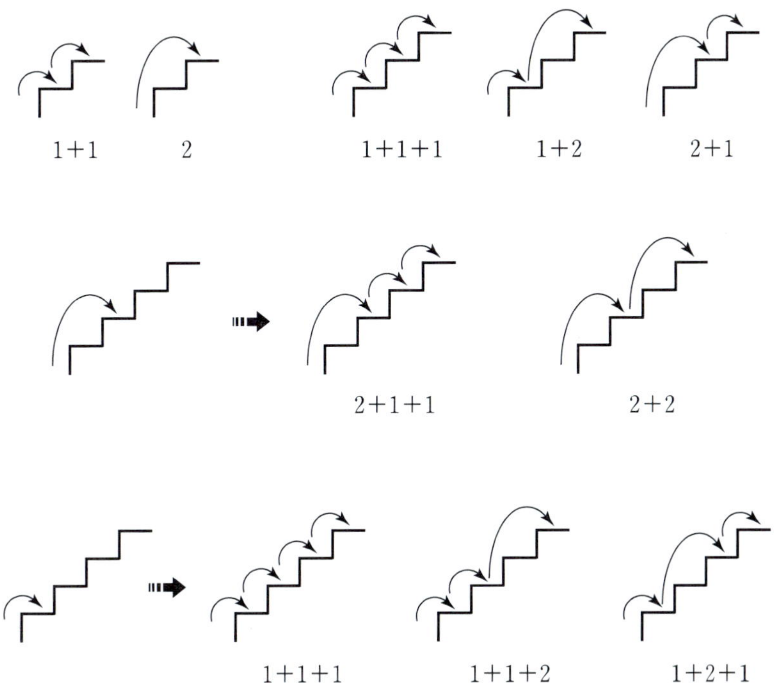

예제 2.2.6 하노이 탑

크기가 서로 다른 n개의 원판이 아래 그림과 같이 크기 순서대로 막대기에 끼워져 있다. 막대기1에 있는 n개의 원판을 막대기3으로 옮길 때 필요한 최소 이동 회수를 a_n이라 하자. a_n에 대한 점화식을 구하여라(단, 한 번에 한 개의 원판만을 옮길 수 있으며 어떤 원판위에 그보다 큰 원판을 놓지 못한다).

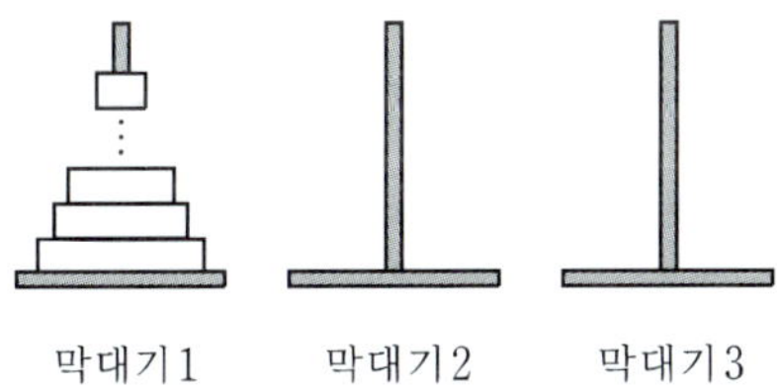

풀이 분명히 $a_1 = 1$이다.

1. 원판이 2개인 경우:

(1) 막대기1에 있는 2개의 원판 중에서 위에 있는 작은 원판을 막대기2로 옮긴다.

이동 1

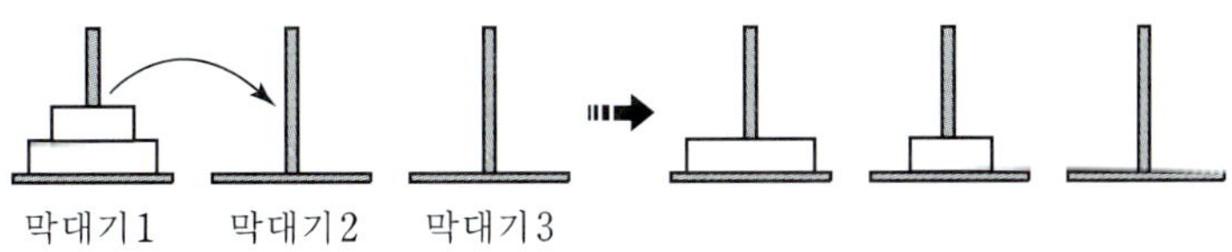

(2) 막대기1에 있는 큰 원판을 막대기3으로 옮긴다.

이동 2

(3) 막대기2에 있는 작은 원판을 막대기3으로 옮긴다.

이동 3

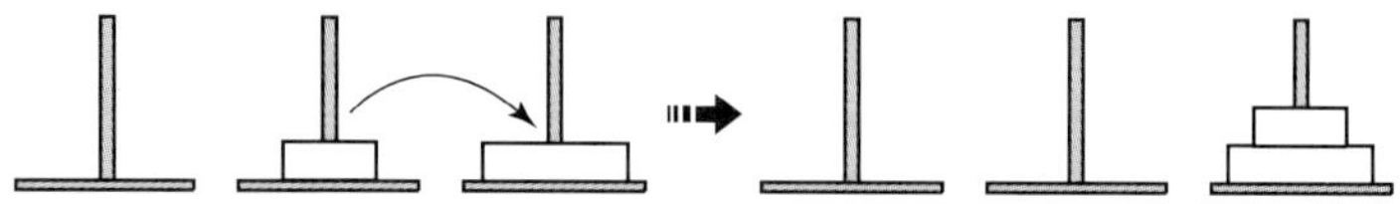

이와 같이 막대기1에 있는 2개의 원판을 3번만에 막대기3으로 옮길 수 있다.

2. 원판이 3개인 경우:

이동 1

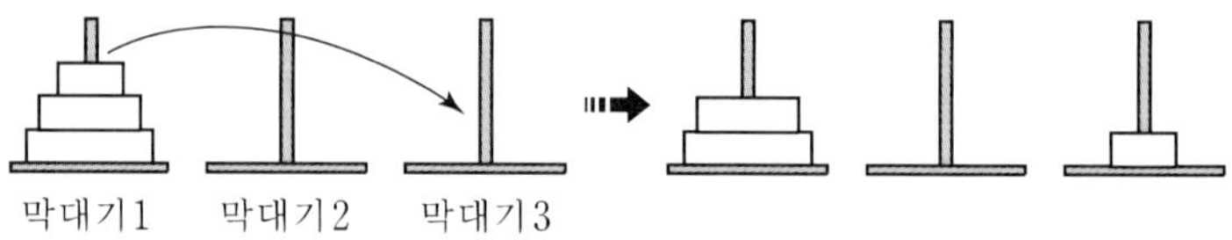

이동 2

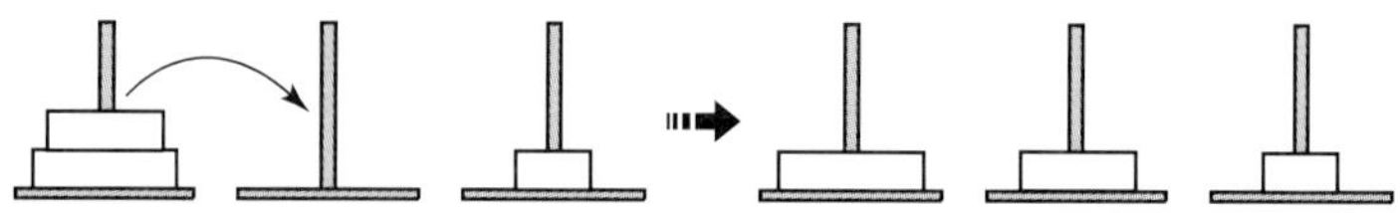

이동 3

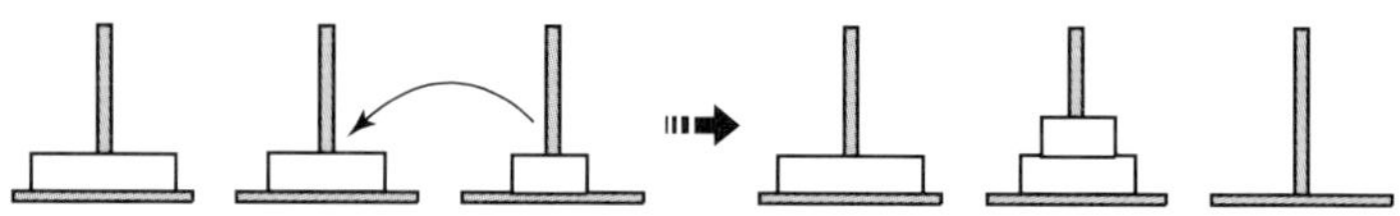

지금까지 막대기1에 있는 가장 큰 원판을 제외한 두 원판을 막대기3을 이용하여 막대기2로 옮겼다.

이동 4

막대기1에 있는 가장 큰 원판을 막대기3으로 옮긴다.

이제 막대기2에 있는 두 원판을 막대기1을 이용하여 막대기3으로 옮긴다.

이동 5

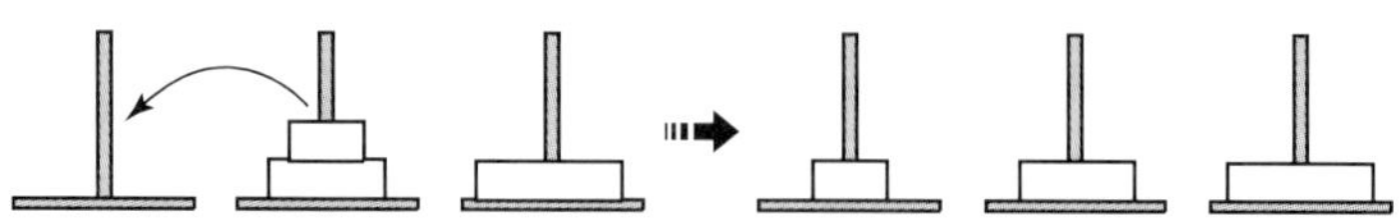

이동 6

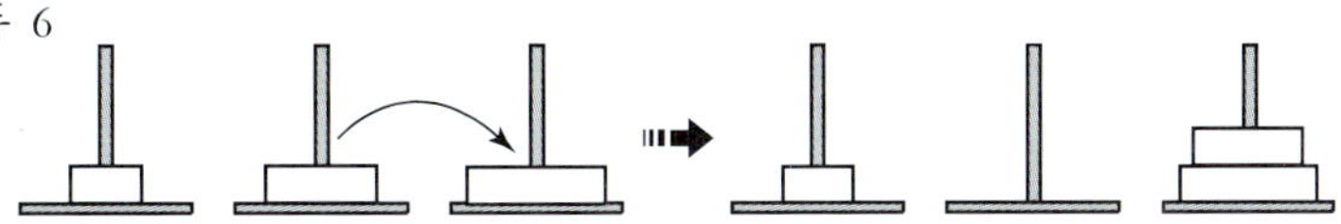

이동 7

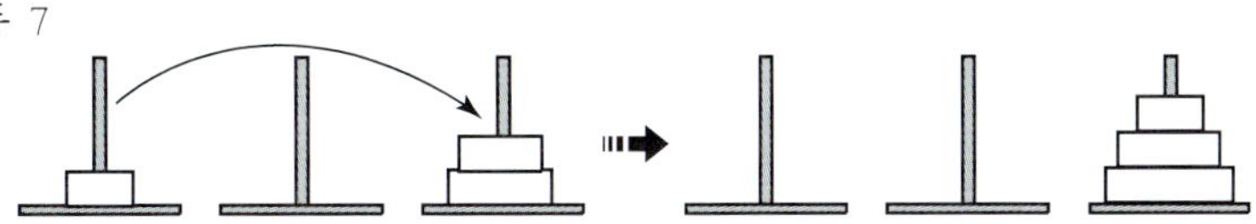

3. 원판이 n개인 경우 :

세 막대기를 차례로 막대기1, 막대기2, 막대기3이라 하자. 막대기1에 n개의 원판이 끼워져 있다고 하자. 분명히 $a_1 = 1$이다. $n = 2$라면 위의 작은 원판을 막대기2로 옮긴 다음 남은 큰 원판을 막대기3으로 옮기고 다시 막대기2에 있는 원판을 막대기3에 있는 원판 위에 놓으면 되므로 $a_2 = 3$이다. 일반적으로 다음과 같이 세 단계로 나누어 생각할 수 있다.

① 막대기1에 있는 가장 큰 원판만을 제외하고 나머지 $n-1$개의 원판을 막대기2로 옮긴다. 이 때 필요한 최소 이동 회수는 a_{n-1}이다.

② 막대기1에 남은 가장 큰 원판을 막대기3으로 옮긴다. 필요한 이동 회수는 1이다.

③ 막대기2에 있는 $n-1$개의 원판을 막대기3으로 옮긴다. 이 때 최소 이동 회수는 a_{n-1}이다.

그러므로 n개의 원판을 다른 막대기로 옮길 때 필요한 최소 이동 회수 a_n은

$$a_n = a_{n-1} + 1 + a_{n-1} = 2a_{n-1} + 1 \quad (n \geq 2), \ a_1 = 1$$

이다.

1단계

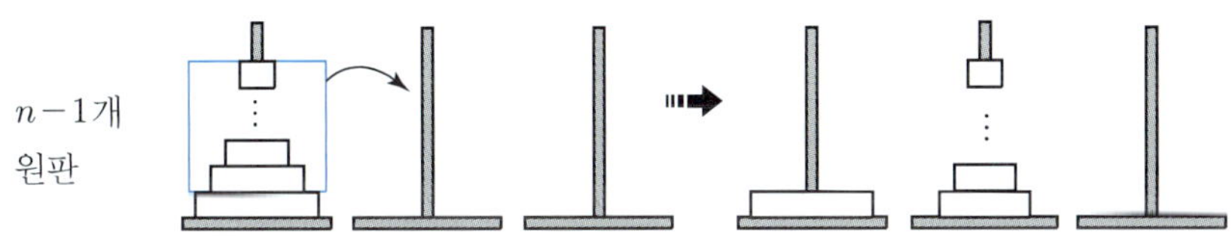

막대기1에 있는 가장 큰 원판만을 제외하고 나머지 $n-1$개의 원판을 막대기2로 옮긴다. 이 때 필요한 최소 이동 회수는 a_{n-1}이다.

2단계

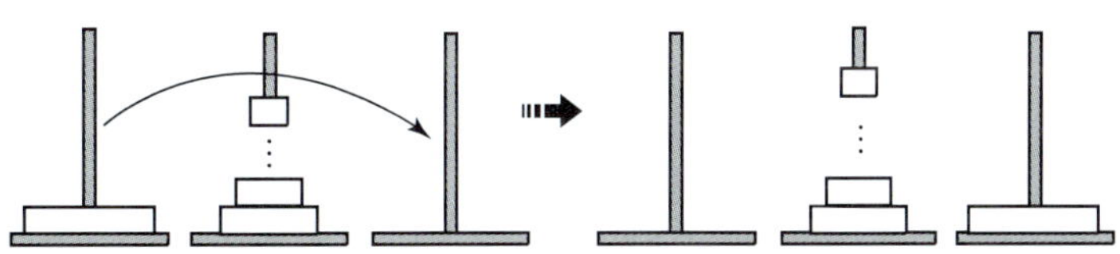

막대기1에 남은 가장 큰 원판을 막대기3으로 옮긴다.

3단계

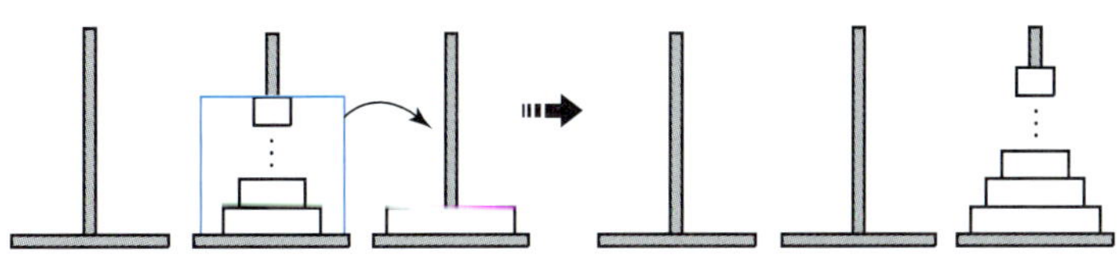

막대기2에 있는 $n-1$개의 원판을 막대기3으로 옮긴다. 이 때 최소 이동 회수는 a_{n-1}이다. ■

예제 2.2.7 점화식 $a_1 = 1$, $a_n = 2a_{n-1} + 1$(단, $n \geq 2$)의 일반항 a_n을 구하고 a_5, a_8, a_{10}을 구하여라.

풀이 $a_n = 2a_{n-1} + 1$(단, $n \geq 2$)이므로

$a_n = 2(2a_{n-2} + 1) + 1 = 2^2 a_{n-2} + 2 + 1$,

$a_n = 2^2(2a_{n-3} + 1) + 2 + 1 = 2^3 a_{n-3} + 2^2 + 2 + 1$

이므로 이와 같이 계속해 나가면 다음을 얻는다.

$$\begin{aligned} a_n &= 2a_{n-1} + 1 \\ &= 2^2 a_{n-2} + 2 + 1 \\ &= 2^3 a_{n-3} + 2^2 + 2 + 1 \\ &\vdots \\ &= 2^k a_{n-k} + 2^{k-1} + \cdots + 2^2 + 2 + 1 \\ &\vdots \\ &= 2^{n-1} a_1 + 2^{n-2} + 2^{n-3} + \cdots + 2^2 + 2 + 1 \\ &= 2^{n-1} + 2^{n-2} + 2^{n-3} + \cdots + 2^2 + 2 + 1 \\ &= 2^n - 1 \end{aligned}$$

따라서 $a_n = 2^n - 1$(단, $n \geq 1$)이 성립한다.

$a_5 = 31$, $a_8 = 255$, $a_{10} = 1023$. ■

표 2-5 $2^n - 1$의 값

n	$2^n - 1$
0	0
1	1
2	3
3	7
4	15
5	31
6	63
7	127
8	255
9	511
10	1023
20	1048575
30	1073741823
40	1099511627775
50	1125899906842623
60	1152921504606846975
70	1180591620717411303423
80	1208925819614629174706175

예제 2.2.8 점화식 $a_1 = A$, $a_n = Ba_{n-1} + C$ $(n \geq 2)$의 일반해 a_n은 $a_n = \left(A + \frac{C}{B-1}\right) B^{n-1} - \frac{C}{B-1}$ $(n \geq 1)$임을 보여라. 여기서 $B \neq 1$이다.

풀이
$$\begin{aligned} a_1 &= A \\ a_2 &= Ba_1 + C = BA + C \\ a_3 &= Ba_2 + C = B(BA+C) + C = B^2A + BC + C \\ a_4 &= Ba_3 + C = B(B^2A + BC + C) + C = B^3A + B^2C + BC + C \\ a_5 &= Ba_4 + C = B^4A + B^3C + B^2C + BC + C \\ &\vdots \\ a_n &= B^{n-1}A + B^{n-2}C + B^{n-3}C + \cdots + B^2C + BC + C \\ &= B^{n-1}A + C(B^{n-2} + B^{n-3} + \cdots + B^2 + B + 1) \\ &= B^{n-1}A + C\left(\frac{B^{n-1}-1}{B-1}\right) \\ &= \left(A + \frac{C}{B-1}\right)B^{n-1} - \frac{C}{B-1} \end{aligned}$$ ■

예제 2.2.9 점화식 $a_1 = 2$, $a_n = 5a_{n-1} + 3$ $(n \geq 2)$의 일반항 a_n을 구하여라.

풀이 $A = 2$, $B = 5$, $C = 3$이므로 예제 2.2.8에 의하면
$$\begin{aligned} a_n &= \left(A + \frac{C}{B-1}\right)B^{n-1} - \frac{C}{B-1} = \left(2 + \frac{3}{5-1}\right)5^{n-1} - \frac{3}{5-1} \\ &= \frac{1}{4}(11 \cdot 5^{n-1} - 3) \quad (n \geq 1) \end{aligned}$$ ■

예제 2.2.10 $x_1, x_2, \cdots, x_n$을 실수라 하자. 이 n개의 수의 곱은 연속으로 두 항을 곱하여 계산될 수 있다. 곱에 나타나는 수의 순서가 $x_1, x_2, \cdots, x_n$이 되도록 n개의 수를 곱하는 방법의 수를 a_n이라 할 때 a_n에 대한 점화식을 구하여라.

예를 들어 $n = 3$이라면
$$x_1(x_2x_3) \quad (x_1x_2)x_3$$
의 2가지 방법이 있고, $n = 4$라면
$$x_1(x_2(x_3x_4)) \quad x_1((x_2x_3)x_4) \quad (x_1x_2)(x_3x_4)$$
$$(x_1(x_2x_3))x_4 \quad ((x_1x_2)x_3)x_4$$
의 5가지 방법이 있다.

풀이 $n = 2$이면 x_1x_2 오직 하나뿐이므로 $a_2 = 1$이고 $n = 3$이면 $x_1(x_2x_3)$, $(x_1x_2)x_3$뿐이므로 $a_3 = 2$이다. 일반적으로 $x_1, x_2, \cdots, x_n$의 곱에 포함되어 있는 $(n-1)$번의 곱셈 중 마지막 곱셈을 생각

하여 보자.

마지막 곱셈의 위치가 x_i와 x_{i+1} $(1 \leq i \leq n-1)$인 경우로 나눌 수 있다.

$x_1 (x_2 \cdots x_n)$ ⬆ 마지막 곱셈의 위치 $(x_1 x_2)(x_3 \cdots x_n)$ ⬆ 마지막 곱셈의 위치

$(x_1 \cdots x_i)(x_{i+1} \cdots x_n)$ ⬆ 마지막 곱셈의 위치 $(x_1 \cdots x_{n-1}) x_n$ ⬆ 마지막 곱셈의 위치

각 $i\,(1 \leq i \leq n-1)$에 대하여 이 곱셈의 앞부분은 i개의 수의 곱으로 이루어져 있으므로 a_i경우가 있고 곱셈의 뒷부분은 $n-i$개의 수의 곱으로 이루어져 있으므로 a_{n-i}경우가 있다. 그러므로 n개의 수 x_1, x_2, $\cdots$, x_n로 곱을 이루는 경우의 수 a_n은

$$a_n = a_{n-1} + a_2 a_{n-2} + \cdots + a_i a_{n-i} + \cdots + a_{n-2} a_2 + a_{n-1} \quad (n \geq 2)$$

이다. $a_1 = 1$로 약속하면 다음을 얻는다.

$$a_n = a_1 a_{n-1} + a_2 a_{n-2} + \cdots + a_i a_{n-i} + \cdots + a_{n-2} a_2 + a_{n-1} a_1 \quad (n \geq 2)$$

예제 2.2.11 예제 2.2.10에서

$$a_5 = a_1 a_4 + a_2 a_3 + a_3 a_2 + a_4 a_1 = 1 \cdot 5 + 1 \cdot 2 + 2 \cdot 1 + 5 \cdot 1 = 14$$

이다. 수의 순서가 x_1, x_2, x_3, x_4, x_5이고 x_1, x_2, x_3, x_4, x_5로 곱을 이루는 14가지 방법을 모두 구하여라.

풀이 다음의 14가지가 있다.

$x_1 \cdot (x_2 \cdot (x_3 \cdot (x_4 \cdot x_5)))$ $\quad$ $x_1 \cdot (x_2 \cdot ((x_3 \cdot x_4) \cdot x_5))$

$x_1 \cdot ((x_2 \cdot x_3) \cdot (x_4 \cdot x_5))$ $\quad$ $x_1 \cdot ((x_2 \cdot (x_3 \cdot x_4)) \cdot x_5)$

$x_1 \cdot (((x_2 \cdot x_3) \cdot x_4) \cdot x_5)$ $\quad$ $(x_1 \cdot x_2) \cdot (x_3 \cdot (x_4 \cdot x_5))$

$(x_1 \cdot x_2) \cdot ((x_3 \cdot x_4) \cdot x_5)$ $\quad$ $(x_1 \cdot (x_2 \cdot x_3)) \cdot (x_4 \cdot x_5)$

$((x_1 \cdot x_2) \cdot x_3) \cdot (x_4 \cdot x_5)$ $\quad$ $(x_1 \cdot (x_2 \cdot (x_3 \cdot x_4))) \cdot x_5$

$(x_1 \cdot ((x_2 \cdot x_3) \cdot x_4)) \cdot x_5$ $\quad$ $((x_1 \cdot x_2) \cdot (x_3 \cdot x_4)) \cdot x_5$

$((x_1 \cdot (x_2 \cdot x_3)) \cdot x_4) \cdot x_5$ $\quad$ $(((x_1 \cdot x_2) \cdot x_3) \cdot x_4) \cdot x_5$

■

다음과 같은 점화식

$a_n = a_1 a_{n-1} + a_2 a_{n-2} + \cdots + a_i a_{n-i} + \cdots + a_{n-2} a_2 + a_{n-1} a_1$ $(n \geq 2)$, $a_1 = 1$을 만족하는 수열 $\{a_n\}$을 **카탈란 수열**(Catalan sequence)이라 한다.

다음은 카탈란 수열의 첫째항부터 12번째 항까지이다.

표 2-6 카탈란 수열

n	1	2	3	4	5	6	7	8	9	10	11	12
a_n	1	1	2	5	14	42	132	429	1,430	4,862	16,796	58,786

$n+2$각형의 세 점을 꼭지점으로 하면서 삼각형으로 가르되 꼭지점을 잇는 변끼리는 만나지 않도록 가르는 방법 수를 T_n이라 하자. 이를 $n+2$각형의 삼각형 분할 방법의 수라 한다. 분명히 $T_1=1$이다. T_2는 사각형의 삼각형 분할 방법의 수이다.

$T_2=2$

예제 2.2.12 다음 오각형의 삼각형 분할 방법을 그리고, 오각형의 삼각형 분할 방법 수 T_3를 구하여라.

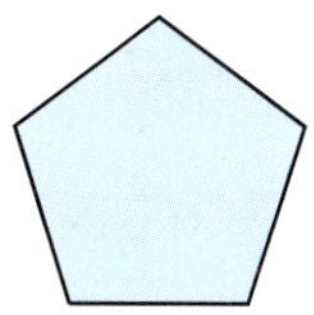

풀이 오각형의 삼각형 분할 방법은 다음과 같은 5가지이므로 $T_3=5$이다.
오각형의 각 꼭지점을 다음 그림과 같이 v_0, v_a, v_1, v_2, v_3라 하자. 오각형을 삼각형으로 가르는 방법은 다음과 같이 나눌 수 있다.

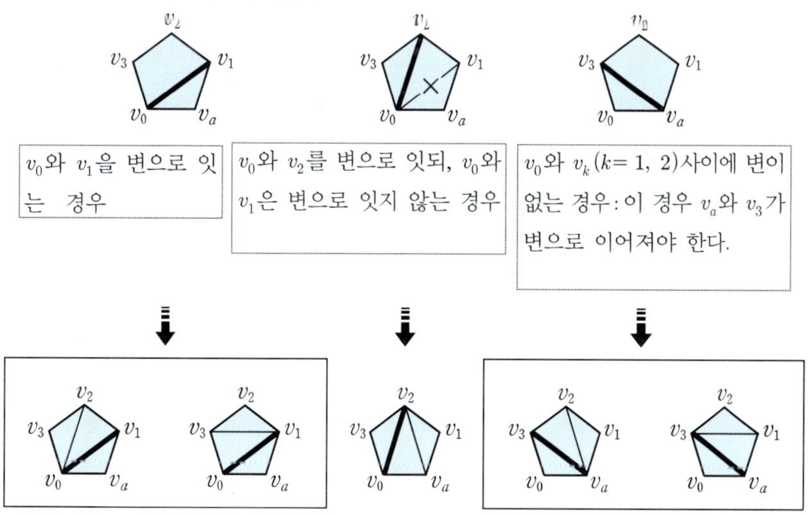

정의 2.2.2

c_1, c_2, $\cdots$, c_k가 상수이고 $c_k \neq 0$일 때 다항식

$$t^k - c_1 t^{k-1} - c_2 t^{k-2} - \cdots - c_{k-1} t - c_k$$

를 점화식

$$a_n = c_1 a_{n-1} + c_2 a_{n-2} + \cdots + c_k a_{n-k} \quad (n \geq k)$$

의 **특성다항식**(characteristic polynomial)이라 한다. 예를 들어 점화식 $a_n = a_{n-1} + a_{n-2}$의 특성다항식은 $t^2 - t - 1$이다. 수열 $\{s_n\}$이 모든 자연수 $n(n \geq k)$에 대하여 $s_n = c_1 s_{n-1} + c_2 s_{n-2} + \cdots + c_k s_{n-k}$이 성립할 때, 수열 $\{s_n\}$이 점화식 $a_n = c_1 a_{n-1} + c_2 a_{n-2} + \cdots + c_k a_{n-k} (n \geq k)$의 해라고 하거나 점화식을 만족한다고 한다.

정리 2.2.1

c_1, c_2가 상수이고 $c_2 \neq 0$일 때 a_n에 관한 점화식

$$a_n = c_1 a_{n-1} + c_2 a_{n-2} \quad (n \geq 2)$$

를 생각하여 보자.

$r \neq 0$일 때, $r^2 - c_1 r - c_2 = 0$일 필요충분조건은 수열 $\{r^n\}$이 점화식 $a_n = c_1 a_{n-1} + c_2 a_{n-2} (n \geq 2)$를 만족하는 것이다.

증명 r이 점화식 $a_n = c_1 a_{n-1} + c_2 a_{n-2}$의 특성다항식의 한 근이라 하자. 즉 $r^2 - c_1 r - c_2 = 0$일 때 양변에 r^{n-2}를 곱하여 이항하면 $r^n = c_1 r^{n-1} + c_2 r^{n-2}$이다. 그러므로 수열 $\{r^n\}$은 점화식 $a_n = c_1 a_{n-1} + c_2 a_{n-2}$를 만족한다.

역으로 수열 $\{r^n\}$이 점화식 $a_n = c_1 a_{n-1} + c_2 a_{n-2}$를 만족한다고 하자. 그러면 $r^n - c_1 r^{n-1} - c_2 r^{n-2} = 0$ 즉, $r^{n-2}(r^2 - c_1 r - c_2) = 0$이다. $r \neq 0$이므로 $r^{n-2} \neq 0$이고 양변을 r^{n-2}으로 나누면 $r^2 - c_1 r - c_2 = 0$이다.

정리 2.2.2

c_1, c_2가 상수이고 $c_2 \neq 0$일 때 a_n에 관한 점화식

$$a_n = c_1 a_{n-1} + c_2 a_{n-2} \quad (n \geq 2)$$

를 생각하여 보자.

서로 다른 두 수열 $\{r_1^n\}$, $\{r_2^n\}$이 점화식 $a_n = c_1 a_{n-1} + c_2 a_{n-2}$ $(n \geq 2)$를 만족하면

$$\{p r_1^n + q r_2^n\} \quad (p,\ q\text{는 상수})$$

도 점화식 $a_n = c_1a_{n-1} + c_2a_{n-2}$를 만족한다.

증명 수열 $\{r_1^n\}$, $\{r_2^n\}$이 점화식 $a_n = c_1a_{n-1} + c_2a_{n-2}$ $(n \geq 2)$를 만족하므로

$$r_1^n = c_1r_1^{n-1} + c_2r_1^{n-2}$$
$$r_2^n = c_1r_2^{n-1} + c_2r_2^{n-2}$$

이다. 따라서

$$\begin{aligned} pr_1^n + qr_2^n &= p(c_1r_1^n + c_2r_1^{n-2}) + q(c_1r_2^{n-1} + c_2r_2^{n-2}) \\ &= c_1(pr_1^{n-1} + qr_2^{n-1}) + c_2(pr_1^{n-2} + qr_2^{n-2}) \end{aligned}$$

이므로 수열 $\{pr_1^n + qr_2^n\}$도 점화식 $a_n = c_1a_{n-1} + c_2a_{n-2}$ $(n \geq 2)$를 만족한다.

정리 2.2.3

c_1, c_2가 상수이고 $c_2 \neq 0$일 때 a_n에 관한 점화식

$$a_n = c_1a_{n-1} + c_2a_{n-2} \quad (n \geq 2)$$

를 생각하여 보자.

수열 $\{s_n\}$이 점화식 $a_n = c_1a_{n-1} + c_2a_{n-2}$ $(n \geq 2)$의 해이고, 특성다항식 $t^2 - c_1t - c_2$이 2개의 서로 다른 근 r_1, r_2를 가진다고 하자. 그러면

$$s_n = pr_1^n + qr_2^n \quad (n = 0,\ 1,\ 2,\ \cdots)$$

가 성립하는 상수 p, q가 존재한다.

다시 말하면, 특성다항식 $t^2 - c_1t - c_2 = 0$이 2개의 서로 다른 근 r_1, r_2을 가질 때 점화식 $a_n = c_1a_{n-1} + c_2a_{n-2}$ $(n \geq 2)$를 만족하는 수열 $\{s_n\}$의 일반항은 $s_n = pr_1^n + qr_2^n$ $(n = 0,\ 1,\ 2,\ \cdots)$꼴로 나타낼 수 있다.

증명 수열 $\{s_n\}$이 점화식 $a_n = c_1a_{n-1} + c_2a_{n-2}$ $(n \geq 2)$의 해라 하자. 정리 2.2.1과 정리 2.2.2에 의하여 $\{pr_1^n + qr_2^n\}$은 점화식 $a_n = c_1a_{n-1} + c_2a_{n-2}$ $(n \geq 2)$를 만족한다. p와 q가 다음이 성립하는 상수라 하자.

$$s_0 = pr_1^0 + qr_2^0 = p + q \quad \cdots ①$$
$$s_1 = pr_1^1 + qr_2^1 = pr_1 + qr_2 \quad \cdots ②$$

①에 r_2를 곱한 다음 ②를 빼면 $p(r_2 - r_1) = s_0r_2 - s_1$을 얻는다. $r_1 \neq r_2$이므로 $p = \dfrac{s_0r_2 - s_1}{r_2 - r_1}$이다.

그리고 ①에 r_1을 곱한 다음 ②를 빼면 $q(r_1 - r_2) = s_0r_1 - s_1$을 얻는다. $r_1 \neq r_2$이므로 $q = \dfrac{s_0r_1 - s_1}{r_1 - r_2}$이다.

n에 관한 수학적 귀납법에 의하여 다음이 성립함을 알 수 있다.

$$s_n = pr_1^n + qr_2^n \quad (n=0,\ 1,\ \cdots)$$

단 $p=\dfrac{s_0r_2-s_1}{r_2-r_1}$, $q=\dfrac{s_0r_1-s_1}{r_1-r_2}$

[기본단계] $n=0$일 때 $pr_1^0+qr_2^0=p+q=s_0$이다. $n=1$일 때

$pr_1+qr_2=\left(\dfrac{s_0r_2-s_1}{r_2-r_1}\right)r_1+\left(\dfrac{s_0r_1-s_1}{r_1-r_2}\right)r_2=s_1$이다.

[귀납적 단계] $n\geq 2$일 때 $k=0,\ 1,\ \cdots,\ n-1$에 대하여

$$s_k=pr_1^k+qr_2^k \quad (k=0,\ 1,\ \cdots,\ n-1)$$

이 성립한다고 가정하자.

$\{s_n\}$이 점화식 $a_n=c_1a_{n-1}+c_2a_{n-2}$ $(n\geq 2)$의 해이고 $s_{n-1}=pr_1^{n-1}+qr_2^{n-1}$, $s_{n-2}=pr_1^{n-2}+qr_2^{n-2}$ 이므로

$$\begin{aligned}s_n &= c_1s_{n-1}+c_2s_{n-2}\\ &= c_1(pr_1^{n-1}+qr_2^{n-1})+c_2(pr_1^{n-2}+qr_2^{n-2})\\ &= (c_1r_1+c_2)pr_1^{n-2}+(c_2+c_1r_2)qr_2^{n-2}\end{aligned}$$

r_1, r_2가 특성다항식 $t^2-c_1t-c_2$의 해이므로 $c_1r_1+c_2=r_1^2$, $c_1r_2+c_2=r_2^2$이고 따라서 $s_n=r_1^2pr_1^{n-2}+r_2^2qr_2^{n-2}=pr_1^n+qr_2^n$이다.

비슷한 방법으로 다음이 성립함을 알 수 있다.

정리 2.2.4

c_1, c_2, $\cdots$, c_k가 상수이고 $c_k\neq 0$일 때 a_n에 관한 점화식

$$a_n=c_1a_{n-1}+c_2a_{n-2}+\cdots+c_ka_{n-k} \quad (n\geq k)$$

를 생각하여 보자.

그러면 다음이 성립한다.

(1) $r\neq 0$일 때, $r^k-c_1r^{k-1}-c_2r^{k-2}-\cdots-c_{k-1}r-c_k=0$일 필요충분조건은 수열 $\{r^n\}$이 주어진 점화식을 만족하는 것이다.

(2) 서로 다른 k개 수열 $\{r_1^n\}$, $\cdots$, $\{r_k^n\}$이 주어진 점화식을 만족하면

$$\{p_1r_1^n+p_2r_2^n+\cdots+p_kr_k^n\} \quad (p_1,\ p_2,\ \cdots,\ p_k\text{는 상수})$$

도 주어진 점화식을 만족한다.

(3) 수열 $\{s_n\}$이 주어진 점화식의 해이고, 특성다항식 $t^k - c_1 t^{k-1} - c_2 t^{k-2} - \cdots - c_{k-1}t - c_k$이 k개의 서로 다른 근 $r_1, r_2, \cdots, r_k$를 가진다고 하자. 그러면

$$s_n = p_1 r_1^n + p_2 r_2^n + \cdots + p_k r_k^n \quad (n = 0, 1, 2, \cdots)$$

가 성립하는 상수 $p_1, p_2, \cdots, p_k$가 존재한다.

다시 말하면, 특성다항식 $t^k - c_1 t^{k-1} - c_2 t^{k-2} - \cdots - c_{k-1}t - c_k$이 k개의 서로 다른 근 $r_1, r_2, \cdots, r_k$을 가질 때 점화식 $a_n = c_1 a_{n-1} + c_2 a_{n-2} + \cdots + c_k a_{n-k}$ $(n \ge k)$를 만족하는 수열 $\{s_n\}$의 일반항은 $s_n = p_1 r_1^n + p_2 r_2^n + \cdots + p_k r_k^n$ $(n = 0, 1, 2, \cdots)$꼴로 나타낼 수 있다.

예제 2.2.13 다음 점화식을 풀어라.

(1) $a_n = 7a_{n-1}$, $a_0 = 5$

(2) $a_n = a_{n-1} + a_{n-2}$, $a_0 = 0$, $a_1 = 1$

풀이 (1) 이 점화식의 특성다항식은 $t-7$이고 그 근은 7이므로

$$a_n = c \cdot 7^n \quad (c\text{는 상수})$$

이다. 초기조건 $a_0 = 5$을 이용하여 $5 = a_0 = c \cdot 7^0 = c$이므로 $c = 5$이고, 따라서

$$a_n = 5 \cdot 7^n \quad (\text{단}, \ n \ge 0)$$

이다.

(2) 이 점화식의 특성다항식은 $t^2 - t - 1$이고 그 근은

$$t = \frac{1+\sqrt{5}}{2}, \quad t = \frac{1-\sqrt{5}}{2}$$

이므로

$$a_n = p_1\left(\frac{1+\sqrt{5}}{2}\right)^n + p_2\left(\frac{1-\sqrt{5}}{2}\right)^n \quad (p_1, \ p_2\text{는 상수})$$

이다. 초기조건 $a_0 = 0$, $a_1 = 1$을 이용하면

$$a_0 = p_1 + p_2 = 0,$$
$$a_1 = p_1\left(\frac{1+\sqrt{5}}{2}\right) + p_2\left(\frac{1-\sqrt{5}}{2}\right) = 1$$

이고 이 연립방정식을 풀면 $p_1 = \frac{1}{\sqrt{5}}$, $p_2 = -\frac{1}{\sqrt{5}}$이다. 따라서

$$a_n = \frac{1}{\sqrt{5}}\left(\frac{1+\sqrt{5}}{2}\right)^n - \frac{1}{\sqrt{5}}\left(\frac{1-\sqrt{5}}{2}\right)^n \quad (\text{단}, \ n \ge 0)$$

이다. ■

정리 2.2.5

c_1, c_2, $\cdots$, c_k가 상수이고 $c_k \neq 0$일 때 a_n에 관한 점화식

$$a_n = c_1 a_{n-1} + c_2 a_{n-2} + \cdots + c_k a_{n-k} \quad (n \geq k) \qquad (*)$$

의 특성다항식을 $p(t)$라고 하자. $p(t)$의 한 근 r이 m차 다중근이라 하자. 즉,

$$p(t) = (t-r)^m q(t) \quad (q(t)\text{는 } q(r) \neq 0\text{인 다항식})$$

이다.

(1) m개의 수열

$$\{r^n\},\ \{nr^n\},\ \cdots,\ \{n^{m-1}r^n\}$$

은 점화식 (*)를 만족한다.

(2) $b_n = (\alpha_0 + \alpha_1 n + \alpha_2 n^2 + \cdots + \alpha_{m-1} n^{m-1}) r^n$로 정의된 수열 $\{b_n\}$도 점화식 (*)를 만족한다(단, α_i는 상수).

증명 (1) 특성다항식 $p(t)$의 한 근 r이 중근이라면 $p(r) = p'(r) = 0$이고 정리 2.2.4에 의해 $\{r^n\}$은 점화식 (*)를 만족한다. 한편 $r^k = c_1 r^{k-1} + c_2 r^{k-2} + \cdots + c_{k-1} r + c_k$이고

$$rp'(r) = kr^k - c_1(k-1)r^{k-1} - \cdots - c_{k-1} r,$$

$$kp(r) = kr^k - c_1 k r^{k-1} - \cdots - kc_k \text{ 이므로}$$

$$\begin{aligned} & nr^n - c_1(n-1)r^{n-1} - c_2(n-2)r^{n-2} - \cdots - c_k(n-k)r^{n-k} \\ &= r^{n-k}(nr^k - c_1(n-1)r^{k-1} - c_2(n-2)r^{k-2} - \cdots - c_k(n-k)) \\ &= r^{n-k}(np(r) + c_1 r^{k-1} + 2c_2 r^{k-2} + \cdots + (k-1)c_{k-1} r + kc_k) \\ &= r^{n-k}(np(r) + rp'(r) - kp(r)) = 0 \end{aligned}$$

이다. 따라서 수열 $\{nr^n\}$은 점화식 (*)를 만족한다.

비슷한 방법으로 r이 특성다항식 $p(t)$의 m차 다중근일 때

$$\{r^n\},\ \{nr^n\},\ \cdots,\ \{n^{m-1}r^n\}$$

이 점화식 (*)를 만족함을 보일 수 있다.

(2) 수열

$$\{r^n\},\ \{nr^n\},\ \cdots,\ \{n^{m-1}r^n\}$$

이 점화식 (*)를 만족하므로 정리 2.2.4에 의하여

$$\{b_n\} = \{(\alpha_0 + \alpha_1 n + \alpha_2 n^2 + \cdots + \alpha_{m-1} n^{m-1}) r^n\}$$

도 점화식 (*)를 만족한다.

예제 2.2.14 다음 점화식을 풀어라.

$$a_n - 4a_{n-1} + 4a_{n-2} = 0,\ a_0 = 1,\ a_1 = 8$$

풀이 이 점화식의 특성다항식은 $p(t) = t^2 - 4t + 4 = (t-2)^2$이고 $t = 2$는 $p(t)$의 중근이므로

$$a_n = p_1 2^n + p_2 n 2^n$$

이다. 초기조건 $a_0 = 1,\ a_1 = 8$을 이용하면

$$1 = a_0 = p_1,$$
$$8 = a_1 = 2p_1 + 2p_2$$

이고 이 연립방정식을 풀면 $p_1 = 1,\ p_2 = 3$이므로

$$a_n = 1 \cdot 2^n + 3n2^n = (3n+1)2^n \quad (\text{단, } n \geq 0)$$

이다. ■

지금까지

$$a_n = c_1 a_{n-1} + c_2 a_{n-2} + \cdots + c_k a_{n-k} \quad (n \geq k,\ c_k \neq 0)$$

형태의 **선형동차점화식**(linear homogeneous recurrence relation)을 살펴보았다. 이제 n에 관한 함수 $f(n)$이 첨가된

$$a_n = c_1 a_{n-1} + c_2 a_{n-2} + \cdots + c_k a_{n-k} + f(n) \quad (n \geq k,\ c_k \neq 0)$$

형태의 **비동차점화식**(nonhomogeneous recurrence relation)을 살펴보자.

정리 2.2.6

$c_1,\ c_2,\ \cdots,\ c_k$가 상수이고 $c_k \neq 0$일 때 선형동차점화식

$$a_n = c_1 a_{n-1} + c_2 a_{n-2} + \cdots + c_k a_{n-k} \quad (n \geq k) \qquad \text{(a)}$$

과 비동차점화식

$$a_n = c_1 a_{n-1} + c_2 a_{n-2} + \cdots + c_k a_{n-k} + f(n) \qquad \text{(b)}$$

을 생각해보자.

$c_1,\ c_2,\ \cdots,\ c_k$가 상수이고 $c_k \neq 0$일 때 선형동차점화식

(1) 수열 $\{x_n\}$이 선형동차점화식 (a)를 만족하고 $\{p_n\}$이 비동차점화식 (b)를 만족하는 한 특수한 수열이라면 수열 $\{x_n + p_n\}$도 비동차점화식 (b)를 만족한다.

(2) 역으로 비동차점화식 (b)를 만족하는 임의의 수열은 $\{x_n + p_n\}$의 형태로 쓸 수 있다(단, $\{x_n\}$은 선

예제 2.2.17 다음 점화식을 풀어라.

$$a_n = -3a_{n-1} + n \quad (n \geq 1),\ a_0 = 2$$

풀이 점화식 $a_n = -3a_{n-1}$의 특성다항식은 $t+3$이고 그 근은 $t=-3$이므로 점화식 $a_n = -3a_{n-1}$의 일반해 x_n은 $x_n = q_1(-3)^n$이다. 위 점화식의 특수해 p_n을 $p_n = b+cn$이라 하면 위의 비동차점화식에 대입하여

$$b+cn = -3(b+c(n-1))+n = (1-3c)n-3b+3c$$

이 되어 $b=\frac{3}{16}$, $c=\frac{1}{4}$이고, 따라서 $p_n = \frac{1}{4}n+\frac{3}{16}$이다. 그러므로 주어진 점화식의 일반해 a_n은

$$a_n = x_n + p_n = q_1(-3)^n + \frac{1}{4}n + \frac{3}{16}$$

이다. 초기조건 $a_0=2$을 이용하면 $2 = a_0 = q_1 + \frac{3}{16}$이므로 $q_1 = \frac{29}{16}$이다.

따라서 $a_n = \frac{29}{16}(-3)^n + \frac{1}{4}n + \frac{3}{16}$ 이다. ■

예제 2.2.18 다음 점화식을 풀어라.

$$a_n = a_{n-1} + n \quad (n \geq 1),\ a_1 = 1$$

풀이 점화식 $a_n = a_{n-1}$의 특성다항식은 $t-1$이고 그 근은 $t=1$이므로 점화식 $a_n = a_{n-1}$의 일반해 x_n은 $x_n = q_1 \cdot 1^n = q_1$이다. 위 점화식의 특수해 p_n을 $p_n = b+cn$이라 하면 위의 비동차점화식에 대입하여 $p_n = p_{n-1}+n$이므로 다음이 성립한다.

$$b+cn = (b+c(n-1))+n$$

계수를 비교하면 $b=b-c$, $c=c+1$, 즉 $0=1$이 되어 모순이다. 그러므로 $p_n = b+cn$은 위 점화식의 특수해가 될 수 없다. 이제 특수해 p_n을 $p_n = b+cn+dn^2$이라 하면 $p_n = p_{n-1}+n$이므로 다음이 성립한다.

$$b+cn+dn^2 = (b+c(n-1)+d(n-1)^2)+n$$

계수를 비교하면 $c = 1+c-2d$, $b = b-c+d$로부터 $c=\frac{1}{2}$, $d=\frac{1}{2}$이다. b는 모든 수가 가능하므로 $b=0$으로 택한다. 그러면 $p_n = \frac{1}{2}n+\frac{1}{2}n^2$이다. 따라서 주어진 점화식의 일반해 a_n은 $a_n = x_n + p_n = q_1 + \frac{1}{2}n + \frac{1}{2}n^2$이다. 초기조건 $a_1 = 1$을 이용하면 $1 = a_1 = q_1 + 1$이므로 $q_1 = 0$이다. 따라서 $a_n = \frac{1}{2}n + \frac{1}{2}n^2 = \frac{n(n+1)}{2}$이다.

연습문제 2.2

01 다음과 같이 점화식으로 나타내어지는 수열의 처음 다섯 항을 구하여라.

(1) $a_n = a_{n-1} + 3 \quad (n \geq 1),\ a_0 = 1$

(2) $a_n = a_{n-1} + 3n \quad (n \geq 1),\ a_0 = 4$

(3) $a_n = 7a_{n-1} - 6a_{n-2} + 5 \quad (n \geq 2),\ a_0 = 3,\ a_1 = 2$

(4) $a_n = a_{n-1} + a_{n-2} + n \quad (n \geq 2),\ a_0 = 1,\ a_1 = 2$

02 피보나치 수열의 일반항은 다음과 같다.

$$f_n = \frac{1}{\sqrt{5}}\left(\frac{1+\sqrt{5}}{2}\right)^n - \frac{1}{\sqrt{5}}\left(\frac{1-\sqrt{5}}{2}\right)^n \quad (\text{단, } n \geq 0)$$

$n = 0,\ 1,\ 2,\ 3,\ 4$에 대한 f_n을 계산하여라.

03 0과 1로 이루어진 n자리수 중 0이 연속으로 3번 이상은 나오지 않는 수의 개수를 a_n이라 할 때 a_n에 대한 점화식을 구하여라.

04 연이율이 8%인 은행에 50000원을 저금할 때 복리로 계산된 n년 후의 원리합계를 a_n이라 하자. a_n에 대한 점화식을 구하여라. a_4와 a_{10}을 구하여라.

05 6명 $p_1,\ p_2,\ p_3,\ p_4,\ p_5,\ p_6$이 이산수학 강의를 듣고 있다. 이 6명을 두 명씩 짝짓는 방법을 나열하고 그 개수를 구하여라.

06 8명 $p_1,\ p_2,\ p_3,\ p_4,\ p_5,\ p_6,\ p_7,\ p_8$이 이산수학 강의를 듣고 있다. 이 8명을 두 명씩 짝짓는 방법을 나열하고 그 개수를 구하여라.

07 $2n$명이 이산수학 강의를 듣고 있다. 이 $2n$명을 두 명씩 짝짓는 방법의 수를 a_n이라 할 때 a_n에 대한 점화식과 일반항을 구하여라.

08 다음 육각형의 삼각형 분할 방법을 그리고, 육각형의 삼각형 분할 방법 수 T_4를 구하여라.

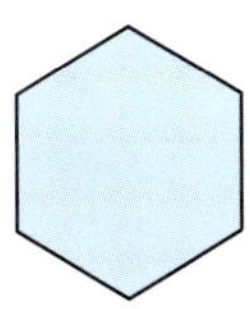

09 다음 칠각형의 각 꼭지점을 다음 그림과 같이 v_0, v_a, v_1, v_2, v_3, v_4, v_5라 할 때 칠각형의 삼각형 분할 방법 수 T_5를 구하여라.

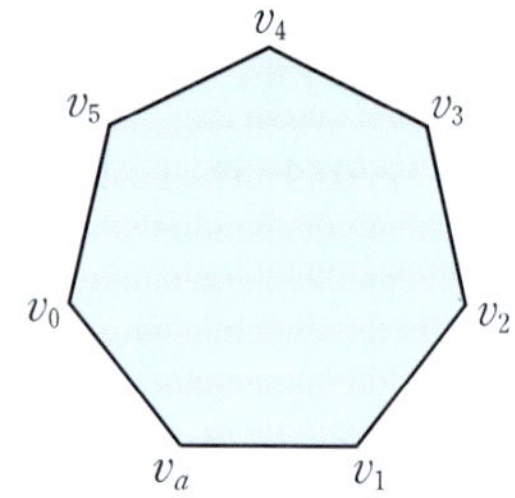

10 다음 팔각형의 각 꼭지점을 다음 그림과 같이 v_0, v_a, v_1, v_2, v_3, v_4, v_5, v_6라 할 때 팔각형의 삼각형 분할 방법 수 T_6를 구하여라.

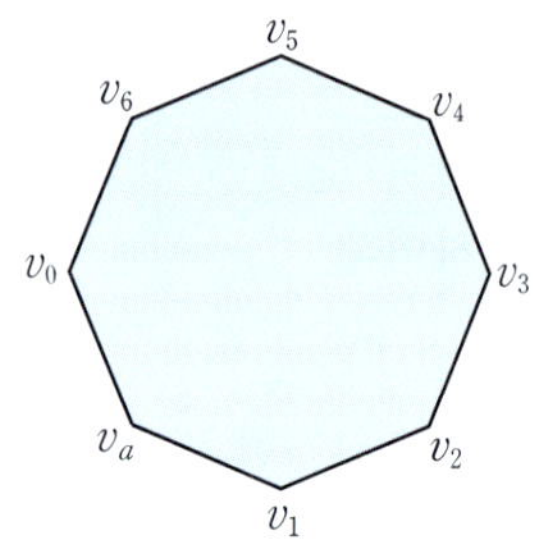

11 각 꼭지점을 다음 그림과 같이 v_0, v_a, v_1, v_2, $\cdots$, v_{n-1}, v_n라 할 때 $(n+2)$각형의 삼각형 분할 방법 수 T_n을 구하여라.

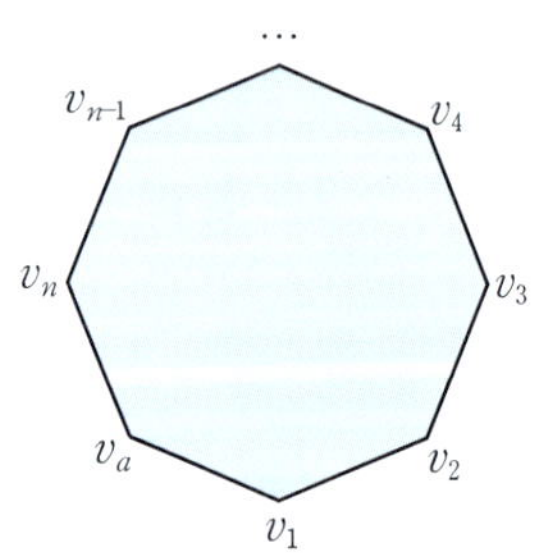

12 1과 2로 이루어진 n자리수 중 1이 연속으로 나오지 않는 수의 개수를 a_n이라 할 때 a_n에 대한 점화식과 일반항을 구하여라.

13 크기가 서로 다른 4개의 원판이 아래 그림과 같이 크기 순서대로 막대기1에 끼워져 있다. 다른 두 개의 막대기를 이용하여 이 4개의 원판을 막대기3으로 옮기는 과정을 설명하고, 필요한 최소 이동 회수를 구하여라(단, 한 번에 한 개의 원판만을 옮길 수 있으며 어떤 원판위에 그보다 큰 원판을 놓지 못한다).

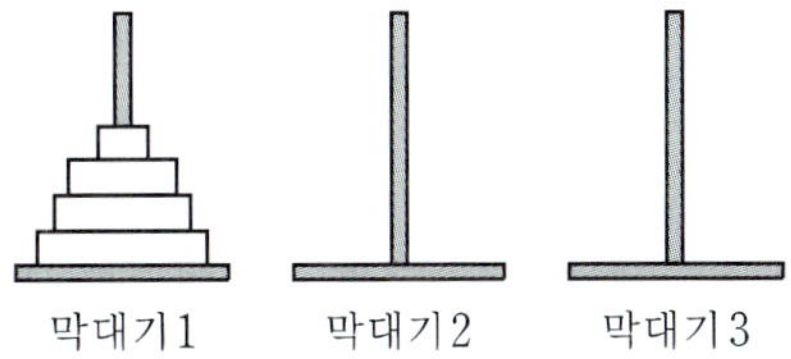

14 크기가 서로 다른 6개의 원판이 아래 그림과 같이 크기 순서대로 막대기1에 끼워져 있다. 다른 두 개의 막대기를 이용하여 이 6개의 원판을 최소 이동 회수로 막대기3으로 옮기려고 한다(단, 한 번에 한 개의 원판만을 옮길 수 있으며 어떤 원판위에 그보다 큰 원판을 놓지 못한다). 맨 위 가장 작은 원판을 어느 막대기로 옮겨야 하는지를 설명하여라.

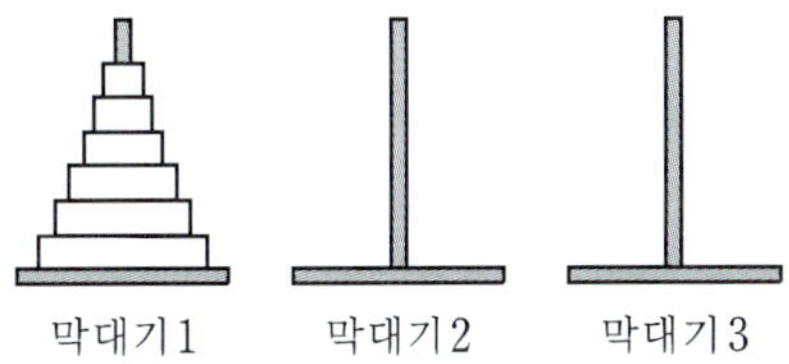

막대기1에 있는 원판의 개수가 짝수개일 때 맨 위 가장 작은 원판을 어느 막대기로 옮겨야 하는가? 막대기1에 있는 원판의 개수가 홀수개일 때 맨 위 가장 작은 원판을 어느 막대기로 옮겨야 하는가?

15 철수가 계단을 오르는데 한 걸음에 한 계단이나 두 계단씩 오른다고 한다. 이런 방법으로 철수가 5개의 계단을 오를 수 있는 서로 다른 방법을 2개의 계단을 오를 수 있는 서로 다른 방법을 나타낸 다음 그림처럼 그림으로 나타내어라.

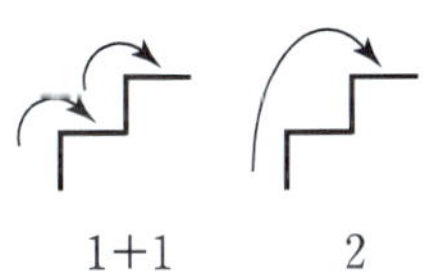

16 철수가 계단을 오르는데 한 걸음에 한 계단이나 두 계단씩 오른다고 한다. 이런 방법으로 2개의 계단을 오를 수 있는 서로 다른 방법을 나타낸 다음 그림을 숫자의 합 "1+1, 2"으로 나타내기로 하자. 철수가 6개의 계단을 오를 수 있는 서로 다른 방법을 숫자의 합으로 모두 나타내어라.

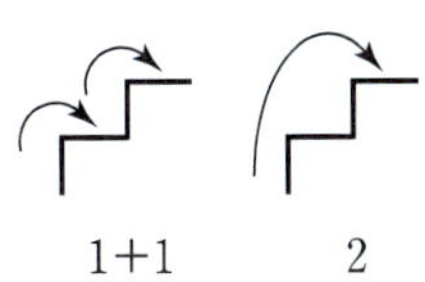

17 철수가 계단을 오르는데 한 걸음에 한 계단이나 두 계단씩 오른다고 한다. 이런 방법으로 2개의 계단을 오를 수 있는 서로 다른 방법을 나타낸 다음 그림을 숫자의 합 "1+1, 2"으로 나타내기로 하자. 철수가 7개의 계단을 오를 수 있는 서로 다른 방법을 숫자의 합으로 모두 나타내어라.

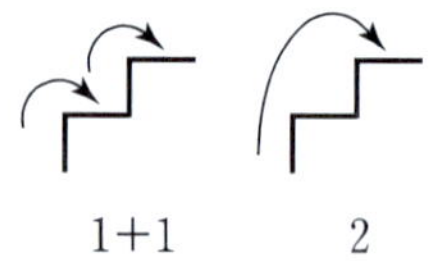

18 철수가 계단을 오르는데 한 번에 최대 3계단까지 올라갈 수 있다고 한다. 이런 방법으로 철수가 n개의 계단을 오를 수 있는 서로 다른 방법의 수를 a_n이라 할 때 a_n에 대한 점화식을 구하고, 10개의 계단을 오르는 방법의 수를 구하여라.

19 철수가 계단을 오르는데 한 번에 최대 3계단까지 올라갈 수 있다고 한다. 이런 방법으로 2개의 계단을 오를 수 있는 서로 다른 방법을 나타낸 다음 그림을 숫자의 합 “1+1, 2”으로 나타내기로 하자. 철수가 5개의 계단을 오를 수 있는 서로 다른 방법을 숫자의 합으로 모두 나타내어라.

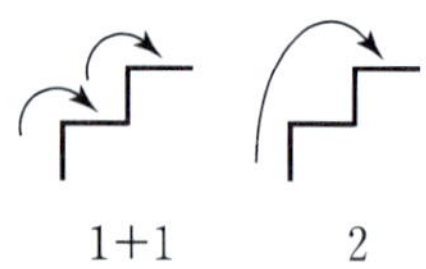

20 철수가 계단을 오르는데 한 번에 최대 3계단까지 올라갈 수 있다고 한다. 이런 방법으로 2개의 계단을 오를 수 있는 서로 다른 방법을 나타낸 다음 그림을 숫자의 합 “1+1, 2”으로 나타내기로 하자. 철수가 6개의 계단을 오를 수 있는 서로 다른 방법을 숫자의 합으로 모두 나타내어라.

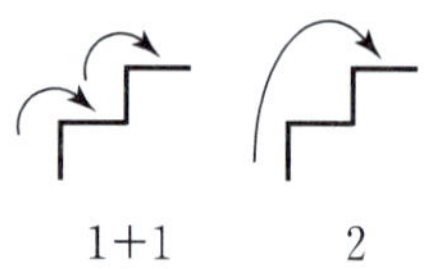

21 다음 물음에 답하여라.

$2\times n$판 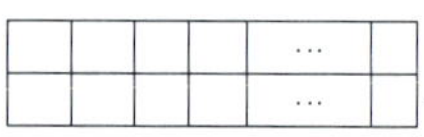을 n개의 도미노(2×1판  또는 1×2판 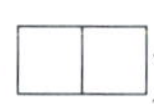)로 덮을 수 있는 방법의 수를 a_n이라 할 때 a_n에 대한 점화식을 구하여라.

22 다음 점화식을 풀어라.

$$a_n = 5a_{n-1} - 6a_{n-2},\ a_0 = 1,\ a_1 = 4$$

23 다음 점화식을 풀어라.

$$a_n = 7a_{n-1} - 15a_{n-2} + 9a_{n-3}(n \geq 3),\ a_0 = 1, a_1 = 2, a_2 = 4$$

24 다음 점화식을 풀어라.

$$a_n = -2a_{n-1} + 15a_{n-2} + 24 \quad (n \geq 2),\ a_0 = 3,\ a_1 = 5$$

25 다음 점화식을 풀어라.

$$a_n = 2a_{n-1} + 3a_{n-2} + 5^n \quad (n \geq 2),\ a_0 = -2,\ a_1 = 1$$

26 다음 점화식을 풀어라.

$$a_n - 5a_{n-1} = 5^n,\ a_0 = 1$$

27 다음 점화식을 풀어라.

$$a_n = a_{n-1} + n^2 \quad (n \geq 1),\ a_1 = 1$$

2.3 알고리즘

알고리즘(algorithm)은 주어진 문제를 (컴퓨터를 사용해서) 해결하기 위한 (효율적인) 방법을 의미한다. 알고리즘이란 어떤 값이나 값의 집합을 입력으로 받아 값이나 값의 집합을 출력하는 잘 정의된 계산 절차를 말한다. 따라서 알고리즘은 입력을 출력으로 변환하는 일련의 계산과정이라 할 수 있다.

미국 스탠포드 대학의 Knuth 교수는 "The Art of Computer Programming[21]"에서 알고리즘의 5가지 특징을 다음과 같이 기술하고 있다.

1. **유한성**(finiteness) : 알고리즘은 유한 번 과정 안에 끝나야 한다.
2. **명확성**(definiteness) : 알고리즘의 각 단계는 명확하게 정의되어야 한다.
3. **입력**(input) : 알고리즘이 시작되기 위해서는 초기에 어떤 특정한 값을 입력해야 한다.
4. **출력**(output) : 알고리즘은 입력과 관계가 있는 몇 개의 출력이 있어야 한다.
5. **유효성**(effectiveness) : 알고리즘에서의 모든 작업은 정확해야 하며 종이와 연필로 유한 시간에 끝낼 수 있어야 한다.

문제에 따라서 그 문제를 해결할 수 있는 알고리즘이 없거나 여러 개 존재할 수 있으며, 여러 개인 경우 어느 알고리즘이 더 효율적인가 하는 문제가 발생한다. 여기서 효율적이라는 것은 알고리즘이 수행되었을 때 그 답을 얻는데 걸리는 시간이 얼마나 적게 사용되는 가를 의미한다.

예제 2.3.1 다음은 두 수 중 큰 수를 찾는 알고리즘이다.

```
Algorithm max(a, b)
Begin
        max = a
        if b > max then
        max = b
        print max
End
```

예제 2.3.2 다음은 세 수 중 가장 큰 수를 찾는 알고리즘이다.

```
Algorithm max(a, b, c)
Begin
        max = a
        if b > max then
        max = b
        if c > max then
        max = c
        print max
End
```

예제 2.3.3 다음은 n개의 수 중 가장 큰 수를 찾는 알고리즘이다.

```
Algorithm max(a_1, a_2, ..., a_n)
Begin
        max = a_1
        i = 2
        while i ≤ n
        {
        if max < a_i then max = a_i
        i = i + 1
        }
        print max
End
```

예제 2.3.4 다음은 두 수를 교환하는 알고리즘이다.

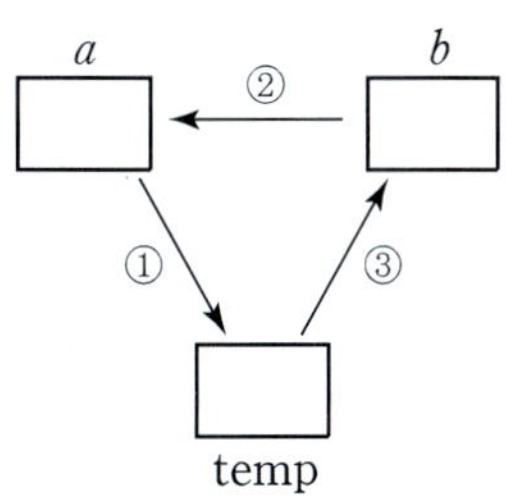


```
Algorithm exchange(a, b)
Begin
        temp = a
        a = b
```

```
        b = temp
    End
```

n개의 데이터로 이루어진 수열 $a_1, a_2, \cdots, a_n$을 크기가 증가하는 순서로 재배치하는 데 이용되는 알고리즘을 **정렬 알고리즘**(sorting algorithm)이라고 한다. 버블정렬, 선택정렬, 병합정렬, 퀵정렬에 대하여 알아보도록 한다.

버블정렬

버블정렬(bubble sort)은 정렬 알고리즘 중 가장 간단한 알고리즘이다. 버블정렬은 배열 A에 있는 데이터를 처음부터 두 개씩 차례로 비교하면서 그 값의 크기에 따라 서로 교환하면서 배열에 있는 데이터 중에서 가장 큰 데이터를 배열의 끝 자리로 옮겨 놓는다. 가장 큰 데이터의 위치가 정해진 후에는 이 데이터는 더 이상 고려할 필요가 없으므로 남아있는 데이터 중에서 가장 큰 데이터를 앞에서와 마찬가지로 배열 맨 끝의 두 번째 자리에 옮겨 놓는다. 이와 같은 과정을 여러 번 반복하면 오름차순으로 정렬시킬 수 있다.

예제 2.3.5 5개의 데이터가 배열 A에 입력되어 있을 때 4단계를 거쳐 오름차순으로 정렬되는 과정을 살펴보자.

	[0]	[1]	[2]	[3]	[4]
A	27	20	30	8	15

배열 A에 저장된 5개의 수

1단계 : $A[0]$와 $A[1]$, $A[1]$와 $A[2]$, $A[2]$와 $A[3]$, $A[3]$와 $A[4]$를 차례로 비교하면서 교환 여부를 수행한다.

교환

	[0]	[1]	[2]	[3]	[4]
A	27	20	30	8	15

	[0]	[1]	[2]	[3]	[4]
A	20	27	30	8	15

	[0]	[1]	[2]	[3]	[4]
A	20	27	30	8	15

	[0]	[1]	[2]	[3]	[4]
A	20	27	8	30	15

	[0]	[1]	[2]	[3]	[4]
A	20	27	8	15	30

1단계 정렬 완료

2단계 : 1단계를 거쳐 $A[4]$에 가장 큰 값이 입력되었으므로 정렬 대상에서 제외하고, $A[0]$와 $A[1]$, $A[1]$와 $A[2]$, $A[2]$와 $A[3]$를 차례로 비교하면서 교환 여부를 수행한다.

	[0]	[1]	[2]	[3]	[4]
A	20	27	8	15	30

	[0]	[1]	[2]	[3]	[4]
A	20	27	8	15	30

	[0]	[1]	[2]	[3]	[4]
A	20	8	27	15	30

	[0]	[1]	[2]	[3]	[4]
A	20	8	15	27	30

2단계 정렬 완료

3단계 : 2단계를 거쳐 $A[3]$에 두 번째로 큰 값이 입력되었으므로 정렬 대상에서 제외하고, $A[0]$와 $A[1]$, $A[1]$와 $A[2]$를 차례로 비교하면서 교환 여부를 수행한다.

	[0]	[1]	[2]	[3]	[4]
A	20	8	15	27	30

	[0]	[1]	[2]	[3]	[4]
A	8	20	15	27	30

	[0]	[1]	[2]	[3]	[4]
A	8	15	20	27	30

3단계 정렬 완료

4단계 : 3단계를 거쳐 $A[2]$에 세 번째로 큰 값이 입력되었으므로 정렬 대상에서 제외하고, $A[0]$와 $A[1]$를 비교하여 교환 여부를 수행한다.

	[0]	[1]	[2]	[3]	[4]
A	8	15	20	27	30

	[0]	[1]	[2]	[3]	[4]
A	8	15	20	27	30

버블 정렬 완료

버블정렬 알고리즘은 다음과 같다.

① 인접한 두 데이터를 비교한다.

② 앞의 데이터가 뒤 데이터보다 크면 상호 교환하고 아니면 계속 다음 인접한 두 수를 비교한다.

③ 모든 데이터를 비교한 다음 한 단계가 끝난다.

①~③을 반복 수행한다.

예제 2.3.6 5개의 데이터 88, 77, 66, 55, 44를 버블정렬을 이용하여 오름차순으로 정렬할 때 수행되는 과정을 단계별로 보여라.

풀이 초기상태 : 88, 77, 66, 55, 44

1단계 : 77, 66, 55, 44, 88 2단계 : 66, 55, 44, 77, 88

3단계 : 55, 44, 66, 77, 88 4단계 : 44, 55, 66, 77, 88

버블정렬에서 n개의 데이터를 정렬할 때 1단계에서는 가장 큰 데이터를 배열의 맨 끝 위치로 옮기기 위해 $n-1$번 비교하고, 2단계에서는 데이터를 $n-2$번 비교한다. 일반적으로 i단계에서는 데이터를 $n-i$번 비교한다. 그러므로 버블정렬에서 n개의 데이터를 정렬할 때, 총 비교횟수는 다음과 같다.

$$(n-1)+(n-2)+\cdots+2+1=\frac{n(n-1)}{2}$$

예를 들어 데이터가 10개일 때 최악의 경우 $\frac{10(10-1)}{2}=45$번의 교환을 해야 한다. 버블정렬에서 데이터가 역순으로 배열되어 있을 때 데이터의 교환이 가장 많이 발생하며 비교 횟수만큼 교환이 일어난다.

버블정렬 알고리즘은 다음과 같다.

```
Algorithm bubble_sort(A, n)
                        // A = (A[0], A[1], ···, A[n-1])
Begin
  for i = 1 to n-1
     for j = 1 to n-i
        if (A[j-1] > A[j]) then
          {
            temp = A[j-1]
            A[j-1] = A[j]
            A[j] = temp
          }
End
```

선택정렬

선택정렬(selection sort)은 실생활에서 가장 많이 사용하는 정렬 방법이다. 예를 들어 여러 장의 카드를 왼쪽에서 오른쪽으로 오름차순으로 정렬할 때 그 중에서 가장 작은 카드를 찾아서 제일 왼쪽에 놓고, 다시 남은 카드들 중에서 가장 작은 카드를 찾아서 그 카드들 중 가장 왼쪽에 놓는 작업을 함으로써 카드를 오름차순으로 정렬할 것이다. 이러한 방법을 선택정렬이라 한다. 버블정렬은 두 개의 데이터의 비교를 통해 교환해나가는 방식이지만 선택정렬은 기준위치를 정한 다음 나머지 데이터들과의 비교를 통해 최소값을 기준위치에 있는 데이터와 교환하는 방식이다.

예를 들면 n개의 데이터가 A라는 배열($A[0]$, $A[1]$, $\cdots$, $A[n-2]$, $A[n-1]$)에 주어졌을 때 배열의 전체 데이터 중에서 가장 작은 데이터를 찾아서 선택하고 첫 번째 데이터와 자리를 교환한다. 그러면 배열의 첫 번째 자리 $A[0]$에는 전체 데이터들 중 가장 작은 데이터가 저장된다. 배열의 첫 번째 데이터를 제외한 나머지 데이터 중에서 가장 작은 값을 찾아 배열의 두 번째 데이터와 자리를 교환한다. 이와 같이 계속해나가면 오름차순 정렬이 완성된다.

예제 2.3.7 5개의 데이터가 배열 A에 입력되어 있을 때 4단계를 거쳐 오름차순으로 선택정렬되는 과정을 살펴보자.

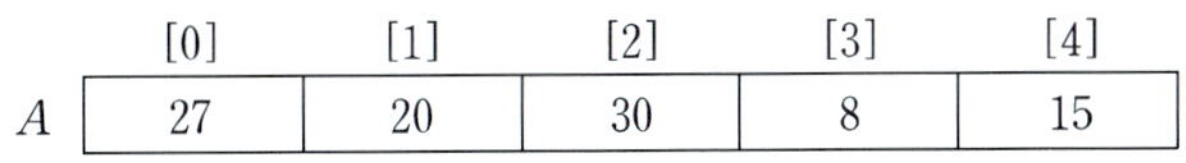

배열 A에 저장된 5개의 데이터

1단계 : $A[0]$을 기준위치로 정하고, 전체 데이터 중에서 가장 작은 데이터 8을 선택하여 기준 위치에 있는 데이터 27과 자리를 교환한다.

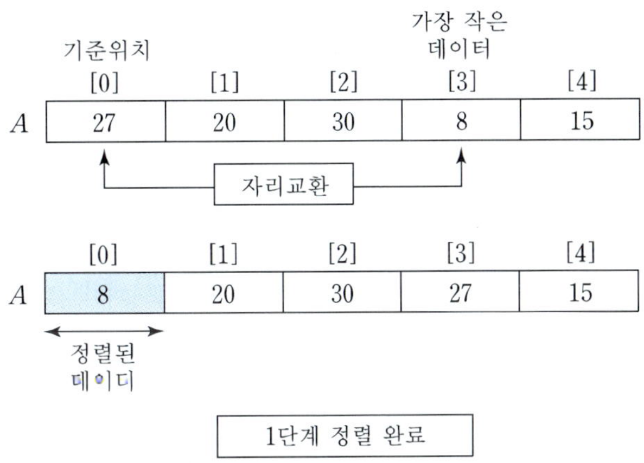

2단계 : $A[1]$을 기준위치로 정하고, 나머지 데이터 중에서 가장 작은 데이터 15를 선택하여 기준 위치에 있는 원소 20과 자리를 교환한다.

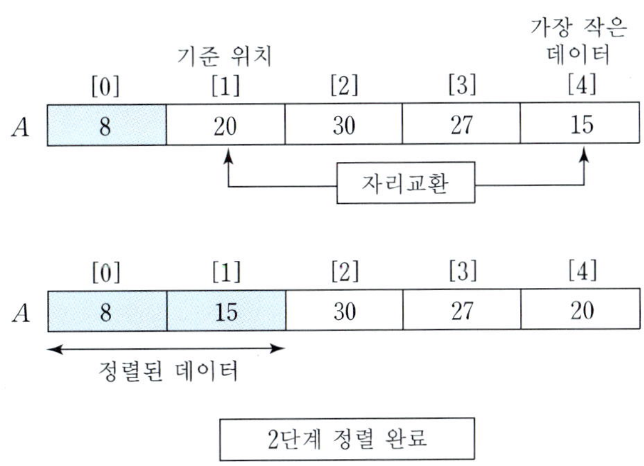

3단계 : $A[2]$를 기준위치로 정하고, 나머지 데이터 중에서 가장 작은 데이터 20을 선택하여 기준위치에 있는 데이터 30과 자리를 교환한다.

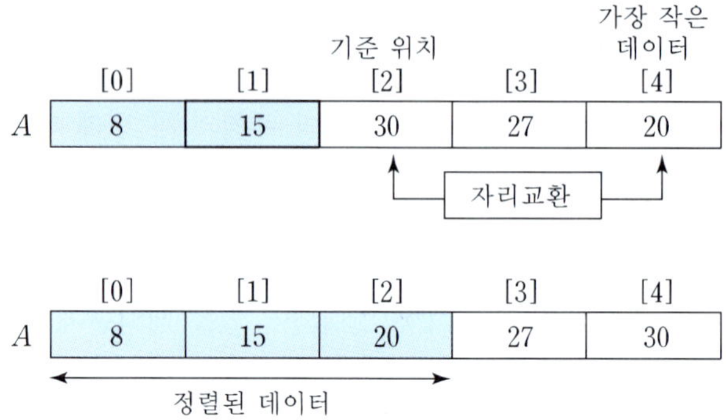

3단계 정렬 완료

4단계 : $A[3]$를 기준위치로 정하고, 나머지 데이터 중에서 가장 작은 데이터 27을 선택하여 기준위치에 있는 데이터 27과 자리를 교환한다.

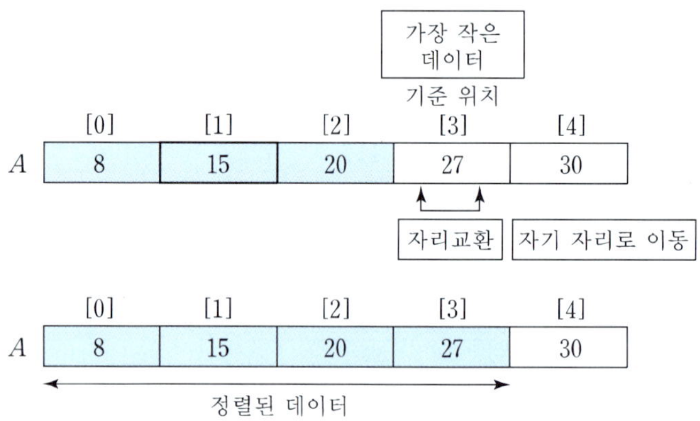

4단계 정렬 완료

5단계 : 마지막에 남은 데이터는 전체 데이터 중에서 가장 큰 데이터로서 이미 정렬된 상태이므로 실행을 종료하고 선택정렬이 완성된다.

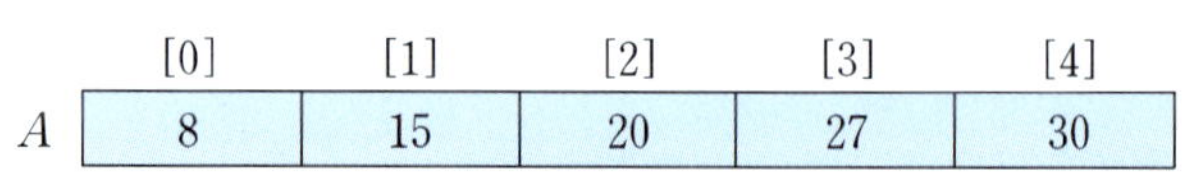

선택 정렬 완료

선택정렬에서 n개의 데이터를 정렬할 때 1단계에서는 $A[0]$을 기준위치로 하여 데이터를 $n-1$번 비교하고, 2단계에서는 $A[1]$을 기준위치로 하여 데이터를 $n-2$번 비교한다. 일반적으로 i단계에서는 $A[i-1]$을 기준위치로 하여 데이터를 $n-i$번 비교한다. 그러므로 선택정렬에서 n개의 데이터를 정렬할 때, 총 비교횟수는 다음과 같다.

$$(n-1)+(n-2)+\cdots+2+1=\frac{n(n-1)}{2}$$

선택정렬은 데이터의 이동을 최소화하면서 정렬시키는 방식이다.
선택정렬 알고리즘은 다음과 같다.

```
Algorithm selection_sort(A, n)
                                  // A = (A[0], A[1], …, A[n-1])
Begin
    for i = 0 to n-2
          min = i
          for j = i+1 to n-1
             if (A[j] < A[min]) then min = j
          {
          temp = A[i]
          A[i] = A[min]
          A[min] = temp
          }
End
```

알고리즘에서 min은 최소값이 들어있는 배열의 인덱스 값이다.

병합정렬

병합정렬(merge sort)은 정렬하고자 하는 데이터의 모임을 비슷한 크기의 두 부분으로 반복해서 나눈 뒤, 나뉘어진 부분 데이터들을 정렬한 다음에 다시 병합하면서 하나의 정렬된 데이터 모임으로 합하는 방법이다

두 정렬된 배열 L_1과 L_2를 합쳐서 하나의 정렬된 배열 L을 만드는 방법은 다음과 같다.
① 두 정렬된 배열 L_1과 L_2의 최소값을 비교하여 작은 값을 L로 옮긴다.
② 두 배열 중 하나라도 빌 때까지 ①을 반복한다.
③ 남은 배열을 L로 옮긴다.

이와 같이 정렬하는 방법을 **병합알고리즘**(merge algorithm)이라고 한다.

예제 2.3.8 두 정렬된 배열 $L_1 = (1, 2, 6)$, $L_2 = (4, 5, 8)$을 병합알고리즘을 이용하여 정렬하여라.

풀이

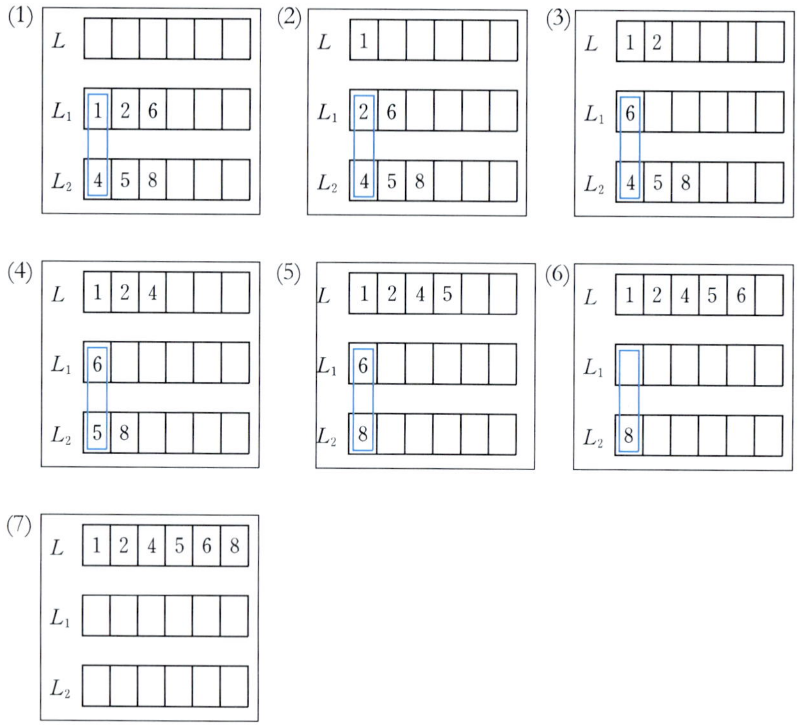

■

예제 2.3.9 데이터가 9, 6, 4, 8, 1, 2, 7, 3인 경우 병합정렬하는 방법은 다음과 같다.

[분할 과정]

주어진 데이터를 배열 A에 넣으면 다음과 같다.

	[0]	[1]	[2]	[3]	[4]	[5]	[6]	[7]
A	9	6	4	8	1	2	7	3

배열의 중간위치를 구한다. $m = \left\lfloor \frac{0+7}{2} \right\rfloor = 3$을 구한 다음 두 부분으로 분할한다.

(9, 6, 4, 8), (1, 2, 7, 3)

각 부분배열에 대하여 부분배열의 크기가 1이 될 때까지 반복해서 두 부분으로 분할한다.

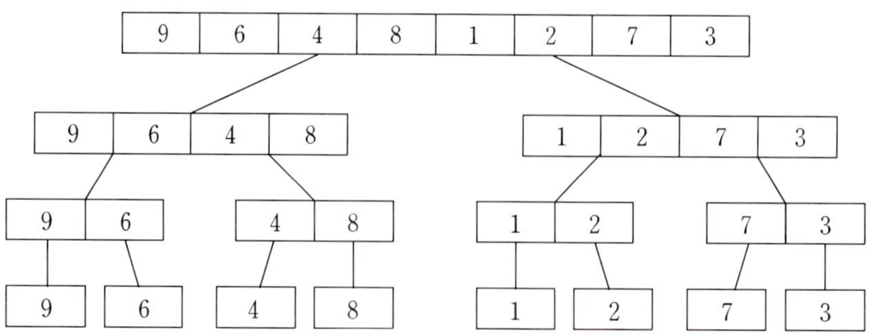

병합정렬의 분할

다음으로 나뉘어진 정렬된 부분배열들을 병합알고리즘을 이용하여 병합한다.

예를 들어 부분배열 9와 6을 병합알고리즘을 이용하여 병합하면 정렬된 배열 (6, 9)을 얻고, 부분배열 4와 8을 병합알고리즘을 이용하여 병합하면 정렬된 배열 (4, 8)을 얻고, 이 정렬된 두 부분배열 (6, 9)와 (4, 8)을 병합알고리즘을 이용하여 병합하면 정렬된 배열 (4, 6, 8, 9)를 얻는다. 이와 같은 과정을 반복 실행하면 하나의 정렬된 배열을 완성할 수 있다.

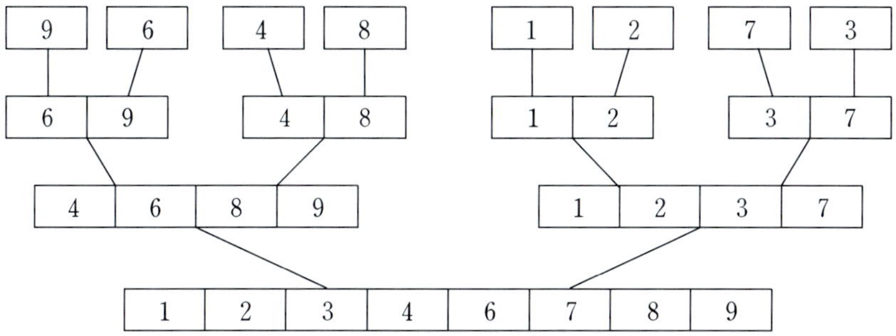

병합정렬 과정

예제 2.3.10 두 정렬된 배열 $L_1 = (1, 3, 5, 7, 9)$과 $L_2 = (2, 4, 6, 8)$을 병합정렬하고 그 비교횟수를 구하여라.

풀이 두 배열 L_1과 L_2의 병합정렬한 배열 L을 얻는 과정은 다음 표와 같다. 두 배열 L_1과 L_2의 최소값을 8번 비교해야 한다.

L_1	L_2	L
1, 3, 5, 7, 9	2, 4, 6, 8	
3, 5, 7, 9	2, 4, 6, 8	1
3, 5, 7, 9	4, 6, 8	1, 2
5, 7, 9	4, 6, 8	1, 2, 3
5, 7, 9	6, 8	1, 2, 3, 4
7, 9	6, 8	1, 2, 3, 4, 5
7, 9	8	1, 2, 3, 4, 5, 6
9	8	1, 2, 3, 4, 5, 6, 7
9		1, 2, 3, 4, 5, 6, 7, 8
		1, 2, 3, 4, 5, 6, 7, 8, 9

■

병합알고리즘을 이용한 **병합정렬 알고리즘**(merge sort algorithm)은 다음과 같다.

정렬되어 있는 두 배열 $(A[i], A[i+1], \cdots, A[j])$와 $(A[j+1], \cdots, A[k])$을 합쳐 정렬된 하나의 배열 $(A[i], A[i+1], \cdots, A[k])$을 얻는 병합알고리즘을

$$\text{Algorithm merge}(A,\ i,\ j,\ k)$$

라 하자.

```
Algorithm merge_sort(A, i, j)
                              // A = (A[i], A[i+1], …, A[j])
Begin
        if i = j then
        return
        if i < j then
        m = ⌊(i+j)/2⌋
        merge_sort(A, i, m)
        merge_sort(A, m+1, j)
        merge(A, i, m, j)
End
```

알고리즘에서 m은 배열의 중간 위치를 계산한다.

병합정렬에서 n개의 데이터를 정렬할 때, 평균 비교횟수가 약 $n\log_2 n$임이 알려져 있다.

퀵정렬

퀵정렬(quick sort)은 비교적 빠르고 효율적인 알고리즘으로 가장 많이 사용되는 정렬 알고리즘 중 하나이다. 전체 데이터 배열을 한 번에 정렬하는 것보다 데이터를 두 부분으로 나누어 두 개의 작은 데이터 배열을 정렬시키는 것이 빠르다는 점을 이용한다.

퀵정렬에서는 **피봇**(pivot, 분리자)값이라고 하는 특정한 데이터를 기준으로 피봇값보다 작은 데이터들과 피봇값보다 큰 데이터들의 배열로 분리한 뒤 각 부분 배열에 대해서도 똑같은 작업을 반복하면서 정렬시킨다. 일반적으로 피봇값은 정렬하고자 하는 데이터의 처음 값으로 한다.

퀵정렬 알고리즘은 다음과 같다.

① 현재 배열에 저장된 데이터들 중 임의로 하나의 데이터를 선택하여 피봇값이라고 한다. 예를 들어 피봇값은 정렬하고자 하는 데이터의 처음 값으로 한다.
피봇값이 정해지면 피봇값을 기준으로 피봇값보다 작은 데이터들로 이루어진 왼쪽 부분배열과 피봇값보다 큰 데이터들로 이루어진 오른쪽 부분배열로 다음과 같이 나눈다.
피봇값보다 작은 데이터와 피봇값보다 큰 데이터를 차례로 비교하면서 교환하기 위하여 인덱스를 가르키는 두 변수를 L과 R이라 한다.
L은 현재 배열의 맨 처음에 있는 피봇값의 바로 다음 위치부터 피봇값보다 큰 데이터를 찾을 때

까지 인덱스를 1씩 증가시키면서 피봇값과 비교하면서 차례로 조사해나가고, R은 현재 배열의 마지막 위치부터 피봇값보다 작은 데이터를 찾을 때까지 인덱스를 1씩 감소시키면서 피봇값과 비교하면서 차례로 조사해나간다.

피봇값보다 큰 값이 L번째 위치에 있고 작은 값이 R번째 위치에 있는 경우 L과 R을 비교하여 $L < R$이면 모든 데이터의 비교가 끝나지 않은 상태이므로 두 값을 교환하고, $L \geq R$인 경우 모든 데이터의 비교가 끝난 상태이다. 이때는 피봇값과 R이 선택한 값을 교환한다.

그러면 피봇값은 피봇값보다 작은 값들과 큰 값들이 나누어지는 경계에 놓이게 된다.

② 피봇값을 기준으로 작은 데이터들로 이루어진 왼쪽 부분배열과 피봇값을 기준으로 큰 데이터들로 이루어진 오른쪽 부분배열에 대하여 각각 ①을 순환적으로 적용한다.

③ 이 순환 반복은 각 부분배열이 하나의 데이터 이하로 될 때까지 계속한다.

예제 2.3.11 퀵정렬을 이용하여 다음 데이터들을 오름차순으로 정렬해보자.

	[0]	[1]	[2]	[3]	[4]	[5]	[6]	[7]
A	18	6	41	32	9	16	1	24

풀이 피봇값을 $A[0]=18$로 정한다.

두 개의 키를 각각 L과 R이라고 하자. 키의 역할은 피봇값보다 큰 데이터와 작은 데이터를 찾는 것이다. L은 피봇값 바로 다음부터 피봇값보다 큰 데이터를 찾고 R은 피봇값보다 작은 데이터를 오른쪽에서부터 찾는다.

	[0]	[1]	[2]	[3]	[4]	[5]	[6]	[7]
A	18	6	41	32	9	16	1	24
	↑ 피봇값	↑ L						↑ R

6은 피봇값보다 작으므로 지나가고 41이 선택된다. L은 $A[2]=41$을 선택한다. 24는 피봇값보다 크므로 지나가고 1이 선택된다. R은 $A[6]=1$을 선택한다.

	[0]	[1]	[2]	[3]	[4]	[5]	[6]	[7]
A	18	6	41	32	9	16	1	24
	↑ 피봇값	→	↑ L				↑ R	←

(L ↔ R: 자리교환)

L이 선택한 값과 R이 선택한 값을 서로 교환한다.

	[0]	[1]	[2]	[3]	[4]	[5]	[6]	[7]
A	18	6	1	32	9	16	41	24
	↑ 피봇값		↑ L				↑ R	

다시 L과 R을 이동하면서 피봇값보다 큰 데이터와 작은 데이터를 찾는다. 32는 피봇값보다 크므로 32가 선택된다. L은 $A[3]=32$을 선택한다.

16은 피봇값보다 작으므로 16이 선택된다. R은 $A[5]=16$을 선택한다.

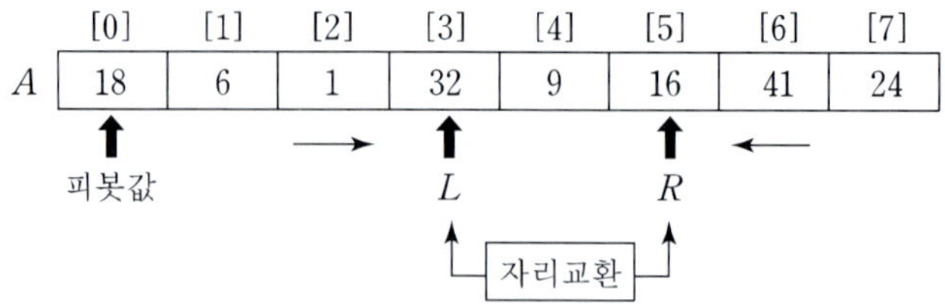

L이 선택한 값과 R이 선택한 값을 서로 교환한다.

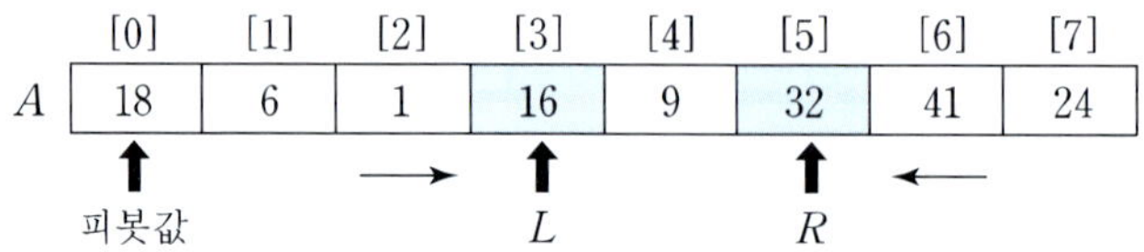

다시 L과 R을 이동하면서 피봇값보다 큰 데이터와 작은 데이터를 찾는다. 찾은 위치가 서로 교차하면 피봇값과 R이 선택한 값을 교환한다.

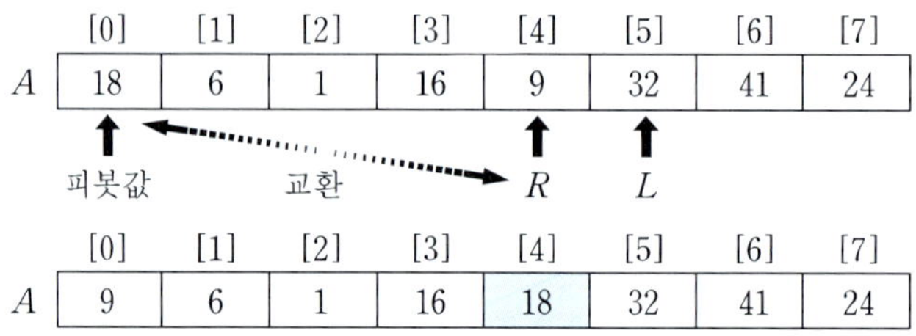

18을 피봇값으로 퀵정렬 1단계 완성

이제 각 부분 배열에 대해서도 똑같은 작업을 반복하면서 정렬시킨다. 먼저 왼쪽 부분 배열에 대하여 위와 같은 방법으로 데이터의 처음 값을 피봇값으로 하여 피봇값보다 작은 데이터들과 피봇값보다 큰 데이터들의 배열로 분리한다.

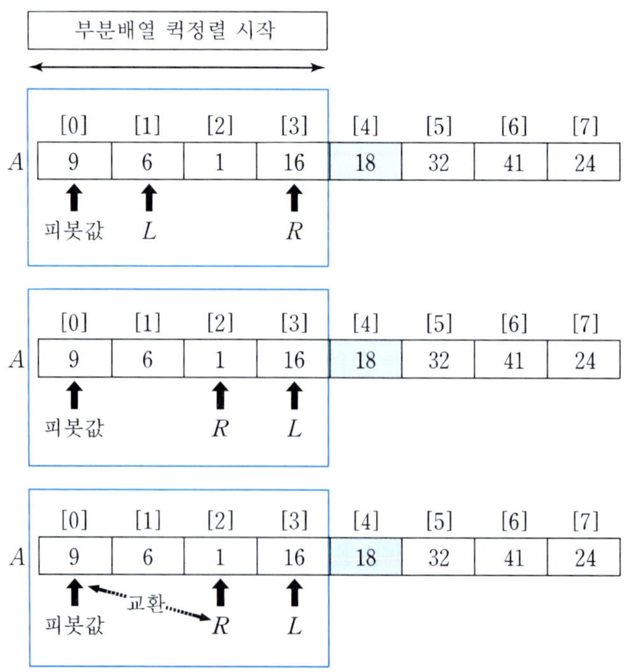

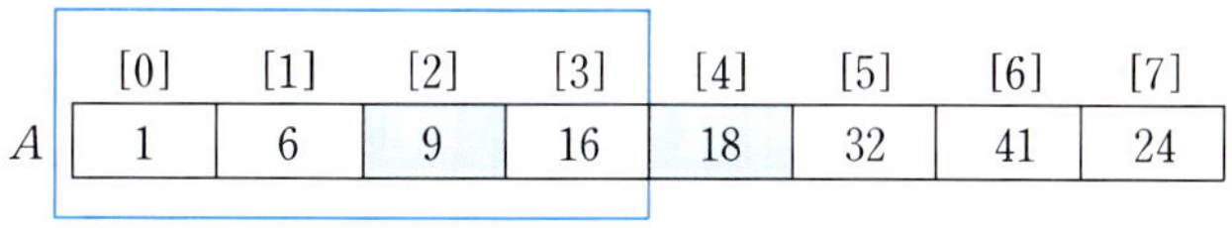

9를 피봇값으로 퀵정렬 3단계 완성

이제 다시 새로 생긴 각 부분 배열에 대해서도 똑같은 작업을 반복하면서 정렬시킨다. 먼저 왼쪽 부분 배열에 대하여 위와 같은 방법으로 데이터의 처음 값을 피봇값으로 하여 피봇값보다 작은 데이터들과 피봇값보다 큰 데이터들의 배열로 분리한다.

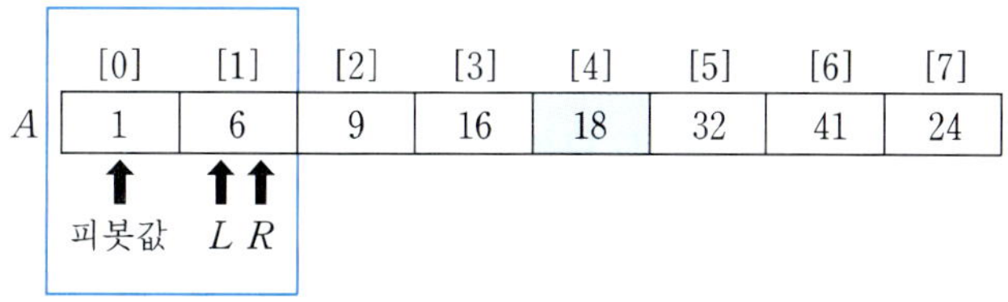

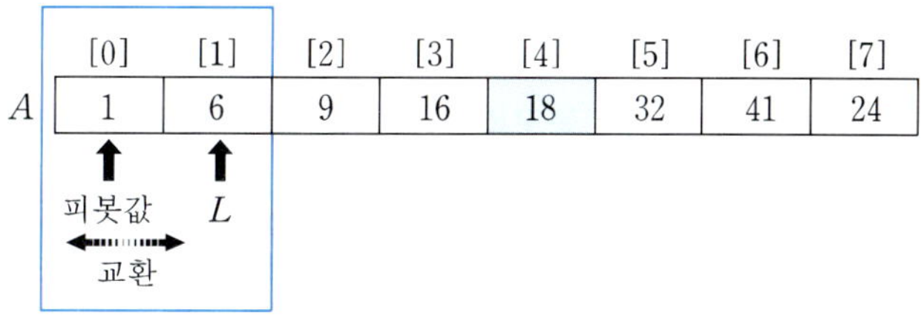

1을 피봇값으로 퀵정렬 3단계 완성

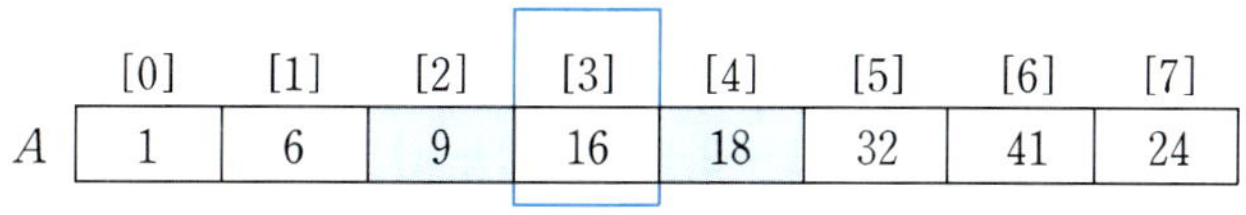

부분배열의 크기가 1이므로 퀵정렬 4단계 완성

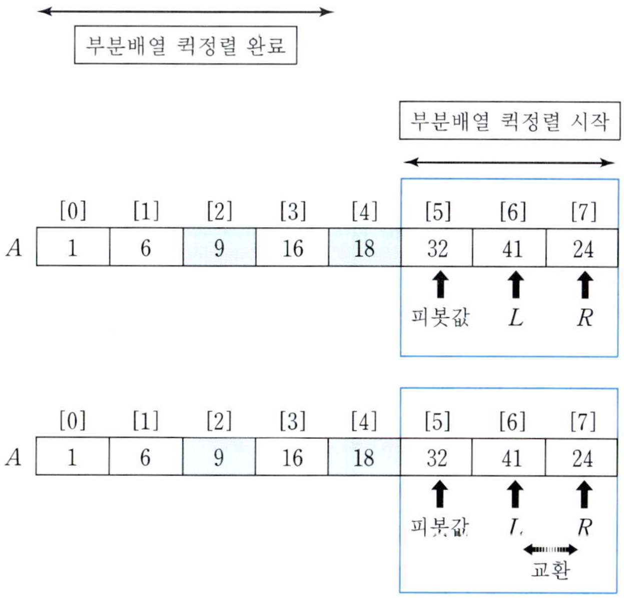

(2) 이와 같은 시행을 10번 하면 P가 주문을 모르면서 V가 원하는 방향을 계속 맞출 수 있는 확률은 얼마인가?

(3) 청년이 임금님 명령대로 10번 올바르게 나왔다면 그가 주문을 알고 있을 확률은 얼마인가?

(4) 이와 같은 시행을 n번 하면 P가 주문을 모르면서 V가 원하는 방향을 계속 맞출 수 있는 확률은 얼마인가?

제3장

세는 방법

세는 방법에 대한 연구는 이산수학 분야에서 다루는 중요한 연구분야이다. 이 장에서는 여러 가지 세는 방법에 대하여 알아본다.

3.1 경우의 수

두 집합 $X=\{x_1, x_2, \cdots, x_m\}$, $Y=\{y_1, y_2, \cdots, y_n\}$에 대해 $X\cap Y=\phi$이면 $X\cup Y=\{x_1, x_2, \cdots, x_m, y_1, y_2, \cdots, y_n\}$이고 $X\cup Y$의 원소는 모두 다르므로 $X\cup Y$의 원소의 개수는 $m+n$이다. 그러므로 다음이 성립한다.

$$|X\cup Y|=m+n=|X|+|Y|$$

여기서 $|X|$는 집합 X의 원소의 개수를 나타낸다.

두 집합 $X=\{x_1, x_2, \cdots, x_m\}$, $Y=\{y_1, y_2, \cdots, y_n\}$에 대해 $X\cap Y$에 속한 원소가 k개라면 다음이 성립한다.

$$|X\cup Y|=m+n-k=|X|+|Y|-|X\cap Y|$$

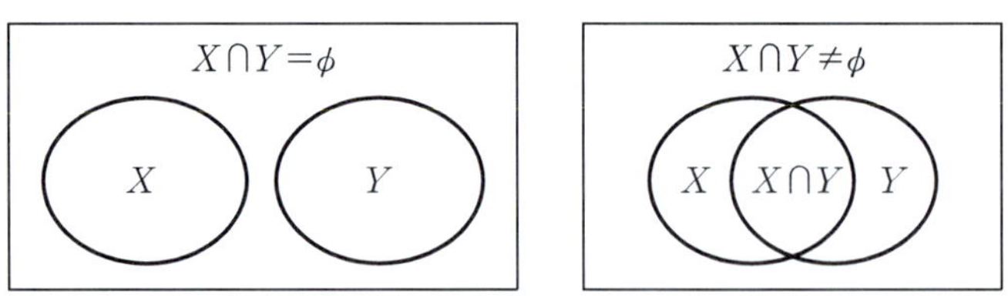

그림 3-1 두 집합의 교집합

다음 정리는 수학적 귀납법으로 증명할 수 있다(연습문제 3.1 (1)).

정리 3.1.1

$X_1, X_2, \cdots, X_k$가 각각 $m_1, m_2, \cdots, m_k$개의 원소를 가진 집합이라 하자. 임의의 i, j $(1\le i, j\le k)$

에 대하여 $i \neq j$이면 $X_i \cap X_j = \phi$라 하자. 그러면 다음이 성립한다.

$$|X_1 \cup X_2 \cup \cdots \cup X_k| = m_1 + m_2 + \cdots + m_k = |X_1| + |X_2| + \cdots + |X_k|$$

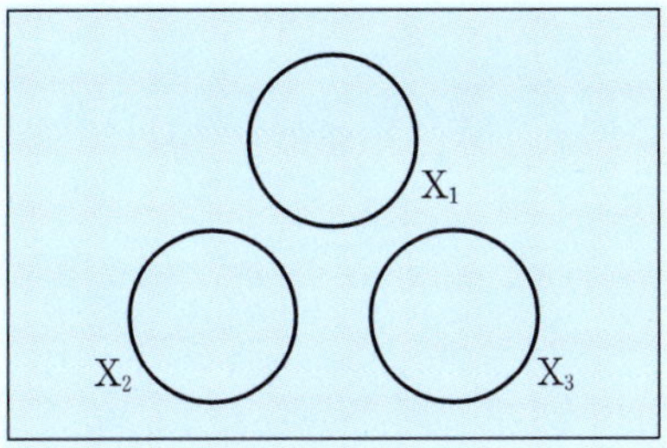

$|X_1 \cup X_2 \cup X_3| = |X_1| + |X_2| + |X_3|$

합의 법칙(addition principle)

두 사건 A, B가 동시에 일어나지 않을 때, 사건 A, B가 일어날 경우의 수를 각각 m, n이라 하면 A 또는 B가 일어나는 경우의 수는 $m+n$가지이다.
그러나 두 사건이 동시에 일어나는 경우가 있는 경우에는, 두 경우의 수의 합에서 동시에 일어나는 경우의 수만큼을 빼야 한다. 동시에 일어나는 경우의 수가 k라면 A 또는 B가 일어나는 경우의 수는 $m+n-k$가지이다.

예제 3.1.1 서로 다른 두 개의 주사위를 던질 때, 나온 눈의 수의 곱이 3 또는 6이 되는 경우의 수를 구하여라.

풀이 서로 다른 두 개의 주사위를 던질 때 나온 눈의 수의 곱이

(i) 3인 경우는 다음 2가지이다.

$$(1, 3), (3, 1)$$

(ii) 6인 경우는 다음 4가지이다.

$$(1, 6), (2, 3), (3, 2), (6, 1)$$

(i), (ii)에 의해 구하는 경우의 수는 합의 법칙에 의해 2+4 = 6(가지)이다. ■

정리 3.1.2

두 유한집합 X, Y에 대하여 다음이 성립한다.

$$|X \times Y| = |X|\,|Y|$$

증명 $X = \{x_1, x_2, \cdots, x_m\}$, $Y = \{y_1, y_2, \cdots, y_n\}$라고 하면

$$X \times Y = \{(x_1, y_1), (x_1, y_2), \cdots, (x_1, y_n),$$
$$(x_2, y_1), (x_2, y_2), \cdots, (x_2, y_n),$$

$$\vdots$$
$$(x_m,\ y_1),\ (x_m,\ y_2),\ \cdots,\ (x_m,\ y_n)\}$$

이고, $X\times Y$의 원소는 모두 다르므로

$$|X\times Y| = mn = |X|\,|Y|$$

이다.

곱의 법칙(multiplication principle)

두 사건 A, B에 대하여 A, B가 일어날 경우의 수를 각각 m, n이라 하면 사건 A, B가 잇달아 일어나는 경우의 수는 mn가지이다.

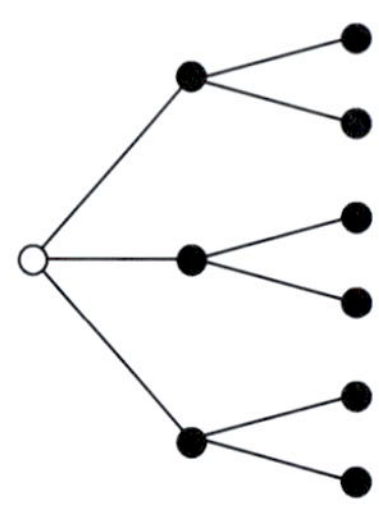

그림 3-2 곱의 법칙

예제 3.1.2 자연수 n이 다음과 같이 소인수분해될 때 n의 양의 약수의 개수를 구하여라.

$$n = p^a q^b\ (p,\ q\text{는 서로 다른 소수이고 } a,\ b\text{는 1 이상인 자연수})$$

풀이 n의 약수는

$$p^i q^j \quad (0\le i\le a,\ 0\le j\le b)$$

꼴이다. i는 0, 1, $\cdots$, a 중의 한 수이므로 i를 선택할 수 있는 방법은 $(a+1)$가지이다. j는 0, 1, $\cdots$, b 중의 한 수이므로 j를 선택할 수 있는 방법은 $(b+1)$가지이다. 그러므로 n의 약수의 개수는 곱의 법칙에 의하여 $(a+1)(b+1)$이다. ■

예제 3.1.3 집합 $A = \{1,\ 2,\ 3\}$에서 집합 $B = \{a,\ b\}$로 가는 함수의 개수를 구하여라.

풀이 1의 함수값은 a 또는 b이므로 1의 함수값을 선택할 수 있는 방법의 수는 2이다. 마찬가지로 2, 3의 함수값을 선택할 수 있는 방법의 수도 각각 2이므로 구하는 경우의 수는 곱의 법칙에 의하여 $2\times2\times2 = 8$이다. ■

예제 3.1.4 집합 $A = \{1,\ 2,\ 3,\ 4\}$의 모든 부분집합의 개수를 구하여라.

풀이 A의 부분집합에는 각 $i(1\le i\le 4)$에 대하여 i가 들어있을 수도 있고 그렇지 않을 수도 있다.

아래와 같은 4개의 빈 칸에 i를 포함하면 i칸에 1을, i를 포함하지 않으면 i칸에 0을 넣는 식으로 A의 부분집합을 모두 나타낼 수 있다. 그러므로 A의 부분집합은 4개의 빈 칸에 각각 0 또는 1을 넣는 방법의 수만큼 있으므로 2^4개의 부분집합이 있다.

1	2	3	4

1	2	3	4			1	2	3	4		
0	0	0	0	↔	ϕ	1	0	0	0	↔	$\{1\}$
0	0	0	1	↔	$\{4\}$	1	0	0	1	↔	$\{1, 4\}$
0	0	1	0	↔	$\{3\}$	1	0	1	0	↔	$\{1, 3\}$
0	0	1	1	↔	$\{3, 4\}$	1	0	1	1	↔	$\{1, 3, 4\}$
0	1	0	0	↔	$\{2\}$	1	1	0	0	↔	$\{1, 2\}$
0	1	0	1	↔	$\{2, 4\}$	1	1	0	1	↔	$\{1, 2, 4\}$
0	1	1	0	↔	$\{2, 3\}$	1	1	1	0	↔	$\{1,2, 3\}$
0	1	1	1	↔	$\{2, 3, 4\}$	1	1	1	1	↔	$\{1, 2, 3, 4\}$

예제 3.1.5 집합 $A=\{1, 2, \cdots, n\}$의 모든 부분집합의 개수를 구하여라.

풀이 A의 부분집합에는 각 $i(1 \le i \le n)$에 대하여 i가 들어있을 수도 있고 그렇지 않을 수도 있다. 아래와 같은 n개의 빈 칸에 i를 포함하면 i칸에 1을, i를 포함하지 않으면 i칸에 0을 넣는 식으로 A의 부분집합을 모두 나타낼 수 있다. 그러므로 A의 부분집합은 n개의 빈 칸에 각각 0 또는 1을 넣는 방법의 수만큼 있으므로 2^n개의 부분집합이 있다.

1	2	3		⋯			n

■

연습문제 3.1

01 정리 3.1.1을 증명하여라.

02 다음 물음에 답하여라.

(1) A, B, C를 일렬로 나열할 때 A 바로 다음에 B가 오지 않도록 나열하는 방법은 몇 가지인가?

(2) A, B, C, D를 일렬로 나열할 때 A 바로 다음에 B가 오지 않도록 나열하는 방법은 몇 가지인가?

03 집합 $A=\{1, 2, 3, 4\}$에 대하여 다음 물음에 답하여라.

(1) 1, 2를 포함하는 A의 부분집합의 개수를 구하여라.

(2) 1은 포함하고 2는 포함하지 않는 A의 부분집합의 개수를 구하여라.

04 집합 $A=\{1, 2, \cdots, n\}$에 대하여 다음 물음에 답하여라.

(1) 1, 2를 포함하는 A의 부분집합의 개수를 구하여라.

(2) 1, 2는 포함하고 3은 포함하지 않는 A의 부분집합의 개수를 구하여라.

05 방정식 $x+2y+3z=13$을 만족하는 자연수 x, y, z의 쌍 (x, y, z)의 개수를 구하여라.

06 (1) 다음과 같은 회로에서 A에서 C로 전류가 흐르는 경우의 수를 구하여라.

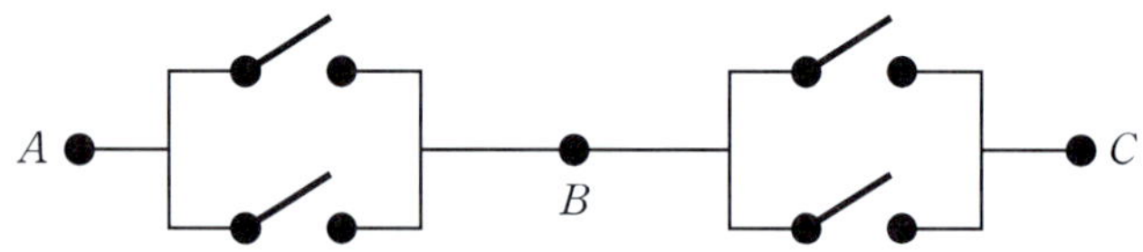

(2) 다음과 같은 회로에서 A에서 D로 전류가 흐르는 경우의 수를 구하여라.

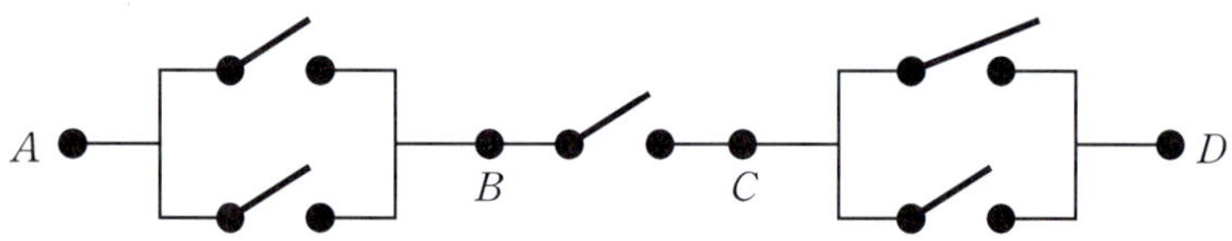

07 세 집합 A, B, C에 대하여 다음이 성립함을 보여라.

$$|A\cup B\cup C|=|A|+|B|+|C|-(|A\cap B|+|A\cap C|+|B\cap C|)+|A\cap B\cap C|$$

08 다음 물음에 답하여라.

(1) 1바이트로 만들 수 있는 이진수의 개수를 구하여라.

(2) 2바이트로 만들 수 있는 이진수의 개수를 구하여라.

(3) 4바이트로 만들 수 있는 이진수의 개수를 구하여라.

(4) n바이트로 만들 수 있는 이진수의 개수를 구하여라.

09 적어도 하나의 1을 포함하는 8비트 비트열의 개수를 구하여라.

10 다음 물음에 답하여라.

(1) 1로 시작하여 0으로 끝나는 8비트 비트열은 모두 몇 가지인가?

(2) 자연수 $n(\geq 2)$에 대하여 1로 시작하여 0으로 끝나는 n비트 비트열은 모두 몇 가지인가?

(3) 1로 시작하거나 0으로 끝나는 8비트 비트열은 모두 몇 가지인가?

(4) 자연수 n에 대하여 1로 시작하거나 0으로 끝나는 n비트 비트열은 모두 몇 가지인가?

11 다음 물음에 답하여라.

(1) $1 < i < j < k < 5$인 정수 i, j, k를 모두 택하여 ijk로 나타내고 그 개수를 구하여라.

(2) $1 \leq i < j < k \leq 5$인 정수 i, j, k를 모두 택하여 ijk로 나타내고 그 개수를 구하여라.

12 다음 물음에 답하여라.

(1) $1 < i < j < k < 6$인 정수 i, j, k를 모두 택하여 ijk로 나타내고 그 개수를 구하여라.

(2) $1 \leq i < j < k \leq 6$인 정수 i, j, k를 모두 택하여 ijk로 나타내고 그 개수를 구하여라.

13 역순으로 읽어도 같은 문자열이 되는 문자열을 회문(palindrome)이라 한다. 예를 들어 eve나 10101은 회문이다. 다음 물음에 답하여라.

(1) 영어 소문자 26개로 만들 수 있는 8개의 문자로 이루어진 회문의 개수를 구하여라.

(2) 영어 소문자 26개로 만들 수 있는 9개의 문자로 이루어진 회문의 개수를 구하여라.

(3) 영어 소문자 26개로 만들 수 있는 n개의 문자로 이루어진 회문의 개수를 구하여라. 여기서 n은 자연수이다.

14 다음 물음에 답하여라.

(1) 0, 1을 이용하여 3개의 숫자로 만들 수 있는 회문의 개수를 구하여라.

(2) 0, 1을 이용하여 4개의 숫자로 만들 수 있는 회문의 개수를 구하여라.

(3) 0, 1을 이용하여 n개의 숫자로 만들 수 있는 회문의 개수를 구하여라.

15 0, 1, 2, 3, 4, 5, 6, 7, 8, 9을 이용하여 회문을 만들려고 한다. 단 0은 첫 번째 자릿수로 허용하지 않는다. 다음 물음에 답하여라.

(1) 2자리 회문의 개수

(2) 3자리 회문의 개수

(3) 4자리 회문의 개수

(4) n자리 회문의 개수

16 집합 $A = \{1, 2, \cdots, n\}$에서 집합 $B = \{a, b\}$로 가는 함수 f의 개수를 구하여라.

17 집합 $A = \{1, 2, \cdots, n\}$에서 집합 $B = \{1, 2, \cdots, m\}$로 가는 함수 f의 개수를 구하여라.

18 다음 물음에 답하여라.

(1) $A = \{a, b, c\}$, $B = \{1, 2\}$일 때 A에서 B로의 전사함수의 개수를 구하여라.

(2) A의 원소의 개수가 m, $B = \{1, 2\}$일 때 A에서 B로의 전사함수의 개수를 구하여라.

19 자연수 n이 다음과 같이 소인수분해될 때 n의 양의 약수의 개수를 구하여라.

$$n = p_1^{e_1} p_2^{e_2} \cdots p_r^{e_r}$$

(p_1, p_2, $\cdots$, p_r는 서로 다른 소수이고 e_1, e_2, $\cdots$, e_r는 1 이상인 자연수)

20 아래 그림과 같이 삼각형 꼴로 배열된 9개의 원에 1부터 9까지의 수를 써 넣어 삼각형의 각 변에 놓인 4개의 수의 합이 17이 되도록 하려고 한다. 몇 가지가 존재하는가?

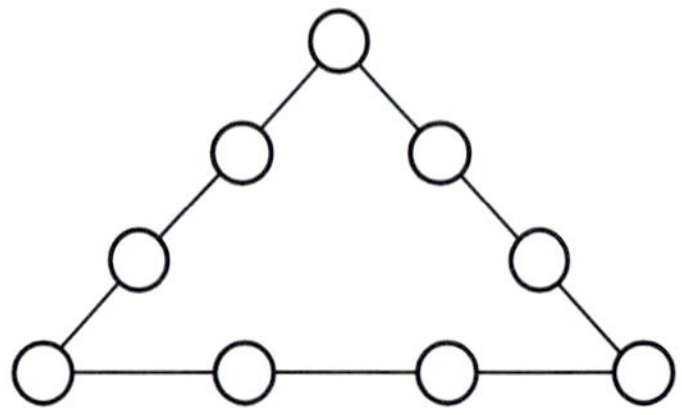

21 다음 물음에 답하여라.

(a) 가로와 세로 각각 3개의 줄이 있는 바둑판에 두 개의 검은 색 바둑알을 놓을 때 같은 행이나 같은 열에 두 바둑알이 놓이지 않도록 하는 방법의 수를 구하여라.

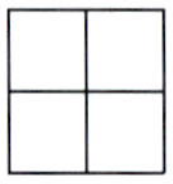

(b) 가로와 세로 각각 4개의 줄이 있는 바둑판에 두 개의 검은 색 바둑알을 놓을 때 같은 행이나 같은 열에 두 바둑알이 놓이지 않도록 하는 방법의 수를 구하여라.

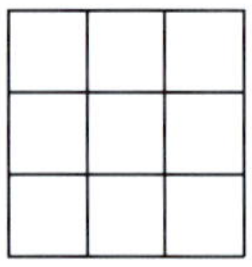

(c) 가로와 세로 각각 5개의 줄이 있는 바둑판에 두 개의 검은 색 바둑알을 놓을 때 같은 행이나 같은 열에 두 바둑알이 놓이지 않도록 하는 방법의 수를 구하여라.

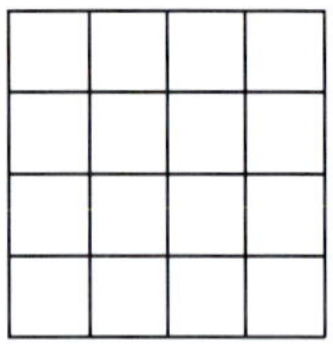

(d) 가로와 세로 각각 6개의 줄이 있는 바둑판에 두 개의 검은 색 바둑알을 놓을 때 같은 행이나 같은 열에 두 바둑알이 놓이지 않도록 하는 방법의 수를 구하여라.

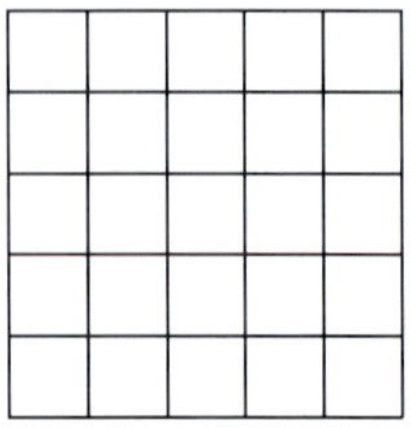

(e) 가로와 세로 각각 7개의 줄이 있는 바둑판에 두 개의 검은 색 바둑알을 놓을 때 같은 행이나 같은 열에 두 바둑알이 놓이지 않도록 하는 방법의 수를 구하여라.

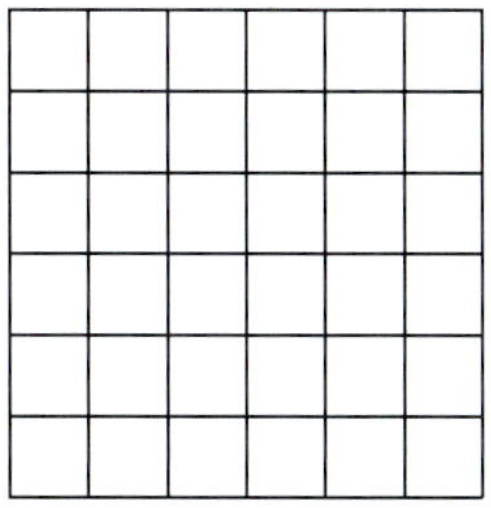

(f) 가로와 세로 각각 n개의 줄이 있는 바둑판에 두 개의 검은 색 바둑알을 놓을 때 같은 행이나 같은 열에 두 바둑알이 놓이지 않도록 하는 방법의 수를 구하여라.

22 **다음 물음에 답하여라.**

(a) 가로와 세로 각각 3개의 줄이 있는 바둑판에 두 개의 검은 색 바둑알을 놓을 때 같은 행이나 같은 열 또는 같은 대각선에 두 바둑알이 놓이지 않도록 하는 방법의 수를 구하여라.

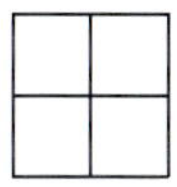

(b) 가로와 세로 각각 4개의 줄이 있는 바둑판에 두 개의 검은 색 바둑알을 놓을 때 같은 행이나 같은 열 또는 같은 대각선에 두 바둑알이 놓이지 않도록 하는 방법의 수를 구하여라.

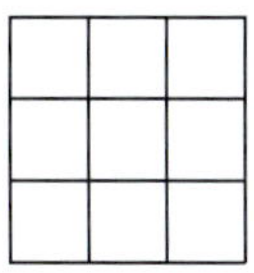

(c) 가로와 세로 각각 5개의 줄이 있는 바둑판에 두 개의 검은 색 바둑알을 놓을 때 같은 행이나 같은 열 또는 같은 대각선에 두 바둑알이 놓이지 않도록 하는 방법의 수를 구하여라.

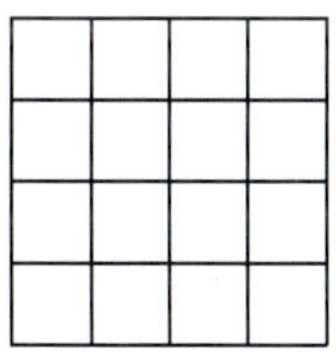

3.2 비둘기집 원리

직접 세어보지 않고 어떤 조건을 만족하는 사물이 있는지 여부를 알 수 있는 경우가 있다. 이런 경우 적용되는 원리 중에 비둘기집 원리는 간단하면서도 응용 분야가 넓다. **비둘기집 원리**(pigeonhole principle)는 비둘기의 수가 비둘기집의 수보다 많을 때 비둘기를 어떻게 비둘기집에 넣는가 하는 문제이다. 비둘기집 원리를 적용할 때 문제에서 무엇을 비둘기로 정하고 무엇을 비둘기집으로 정할지를 결정하는 것이 중요하다.

그림 3-3 비둘기집 원리

정리 3.2.1

집합 $A=\{a_1, \cdots, a_m\}$, $B=\{b_1, \cdots, b_n\}$에 대하여 $m>n$이면 A에서 B로 가는 단사함수 $f: A \to B$는 존재하지 않는다. 즉, $x_1 \neq x_2$이지만 $f(x_1)=f(x_2)$인 $x_1, x_2 \in A$가 존재한다.

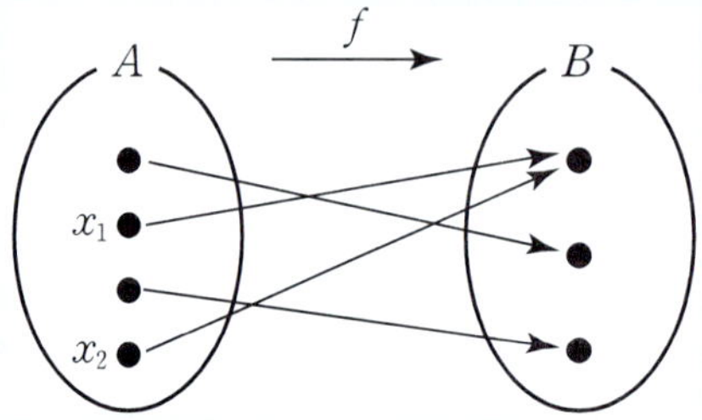

그림 3-4 단사함수가 아닌 함수

예제 3.2.1 n개의 상자에 $n+1$개의 물건을 넣으면 적어도 한 상자에는 두 개 이상의 물건이 들어있음을 보여라.

풀이 두 개 이상의 물건이 들어간 상자가 없다고 가정하자. 그러면 n개의 상자에 들어간 물건은 최대 n개다. $n+1$개의 물건이 있다고 했으므로 이는 모순이다. ■

그림 3-5 비둘기집 원리

예제 3.2.2 n개의 상자에 $nr+1$개의 물건을 넣으면 적어도 한 상자에는 $r+1$개 이상의 물건이 들어있음을 보여라.

풀이 $r+1$개 이상의 물건이 들어간 상자가 없다고 가정하자. 그러면 n개의 상자에 들어간 물건은 최대 nr개다. $nr+1$개의 물건이 있다고 했으므로 이는 모순이다. ■

예제 3.2.3 n개의 상자에 $M(>n)$개의 물건을 넣으면 적어도 한 상자에는 $\left\lceil \frac{M}{n} \right\rceil$개 이상의 물건이 들어있음을 보여라. 여기서 $\lceil k \rceil$는 k보다 작지 않은 정수 중에서 최소의 정수이다.

풀이 모든 비둘기집에 $\frac{M}{n}$마리 미만의 비둘기가 들어있다면 전체 비둘기수는 $n \times \frac{M}{n} = M$마리 미만이다. 그러므로 적어도 한 비둘기집에는 $\frac{M}{n}$마리 이상의 비둘기가 들어 있고, 그 수는 정수이므로 $\left\lceil \frac{M}{n} \right\rceil$마리 이상의 비둘기가 들어 있다. ■

다음 예제들을 통하여 비둘기집 원리의 적용방법을 익히도록 하자.

예제 3.2.4 8명 중 적어도 두 명은 같은 요일이 생일임을 보여라.

풀이 8명 모두 다른 요일에 태어났다면 8개 이상의 요일이 있어야 하므로 모순이다. ■

예제 3.2.5 한 변의 길이가 2인 정사각형의 내부에 5개의 점을 임의로 찍을 때, 두 점 사이의 거리가 $\sqrt{2}$ 보다 작은 두 점이 반드시 존재함을 보여라.

풀이

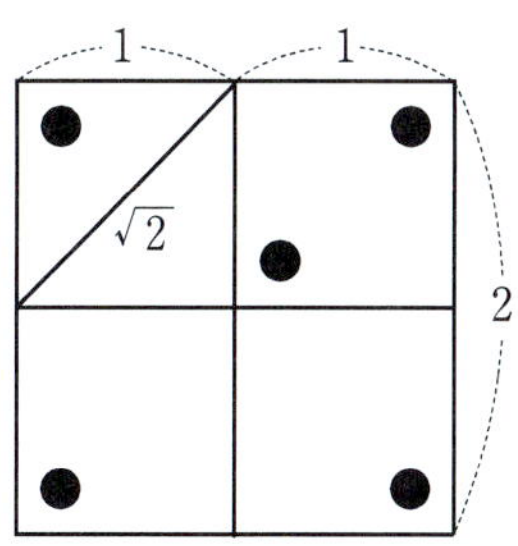

위의 그림과 같이 주어진 정사각형의 각 변의 중점을 잡아 이으면 한 변의 길이가 1인 정사각

형이 4개 생기고, 그 대각선의 길이는 $\sqrt{2}$가 된다. 여기에 5개의 점을 찍으면 4개의 정사각형 중 어느 하나에는 적어도 두 점이 반드시 존재한다. 왜냐하면 각 정사각형에 한 점씩 찍힌다 해도 한 점이 남게 되기 때문이다. 그 한 점이 어느 정사각형에 찍히든 하나에는 반드시 2개의 점이 존재한다. 따라서 두 점 사이의 거리가 $\sqrt{2}$ 보다 작은 두 점이 반드시 존재한다. ■

예제 3.2.6 집합 $A=\{1,\ 2,\ \cdots,\ 2n\}$에서 임의로 $n+1$개의 원소를 뽑으면 그 중에는 두 수의 차가 1이 되는 두 수가 있음을 보여라.

풀이 A에서 뽑은 $n+1$개의 원소를 $b_1,\ b_2,\ \cdots,\ b_{n+1}$이라 하자. A의 원소를 n개의 집합 $\{1,\ 2\}$, $\{3,\ 4\}$, $\cdots$, $\{2n-1,\ 2n\}$으로 나누면 $n+1$개의 수 $b_1,\ b_2,\ \cdots,\ b_{n+1}$가 n개의 집합에 속하므로 비둘기집 원리에 의하여 어떤 두 수 $b_i,\ b_j\ (i\neq j)$는 같은 집합에 속한다. 이 두 수는 차가 1이다.

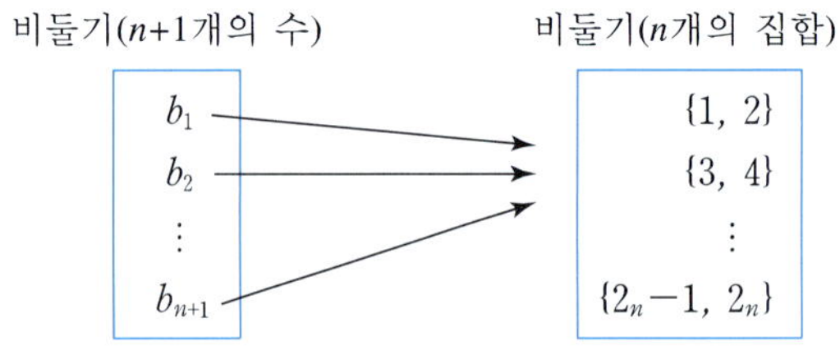

■

연습문제 3.2

01 한 변의 길이가 4인 정사각형의 내부에 17개의 점을 임의로 찍을 때, 두 점 사이의 거리가 $\sqrt{2}$ 보다 작은 두 점이 반드시 존재함을 보여라.

02 사람의 머리카락의 개수가 30만 이하라 할 때, 부산 시민 중에는 머리카락의 수가 같은 두 사람이 있음을 보여라. 단, 부산 시민의 수는 300만이 넘는다.

03 모든 자연수 n에 대하여 0과 1로만 이루어진 n의 배수인 십진수가 존재함을 보여라.

04 집합 $A=\{1,\ 2,\ \cdots,\ 2n\}$에서 임의로 $n+1$개의 원소를 뽑은 집합 $S=\{a_1,\ a_2,\ \cdots,\ a_{n+1}\}$에는 한 수가 다른 수의 배수가 되는 두 수가 있음을 보여라.

05 다음 물음에 답하여라.

(1) 200이하인 101개의 서로 다른 자연수 중에는 서로 소인 두 수가 존재함을 보여라.

(2) $2n$이하인 $n+1$개의 서로 다른 자연수 중에는 서로 소인 두 수가 존재함을 보여라.

06 다음 물음에 답하여라.

(1) 원탁에 4명의 손님의 자리가 명찰과 함께 놓여 있다. 4명의 손님이 명찰을 확인하지 않고 아무렇게나 앉았는데, 제자리에 앉은 손님이 한 사람도 없었다. 이 때, 명찰이 놓인 원탁을 회전시켜서 적어도 2명의 손님이 제자리에 앉게 할 수 있음을 보여라.

(2) 원탁에 10명의 손님의 자리가 명찰과 함께 놓여 있다. 10명의 손님이 명찰을 확인하지 않고 아무렇게나 앉았는데, 제자리에 앉은 손님이 한 사람도 없었다. 이 때, 명찰이 놓인 원탁을 회전시켜서 적어도 2명의 손님이 제자리에 앉게 할 수 있음을 보여라.

(3) 원탁에 n명의 손님의 자리가 명찰과 함께 놓여 있다. n명의 손님이 명찰을 확인하지 않고 아무렇게나 앉았는데, 제자리에 앉은 손님이 한 사람도 없었다. 이 때, 명찰이 놓인 원탁을 회전시켜서 적어도 2명의 손님이 제자리에 앉게 할 수 있음을 보여라.

07 홀수인 자연수 m에 대하여, m의 배수인 2^n-1(n은 자연수)꼴의 수가 존재함을 보여라.

08 다음 물음에 답하여라.

(1) 1, 2, ⋯, 100에서 11개의 수를 뽑으면 $0<|\sqrt{x}-\sqrt{y}|<1$를 만족하는 두 수 x, y가 있음을 보여라.

(2) 1, 2, ⋯, n^2에서 $n+1$개의 수를 뽑으면 $0<|\sqrt{x}-\sqrt{y}|<1$를 만족하는 두 수 x, y가 있음을 보여라.

09 6명중에는 서로 아는 사람이 3명 있거나 서로 모르는 사람이 3명 있음을 증명하여라.

10 한 변의 길이가 1인 정사각형 안에 9개의 점을 임의로 잡을 때, 이 9개의 점 중 3개의 점은 면적이 $\frac{1}{8}$이하인 삼각형의 꼭지점임을 보여라.

단, 어느 세 점도 일직선 위에 있지 않다.

11 평면상에 정수 좌표값을 갖는 서로 다른 다섯 점을 p_1, p_2, p_3, p_4, p_5라 하자. 위의 점들을 이용하여 중점들을 구하면 적어도 하나의 중점은 정수 좌표값을 갖는다는 것을 보여라.

12 유한 실수열 $a_1, a_2, \cdots, a_M$의 부분수열은 다음과 같은 꼴의 수열이다.

$$a_{i_1},\ a_{i_2},\ \cdots,\ a_{i_m} \quad (1 \le i_1 < i_2 < \cdots < i_m \le M)$$

(1) n^2+1개의 서로 다른 유한 실수열은 $n+1$개의 수로 구성된 증가하는 부분수열 혹은 감소하는 부분수열을 포함한다는 것을 보여라.

(2) n^2개 이하의 서로 다른 유한 실수열에는 $n+1$개의 수로 구성된 증가하는 부분수열도 없고 감소하는 부분수열도 없을 수 있음을 보여라.

3.3 순열과 조합

정의 3.3.1

n이 자연수일 때 $n! = 1\times 2\times\cdots\times n$으로 정의하고 n의 **계승**(factorial)이라 부른다. 특별히 $0! = 1$이라고 약속한다.

예를 들어 $0! = 1$, $1! = 1$, $2! = 2$, $3! = 6$, $4! = 24$, $5! = 120$이다.

0!	=	1
1!	=	1
2!	=	2
3!	=	6
4!	=	24
5!	=	120
6!	=	720
7!	=	5,040
8!	=	40,320
9!	=	362,880
10!	=	3,628,880
11!	=	39,916,800
12!	=	479,001,600
13!	=	6,227,020,800
14!	=	87,178,291,200
15!	=	1,307,674,368,000
16!	=	20,922,789,888,000
17!	=	355,687,428,096,000
18!	=	6,402,373,705,728,000
19!	=	121,645,100,408,832,000
20!	=	2,432,902,008,176,640,000

표 3-1 $0 \le n \le 20$에 대한 n의 계승에 대한 값

정의 3.3.2

서로 다른 n개의 원소에서 r개를 택하여 한 줄로 늘어놓은 것을 n개에서 r개 택한 **순열**(permutation)이라 하고, 그러한 경우의 수를 ${}_nP_r$ 또는 $P(n, r)$로 나타낸다.

예제 3.3.1 a, b, c, d에서 두 개 택한 순열을 구하고 그 개수를 구하여라.

풀이 서로 다른 2개의 문자를 택하여 일렬로 늘어놓은 순열은
ab, ac, ad, ba, bc, bd, ca, cb, cd, da, db, dc이고 따라서 ${}_4P_2 = 12$이다.

n개의 원소로 이루어진 집합을 n-**집합**(n-set)이라고 한다.

정리 3.3.1

$1 \le r \le n$인 정수 n, r에 대하여, n개에서 r개 택한 순열의 수는

$${}_nP_r = n(n-1)\cdots(n-r+1) = \frac{n!}{(n-r)!}$$

특히 n-집합의 순열의 수는 ${}_nP_n = n(n-1)\cdots(n-(n-1)) = n!$ 이다. 즉, n개의 물건을 일렬로 배열하는 방법의 수는 $n!$이다.

증명 n개에서 r개 택한 순열의 수 ${}_nP_r$는 아래 그림과 같이 일렬로 배열된 r개의 빈 박스에 r개의 서로 다른 원소를 넣는 방법 수와 같다.

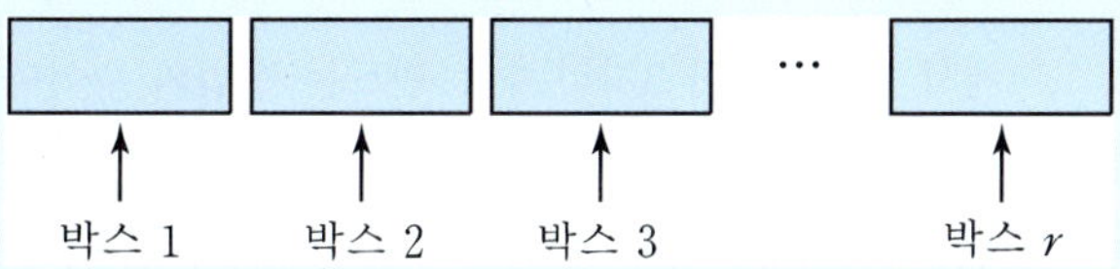

박스 1에 넣을 수 있는 원소는 n개다. 박스 2에 넣을 수 있는 원소는 박스 1에 넣은 원소를 제외한 $(n-1)$개다. 이와 같이 계속해나가면, 박스 r에 넣을 수 있는 원소는 남은 원소의 개수 $n-(r-1)$이다. 따라서 곱의 법칙에 의해

$$\begin{aligned} {}_nP_r &= n(n-1)\cdots(n-(r-1)) \\ &= n(n-1)\cdots(n-r+1) \\ &= \frac{n(n-1)\cdots(n-r+1)(n-r)!}{(n-r)!} \\ &= \frac{n!}{(n-r)!} \end{aligned}$$

가 성립한다.

예제 3.3.2 1, 2, 3, 4를 일렬로 늘어놓은 순열은 다음과 같은 $4! = 24$개다. 단, i, j, k, l은 $ijkl$로 나타낸다.

1234	2134	3124	4123
1243	2143	3142	4132
1324	2314	3214	4213
1342	2341	3241	4231
1423	2413	3412	4312
1432	2431	3421	4321

예제 3.3.3 마라톤 대회에 10명의 선수가 참가하였다. 1등, 2등, 3등의 수상자가 결정되는 방법은 몇 가지인가?

풀이 10명의 선수 중에서 세 사람을 순서대로 선택하는 방법의 수는 다음과 같다.

$$_{10}P_3 = \frac{10!}{(10-3)!} = \frac{10!}{7!} = 10 \times 9 \times 8 = 720.$$

따라서 1등, 2등, 3등이 결정되는 방법은 720가지이다. ■

예제 3.3.4 다음이 성립함을 보여라.

$$_4P_3 = {_3P_3} + 3 \cdot {_3P_2}$$

풀이 $_4P_3$은 1, 2, 3, 4에서 3개를 뽑아 3자리 수를 만드는 방법의 수이다. 다음의 두 가지 경우로 나누어 생각할 수 있다.

① 4가 뽑히지 않을 경우:
4를 제외한 나머지 3개의 수 1, 2, 3에서 3개를 뽑아 3자리 수를 만들어야 하므로 이 방법의 수는 $_3P_3$이다.

4가 뽑히지 않을 경우
123
132
213
231
312
321

② 4가 뽑힐 경우:
4를 제외한 나머지 3개의 수 1, 2, 3에서 2개를 뽑아 2자리 수를 만들고 여기에 4를 끼워 넣어 3자리 수를 만들어야 한다. 4를 끼워 넣는 방법이 3가지이므로 이 방법의 수는 $3 \cdot {_3P_2}$이다.

4가 뽑힐 경우

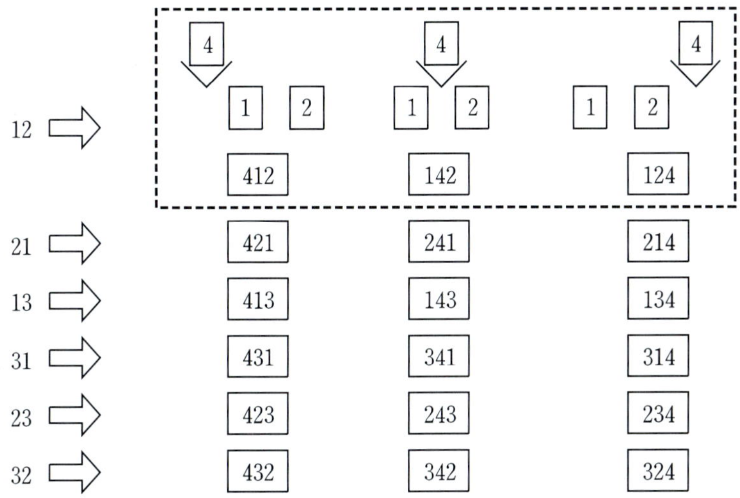

경우 ①과 경우 ②는 동시에 일어나지 않으므로 합의 법칙에 의하여

$$_4P_3 = {}_3P_3 + 3 \cdot {}_3P_2$$

이다. ■

정의 3.3.3

n-집합에서 r개를 뽑은 것을 n개에서 r개 택한 조합(r-combination)이라고 하고, 이 조합의 수를 $_nC_r$로 나타낸다. $\binom{n}{r}$ 또는 $C(n, r)$로 나타낸다.

예제 3.3.5 네 문자 a, b, c, d에서 서로 다른 2개를 뽑는 방법을 나열하고 그 수를 구하여라.

풀이 $\{a, b\}$, $\{a, c\}$, $\{a, d\}$, $\{b, c\}$, $\{b, d\}$, $\{c, d\}$이므로 $_4C_2 = 6$이다. ■

정리 3.3.2

$1 \le r \le n$인 정수 n, r에 대하여,

$$_nC_r = \frac{_nP_r}{r!} = \frac{n!}{r!(n-r)!}$$

증명 n개에서 r개 택한 순열의 수 $_nP_r$는 n개의 원소 중 r개를 선택해서, 그 r개를 나열하는 방법의 수와 같으므로 $_nP_r = {}_nC_r \times r!$이다. 그러므로

$$_nC_r = \frac{_nP_r}{r!} = \frac{n(n-1)\cdots(n-r+1)}{r!} = \frac{n!}{r!(n-r)!}$$

n이 음이 아닌 정수일 때 ${}_nC_0$는 $n-$집합에서 원소의 개수가 0인 부분집합의 개수를 의미한다. 원소의 개수가 0인 부분집합은 공집합뿐이므로 ${}_nC_0 = 1$이다. 공식 ${}_nC_2 = \frac{n!}{r!(n-r)!}$에 $r=0$을 대입하면 ${}_nC_0 = \frac{n!}{0!(n-0)!} = \frac{n!}{1 \cdot n!} = 1$이다. 그러므로 정리 3.3.2의 공식 ${}_nC_r = \frac{n!}{r!(n-r)!}$은 $0 \le r \le n$인 정수 n, r에 대하여 성립한다.

특히, ${}_nC_1 = n$, ${}_nC_2 = \frac{n(n-1)}{2}$, ${}_nC_n = 1$이다.

정리 3.3.3

n, r을 $n \ge r$인 자연수라 할 때

$${}_nC_r = {}_{n-1}C_r + {}_{n-1}C_{r-1}$$

임을 보여라.

증명 ${}_nC_r$은 1, 2, $\cdots$, n에서 r개를 뽑는 방법의 수로 다음과 같이 두 경우로 나누어 생각할 수 있다.

① n이 뽑히지 않을 경우: n을 제외한 나머지 $n-1$개의 수 1, 2, $\cdots$, $n-1$에서 r개를 뽑아야 하고 이 경우의 수는 ${}_{n-1}C_r$이다.

② n이 뽑힐 경우: n이 이미 뽑혔으므로 나머지 $n-1$개의 수 1, 2, $\cdots$, $n-1$에서 $r-1$개를 뽑아야 하고 이 경우의 수는 ${}_{n-1}C_{r-1}$ 이다.

위의 ①과 ②는 동시에 일어나지 않으므로 합의 법칙에 의하여

$${}_nC_r = {}_{n-1}C_r + {}_{n-1}C_{r-1}$$

이다.

${}_nC_r = {}_{n-1}C_r + {}_{n-1}C_{r-1}$ 을 이용하면 아래 표와 같이 이항계수 ${}_nC_r$을 쉽게 구할 수 있다. 이 표를 **파스칼의 삼각형**(Pascal's triangle)이라 한다.

표 3-2 이항계수 ${}_nC_k$에 대한 파스칼의 삼각형

n	$k=0$	1	2	3	4	5	6	7	8	9	10	2^n
0	1											1
1	1	1										2
2	1	2	1									4
3	1	3	3	1								8
4	1	4	6	4	1							16
5	1	5	10	10	5	1						32
6	1	6	15	20	15	6	1					64
7	1	7	21	35	35	21	7	1				128
8	1	8	28	56	70	56	28	8	1			256
9	1	9	36	84	126	126	84	36	9	1		512
10	1	10	45	120	210	252	210	120	45	10	1	1024

표 3-2에서 n행의 이항계수의 총합은 2^n이다. $n=4$일 때 $1+4+6+4+1=2^4$이다. 예제 3.4.11에서 음이 아닌 모든 정수 n에 대하여

$$ {}_nC_0 + {}_nC_1 + \cdots + {}_nC_n = 2^n $$

이 성립함을 보일 것이다.

연습문제 3.3

01 1을 4개 포함하는 길이가 10인 비트열의 개수를 구하여라.

02 1, 2, 3, 4, 5를 일렬로 늘어놓은 순열 전체를 나열하고 그 수를 구하여라. 단, i, j, k, l, m은 $ijklm$으로 나타낸다.

03 다음 물음에 답하여라.

(1) 자연수 a, b, c, d에 대하여 $a<b<c<d<6$인 (a, b, c, d)는 모두 몇 개인가?

(2) 자연수 a, b, c, d에 대하여 $a<b<c<d<20$인 (a, b, c, d)는 모두 몇 개인가?

(3) 자연수 a, b, c, d에 대하여 $a<b<c<d<n$인 (a, b, c, d)는 모두 몇 개인가?

04 다음 물음에 답하여라.

(1) 정수 $n(\geq 2)$에 대하여 $1 \leq i < j \leq n$인 정수 쌍 $(i,\ j)$ 전체의 개수를 구하여라.

(2) 정수 $n(\geq 3)$에 대하여 $1 \leq i < j < k \leq n$인 정수 쌍 $(i,\ j,\ k)$ 전체의 개수를 구하여라.

(3) 정수 $n(\geq 4)$에 대하여 $1 \leq i < j < k < l \leq n$인 정수 쌍 $(i,\ j,\ k,\ l)$ 전체의 개수를 구하여라.

(4) 정수 $n(\geq k)$에 대하여 $1 \leq i_1 < i_2 < \cdots < i_k \leq n$인 정수 쌍 $(i_1,\ i_2,\ \cdots,\ i_k)$ 전체의 개수를 구하여라.

05 철수는 인터넷 뱅킹을 신청하기 위해 대한민국은행 홈페이지를 방문하였다. 회원 가입을 하려면 아이디와 패스워드를 결정해야 하는데, 패스워드는 영문자와 0부터 9까지의 숫자를 조합하여 여섯 자리로 만들어야 한다고 한다. 영문자를 1개 이상 포함하는 패스워드의 개수를 구하여라(단, 영문자는 대·소문자 구분이 없고, 영문자와 숫자는 중복해서 사용할 수 있다).

06 HAMILTON 의 모든 문자를 일렬로 배열할 때, M 다음에 바로 L이 오지 않는 경우는 몇 가지인가?

07 $n,\ r$을 $n \geq r$인 자연수라 하면 다음이 성립함을 보여라.

$$_{n}P_{r} = {}_{n-1}P_{r} + r \cdot {}_{n-1}P_{r-1}$$

08 n명을 $n-1$개 팀으로 나누는 방법의 수를 구하여라.

3.4 중복순열과 중복조합

정의 3.4.1

n-집합에서 중복을 허락하여 r개를 택하여 한 줄로 늘어놓은 것을 n개에서 r개 택한 **중복순열**(permutation with repetition)이라 하고, 그러한 경우의 수를 ${}_n\prod_r$로 나타내며, 다음과 같이 계산한다.

$${}_n\prod_r = n^r$$

예제 3.4.1 네 문자 a, b, c, d에서 중복을 허락하여 2개를 뽑아 나열하는 모든 중복순열을 구하여라.

풀이

$$\begin{matrix} aa & ab & ac & ad \\ ba & bb & bc & bd \\ ca & cb & cc & cd \\ da & db & dc & dd \end{matrix}$$

그러므로 a, b, c, d에서 중복을 허락하여 2개를 뽑아 만든 중복순열의 수는 ${}_4\prod_2 = 4^2 = 16$이다. ■

예제 3.4.2 $SUCCESS$라는 단어에 있는 7개의 문자를 한 줄로 배열하는 순열의 수를 모두 나열하여라. 몇 가지 경우가 있는가?

풀이 $SUCCESS$의 문자를 $S_1UC_1C_2ES_2S_3$로 구별하여 생각하면 다음과 같이 나타낼 수 있다.

$$\begin{matrix} S_1UC_1C_2ES_2S_3 & S_1UC_2C_1ES_2S_3 \\ S_1UC_1C_2ES_3S_2 & S_1UC_2C_1ES_3S_2 \\ S_2UC_1C_2ES_1S_3 & S_2UC_2C_1ES_1S_3 \\ S_2UC_1C_2ES_3S_1 & S_2UC_2C_1ES_3S_1 \\ S_3UC_1C_2ES_1S_2 & S_3UC_2C_1ES_1S_2 \\ S_3UC_1C_2ES_2S_1 & S_3UC_2C_1ES_2S_1 \end{matrix}$$

$3!2! = 12$가지가 모두 $SUCCESS$ 한 가지로 나타난다. S가 3개 C가 2개이므로 $\dfrac{7!}{3!2!} = 420$(가지)이다.

별해 다음과 같은 7개의 빈 칸에 S를 넣을 3칸, C를 넣을 2칸, U를 넣을 1칸, E를 넣을 1칸을 선택하는 방법의 수만큼 존재한다.

그러므로 구하는 순열의 개수는 다음과 같다.

$${}_7C_3 \cdot {}_4C_2 \cdot {}_2C_1 \cdot {}_1C_1 = \frac{7!}{3!4!} \cdot \frac{4!}{2!2!} \cdot \frac{2!}{1!1!} \cdot \frac{1!}{1!0!} = \frac{7!}{3!2!} = 420$$ ■

예제 3.4.3 *MATHEMATICS*라는 단어에 있는 11개의 문자를 한 줄로 배열하는 순열의 수를 구하여라.

풀이 *MATHEMATICS*라는 단어에는 A가 2개, C가 1개, E가 1개, H가 1개, I가 1개, M이 2개, T가 2개, S가 1개 있다. 따라서 구하는 순열의 수는 $\frac{11!}{2!2!2!} = 4989600$(가지)이다. ■

정의 3.4.2

n-집합에서 r개의 원소를, 중복을 허용하고 순서에 상관없이 선택하는 방법을 n개에서 r개 택한 **중복조합**(combination with repetition)이라 하고 ${}_nH_r$로 나타낸다.

예제 3.4.4 세 문자 a, b, c에서 중복을 허락하여 두 문자를 뽑는 방법을 모두 나열하면 aa, ab, ac, bb, bc, cc이고 따라서 ${}_3H_2 = 6$이다.

예제 3.4.5 수학과 도서실에는 이산수학, 해석학, 대수학 3종류의 책이 각각 6권 이상 있다. 도서실에서 이 3종류의 책 중에서 6권을 선택하는 방법은 몇 가지인가?

풀이 이 문제는 {이산수학, 해석학, 대수학}이라는 집합에서 중복을 허락하여 순서를 고려하지 않고 6개의 원소를 선택하는 방법의 개수와 같다. 선택은 각 종류의 책이 몇 권씩 선택되는가에 따라 결정된다. 예를 들어 한 가지 선택을 다음과 같은 방법으로 표시할 수 있다.

이산수학		해석학		대수학
○○○	|	○	|	○○

이 경우는 3권의 이산수학 책과 1권의 해석학 책, 2권의 대수학 책을 선택한 것을 나타낸다. 다른 예는 다음과 같은 것이 있을 수 있다.

이산수학		해석학		대수학
	|	○○	|	○○○○

이 경우는 이산수학 책은 선택하지 않고 해석학 책을 2권, 대수학 책을 4권 선택한 것을 나타낸다.

이산수학		해석학		대수학
○○○○○○	|		|	

이 경우는 이산수학 책을 6권 선택하고 해석학 책과 대수학 책은 선택하지 않음을 나타낸다. 구하고자 하는 선택방법의 수는 선택하는 책의 개수를 나타내는 6개의 ○와 3종류의 책을 구분하

기 위해서 필요한 2개의 | 를 합해서 총 8개의 기호를 나열하는 방법의 수와 같다.
따라서 이것은 8개의 자리에 |를 놓을 두 개의 자리를 선택하는 방법의 개수와 같으므로 ${}_8C_2 = 28$이다. 또는 8개의 자리에 ○를 놓을 6개의 자리를 선택하는 방법의 개수와 같다고 생각해도 된다. 이 경우도 ${}_8C_6 = 28$이다. 따라서 6권의 책을 선택하는 방법은 모두 28가지이다. ■

예제 3.4.6 방정식 $x_1 + x_2 + x_3 = 6$을 만족하는 음이 아닌 정수해 $(a_1,\ a_2,\ a_3)$의 개수를 구하여라.

풀이 구하는 수는 6권 이상씩 있는 세 종류의 책 중에서 6권의 책을 선택하는 방법 수이므로 ${}_8C_6 = 28$이다. ■

위 예제에서 사용된 방법을 사용하여 일반적인 결과를 증명할 수 있다.

정리 3.4.1

n, r을 자연수라 할 때 ${}_nH_r = {}_{n+r-1}C_r$이다.

증명 n-집합을 $X = \{a_1,\ a_2,\ \cdots,\ a_n\}$라고 하자. ${}_nH_r$은 n개의 원소를 구분하기 위해서 필요한 $n-1$개의 | 와 선택하는 원소의 개수인 r개의 ○를 합해서 총 $n+r-1$개의 기호를 나열하는 방법의 수와 같다.
첫 번째 | 의 앞에 나타나는 r_1개의 ○는 r_1번의 a_1의 선택을 의미한다. 첫 번째 | 에서 두 번째 | 사이에 나타나는 r_2개의 ○는 r_2번의 a_2의 선택을 의미한다. 이와 같이 계속하여 $n-1$번째 | 다음에 나타나는 r_n개의 ○는 r_n번의 a_n의 선택을 의미한다.
따라서 이것은 $n+r-1$개의 자리에 | 를 놓을 $n-1$개의 자리를 선택하는 방법의 개수와 같으므로 ${}_{n+r-1}C_{n-1}$이다. 또는 $n+r-1$개의 자리에 ○를 놓을 r개의 자리를 선택하는 방법의 개수와 같다고 생각해도 된다. 이 경우 ${}_{n+r-1}C_r$이다. 따라서 n개의 원소를 가진 집합에서 중복을 허락하여 r개의 원소를 선택하는 방법의 수는 r개의 ○와 $n-1$개의 |를 일렬로 배열하는 방법의 수와 같고, 이 수는 $r+n-1$개의 자리 중 r개의 자리를 뽑아 ○를 배열하고 나머지 자리에 $n-1$개의 | 를 배열하는 방법의 수이므로 ${}_nH_r = {}_{n+r-1}C_r$이다.

예제 3.4.7 똑같은 15개의 공을 서로 다른 3개의 상자에 넣을 때 빈 상자가 없도록 넣는 방법의 수를 구하여라.

풀이 우선 각 상자에 1개씩 넣으면 12개가 남는다. 구하는 수는 이 12개의 공을 3개의 상자에 넣는 방법 수와 같으므로 ${}_3H_{12} = {}_{14}C_{12} = 91$ 이다. ■

예제 3.4.8 방정식 $x_1 + x_2 + \cdots + x_n = r$을 만족하는 음이 아닌 정수해 $(a_1,\ a_2,\ \cdots,\ a_n)$의 개수

를 구하여라.

풀이 구하는 수는 r권 이상씩 있는 n종류의 책 중에서 r권의 책을 선택하는 방법 수이므로 n종류의 책을 구분하기 위해서 필요한 $n-1$개의 | 와 선택하는 책의 개수인 r개의 ○를 합해서 총 $n+r-1$개의 기호를 나열하는 방법의 수와 같다. 그러므로 구하는 해의 개수는 ${}_nH_r = {}_{n+r-1}C_r$ 이다. ■

정리 3.4.2

n이 양의 정수일 때 다음이 성립한다.

$$(x+y)^n = \sum_{k=0}^{n} {}_nC_k x^k y^{n-k}$$

이를 **이항정리**(binomial theorem)라고 한다.

${}_nC_k$는 이항정리의 전개식에서 항의 계수로 나타난다는 뜻에서 **이항계수**(binomial coefficient)라고 한다.

특히, $y=1$이면 $(x+1)^n = \sum_{k=0}^{n} {}_nC_k x^k$이다.

증명 $(x+y)^n$은 다음과 같은 n개의 $(x+y)$의 곱이다.

$(x+y)$	$(x+y)$	$\cdots$	$(x+y)$
↑	↑	$\cdots$	↑
제1인수	제2인수	$\cdots$	제n인수

이 곱을 전개할 때, 각 인수에서 하나의 항을 선택하므로 전개식의 항의 모양은 $x^k y^{n-k}$ $(k=0, 1, 2, \cdots, n)$이다. 특히 $x^k y^{n-k}$을 얻기 위해서는 k개의 인수에서 x를 선택하고 $n-k$개의 인수에서 y를 선택하면 된다. 따라서 이 곱셈의 전개식에서 $x^k y^{n-k}$이 나타나는 횟수는 n개의 인수 중 k개를 선택하는 방법 수 ${}_nC_k$와 같다. 그러므로 정리의 등식이 성립한다.

예제 3.4.9 이항정리에 의하여 다음이 성립한다.

$(a+b)^2 = a^2 + 2ab + b^2$

$(a+b)^3 = a^3 + 3a^2b + 3ab^2 + b^3$

$(a+b)^4 = a^4 + 4a^3b + 6a^2b^2 + 4ab^3 + b^4$

예제 3.4.10 이항정리를 이용하여 다음 식을 전개하여라.

(1) $(a+b)^5$ (2) $(a-2b)^5$

풀이 (1) $(a+b)^5 = {}_5C_0a^5 + {}_5C_1a^4b + {}_5C_2a^3b^2 + {}_5C_3a^2b^3 + {}_5C_4ab^4 + {}_5C_5b^5$

$= a^5 + 5a^4b + 10a^3b^2 + 10a^2b^3 + 5ab^4 + b^5$

(2) $(a-2b)^5 = {}_5C_0a^5 + {}_5C_1a^4(-2b) + {}_5C_2a^3(-2b)^2$

$$+{}_5C_3a^2(-2b)^3+{}_5C_4a(-2b)^4+{}_5C_5(-2b)^5$$
$$=a^5-10a^4b+40a^3b^2-80a^2b^3+80ab^4-32b^5$$

예제 3.4.11 다음 등식이 성립함을 보여라.

$$2^n=\sum_{k=0}^{n}{}_nC_k$$

풀이 이항정리의 등식 $(x+1)^n=\sum_{k=0}^{n}{}_nC_kx^k$에 $x=1$을 대입하면 $2^n=\sum_{k=0}^{n}{}_nC_k$을 얻는다.

예제 3.4.12 다음 등식이 성립함을 보여라.

$$0=\sum_{k=0}^{n}(-1)^k{}_nC_k$$

풀이 이항정리의 등식 $(x+1)^n=\sum_{k=0}^{n}{}_nC_kx^k$에 $x=-1$을 대입하면 $0=\sum_{k=0}^{n}(-1)^k\cdot{}_nC_k$을 얻는다.

즉, ${}_nC_0+{}_nC_2+\cdots+{}_nC_s={}_nC_1+{}_nC_3+\cdots+{}_nC_t$

단, s는 n이하의 최대의 짝수, t는 n이하의 최대의 홀수이다.

예제 3.4.13 $(3x-2y)^7$에서 x^4y^3의 계수를 구하여라.

풀이 주어진 식을 정리하면 다음과 같다.

$$(3x-2y)^7=\sum_{k=0}^{7}{}_7C_k(3x)^k(-2y)^{7-k}$$
$$=\sum_{k=0}^{7}{}_7C_k3^k(-2)^{7-k}x^ky^{7-k}$$

전개식에서 x^4y^3의 계수는 $k=4$일 때이므로 x^4y^3의 계수는 다음과 같다.

$${}_7C_4\cdot 3^4(-2)^3=35\cdot 3^4\cdot(-8)=-22680.$$

■

도로망 방법

폴리아(George Polya)에 따르면, 파스칼의 삼각형은 다음과 같이 조합론적으로 생각하면 문제해결에 효과가 크다. 한 사람이 그림 3-6과 같은 길이 표시된 지도를 따라 걷는 경우의 수를 생각해보자. (0, 0) 위치의 점에서 출발하여 화살표를 따라 내려가는데 각 교차점에서 아래로 가든지 오른쪽 아래로 가는 방법을 선택한다(이때 오른쪽 아래는 그림 3-6을 보는 사람의 입장에서 오른쪽을 의미한다). 길의 각 교차점을 순서쌍 $(n,\ k)$로 이름 붙인다. 그림 3-7은 (0, 0)을 출발하여 (5, 3)까지 가는 한 가지 길을 보여주고 있다. (n,k)로 가는 길은 (0, 0)에서 $(n,\ k)$까지 가는 길의 교차로에서의 선택(아래(D) 또는 오른쪽 아래(R))을 나열하여 나타낼 수 있다. 즉 (n, k)로 가는 길은 k개의 R과 $n-k$개의 D로 이루어진 수열로 나타낼 수 있다. 그림 3-7에 나타난 길을 따라 (5, 3)으로 가는 수열은 $DRDRR$이다. (0, 0)에서 (n, k)까지 가는 가능한 경로의 수는 k개의 R과 $n-k$개의 D로 이루어진 유한 수열의 수이므로 ${}_nC_k$이다. 이런 방법을 "**도로망 방법**(block-walking method)"이라고 한다.

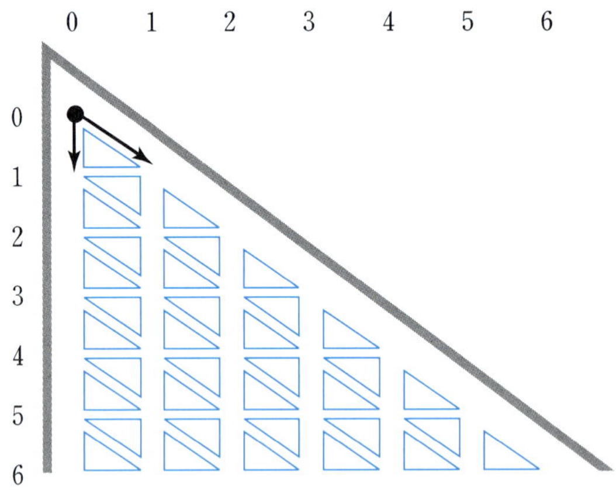

그림 3-6

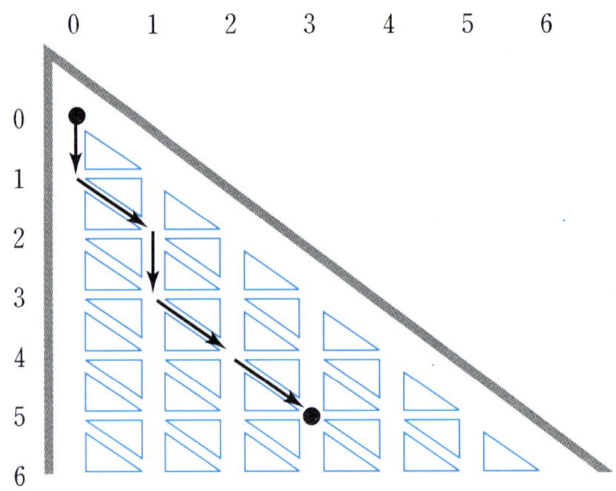

그림 3-7

예제 3.4.14 다음 등식이 성립함을 도로망 방법으로 보여라.

$${}_nC_k = {}_{n-1}C_{k-1} + {}_{n-1}C_k$$

풀이 아래 그림과 같이 (n, k) 위치의 점에 가기 위해서는 $(n-1, k-1)$ 위치의 점에서 오른쪽 아래로 가든지, $(n-1, k)$ 위치의 점에서 아래로 가든지의 2가지 경우가 있으므로 ${}_nC_k = {}_{n-1}C_{k-1} + {}_{n-1}C_k$이다. ■

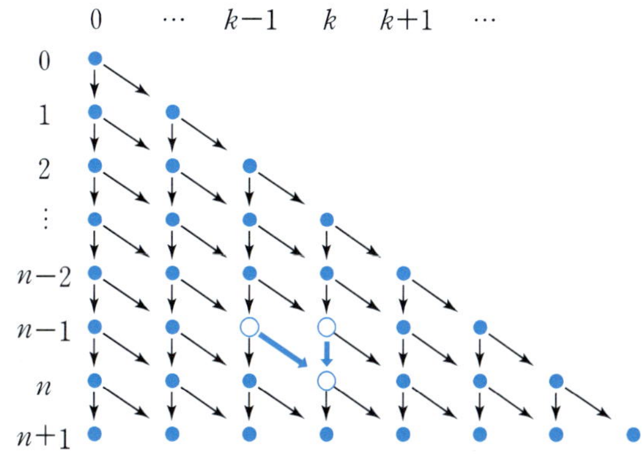

그림 3-8

예제 3.4.15 다음 등식이 성립함을 보여라.

$$ {}_{r}C_{r} + {}_{r+1}C_{r} + {}_{r+2}C_{r} + \cdots + {}_{n}C_{r} = {}_{n+1}C_{r+1} $$

풀이 방법 1 : $\{1, 2, \cdots, n+1\}$에서 $r+1$개의 원소를 뽑는 방법의 수는 ${}_{n+1}C_{r+1}$이다. 한편, 원소의 최대값이 $n+1$이 되도록 뽑는 방법의 수는 ${}_{n}C_{r}$($n+1$을 포함하여 $r+1$개를 뽑는 방법이므로 $\{1, 2, \cdots, n\}$에서 r개를 뽑는 방법의 수), 원소의 최대값이 n이 되도록 뽑는 방법의 수는 ${}_{n-1}C_{r}$(n을 포함하여 최대값이 n이 되도록 $r+1$개를 뽑는 방법이므로 $\{1, 2, \cdots, n-1\}$에서 r개를 뽑는 방법의 수), $\cdots$, 원소의 최대값이 $r+1$이 되도록 뽑는 방법의 수는 ${}_{r}C_{r}$($r+1$을 포함하여 최대값이 $r+1$이 되도록 $r+1$개를 뽑는 방법이므로 $\{1, 2, \cdots, r\}$에서 r개를 뽑는 방법의 수)이므로 합의 법칙에 의하여 ${}_{r}C_{r} + {}_{r+1}C_{r} + {}_{r+2}C_{r} + \cdots + {}_{n}C_{r} = {}_{n+1}C_{r+1}$이다.

방법 2 : 아래 그림과 같이 $(n+1, r+1)$ 위치의 점에 가기 위해서는 (r, r), $(r+1, r)$, $\cdots$, (n, r) 위치의 점에서 오른쪽 아래로 간 다음 아래로 계속 내려가면 되므로 ${}_{r}C_{r} + {}_{r+1}C_{r} + {}_{r+2}C_{r} + \cdots + {}_{n}C_{r} = {}_{n+1}C_{r+1}$이다. ■

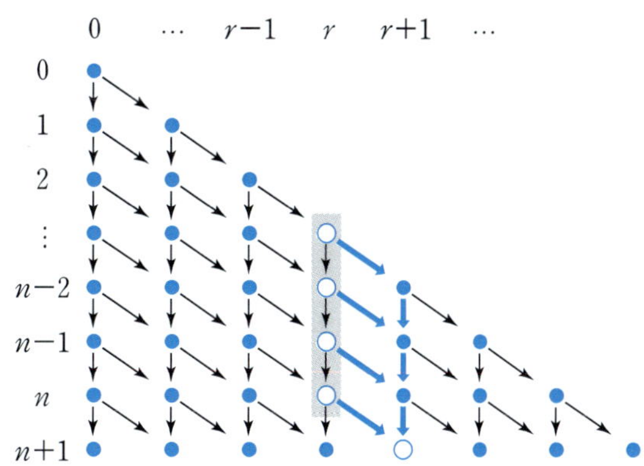

그림 3-9

예제 3.4.16 다음 등식이 성립함을 보여라.

$$_{n}C_0 + {}_{n+1}C_1 + {}_{n+2}C_2 + \cdots + {}_{n+r}C_r = {}_{n+r+1}C_r$$

풀이 방법 1 : ${}_{n+r+1}C_r$은 $\{1, 2, \cdots, n+r+1\}$에서 r개의 원소를 뽑는 방법의 수이다. 한편, 1을 포함하지 않고 r개를 뽑는 방법의 수는 ${}_{n+r}C_r$이다. $1 \leq i \leq r$인 i에 대하여 $1, 2, \cdots, i$는 포함하지만 $i+1$은 포함하지 않고 r개를 뽑는 방법의 수는 $i+2, \cdots, n+r+1$ 중에서 $r-i$개의 원소를 더 뽑아야 하므로 ${}_{n+r-i}C_{r-i}$이다. 따라서 합의 법칙에 의하여

$$_{n}C_0 + {}_{n+1}C_1 + {}_{n+2}C_2 + \cdots + {}_{n+r}C_r = {}_{n+r+1}C_r$$

이다.

방법 2 : 아래 그림과 같이 $(n+r+1, r+1)$ 위치의 점에 가기 위해서는 $(n, 0), (n+1, 1), \cdots, (n+r, r)$ 위치의 점에서 아래로 1블럭 내려가거나, 1블럭 내려간 다음 오른쪽 아래로 계속 내려가면 되므로 ${}_{n}C_0 + {}_{n+1}C_1 + {}_{n+2}C_2 + \cdots + {}_{n+r}C_r = {}_{n+r+1}C_r$이다. ■

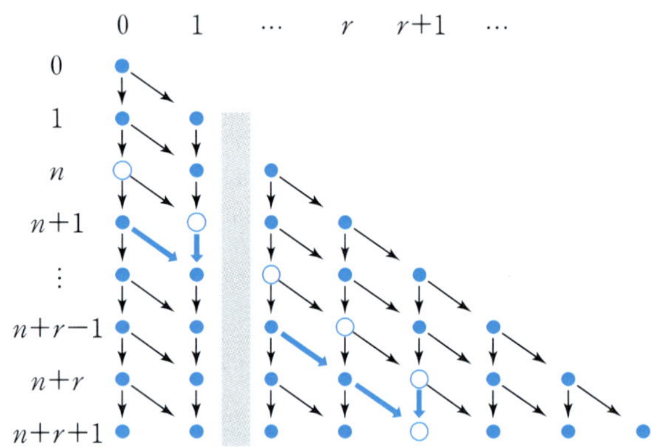

그림 3-10

예제 3.4.17 다음 등식이 성립함을 보여라.

$$_{n}C_0 + {}_{n}C_1 + \cdots + {}_{n}C_n = 2^n$$

풀이 방법 1 : 이항정리에서 $x = 1$, $y = 1$을 대입하면

$$_{n}C_0 + {}_{n}C_1 + \cdots + {}_{n}C_n = 2^n$$

방법 2 : 집합 $A = \{1, 2, \cdots, n\}$의 부분집합의 개수는 2^n이다. 한편 A에서 원소의 개수가 $0, 1, \cdots, n$인 부분집합의 개수는 각각 ${}_{n}C_0$, ${}_{n}C_1$, $\cdots$, ${}_{n}C_n$이므로 A의 모든 부분집합의 개수는 ${}_{n}C_0 + {}_{n}C_1 + \cdots + {}_{n}C_n$이다. 따라서 ${}_{n}C_0 + {}_{n}C_1 + \cdots + {}_{n}C_n = 2^n$이다.

방법 3 : 예를 들어 4블럭을 가는 모든 방법의 수에 대하여 알아보자.

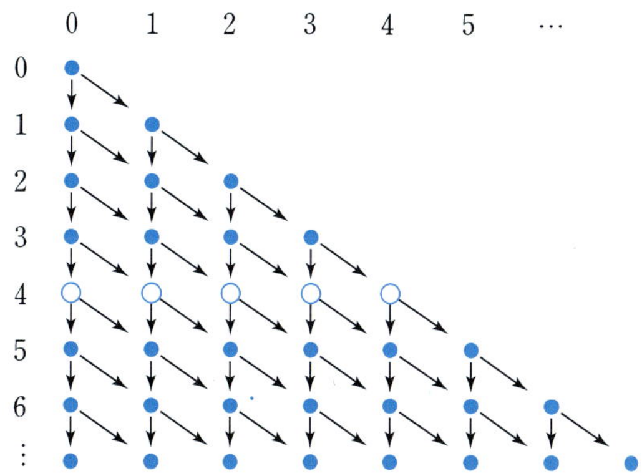

그림 3-11

2^4가지(D는 0, R은 1)

0000	0001	0010	0011
0100	0101	0110	0111
1000	1001	1010	1011
1100	1101	1110	1111

D는 0, R은 1로 나타낼 때, 4블럭을 가는 모든 방법의 수는 4비트 이진수의 개수와 같다. 그러므로 ${}_4C_0+{}_4C_1+{}_4C_2+{}_4C_3+{}_4C_4=2^4$이다.

일반적으로 n블럭을 가는 모든 방법의 수는 n비트 이진수의 개수와 같으므로 ${}_nC_0+{}_nC_1+\cdots+{}_nC_n=2^n$이다. ■

정리 3.4.3

$n=n_1+n_2+\cdots+n_k$이라 할 때 n_1개의 A_1, n_2개의 A_2, $\cdots$, n_k개의 A_k를 일렬로 나열한 순열의 수는 다음과 같다.

$$\frac{n!}{n_1!n_2!\cdots n_k!}$$

증명 n개의 빈 칸중 n_1개의 자리를 택하여 A_1을 넣는 방법은 ${}_nC_{n_1}$가지이고, 남은 $n-n_1$개의 빈 칸 중 n_2개의 자리를 택하여 A_2를 넣는 방법은 ${}_{n-n_1}C_{n_2}$가지이고, 남은 $n-(n_1+n_2)$개의 빈 칸중 n_3개의 자리를 택하여 A_3를 넣는 방법은 ${}_{n-(n_1+n_2)}C_{n_3}$가지이고, 이와 같이 계속해서 마지막으로 남은 $n-(n_1+n_2+\cdots+n_{k-1})=n_k$개의 빈 칸중 n_k개의 자리를 택하여 A_k를 넣는 방법은 ${}_{n-(n_1+n_2+\cdots+n_{k-1})}C_{n_k}={}_{n_k}C_{n_k}=1$가지이다. 따라서 n_1개의 A_1, n_2개의 A_2, $\cdots$, n_k개의 A_k를 일렬로 나열한 순열의 수는 다음과 같다.

$$\begin{aligned}&{}_nC_{n_1}\cdot{}_{n-n_1}C_{n_2}\cdot{}_{n-(n_1+n_2)}C_{n_3}\cdot\cdots\cdot{}_{n-(n_1+\cdots+n_{k-1})}C_{n_k}\\&=\frac{n!}{n_1!\cdot(n-n_1)!}\cdot\frac{(n-n_1)!}{n_2!\cdot(n-(n_1+n_2))!}\cdot\frac{(n-(n_1+n_2))!}{n_3!\cdot(n-(n_1+n_2+n_3))!}\cdot\cdots\cdot\frac{n_k!}{n_k!}\\&=\frac{n!}{n_1!n_2!\cdots n_k!}\end{aligned}$$

정의 3.4.3

$n_1+n_2+\cdots+n_k=n$을 만족하는 음이 아닌 정수 n_1, n_2, $\cdots$, n_k에 대하여 $\dfrac{n!}{n_1!n_2!\cdots n_k!}$를 간단히 $\dbinom{n}{n_1,\ n_2,\ \cdots,\ n_k}$로 나타내고 **다항계수**(multinomial coefficient)라고 한다.

다항계수 $\dbinom{n}{n_1,\ n_2,\ \cdots,\ n_k}$는 n_1개의 A_1, n_2개의 A_2, $\cdots$, n_k개의 A_k를 일렬로 나열한 순열의 수이다. $\dbinom{n}{k}=\dbinom{n}{k,\ n-k}$이다.

예제 3.4.18 다음 물음에 답하여라.

(1) 다항계수 $\dbinom{12}{2,\ 3,\ 7}$를 계산하여라.

(2) $\dbinom{n}{n_1, n_2, n_3}=\dbinom{n-1}{n_1-1, n_2, n_3}+\dbinom{n-1}{n_1, n_2-1, n_3}+\dbinom{n-1}{n_1, n_2, n_3-1}$임을 보여라.

(3) $\dbinom{n}{n_1,\ n_2,\ \cdots, n_k}=\sum_{i=1}^{k}\dbinom{n-1}{n_1,\ n_2,\ \cdots,\ n_{i-1},\ n_i-1,\ n_{i+1},\ \cdots,\ n_k}$임을 보여라.

풀이 (1) $\dbinom{12}{2,\ 3,\ 7}=\dfrac{12!}{2!3!7!}=7920$

(2) 좌표공간의 원점 O에서 x축, y축, z축으로 한 칸씩 움직이는 것을 각각 A_1, A_2, A_3로 나타내면 원점 O에서 점 $B(n_1,\ n_2,\ n_3)$까지 가는 최단경로의 집합은 n_1개의 A_1, n_2개의 A_2, n_3개의 A_3를 일렬로 배열한 순열의 집합이다. 그러므로 좌표공간의 원점 O에서 출발하여 좌표축의 양의 방향으로 한 칸씩 움직이는 동점이 점 $B(n_1,\ n_2,\ n_3)$까지 갈 수 있는 방법의 수는

$$\frac{(n_1+n_2+n_3)!}{n_1!n_2!n_3!}=\binom{n_1+n_2+n_3}{n_1,\ n_2,\ n_3}$$

이다. 그런 경로는 $P(1,\ 0,\ 0)$를 거쳐서 B로 가는 경로, $Q(0,\ 1,\ 0)$를 거쳐서 B로 가는 경로, $R(0,\ 0,\ 1)$를 거쳐서 B로 가는 경로로 나눌 수 있다. $P(1,\ 0,\ 0)$를 거쳐서 B로 가는 경로의 수는 첫 번째 수가 A_1이고 $n-1$자리에 n_1-1개의 A_1, n_2개의 A_2, n_3개의 A_3를 일렬로 배열한 것이므로 $\dbinom{n-1}{n_1-1,\ n_2,\ n_3}$이다. $Q(0,\ 1,\ 0)$를 거쳐서 B로 가는 경로의 수는 첫 번째 수가 A_2이고 $n-1$자리에 n_1개의 A_1, n_2-1개의 A_2, n_3개의 A_3를 일렬로 배열한 것이므로 $\dbinom{n-1}{n_1,\ n_2-1,\ n_3}$이다. $R(0,\ 0,\ 1)$를 거쳐서 B로 가는 경로의 수는 첫 번째 수가 A_3이고 $n-1$자리에 n_1개의 A_1, n_2개의 A_2, n_3-1개의 A_3를 일렬로 배열한 것이므로 $\dbinom{n-1}{n_1,\ n_2,\ n_3-1}$이다. 그러므로

$$\binom{n}{n_1, n_2, n_3}=\binom{n-1}{n_1-1, n_2, n_3}+\binom{n-1}{n_1, n_2-1, n_3}+\binom{n-1}{n_1, n_2, n_3-1}$$

이다.

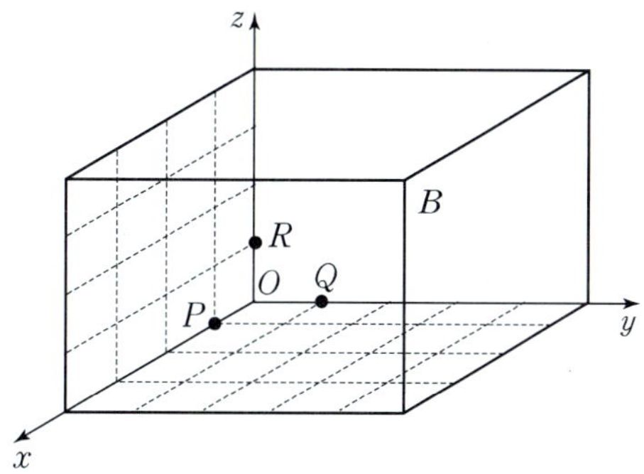

(3) $\binom{n}{n_1, n_2, \cdots, n_k}$는 n_1개의 A_1, n_2개의 A_2, $\cdots$, n_k개의 A_k를 일렬로 배열한 순열의 수이다. 그런 순열 중에서 첫 번째 수가 A_1인 순열은 나머지 $n-1$자리에 n_1-1개의 A_1, n_2개의 A_2, $\cdots$, n_k개의 A_k를 일렬로 배열한 것이므로 그 수는 $\binom{n-1}{n_1-1, n_2, \cdots, n_k}$이다. 일반적으로 첫 번째 수가 A_i인 순열은 나머지 $n-1$자리에 n_1개의 A_1, n_2개의 A_2, $\cdots$, n_i-1개의 A_i, n_{i+1}개의 A_{i+1}, $\cdots$, n_k개의 A_k를 일렬로 배열한 것이므로 그 수는

$$\binom{n-1}{n_1, n_2, \cdots, n_{i-1}, n_i-1, n_{i+1}, \cdots, n_k} \quad (i=1, 2, \cdots, k)$$

이므로 합의 법칙에 의하여

$$\binom{n}{n_1, n_2, \cdots, n_k} = \sum_{i=1}^{k} \binom{n-1}{n_1, n_2, \cdots, n_{i-1}, n_i-1, n_{i+1}, \cdots, n_k}$$

이다.

정리 3.4.4

다항정리

$$(x_1+x_2+\cdots+x_k)^n = \sum_{(n_1, n_2, \cdots, n_k)} \binom{n}{n_1, n_2, \cdots, n_k} x_1^{n_1} x_2^{n_2} \cdots x_k^{n_k}$$

이다. 단, $(n_1, n_2, \cdots, n_k)$은 방정식 $n=n_1+n_2+\cdots+n_k$의 음이 아닌 정수해이다.

증명 $x_1+x_2+\cdots+x_k$의 n개의 곱

$$(x_1+x_2+\cdots+x_k)(x_1+x_2+\cdots+x_k)\cdots(x_1+x_2+\cdots+x_k)$$

에서 $x_1^{n_1} x_2^{n_2} \cdots x_k^{n_k}$의 계수는 n번 중에 x_1을 n_1번, x_2를 n_2번, $\cdots$, x_k를 n_k번 뽑는 방법의 수와 같으므로

$$\binom{n}{n_1}\binom{n-n_1}{n_2}\cdots\binom{n-(n_1+n_2+\cdots+n_{k-1})}{n_k}=\frac{n!}{n_1!n_2!\cdots n_k!}=\binom{n}{n_1,\ n_2,\ \cdots,\ n_k}$$

이다. 그러므로

$$(x_1+x_2+\cdots+x_k)^n=\sum_{(n_1,\ n_2,\ \cdots,\ n_k)}\binom{n}{n_1,\ n_2,\ \cdots,\ n_k}x_1^{n_1}x_2^{n_2}\cdots x_k^{n_k}$$

예제 3.4.19 다음 물음에 답하여라.

(1) 다항정리를 이용하여 $(a+b+c)^2$를 전개하여라.

(2) 다항정리를 이용하여 $(a+b+c)^3$를 전개하여라.

(3) $(a+b+c+d)^7$의 전개식에서 a^2b^3cd의 계수를 구하여라.

풀이 (1) 다항정리에 의하여

$$\begin{aligned}(a+b+c)^2&=\sum_{n_1+n_2+n_3=2}\binom{2}{n_1,\ n_2,\ n_3}a^{n_1}b^{n_2}c^{n_3}\\&=\binom{2}{2,\ 0,\ 0}a^2+\binom{2}{0,\ 2,\ 0}b^2+\binom{2}{0,\ 0,\ 2}c^2\\&\quad+\binom{2}{1,\ 1,\ 0}ab+\binom{2}{1,\ 0,\ 1}ac+\binom{2}{0,\ 1,\ 1}bc\\&=a^2+b^2+c^2+2(ab+ac+bc)\end{aligned}$$

(2) 다항정리에 의하여

$$\begin{aligned}(a+b+c)^3&=\sum_{n_1+n_2+n_3=3}\binom{3}{n_1,\ n_2,\ n_3}a^{n_1}b^{n_2}c^{n_3}\\&=\binom{3}{3,\ 0,\ 0}a^3+\binom{3}{0,\ 3,\ 0}b^3+\binom{3}{0,\ 0,\ 3}c^3\\&\quad+\binom{3}{2,\ 1,\ 0}a^2b+\binom{3}{2,\ 0,\ 1}a^2c+\binom{3}{1,\ 2,\ 0}ab^2\\&\quad+\binom{3}{0,\ 2,\ 1}b^2c+\binom{3}{1,\ 0,\ 2}ac^2+\binom{3}{0,\ 1,\ 2}bc^2+\binom{3}{1,\ 1,\ 1}abc\\&=a^3+b^3+c^3+3(a^2b+a^2c+ab^2+b^2c+ac^2+bc^2)+6abc\end{aligned}$$

(3) 다항정리에 의하여 a^2b^3cd의 계수는

$$\binom{7}{2,\ 3,\ 1,\ 1}=\frac{7!}{2!3!1!1!}=420$$

이다. ■

연습문제 3.4

01 (1) 다음 프로그램에서 프린트 문은 몇 번이나 수행되는가?

```
for i_1 = 1 to 5
    for i_2 = 1 to i_1
        for i_3 = 1 to i_2
            print i_1, i_2, i_3
```

(2) 다음 프로그램에서 프린트 문은 몇 번이나 수행되는가?

```
for i_1 = 1 to n
    for i_2 = 1 to i_1
        for i_3 = 1 to i_2
            ⋱
                for i_k = 1 to i_(k-1)
                    print i_1, i_2, ⋯, i_k
```

02 자연수 a, b, c, d에 대하여 $a \le b \le c \le d \le 20$인 $(a,\ b,\ c,\ d)$는 모두 몇 개인가?

03 $PERMUTATION$의 모든 문자를 사용하여 만든 순열 중에 적어도 한쪽 끝에 자음이 오는 것은 몇 가지인가?

04 D, D, R, R, R을 나열하는 방법의 수를 구하여라.

05 조합의 정의를 이용하여 ${}_{2n}C_2 = 2 \times {}_nC_2 + n^2$임을 보여라.

06 철수는 8명의 친구가 있다. 철수가 생일에 1명 이상의 친구를 초대하려고 한다. 몇 가지 방법이 가능한가?

07 ${}_nC_{r-2}$, ${}_nC_{r-1}$, ${}_nC_r$을 이용하여 ${}_{n+2}C_r$을 나타내어라.

08 음이 아닌 정수 n에 대하여 다음 등식이 성립함을 보여라.

$${}_{2n+1}C_0 + {}_{2n+1}C_1 + {}_{2n+1}C_2 + \cdots + {}_{2n+1}C_n = 2^{2n}$$

09 $(x+a_1)(x+a_2)\cdots(x+a_n)$의 전개식에서 다음을 구하여라.

(1) 상수항

(2) x의 계수

(3) x^2의 계수

(4) x^{n-2}의 계수

(5) x^{n-1}의 계수

(6) x^n의 계수

(7) x^{n-r}의 계수 $(r=1, 2, \cdots, n-1)$

10 방정식 $x+y+z=10$의 음이 아닌 정수해 (x, y, z) 중 반드시 0을 포함하는 것의 개수를 구하여라.

11 n, k가 자연수이고 $k \geq n$일 때 방정식 $x_1+x_2+\cdots+x_n=k$의 자연수 해 $(a_1, a_2, \cdots, a_n)$의 개수를 구하여라.

12 다음 물음에 답하여라.

(1) $\sum_{i=0}^{9}\sum_{j=0}^{7}a_{ij}=\sum_{j=0}^{7}\sum_{i=0}^{9}a_{ij}$를 보여라.

(2) $\sum_{i=0}^{9}\sum_{j=0}^{7}{}_iC_j$의 값을 구하여라.

(3) $\sum_{i=0}^{m}\sum_{j=0}^{n}a_{ij}=\sum_{j=0}^{n}\sum_{i=0}^{m}a_{ij}$를 보여라.

13 다음 물음에 답하여라.

(1) $(a+b+c)^4$의 전개식에서 항의 개수를 구하여라.

(2) $(a+b+c)^4$를 전개하여라.

14 다음 물음에 답하여라.

(1) $(a+b+c+d)^4$의 전개식에서 a^2bc의 계수를 구하여라.

(2) $(a+b+c+d)^5$의 전개식에서 a^3bc의 계수를 구하여라.

(3) $(a+b+c+d)^n$의 전개식에서 $a^{n-2}bc$의 계수를 구하여라.

15 다음 물음에 답하여라.

(1) 이항정리를 이용하여 $(2x-y)^8$의 전개식에서 x^6y^2의 계수를 구하여라.

(2) $(3x+4y)^6$의 전개식에서 각 항의 계수의 합을 구하여라.

16 다음 식의 전개식에서 모든 계수의 합을 구하여라.

(1) $(x+y)^3$

(2) $(x-y)^3$

(3) $(x+y)^{10}$ (4) $(x+y+z)^{10}$

(5) $(w+x+y+z)^{10}$ (6) $(3x+2y)^4$

17 다음 등식이 성립함을 증명하여라.

정수 $n(\geq 0)$에 대하여 $3^n=\sum_{k=0}^{n} {}_nC_k \cdot 2^k$이다.

18 $\left(x+\frac{1}{x}\right)^9$의 전개식에서 x^5의 계수를 구하여라.

19 $(x+3y+2)^7$의 전개식에서 x^3y^2의 계수를 구하여라.

20 $(2x-3y+4)^7$의 전개식에서 x^3y^2의 계수를 구하여라.

21 $(x_1+x_2+\cdots+x_k)^n$의 전개식에서 항의 개수를 구하여라.

22 다음 등식이 성립함을 증명하여라.

$$\sum_{k=0}^{n} ({}_nC_k)^2 = {}_{2n}C_n$$

23 다음 물음에 답하여라.

(1) 등식 $(1+x)^{n+1}=(1+x)(1+x)^n$에서 x^k의 계수를 비교하여 다음 등식이 성립함을 보여라.

$${}_{n+1}C_k = {}_nC_{k-1} + {}_nC_k$$

(2) 등식 $(1+x)^{2n}=(1+x)^n(1+x)^n$에서 x^n의 계수를 비교하여 다음 등식이 성립함을 보여라.

$${}_{2n}C_n = ({}_nC_0)^2 + ({}_nC_1)^2 + \cdots + ({}_nC_n)^2$$

(3) 등식 $(1+x)^{m+n}=(1+x)^m(1+x)^n$에서 x^k의 계수를 비교하여 다음 등식이 성립함을 보여라.

$${}_{m+n}C_k = {}_mC_0 \cdot {}_nC_k + {}_mC_1 \cdot {}_nC_{k-1} + \cdots + {}_mC_k \cdot {}_nC_0$$

24 다음 물음에 답하여라.

(1) 등식 $(1+x)^{n+1}=(1+x)(1+x)^n=(1+x)^n+x(1+x)^n$

$$=(1+x)^n+x(1+x)(1+x)^{n-1}$$

$$=(1+x)^n+x(1+x)^{n-1}+x^2(1+x)^{n-1}$$

$$= (1+x)^n + x(1+x)^{n-1} + x^2(1+x)(1+x)^{n-2}$$
$$= (1+x)^n + x(1+x)^{n-1} + x^2(1+x)^{n-2} + x^3(1+x)^{n-2}$$
$$= \cdots = (1+x)^n + x(1+x)^{n-1} + x^2(1+x)^{n-2}$$
$$+\cdots + x^k(1+x)^{n-k} + x^{k+1}(1+x)^{n-k}$$

에서 x^k의 계수를 비교하여 다음 등식이 성립함을 보여라.

$$_nC_k + {}_{n-1}C_{k-1} + {}_{n-2}C_{k-2} + \cdots + {}_{n-k}C_0 = {}_{n+1}C_k$$

(2) 다음 등식을 도로망 방법으로 증명하여라.

$$_nC_k + {}_{n-1}C_{k-1} + {}_{n-2}C_{k-2} + \cdots + {}_{n-k}C_0 = {}_{n+1}C_k$$

25 다음 등식을 도로망 방법으로 증명하여라.

$$\sum_{i=0}^{k} {}_mC_i \cdot {}_nC_{k-i} = {}_{m+n}C_k$$

26 다음 물음에 답하여라.

(1) 다음 등식을 만족하는 음이 아닌 정수해 $(a_1,\ a_2)$의 개수를 구하여라.

$$x_1 + x_2 = 4$$

(2) 다음 부등식을 만족하는 음이 아닌 정수해 $(a_1,\ a_2)$의 개수를 구하여라.

$$x_1 + x_2 \leq 4$$

27 다음 부등식을 만족하는 음이 아닌 정수해 $(a_1,\ a_2,\ \cdots,\ a_n)$의 개수를 구하여라.

$$x_1 + x_2 + \cdots + x_n \leq k$$

28 다음 부등식을 만족하는 자연수로 이루어진 해 $(a_1,\ a_2)$의 개수를 구하여라.

$$x_1 + x_2 \leq 4$$

29 $k \geq n$일 때, 다음 부등식을 만족하는 자연수로 이루어진 해 $(a_1,\ a_2,\ \cdots,\ a_n)$의 개수를 구하여라.

$$x_1 + x_2 + \cdots + x_n \leq k$$

3.5 스털링 수

제1종 스털링 수

정의 3.5.1

n명의 사람들을 k개의 둥근 테이블에 앉히는 방법의 수를 **제1종 스털링 수**(the Stirling numbers of the first kind)라 하고, $s(n, k)$로 나타낸다. 이 때, 각 테이블에는 반드시 한 명 이상의 사람이 앉아야 하고 테이블은 구분하지 않는다. 또한 테이블의 자리는 구분하고, 테이블의 회전은 무시한다.

$k > n$이면 $s(n, k) = 0$이고 $s(n, 0) = 0$, $s(n, n) = 1$이다.

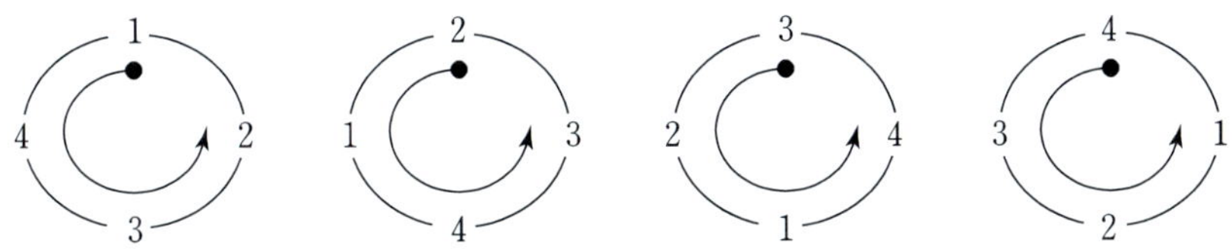

그림 3-12 둥근 테이블

테이블의 회전은 무시하므로 그림 3-12의 4가지 경우는 둥근 테이블에 앉히는 같은 방법이다. 그러므로 $s(4, 1) = 3!$이다.

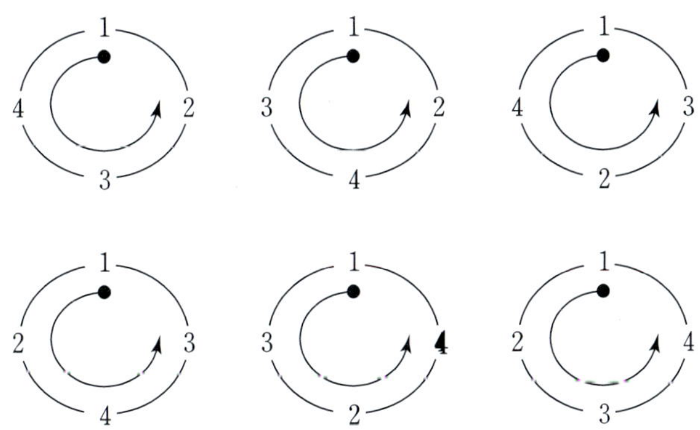

그림 3-13 둥근 테이블에 앉는 6가지 방법

일반적으로 $s(n, 1) = (n-1)!$이다.

1, 2, 3, 4의 순열 3412는 아래 그림과 같이 $f(1)=3$, $f(2)=4$, $f(3)=1$, $f(4)=2$인 전단사함수 $f:\{1, 2, 3, 4\} \to \{1, 2, 3, 4\}$로 볼 수 있다.

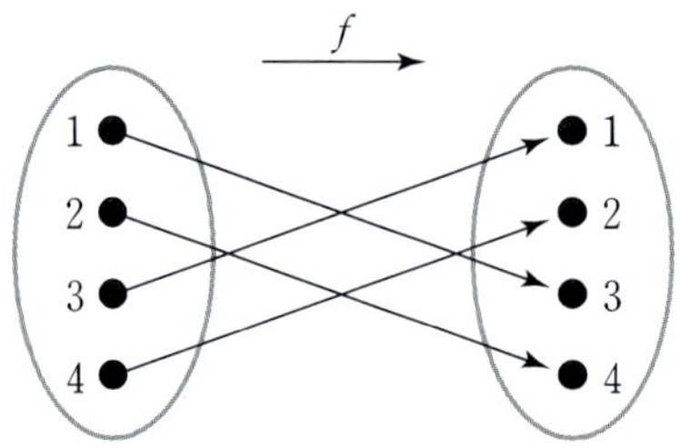

정의 3.5.2

집합 $\{1, 2, \cdots, n\}$에서 $\{1, 2, \cdots, n\}$로 가는 전단사함수 $f:\{1, 2, \cdots, n\} \to \{1, 2, \cdots, n\}$를 $\{1, 2, \cdots, n\}$의 **치환**(permutation)이라고 하며, $\begin{pmatrix} 1 & 2 & \cdots & n \\ f(1) & f(2) & \cdots & f(n) \end{pmatrix}$으로 나타내기도 한다.

예를 들어 순열 3412를 나타내는 치환은 $\begin{pmatrix} 1234 \\ 3412 \end{pmatrix}$이다. 치환 $\begin{pmatrix} 1234 \\ 3412 \end{pmatrix}$은 $1 \to 3$, $2 \to 4$, $3 \to 1$, $4 \to 2$를 나타내는 함수이다. 이를 다음 그림과 같이 나타낼 수 있다.

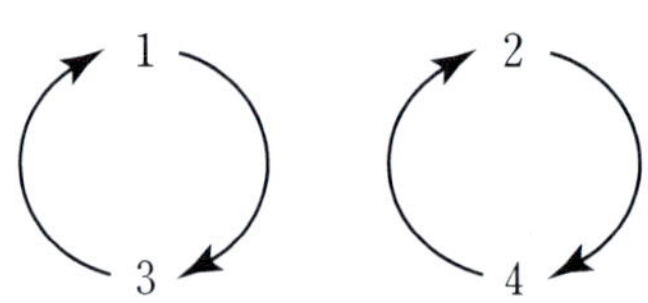

이 그림은 두 개의 부분으로 이루어져 있다. 이들을 **사이클**(cycle)이라 하고, 각각 (1, 3), (2, 4)로 나타낸다.

치환 $\begin{pmatrix} 1234 \\ 3412 \end{pmatrix}$을 $\begin{pmatrix} 1234 \\ 3412 \end{pmatrix} = (13)(24)$으로 나타내기도 한다.

예제 3.5.1 집합 $\{1, 2, 3, 4\}$의 경우 다음과 같이 2개의 사이클로 이루어진 11개의 치환이 존재한다.

$\begin{pmatrix} 1234 \\ 2314 \end{pmatrix} = (123)(4)$, $\begin{pmatrix} 1234 \\ 3124 \end{pmatrix} = (132)(4)$, $\begin{pmatrix} 1234 \\ 3241 \end{pmatrix} = (134)(2)$,

$\begin{pmatrix} 1234 \\ 4213 \end{pmatrix} = (143)(2)$, $\begin{pmatrix} 1234 \\ 2431 \end{pmatrix} = (124)(3)$, $\begin{pmatrix} 1234 \\ 4132 \end{pmatrix} = (142)(3)$,

$\begin{pmatrix} 1234 \\ 1342 \end{pmatrix} = (234)(1)$, $\begin{pmatrix} 1234 \\ 1423 \end{pmatrix} = (243)(1)$, $\begin{pmatrix} 1234 \\ 2143 \end{pmatrix} = (12)(34)$,

$$\begin{pmatrix}1234\\3412\end{pmatrix}=(13)(24), \qquad \begin{pmatrix}1234\\4321\end{pmatrix}=(14)(23)$$

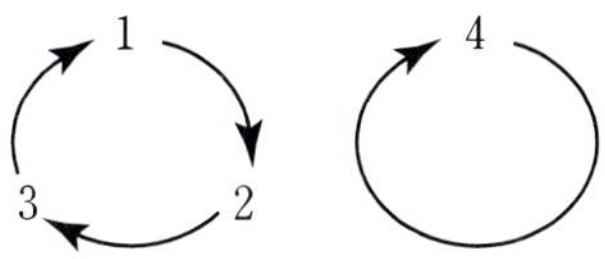

$\begin{pmatrix}1234\\2314\end{pmatrix}=(123)(4)$

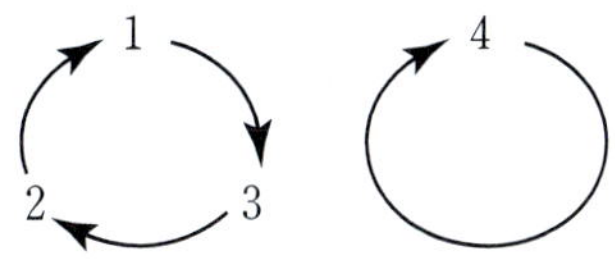

$\begin{pmatrix}1234\\3124\end{pmatrix}=(132)(4)$

n명의 사람들을 k개의 둥근 테이블에 앉히는 방법의 수인 제1종 스털링 수는 k개의 사이클로 이루어진 $\{1, 2, \cdots, n\}$의 치환의 개수임을 알 수 있다.

정리 3.5.1

$0<k<n$인 정수 n, k에 대하여

$$s(n, k)=s(n-1, k-1)+(n-1)s(n-1, k)$$

증명 k개의 사이클로 이루어진 $\{1, 2, \cdots, n\}$의 치환은 다음 두 가지 경우로 나눌 수 있다.

① n이 혼자 사이클을 이루는 경우:
이 경우는 n을 제외한 $k-1$개의 사이클로 이루어진 $\{1, 2, \cdots, n-1\}$의 치환이므로 그 개수는 $s(n-1, k-1)$이다.

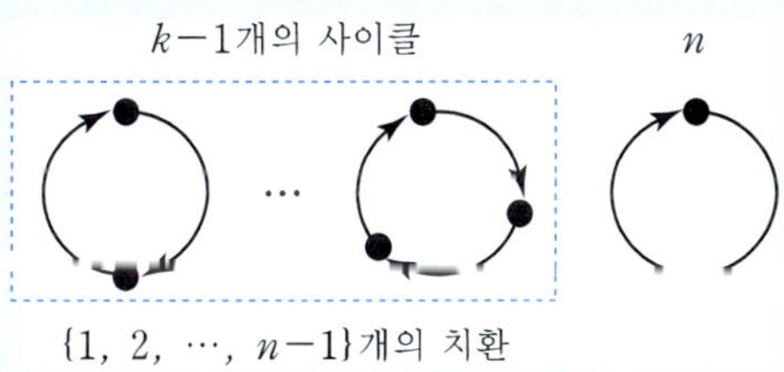

② n이 다른 수와 함께 사이클을 이루는 경우:
k개의 사이클로 이루어진 $\{1, 2, \cdots, n-1\}$의 치환의 개수는 $s(n-1, k)$이다. 각 치환에 대하여 그림 3.14에서 보듯이 n을 $1, 2, \cdots, n-1$ 중 하나의 왼쪽에 두면 n이 다른 수와 함께 사이클을 이루는 경우를 얻는다. n을 $1, 2, \cdots, n-1$ 중 하나의 왼쪽에 두는 방법은 $n-1$가지이므로 구하는 경우의 수는 $(n-1)s(n-1, k)$이다.

①, ②에 의하여 $s(n, k)=s(n-1, k-1)+(n-1)s(n-1, k)$이 성립한다.

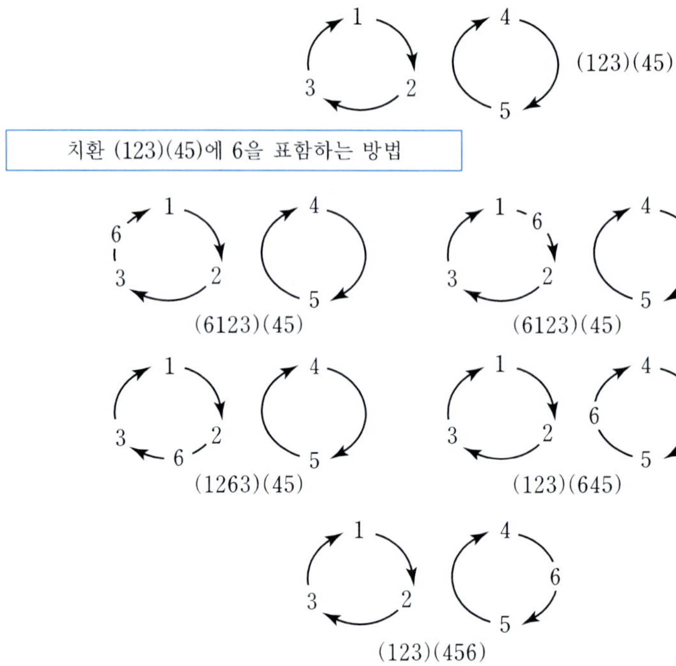

그림 3.14

예제 3.5.2 집합 {1, 2, 3, 4}의 11개의 치환을 다음과 같이 나눌 수 있다.

① 4가 혼자 사이클을 이루는 경우 :

$$\begin{pmatrix}1234\\2314\end{pmatrix}=(123)(4) \qquad \begin{pmatrix}1234\\3124\end{pmatrix}=(132)(4)$$

② 4가 다른 수와 함께 사이클을 이루는 경우 :

2개의 사이클로 이루어진 {1, 2, 3}의 치환은 다음과 같은 $s(3, 2)=3$가지이다.

(1)(23), (2)(13), (3)(12)

각각의 경우에 4를 넣는 방법은 {1, 2, 3}의 원소의 개수인 3가지이므로 4가 다른 수와 함께 사이클을 이루는 경우는 $3s(3, 2)=3\cdot 3=9$가지이다.

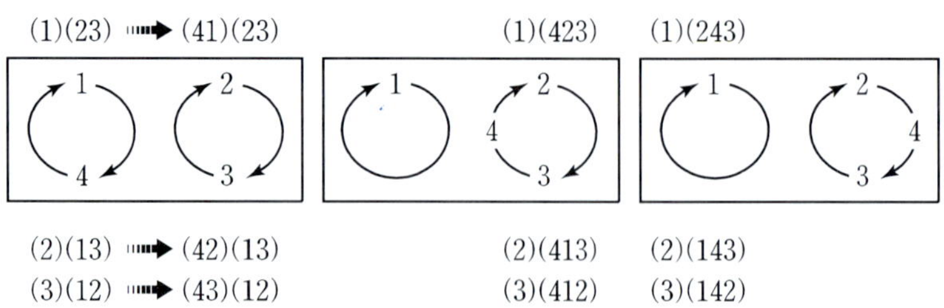

그림 3-15

예제 3.5.3 $s(3, 1)=2,\ s(3, 2)=s(2, 1)+2s(2, 2)=1+2\cdot 1=3,\ s(3, 3)=1$

$$s(4, 1)=3!,\ s(4, 2)=s(3, 1)+3s(3, 2)=2!+3\cdot 3=11$$

$$s(4,\ 3) = s(3,\ 2) + 3s(3,\ 3) = 3 + 3 \cdot 1 = 6,\ s(4,\ 4) = 1$$

정리 3.5.1로부터 제1종 스털링 수의 표를 다음과 같이 작성할 수 있다.

$n-1$행	$s(n-1,\ k-1)$	$s(n-1,\ k)$
n행		$s(n,\ k)$

$$s(n,\ k) = s(n-1,\ k-1) + (\text{행번호})s(n-1,\ k)$$

	k										
n	1	2	3	4	5	6	7	8	9	10	$n!$
1	1										1
2	1	1									1
3	2	3	1								2
4	6	11	6	1							6
5	24	50	35	10	1						24
6	120	274	225	85	15	1					120
7	720	1764	1624	735	175	21	1				720
8	5040	13068	13132	6769	1960	322	28	1			5040
9	40320	109584	118124	67284	22449	4536	546	36	1		40320
10	362880	1026576	1172700	723680	269325	63273	9450	870	45	1	403200

표 3–3 $s(n,\ k)$의 값

제2종 스털링 수

정의 3.5.3

양의 정수 n, k에 대하여 n명을 k개의 그룹으로 나누는 방법 수를 **제2종 스털링 수**(the Stirling numbers of the second kind)라고 하고, $S(n,\ k)$로 나타낸다. $S(n,\ k)$는 n-집합을 (공집합이 아닌) k개의 부분집합으로 분할하는 방법 수와 같다.

예를 들어 집합 $X = \{a,\ b,\ c\}$를 k개의 집합으로 나누는 방법은

$k = 1$일 때, $\{\{a,\ b,\ c\}\}$로서 1가지

$k = 2$일 때, $\{\{a\},\ \{b,\ c\}\}$, $\{\{b\},\ \{a,\ c\}\}$, $\{\{c\},\ \{a,\ b\}\}$로서 3가지

$k=3$일 때, $\{\{a\}, \{b\}, \{c\}\}$로서 1가지이므로

$$S(3,\ 1)=1,\ S(3,\ 2)=3,\ S(3,\ 3)=1$$

이다.

일반적으로 $S(n,\ 1)=1,\ S(n,\ n)=1,\ (n=1,\ 2,\ \cdots)$이 성립한다.

예제 3.5.4 서로 다른 n개의 공을 똑같은 종류의 3개의 상자에 넣을 때 빈 상자가 없도록 넣는 방법의 수를 구하여라.

풀이 서로 다른 n개의 공을 빈 상자가 없도록 똑같은 3개의 상자에 넣었다고 하자. 상자에 있는 공의 집합을 각각 $S_1,\ S_2,\ S_3$이라 하면 집합 $\{S_1,\ S_2,\ S_3\}$는 세 부분집합으로 이루어진 전체 공의 집합의 분할이 된다. 그러므로 위의 조건을 만족하도록 공을 넣는 방법의 수는 세 부분집합으로 이루어진 n-집합의 분할의 수인 $S(n,\ 3)$이다. ■

정리 3.5.2

$1 \le k < n$인 정수 $n,\ k$에 대하여

$$S(n,\ k)=S(n-1,\ k-1)+kS(n-1,\ k)$$

증명 $A=\{1,\ 2,\ \cdots,\ n\}$이라 하고 k개의 블록을 갖는 집합 A의 분할을 다음과 같이 두 경우로 나누어 생각하여 보자.

(i) n이 홀로 한 블록을 이룰 경우: 한 블록 $\{n\}$을 제외한 $k-1$개의 블록이 집합 $\{1,\ 2,\ \cdots,\ n-1\}$의 분할을 이루므로 n이 홀로 한 블록을 이루는 A의 분할의 수는 $S(n-1,\ k-1)$이다.

(ii) n이 다른 원소와 함께 블록을 이룰 경우: n을 제외하면 k개의 블록을 갖는 집합 $\{1,\ 2,\ \cdots,\ n-1\}$의 분할이 되고 그런 분할의 수는 $S(n-1,\ k)$이다. n을 k개의 블록 중 하나의 블록에 넣는 방법의 수는 k이므로 n이 다른 원소와 함께 블록을 이루는 A의 분할의 수는 곱의 법칙에 의하여 $k\,S(n-1,\ k)$이다.

위의 (i)과 (ii)는 동시에 일어나지 않으므로 합의 법칙에 따라

$$S(n,\ k)=S(n-1,\ k-1)+k\,S(n-1,\ k)$$

이다.

정리 3.5.2로부터 제2종 스털링 수의 표를 다음과 같이 작성할 수 있다.

$n-1$행	$S(n-1,\ k-1)$	$S(n-1,\ k)$
n행		$S(n,\ k)$

$$S(n,\ k) = S(n-1,\ k-1) + (\text{열번호})\ S(n-1,\ k)$$

	k						
n	1	2	3	4	5	6	7
1	1						
2	1	1					
3	1	3	1				
4	1	7	6	1			
5	1	15	25	10	1		
6	1	31	90	65	15	1	
7	1	63	301	350	140	21	1
8	1	127	966	1701	1050	266	28
9	1	255	3025	7770	6951	2646	462
10	1	511	9330	34105	42525	22827	5880
11	1	1023	28501	145750	246730	179487	63987
12	1	2047	86526	611501	1379400	1323652	627396
13	1	4095	261625	2532530	7508501	9321312	5715424
14	1	8191	788970	10391745	40075035	63436373	49329280
15	1	16383	2375101	42355950	210766920	420693273	408741333
⋮	⋮	⋮	⋮	⋮	⋮	⋮	⋮

표 3–4 $S(n,\ k)$의 값

예제 3.5.5 $S(3,\ 1) = 1,\ S(3,\ 2) = S(2,\ 1) + 2S(2,\ 2) = 1 + 2 \cdot 1 = 3,\ S(3,\ 3) = 1$

$$S(4,\ 1) = 1,\ S(4,\ 2) = S(3,\ 1) + 2S(3,\ 2) = 1 + 2 \cdot 3 = 7$$
$$S(4,\ 3) = S(3,\ 2) + 3S(3,\ 3) = 3 + 3 \cdot 1 = 6,\ S(4,\ 4) = 1$$

예제 3.5.6 A가 n-집합, B를 m-집합이라 할 때 A에서 B로 가는 전사함수의 개수는 $m!\ S(n,\ m)$임을 보여라. 여기서, $n \geq m$.

풀이 집합 A를 m개의 블록으로 나누고 이 m개의 블록을 집합 B의 원소에 일대일대응시키면 A에서 B로 가는 전사함수가 된다. 집합 A를 m개의 블록으로 나누는 방법의 수는 $S(n, m)$이고, 이 m개의 블록을 m-집합 B의 원소에 일대일대응시키는 방법의 수는 $m!$이므로 n-집합 A에서 m-집합 B로 가는 모든 전사함수의 개수는 곱의 법칙에 의하여 $m!\,S(n, m)$이다. ■

예제 3.5.7 9-집합 A에서 4-집합 B로 가는 전사함수의 개수를 구하여라.

풀이 $4!\,S(9, 4)$이다. $S(9, 4) = S(8, 3) + 4S(8, 4) = 966 + 4 \cdot 1701 = 7770$이므로 구하는 전사함수의 개수는 $4!\,S(9, 4) = 186480$이다. ■

자연수의 분할

정의 3.5.4

자연수 n을 자연수의 합

$$n = n_1 + n_2 + \cdots + n_k \ (n_1 \geq n_2 \geq \cdots \geq n_k)$$

으로 나타내는 것을 **자연수 n의 분할**(partition)이라고 한다.

자연수 n, k에 대하여 n개의 똑같은 공을 k개의 똑같은 상자에 빈 상자 없이 넣는 방법 수를 $p_k(n)$으로 나타낸다. $p_k(n)$은 자연수 n을 k개의 자연수의 합으로 나타내는 방법 수와 같다. 단, 합의 순서만 다른 것은 같은 것으로 생각한다. 자연수 n의 분할 수를 $p(n)$으로 나타낸다. $k > n$일 때는 n개의 똑같은 공을 k개의 똑같은 상자에 넣을 수 없으므로 $p_k(n) = 0$이다. 그러므로

$$p(n) = p_1(n) + p_2(n) + \cdots + p_n(n)$$

이다.

예를 들어,

$$\begin{aligned} 5 &= 4+1 \\ &= 3+2 \\ &= 3+1+1 \\ &= 2+2+1 \\ &= 2+1+1+1 \\ &= 1+1+1+1+1 \end{aligned}$$

과 같이 5를 자연수의 합으로 나타낼 수 있으므로

$$p_1(5) = 1,\ p_2(5) = 2,\ p_3(5) = 2,\ p_4(5) = 1,\ p_5(5) = 1$$

이고, $p(5) = p_1(5) + p_2(5) + p_3(5) + p_4(5) + p_5(5) = 7$이다.

예제 3.5.8 4의 분할은 모두 몇 가지인가?

풀이 $4 = 3+1$
$= 2+2$
$= 2+1+1$
$= 1+1+1+1$
$p(4) = p_1(4) + p_2(4) + p_3(4) + p_4(4) = 1+2+1+1 = 5$ ■

예제 3.5.9 자연수 n, k에 대하여

$$p_k(n) = p_{k-1}(n-1) + p_k(n-k)$$

풀이 n개의 똑같은 공을 k개의 똑같은 상자에 빈 상자 없이 넣는 방법을 두 가지 경우로 나눌 수 있다.

(1) 공 하나만 넣은 상자가 있는 경우:
이 경우는 나머지 $n-1$개의 공을 $k-1$개의 상자에 빈 상자 없이 넣는 방법의 수 $p_{k-1}(n-1)$만큼 있다.

(2) 각 상자에 2개 이상씩 공을 넣는 경우:
우선 각 상자에 1개씩 넣고 남은 $n-k$개의 공을 k개의 상자에 빈 상자 없이 넣는 방법의 수 $p_k(n-k)$만큼 있다.

위의 (1)과 (2)는 동시에 일어나지 않으므로 합의 법칙에 의하여

$$p_k(n) = p_{k-1}(n-1) + p_k(n-k)$$

이다.

예제 3.5.10 자연수 n에 대하여

$$p_k(n) = p_1(n-k) + p_2(n-k) + \cdots + p_k(n-k)$$

풀이 $p_k(n)$은 n개의 똑같은 공을 k개의 똑같은 상자에 빈 상자 없이 넣는 방법 수이다. 우선 각 상자에 1개씩 넣고 남은 $n-k$개의 공을 각 $i = 1, 2, \cdots, k$에 대하여, i개의 상자에 빈 상자가 없도록 넣으면 된다. 이 경우는 각 i에 대하여 $p_i(n-k)$이다. 따라서

$$p_k(n) = p_1(n-k) + p_2(n-k) + \cdots + p_k(n-k)$$

이다.

별해 자연수 n, k에 대하여 $p_k(n) = p_{k-1}(n-1) + p_k(n-k)$이 성립하므로 다음이 성립한다.
$p_k(n) = p_{k-1}(n-1) + p_k(n-k)$

$$p_{k-1}(n-1) = p_{k-2}(n-2) + p_{k-1}(n-k)$$
$$p_{k-2}(n-2) = p_{k-3}(n-3) + p_{k-2}(n-k)$$
$$\cdots$$
$$p_1(n-(k-1)) = p_0(n-k) + p_1(n-k) = p_1(n-k)$$

위 등식의 양변을 변끼리 더하면 다음 식을 얻는다.

$$p_k(n) = p_1(n-k) + p_2(n-k) + \cdots + p_k(n-k)$$ ■

표 3-5 수의 분할 $p(n)$

n	1	2	3	4	5	6	7	8	9	10
$p(n)$	1	2	3	5	7	11	15	22	30	42

n	11	12	13	14	15	16	17	18	19	20
$p(n)$	56	77	101	135	176	231	297	385	490	627

n	21	22	23	24	25	26	27	28	29	30
$p(n)$	792	1002	1255	1575	1958	2436	3010	3718	4565	5604

n	31	32	33	34	35	40	45	50	100
$p(n)$	6842	8349	10143	12310	14883	37338	89134	204226	190569292

표 3-6 $p_k(n)$의 값

	n										
k	1	2	3	4	5	6	7	8	9	10	11
1	1	1	1	1	1	1	1	1	1	1	1
2		1	1	2	2	3	3	4	4	5	5
3			1	1	2	3	4	5	7	8	10
4				1	1	2	3	5	6	9	11
5					1	1	2	3	5	7	10
6						1	1	2	3	5	7
7							1	1	2	3	5
8								1	1	2	3
9									1	1	2
10										1	1

예제 3.5.11 아래 표는 n개의 공을 k개의 상자에 넣는 방법의 수를 나타낸 표이다. 빈 칸에 맞는 값을 구하여라.

표 3-7 (공의 수 : n, 상자의 수 : k)

공 구별 / 빈 상자 / 상자 구별	서로 다른 공		똑같은 공	
	불허	허용	불허	허용
서로 다른 상자	①	②	⑤	⑥
똑같은 상자	③	④	⑦	⑧

풀이 ① $S(n,\ k)\ k!$

집합 $\{1,\ 2,\ \cdots,\ n\}$에서 집합 $\{1,\ 2,\ \cdots,\ k\}$으로 가는 전사함수의 개수와 같다. 또는 n명을 k개의 서로 다른 방에 빈 방 없이 배정하는 방법의 수와 같다.

② k^n

집합 $\{1,\ 2,\ \cdots,\ n\}$에서 집합 $\{1,\ 2,\ \cdots,\ k\}$으로 가는 함수의 개수와 같다. 또는 n개의 서로 다른 공을 k개의 서로 다른 상자에 넣는 방법의 수와 같다.

③ $S(n,\ k)$

서로 다른 n개의 공을 똑같은 종류의 k개의 상자에 넣을 때 빈 상자가 없도록 넣는 방법의 수와 같다.

④ $S(n,\ 1)+S(n,\ 2)+\cdots+S(n,\ k)$

서로 다른 n개의 공을 똑같은 종류의 k개의 상자에 넣는 방법의 수와 같다.

⑤ ${}_kH_{n-k}$

똑같은 n개의 공을 서로 다른 k개의 상자에 빈 상자 없이 넣는 방법의 수와 같다.

$x_1+x_2+\cdots+x_k=n$의 자연수해의 개수와 같다.

⑥ ${}_kH_n$

똑같은 n개의 공을 서로 다른 k개의 상자에 넣는 방법의 수와 같다.

$x_1+x_2+\cdots+x_k=n$의 음이 아닌 정수해의 개수와 같다.

⑦ $p_k(n)$

똑같은 n개의 공을 똑같은 k개의 상자에 빈 상자 없이 넣는 방법의 수와 같다.

⑧ $p_1(n)+p_2(n)+\cdots+p_k(n)$

똑같은 n개의 공을 똑같은 k개의 상자에 넣는 방법의 수와 같다. ■

연 습 문 제 3.5

01 다음 물음에 그림으로 답하여라.

(1) 집합 $\{1,\ 2,\ 3\}$의 경우 1개의 사이클로 이루어진 치환은 몇 개 존재하는가?

(2) 집합 $\{1,\ 2,\ 3\}$의 경우 2개의 사이클로 이루어진 치환은 몇 개 존재하는가?

(3) 집합 $\{1, 2, 3\}$의 경우 3개의 사이클로 이루어진 치환은 몇 개 존재하는가?

(4) $s(3, 1)+s(3, 2)+s(3, 3)$을 구하고, 집합 $\{1, 2, 3\}$의 모든 치환의 개수를 구하여라.

02 다음 물음에 그림으로 답하여라.

(1) 집합 $\{1, 2, 3, 4\}$의 경우 1개의 사이클로 이루어진 치환은 몇 개 존재하는가?

(2) 집합 $\{1, 2, 3, 4\}$의 경우 2개의 사이클로 이루어진 치환은 몇 개 존재하는가?

(3) 집합 $\{1, 2, 3, 4\}$의 경우 3개의 사이클로 이루어진 치환은 몇 개 존재하는가?

(4) 집합 $\{1, 2, 3, 4\}$의 경우 4개의 사이클로 이루어진 치환은 몇 개 존재하는가?

(5) $s(4, 1)+s(4, 2)+s(4, 3)+s(4, 4)$을 구하고, 집합 $\{1, 2, 3, 4\}$의 모든 치환의 개수를 구하여라.

03 제1종 스털링 수에 대한 표를 보고 다음 물음에 답하여라.

(1) 집합 $\{1, 2, 3, 4, 5\}$의 경우 1개의 사이클로 이루어진 치환은 몇 개 존재하는가?

(2) 집합 $\{1, 2, 3, 4, 5\}$의 경우 2개의 사이클로 이루어진 치환은 몇 개 존재하는가?

(3) 집합 $\{1, 2, 3, 4, 5\}$의 경우 3개의 사이클로 이루어진 치환은 몇 개 존재하는가?

(4) 집합 $\{1, 2, 3, 4, 5\}$의 경우 4개의 사이클로 이루어진 치환은 몇 개 존재하는가?

(5) 집합 $\{1, 2, 3, 4, 5\}$의 경우 5개의 사이클로 이루어진 치환은 몇 개 존재하는가?

(6) $s(5, 1)+s(5, 2)+s(5, 3)+s(5, 4)+s(5, 5)$을 구하고, 집합 $\{1, 2, 3,4, 5\}$의 모든 치환의 개수를 구하여라.

04 문제 1번~문제 3번으로부터 모든 자연수 n에 대하여 $s(n, 1)+s(n, 2)+\cdots+s(n, n)$과 집합 $\{1, 2, 3, \cdots, n\}$의 모든 치환의 개수 사이에 어떤 관계가 성립하는지를 말할 수 있다. 관계식을 써라.

05 10-집합 A에서 5-집합 B로 가는 전사함수의 개수를 구하여라.

06 7의 분할을 모두 구하여 $p_1(7)$, $p_2(7)$, $p_3(7)$, $p_4(7)$, $p_5(7)$, $p_6(7)$, $p_7(7)$을 구하고, 이를 이용하여 $p(7)$을 구하여라.

07 8의 분할을 모두 구하여 $p_1(8)$, $p_2(8)$, $p_3(8)$, $p_4(8)$, $p_5(8)$, $p_6(8)$, $p_7(8)$, $p_8(8)$을 구하고, 이를 이용하여 $p(8)$을 구하여라.

08 다음 물음에 답하여라.

(1) 8개의 똑같은 공을 4개의 똑같은 상자에 빈 상자 없이 넣는 방법 수를 구하여라.

(2) 8개의 똑같은 공을 4개의 똑같은 상자에 넣는 방법 수를 구하여라.

(3) 8개의 똑같은 공을 4개의 똑같은 상자에 넣을 때 각 상자에 공이 4개를 넘지 못하도록 넣는 방

법 수를 구하여라.

09 $p_n(2n) = p(n)$임을 보여라.

10 $S(n,\ n-2) = {}_nC_3 + 3 \cdot {}_nC_4$임을 보여라.

3.6 포함 배제 원리

어떤 조건을 만족하는 집합의 원소의 개수를 계산하는 경우에 사용되는 수학적인 원리를 알아본다.

예제 3.6.1 U가 전체집합이고 A_1, A_2가 U의 부분집합일 때 다음이 성립함을 보여라.

$$|A_1 \cup A_2| = |A_1| + |A_2| - |A_1 \cap A_2| = \sum_{1 \leq i \leq 2} |A_i| - |\bigcap_{i=1}^{2} A_i|$$

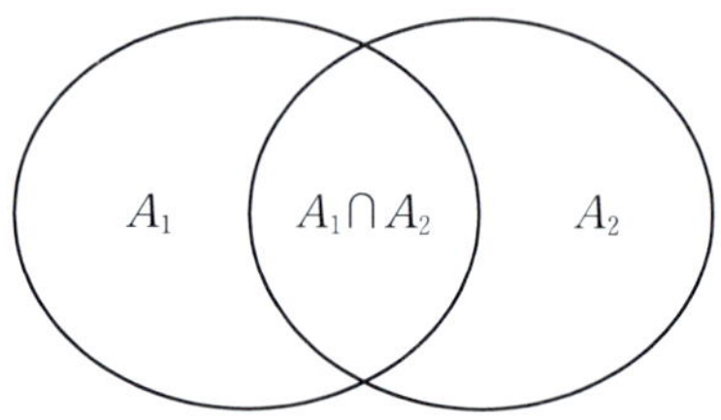

풀이 $|A_1 \cup A_2|$은 $A_1 \cup A_2$에 있는 원소의 개수를 의미한다. $A_1 \cup A_2$의 원소는 A_1, A_2 중 어느 한 집합에만 속한 원소, 두 집합에 모두 속한 원소로 나눌 수 있다. 예를 들어 $a \in A_1 \cup A_2$가 두 집합 A_1, A_2에 속한 원소라고 가정하자. 원소 a가 오른쪽 식 $|A_1|+|A_2|-|A_1 \cap A_2|$에서 정확히 한 번 세어짐을 확인하자. $|A_1|+|A_2|$에서 a를 포함하는 집합이 2개 있으므로 2번 세어지고 $|A_1 \cap A_2|$에서 a를 포함하는 항은 1개($A_1 \cap A_2$) 있으므로 1번 세어지므로 a는 오른쪽 식에서 2-1 = 1번 세어진다.

$a \in A_1 \cup A_2$가 두 집합 A_1, A_2중 A_1에만 속한 원소라고 가정하자. 원소 a가 오른쪽 식 $|A_1|+|A_2|-|A_1 \cap A_2|$에서 정확히 한 번 세어짐을 확인하자.

A_1이 a를 포함하므로 $|A_1|$에서 1번 세어지고 A_2가 a를 포함하지 않으므로 $|A_2|$에서 0번 세어지고 $A_1 \cap A_2$이 a를 포함하지 않으므로 $|A_1 \cap A_2|$에서 0번 세어진다. 그러므로 a는 오른쪽 식에서 1번 세어진다. ■

예제 3.6.2 U가 전체집합이고 A_1, A_2, A_3가 U의 부분집합일 때 다음이 성립함을 보여라.

$$\begin{aligned}|A_1 \cup A_2 \cup A_3| &= |A_1| + |A_2| + |A_3| - (|A_1 \cap A_2| + \\ &\quad |A_1 \cap A_3| + |A_2 \cap A_3|) + |A_1 \cap A_2 \cap A_3| \\ &= \sum_{1 \leq i \leq 3} |A_i| - \sum_{1 \leq i < j \leq 3} |A_i \cap A_j| + \left|\bigcap_{i=1}^{3} A_i\right|\end{aligned}$$

풀이 합집합 $\bigcup_{i=1}^{3} A_i$의 원소는 A_1, A_2, A_3 중 어느 한 집합에만 속한 원소, 두 집합에만 속한 원소, 세 집합 모두에 속한 원소로 나눌 수 있다. 예를 들어 $a \in \bigcup_{i=1}^{3} A_i$ 가 세 집합 A_1, A_2, A_3 중 두 집합 A_1, A_2에 속한 원소라고 가정하자. 원소 a가 식

$$|A_1|+|A_2|+|A_3|-(|A_1 \cap A_2|+|A_1 \cap A_3|+|A_2 \cap A_3|)+|A_1 \cap A_2 \cap A_3|$$

에서 정확히 한 번 세어짐을 확인하자.

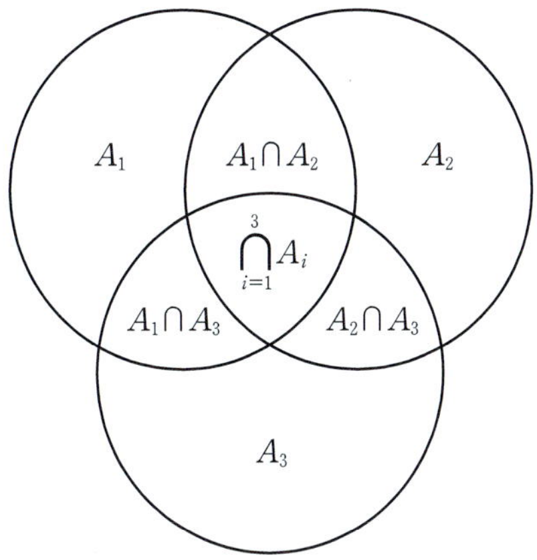

$|A_1|+|A_2|+|A_3|$에서 a를 포함하는 집합이 2개 있으므로 2번 세어지고, $\sum_{1 \le i < j \le 3} |A_i \cap A_j|$에서 a를 포함하는 항은 1개($A_1 \cap A_2$)있으므로 1번 세어지고, 분명히 $|A_1 \cap A_2 \cap A_3| = 0$ 이므로 a는 오른쪽 식에서 $2-1=1$번 세어진다. 일반적인 증명은 다음과 같다.

$a \in \bigcup_{i=1}^{3} A_i$ 가 $r(1 \le r \le 3)$개의 집합에 속한 원소라고 가정하자. 원소 a가 오른쪽 식에서 정확히 한 번 세어짐을 확인하자. $\sum_{1 \le i \le 3} |A_i|$에서 a를 포함하는 집합이 r개 있으므로 ${}_rC_1$번 세어진다. $\sum_{1 \le i < j \le 3} |A_i \cap A_j|$에는 ${}_3C_2$개의 항이 있는데 그 중에서 a를 포함하는 항은 ${}_rC_2$개 있으므로 ${}_rC_2$번 세어진다(이것은 a를 포함하는 r개의 집합에서 두 개를 뽑는 방법의 수와 같다). $|\bigcap_{i=1}^{3} A_i|$에서 a를 포함하는 항은 ${}_rC_3$개 있으므로 ${}_rC_3$번 세어진다. 그러므로 a는 오른쪽 항에서 ${}_rC_1 - {}_rC_2 + {}_rC_3$번 세어진다(단, ${}_rC_1 - {}_rC_2 + {}_rC_3$은 $r=1$이면 ${}_rC_1$, $r=2$이면 ${}_rC_1 - {}_rC_2$, $r=3$이면 ${}_rC_1 - {}_rC_2 + {}_rC_3$을 나타낸다). 각 경우에 ${}_rC_1 - {}_rC_2 + {}_rC_3 = 1$임을 확인할 수 있다. ■

다음 예제는 연습문제에서 다룬다.

예제 3.6.3 U가 전체집합이고 A_1, A_2, A_3, A_4가 U의 부분집합일 때 다음이 성립한다.

$$\left|\bigcup_{i=1}^{4} A_i\right| = |A_1|+|A_2|+|A_3|+|A_4|$$

$$-(|A_1\cap A_2|+|A_1\cap A_3|+|A_1\cap A_4|+|A_2\cap A_3|+|A_2\cap A_4|+|A_3\cap A_4|)$$
$$+(|A_1\cap A_2\cap A_3|+|A_1\cap A_2\cap A_4|+|A_1\cap A_3\cap A_4|+|A_2\cap A_3\cap A_4|)$$
$$-|A_1\cap A_2\cap A_3\cap A_4|$$
$$=\sum_{1\le i\le 4}|A_i|-\sum_{1\le i<j\le 4}|A_i\cap A_j|+\sum_{1\le i<j<k\le 4}|A_i\cap A_j\cap A_k|-\left|\bigcap_{i=1}^{4}A_i\right|$$

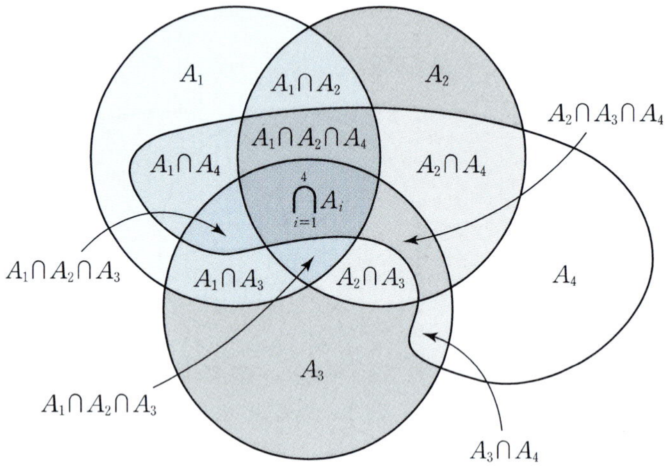

일반적으로 n개 집합에 대하여 포함 배제 원리가 성립한다.

예제 3.6.4 포함 배제 원리(Inclusion-Exclusion Principle)

U가 전체집합이고 A_1, A_2, $\cdots$, A_n가 U의 부분집합일 때 다음이 성립한다.

$$\left|\bigcup_{i=1}^{n}A_i\right|=\sum_{1\le i\le n}|A_i|-\sum_{1\le i<j\le n}|A_i\cap A_j|+\sum_{1\le i<j<k\le n}|A_i\cap A_j\cap A_k|-\cdots$$
$$+(-1)^{k-1}\sum_{1\le i_1<i_2<i_3<\cdots<i_k\le n}|A_{i_1}\cap A_{i_2}\cap A_{i_3}\cap\cdots\cap A_{i_k}|+\cdots$$
$$+(-1)^{n-2}\sum_{1\le i_1<i_2<i_3<\cdots<i_{n-1}\le n}|A_{i_1}\cap A_{i_2}\cap A_{i_3}\cap\cdots\cap A_{i_{n-1}}|+(-1)^{n-1}\left|\bigcap_{i=1}^{n}A_i\right|.$$

이 원리는
각 집합의 원소들을 포함하고,
두 집합들의 교집합의 원소들을 배제하고,
세 집합들의 교집합의 원소들을 포함하고,
네 집합들의 교집합의 원소들을 배제하고, …

이런 과정을 반복해서 합집합의 원소의 개수를 구하므로 포함 배제 원리라고 한다.

포함 배제 원리를 적용하려면 A_i들을 잘 설정해야 한다.

$m \geq n$일 때 전사함수의 개수는 포함 배제 원리에 의해 구할 수 있다.

예제 3.6.5 (1) $A=\{a, b, c, d\}$, $B=\{1, 2, 3\}$일 때, 전사함수 $f: A \to B$의 개수를 다음 방법으로 풀어라.

(i) 제2종 스털링 수를 이용하여 푼다.

(ii) 포함 배제 원리를 이용하여 푼다.

(2) $|A|=m \geq 3$, $B=\{1, 2, 3\}$일 때, 전사함수 $f: A \to B$의 개수를 포함 배제 원리를 이용하여 풀어라.

(3) $A=\{a, b, c, d, e, f, g\}$, $B=\{1, 2, 3, 4\}$일 때, 전사함수 $f: A \to B$의 개수를 포함 배제 원리를 이용하여 풀어라.

풀이 (1) (i) 예제 3.5.6에 의하여 $S(4, 3) \times 3! = 6 \times 6 = 36$이다.

(ii) A에서 B로의 함수의 개수는 3^4이다. 3^4개의 함수 중 전사함수가 아닌 것을 제외하면 전사함수의 개수를 구할 수 있다. 치역의 원소의 개수가 2이하인 함수들은 전사가 아니므로, 조사해보면 다음과 같다. 치역이 $\{1, 2\}$의 부분집합인 함수는 2^4개 있다(이 중에는 상수함수가 2개 있다). 치역이 $\{1, 3\}$의 부분집합인 함수는 2^4개 있다(이 중에는 상수함수가 2개 있다). 치역이 $\{2, 3\}$의 부분집합인 함수는 2^4개 있다(이 중에는 상수함수가 2개 있다). 그런데 두 번씩 셈한 상수함수가 3개 있으므로 치역의 원소의 개수가 2 이하인 함수의 개수는 $3(2^4)-3$개다. 따라서 구하는 전사함수의 개수는 $3^4-(3(2^4)-3)=36$임을 알 수 있다.

별해 이 풀이를 다음과 같이 표현할 수 있다.

집합 A_1, A_2, A_3를 다음과 같이 정의하자.

$$A_1=\{f \mid \text{모든 } x \in A\text{에 대하여 } f(x) \neq 1\}$$
$$A_2=\{f \mid \text{모든 } x \in A\text{에 대하여 } f(x) \neq 2\}$$
$$A_3=\{f \mid \text{모든 } x \in A\text{에 대하여 } f(x) \neq 3\}$$

그러면 구하고자 하는 전사함수의 개수는 다음과 같다.

$$\begin{aligned}
&|\{f \mid f: A \to B\}| - |A_1 \cup A_2 \cup A_3| \\
&= 3^4 - \{|A_1|+|A_2|+|A_3| - (|A_1 \cap A_2|+|A_1 \cap A_3|+|A_2 \cap A_3|) + |A_1 \cap A_2 \cap A_3|\} \\
&= 3^4 - \{(2^4+2^4+2^4) - (1^4+1^4+1^4) + 0\} \\
&= 3^4 - 3 \cdot 2^4 + 3 \cdot 1^4 = 36
\end{aligned}$$

(2) 집합 A_1, A_2, A_3를 다음과 같이 정의하자.

$A_1=\{f \mid \text{모든 } x \in A\text{에 대하여 } f(x) \neq 1\}$

$A_2=\{f \mid \text{모든 } x \in A\text{에 대하여 } f(x) \neq 2\}$

$A_3=\{f \mid \text{모든 } x \in A\text{에 대하여 } f(x) \neq 3\}$

그러면 구하고자 하는 전사함수의 개수는 다음과 같다.

$$\begin{aligned}
&|\{f \mid f: A \to B\}| - |A_1 \cup A_2 \cup A_3| \\
&= 3^m - \{|A_1|+|A_2|+|A_3| - (|A_1 \cap A_2|+|A_1 \cap A_3|+|A_2 \cap A_3|) + |A_1 \cap A_2 \cap A_3|\}
\end{aligned}$$

$= 3^m - \{(2^m + 2^m + 2^m) - (1^m + 1^m + 1^m) + 0\}$

$= 3^m - 3 \cdot 2^m + 3 \cdot 1^m$

(3) 이 문제는 7개의 서로 다른 물건을 4개의 서로 다른 통에 넣는 방법 중 어느 통도 비지 않게 넣는 방법의 수를 구하는 문제로 생각할 수 있다.

집합 A_1, A_2, A_3, A_4를 다음과 같이 정의하자.

$A_1 = \{f \mid$모든 $x \in A$에 대하여 $f(x) \neq 1\}$

$A_2 = \{f \mid$모든 $x \in A$에 대하여 $f(x) \neq 2\}$

$A_3 = \{f \mid$모든 $x \in A$에 대하여 $f(x) \neq 3\}$

$A_4 = \{f \mid$모든 $x \in A$에 대하여 $f(x) \neq 4\}$

그러면 구하고자 하는 전사함수의 개수는 다음과 같다.

$$|\{f \mid f: A \to B\}| - \left|\bigcup_{i=1}^{4} A_i\right|$$

$$= 4^7 - \Big(\sum_{i=1}^{4} |A_i| - \sum_{1 \le i < j \le 4} |A_i \cap A_j| + \sum_{1 \le i < j < k \le 4} |A_i \cap A_j \cap A_k| - |\bigcap_{i=1}^{4} A_i|\Big)$$

$$= 4^7 - (4 \cdot 3^7 - 6 \cdot 2^7 + 4 \cdot 1^7 - 0) = 8400.$$ ■

예제 3.6.6 $|A| = m$, $|B| = n$, $m \ge n$일 때, 전사함수 $f: A \to B$의 개수를 포함 배제 원리를 이용하여 풀어라.

풀이 $\{1, 2, \cdots, m\}$에서 $\{1, 2, \cdots, n\}$으로 가는 함수의 개수는 n^m개다. 그중 치역이 i를 포함하지 않는 함수들의 집합을 A_i라고 하면 구하는 수는 $n^m - \left|\bigcup_{i=1}^{n} A_i\right|$ 이다. $\{1, 2, \cdots, n\}$의 부분집합 J에 대하여 $\left|\bigcap_{i \in J} A_i\right| = S_J$라고 하면

$S_{\{1\}} = S_{\{2\}} = \cdots = S_{\{n\}} = (n-1)^m$,

$S_{\{1, 2\}} = S_{\{1, 3\}} = \cdots = S_{\{n-1, n\}} = (n-2)^m$,

$S_{\{1, 2, 3\}} = S_{\{1, 2, 4\}} = \cdots = S_{\{n-2, n-1, n\}} = (n-3)^m$, $\cdots$,

$S_{\{1, 2, 3, \cdots, n-1\}} = S_{\{1, 2, 3, \cdots, n-2, n\}} = \cdots = S_{\{2, 3, \cdots, n\}} = 1^m$,

$S_{\{1, 2, 3, \cdots, n\}} = 0^m$.

$\{1, 2, \cdots, n\}$의 크기 k인 부분집합의 개수는 ${}_nC_k$이므로 포함 배제 원리에 의하여

$$\left|\bigcup_{i=1}^{n} A_i\right| = \sum_{k=1}^{n} (-1)^{k-1}\, {}_nC_k (n-k)^m$$

이고, 따라서 구하는 수는

$$n^m - \left|\bigcup_{i=1}^{n} A_i\right| = n^m - \sum_{k=1}^{n} (-1)^{k-1}\, {}_nC_k (n-k)^m$$

$$= \sum_{k=0}^{n} (-1)^{k}\, {}_nC_k (n-k)^m$$

예제 3.6.7 100 이하의 자연수들 중에서 2로도 3으로도 5로도 나누어 떨어지지 않는 자연수의 개수를 구하고 그런 자연수를 모두 찾아라.

풀이 전체집합은 $U=\{1, 2, \cdots, 100\}$이고 $|U|=100$이다.

각 $1 \le i \le 3$에 대하여 A_i를 다음과 같이 정의하자.

A_1은 U의 원소 중 2의 배수의 집합,

A_2는 U의 원소 중 3의 배수의 집합,

A_3는 U의 원소 중 5의 배수의 집합.

그러면 구하는 답은 $\left|\left(\bigcup_{i=1}^{3} A_i\right)^C\right|$이다.

$|A_1|=\left\lfloor \frac{100}{2} \right\rfloor=50$, $|A_2|=\left\lfloor \frac{100}{3} \right\rfloor=33$, $|A_3|=\left\lfloor \frac{100}{5} \right\rfloor=20$,

$|A_1 \cap A_2|=\left\lfloor \frac{100}{6} \right\rfloor=16$, $|A_1 \cap A_3|=\left\lfloor \frac{100}{10} \right\rfloor=10$,

$|A_2 \cap A_3|=\left\lfloor \frac{100}{15} \right\rfloor=6$, $|A_1 \cap A_2 \cap A_3|=\left\lfloor \frac{100}{30} \right\rfloor=3$.

포함 배제 원리에 의하여,

$$\begin{aligned}\left|\left(\bigcup_{i=1}^{3} A_i\right)^C\right| &= |U|-(|A_1|+|A_2|+|A_3|)+(|A_1 \cap A_2|+|A_1 \cap A_3|+|A_2 \cap A_3|)-|A_1 \cap A_2 \cap A_3| \\ &= 100-(50+33+20)+(16+10+6)-3=26.\end{aligned}$$

구하는 26개의 자연수는 1, 7, 11, 13, 17, 19, 23, 29, 31, 37, 41, 43, 47, 49, 53, 59, 61, 67, 71, 73, 77, 79, 83, 89, 91, 97이다. ■

예제 3.6.8 트럼프 카드는 4가지 형[클럽(club), 하트(heart), 다이아몬드(diamond), 스페이드(spade)]로 된 52매의 카드로 구성되어 있다. 각 형은 (A, 2, 3, 4, 5, 6, 7, 8, 9, 10, J, Q, K) 13매로 구성되어 있다. 52장의 카드에서 6장을 뽑을 때, 뽑힌 6장의 카드들의 무늬가 스페이드, 다이아몬드, 하트, 클럽 모두를 가지는 경우의 수를 구하여라.

풀이 전체집합 U를 52장의 카드에서 6장을 뽑는 모든 경우의 집합이라 하자. $|U|={}_{52}C_6$이다. 각 $1 \le i \le 4$에 대하여 A_i를 다음과 같이 정의하자.

A_1은 U의 원소 중 스페이드가 없는 경우의 집합,

A_2는 U의 원소 중 다이아몬드가 없는 경우의 집합,

A_3는 U의 원소 중 하트가 없는 경우의 집합,

A_4는 U의 원소 중 클럽이 없는 경우의 집합.

그러면 구하는 답은 $\left|\left(\bigcup_{i=1}^{4} A_i\right)^C\right|$이다. ■

$|A_1|=|A_2|=|A_3|=|A_4|={}_{52-13}C_6={}_{39}C_6$이므로 $S_1:=\sum_{i=1}^{4}|A_i|=4\,{}_{39}C_6$이다.

각 i, j $(1 \le i < j \le 4)$에 대하여 $|A_i \cap A_j| = {}_{52-26}C_6 = {}_{26}C_6$이므로

$S_2 := \sum_{1 \le i < j \le 4} |A_i \cap A_j| = 6{}_{26}C_6$이다.

$1 \le i < j < k \le 4$인 각 i, j, k에 대하여 $|A_i \cap A_j \cap A_k| = {}_{52-39}C_6 = {}_{13}C_6$이므로

$S_3 := \sum_{1 \le i < j < k \le 4} |A_i \cap A_j \cap A_k| = 4{}_{13}C_6$이다.

$S_4 := |A_1 \cap A_2 \cap A_3 \cap A_4| = 0$임은 분명하다. 따라서 포함 배제 원리에 의하여

$$\begin{aligned}\left|\left(\bigcup_{i=1}^{4} A_i\right)^C\right| &= |U| - S_1 + S_2 - S_3 + S_4 \\ &= {}_{52}C_6 - 4{}_{39}C_6 + 6{}_{26}C_6 - 4{}_{13}C_6 + 0 \\ &= 8{,}682{,}544\end{aligned}$$

이다.

다음은 **오일러 ϕ 함수**(Euler phi-function)에 대한 공식을 포함 배제 원리를 이용하여 구하는 문제이다. 오일러 ϕ 함수는 모든 자연수 n에 대하여

$$\phi(n) = |\{k \in \mathbb{N} \mid 1 \le k \le n,\ gcd(n, k) = 1\}|$$

으로 정의한다.

예를 들어 9와 서로소인 자연수는 1, 2, 4, 5, 7, 8이므로 $\phi(9) = 6$이다.

1부터 15까지 오일러 ϕ 함수값은 다음과 같다.

$$\begin{array}{lllll} \phi(1)=1, & \phi(2)=1, & \phi(3)=2, & \phi(4)=2, & \phi(5)=4, \\ \phi(6)=2, & \phi(7)=6, & \phi(8)=4, & \phi(9)=6, & \phi(10)=4, \\ \phi(11)=10, & \phi(12)=4, & \phi(13)=12, & \phi(14)=6, & \phi(15)=8 \end{array}$$

예제 3.6.9 소수 p에 대하여

$$\phi(p^n) = p^n - p^{n-1} = p^n\left(1 - \frac{1}{p}\right)$$

임을 보여라. 특히 $\phi(p) = p - 1 = p\left(1 - \frac{1}{p}\right)$ 이다.

풀이 1부터 p^n까지의 자연수를 다음과 같이 p개씩 나누어 배열해보자.

1	2	3	$\cdots$	$p-1$	p
$p+1$	$p+2$	$p+3$	$\cdots$	$p+(p-1)$	$2p$
$2p+1$	$2p+2$	$2p+3$	$\cdots$	$2p+(p-1)$	$3p$
			$\vdots$		
$(p-1)p+1$	$(p-1)p+2$	$(p-1)p+3$	$\cdots$	$(p-1)p+(p-1)$	$p\cdot p$
			$\vdots$		
$(p^{n-1}-1)p+1$	$(p^{n-1}-1)p+2$	$(p^{n-1}-1)p+3$	$\cdots$	$(p^{n-1}-1)p+(p-1)$	$p^{n-1}\cdot p$

p의 배수가 아닌 자연수만 p^n과 서로소이다. 1부터 p^n까지 자연수 중에는 $p,\ 2p,\ 3p,\ \cdots,\ p\cdot p,\ \cdots,\ p^{n-1}\cdot p$만이 p의 배수이므로 p의 배수는 p^{n-1}개다. 그러므로 $\phi(p^n)=p^n-p^{n-1}=p^n\left(1-\dfrac{1}{p}\right)$이다. ■

예제 3.6.10 정수 $n(\geq 2)$의 표준분해가

$$n=p_1^{e_1}p_2^{e_2}p_3^{e_3}p_4^{e_4}$$

일 때

$$\phi(n)=\prod_{i=1}^{4}(p_i^{e_i}-p_i^{e_i-1})=n\prod_{i=1}^{4}\left(1-\frac{1}{p_i}\right)$$

임을 보여라.

풀이 $U=\{1,\ 2,\ \cdots,\ n\}$, 각 $i=1,\ 2,\ 3,\ 4$에 대하여

$$A_i=\{x\in\mathbb{N}\,|\,1\leq x\leq n,\ p_i|x\}$$

라 정의하자. 그러면 각 $i=1,\ 2,\ 3,\ 4$에 대하여 $|A_i|=\dfrac{n}{p_i}$이고, $1\leq i<j\leq 4$ 인 $i,\ j$에 대하여 $A_i\cap A_j$는 n을 넘지 않는 p_i와 p_j의 배수들의 집합이므로 $|A_i\cap A_j|=\dfrac{n}{p_ip_j}$이고, $1\leq i<j<l\leq 4$인 $i,\ j,\ l$에 대하여 $|A_i\cap A_j\cap A_l|=\dfrac{n}{p_ip_jp_l}$이고 $|A_1\cap A_2\cap A_3\cap A_4|=\dfrac{n}{p_1p_2p_3p_4}$이다. 그러므로

$$\begin{aligned}\phi(n)&=\left|\left(\bigcup_{i=1}^{4}A_i\right)^C\right|=|U|-\left|\bigcup_{i=1}^{4}A_i\right|\\&=|U|-S_1+S_2-S_3+S_4\\&=n-\left(\frac{n}{p_1}+\cdots+\frac{n}{p_4}\right)+\left(\frac{n}{p_1p_2}+\frac{n}{p_1p_3}+\frac{n}{p_1p_4}+\frac{n}{p_2p_3}+\frac{n}{p_2p_4}+\frac{n}{p_3p_4}\right)\\&\quad-\left(\frac{n}{p_1p_2p_3}+\frac{n}{p_1p_2p_4}+\frac{n}{p_1p_3p_4}+\frac{n}{p_2p_3p_4}\right)+\frac{n}{p_1p_2p_3p_4}\\&=n\left[1-\left(\frac{1}{p_1}+\cdots+\frac{1}{p_4}\right)+\left(\frac{1}{p_1p_2}+\frac{1}{p_1p_3}+\frac{1}{p_1p_4}+\frac{1}{p_2p_3}+\frac{1}{p_2p_4}+\frac{1}{p_3p_4}\right)\right.\end{aligned}$$

$$-\left(\frac{1}{p_1p_2p_3}+\frac{1}{p_1p_2p_4}+\frac{1}{p_1p_3p_4}+\frac{1}{p_2p_3p_4}\right)+\frac{1}{p_1p_2p_3p_4}\Bigg]$$

$$=\frac{n}{p_1p_2p_3p_4}[p_1p_2p_3p_4-(p_2p_3p_4+p_1p_3p_4+p_1p_2p_4+p_1p_2p_3)$$

$$+(p_3p_4+p_2p_4+p_2p_3+p_1p_4+p_1p_3+p_1p_2)-(p_4+p_3+p_2+p_1)+1]$$

$$=\frac{n}{p_1p_2p_3p_4}[(p_1-1)(p_2-1)(p_3-1)(p_4-1)]$$

$$=n\left[\frac{p_1-1}{p_1}\cdot\frac{p_2-1}{p_2}\cdot\frac{p_3-1}{p_3}\cdot\frac{p_4-1}{p_4}\right]$$

$$=n\prod_{i=1}^{4}\left(1-\frac{1}{p_i}\right)=\prod_{i=1}^{4}\left(p_i^{e_i}-p_i^{e_i-1}\right).$$ ■

정의 3.6.1

집합 $\{1, 2, \cdots, n\}$에서 집합 $\{1, 2, \cdots, n\}$로의 전단사함수 f중에서, 모든 $i=1, 2, \cdots, n$에 대하여 $f(i)\neq i$인 함수를 $\{1, 2, \cdots, n\}$의 **교란순열**(derangement)이라 하고 $\{1, 2, \cdots, n\}$의 교란순열의 개수를 n번째 **교란수**(derangement number)라고 한다. n번째 교란수를 D_n으로 나타낸다.

예제 3.6.11 어떤 사람이 3명의 친구에게 보내는 서로 다른 편지 3장을 쓰고, 3개의 봉투에 각각의 주소를 썼는데, 부치는 것을 잊어버렸다. 며칠 후 3장의 편지를 3개의 봉투에 급히 넣었는데, 각 편지를 모두 다른 사람의 봉투에 넣을 확률을 구하여라.

풀이 3장의 편지를 각각 모두 서로 다른 사람의 봉투에 넣는 방법의 수는 아래 그림과 같은 3×3 체스판에서 대각선 위치(진하게 표시)에 있지 않은 칸 중 각 행, 각 열에서 하나씩 나오도록 3개의 칸을 선택하는 방법의 수와 같다.

	1	2	3
1			
2			
3			

다음과 같은 2가지가 있음을 알 수 있다.

	1	2	3
1		✓	
2			✓
3	✓		

	1	2	3
1			✓
2	✓		
3		✓	

2개의 교란순열		
1	2	3
2	3	1
3	1	2

즉 3번째 교란수는 $D_3 = 2$이다. 따라서 구하는 확률은 $\frac{D_3}{3!} = \frac{1}{3}$이다. ■

예제 3.6.12 어떤 사람이 4명의 친구에게 보내는 서로 다른 편지 4장을 쓰고, 4개의 봉투에 각각의 주소를 썼는데, 부치는 것을 잊어버렸다. 며칠 후 4장의 편지를 4개의 봉투에 급히 넣었는데, 각 편지를 모두 다른 사람의 봉투에 넣을 확률을 구하여라.

풀이 4장의 편지를 각각 모두 서로 다른 사람의 봉투에 넣는 방법의 수는 아래 그림과 같은 4×4 체스판에서 대각선 위치(진하게 표시)에 있지 않은 칸 중 각 행, 각 열에서 하나씩 나오도록 4개의 칸을 선택하는 방법의 수와 같다.

	1	2	3	4
1				
2				
3				
4				

다음과 같은 9가지가 있음을 알 수 있다.

	1	2	3	4
1		✓		
2	✓			
3				✓
4			✓	

	1	2	3	4
1		✓		
2			✓	
3				✓
4	✓			

	1	2	3	4
1		✓		
2				✓
3	✓			
4			✓	

	1	2	3	4
1			✓	
2	✓			
3				✓
4		✓		

	1	2	3	4
1			✓	
2				✓
3	✓			
4		✓		

	1	2	3	4
1			✓	
2				✓
3		✓		
4	✓			

	1	2	3	4
1				✓
2	✓			
3		✓		
4			✓	

	1	2	3	4
1				✓
2			✓	
3	✓			
4		✓		

	1	2	3	4
1				✓
2			✓	
3		✓		
4	✓			

9개의 교란순열			
1	2	3	4
2	1	4	3
2	3	4	1
2	4	1	3
3	1	4	2
3	4	1	2
3	4	2	1
4	1	2	3
4	3	1	2
4	3	2	1

즉 4번째 교란수는 $D_4 = 9$이다. 따라서 구하는 확률은 $\frac{D_4}{4!} = \frac{9}{24} = \frac{3}{8}$이다.

예제 3.6.13 3번째 교란수는 $D_3 = 3!\sum_{k=0}^{3}\frac{(-1)^k}{k!} = 3!\left(\frac{1}{0!} - \frac{1}{1!} + \frac{1}{2!} - \frac{1}{3!}\right) = 2$임을 보여라.

풀이 집합 $\{1, 2, 3\}$에서 집합 $\{1, 2, 3\}$로의 전단사함수 전체의 집합을 S_3이라 하고, 각 $i = 1, 2, 3$에 대하여 $A_i = \{f \in S_3 | f(i) = i\}$라 하면 구하고자 하는 교란순열의 수는 $|S_3| - \left|\bigcup_{i=1}^{3} A_i\right|$이다. $\{1, 2, 3\}$의 임의의 부분집합 J에 대하여 $|J| = k$ 일 때, $\left|\bigcap_{j\in J} A_i\right| = (3-k)!$이다. $\{1, 2, 3\}$의 k-부분집합의 개수가 ${}_3C_k$이므로 A_1, A_2, A_3의 모든 k개의 집합의 교집합의 크기의 합은 ${}_3C_k \cdot (3-k)! = \frac{3!}{k!}$이므로 포함 배제 원리에 의하여

$$\begin{aligned}\left|\bigcup_{i=1}^{3} A_i\right| &= \sum_{i=1}^{3}|A_i| - \sum_{1\le i<j\le 3}|A_i \cap A_j| + \left|\bigcap_{i=1}^{3} A_i\right| \\ &= \frac{3!}{1!} - \frac{3!}{2!} + \frac{3!}{3!}\end{aligned}$$

이다. 따라서

$$\begin{aligned}|S_3| - \left|\bigcup_{i=1}^{3} A_i\right| &= 3! - 3!\left(\frac{1}{1!} - \frac{1}{2!} + \frac{1}{3!}\right) \\ &= 3!\left(\frac{1}{0!} - \frac{1}{1!} + \frac{1}{2!} - \frac{1}{3!}\right) = 2\end{aligned}$$

■

예제 3.6.14 4번째 교란수는 $D_4 = 4! \sum_{k=0}^{4} \frac{(-1)^k}{k!} = 4!\left(\frac{1}{0!} - \frac{1}{1!} + \frac{1}{2!} - \frac{1}{3!} + \frac{1}{4!}\right) = 9$임을 보여라.

풀이 집합 $\{1, 2, 3, 4\}$에서 집합 $\{1, 2, 3, 4\}$로의 전단사함수 전체의 집합을 S_4라 하고, 각 $i = 1, 2, 3, 4$에 대하여 $A_i = \{f \in S_4 | f(i) = i\}$라 하면 구하고자 하는 교란순열의 수는 $|S_4| - \left|\bigcup_{i=1}^{4} A_i\right|$이다. $\{1, 2, 3, 4\}$의 임의의 부분집합 J에 대하여 $|J| = k$일 때, $\left|\bigcap_{j\in J} A_i\right| = (4-k)!$이다. $\{1, 2, 3, 4\}$의 k-부분집합의 개수가 ${}_4C_k$이므로 A_1, A_2, A_3, A_4의 모든 k개의 집합의 교집합의 크기의 합은 ${}_4C_k \cdot (4-k)! = \frac{4!}{k!}$이므로 포함 배제 원리에 의하여

$$\begin{aligned}\left|\bigcup_{i=1}^{4} A_i\right| &= \sum_{i=1}^{4}|A_i| - \sum_{1\le i<j\le 4}|A_i \cap A_j| + \sum_{1\le i<j<k\le 4}|A_i \cap A_j \cap A_k| - \left|\bigcap_{i=1}^{4} A_i\right| \\ &= \frac{4!}{1!} - \frac{4!}{2!} + \frac{4!}{3!} - \frac{4!}{4!}\end{aligned}$$

이다. 따라서

$$\begin{aligned}|S_4| - \left|\bigcup_{i=1}^{4} A_i\right| &= 4! - 4!\left(\frac{1}{1!} - \frac{1}{2!} + \frac{1}{3!} - \frac{1}{4!}\right) \\ &= 4!\left(\frac{1}{0!} - \frac{1}{1!} + \frac{1}{2!} - \frac{1}{3!} + \frac{1}{4!}\right) = 9\end{aligned}$$

■

연습문제 3.6

01 예제 3.6.3을 증명하여라.

02 26개의 알파벳의 순열 중 fish, rat, bird를 포함하지 않는 것은 몇 개인가?

03 2개의 0으로 시작하거나 3개의 1로 끝나는 길이가 7인 이진 비트열의 개수는 몇 개인가?

04 5개의 연속된 0을 포함하거나 5개의 연속된 1을 포함하는 길이가 10인 이진 비트열의 개수는 몇 개인가?

05 집합 $X = \{1, 2, 3, 4, 5, 6\}$에 대하여 X에서 X로의 전단사함수 f 중에서 다음을 구하여라.

(1) f의 개수

(2) $f(1) \neq 1$인 조건을 만족시키는 함수 f의 개수

(3) $f(1) \neq 1,\ f(2) \neq 2$인 조건을 만족시키는 함수 f의 개수

(4) $f(1) \neq 1,\ f(2) \neq 2,\ f(3) \neq 3$인 조건을 만족시키는 함수 f의 개수

(5) $f(1) \neq 1,\ f(2) \neq 2,\ f(3) \neq 3,\ f(4) \neq 4$인 조건을 만족시키는 함수 f의 개수

(6) $f(1) \neq 1,\ f(2) \neq 2,\ f(3) \neq 3,\ f(4) \neq 4,\ f(5) \neq 5$인 조건을 만족시키는 함수 f의 개수

(7) $f(1) \neq 1,\ f(2) \neq 2,\ f(3) \neq 3,\ f(4) \neq 4,\ f(5) \neq 5,\ f(6) \neq 6$인 조건을 만족시키는 함수 f의 개수

06 다음 물음에 답하여라.

(1) $X = \{1, 2, \cdots, 8\}$, $Y = \{a, b, c\}$일 때 X에서 Y로 가는 전사함수의 개수를 구하여라.

(2) n이 3보다 큰 자연수일 때 제2종 스털링 수 $S(n, 3)$을 구하여라.

07 어느 회사에 사장과 연구팀장, 세 명의 연구원이 있다. 7개의 과제를 처리해야 하는데 그 중 한 과제는 연구팀장만이 처리할 능력이 있다. 연구팀장을 포함한 4명의 연구원들이 한 과제 이상씩 처리해야 한다고 하자. 사장이 4명의 연구원에게 7개의 과제를 배정하는 방법은 몇 가지인가?

08 정수 $n(\geq 2)$의 표준분해가 $n = p_1^{e_1} p_2^{e_2} \cdots p_r^{e_r}$일 때

$$\phi(n) = \prod_{i=1}^{r} (p_i^{e_i} - p_i^{e_i - 1}) = n \prod_{i=1}^{r} \left(1 - \frac{1}{p_i}\right)$$

임을 증명하여라.

09 서로 다른 r개의 물건을 서로 다른 5개의 상자에 넣되, 적어도 한 상자가 비게 넣는 방법은 몇 가지인가?

10 방정식 $x_1+x_2+x_3+x_4+x_5+x_6=25,\ 0\le x_i\le 8,\ i=1,\ 2,\ 3,\ 4,\ 5,\ 6$의 서로 다른 정수해는 몇 개인가?

11 어떤 사람이 5명의 친구에게 보내는 서로 다른 편지 5장을 쓰고, 5개의 봉투에 각각의 주소를 썼는데, 부치는 것을 잊어버렸다. 며칠 후 5장의 편지를 5개의 봉투에 급히 넣었는데, 각 편지를 모두 다른 사람의 봉투에 넣을 확률을 구하여라.

12 n번째 교란수는

$$D_n=n!\sum_{k=0}^{n}\frac{(-1)^k}{k!}=n!\left(\frac{1}{0!}-\frac{1}{1!}+\frac{1}{2!}-\cdots+\frac{(-1)^{n-1}}{(n-1)!}+\frac{(-1)^n}{n!}\right)$$

임을 보여라.

제4장

관계 및 함수

4.1 관계 및 관계의 표현
4.2 관계의 성질
4.3 관계의 연산 및 관계의 폐포
4.4 동치관계
4.5 부분순서관계
4.6 함수

4.1 관계 및 관계의 표현

두 집합 A와 B에 대하여, 두 원소 $a \in A$, $b \in B$로 이루어진 (a, b)를 **순서쌍**(ordered pair)이라 하고 이러한 순서쌍 전체의 집합을 $A \times B$로 나타내며 이 집합을 A와 B의 **곱집합**(Cartesian product)이라고 한다.

즉, $A \times B = \{(a, b) \mid a \in A,\ b \in B\}$.

이 때

$$(a, b) = (a', b') \Leftrightarrow a = a',\ b = b'$$

로 정의한다.

예제 1.1.1 집합 $A = \{1, 2\}$, $B = \{a, b\}$에 대하여 곱집합 $A \times B$, $B \times A$, $A \times A$를 구하여라.

풀이 $A \times B = \{(1, a), (1, b), (2, a), (2, b)\}$, $B \times A = \{(a, 1), (a, 2), (b, 1), (b, 2)\}$,

$A \times A = \{(1, 1), (1, 2), (2, 1), (2, 2)\}$ ■

관계는 수학적으로 다음과 같이 정의한다.

정의 4.1.1

두 집합 A, B에 대하여 $A \times B = \{(a, b) \mid a \in A, b \in B\}$의 부분집합을 A에서 B로의 **이항관계**(binary relation)라 한다. $a \in A$, $b \in B$일 때 $(a, b) \in R$는 a와 b는 R의 관계가 있다는 의미이고 aRb로 나타내기도 한다. 그리고 $(a, b) \notin R$는 a는 b에 대해서 R의 관계가 없다는 의미이고 $a \not R b$로 나타내기도 한다.

예제 4.1.2 두 집합 $A = \{1, 2\}$, $B = \{a, b\}$에 대하여 A에서 B로의 이항관계를 모두 구하여라.

풀이 $A \times B = \{(1, a), (1, b), (2, a), (2, b)\}$이다. $A \times B$의 모든 부분집합이 A에서 B로의 이항관계이므로 2^4개의 이항관계가 있다.

ϕ, $\{(1, a)\}$, $\{(1, b)\}$, $\{(2, a)\}$, $\{(2, b)\}$,

$\{(1, a), (1, b)\}$, $\{(1, a), (2, a)\}$, $\{(1, a), (2, b)\}$, $\{(1, b), (2, a)\}$,

$\{(1, b), (2, b)\}$, $\{(2, a), (2, b)\}$, $\{(1, a), (1, b), (2, a)\}$, $\{(1, a), (1, b), (2, b)\}$,

$\{(1, a), (2, a), (2, b)\}$, $\{(1, b), (2, a), (2, b)\}$, $A \times B$

정의 4.1.2

A에서 B로의 이항관계 R의 원소인 순서쌍에서 모든 첫 번째 원소의 집합을 **정의역**(domain)이라 하고 $dom(R)$로 나타낸다. 마찬가지로 이항관계 R의 원소인 순서쌍에서 모든 두 번째 원소의 집합을 **치역**(range)이라 하고 $ran(R)$로 나타낸다.

$$dom(R) = \{a \mid (a, b) \in R\} \subseteq A$$
$$ran(R) = \{b \mid (a, b) \in R\} \subseteq B$$

예제 4.1.3 $A = \{$김철수, 김인제, 이영희, 이부경$\}$를 학생들의 집합이라 하고 $B = \{$이산수학, 대수학, 자료구조, 컴퓨터구조$\}$를 개설된 교과목의 집합이라고 하자. A에서 B로의 이항관계를 $R = \{(a, b) \mid a$가 b를 수강신청하였다$\}$라 하자. 김철수가 이산수학을 수강신청 하였다면 (김철수, 이산수학)$\in R$이다. 이영희가 대수학을 수강신청하지 않았다면 (이영희, 대수학)$\notin R$이다.

예제 4.1.4 $A = \{1, 2, 3, 4\}$, $B = \{p, q, r\}$이고 A에서 B로의 이항관계 $R = \{(1, p), (2, q), (2, r), (3, q), (4, r)\}$이 주어졌을 때 $1Rp$이지만 $2\not{R}p$이다.

예제 4.1.5 $A = \{1, 2, 3\}$일 때 A에서 A로의 이항관계 R은 다음과 같다.

$$R = \{(a, b) \mid a\text{가 } b\text{를 나눈다.}\}$$

(1) R을 순서쌍으로 나타내어라.

(2) R의 정의역과 치역을 구하여라.

풀이 (1) $R = \{(1, 1), (1, 2), (1, 3), (2, 2), (3, 3)\}$

(2) $dom(R) = \{1, 2, 3\}$, $ran(R) = \{1, 2, 3\}$ ■

정의 4.1.3

집합 A에서 A로의 이항관계를 **A에 대한 이항관계**(relation on A)라 한다.

예제 4.1.6 $A = \{-2, -1, 0, 1, 2\}$일 때 다음과 같은 A에 대한 이항관계 R을 순서쌍으로 나타내어라.

$$R = \{(a, b) \mid a = b \text{ 또는 } a = -b\}$$

풀이 $R = \{(-2, -2), (-2, 2), (-1, -1), (-1, 1), (0, 0), (1, -1), (1, 1), (2, -2), (2, 2)\}$

정의 4.1.4

집합 A에서 집합 B로의 이항관계 R에 대한 **역관계**(inverse relation)는 R^{-1}로 나타내며, 다음과 같이 정의한다.

$$R^{-1} = \{(b, a) \in B \times A \mid (a, b) \in R\}$$

R의 정의역은 R^{-1}의 치역이고, R의 치역은 R^{-1}의 정의역이다.

이항관계를 줄여서 관계라고 한다.

일반적으로, 집합 A_1, A_2, $\cdots$, A_n에서 각각 한 개씩 택한 원소 $a_1 \in A_1$, $\cdots$, $a_n \in A_n$을 차례로 늘어놓은 것을 $(a_1, a_2, \cdots, a_n)$로 나타내며 이를 **순서** n**쌍**(ordered n-tuple)이라고 한다. 또 이런 순서 n쌍 전체의 집합을 $A_1 \times A_2 \times \cdots \times A_n$으로 나타내고 이것을 A_1, A_2, $\cdots$, A_n의 곱집합이라고 한다. 즉,

$$A_1 \times A_2 \times \cdots \times A_n = \{(a_1, a_2, \cdots, a_n) \mid a_1 \in A_1, a_2 \in A_2, \cdots, a_n \in A_n\}$$

특히, $A_1 = \cdots = A_n = A$일 때, $A_1 \times \cdots \times A_n$을 A^n으로 나타낸다.

정의 4.1.5

집합 A_1, A_2, $\cdots$, A_n에 대하여 $A_1 \times A_2 \times \cdots \times A_n$의 부분집합을 n**항 관계**(n-ary relation)라 정의한다.

집합의 원소들 사이의 관계를 도식화하는 방법으로 **화살도표**(arrow diagram), **좌표도표**(coordinate diagram), **관계행렬**(relation matrix), **방향그래프**(directed graph) 등이 있다.

1. 화살도표

화살도표는 두 집합 A, B에 대하여 A의 원소 a와 B의 원소 b 사이에 관계가 성립하는 경우 그 관계를 화살표로 그려서 나타내는 방법이다.

예제 4.1.7 두 집합 $A = \{1, 2, 3, 4\}$, $B = \{a, b, c\}$에 대하여 A에서 B로의 관계 $R_1 = \{(1, b), (2, b), (2, c), (3, a), (4, b)\}$과 그 역관계 R_1^{-1}를 화살도표를 이용하여 나타내고 또한 $R_2 = \{(1, b), (2, c), (3, a), (4, b)\}$를 화살도표를 이용하여 나타내어라.

풀이

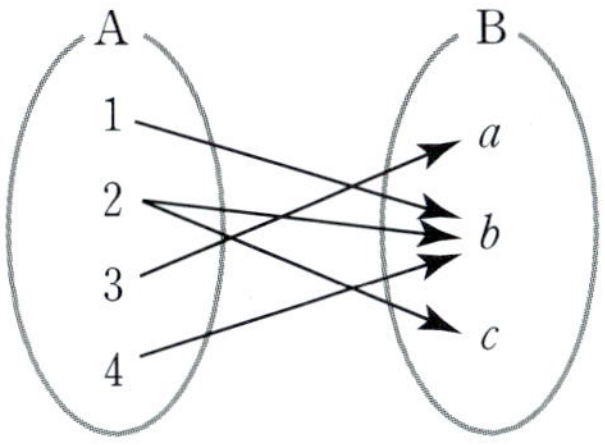

R_1

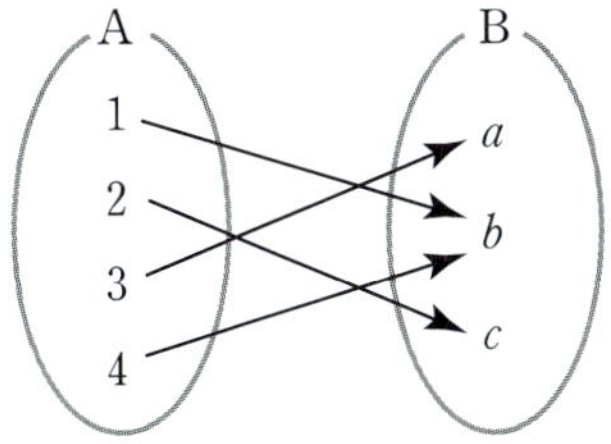

R_2

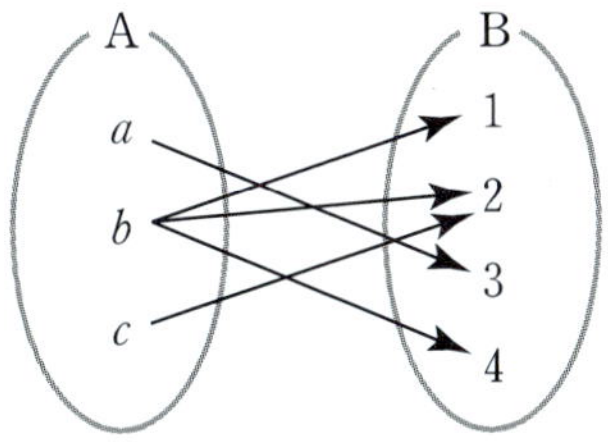

R_1^{-1}

2. 좌표도표

좌표도표는 두 집합 A, B에 대하여 집합 A의 원소 a를 x축 위의 점으로 표시하고, 집합 B의 원소 b를 y축 위의 점으로 표시하여, a와 b가 관계가 있는 경우 좌표평면 상에서 (a, b)를 점으로 표시한다.

예제 4.1.8 집합 $A = \{1, 2, 3, 4\}$에 대한 관계가 $R = \{(1, 2), (3, 1), (4, 4)\}$일 때, 관계 R을 좌표도표로 나타내어라.

풀이 집합 A에 대한 관계 R을 좌표도표로 나타내면 다음과 같다.

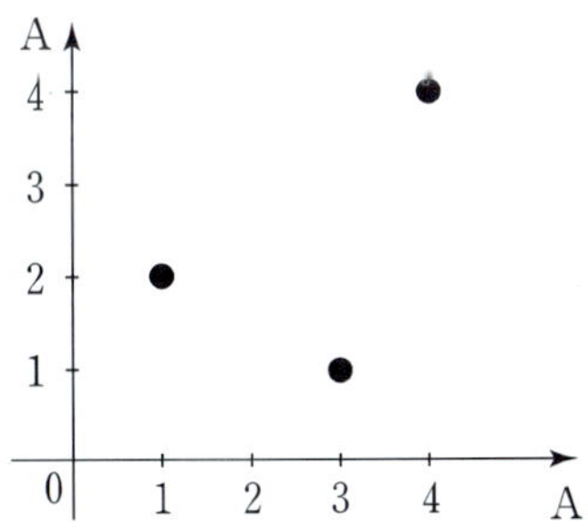

3. 관계행렬

두 집합 $A = \{a_1, \cdots, a_m\}$, $B = \{b_1, \cdots, b_n\}$에 대하여 A에서 B로의 관계 R의 관계행렬은 $m \times n$ 행렬 $M_R = [m_{ij}]$이다.

$$m_{ij} = \begin{cases} 1, & (a_i, b_j) \in R \\ 0, & (a_i, b_j) \notin R \end{cases}$$

예제 4.1.9 두 집합 $A=\{1, 2, 3\}$, $B=\{1, 2, 3, 4\}$에 대해서 A에서 B로 가는 관계 $R=\{(1, 1), (1, 2), (2, 1), (3, 2), (3, 3), (3, 4)\}$의 관계행렬을 구하여라.

풀이 관계행렬 M_R은 다음과 같다.

$$M_R = \begin{array}{c} \\ 1 \\ 2 \\ 3 \end{array}\begin{array}{c} \begin{array}{cccc} 1 & 2 & 3 & 4 \end{array} \\ \begin{bmatrix} 1 & 1 & 0 & 0 \\ 1 & 0 & 0 & 0 \\ 0 & 1 & 1 & 1 \end{bmatrix} \end{array}$$

■

4. 방향그래프

방향그래프는 하나의 집합에 대한 관계를 나타낸다. 예를 들면 집합 A에 대한 관계 R의 방향그래프를 그릴 때 먼저 A의 원소들을 **꼭지점**(vertex)으로 그리고, 순서쌍 (a, b)가 관계 R에 속하면 a에서 b로 화살표 모양의 **변**(edge)을 그린다. 만일 (a, a)가 R에 속하면 a에서 a로 변을 그리는데, 이러한 변을 **고리**(loop)라고 한다.

예제 4.1.10 집합 $A=\{1, 2, 3, 4\}$에 대한 관계 $R=\{(a, b) | a > b\}$의 방향그래프를 그려라.

풀이 $R=\{(2, 1), (3, 1), (3, 2), (4, 1), (4, 2), (4, 3)\}$이므로 방향그래프는 다음과 같다.

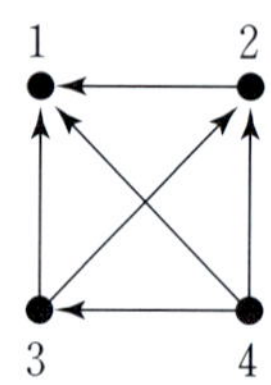

연습문제 4.1

01 집합 $A=\{0, 1\}$에 대하여 A^2, A^3, A^4를 구하여라.

02 관계 $R=\{(a, b, c) | a, b, c$는 $0 < a < b < c \le 4$인 정수$\}$를 구하여라.

03 관계 $R=\{(a, b, c, d) | a, b, c, d$는 $abcd$가 6인 자연수$\}$를 구하여라.

04 집합 $A=\{1, 2, 3, 4\}$에 대한 관계 R이 다음과 같다고 하자.

$$R=\{(a, b) | a < b\}$$

관계 R을 순서쌍으로 나타내어라.

05 집합 $A=\{1,\ 2,\ 3\}$에 대한 관계 R이 다음과 같다고 하자.

$$R=\{(a,\ b)\mid \gcd(a,\ b)=1\}$$

관계 R을 순서쌍으로 나타내어라.

06 정수의 집합 $\mathbb{Z}$에 대한 관계 R이 다음과 같다고 하자.

$$R=\{(x,\ y)\in\mathbb{Z}\times\mathbb{Z}\mid x^2+y^2=4\}$$

관계 R을 순서쌍으로 나타내어라.

07 집합 $A=\{1,\ 2,\ 3,\ 4,\ 5\}$에 대한 관계 R에서 aRb 를 $a+b\geq 8$라고 할 때 관계 R을 순서쌍으로 나타내어라.

08 집합 $A=\{-2,\ -1,\ 0,\ 1,\ 2\}$에 대한 관계 R에서 aRb를 $|a-b|\leq 2$라고 할 때 관계 R을 순서쌍으로 나타내어라.

09 집합 $A=\{1,\ 2,\ 3,\ 4\}$에 대한 관계 $R=\{(a,\ b)\mid a\leq b\}$의 관계행렬을 구하고, 방향그래프를 그려라.

10 집합 $A=\{a,\ b\}$에 대한 관계는 몇 개가 있을 수 있는가?

11 집합 $A=\{1,\ 2,\ \cdots,\ n\}$에 대한 관계는 몇 개가 있을 수 있는가?

4.2 관계의 성질

관계의 성질은 집합에 관한 관계를 분류하는데 사용되며, 반사관계, 대칭관계, 추이관계, 반대칭관계 등이 있다.

정의 4.2.1

집합 A에 대한 관계 R은 다음과 같이 분류된다.

(1) **[반사관계]** 모든 $a \in A$에 대하여 aRa일 때 R은 **반사관계**(reflexive relation)라 한다.

(2) **[대칭관계]** 모든 $a, b \in A$에 대하여 aRb이면 bRa일 때 R은 **대칭관계**(symmetric relation)라 한다.

(3) **[추이관계]** 모든 $a, b, c \in A$에 대하여 aRb이고 bRc이면 aRc일 때 R은 **추이관계**(transitive relation)라 한다.

(4) **[반대칭관계]** 모든 $a, b \in A$에 대하여 aRb이고 bRa이면 $a=b$일 때 R은 **반대칭관계**(antisymmetric relation)라 한다. 다시 말해서 $(a, b) \in R$이고 $a \neq b$이면 $(b, a) \notin R$일 때 반대칭관계이다.

예제 4.2.1 관계 R에 대한 방향그래프에서 각 꼭지점에 고리가 있으면 반사관계가 된다. 그러므로 다음과 같은 방향그래프들은 모두 반사관계이다.

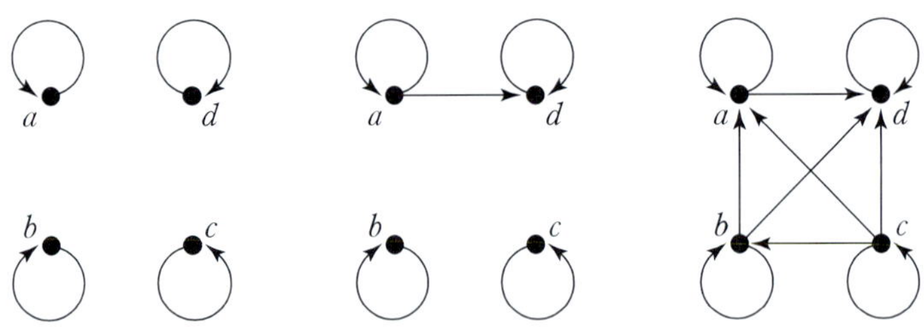

반사관계의 예

반사관계 R을 관계행렬로 나타내면 다음과 같이 대각성분이 모두 1이다.

$$M_R = \begin{bmatrix} 1 & & & \\ & 1 & & \\ & & \ddots & \\ & & & 1 \end{bmatrix}$$

예제 4.2.2 정수의 집합 $\mathbb{Z}$에 대한 관계 $R=\{(x,\ y) \mid x-y$는 짝수$\}$는 대칭관계이다. 왜냐하면 $x-y$가 짝수이면, 즉 $x-y=2k$(k는 정수)일 때 $y-x=2(-k)$이고 $-k$가 정수이므로 $y-x$도 짝수이다. 그러므로 R은 대칭관계이다.

예제 4.2.3 실수의 집합 $\mathbb{R}$에 대한 관계 $R=\{(x,\ y) \in \mathbb{R}^2 \mid x^2 \geq y\}$는 대칭관계가 아니다. 왜냐하면 $2^2 \geq 1$이므로 $(2,\ 1) \in R$이지만 $1^2 < 2$이므로 $(1,\ 2) \notin R$이기 때문이다.

대칭관계 R의 관계행렬 $M_R=[m_{ij}]_{n \times n}$의 각 성분은 다음과 같은 성질을 가진다.

각 $i,\ j\ (1 \leq i \leq n,\ 1 \leq j \leq n)$에 대하여 $m_{ij}=1$이면 $m_{ji}=1$이다.
이것은 $m_{ij}=0$이면 $m_{ji}=0$임을 의미한다.

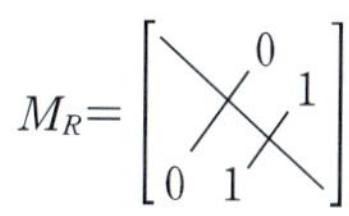

집합 A에 대한 관계 R이 대칭관계일 필요충분조건은 $M_R=M_{R^{-1}}=(M_R)^T$이다. 단, $(M_R)^T$는 M_R의 전치행렬이다.

예제 4.2.4 집합 $A=\{a,\ b,\ c\}$에 대한 관계 R의 관계행렬 M_R이 다음과 같다고 하자.

$$M_R=\begin{pmatrix} 1 & 0 & 0 \\ 0 & 1 & 1 \\ 0 & 1 & 1 \end{pmatrix}$$

관계 R이 대칭관계임을 설명하여라.

풀이 M_R이 대칭행렬이므로 R은 대칭관계이다.
$M_R=M_{R^{-1}}=(M_R)^T$을 확인할 수 있다. ■

예제 4.2.5 정수의 집합 $\mathbb{Z}$에 대한 관계 $R=\{(a,\ b) \mid \frac{a}{b}$는 정수$\}$는 추이관계이다. 왜냐하면

$$(a,\ b) \in R,\ (b,\ c) \in R \Rightarrow \frac{a}{b},\ \frac{b}{c}\text{는 모두 정수} \Rightarrow \frac{a}{c}=\frac{a}{b} \cdot \frac{b}{c}\text{는 정수} \Rightarrow (a,\ c) \in R$$

이기 때문이다.

예제 4.2.6 A에 대한 반대칭관계 R의 관계행렬 $M_R=[m_{ij}]_{n \times n}$의 각 성분은 다음과 같은 성질을 가진다.

풀이 각 i, j $(1 \le i \le n,\ 1 \le j \le n)$에 대하여 $i \ne j$일 때 $m_{ij} = 0$이거나 $m_{ji} = 0$인 행렬이다. 즉, m_{ij}와 m_{ji}가 동시에 1일 수는 없다. ■

예제 4.2.7 집합 $A = \{a, b, c\}$에 대한 관계 R의 관계행렬 M_R이 $M_R = \begin{pmatrix} 1 & 1 & 0 \\ 0 & 0 & 0 \\ 0 & 1 & 1 \end{pmatrix}$이면 관계 R은 반대칭관계이다.

예제 4.2.8 정수의 집합 $\mathbb{Z}$에 대한 관계 $R = \{(x,y) \mid x = y+1 \text{ or } x = y-1\}$이 반사, 대칭, 반대칭, 추이관계인지를 판별하여라.

풀이 (1) $(1,1) \notin R$이므로 R은 반사관계가 아니다.

(2)) $(x,y) \in R \Rightarrow x = y+1 \text{ or } x = y-1 \Rightarrow y = x+1 \text{ or } y = x-1 \Rightarrow (y,x) \in R$
그러므로 R은 대칭관계이다.

(3) $(1,2) \in R$, $(2,1) \in R$이므로 R은 반대칭관계가 아니다.

(4) $(1,2) \in R$, $(2,1) \in R$이지만 $(1,1) \notin R$이므로 R은 추이관계가 아니다. ■

연습문제 4.2

01 정수의 집합 $\mathbb{Z}$에서의 다음 관계에 대하여 답하여라.

$R_1 = \{(a, b) \mid a \le b\}$, $R_2 = \{(a, b) \mid a > b\}$

$R_3 = \{(a, b) \mid a = b \text{ or } a = -b\}$, $R_4 = \{(a, b) \mid a = b\}$

$R_5 = \{(a, b) \mid a = b+1\}$, $R_6 = \{(a, b) \mid a+b \le 3\}$

반사관계인 것은 어느 것인가?

02 한 집합에서의 관계 R의 관계행렬 M_R이 다음과 같을 때 반사, 대칭, 반대칭, 추이관계인지를 판별하여라.

$$M_R = \begin{pmatrix} 1 & 1 & 0 \\ 1 & 1 & 1 \\ 0 & 1 & 1 \end{pmatrix}$$

03 집합 $A = \{1, 2, 3, 4, 5\}$에 대한 다음 관계들의 방향그래프를 그리고 반사, 대칭, 추이관계 중에서 어떤 관계가 성립하는지 판별하여라.

(1) $R = \{(2, 2), (3, 3), (5, 5), (1, 3), (1, 4), (4, 1), (1, 5), (4, 5), (5, 2)\}$

(2) $R=\{(1, 1), (2, 2), (3, 3), (4, 4), (5, 5)\}$

(3) $R=\{(1, 1), (2, 2), (3, 3), (4, 4), (5, 5), (1, 5), (2, 3), (5, 1), (3, 2)\}$

04 $A=\{1, 2\}$에서의 16개의 다음 관계들에 대하여 다음 물음에 답하여라.

ϕ, $\{(1, 1)\}$, $\{(1, 2)\}$, $\{(2, 1)\}$, $\{(2, 2)\}$,
$\{(1, 1), (1, 2)\}$, $\{(1, 1), (2, 1)\}$, $\{(1, 1), (2, 2)\}$,
$\{(1, 2), (2, 1)\}$, $\{(1, 2), (2, 2)\}$, $\{(2, 1), (2, 2)\}$,
$\{(1, 1), (1, 2), (2, 1)\}$, $\{(1, 1), (1, 2), (2, 2)\}$,
$\{(1, 1), (2, 1), (2, 2)\}$, $\{(1, 2), (2, 1), (2, 2)\}$,
$\{(1, 1), (1, 2), (2, 1), (2, 2)\}$

(1) 반사적인 것은?

(2) 대칭적인 것은?

(3) 반대칭적인 것은?

(4) 추이적인 것은?

4.3 관계의 연산 및 관계의 폐포

정의 4.3.1

행렬의 모든 원소의 값이 0 또는 1인 행렬을 **부울행렬**(Boolean matrix)이라 한다.

모든 $a,\ b \in \{0,\ 1\}$에 대하여 $a \vee b = \max\{a,\ b\}$, $a \wedge b = \min\{a,\ b\}$로 정의한다. 즉,

$$a \vee b = \begin{cases} 1 & (a=1 \text{ or } b=1) \\ 0 & (a=0,\ b=0) \end{cases} \qquad a \wedge b = \begin{cases} 1 & (a=1,\ b=1) \\ 0 & (a=0 \text{ or } b=0) \end{cases}$$

$$1 \vee 1 = 1,\quad 1 \vee 0 = 1,\quad 0 \vee 1 = 1,\quad 0 \vee 0 = 0$$

$$1 \wedge 1 = 1,\quad 1 \wedge 0 = 0,\quad 0 \wedge 1 = 0,\quad 0 \wedge 0 = 0$$

정의 4.3.2

두 $m \times n$ 부울행렬 $A = (a_{ij})$와 $B = (b_{ij})$에 대하여 A와 B의 **부울논리합**(Boolean join) $A \vee B$, **부울논리곱**(Boolean meet) $A \wedge B$은 다음과 같이 정의된 $m \times n$ 부울행렬이다.

$$A \vee B = (a_{ij} \vee b_{ij})_{m \times n}$$

$$A \wedge B = (a_{ij} \wedge b_{ij})_{m \times n}$$

예제 4.3.1 $\begin{pmatrix} 1&0&0 \\ 0&1&0 \\ 1&1&0 \end{pmatrix} \vee \begin{pmatrix} 1&0&1 \\ 0&0&1 \\ 1&1&0 \end{pmatrix} = \begin{pmatrix} 1&0&1 \\ 0&1&1 \\ 1&1&0 \end{pmatrix}$, $\begin{pmatrix} 1&0&0 \\ 0&1&0 \\ 1&1&0 \end{pmatrix} \wedge \begin{pmatrix} 1&0&1 \\ 0&0&1 \\ 1&1&0 \end{pmatrix} = \begin{pmatrix} 1&0&0 \\ 0&0&0 \\ 1&1&0 \end{pmatrix}$

정리 4.3.1

M_{R_1}과 M_{R_2}가 각각 집합 A에 대한 관계 R_1과 R_2의 관계행렬이면 A에 대한 관계 $R_1 \cup R_2$의 관계행렬 $M_{R_1 \cup R_2}$과 $R_1 \cap R_2$의 관계행렬 $M_{R_1 \cap R_2}$에 대하여 다음이 성립한다.

$$M_{R_1 \cup R_2} = M_{R_1} \vee M_{R_2}$$

$$M_{R_1 \cap R_2} = M_{R_1} \wedge M_{R_2}$$

증명 $A=\{a_1, a_2, \cdots, a_n\}$, $M_{R_1 \cup R_2}=(m_{ij})$, $M_{R_1 \cap R_2}=(n_{ij})$, $M_{R_1}=(a_{ij})$, $M_{R_2}=(b_{ij})$라 하자. 그러면 $M_{R_1} \vee M_{R_2}=(a_{ij} \vee b_{ij})$, $M_{R_1} \wedge M_{R_2}=(a_{ij} \wedge b_{ij})$이다.

$$\begin{aligned} m_{ij}=1 &\Leftrightarrow (a_i, a_j) \in R_1 \cup R_2 \Leftrightarrow (a_i, a_j) \in R_1 \ \text{또는}\ (a_i, a_j) \in R_2 \\ &\Leftrightarrow a_{ij}=1 \ \text{또는}\ b_{ij}=1 \Leftrightarrow a_{ij} \vee b_{ij}=1 \end{aligned}$$

그러므로 $M_{R_1 \cup R_2}=M_{R_1} \vee M_{R_2}$이다.

$$\begin{aligned} n_{ij}=1 &\Leftrightarrow (a_i, a_j) \in R_1 \cap R_2 \Leftrightarrow (a_i, a_j) \in R_1 \ \text{그리고}\ (a_i, a_j) \in R_2 \\ &\Leftrightarrow a_{ij}=1 \ \text{그리고}\ b_{ij}=1 \Leftrightarrow a_{ij} \wedge b_{ij}=1 \end{aligned}$$

그러므로 $M_{R_1 \cap R_2}=M_{R_1} \wedge M_{R_2}$이다.

정의 4.3.2

$m \times n$ 부울행렬 $A=(a_{ij})$와 $n \times p$ 부울행렬 $B=(b_{ij})$에 대하여 A와 B의 **부울곱**(Boolean product)은 $A \odot B$로 나타내며, 다음과 같이 정의된 $m \times p$ 부울행렬 $A \odot B=(c_{ij})_{m \times p}$이다.

$$c_{ij}=(a_{i1} \wedge b_{1j}) \vee (a_{i2} \wedge b_{2j}) \vee \cdots \vee (a_{in} \wedge b_{nj})=\bigvee_{k=1}^{n}(a_{ik} \wedge b_{kj})$$

예제 4.3.2 $\begin{pmatrix} 0 & 1 & 1 & 0 \\ 1 & 1 & 0 & 1 \\ 0 & 1 & 0 & 1 \end{pmatrix} \odot \begin{pmatrix} 1 & 1 & 0 \\ 1 & 0 & 1 \\ 0 & 0 & 0 \\ 0 & 0 & 1 \end{pmatrix} = \begin{pmatrix} 1 & 0 & 1 \\ 1 & 1 & 1 \\ 1 & 0 & 1 \end{pmatrix}$

세 집합 A, B, C에서 A에서 B로의 관계와 B에서 C로의 관계가 있을 때, A에서 C로의 관계를 구성할 수 있는데, 이렇게 연관성이 있는 두 관계로부터 새로운 관계를 이끌어내는 것을 합성관계라고 하며, 다음과 같이 정의한다.

정의 4.3.4

집합 A에서 B로의 관계를 R이라 하고, B에서 C로의 관계를 S라고 하자. 다음과 같이 정의되는 R과 S의 **합성관계**(composition relation)는 A에서 C로의 관계이며 $S \circ R$로 나타낸다.

$$S \circ R=\{(a, c) \in A \times C \mid a \in A,\ b \in B,\ c \in C,\ (a, b) \in R,\ (b, c) \in S\}$$

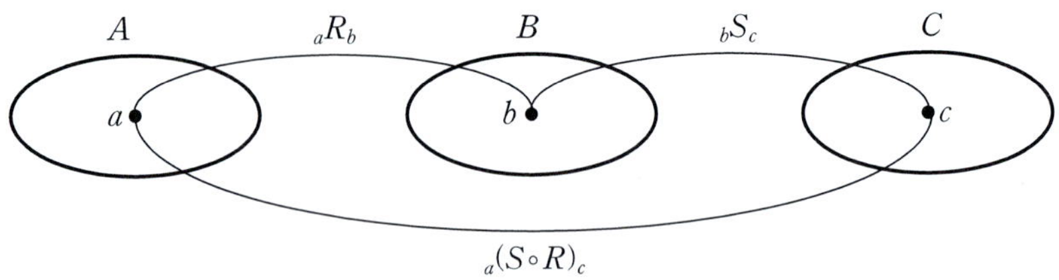

합성관계는 관계행렬을 이용하여 찾을 수도 있다. 집합 $A=\{a_1, a_2, \cdots, a_m\}$, $B=\{b_1, b_2, \cdots, b_n\}$, $C=\{c_1, c_2, \cdots, c_p\}$에 대하여 R은 A에서 B로의 관계이고 S는 B에서 C로의 관계라면 R의 관계행렬 $M_R=(r_{ij})$은 $m\times n$ 행렬이고 S의 관계행렬 $M_S=(s_{ij})$은 $n\times p$ 행렬이다. 이 때, R과 S의 합성관계 $S\circ R$의 관계행렬 $M_{S\circ R}=(t_{ij})$는 $m\times p$ 행렬이고, 다음 정리에 의해 간단히 구할 수 있다.

정리 4.3.2

$$M_{S\circ R}=M_R\odot M_S$$

증명 $(a_i, c_j)\in S\circ R$일 필요충분조건은 $(a_i, b_k)\in R$ 이고 $(b_k, c_j)\in S$ 인 $b_k\in B$가 존재하는 것이다. 그러므로 $t_{ij}=1$일 필요충분조건은 $r_{ik}=1$이고 $s_{kj}=1$인 $k\in\{1, 2, \cdots, n\}$가 존재하는 것이다.

예제 4.3.3 관계 R과 S에 대한 관계행렬 M_R과 M_S가 다음과 같을 때 R과 S의 합성관계 $S\circ R$의 관계행렬 $M_{S\circ R}$을 구하여라.

$$M_R=\begin{pmatrix}1&0\\0&1\\0&1\end{pmatrix},\quad M_S=\begin{pmatrix}0&1&0\\1&0&0\end{pmatrix}$$

풀이 $M_{S\circ R}=M_R\odot M_S=\begin{pmatrix}1&0\\0&1\\0&1\end{pmatrix}\odot\begin{pmatrix}0&1&0\\1&0&0\end{pmatrix}$

$$=\begin{pmatrix}(1\wedge0)\vee(0\wedge1)&(1\wedge1)\vee(0\wedge0)&(1\wedge0)\vee(0\wedge0)\\(0\wedge0)\vee(1\wedge1)&(0\wedge1)\vee(1\wedge0)&(0\wedge0)\vee(1\wedge0)\\(0\wedge0)\vee(1\wedge1)&(0\wedge1)\vee(1\wedge0)&(0\wedge0)\vee(1\wedge0)\end{pmatrix}=\begin{pmatrix}0&1&0\\1&0&0\\1&0&0\end{pmatrix}$$

정의 4.3.5

집합 A에 대한 관계 R에 대하여 $n=1, 2, 3, \cdots$일 때 거듭제곱 R^n은 다음과 같이 귀납적으로 정의된다.

$$R^n=\begin{cases}R & , n=1 \text{ 일 때}\\ R^{n-1}\circ R, & n>1 \text{ 일 때}\end{cases}$$

특히 $R^2=R\circ R$, $R^3=R^2\circ R=R\circ R\circ R$이다.

$M_{R^2} = M_{R \circ R} = M_R \odot M_R$이다. 이를 $(M_R)^{[2]}$으로 나타낸다.
일반적으로 n이 양의 정수일 때, $M_{R^n} = (M_R)^{[n]}$으로 나타낸다.

정리 4.3.3

집합 A에 대한 관계 R이 추이관계일 필요충분조건은 $R^2 \subseteq R$이다.

증명 관계 R이 추이관계일 때 $(a, b) \in R^2$라 하자. 그러면 $(a, c) \in R$이고 $(c, b) \in R$인 $c \in A$가 존재한다. 그런데 R이 추이관계이므로 $(a, b) \in R$이다. 그러므로 $R^2 \subseteq R$이다. 역으로 $R^2 \subseteq R$일 때 $(a, b) \in R$, $(b, c) \in R$라 하자. 그러면 합성관계의 정의에 의하여 $(a, c) \in R^2$이다. 그런데 $R^2 \subseteq R$이므로 $(a, c) \in R$이다.

따름정리 4.3.4

R이 집합 A에 대한 관계일 때 $M_R \odot M_R = M_R$이면 R은 추이관계이다.

증명 $M_R \odot M_R = M_R$이면 $M_{R^2} = M_R \odot M_R = M_R$이므로 $R^2 = R$이다. 정리 4.3.3에 의하여 R은 추이관계이다.

예제 4.3.4 집합 $A = \{a, b, c\}$에 대한 관계 R의 관계행렬 M_R이 다음과 같다고 하자.

$$M_R = \begin{pmatrix} 1 & 1 & 1 \\ 0 & 0 & 0 \\ 0 & 0 & 1 \end{pmatrix}$$

따름정리 4.3.4를 이용하여 관계 R이 추이관계임을 보여라.

풀이 $M_R \odot M_R = \begin{pmatrix} 1 & 1 & 1 \\ 0 & 0 & 0 \\ 0 & 0 & 1 \end{pmatrix} \odot \begin{pmatrix} 1 & 1 & 1 \\ 0 & 0 & 0 \\ 0 & 0 & 1 \end{pmatrix} = \begin{pmatrix} 1 & 1 & 1 \\ 0 & 0 & 0 \\ 0 & 0 & 1 \end{pmatrix} = M_R$이므로 따름정리 4.3.3에 의하여 R은 추이관계이다.

정의 4.3.6

집합 A에 대한 관계를 R, 그 관계가 갖는 성질을 P라 할 때, 집합 A에 대한 관계 S가 R을 포함하면서 성질 P를 갖는 관계 중에서 가장 작은 관계이면 S를 P에 관한 R의 **폐포**(closure)라고 한다. 성질 P가 반사관계, 대칭관계, 추이관계인지에 따라 관계 S를 **반사폐포**(reflexive closure), **대칭폐포**(symmetric closure), **추이폐포**(transitive closure)라 한다.

정의 4.3.7

집합 A에 대한 관계 R의 **연결관계**(connectivity relation) R^*는 다음과 같이 정의된다.

$$R^* = \bigcup_{n=1}^{\infty} R^n$$

예제 4.3.10 서울특별시의 모든 지하철역의 집합 A에 대한 관계 R이 다음과 같이 정의된다고 하자. 서울 지하철에는 1호선부터 8호선, 분당선, 인천1호선이 있다.

$(a, b) \in R \Leftrightarrow$ 역 a에서 역 b까지 지하철을 갈아타지 않고 바로 갈 수 있다.

자연수 n에 대하여 관계 R^n을 설명하고, 연결관계 R^*를 설명하여라.

풀이 $(a, b) \in R^2 \Leftrightarrow (a, u) \in R$ 이고 $(u, b) \in R$인 역 u가 존재한다.
그러므로 $(a, b) \in R^2$는 역 a에서 역 b까지 한 번에 가거나 한 번 갈아타고 갈 수 있다는 뜻이다. 마찬가지로 $(a, b) \in R^n$는 역 a에서 역 b까지 기껏해야 $n-1$번 갈아타고 갈 수 있다는 뜻이다. $(a, b) \in R^*$는 역 a에서 역 b까지 지하철을 타고 갈 수 있다는 뜻이다.

정리 4.3.5

연결관계 R^*는 관계 R의 추이폐포이다.

증명 정의에 의하여 $R \subseteq R^*$이다.
다음 두 가지를 증명하면 R^*가 관계 R의 추이폐포임이 증명된다.

(1) R^*는 추이관계이다.
$(a, b) \in R^*$, $(b, c) \in R^*$라 가정하자. 그러면 자연수 m, n이 존재하여 $(a, b) \in R^m$이고 $(b, c) \in R^n$이다. $(a, b) \in R^m$이므로 $x_1, x_2, \cdots, x_{m-1}$이 존재하여 $(a, x_1) \in R$, $(x_1, x_2) \in R$, $\cdots$, $(x_{m-2}, x_{m-1}) \in R$, $(x_{m-1}, b) \in R$이다. 마찬가지로 $(b, c) \in R^n$이므로 $y_1, y_2, \cdots, y_{n-1}$이 존재하여 $(b, y_1) \in R$, $(y_1, y_2) \in R$, $\cdots$, $(y_{m-2}, y_{n-1}) \in R$, $(y_{n-1}, c) \in R$이다. 그러므로 $(a, c) \in R^{m+n}$이다. 따라서 $(a, c) \in R^*$이다. 그러므로 R^*는 추이관계이다.

(2) S가 R을 포함하는 추이관계이면 $R^* \subseteq S$ 이다.
S가 추이관계이므로 모든 자연수 n에 대하여 S^n도 추이관계이고 $S^n \subseteq S$이다. $S^* = \bigcup_{n=1}^{\infty} S^n$이므로 $S^* \subseteq S$이다. 또한 $R^* \subseteq S^*$는 분명하다. 따라서 $R^* \subseteq S^* \subseteq S$이다.

정의 4.3.8

집합 A에 대한 관계 R의 방향그래프 G에서 a에서 b로의 **경로**(path)는 한 개 이상의 변

$$(a, x_1) \in R,\ (x_1, x_2) \in R,\ \cdots,\ (x_{n-1}, b) \in R$$

으로 구성된다. 그리고 길이 n인 경로는 $a, x_1, x_2, \cdots, x_{n-1}, b$ 로 나타낸다.
시작점 a와 끝점 b가 같은 경로를 **회로**(cycle)라고 한다.

수학적 귀납법으로 다음 정리를 쉽게 증명할 수 있다.

정리 4.3.6

집합 A에 대한 관계 R의 방향그래프 G에서 a에서 b로의 길이가 n인 경로가 존재할 필요충분조건은 $(a, b) \in R^n$이다.

정리 4.3.7

원소의 개수가 n인 집합 A에 대한 관계 R의 방향그래프 G와 $a, b \in A$에 대하여, a에서 b로의 길이가 1 이상인 경로가 있다면 G에는 a에서 b로의 길이가 n 이하인 경로가 존재한다. 더욱이 $a \neq b$라면 G에는 a에서 b로의 길이가 $n-1$ 이하인 경로가 존재한다.

증명 G에 a에서 b로의 경로가 존재하고, k가 a에서 b로의 최단경로의 길이라 하자. 그리고 $a = x_0, x_1, x_2, \cdots, x_{k-1}, x_k = b$가 길이가 k인 최단경로라 하자.

① $a = b$인 경우:

$k > n$이라면 집합 A의 원소의 개수는 n개이므로 비둘기집 원리에 의하여 k개 원소 $a = x_0, x_1, x_2, \cdots, x_{k-1}$ 중 적어도 두 개는 같은 점이다.

$x_i = x_j (0 \leq i < j \leq k-1)$라 가정하자. 그러면 경로

$a = x_0, x_1, x_2, \cdots, x_i, x_{i+1}, \cdots, x_{j-1}, x_j = x_i, x_{j+1}, \cdots, x_{k-1}, x_k = b$에서

회로 $x_i, x_{i+1}, \cdots, x_{j-1}, x_j = x_i$를 제거한 경로

$a = x_0, x_1, x_2, \cdots, x_i, x_{j+1}, \cdots, x_{k-1}, x_k = b$는 길이가 k보다 짧은 a에서 b로의 경로이므로 모순이다[그림 4-1]. 그러므로 a에서 b로의 최단경로의 길이는 n이하이다.

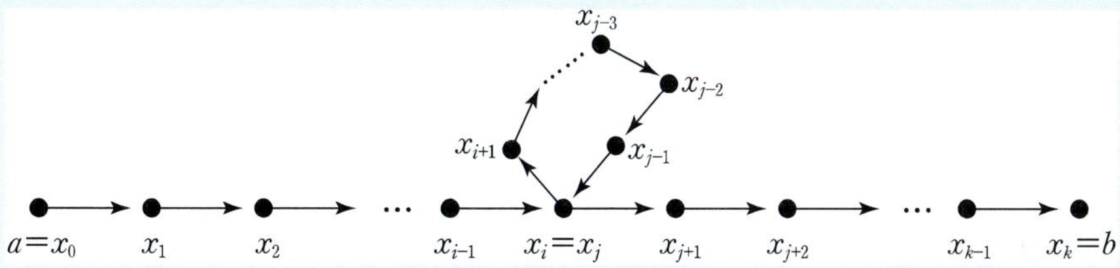

그림 4-1 최단경로

② $a \neq b$인 경우:

$k > n-1$이라면 $k+1 \geq n+1$이고 집합 A의 원소의 개수는 n개이므로 비둘기집 원리에 의하여 $k+1$개 원소 $a = x_0, x_1, x_2, \cdots, x_{k-1}, x_k = b$ 중 적어도 두 개는 같은 점이다.

$x_i = x_j (0 \leq i < j \leq k)$라 가정하자. 이때 $a \neq b$이므로 $i = 0$이면서 $j = k$일 수는 없다. 그러

면 경로 $a=x_0, x_1, x_2, \cdots, x_i, x_{i+1}, \cdots, x_{j-1}, x_j=x_i, x_{j+1}, \cdots, x_{k-1}, x_k=b$에서 회로 $x_i, x_{i+1}, \cdots, x_{j-1}, x_j=x_i$를 제거한 경로 $a=x_0, x_1, x_2, \cdots, x_i, x_{j+1}, \cdots, x_{k-1}, x_k=b$는 길이가 k보다 짧은 a에서 b로의 경로이므로 모순이다[그림 4-1]. 그러므로 a에서 b로의 최단경로의 길이는 $n-1$ 이하이다.

정리 4.3.8

원소의 개수가 n인 집합 A에 대한 관계 R의 연결관계 R^*에 대하여 다음이 성립한다.

$$R^* = R \cup R^2 \cup \cdots \cup R^n$$

증명 R^*의 정의에 의하여 $R \cup R^2 \cup \cdots \cup R^n \subseteq R^*$이다. 역으로 $(a, b) \in R^*$라 하자. 그러면 $(a, b) \in R^k$인 자연수 k가 존재하므로 정리 4.3.7에 의하여 a에서 b로의 길이가 n 이하인 경로가 존재한다. 그러므로 $(a, b) \in R \cup R^2 \cup \cdots \cup R^n$이다.

정리 4.3.8에 의하여 다음을 알 수 있다.

$$M_{R^*} = M_R \vee M_{R^2} \vee \cdots \vee M_{R^n} = M_R \vee (M_R)^{[2]} \vee \cdots \vee (M_R)^{[n]}$$

예제 4.3.11 집합 $A=\{a, b, c\}$에 대한 관계

$R=\{(a, a), (a, c), (b, b), (c, a), (c, b)\}$의 연결관계 R^*를 구하여라.

풀이 관계 R의 방향그래프는 다음과 같다.

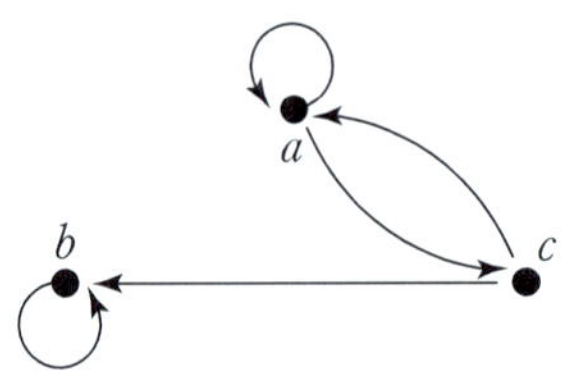

R의 방향그래프

$$M_R=\begin{pmatrix}1&0&1\\0&1&0\\1&1&0\end{pmatrix}, \quad M_{R^2}=M_R \odot M_R=\begin{pmatrix}1&1&1\\0&1&0\\1&1&1\end{pmatrix}, \quad M_{R^3}=M_{R^2} \odot M_R=\begin{pmatrix}1&1&1\\0&1&0\\1&1&1\end{pmatrix}\text{이므로}$$

$$M_{R^*}=M_R \vee M_{R^2} \vee M_{R^3}=\begin{pmatrix}1&0&1\\0&1&0\\1&1&0\end{pmatrix} \vee \begin{pmatrix}1&1&1\\0&1&0\\1&1&1\end{pmatrix} \vee \begin{pmatrix}1&1&1\\0&1&0\\1&1&1\end{pmatrix} = \begin{pmatrix}1&1&1\\0&1&0\\1&1&1\end{pmatrix}\text{이다.}$$

그러므로 연결관계 R^*는 다음과 같다.

$$R^*=\{(a, a), (a, b), (a, c), (b, b), (c, a), (c, b), (c, c)\}$$

관계 R^*의 방향그래프는 다음과 같다.

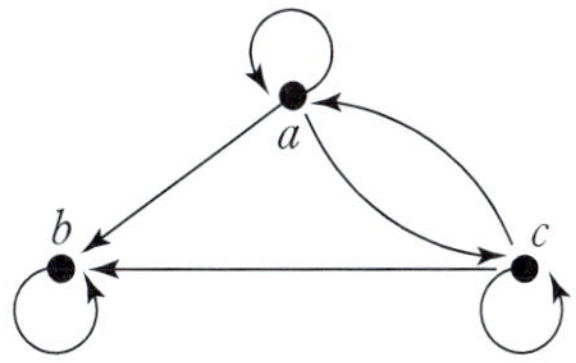

R^*의 방향그래프 ■

관계의 추이폐포를 효율적으로 구하는 워샬(Warshall) 알고리즘

집합 $A=\{v_1, v_2, \cdots, v_n\}$에 대한 관계 R의 추이폐포를 구하기 위하여 $M_R, M_{R^2}, \cdots, M_{R^n}$을 계산한 다음 $n-1$번 부울논리합을 계산하면 되지만, 이 방법은 시간이 많이 걸린다. 추이폐포를 효율적으로 구하는 **워샬**(Warshall) 알고리즘에 대하여 알아본다.

정의 4.3.9

경로 $a, x_1, x_2, \cdots, x_{k-1}, b$의 시작점과 끝점을 제외한 $x_1, x_2, \cdots, x_{k-1}$을 **내부꼭지점**(interior vertex)이라 한다.

예제 4.3.12 경로 a, b, c, a, d, e, f의 내부꼭지점을 구하여라.

풀이 b, c, a, d, e가 내부꼭지점이다. ■

집합 $A=\{v_1, v_2, \cdots, v_n\}$에 대한 관계 R의 추이폐포를 구하는 워샬 알고리즘은 다음과 같이 n개의 부울행렬

$$W_0=M_R,\ W_1=(w_{ij}^{(1)}),\ W_2=(w_{ij}^{(2)}),\ \cdots,\ W_k=(w_{ij}^{(k)}),\ \cdots,\ W_n=(w_{ij}^{(n)})=M_{R^*}$$

을 단계적으로 구성함으로써 추이폐포 R^*를 구하는 것이다.

단계1 : $W_0=M_R=(m_{ij})$로 초기화한다.

단계2 : 다음과 같이 $n\times n$ 부울행렬 $W_1=(w_{ij}^{(1)})$을 구성한다.

모든 $i, j(i=1, 2, \cdots, n;\ j=1, 2, \cdots, n)$에 대하여

$$w_{ij}^{(1)}=1 \Leftrightarrow m_{ij}=1 \text{ 또는 } (m_{i1}=1 \text{ 그리고 } m_{1j}=1)$$

즉, $W_1=(w_{ij}^{(1)})$을 다음과 같이 구성한다. $m_{ij}=1$이면 $w_{ij}^{(1)}=1$ 이라 두고 내부꼭지점이 v_1만인 v_i에서 v_j로의 경로가 존재하는 경우에 $w_{ij}^{(1)}=1$로 둔다.

단계3 : $n\times n$ 부울행렬 $W_{k-1}=(w_{ij}^{(k-1)})$로부터 $n\times n$ 부울행렬 $W_k=(w_{ij}^{(k)})$을 다음과 같이 구성한다.

모든 $i,\ j\ (i=1,\ 2,\ \cdots,\ n\ ;\ j=1,\ 2,\ \cdots,\ n)$에 대하여

$$w_{ij}^{(k)}=1 \ \Leftrightarrow\ w_{ij}^{(k-1)}=1 \text{ 또는 } (w_{ik}^{(k-1)}=1 \text{ 그리고 } w_{kj}^{(k-1)}=1)$$

즉, W_{k-1}로부터 $W_k=(w_{ij}^{(k)})$을 다음과 같이 구성한다. $w_{ij}^{(k-1)}=1$이면 $w_{ij}^{(k)}=1$라 두고 내부꼭지점이 $\{v_1,\ v_2,\ \cdots,\ v_k\}$에 속하는 v_i에서 v_j로의 경로가 존재하는 경우에 $w_{ij}^{(k)}=1$로 둔다.

특히, $k=n$일 때 다음이 성립한다.

$$\begin{aligned} w_{ij}^{(n)}=1 &\Leftrightarrow w_{ij}^{(n-1)}=1 \text{ 또는 } (w_{in}^{(n-1)}=1 \text{ 그리고 } w_{nj}^{(n-1)}=1) \\ &\Leftrightarrow v_i\text{에서 } v_j\text{로의 경로가 존재한다.} \\ &\Leftrightarrow (v_i,\ v_j)\in R^* \\ &\Leftrightarrow M_{R^*}\text{의 } (i,\ j)\text{성분이 1이다.} \end{aligned}$$

즉, W_{n-1}로부터 $W_n=(w_{ij}^{(n)})$을 다음과 같이 구성한다. $w_{ij}^{(n-1)}=1$이면 $w_{ij}^{(n)}=1$라 두고 내부꼭지점이 $\{v_1,\ v_2,\ \cdots,\ v_n\}$에 속하는 v_i에서 v_j로의 경로가 존재하는 경우에 $w_{ij}^{(n)}=1$로 둔다.

예제 4.3.13 집합 $A=\{a,\ b,\ c,\ d\}$에 대한 관계

$R=\{(a,\ b),\ (b,\ c),\ (c,\ d),\ (d,\ c)\}$의 추이폐포를 워샬 알고리즘을 이용하여 구하여라.

풀이 관계 R의 방향그래프는 다음과 같다.

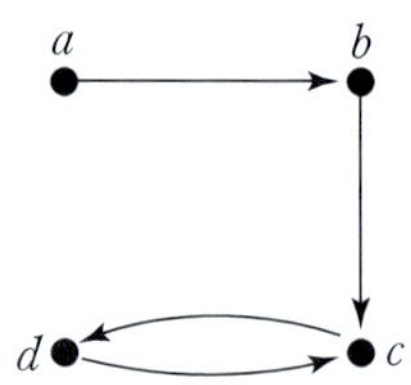

$W_0=M_R,\ W_1=(w_{ij}^{(1)}),\ W_2=(w_{ij}^{(2)}),\ W_3=(w_{ij}^{(3)}),\ W_4=(w_{ij}^{(4)})=M_{R^*}$를 단계적으로 구한다.

$$W_0=\begin{pmatrix}0&1&0&0\\0&0&1&0\\0&0&0&1\\0&0&1&0\end{pmatrix}=M_R,\quad W_1=\begin{pmatrix}w_{11}^{(1)}&w_{12}^{(1)}&w_{13}^{(1)}&w_{14}^{(1)}\\w_{21}^{(1)}&w_{22}^{(1)}&w_{23}^{(1)}&w_{24}^{(1)}\\w_{31}^{(1)}&w_{32}^{(1)}&w_{33}^{(1)}&w_{34}^{(1)}\\w_{41}^{(1)}&w_{42}^{(1)}&w_{43}^{(1)}&w_{44}^{(1)}\end{pmatrix}=\begin{pmatrix}0&1&0&0\\0&0&1&0\\0&0&0&1\\0&0&1&0\end{pmatrix},\quad W_2=\begin{pmatrix}0&1&1&0\\0&0&1&0\\0&0&0&1\\0&0&1&0\end{pmatrix},$$

$$W_3 = \begin{pmatrix} 0 & 1 & 1 & 1 \\ 0 & 0 & 1 & 1 \\ 0 & 0 & 0 & 1 \\ 0 & 0 & 1 & 1 \end{pmatrix}, \quad W_4 = \begin{pmatrix} 0 & 1 & 1 & 1 \\ 0 & 0 & 1 & 1 \\ 0 & 0 & 1 & 1 \\ 0 & 0 & 1 & 1 \end{pmatrix} = M_{R^*}$$

예를 들어 W_1과 W_2를 비교해보면, 내부꼭지점이 $\{a, b\}$에 속하는 a에서 c로의 경로가 존재하므로 $w_{13}^{(2)} = 1$이다. 그러므로 관계 R의 추이폐포 R^*는 다음과 같다.

$$R^* = \{(a, b), (a, c), (a, d), (b, c), (b, d), (c, c), (c, d), (d, c), (d, d)\}$$

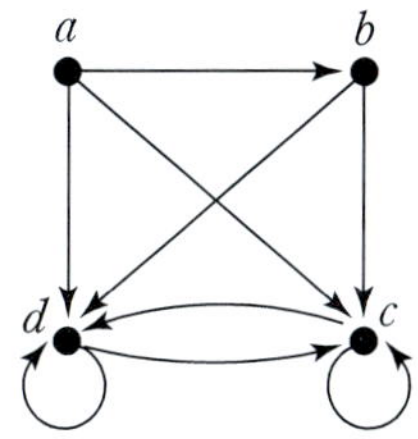

R^*의 방향그래프

이제, $n \times n$ 부울행렬 $W_{k-1} = (w_{ij}^{(k-1)})$로부터 $n \times n$ 부울행렬 $W_k = (w_{ij}^{(k)})$을 위와 같이 구성하는 이유를 알아본다.

모든 i, j $(i = 1, 2, \cdots, n; j = 1, 2, \cdots, n)$에 대하여

$$w_{ij}^{(k)} = 1 \Leftrightarrow w_{ij}^{(k-1)} = 1 \text{ 또는 } (w_{ik}^{(k-1)} = 1 \text{ 그리고 } w_{kj}^{(k-1)} = 1)$$

내부꼭지점이 $\{v_1, v_2, \cdots, v_k\}$에 속하는 v_i에서 v_j로의 경로가 존재하는 경우에 $w_{ij}^{(k)} = 1$이라는 의미이다.

이때 모든 내부꼭지점이 다르다고 생각해도 된다. 왜냐하면 v_i에서 v_j로의 경로의 내부꼭지점 중에 같은 것이 있는 경우, 예를 들어

$$v_i, x_1, x_2, \cdots, x_i, x_{i+1}, \cdots, x_{j-1}, x_j = x_i, \cdots, x_{m-1}, x_m, v_j$$

라면 이 경로에서 회로 $x_i, x_{i+1}, \cdots, x_{j-1}, x_j = x_i$를 제거해도 v_i에서 v_j로의 경로 $v_i, x_1, x_2, \cdots, x_{i-1}, x_i, x_{j+1}, \cdots, x_{m-1}, x_m, v_j$를 얻는다.

이렇게 하면 내부꼭지점이 모두 다른 v_i에서 v_j로의 경로가 존재한다.

$w_{ij}^{(k)} = 1$일 때 내부꼭지점이 $\{v_1, v_2, \cdots, v_k\}$에 속하는 v_i에서 v_j로의 경로가 있고 그 경로는 나음 두 가지로 나누어 볼 수 있다.

(1) 내부꼭지점이 $\{v_1, v_2, \cdots, v_{k-1}\}$에 속한 경우:

즉, v_k를 내부꼭지점으로 갖지 않는 경우는 $w_{ij}^{(k-1)} = 1$이다.

(2) v_k를 내부꼭지점으로 갖는 경우 :

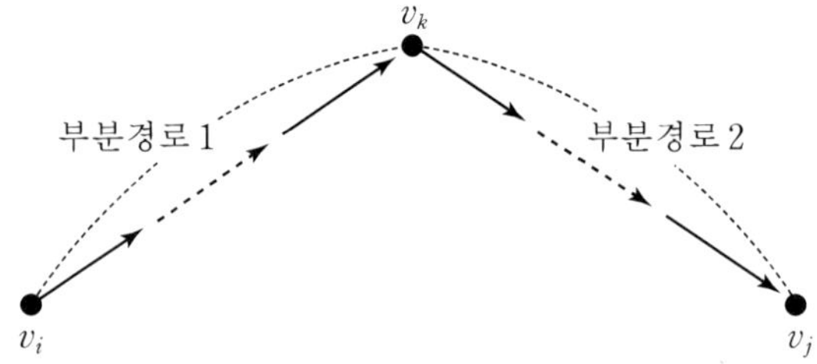

v_i에서 v_k로의 부분경로에 있는 내부꼭지점은 $\{v_1, v_2, \cdots, v_{k-1}\}$에 있다.
이 경우 $w_{ik}^{(k-1)} = 1$이다. v_k에서 v_j로의 부분경로에 있는 내부꼭지점도 $\{v_1, v_2, \cdots, v_{k-1}\}$에 있다. 이 경우 $w_{kj}^{(k-1)} = 1$이다.
그러므로 $w_{ik}^{(k-1)} \wedge w_{kj}^{(k-1)} = 1$이다.

(1)과 (2)에 의해
모든 i, j $(i = 1, 2, \cdots, n; j = 1, 2, \cdots, n)$에 대하여

$$w_{ij}^{(k)} = 1 \Rightarrow w_{ij}^{(k-1)} = 1 \text{ 또는 } (w_{ik}^{(k-1)} = 1 \text{ 그리고 } w_{kj}^{(k-1)} = 1)$$

이 성립한다.

$$w_{ij}^{(k-1)} = 1 \text{ 또는 } (w_{ik}^{(k-1)} = 1 \text{ 그리고 } w_{kj}^{(k-1)} = 1) \Rightarrow w_{ij}^{(k)} = 1$$

은 분명히 성립한다. 따라서
모든 i, j $(i = 1, 2, \cdots, n; j = 1, 2, \cdots, n)$에 대하여 다음이 성립한다.

$$w_{ij}^{(k)} = 1 \Leftrightarrow w_{ij}^{(k-1)} = 1 \text{ 또는 } (w_{ik}^{(k-1)} = 1 \text{ 그리고 } w_{kj}^{(k-1)} = 1)$$

연습문제 4.3

01 $A = C = \{1, 2, 3\}$, $B = \{a, b, c, d\}$이고 R이 A에서 B로의 관계, S가 B에서 C로의 관계로서

$$M_R = \begin{pmatrix} 0 & 1 & 1 & 0 \\ 1 & 1 & 0 & 1 \\ 0 & 1 & 0 & 1 \end{pmatrix}, \quad M_S = \begin{pmatrix} 1 & 1 & 0 \\ 1 & 0 & 1 \\ 0 & 0 & 0 \\ 0 & 0 & 1 \end{pmatrix}$$ 이라 하자.

(1) R과 S를 순서쌍으로 나타내어라.

(2) $M_R \odot M_S$를 구하여라.

(3) $M_R \odot M_S$로부터 $S \circ R$을 구하여라.

02 집합 $A = \{a, b, c, d\}$에 대한 관계 R이 다음과 같다고 하자.

$$R = \{(a, a), (a, b), (a, c), (b, c), (c, c), (d, a), (d, d)\}$$

(1) R의 방향그래프를 그려라.

(2) M_R, M_{R^2}, M_{R^3}, M_{R^4}을 구하여라.

(3) R^2, R^3, R^4을 구하여라.

(4) $M_{R^*} = M_R \vee M_{R^2} \vee M_{R^3} \vee M_{R^4}$를 이용하여 M_{R^*}를 구하여라.

(5) R의 추이폐포를 워샬 알고리즘을 이용하여 구하여라.

(6) R^*를 구하고 그 방향그래프를 그려라.

03 집합 $A = \{1, 2, 3, 4\}$에 대한 관계 $R = \{(a, b) \in A \times A \mid a$는 b의 약수$\}$의 대칭폐포를 구하여라.

04 정수의 집합 $\mathbb{Z}$에 대한 관계 $R = \{(a, b) \in \mathbb{Z} \times \mathbb{Z} \mid a$는 b의 약수$\}$의 대칭폐포를 구하여라.

05 집합 A에 대한 관계 R이 추이관계일 필요충분조건은 모든 자연수 n에 대하여 $R^n \subseteq R$임을 보여라.

06 집합 $A = \{a, b, c, d, e\}$에 대한 관계
$R = \{(a, b), (b, c), (c, d), (d, c), (e, a), (e, d)\}$의 추이폐포를 워샬 알고리즘을 이용하여 구하여라.

07 집합 $A = \{a, b, c, d, e\}$에 대한 관계
$R = \{(a, a), (a, b), (a, d), (b, c), (b, d), (c, a), (c, e), (d, b), (d, d), (e, b), (e, d)\}$의 추이폐포를 워샬 알고리즘을 이용하여 구하여라.

4.4 동치관계

정의 4.4.1

반사관계, 대칭관계, 추이관계가 모두 성립하는 관계 R을 **동치관계**(equivalence relation)라고 한다.

예제 4.4.1 정수의 집합 $\mathbb{Z}$에 대한 관계 $R=\{(a,\ b)\,|\,a\equiv b\ (\mathrm{mod}\ m)\}$이 동치관계임을 보여라. 단, m은 2 이상인 정수이다.

풀이 (1) $a-a=0$은 $0=0\cdot m$이므로 m으로 나누어진다. 즉, $a\equiv a\ (\mathrm{mod}\ m)$이다.

(2) $a\equiv b\ (\mathrm{mod}\ m)$이면 $a-b=km$(k는 정수)이다. 그러면 $b-a=(-k)m$이므로 $b\equiv a\ (\mathrm{mod}\ m)$이다.

(3) $a\equiv b\ (\mathrm{mod}\ m)$이고 $b\equiv c\ (\mathrm{mod}\ m)$이면 $a-b=km$, $b-c=lm$(k, l은 정수)이다. 그러면 $a-c=(a-b)+(b-c)=km+lm=(k+l)m$이므로 $a\equiv c(\mathrm{mod}\ m)$이다.

(1), (2)와 (3)에 의해 R은 동치관계이다. ■

정의 4.4.2

집합 A에 대한 관계 R이 동치관계일 때, 집합 A의 각 원소 a에 대하여 $[a]$를 R에 대한 a의 **동치류**(equivalence class)라고 하며, 다음과 같이 정의한다.

$$[a]=\{x\,|\,(a,\ x)\in R\}$$

정의 4.4.3

공집합이 아닌 임의의 집합 S를 서로소이면서 공집합이 아닌 S의 부분집합으로 나눈 것을 S의 **분할**(partition)이라고 한다. 즉, S의 분할 $\{A_1,\ \cdots,\ A_k\}$은 다음과 같은 성질을 만족하는 집합이다.

(1) $i=1,\ 2,\ \cdots,\ k$에 대하여 A_i는 공집합이 아닌 S의 부분집합이다.

(2) $S=A_1\cup A_2\cup\cdots\cup A_k$

(3) $i\neq j$이면 $A_i\cap A_j=\phi$

여기서 집합 A_i를 분할의 **블록**(block)이라고 한다.

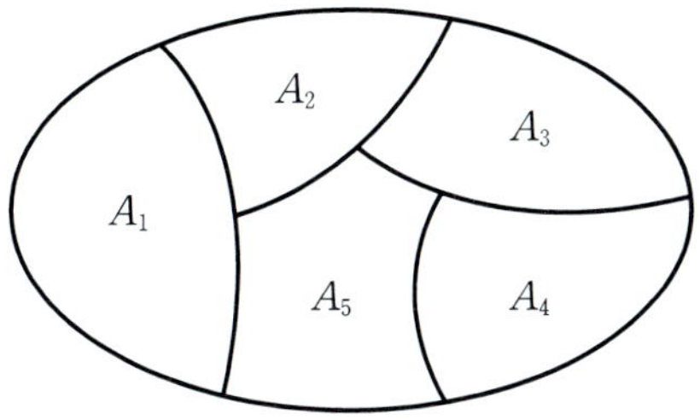

$A_1 \cup A_2 \cup A_3 \cup A_4 \cup A_5 = S$
$i \neq j$이면 $A_i \cap A_j = \phi$

예제 4.4.2 (1) A_0을 짝수의 집합, 즉 $A_0 = \{2n \mid n \in \mathbb{Z}\}$, A_1를 홀수의 집합, 즉 $A_1 = \{2n+1 \mid n \in \mathbb{Z}\}$이라고 하면 $\{A_0, A_1\}$은 정수의 집합 $\mathbb{Z}$의 한 분할이다.

(2) A_0을 3의 배수의 집합, 즉 $A_0 = \{3n \mid n \in \mathbb{Z}\}$, A_1를 3으로 나눌 때 나머지 1인 정수의 집합, 즉 $A_1 = \{3n+1 \mid n \in \mathbb{Z}\}$, A_2를 3으로 나눌 때 나머지 2인 정수의 집합, 즉 $A_2 = \{3n+2 \mid n \in \mathbb{Z}\}$이라고 하면 $\{A_0, A_1, A_2\}$은 정수의 집합 $\mathbb{Z}$의 한 분할이다.

(3) A_0을 4의 배수의 집합 즉 $A_0 = \{4n \mid n \in \mathbb{Z}\}$, A_1를 4로 나눌 때 나머지 1인 정수의 집합 즉 $A_1 = \{4n+1 \mid n \in \mathbb{Z}\}$, A_2를 4로 나눌 때 나머지 2인 정수의 집합 즉 $A_2 = \{4n+2 \mid n \in \mathbb{Z}\}$, A_3를 4로 나눌 때 나머지 3인 정수의 집합 즉 $A_3 = \{4n+3 \mid n \in \mathbb{Z}\}$이라고 하면 $\{A_0, A_1, A_2, A_3\}$은 정수의 집합 $\mathbb{Z}$의 한 분할이다.

연습문제 4.4

01 정수의 집합 $\mathbb{Z}$에 대한 관계 $R = \{(a, b) \mid ab > 0\}$이 반사관계, 대칭관계, 추이관계 중에서 어떤 관계가 성립하는지 판별하여라.

02 정수의 집합 $\mathbb{Z}$에 대한 관계 $R = \{(a, b) \mid a^2 \equiv b^2 \pmod 5\}$에 대하여 다음 물음에 답하여라.

(1) R은 동치관계임을 보여라.

(2) $\mathbb{Z}$에 대한 동치관계 R의 동치류를 구하여라.

03 정수의 집합 $\mathbb{Z}$에 대한 동치관계 $R = \{(a, b) \mid a \equiv b \pmod 3\}$에 대한 동치류를 구하여라.

04 사람들의 집합 A에 대한 관계 $R = \{(a, b) \mid a$와 b는 동성이다.$\}$에 대하여 다음 물음에 답하여라.

(1) R은 동치관계임을 보여라.

(2) 남성인 철수의 동치류와 여성인 영희의 동치류를 구하여라.

05 이산수학을 수강하는 학생들의 집합 A 에 대한 관계 $R = \{(a, b) \mid a$ 와 b 는 같은 동아리 회원이다.$\}$ 에 대하여 다음 물음에 답하여라.

(1) R 은 동치관계임을 보여라.

(2) 이산수학 수강학생인 철수의 동치류를 구하여라.

4.5 부분순서관계

정의 4.5.1

집합 A에 대한 관계 R이 반사관계, 반대칭관계, 추이관계가 성립하면 관계 R을 **부분순서관계**(partial order relation)라고 한다. 그리고 이때 A를 **부분순서집합**(partial ordered set)이라고 하며, $(A,\ R)$로 나타낸다.

예제 4.5.1 자연수의 집합 $\mathbb{N}$에 대한 관계 $\leq$가 부분순서관계임을 보여라.

풀이 임의의 자연수 n에 대하여 $n \leq n$이므로 반사관계가 성립한다. 임의의 자연수 m, n에 대하여 $m \leq n$이고 $n \leq m$이면 $m = n$이므로 반대칭관계가 성립한다. 임의의 자연수 l, m, n에 대하여 $l \leq m$이고 $m \leq n$이면 $l \leq n$이므로 추이관계가 성립한다. 따라서 부분순서관계이다. ■

이와 마찬가지로 실수의 집합 $\mathbb{R}$에 대한 관계 $\leq$도 부분순서관계이다.

부분순서관계는 실수의 집합 $\mathbb{R}$에 대한 관계 $\leq$을 일반화한 것이라고 생각할 수 있다. 따라서 집합 A에 대한 관계 R이 부분순서관계일 때 $(a,\ b) \in R$을 나타내기 위하여 $\preccurlyeq$을 사용하여 $a \preccurlyeq b$라고 나타낸다. $a \preccurlyeq b$이고 $a \neq b$이면 $a \prec b$라고 나타내며, 이것은 'a가 b보다 우선한다(a precedes b)'라는 뜻이다.

정의 4.5.2

집합 A에 대한 관계 R이 부분순서관계이고 $a,\ b \in A$일 때 $a \preccurlyeq b$ 또는 $b \preccurlyeq a$이면 a와 b는 **비교가능**(comparable)하다고 하고 $a \not\preccurlyeq b$이고 $b \not\preccurlyeq a$이면 a와 b는 **비교불가능**(noncomparable)하다고 한다. 이때 집합 A에 속하는 원소들의 모든 쌍을 비교할 수 있으면 R을 **선형순서관계**(linear order relation) 또는 **완전순서관계**(total order relation)라고 하며, 집합 A를 **선형순서집합**(linear order set) 또는 **완전순서집합**(total order set)이라고 한다.

예제 4.5.2 집합 S의 부분집합 사이의 포함관계 $\subseteq$가 부분순서관계임을 보여라.

풀이 임의의 부분집합 A에 대하여 $A \subseteq A$이므로 반사관계가 성립한다. 임의의 부분집합 A, B에 대하여 $A \subseteq B$이고 $B \subseteq A$이면 $A = B$이므로 반대칭관계가 성립한다. 임의의 부분집합 A, B, C에 대하여 $A \subseteq B$이고 $B \subseteq C$이면 $A \subseteq C$이므로 추이관계가 성립한다. 따라서 부분순서관계이다. ■

정의 4.5.3

두 부분순서집합 $(A, \preccurlyeq_1)$와 $(B, \preccurlyeq_2)$가 있을 때, 곱집합 $A \times B$에 대한 다음과 같은 관계 $\preccurlyeq$ 를 **사전식 순서**(lexicographic order)라고 한다.

$$(a_1, b_1) \preccurlyeq (a_2, b_2) \Leftrightarrow (1)\ a_1 \preccurlyeq_1 a_2 \text{ 또는 } (2)\ a_1 = a_2 \text{ 이고 } b_1 \preccurlyeq_2 b_2$$

사전식 순서는 집합의 문자열을 순서화하는 한 방법이다.

n개의 부분순서집합 $(A_1, \preccurlyeq_1), (A_2, \preccurlyeq_2), \cdots, (A_n, \preccurlyeq_n)$가 있을 때, 곱집합 $A_1 \times A_2 \times \cdots \times A_n$에 대한 다음과 같은 관계 $\preccurlyeq$ 를 사전식 순서라고 한다.

$(a_1, a_2, \cdots, a_n) \preccurlyeq (b_1, b_2, \cdots, b_n)$

$\Leftrightarrow$ (1) $a_1 <_1 b_1$

또는 (2) $a_1 = b_1$ 이고 $a_2 <_2 b_2$

또는 (3) $a_1 = b_1$, $a_2 = b_2$ 이고 $a_3 <_3 b_3$

$\cdots$

또는 (n) $a_1 = b_1, \cdots, a_{n-1} = b_{n-1}$ 이고 $a_n \preccurlyeq_n b_n$

부분순서집합 $(A, \preccurlyeq)$를 단순하게 그림으로 나타내는 방법으로는 **하세도표**(Hasse diagram)가 있는데, 그리는 방법은 다음과 같다.

1. 하세도표에는 집합 A의 원소의 개수만큼 꼭지점이 있다. 부분순서관계는 반사관계가 항상 성립하므로 각 꼭지점에서 그려져야 할 고리를 생략한다.
2. $a \neq b$이고 $a \preccurlyeq b$이면 a를 b의 아래에 그린다.
3. $a \neq b$이고 $a \preccurlyeq b$일 때, $a \preccurlyeq x \preccurlyeq b$이고 $a \neq x$, $b \neq x$인 x가 A에 존재하지 않으면 a에서 b로 가는 변을 그린다.
4. 모든 화살표는 아래에서 위쪽을 향하고 있다고 생각하고 표시하지 않는다.

예제 4.5.3 집합 $A = \{1, 2, 3\}$에 대한 부분순서관계

$\preccurlyeq = \{(1, 1), (2, 1), (2, 2), (3, 1), (3, 2), (3, 3)\}$의 하세도표를 그려라.

풀이 1. 방향그래프를 그린다.

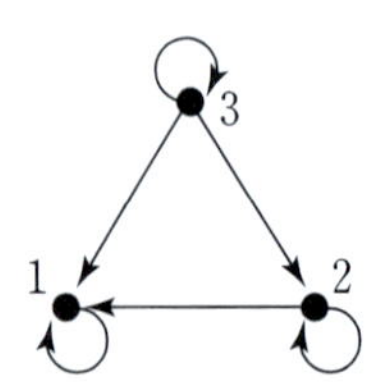

2. 각 꼭지점에서 고리를 제거한다.

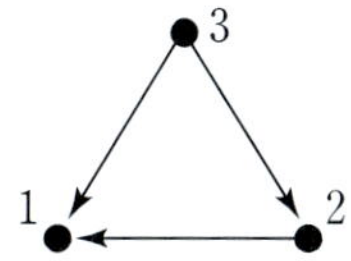

3. 추이관계로 얻어지는 모든 변을 제거한다.

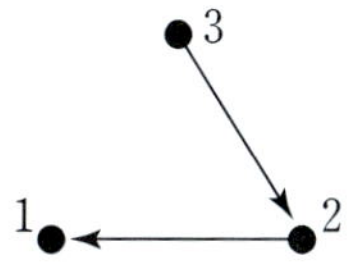

4. 모든 변이 위쪽을 향하도록 그리고 화살표를 표시하지 않는다. 그러면 구하는 하세도표를 얻는다.

예제 4.5.4 집합 $A=\{1,\ 2,\ 3,\ 6\}$에 대한 부분순서관계

$R=\{(a,\ b)|a$는 b의 약수이다$\}$

$=\{(1,\ 1),\ (1,\ 2),\ (1,\ 3),\ (1,\ 6),\ (2,\ 2),\ (2,\ 6),\ (3,\ 3),\ (3,\ 6),\ (6,\ 6)\}$

의 하세도표를 그려라.

풀이

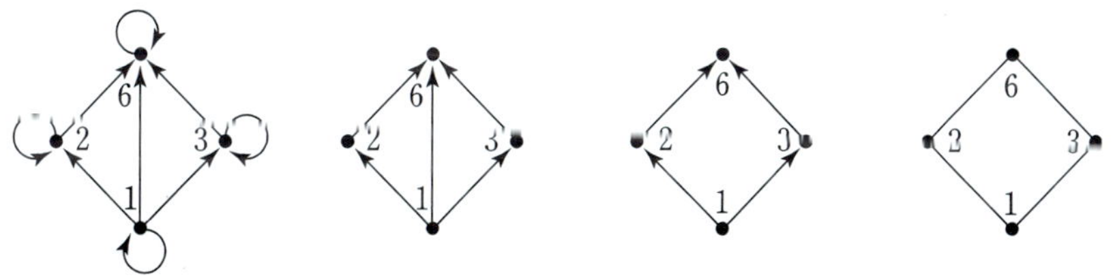

방향그래프 | 고리 제거 | 추이관계로 얻어지는 모든 변 제거 | 화살표 제거

예제 4.5.5 집합 $A=\{1,\ 2,\ 3\}$의 부분집합들에 대한 포함관계를 하세도표로 그려라.

풀이 집합 A의 부분집합들은 ϕ, $\{1\}$, $\{2\}$, $\{3\}$, $\{1,\ 2\}$, $\{1,\ 3\}$, $\{2,\ 3\}$, $\{1,\ 2,\ 3\}$이고, 그들의 포함관계를 하세도표로 나타내면 다음과 같다.

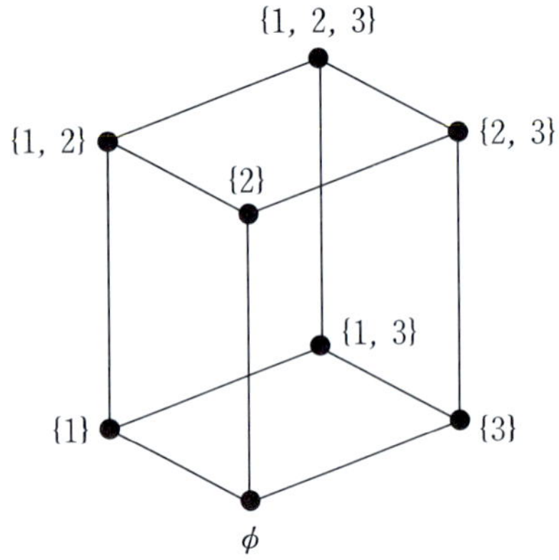

정의 4.5.4

부분순서집합 $(A, \preccurlyeq)$에서 A의 원소 x에 대하여 $x < b$인 원소 b가 A에 존재하지 않으면 원소 x를 **극대원소**(maximal element)라고 한다. A의 원소 x에 대하여 $b < x$인 원소 b가 A에 존재하지 않으면 원소 x를 **극소원소**(minimal element)라고 한다.

예제 4.5.6 다음 하세도표에서 극대원소와 극소원소를 찾아라.

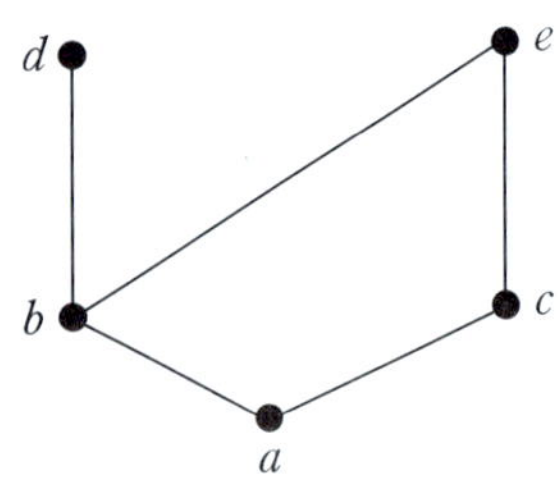

풀이 극대원소는 d와 e이고 극소원소는 a이다.

$(\mathbb{Z}, \leq)$와 같은 부분순서집합에는 극대원소와 극소원소가 모두 존재하지 않는다. $(\mathbb{N}, \leq)$와 같은 부분순서집합에는 극소원소는 있으나 극대원소는 존재하지 않는다.

정의 4.5.5

부분순서집합 $(A, \preccurlyeq)$의 모든 원소 b에 대하여 $b \preccurlyeq x$인 A의 원소 x를 **최대원소**(greatest element)라고 한다. 또한 A의 모든 원소 b에 대하여 $x \preccurlyeq b$인 A의 원소 x를 **최소원소**(least element)라고 한다.

예제 4.5.7 다음 하세도표에서 극대원소, 극소원소, 최대원소, 최소원소를 찾아라.

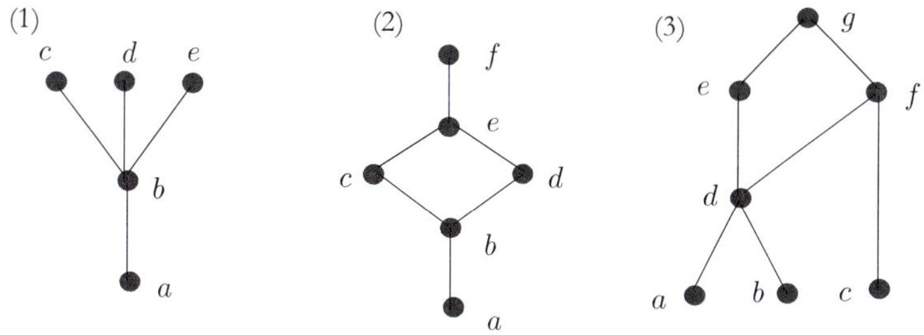

풀이 (1) 극대원소는 c, d, e이고 극소원소는 a이다. 최대원소는 없고 최소원소는 a이다.
(2) 극대원소는 f이고 극소원소는 a이다. 최대원소는 f이고 최소원소는 a이다.
(3) 극대원소는 g이고 극소원소는 a, b, c이다. 최대원소는 g이고 최소원소는 없다.

연습문제 4.5

01 정수의 집합 $\mathbb{Z}$에 대한 관계 R이 다음과 같을 때 이 관계가 반사관계, 대칭관계, 추이관계, 반대칭관계 중에서 어떤 관계가 성립하는지 판별하여라.

$$(a,\ b) \in R \Leftrightarrow ab \geq 0$$

02 집합 $A = \{1,\ 2,\ 3\}$에서 다음을 만족하는 관계의 예를 들어라.

(1) 반사관계, 대칭관계, 추이관계가 모두 성립하지 않는 것
(2) 반사관계는 성립하나, 대칭관계와 추이관계가 성립하지 않는 것
(3) 대칭관계는 성립하나, 반사관계와 추이관계가 성립하지 않는 것
(4) 추이관계는 성립하나, 반사관계와 대칭관계가 성립하지 않는 것
(5) 반사관계와 대칭관계는 성립하나 추이관계가 성립하지 않는 것
(6) 반사관계와 추이관계는 성립하나 대칭관계가 성립하지 않는 것
(7) 대칭관계와 추이관계는 성립하나 반사관계가 성립하지 않는 것
(8) 반사관계, 대칭관계, 추이관계가 모두 성립하는 것

03 자연수의 집합 $\mathbb{N}$에 대한 관계 $R = \{(a,\ b) \in \mathbb{N} \times \mathbb{N} \mid a \geq b\}$이 반사관계, 대칭관계, 추이관계, 반대칭관계 중에서 어떤 관계가 성립하는지 판별하여라.

04 자연수의 집합 $\mathbb{N}$에 대한 다음 관계 R이 부분순서관계인지 판별하여라.

$$(a,\ b) \in R \Leftrightarrow a \mid b$$

여기서 $a \mid b$는 a가 b의 약수임을 의미한다.

05 정수의 집합 $\mathbb{Z}$에 대한 다음 관계 R이 부분순서관계인지 판별하여라.

$$(a,\ b) \in R \Leftrightarrow a|b$$

여기서 $a|b$는 a가 b의 약수임을 의미한다.

06 집합 $A=\{1,\ 2,\ 3,\ 4\}$에 대하여 다음과 같은 하세도표로 그려진 부분순서관계의 순서쌍들을 나열하여라.

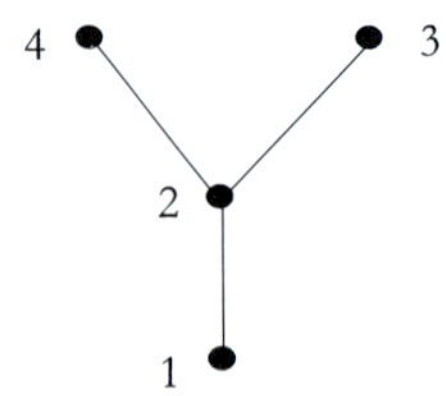

(a)

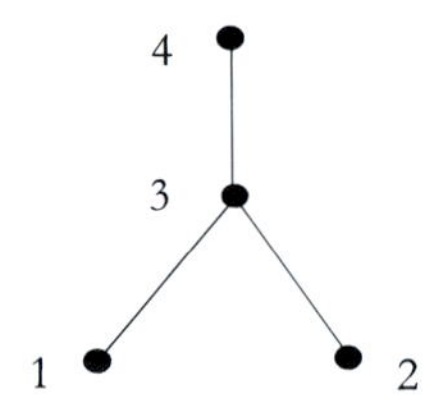

(b)

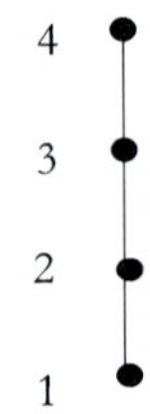

(c)

07 집합 $A=\{1,\ 2,\ 4,\ 5,\ 10,\ 20\}$에 대한 관계 R이

$$(a,\ b) \in R \Leftrightarrow a|b$$

일 때 R의 방향그래프를 그리고 하세도표를 그려라.

08 집합 $A=\{2,\ 4,\ 5,\ 10,\ 15,\ 20\}$에 대한 관계 R이

$$(a,\ b) \in R \Leftrightarrow a|b$$

일 때 R의 하세도표를 그려라.

09 집합 $A=\{1,\ 2,\ 3,\ 4,\ 6,\ 8,\ 12\}$에 대한 관계 R이

$$(a,\ b) \in R \Leftrightarrow a|b$$

일 때 R의 하세도표를 그려라.

10 집합 $A=\{1,\ 2,\ 3,\ 4,\ 6,\ 9\}$에 대한 부분순서관계 $R=\{(a,\ b)\,|\,a$는 b의 약수이다$\}$의 하세도표를 그려라.

4.6 함수

정의 4.6.1

두 집합 A, B에 대하여 $f: A \to B$로 표현되는 A에서 B로의 함수 f는 각 $a \in A$에 대하여 $(a, b) \in f$인 단 하나의 $b \in B$가 존재하는 A에서 B로의 관계 f이다. $(a, b) \in f$일 때 $f(a) = b$로 나타낸다. $f(a)$를 함수 f에 대한 a의 **상**(image) 또는 **함수값**이라 한다. 이 때 집합 A를 함수 f의 **정의역**(domain), 집합 B를 함수 f의 **공역**(codomain)이라 한다. 함수값 전체의 집합 $\{f(a) | a \in A\}$를 함수 f의 **치역**(range)이라 한다.

예제 4.6.1 다음 그림에서 나타내는 관계가 함수인지 아닌지 판별하여라.

(1) (2) (3)

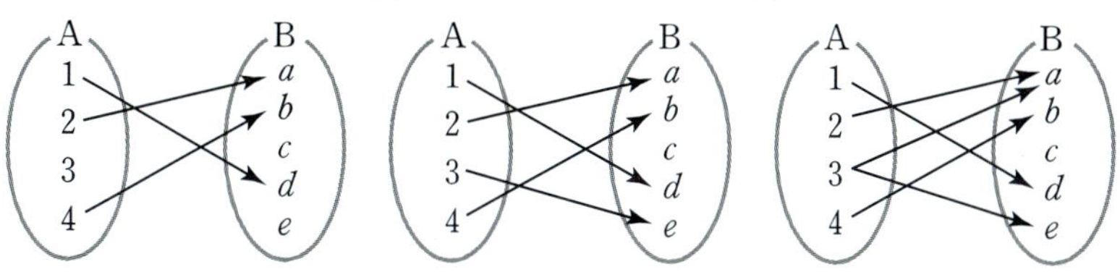

풀이 (1) 집합 A의 원소 3이 집합 B의 원소에 대응되지 않았으므로 함수가 아니다.

(2) 집합 A의 모든 원소가 집합 B의 하나의 원소에 대응되므로 함수다.

(3) 집합 A의 원소 3이 집합 B의 원소 a와 e에 대응되므로 함수가 아니다.

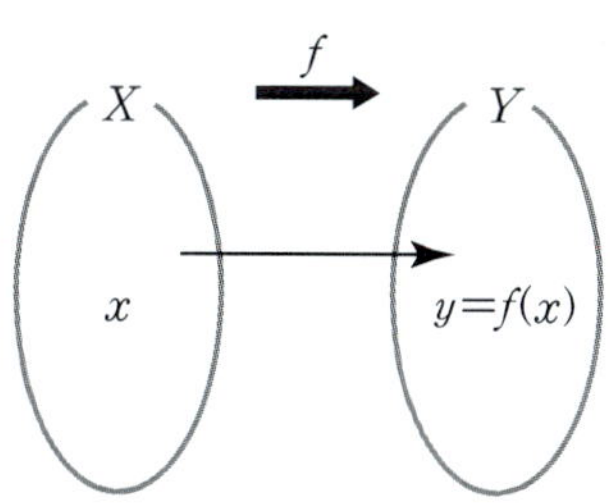

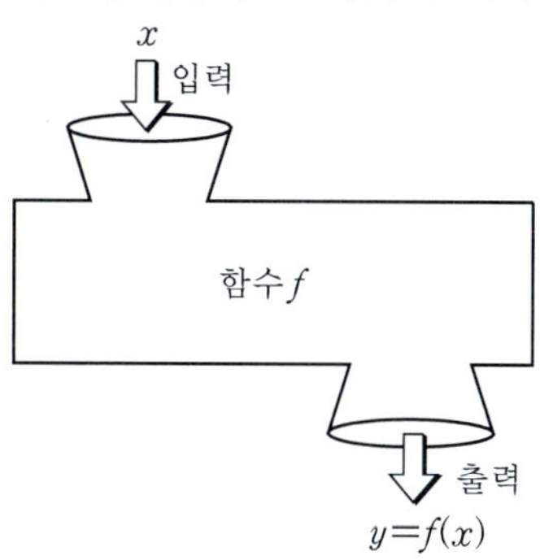

정의 4.6.2

(1) 함수 $f: A \to B$에서 다음 조건을 만족하는 함수 f를 **단사함수**(injective function, 일대일함수)라 한다.
임의의 두 원소 $a_1, a_2 \in A$에 대하여 $a_1 \neq a_2$이면 $f(a_1) \neq f(a_2)$이다.

(2) 치역과 공역이 같은 함수를 **전사함수**(surjective function)라 한다.
(3) 단사함수이면서 전사함수인 함수를 **전단사함수**(bijective function, 일대일대응)라 한다.

유한집합 A, B에서 $f: A \to B$가 단사함수가 되려면, A의 원소의 개수는 B의 원소의 개수보다 적거나 같아야 하고, 또한 f가 전사함수가 되려면 A의 원소의 개수는 B의 원소의 개수보다 많거나 같아야 한다. 따라서 f가 전단사함수가 되려면 두 집합 A와 B의 원소의 개수가 같아야만 한다.

정의 4.6.3

두 함수 $f: A \to B$와 $g: B \to C$가 주어졌을 때, 각 $x \in A$에 집합 C의 원소 $g(f(x))$를 대응시킴으로써 A를 정의역, C를 공역으로 하는 새로운 함수를 정의할 수 있다. 이러한 함수를 f와 g의 **합성함수**(composition function)라 하고, 기호로는

$$g \circ f: A \to C$$

와 같이 나타낸다. 즉, 합성함수 $g \circ f: A \to C$는 임의의 $x \in A$에 대하여

$$(g \circ f)(x) = g(f(x))$$

가 성립한다.

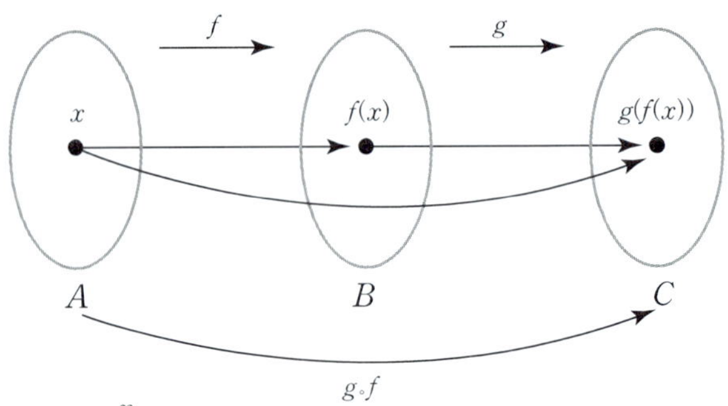

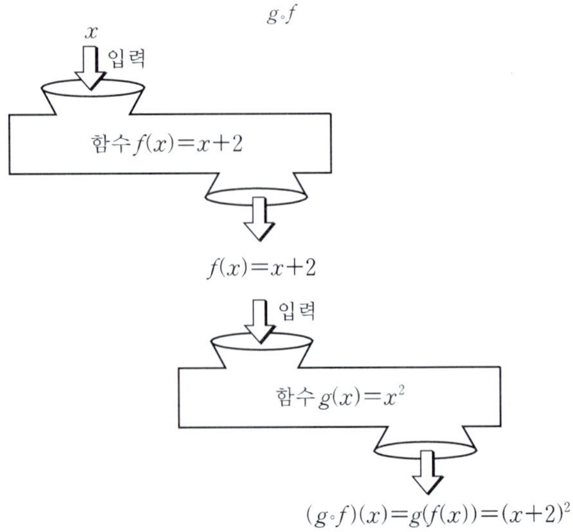

정의 4.6.4

실수 x에 대하여 x보다 작거나 같은 정수 중에서 가장 큰 정수를 $\lfloor x \rfloor$로 나타내고 $x-\lfloor x \rfloor$를 x의 소수부분이라 한다.
함수 $\lfloor x \rfloor$를 **내림함수**(floor function) 또는 **최대정수함수**(greatest integer function)라고 한다. 기호로 나타내면 다음과 같다.

$$\lfloor x \rfloor = n \Leftrightarrow n \le x < n+1$$

x보다 크거나 같은 정수 중에서 가장 작은 정수를 $\lceil x \rceil$로 나타낸다. 함수 $\lceil x \rceil$를 **올림함수**(ceiling function) 또는 **최소정수함수**(least integer function)라고 한다. 기호로 나타내면 다음과 같다.

$$\lceil x \rceil = n \Leftrightarrow n-1 < x \le n$$

x가 정수이면 $\lfloor x \rfloor = x = \lceil x \rceil$이고 x가 정수가 아니면 $\lceil x \rceil = \lfloor x \rfloor + 1$이다.

내림함수와 올림함수의 정의로부터 다음을 바로 알 수 있다.
실수 x에 대하여 다음 부등식이 성립한다.

$$x-1 < \lfloor x \rfloor \le x \le \lceil x \rceil < x+1$$

예제 4.6.2 다음의 값을 구하여라.

(1) $\lfloor 1.5 \rfloor$, $\lceil 1.5 \rceil$, $\lfloor -1.5 \rfloor$, $\lceil -1.5 \rceil$, $\lfloor \pi \rfloor$, $\lceil \pi \rceil$

(2) $\left\lfloor \frac{1}{2} + \left\lceil \frac{1}{2} \right\rceil \right\rfloor$, $\left\lceil \frac{1}{2} + \left\lfloor \frac{1}{2} \right\rfloor \right\rceil$, $\left\lfloor \frac{1}{2} \cdot \left\lceil \frac{1}{2} \right\rceil \right\rfloor$, $\left\lceil \frac{1}{2} \cdot \left\lfloor \frac{1}{2} \right\rfloor \right\rceil$

풀이 (1) $\lfloor 1.5 \rfloor = 1$, $\lceil 1.5 \rceil = 2$, $\lfloor -1.5 \rfloor = -2$, $\lceil -1.5 \rceil = -1$,
$\lfloor \pi \rfloor = 3$, $\lceil \pi \rceil = 4$

(2) $\left\lfloor \frac{1}{2} + \left\lceil \frac{1}{2} \right\rceil \right\rfloor = \left\lfloor \frac{1}{2} + 1 \right\rfloor = 1$, $\left\lceil \frac{1}{2} + \left\lfloor \frac{1}{2} \right\rfloor \right\rceil = \left\lceil \frac{1}{2} + 0 \right\rceil = 1$,

$\left\lfloor \frac{1}{2} \cdot \left\lceil \frac{1}{2} \right\rceil \right\rfloor = \left\lfloor \frac{1}{2} \cdot 1 \right\rfloor = 0$, $\left\lceil \frac{1}{2} \cdot \left\lfloor \frac{1}{2} \right\rfloor \right\rceil = \left\lceil \frac{1}{2} \cdot 0 \right\rceil = 0$ ■

예제 4.6.3 실수 x에 내해 다음 힘수의 그래프를 그려라.

$$y = \lfloor x \rfloor \text{ 와 } y = \lceil x \rceil - 1$$

풀이

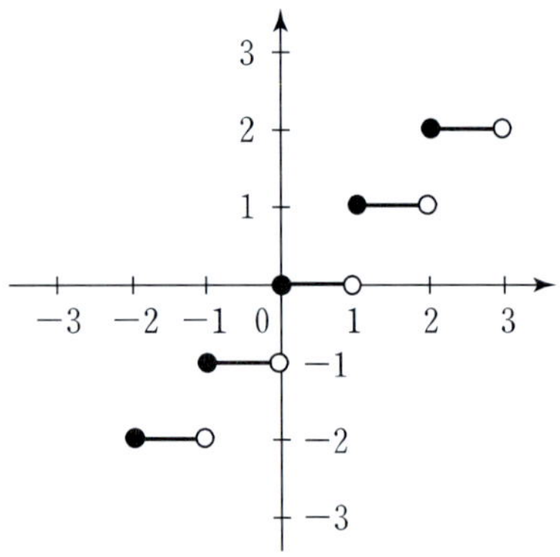

$y=\lfloor x\rfloor$

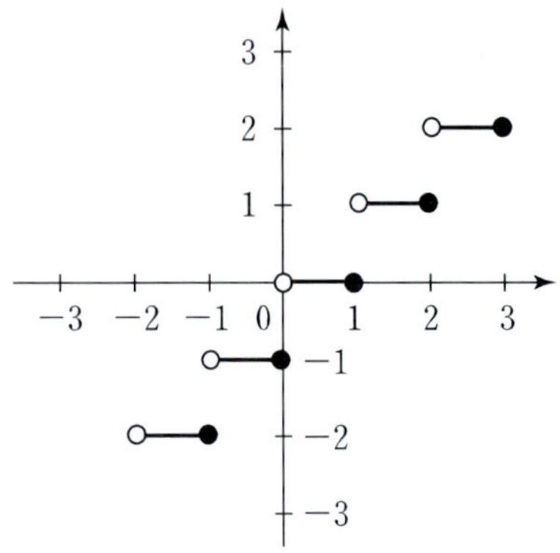

$y=\lceil x\rceil-1$ ■

내림함수와 올림함수는 원하는 자릿수를 표현하고자 할 때 필요 없는 수를 자르거나 반올림할 때 사용할 수 있다. 예를 들면 $\pi=3.141592\cdots$에서 소수 세 번째 자리까지 나타내고자 할 때는 $\frac{\lfloor 1000\pi\rfloor}{1000}=\frac{3141}{1000}=3.141$과 같이 구할 수 있다. 또한 반올림하여 소수 세 번째 자리까지 나타내고자 할 때는 $\frac{\lfloor 1000\pi+0.5\rfloor}{1000}=3.142$ 또는 $\frac{\lceil 1000\pi\rceil}{1000}=\frac{3142}{1000}=3.142$와 같이 구할 수 있다.

예제 4.6.4 x가 실수이고 n이 정수일 때 $\lfloor x+n\rfloor=\lfloor x\rfloor+n$이다.

풀이 $k=\lfloor x\rfloor$이라 하자. 그러면 $k\le x<k+1$이므로 $k+n\le x+n<k+n+1$이다. k, n이 정수이므로 $k+n$은 정수이고 따라서 $\lfloor x+n\rfloor=k+n=\lfloor x\rfloor+n$이다. ■

예제 4.6.5 x가 정수일 때 다음을 증명하여라.

(1) x가 짝수일 때 $\left\lfloor\frac{x}{2}\right\rfloor=\frac{x}{2}$

(2) x가 홀수일 때 $\left\lfloor\frac{x}{2}\right\rfloor=\frac{x-1}{2}$

(3) x가 홀수일 때 $x=\left\lceil\frac{x}{2}\right\rceil+\left\lfloor\frac{x}{2}\right\rfloor$

풀이 (1) x가 짝수이므로 $x=2k$(k는 정수)로 나타낼 수 있다.

$$\left\lfloor\frac{x}{2}\right\rfloor=\left\lfloor\frac{2k}{2}\right\rfloor=\lfloor k\rfloor=k=\frac{x}{2}$$

(2) x가 홀수이므로 $x=2k+1$(k는 정수)로 나타낼 수 있다.

$$\left\lfloor\frac{x}{2}\right\rfloor=\left\lfloor\frac{2k+1}{2}\right\rfloor=\left\lfloor k+\frac{1}{2}\right\rfloor=k=\frac{x-1}{2}$$

(3) x가 홀수이므로 $x=2k+1$(k는 정수)로 나타낼 수 있다.

$$\left\lceil \frac{x}{2} \right\rceil = \left\lceil \frac{2k+1}{2} \right\rceil = \left\lceil k+\frac{1}{2} \right\rceil = k+1 = \frac{x-1}{2}+1 = \frac{x+1}{2}$$

그러므로 $x = \frac{x+1}{2} + \frac{x-1}{2} = \left\lceil \frac{x}{2} \right\rceil + \left\lfloor \frac{x}{2} \right\rfloor$

표 4-1 내림함수, 올림함수의 기본적인 성질(n은 정수)

1.	$\lfloor x \rfloor = n$	$\Leftrightarrow$	$n \le x < n+1$
2.	$\lceil x \rceil = n$	$\Leftrightarrow$	$n-1 < x \le n$
3.	$\lfloor x \rfloor = n$	$\Leftrightarrow$	$x-1 < n \le x$
4.	$\lceil x \rceil = n$	$\Leftrightarrow$	$x \le n < x+1$
5.	$x-1 < \lfloor x \rfloor \le x \le \lceil x \rceil < x+1$		
6.	$\lfloor -x \rfloor = -\lceil x \rceil$		
7.	$\lceil -x \rceil = -\lfloor x \rfloor$		
8.	$\lfloor x+n \rfloor = \lfloor x \rfloor + n$		
9.	$\lceil x+n \rceil = \lceil x \rceil + n$		

해시함수

나머지 연산자(modulus operator)는 컴퓨터 과학에서 **해시함수**(hash function)로 사용된다. 해시함수는 데이터베이스를 저장하거나 검색할 때 응용하는데, **해시테이블**(hash table)에서 **키**(key) 값을 **주소**(address)로 변환할 때 사용하는 함수를 말한다. 즉, 데이터를 신속하게 검색하기 위해 해시테이블이라는 배열에 데이터를 저장하고, 데이터의 키 값이 주어지면 적절한 해시함수를 사용하여 테이블의 주소로 변환하고 원하는 데이터를 찾아낸다. 컴퓨터에서 나머지 연산은 매우 빠르게 수행되므로 데이터를 빠르게 저장하거나 검색할 수 있다. 이런 방법은 해싱(hashing)이라고 하며, 그림으로 나타내면 다음 표와 같다.

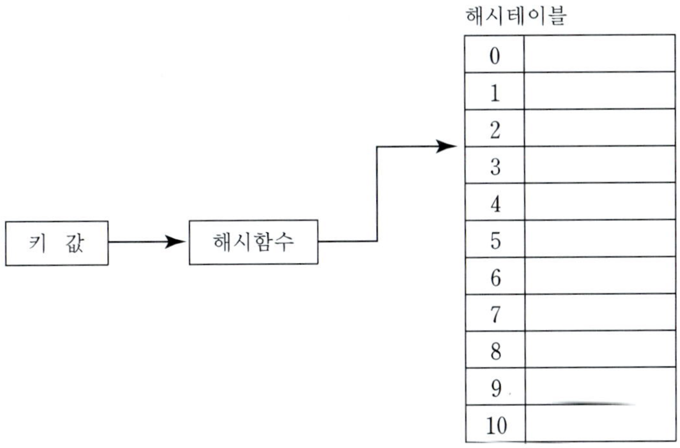

그림 4-2 해싱

예제 4.6.6 데이터들의 키 값 집합 $\mathbb{K}$에서 해시테이블의 주소 집합 $\mathbb{A}$로 가는 해시함수 $h: \mathbb{K} \to \mathbb{A}$가 다음과 같이 주어졌다고 하자.

$$h: \mathbb{K} \to \mathbb{A},\ h(k) = k \pmod{11}$$

이 때 다음을 구하여라.

(1) $h(35)$ (2) $h(36)$ (3) $h(65)$ (4) $h(123)$

풀이 (1) $h(35) = 35 \pmod{11} = 2$ (2) $h(36) = 36 \pmod{11} = 3$
(3) $h(65) = 65 \pmod{11} = 10$ (4) $h(123) = 123 \pmod{11} = 2$ ■

위 예제를 그림으로 나타내면 다음과 같다.

		35	36							65
0	1	2	3	4	5	6	7	8	9	10

그림 4-3 해시테이블

$h(35) = 2$이므로 키 35는 위치 2에 저장되었는데, $h(123) = 2$이므로 키 123도 위치 2에 저장되어야 하므로 **충돌**(collision)이 발생한다. 그러므로 충돌한 데이터를 다른 곳에 저장하기 위한 적절한 충돌회피전략이 필요하다.

해시함수로 $h(k) = k \bmod n$와 같이 나머지 연산을 사용할 경우에는 n값을 선택할 때 충돌이 최대한 발생하지 않도록 선택하는 것이 매우 중요한데, 일반적으로 n을 소수로 선택하면 효율적이라는 것이 알려져 있다.

연습문제 4.6

01 집합 $\{1, 2\}$에서 집합 $\{a, b\}$로 가는 함수를 화살도표로 모두 그려라.

02 다음 각 경우에 집합 A에서 집합 B로의 관계 f가 함수인지 아닌지 판별하고, 함수일 경우 정의역, 공역, 치역을 구하여라.

(1) $A = \{1, 2, 3, 4, 5\}$, $B = \{-1, 0, 1\}$,
$f = \{(1, -1), (2, -1), (3, 0), (4, 0), (5, 0)\}$

(2) $A = \{1, 2, 3, 4, 5\}$, $B = \{-1, 0, 1\}$, $f = \{(1, -1), (3, 0), (5, 1)\}$

(3) $A = B = \{1, 2, 3, 4\}$, $f = \{(1, 1), (2, 3), (2, 4), (3, 1), (4, 2)\}$

(4) $A = B = \mathbb{Z}$, $f = \{(a, b) \in \mathbb{Z} \times \mathbb{Z} \mid b = a + 1\}$

(5) $A = B = \mathbb{N}$, $f = \{(a, b) \in \mathbb{N} \times \mathbb{N} \mid b = a + 1\}$

03 x가 실수일 때 $\lceil \lfloor x \rfloor \rceil$을 구하여라.

04 x가 실수일 때 다음을 증명하여라.

(1) $\lfloor -x \rfloor = -\lceil x \rceil$ (2) $\lceil -x \rceil = -\lfloor x \rfloor$

05 x가 실수이고 n이 정수일 때 $\lceil x+n \rceil = \lceil x \rceil + n$임을 보여라.

06 (1) x가 정수일 때 다음을 구하여라.

(a) $\left\lfloor x+\frac{1}{2} \right\rfloor$ (b) $\left\lceil x+\frac{1}{2} \right\rceil$

(2) x가 실수일 때 다음이 성립함을 보여라.

(a) $\left\lfloor x+\frac{1}{2} \right\rfloor$은 x가 두 정수 사이의 중간 위치의 점이 아니면 x에 가장 가까운 정수이고, x가 두 정수 사이의 중간 위치의 점이면 이 두 정수 중 큰 정수이다.

(b) $\left\lceil x-\frac{1}{2} \right\rceil$은 x가 두 정수 사이의 중간 위치의 점이 아니면 x에 가장 가까운 정수이고, x가 두 정수 사이의 중간 위치의 점이면 이 두 정수 중 작은 정수이다.

07 정수 n에 대하여 다음을 증명하여라.

(1) n이 짝수일 때 $\left\lceil \frac{n}{2} \right\rceil = \frac{n}{2}$ (2) n이 홀수일 때 $\left\lceil \frac{n}{2} \right\rceil = \frac{n+1}{2}$

08 아래 명제가 참이면 증명하고 거짓이면 반례를 들어라.

모든 실수 x와 y에 대해 $\lfloor x+y \rfloor = \lfloor x \rfloor + \lfloor y \rfloor$이다.

09 모든 정수 n에 대하여 $\left\lfloor \frac{n}{2} \right\rfloor \cdot \left\lceil \frac{n}{2} \right\rceil = \left\lfloor \frac{n^2}{4} \right\rfloor$임을 보여라.

10 0부터 36까지 번호가 매겨진 37개의 방문객용 주차 공간이 있는 주차장이 있다. 방문객은 해시함수 $h(k) = k \bmod 37$에 의해 주차 공간을 할당받는다. k는 방문객의 번호판에 적힌 끝 세 자리 숫자이다. 다음을 구하여라.

자동차 8대의 번호판에 적힌 끝 세 자리 숫자가 다음과 같을 때, 할당받는 주차 공간은 어디인가?

100, 104, 111, 112, 114, 116, 123, 007

11 두 집합 $\mathbb{N} \times \mathbb{N}$와 $\mathbb{N}$ 사이에 전단사함수를 구성하여라.

제5장

그래프

5.1 그래프의 기본개념

정의 5.1.1

그래프 G는 유한개의 꼭지점의 집합 V와 두 꼭지점을 원소로 갖는 변의 집합 E로 이루어져 있으며 $G=(V, E)$로 나타낸다. **꼭지점**(vertex) u, v를 연결한 선을 **변**(edge)이라 하고 $\{u, v\}$로 나타낸다. u, v를 연결한 변이 있을 때 u와 v는 **인접**(adjacent)하다고 하고, 변 $e=\{u, v\}$는 u와 v에 **근접**(incident)하다고 한다. 꼭지점 x에 근접한 변의 수를 x의 **차수**(degree)라 하고 $d(x)$로 나타낸다. 차수가 홀수인 꼭지점을 **홀수점**(odd vertex), 짝수인 꼭지점을 **짝수점**(even vertex)이라고 한다.

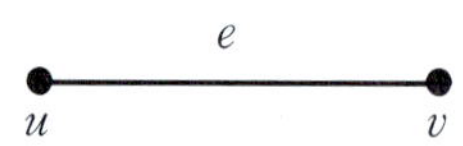

그림 5-1

예제 5.1.1 다음은 그래프의 예들이다.

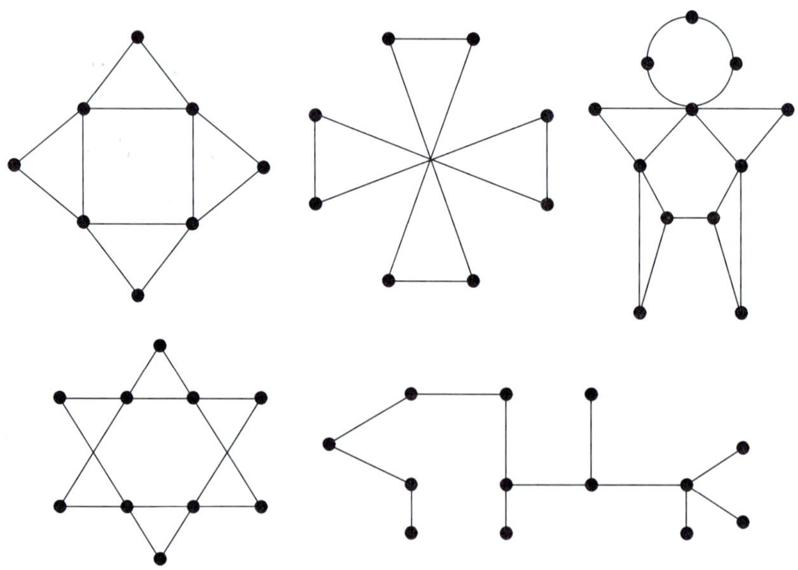

예제 5.1.2 주어진 그래프에서 다음을 구하여라.

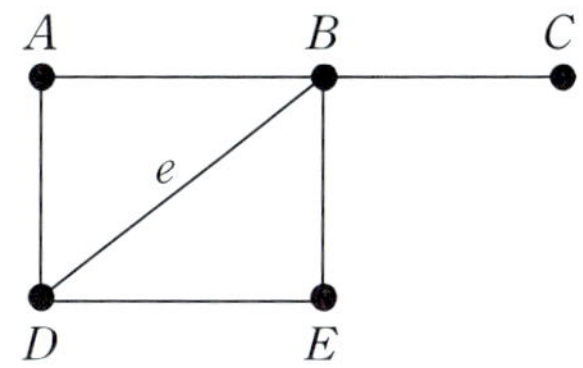

(1) 꼭지점의 집합과 변의 집합

(2) 꼭지점 B에 연결된 꼭지점

(3) 변 e가 연결하는 꼭지점

(4) 각 꼭지점의 차수

풀이 (1) 꼭지점의 집합 : $\{A, B, C, D, E\}$,

변의 집합 : $\{\{A, B\}, \{B, C\}, \{B, E\}, \{B, D\}, \{A, D\}, \{D, E\}\}$

(2) A, C, D, E (3) B, D

(4) $d(A)=2,\ d(B)=4,\ d(C)=1,\ d(D)=3,\ d(E)=2$ ■

그래프는 꼭지점과 두 꼭지점의 연결 상태만을 나타내는 변으로 구성되기 때문에 꼭지점의 위치, 변을 나타내는 선의 모양이나 길이 등은 중요하지 않다.

차수의 합과 변의 수 사이에는 다음과 같은 관계식이 성립한다.

정리 5.1.1

그래프 $G=(V, E)$에서 모든 꼭지점의 차수의 합은 변의 수의 두 배이다. 즉

$$\sum_{v \in V} d(v) = 2|E|$$

증명 그래프 G에서 변 e가 두 꼭지점 u, v을 연결한다면 변 e는 u와 v의 차수를 구할 때 각각 한 번씩 세어지므로 모든 꼭지점이 차수의 합에서 두 번 세어진다. 따라서 모든 꼭지점의 차수의 합은 변의 수의 두 배이다.

정리 5.1.1로부터 그래프의 모든 꼭지점의 차수의 합은 짝수임을 알 수 있다.

예제 5.1.3 꼭지점의 개수가 13이고 각 꼭지점의 차수가 4인 그래프의 변의 개수를 구하여라.

풀이 그래프의 모든 꼭지점의 차수의 합이 $13 \times 4 = 52$이므로 변의 개수는 26이다. ■

정리 5.1.2

그래프 $G=(V, E)$에서 차수가 홀수인 꼭지점의 수는 짝수이다.

증명 그래프 $G=(V, E)$에서 차수가 짝수인 꼭지점의 집합을 V_1, 차수가 홀수인 꼭지점의 집합을 V_2, 변의 총 수를 e라 하면

$$2e = \sum_{v \in V_1} \deg(v) + \sum_{v \in V_2} \deg(v)$$

가 성립한다. 각 $v \in V_1$에 대하여 $\deg(v)$가 짝수이므로 $\sum_{v \in V_1} \deg(v)$은 짝수이다. $2e$가 짝수이므로 $\sum_{v \in V_2} \deg(v)$도 짝수이다. 각 $v \in V_2$에 대하여 $\deg(v)$가 홀수이므로 $\sum_{v \in V_2} \deg(v)$가 짝수이려면 V_2에 있는 꼭지점의 개수가 짝수여야 한다. 그러므로 차수가 홀수인 꼭지점의 수는 짝수이다.

정의 5.1.2

변의 끝점이 서로 같은 꼭지점이면 그 변을 고리(loop)라고 한다. 두 꼭지점 사이에 두 개 이상의 변이 있는 그래프를 다중그래프(multigraph)라고 하며, 고리가 없고 다중그래프가 아닌 그래프를 단순그래프(simple graph)라고 한다.

정의 5.1.3

그래프 또는 다중그래프에서 꼭지점 v_i와 v_{i+1}을 연결하는 변을 e_i라 하면

$$v_1 e_1 v_2 e_2 \cdots e_{k-1} v_k e_k v_{k+1}$$

을 길이가 k인 **길**(walk)이라고 하며 v_1과 v_{k+1}을 각각 이 길의 시작점과 끝점이라 한다. 단순그래프에서는 인접한 두 꼭지점이 주어지면 그 두 꼭지점을 연결하는 변은 자동적으로 결정되므로 $v_1 e_1 v_2 e_2 \cdots e_{k-1} v_k e_k v_{k+1}$에 나타난 변을 생략하여, 이 길을

$$v_1 \to v_2 \to \cdots \to v_k \to v_{k+1}$$

로 나타내는 것이 편하다.

또한 같은 변을 두 번 이상 포함하지 않는 길을 **경로**(path)라고 한다. 경로를 구성하는 변의 개수를 경로의 **길이**(length)라고 하고, 경로의 시작점과 끝점이 같은 경로를 **회로**(cycle)라고 한다.

예제 5.1.4 다음 그래프에서 다음 물음에 답하여라.

(1) 시작점이 A이고 끝점이 E인 길이가 5인 길을 10개 찾아라.

(2) 시작점이 A이고 끝점이 E인 길이가 5인 경로와 길이가 3인 경로를 모두 찾아라.

(3) 시작점과 끝점이 A인 회로를 모두 구하여라.

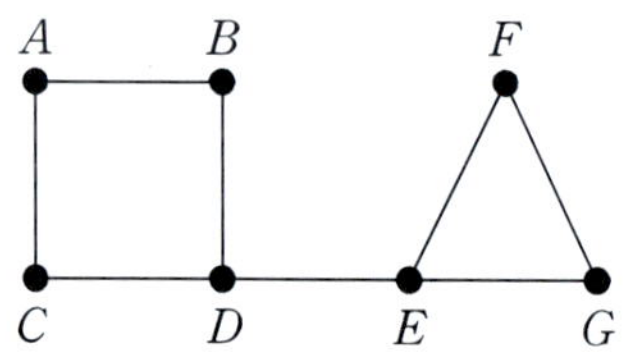

풀이 (1) $A \to B \to A \to B \to D \to E$, $A \to B \to D \to B \to D \to E$

$A \to B \to D \to E \to F \to E$ $A \to B \to D \to E \to G \to E$

$A \to B \to A \to C \to D \to E$ $A \to C \to A \to C \to D \to E$

$A \to C \to D \to C \to D \to E$ $A \to C \to D \to E \to F \to E$

$A \to C \to D \to E \to G \to E$ $A \to C \to A \to B \to D \to E$

(2) 시작점이 A이고 끝점이 E인 길이가 5인 경로는 존재하지 않는다.
시작점이 A이고 끝점이 E인 길이가 3인 경로는 다음과 같은 2개다.

$$A \to B \to D \to E,\ A \to C \to D \to E$$

(3) 시작점과 끝점이 A인 회로는 다음과 같은 2개다.

$$A \to B \to D \to C \to A,\ A \to C \to D \to B \to A$$

■

정의 5.1.4

그래프 $G=(V, E)$에서 $V' \subseteq V$이고 $E' \subseteq E$로 구성된 $G'=(V', E')$를 그래프 G의 **부분그래프**(subgraph)라고 한다. 즉, 그래프 G의 꼭지점과 그 꼭지점과 연결된 변의 일부 또는 전부로 이루어진 그래프를 부분그래프라고 한다. 특히 $V'=V$이고 $E' \subseteq E$인 $G'=(V', E')$를 **생성부분그래프**(spanning subgraph)라고 한다.

예제 5.1.5 다음은 아래 그래프 $G=(V, E)$의 부분그래프들이다.

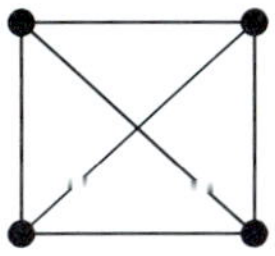

$G=(V, E)$

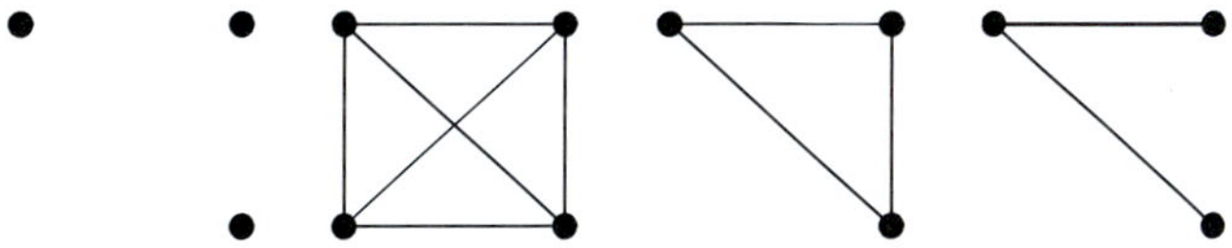

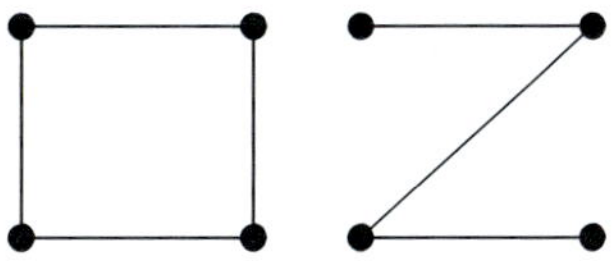

생성부분그래프

예제 5.1.6 다음 그래프의 모든 생성부분그래프를 구하여라.

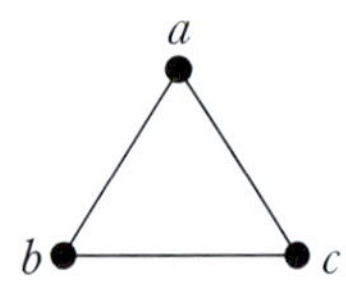

풀이 다음과 같은 8가지 생성부분그래프가 있다.

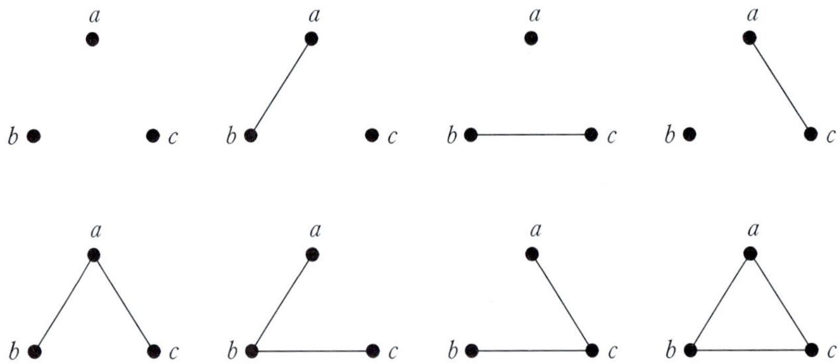

정의 5.1.5

그래프 $G=(V, E)$와 $G'=(V', E')$에 대하여, 전단사함수 $f: V \to V'$가 존재하여 $\{u, v\} \in E \Leftrightarrow \{f(u), f(v)\} \in E'$이면 f를 G에서 G'로의 **동형사상**(isomorphism)이라 하고, G와 G'를 **동형그래프**(isomorphic graph)라고 한다.
이는 직관적으로 G의 모든 꼭지점과 변이 G'의 모든 꼭지점과 변으로 일대일대응된다는 것을 말한다.

예를 들어 그림 5-2에서 (a), (b)와 (c)는 모양은 다르지만 꼭지점과 꼭지점 사이의 연결상태가 같으므로 모두 동형그래프이다.

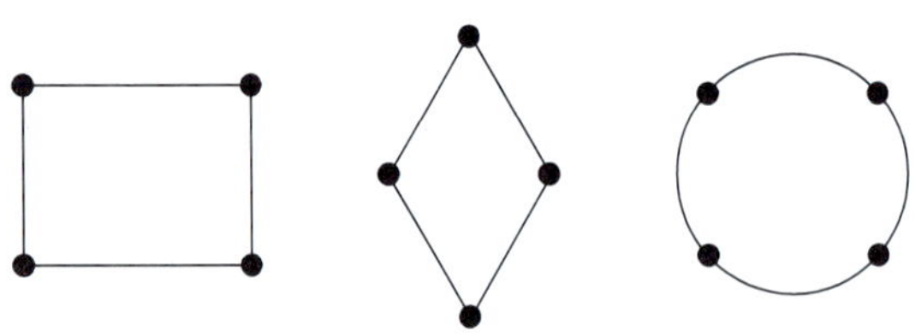

(a) (b) (c)

그림 5-2 동형그래프

예제 5.1.7 다음 그림의 왼쪽 그래프를 꼭지점이나 변을 제거하거나 첨가하지 않고 꼭지점만을 움직여 오른쪽 그래프로 만들 수 있는가?

풀이 위 그림의 왼쪽 그래프에 아래와 같이 각 꼭지점에 번호를 붙이고, 꼭지점 1을 꼭지점 2, 3, 4로 이루어진 삼각형 안에 놓으면 오른쪽 그래프가 된다.

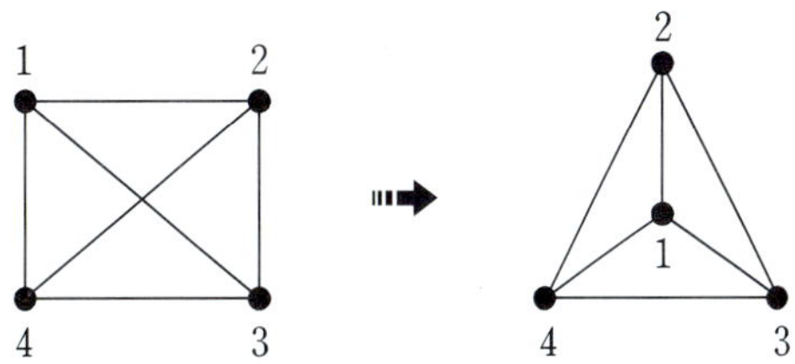

■

그림 5-3에서 (a), (b)와 (c)는 모양은 다르지만 꼭지점과 꼭지점 사이의 연결상태가 같으므로 모두 동형그래프이다.

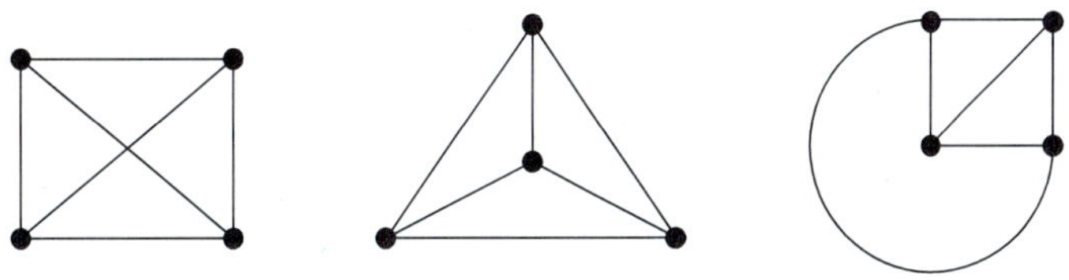

(a) (b) (c)

그림 5-3 동형그래프

예제 5.1.8 다음 두 그래프가 동형임을 보여라.

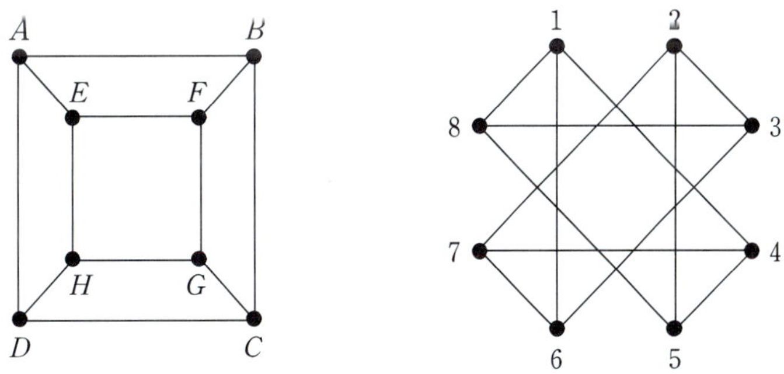

$G=(V, E)$ $G'=(V', E')$

풀이 위의 두 그래프를 $G=(V, E)$, $G'=(V', E')$이라 하고 함수 $f: V \to V'$를

$$A \leftrightarrow 1,\ B \leftrightarrow 4,\ C \leftrightarrow 7,\ D \leftrightarrow 6,\ E \leftrightarrow 8,\ F \leftrightarrow 5,\ G \leftrightarrow 2,\ H \leftrightarrow 3$$

으로 정의하면 G와 G'의 변은 각각

$$\{A, B\} \leftrightarrow \{1, 4\},\ \{A, D\} \leftrightarrow \{1, 6\},\ \{A, E\} \leftrightarrow \{1, 8\},$$
$$\{B, C\} \leftrightarrow \{4, 7\},\ \{B, F\} \leftrightarrow \{4, 5\},\ \{C, D\} \leftrightarrow \{7, 6\},$$

$$\{C, G\} \leftrightarrow \{7, 2\},\ \{D, H\} \leftrightarrow \{6, 3\},\ \{E, F\} \leftrightarrow \{8, 5\},$$
$$\{E, H\} \leftrightarrow \{8, 3\},\ \{F, G\} \leftrightarrow \{5, 2\},\ \{G, H\} \leftrightarrow \{2, 3\}$$

으로 대응되므로 함수 f는 동형사상이고, 따라서 그래프 G는 G'과 동형이다.

연습문제 5.1

01 아래 그래프에서 다음 물음에 답하여라(연습문제 5.6 문제 4번 참조).

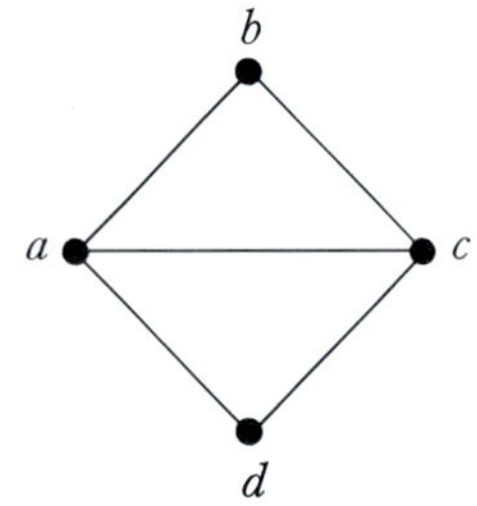

(1) (a) 시작점이 a이고 끝점이 d인 길이 1인 길을 모두 찾아라.
 (b) 시작점이 a이고 끝점이 d인 길이 2인 길을 모두 찾아라.
 (c) 시작점이 a이고 끝점이 d인 길이 3인 길을 모두 찾아라.
 (d) 시작점이 a이고 끝점이 d인 길이 4인 길을 모두 찾아라.

(2) 시작점이 a이고 끝점이 d인 경로 중 꼭지점이 모두 다른 경로를 모두 찾아라.

(3) 시작점이 a이고 끝점이 d인 경로를 모두 구하여라.

(4) 시작점과 끝점이 a인 회로를 모두 구하여라.

02 아래 그래프에서 꼭지점 a에서 꼭지점 b로 가는 경로의 개수를 구하여라.

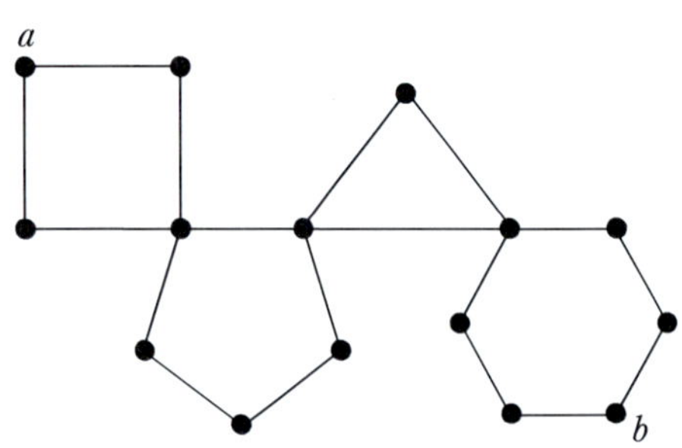

03 다음 그래프에서 다음 물음에 답하여라(연습문제 5.6 문제 5번 참조).

(1) (a) 시작점이 a이고 끝점이 g인 길이 4인 길을 모두 찾아라.
 (b) 시작점이 a이고 끝점이 g인 길이 5인 길을 모두 찾아라.
 (c) 시작점이 a이고 끝점이 g인 길이 6인 길을 모두 찾아라.

(2) 시작점이 a이고 끝점이 g인 경로 중 꼭지점이 모두 다른 경로를 모두 구하여라.

(3) 시작점이 a이고 끝점이 g인 경로를 모두 구하여라.

(4) 시작점과 끝점이 a인 회로를 모두 구하여라.

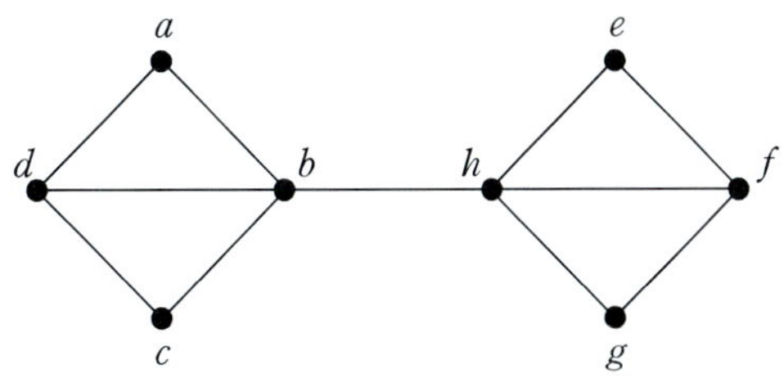

04 다음 두 그래프가 동형임을 보여라.

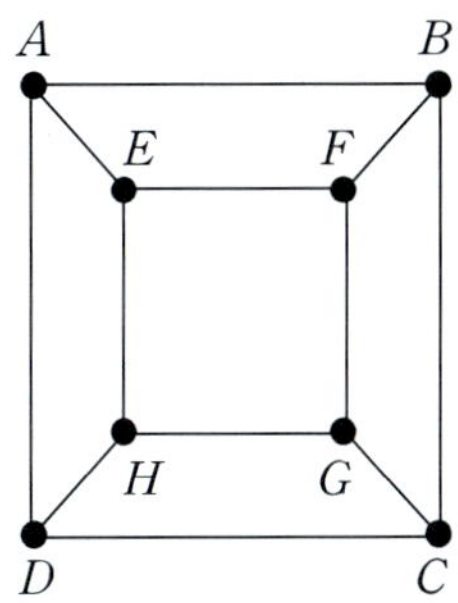

$G=(V, E)$

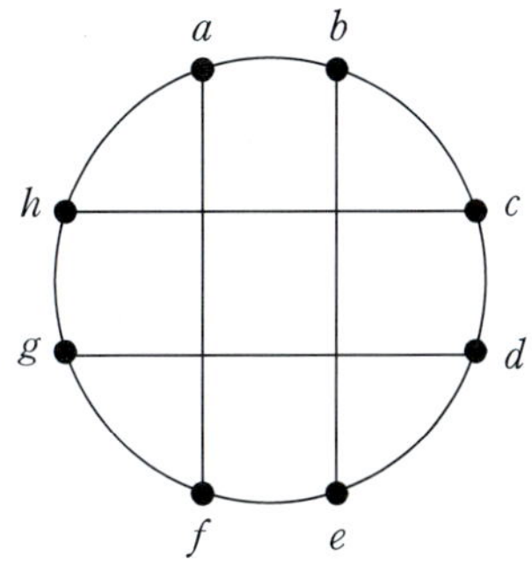

$G'=(V', E')$

5.2 여러 가지 그래프

그래프에는 여러 가지 다양한 형태가 존재한다.

정의 5.2.1

그래프 G의 서로 다른 두 꼭지점 사이에 반드시 변이 있는 그래프를 **완전그래프**(complete graph)라고 한다. n개의 꼭지점을 가진 완전그래프를 K_n으로 나타낸다.

예제 5.2.1 꼭지점의 개수가 각각 2, 3, 4, 5, 6, 7, 8, 9, 10인 완전그래프를 그리시오.

풀이

K_2

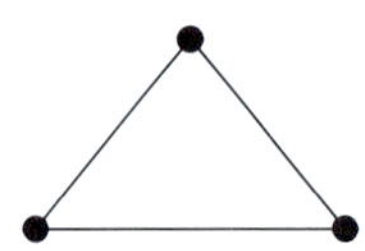

K_3

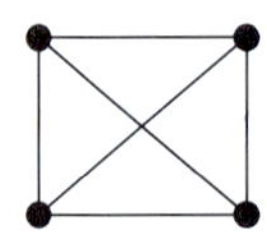

K_4

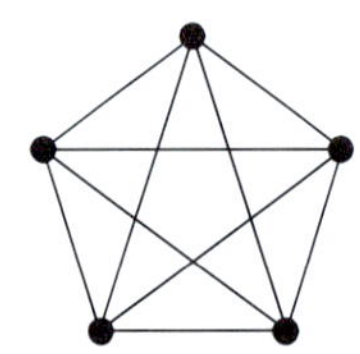

K_5

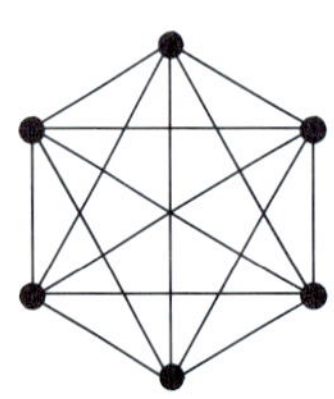

K_6

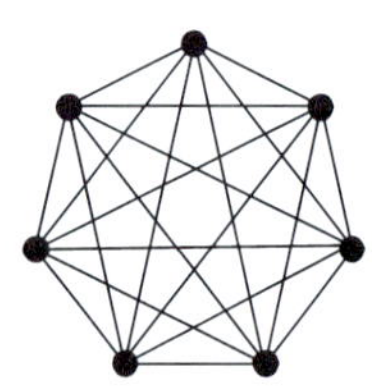

K_7

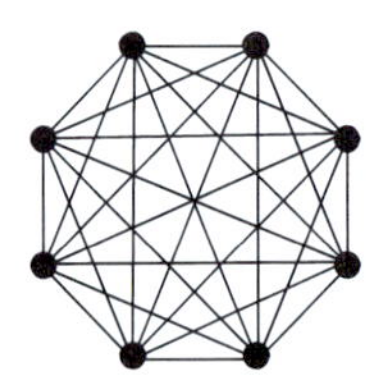

K_8

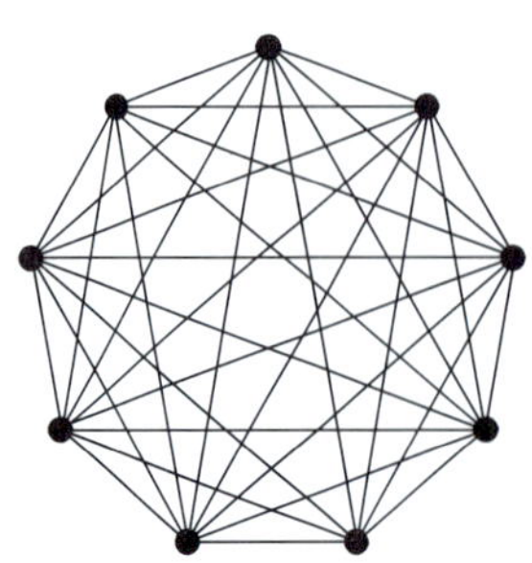

K_9

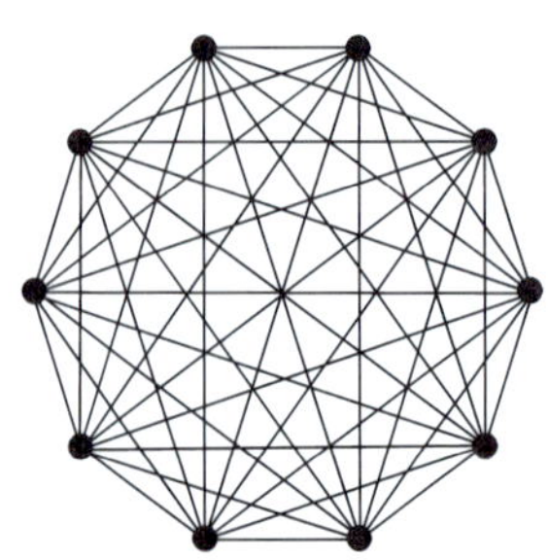

K_{10} ■

정의 5.2.2

그래프 G의 모든 꼭지점들이 같은 차수를 갖는다면 G를 **정규그래프**(regular graph)라고 한다. 이때 차수가 k인 경우를 k-정규그래프라고 한다.

다음은 대표적인 정규그래프이다.

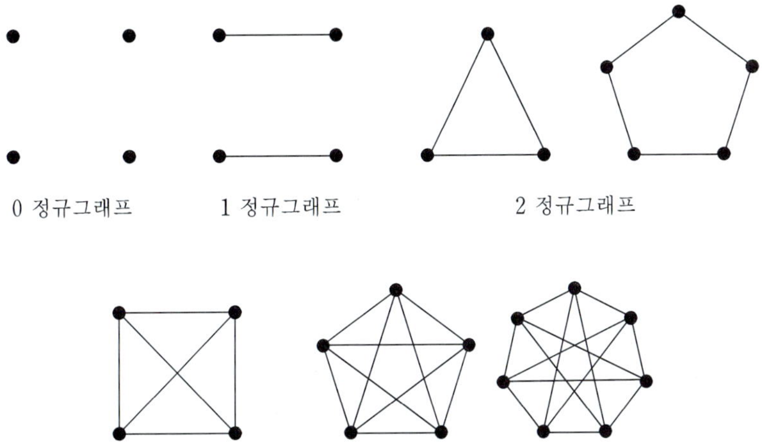

0 정규그래프 1 정규그래프 2 정규그래프

3 정규그래프 4 정규그래프

그림 5-4 정규그래프

정의 5.2.3

그래프 $G=(V, E)$에서 꼭지점의 집합 V가 $V=V_1 \cup V_2$, $V_1 \cap V_2=\phi$을 만족하는 두 집합 V_1과 V_2로 분리되고, 그래프의 모든 변이 V_1의 한 꼭지점에서 V_2의 한 꼭지점으로 연결되면 G를 **이분그래프**(bipartite graph)라고 한다. 특히 이분그래프 G에서 V_1의 모든 꼭지점과 V_2의 모든 꼭지점 사이에 변이 있다면 G를 **완전이분그래프**(complete bipartite graph)라고 한다. $|V_1|=m$, $|V_2|=n$인 완전이분그래프를 $K_{m,n}$으로 나타낸다.

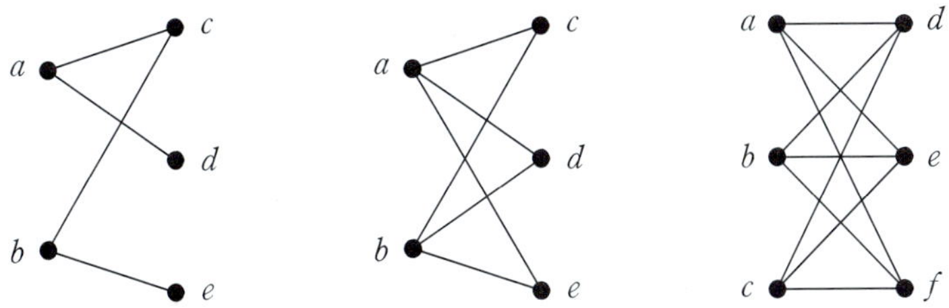

이분그래프 $K_{2,3}$ $K_{3,3}$

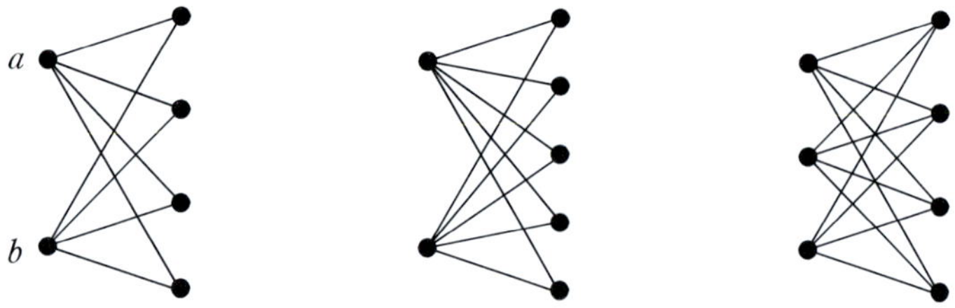

$K_{2,4}$ $K_{2,5}$ $K_{3,4}$

그림 5-5 이분그래프

예제 5.2.2 다음 그래프는 이분그래프인가?

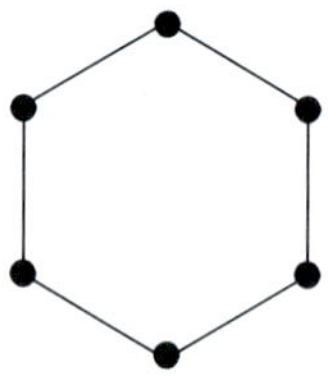

풀이 주어진 그래프는 다음 그림과 같이 다시 그릴 수 있으므로 이분그래프이다.

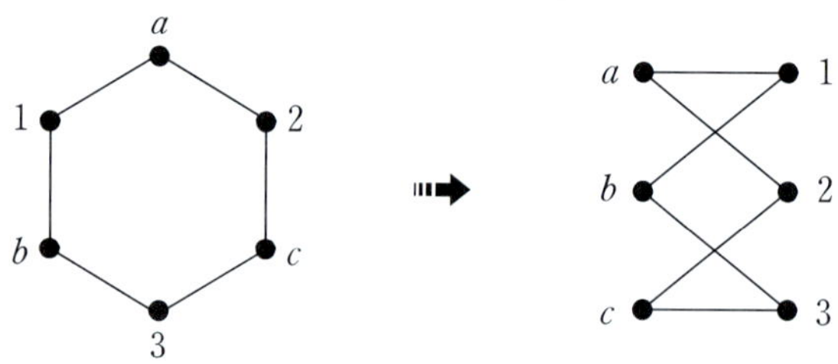

연 습 문 제 5.2

01 다음 그래프는 이분그래프인가?

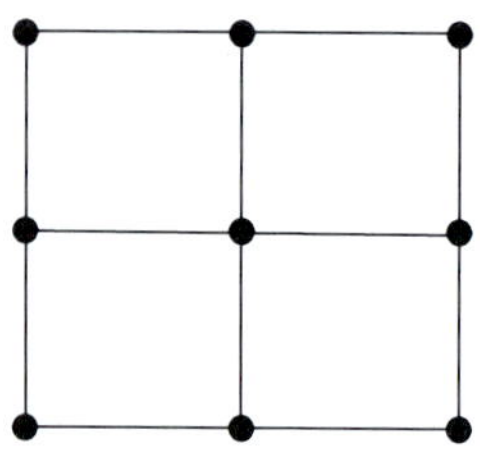

02 다음 그래프는 이분그래프인가?

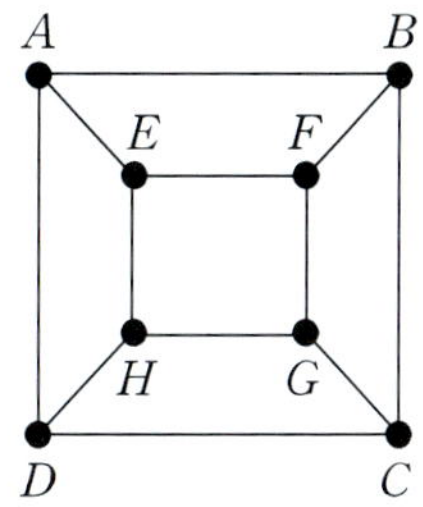

03 꼭지점의 개수가 n인 완전그래프 K_n의 변의 개수를 구하여라.

04 완전이분그래프 $K_{m,n}$의 변의 개수를 구하여라.

05 변의 개수와 꼭지점의 개수가 같은 완전이분그래프를 모두 구하여라.

06 (1) 각 꼭지점의 차수가 4이상이고 변의 개수가 25인 그래프가 가질 수 있는 꼭지점의 최대 개수를 구하여라.

(2) 변의 개수가 50인 그래프가 가질 수 있는 꼭지점의 최소 개수를 구하여라.

07 그래프 G가 이분그래프일 필요충분조건은 G의 각 회로의 길이가 짝수임을 보여라.

08 아래 그림의 그래프에서 n개의 색으로 네 꼭지점을 색칠하는 경우의 수를 구하여라(같은 변을 공유하는 꼭지점은 다른 색으로 칠해야 한다).

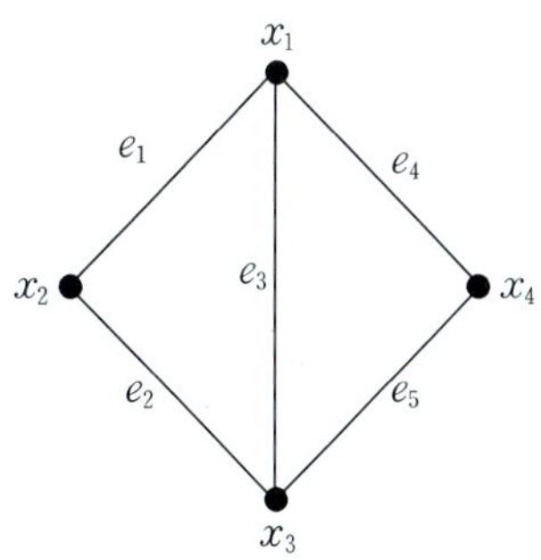

09 다섯 개의 마을로 이루어진 읍에 양방향도로를 건설하되, 고립되는 마을이 생기지 않게 도로를 건설하는 방법은 몇 가지인가?

5.3 오일러회로와 해밀턴회로

러시아의 쾨니히스베르크(Königsberg)라는 도시의 프레겔 강에 두 개의 섬 B, D와 육지 A, C를 연결하는 7개의 다리가 설치되어 있었다. 오일러(Leonhard Euler)는 섬이나 육지의 한 지점에서 출발하여 7개의 다리를 꼭 한 번씩 건너 다시 출발점으로 되돌아 올 수 있는지를 밝히는데 그래프 이론을 사용하였다. 오일러는 네 지점을 점으로 나타내고, 7개의 다리는 선으로 나타낸 그림을 이용하여 이 문제를, 한 점에서 출발하여 7개의 선을 한 번씩 모두 거쳐 출발점으로 되돌아 올 수 있는 방법이 존재하는 지를 묻는 문제로 바꾸어 해결하였다. 이 문제는 연필을 떼지 않고 그래프의 모든 변을 한 번만 지나면서 한 번에 그리는 한붓그리기가 가능한가 하는 문제로 바꾸어 생각할 수 있다. 이 절에서는 이러한 문제에 대하여 살펴보도록 한다.

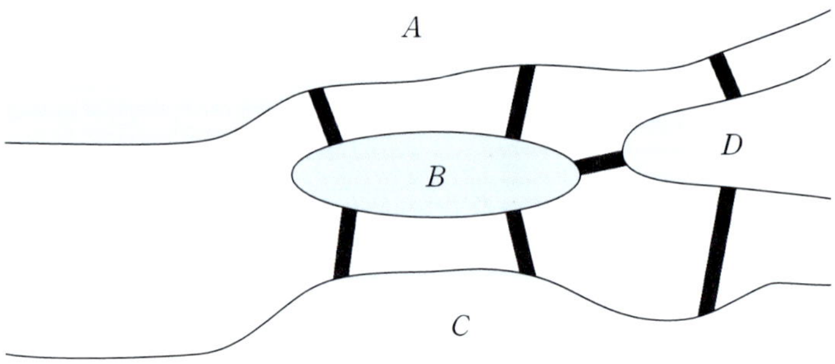

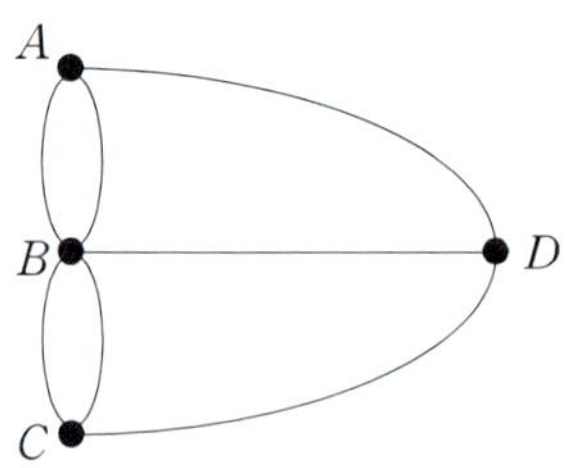

그림 5-6 쾨니히스베르크 다리

정의 5.3.1

그래프 G에서 두 꼭지점 u, v 사이에 경로가 있을 때 u, v는 연결되어 있다고 한다. 또 그래프의 임의의 두 꼭지점이 연결되어 있는 그래프를 **연결그래프**(connected graph)라 한다.

정의 5.3.2

그래프 $G=(V, E)$에 대해 G의 모든 변을 한 번만 통과하는 경로를 **오일러경로**(Euler path), 회로를 **오일러회로**(Euler cycle)라고 한다. 또한 오일러회로가 존재하는 그래프를 **오일러그래프**(Euler graph)라고 한다.

양 끝점이 같은 오일러경로는 오일러회로이다.

거리를 청소하는 차가 한 번 청소한 거리를 다시 지나가지 않고 청소를 하는 것이 효율적이다. 거리를 청소할 때 어떤 경로를 따라 청소하는 것이 가장 효율적이겠는가? 거리를 나타내는 그래프에서 오일러회로가 존재하는 경우 오일러회로를 따라 청소하면 효율적이다.

예제 5.3.1 (1) 다음 연결그래프 $G=(V, E)$는 오일러회로 $a \to d \to e \to b \to f \to c \to b \to a$가 존재하므로 오일러그래프이다.

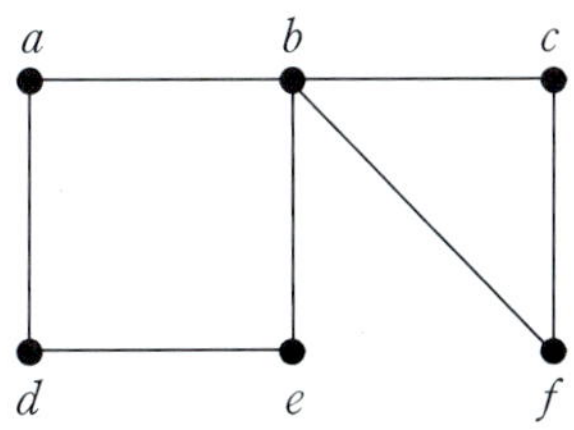

(2) 다음 연결그래프 $G=(V, E)$에서 $a \to d \to c \to a \to b \to c$는 a에서 c로 가는 오일러경로이다.

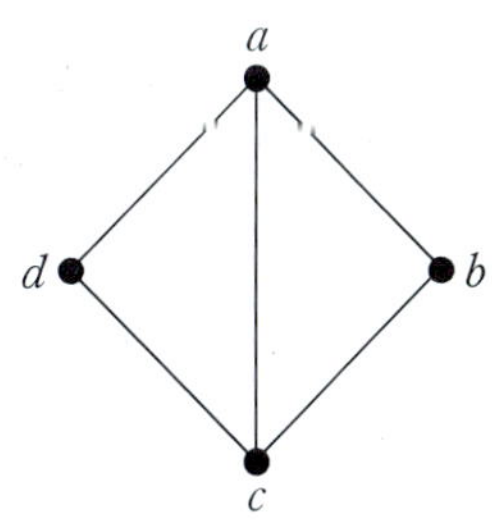

그래프가 오일러그래프가 되는 경우에 대하여 알아보자.

정리 5.3.1

연결그래프 $G=(V, E)$가 오일러그래프일 필요충분조건은 모든 꼭지점의 차수가 짝수인 것이다.

증명 연결그래프 G가 오일러회로 C를 가진다고 하자. 오일러회로의 시작점을 v라 하면 v에서 시작하여 v에서 끝날 때까지 C를 따라가면 각 꼭지점 x에 대하여 x로 들어가는 회수와 x에서 나가는 회수가 같다. 그러므로 x의 차수는 짝수이다.

역으로 v_1을 G의 한 꼭지점이라 하면 G는 연결그래프이므로 v_1은 다른 꼭지점 v_2와 연결되어 있고, v_2의 차수는 짝수이므로 v_2는 다른 꼭지점 v_3와 연결되어 있다. 계속하여 이런 과정을 되풀이하면 꼭지점의 수는 유한개이므로 이 경로는 시작점인 v_1으로 돌아와 회로 C를 이루게 된다. 이 회로 C가 G의 모든 변을 포함하고 있으면 C는 G의 오일러회로이다. 만약 C가 G의 오일러회로가 아니라면 G에서 C의 모든 변을 지운 그래프 G_1은 몇 개의 연결부분그래프로 나누어지고 G_1의 모든 꼭지점의 차수는 짝수이다. 여기서 연결된 모든 변이 회로 C에 포함된 꼭지점은 제거한다.

그래프 G가 연결그래프이므로 C와 G_1은 적어도 한 개 이상의 꼭지점을 공유하며 그 중 하나를 x라 하자. C를 만드는 것과 같은 방법으로 x에서 시작하여 G_1의 변을 이용하여 새로운 회로 C_1을 만든다. 이제 아래 예제 5.3.2와 같이 회로 C와 C_1을 결합하여 새로운 회로 C_2를 만든다.

C_2는 회로 C의 한 꼭지점 v_1에서 출발하여 C의 변을 따라 가다가 꼭지점 x에 이르면 회로 C_1의 변을 따르고 다시 꼭지점 x에 이르면 C의 남은 변을 따라 원래 출발한 꼭지점 v_1으로 돌아오는 회로이다(예제 5.3.2 참조).

이렇게 만들어진 회로 C_2가 G의 모든 변을 포함한다면 C_2가 G의 오일러회로이다.
만약 C_2가 G의 오일러회로가 아니라면 G에서 C_2의 모든 변을 지운 그래프 G_2는 몇 개의 연결부분그래프로 나누어지고 G_2의 모든 꼭지점의 차수는 짝수이다.

그래프 G가 연결그래프이므로 C_2와 G_2는 적어도 한 개 이상의 꼭지점을 공유하며 그 중 하나를 y라 하자. C를 만드는 것과 같은 방법으로 y에서 시작하여 G_2의 변을 이용하여 새로운 회로 C_3를 만든다. 이제 아래 예제 5.3.2와 같이 회로 C_2와 C_3를 결합하여 새로운 더 큰 회로 C_4를 만든다. 남아 있는 G의 변이 없을 때까지 이런 과정을 계속하면 마지막에 얻어진 회로가 G의 오일러회로이다.

두 변을 추가하면 오일러 회로가 존재한다.

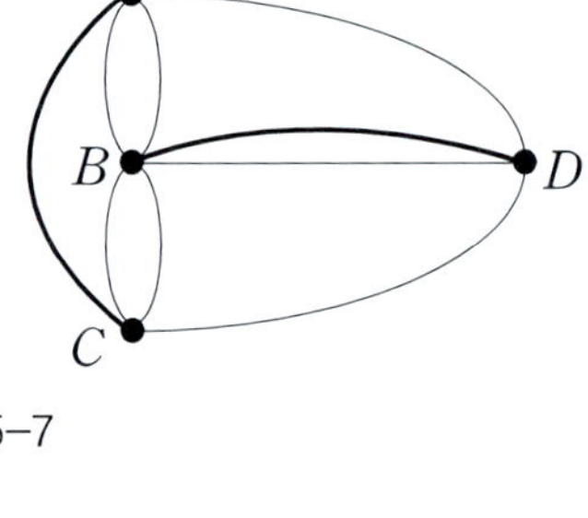

그림 5-7

예제 5.3.2 다음 예제는 정리 5.3.1에서 연결그래프의 오일러회로를 찾는 과정을 단계별로 보여준다.

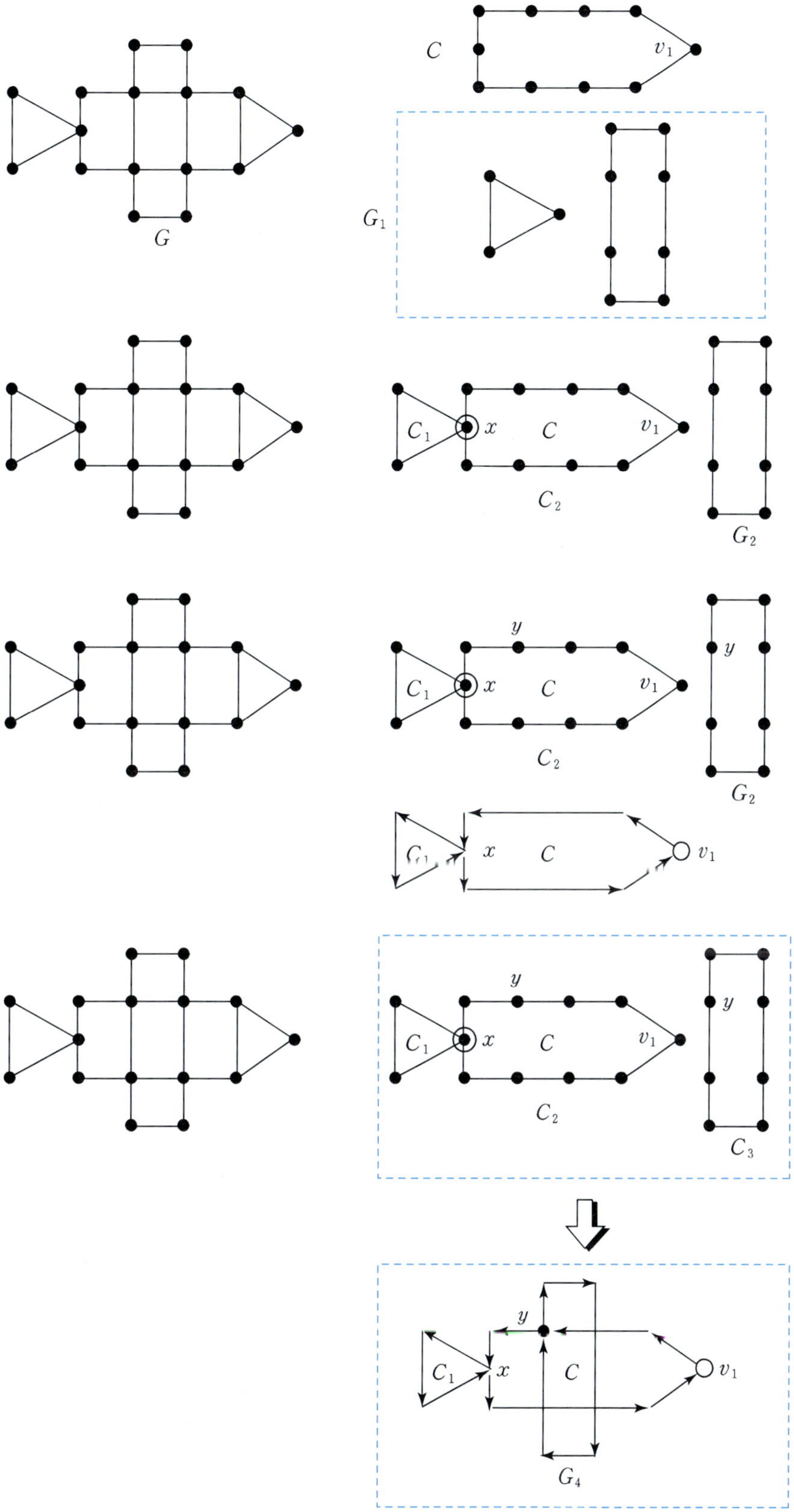

정리 5.3.2

연결그래프(또는 연결다중그래프) $G=(V, E)$가 오일러경로를 가질 필요충분조건은 홀수점이 0개 또는 2개인 것이다. 이 때, 그 두 홀수점이 오일러경로의 양 끝점이 된다.

증명 연결그래프 G에서 오일러경로 $P: v_1e_1v_2e_2 \cdots v_{n-1}e_{n-1}v_n$가 존재한다고 가정하자.

$v_1 = v_n$이면 P는 오일러회로가 되므로 정리 5.3.1에 의하여 홀수점이 0개다.

$v_1 \neq v_n$이면 그래프 G에 변 $e_n = \{v_1, v_n\}$을 첨가한 그래프를 G^*라 하자. 그러면 경로 $P^*: v_1e_1v_2e_2 \cdots v_{n-1}e_{n-1}v_ne_nv_1$는 그래프 G^*의 오일러회로가 되므로 정리 5.3.1에 의하여 그래프 G^*에서의 모든 꼭지점의 차수는 짝수이다. 따라서 그래프 G^*에서 변 $e_n = \{v_1, v_n\}$을 제거한 그래프 G에서 v_1과 v_n의 차수는 홀수이고 나머지 모든 꼭지점의 차수는 짝수이다. 그리고 v_1과 v_n이 그래프 G에서 오일러경로의 양 끝점이 된다.

역으로 연결그래프 G의 홀수점이 0개 또는 2개라 하자. 홀수점이 0개라면 정리 5.3.1에 의하여 G는 오일러회로를 갖는다. 그리고 홀수점이 u, v 뿐이라면 그래프 G에 변 $\{u, v\}$을 첨가한 그래프 G^*의 모든 꼭지점은 짝수점이므로 G^*에는 오일러회로 P가 존재한다. 오일러회로 P에서 변 $\{u, v\}$을 제거한 경로는 꼭지점 u에서 v로 가는 G의 오일러경로이다.

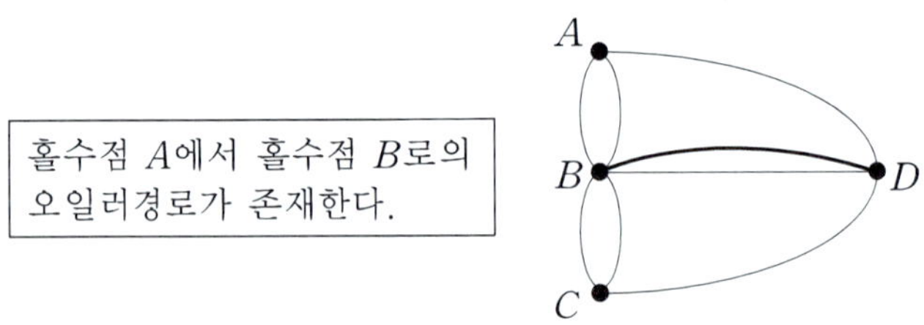

그림 5-8

모든 꼭지점이 짝수점이거나 홀수점이 2개인 그래프는 한붓그리기가 가능하다. 특히, 홀수점이 2개인 그래프에서는 한 홀수점에서 시작하여 다른 홀수점에서 끝나는 한붓그리기가 가능하다.

예제 5.3.3 다음의 그래프에서 오일러경로가 존재하는지 판단하여라. 오일러경로가 존재하면 오일러경로를 찾아라.

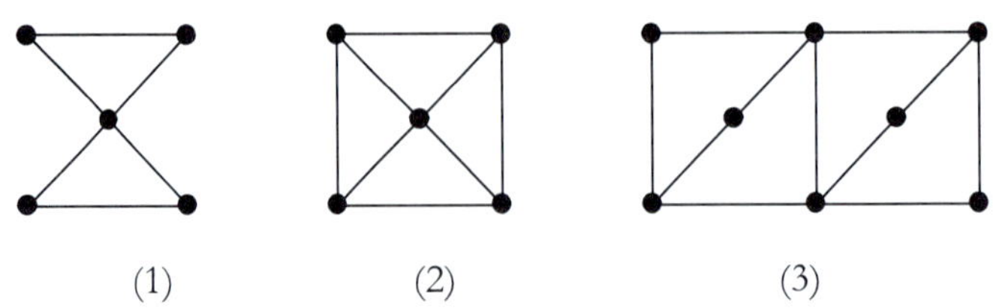

풀이

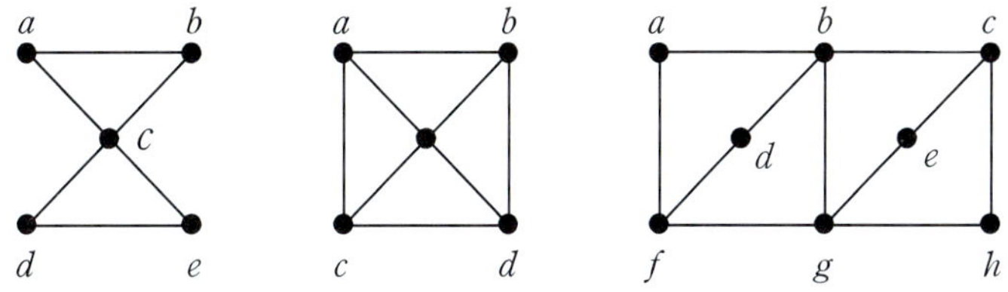

(1) (2) (3)

그래프 (1)의 모든 꼭지점의 차수가 짝수이므로 오일러회로가 존재한다. 따라서 오일러경로가 존재한다. 예를 들어 $a \to b \to c \to d \to e \to c \to a$는 오일러경로이다. 그래프 (2)에는 홀수점이 4개이므로 오일러경로가 존재하지 않는다. 그래프 (3)에는 홀수점이 c와 f 단 두 개이므로 시작점이 c이고 끝점이 f인 다음과 같은 오일러경로가 존재한다.

$$c \to h \to g \to e \to c \to b \to a \to f \to d \to b \to g \to f$$

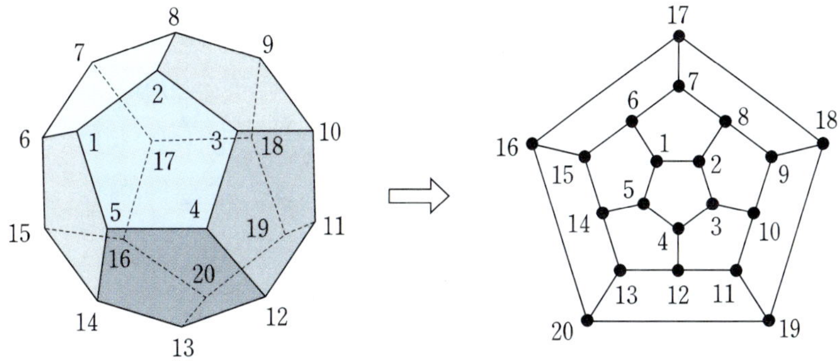

(1) 정십이면체 (2) 변이 서로 교차하지 않도록 다시 그린 그래프

그림 5-9

지구본 위의 20개 도시들 사이의 항공 노선이 위 그림과 같이 주어졌다고 하자. 도시들의 이름은 1부터 20까지 번호를 붙였다. 한 도시에서 출발하여 다른 19개의 도시들을 정확히 한 번씩만 방문하고 처음 도시로 돌아오는 것이 가능한가 하는 문제를 생각해보자. 위 그래프를 변이 서로 교차하지 않도록 다시 그린 그래프 (2)가 정십이면체의 그래프 (1)과 동형이기 때문에, 이 문제는 그래프 (2)에서 각 꼭지점을 정확히 한 번씩만 포함하는 회로가 존재하는가를 묻는 문제로 바꾸어 생각할 수 있다.

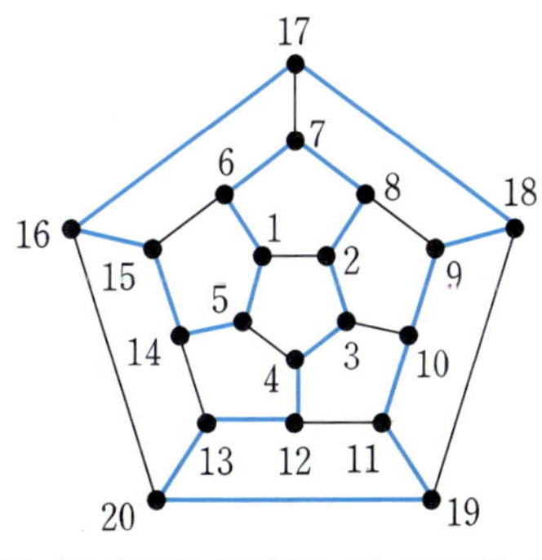

그림 5-10 각 꼭지점을 정확히 한 번씩만 포함하는 회로

정의 5.3.3

그래프 $G=(V, E)$에 대해 G안의 모든 꼭지점을 정확히 한번씩만 포함하는 경로를 **해밀턴경로**(Hamiltonian path), 회로를 **해밀턴회로**(Hamiltonian cycle)라고 한다. 또한 해밀턴회로가 존재하는 그래프를 **해밀턴그래프**(Hamiltonian graph)라고 한다.

영업사원이 회사에서 출발하여 영업소를 모두 방문한 후에 회사로 돌아오는 방문 경로나, 우편집배원이 우체국에서 출발하여 우편물을 각 가정에 배달한 후 우체국으로 돌아오는 배달 경로가 해밀턴회로이다.

예를 들어 완전그래프 또는 완전이분그래프 $K_{n,n}$은 해밀턴그래프이다.

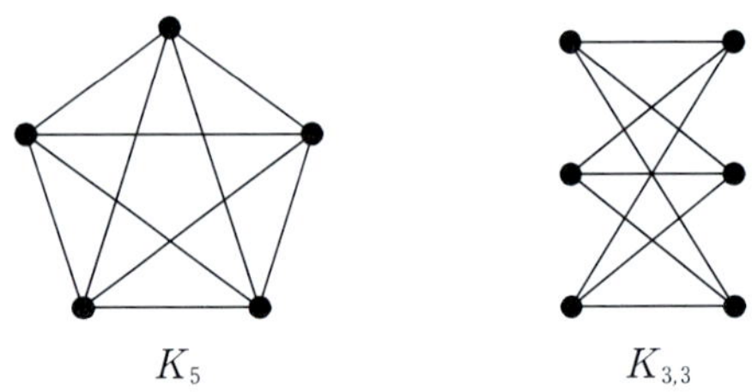

그림 5-11

오일러회로나 오일러경로와는 다르게 주어진 그래프에 해밀턴회로나 해밀턴경로가 있는지를 쉽게 알 수 있는 필요충분조건은 아직 발견되지 않았다.

다음은 해밀턴회로의 중요한 성질이다.

(1) 차수가 2인 꼭지점에 연결된 두 변은 해밀턴회로에 포함된다.

(2) 한 꼭지점에 연결된 두 변이 해밀턴회로에 포함되면 그 꼭지점에 연결된 다른 모든 변은 그 해밀턴회로에 포함되지 않는다.

(3) 해밀턴회로는 그 회로의 길이보다 짧은 부분회로를 포함하지 않는다.

예제 5.3.4 아래 그래프 G에 해밀턴회로가 있는지 판별하여라.

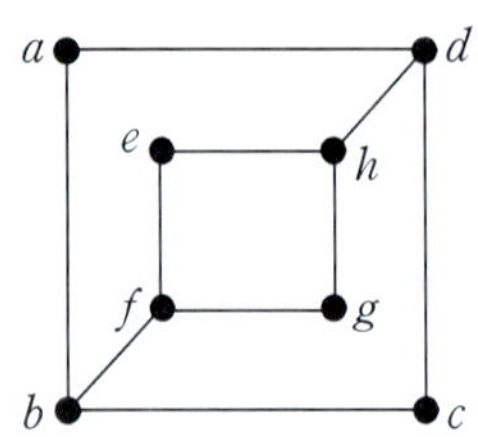

G

풀이 이 그래프에 해밀턴회로가 존재한다고 가정하자. 꼭지점 a와 c의 차수가 2이므로 a와 c에 연결된 두 변은 해밀턴회로에 포함된다. 그러면 해밀턴회로의 길이보다 짧은 부분회로를 포함하므로 모순이다. 따라서 그래프 G에는 해밀턴회로가 존재하지 않는다.

예제 5.3.5 서양의 체스 게임에서 기사(knight)는 "수직으로 2칸 그리고 수평으로 1칸" 또는 "수평으로 2칸 그리고 수직으로 1칸"을 움직이게 되어 있다. 예를 들어 아래 그림에서 K라고 표시된 기사는 체스판의 색칠된 어떤 사각형으로도 움직일 수 있다. 이 때, 아래 그림과 같은 체스판에서 기사가 8에서 시작하여 모든 체스판을 돌고 4에서 끝나는 방법 수를 구하여라.

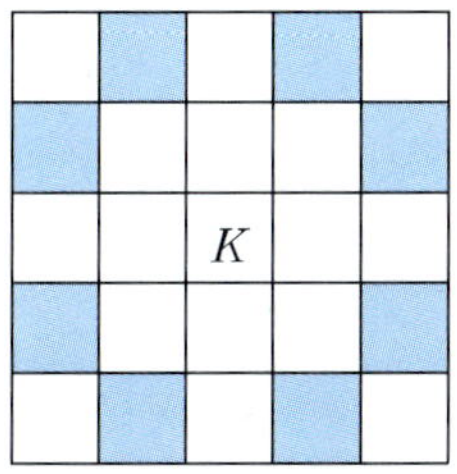

1	2	3	④
5	6	7	⑧
9	10	11	12

풀이 각각의 칸을 꼭지점으로 하고 기사가 움직일 수 있는 칸끼리 변으로 연결하면 다음 그림과 같은 그래프를 얻을 수 있다.

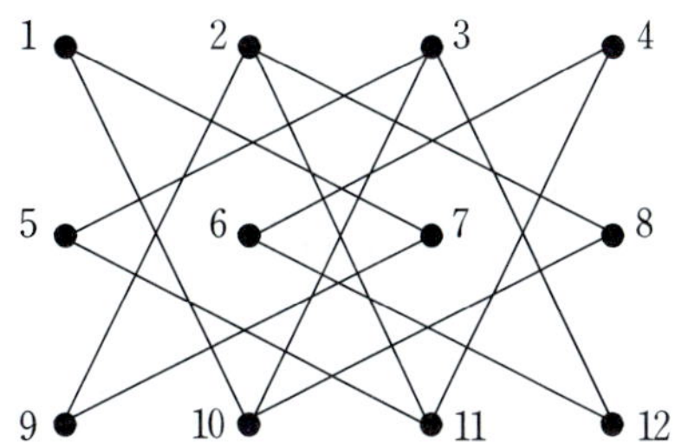

기사가 8에서 시작하여 모든 체스판을 돌고 4에서 끝나는 방법의 수는 꼭지점 8에서 시작하여 꼭지점 4에서 끝나는 해밀턴경로(연결된 그래프에서 모든 꼭지점을 오직 한 번씩만 지나지만 시작점으로 돌아오지 않는 경로)의 개수와 같다. 위 그래프에서 꼭지점 8에서 시작하여 꼭지점 4에서 끝나는 해밀턴경로는 시작점과 끝점을 제외한 꼭지점의 차수가 2인 꼭지점에 연결된 변을 모두 지나갈 것이다.

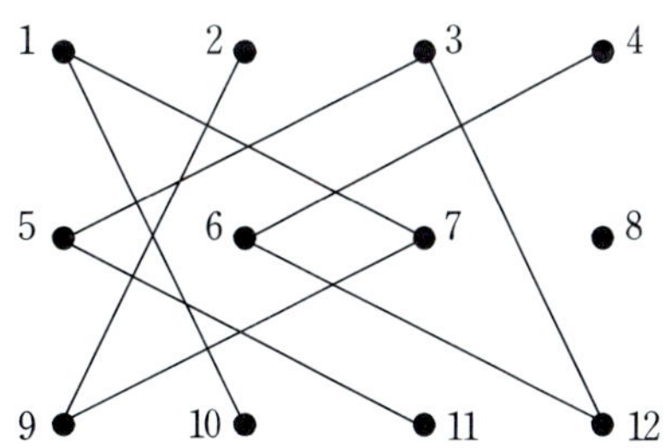

그런데 꼭지점 3에 연결된 변이 두 개이므로 다른 변은 해밀턴경로가 지나갈 수 없다. 그러므로 그런 변들을 주어진 그래프에서 지운다.

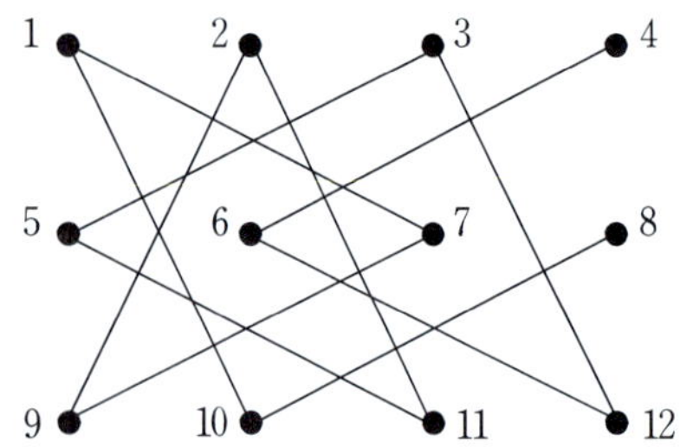

따라서, 꼭지점 8에서 시작하여 꼭지점 4에서 끝나는 해밀턴경로는

8, 10, 1, 7, 9, 2, 11, 5, 3, 12, 6, 4

뿐이므로 구하는 방법의 수는 1이다. ■

그레이 코드

n자리 이진수의 개수는 2^n이다. 2^n개의 n자리 이진수를 꼭지점으로 하고, 한 자리의 숫자만 서로 다른 두 이진수는 인접하도록 그린 그래프를 **초입방체**(cube) $\mathbb{Z}_2^n$이라 하자. $n=2$, $n=3$, $n=4$일 때 $\mathbb{Z}_2^n$을 그리는 방법은 다음과 같다.

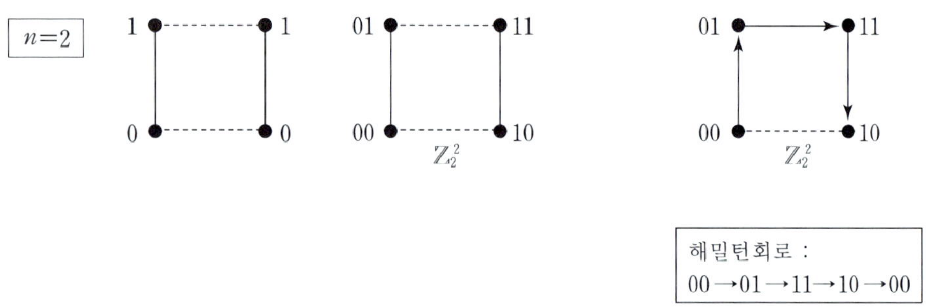

그림 5-12

한 자리 이진수를 꼭지점으로 하는 그래프를 복사한 다음 원래 그래프의 각 꼭지점의 첫 번째 비트에는 0을, 복사한 그래프의 각 꼭지점의 첫 번째 비트에는 1을 추가한다.

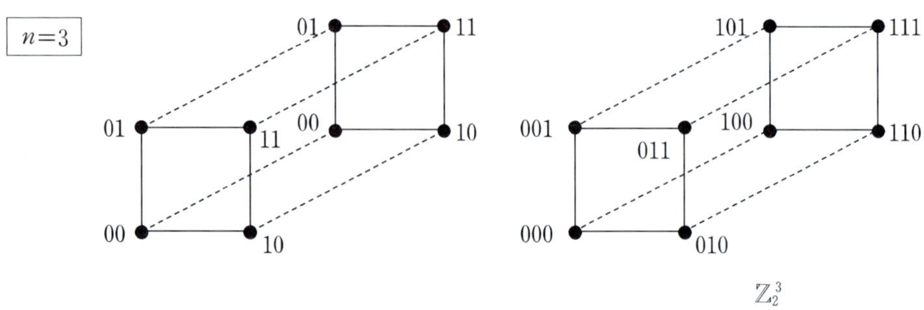

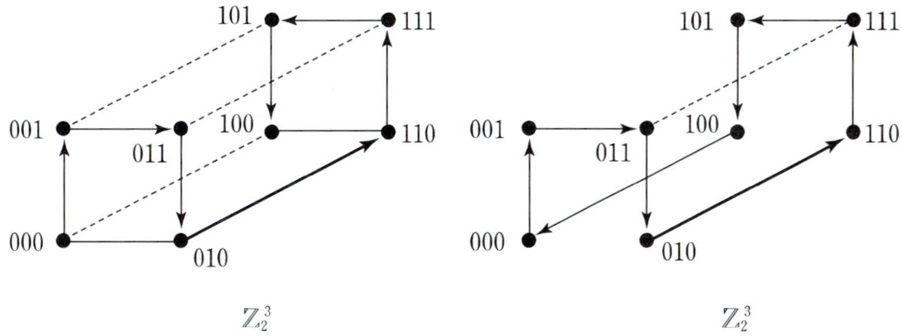

해밀턴회로 :
000 → 001 → 011 → 010 → 110 → 111 → 101 → 100 → 000

그림 5-13

두 자리 이진수를 꼭지점으로 하는 그래프를 복사한 다음 원래 그래프의 각 꼭지점의 첫 번째 비트에는 0을, 복사한 그래프의 각 꼭지점의 첫 번째 비트에는 1을 추가한다.

$n=4$

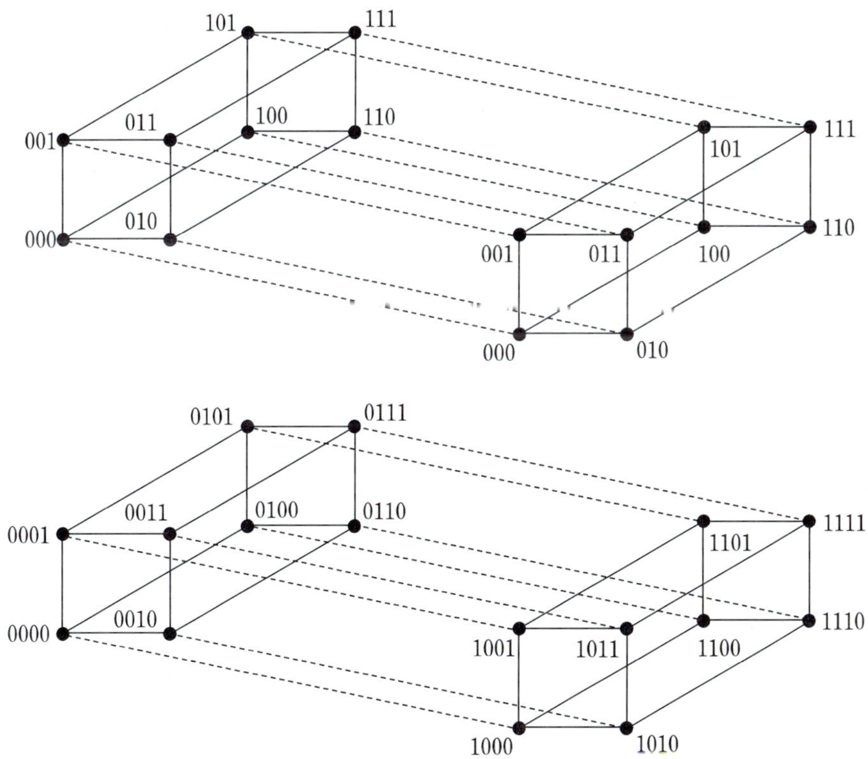

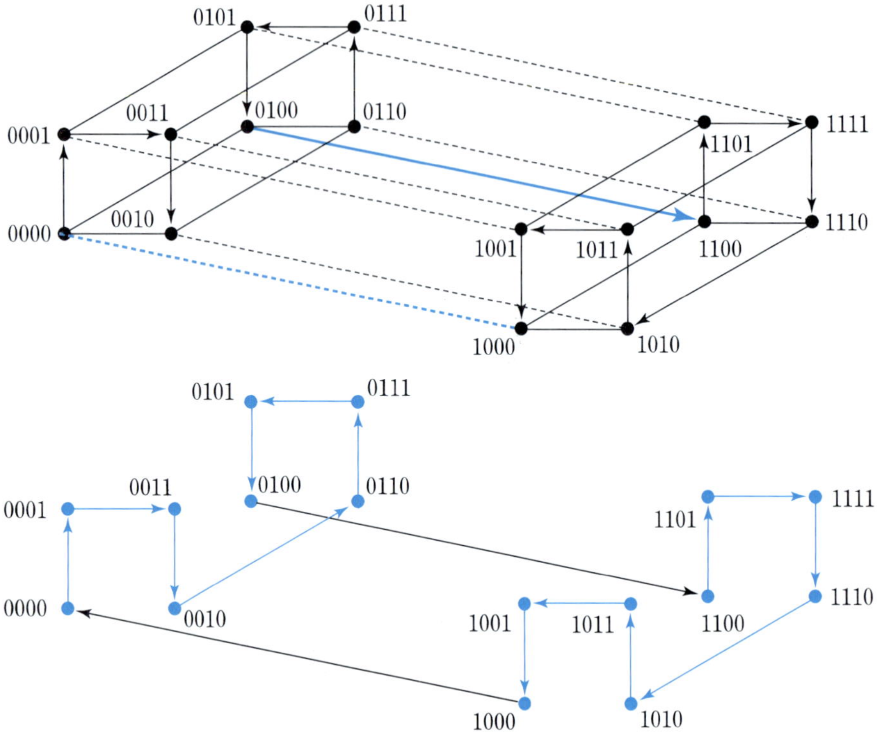

해밀턴회로 :
0000 → 0001 → 0011 → 0010 → 0110 → 0111 → 0101 → 0100 → 1100
→ 1101 → 1111 → 1110 → 1010 → 1011 → 1001 → 1000 → 0000

그림 5-15

예제 5.3.6 $n \geq 2$일 때 초입방체 $\mathbb{Z}_2^n$은 해밀턴회로를 가진다는 것을 보여라.

n에 대한 수학적 귀납법으로 증명한다.

풀이 **기본단계** : $n=2$일 때 $\mathbb{Z}_2^2$는 사각형이므로 해밀턴회로가 존재한다.

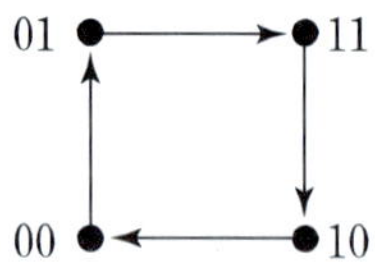

$\mathbb{Z}_2^2$

해밀턴회로 :
00 → 01 → 11 → 10 → 00

귀납적단계 : $k(\geq 2)$일 때 $\mathbb{Z}_2^k$에 해밀턴회로

$$v_1 \to v_2 \to \cdots \to v_{2^k} \to v_1$$

가 존재한다고 가정하자. 그러면 $\mathbb{Z}_2^{k+1}$에는 해밀턴회로

$$0v_1 \to 0v_2 \to \cdots \to 0v_{2^k-1} \to 0v_{2^k} \to 1v_{2^k} \to 1v_{2^k-1} \to \cdots \to 1v_2 \to 1v_1 \to 0v_1$$

가 존재한다. 따라서 모든 자연수 $n(\geq 2)$에 대하여 $\mathbb{Z}_2^n$에는 해밀턴회로가 존재한다. ■

$\mathbb{Z}_2^n$의 해밀턴회로에 있는 이진수를 순서대로 1, 2, 3, …, 2^n으로 대응시킨 코드를 **그레이 코드**(Gray code)라고 한다.

표 5-1 4자리 이진수 그레이 코드

수	1	2	3	4	5	6	7	8
코드	0000	0001	0011	0010	0110	0111	0101	0100

수	9	10	11	12	13	14	15	16
코드	1100	1101	1111	1110	1010	1011	1001	1000

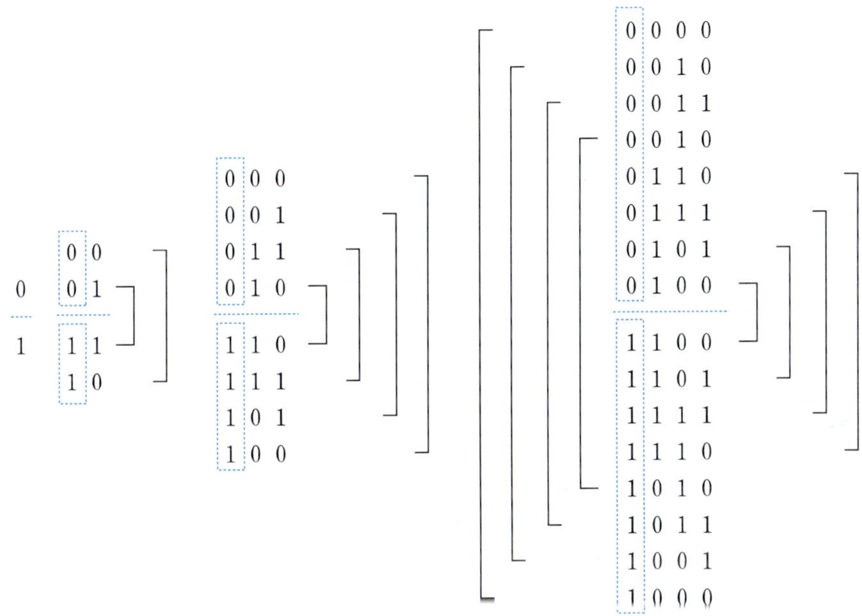

표 5-2 그레이 코드 생성 방법

우주 기지에서 지구로 화상을 전송할 때 픽셀 단위로 4자리 이진수를 이용하여 명암의 농도를 코드화한 이진수열을 전송한다고 가정하자. 예를 들어 명암의 농도가 1에서 16까지라고 하고, 다음과 같이 그레이 코드로 전송한다고 하자. 연속한 두 수는 한 자리의 숫자만 다르므로 1011에 1비트 오류가 발생하여 1010이 수신된 경우에 그 픽셀의 명암의 농도가 단지 1 차이가 생기므로 그 부분의 농도는 원래 화상과 별로 차이가 나지 않는 화상을 수신할 수 있다. 그런데 첫 번째 숫자에 오류가 발생하여 0011이 수신된 경우에 그 부분의 픽셀의 농도가 14에서 3으로 현저히 차이가 나므로 그 부분이 유난히 어두워지게 되어서 그 부분에 오류가 발생했음을 파악할 수 있다. 그레이 코드는 해밀턴회로에 있는 이진수를 순서대로 대응시키면 되므로 여러 가지가 존재한다.

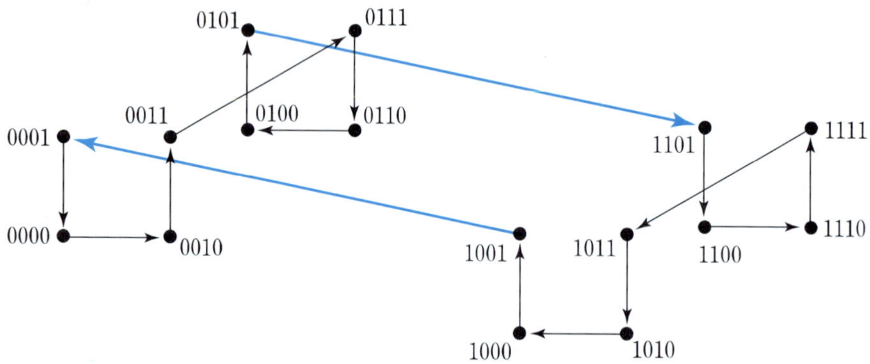

해밀턴회로 :
0001 → 0000 → 0010 → 0011 → 0111 → 0110 → 0100 → 0101 → 1101
→ 1100 → 1110 → 1111 → 1011 → 1010 → 1000 → 1001 → 0001

그림 5-16

표 5-3 다른 4자리 이진수 그레이 코드

수	1	2	3	4	5	6	7	8
코드	0001	0000	0010	0011	0111	0110	0100	0101

수	9	10	11	12	13	14	15	16
코드	1101	1100	1110	1111	1011	1010	1000	1001

연습문제 5.3

01 다음 그래프의 오일러회로를 구하여라.

(1)

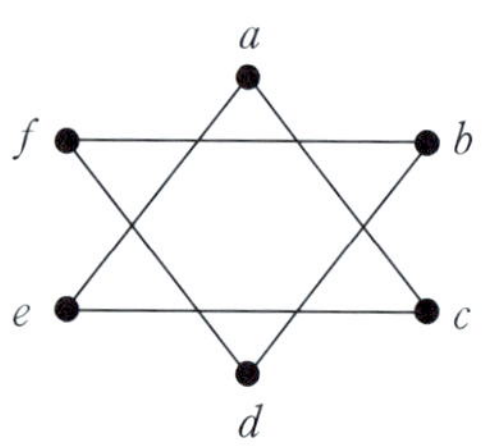

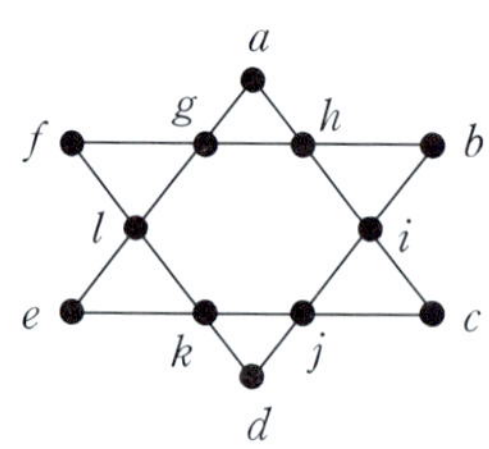

(3)

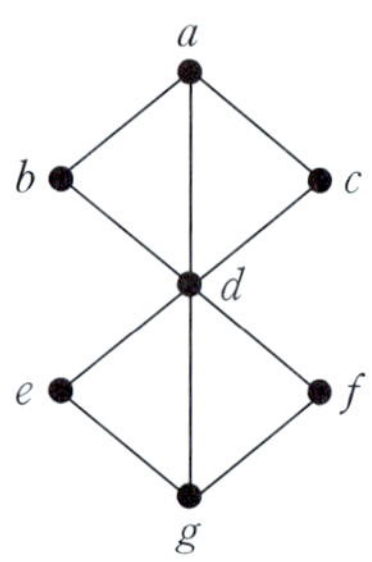

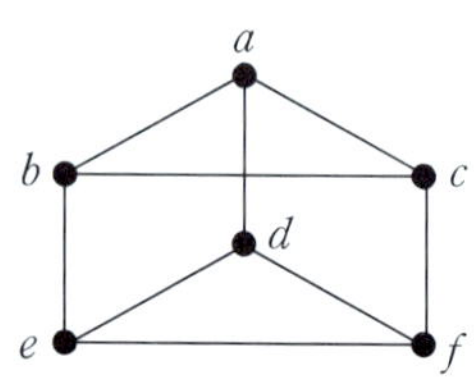

02 다음 그래프에 오일러회로가 존재하는지 판단하여라.

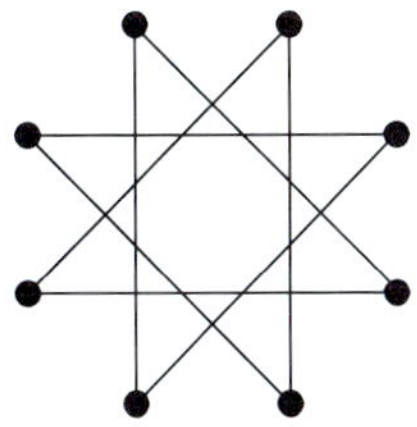

03 다음 그래프에 오일러회로가 존재하는지 판단하여라.

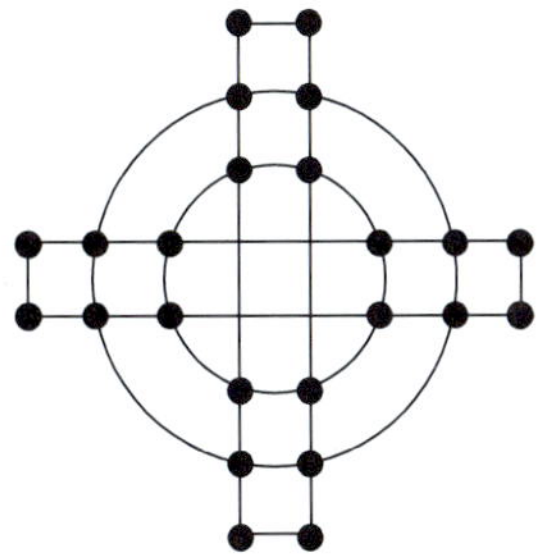

04 다음의 그래프에서 오일러경로가 존재하는지 판단하여라. 오일러경로가 존재하면 오일러경로를 찾아라.

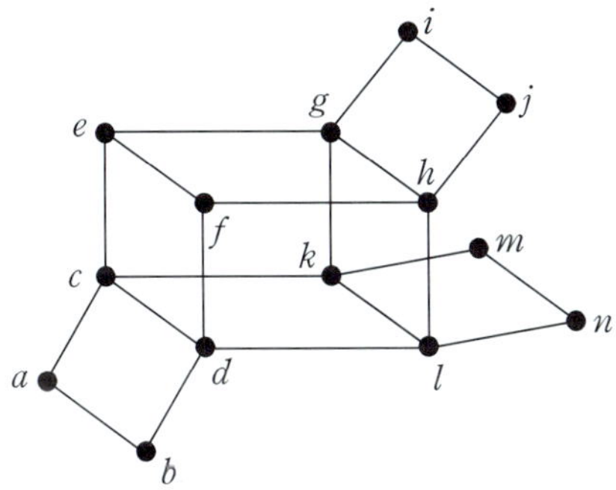

05 다음 그래프에 해밀턴회로가 있는지 판별하여라.

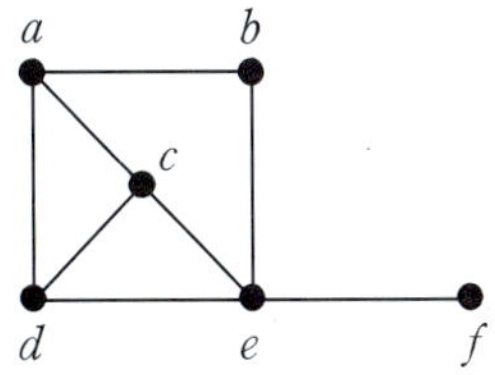

06 꼭지점이 3개 이상인 완전그래프는 해밀턴그래프임을 보여라.

07 다음 그래프에 해밀턴경로가 존재하는지 판단하여라.

(1)

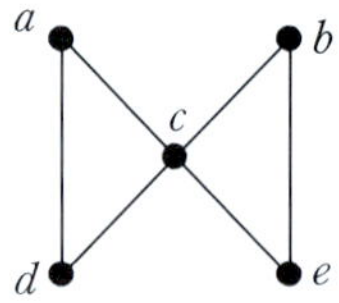

(2)

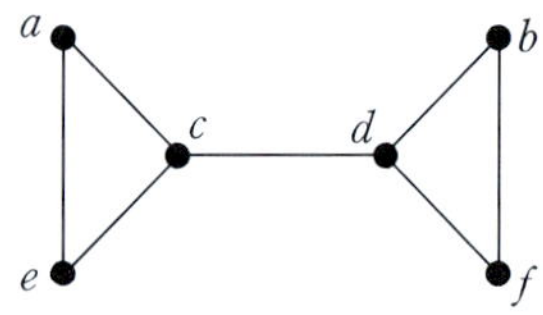

(3)

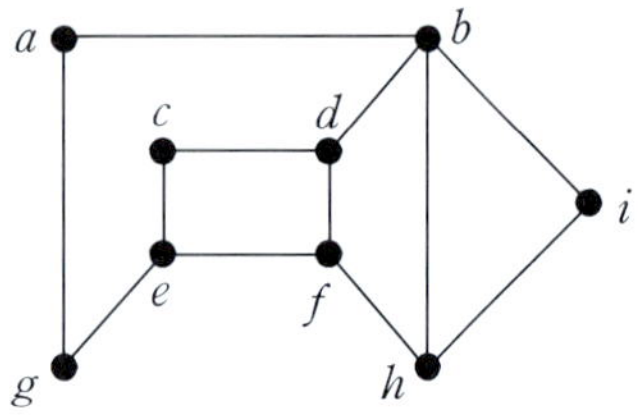

(4)

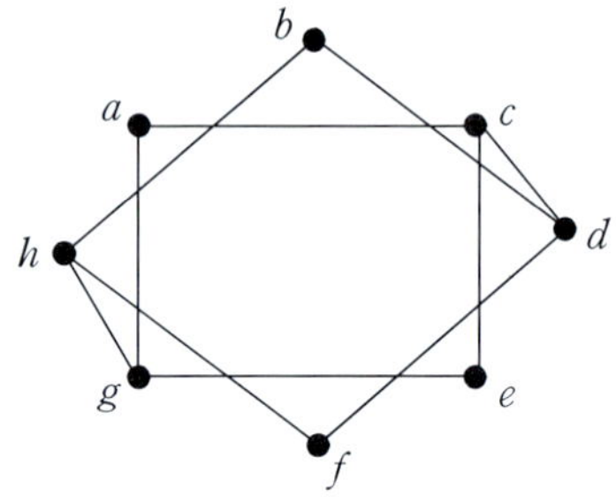

(5)

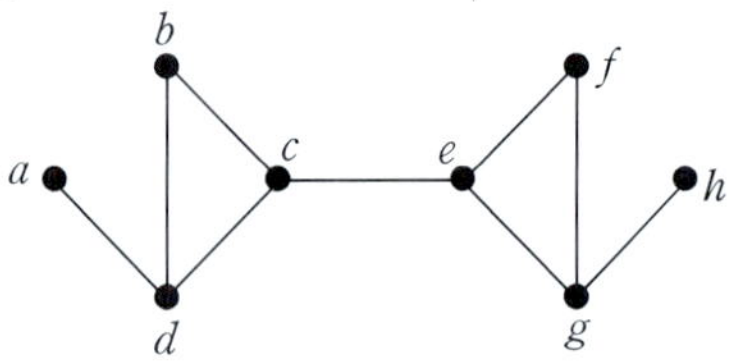

(6)

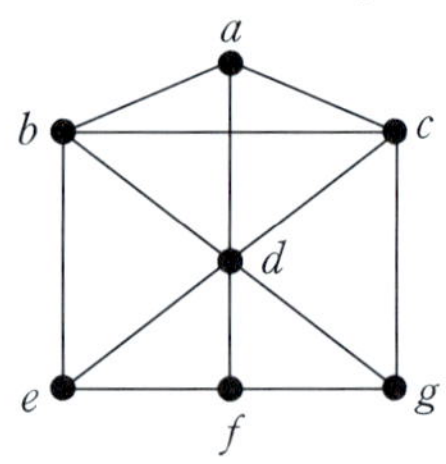

(7)

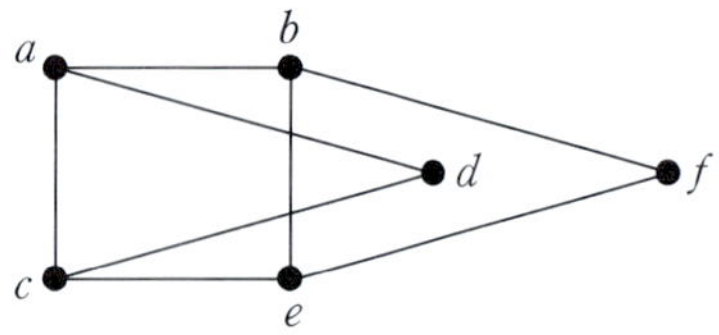

(8)

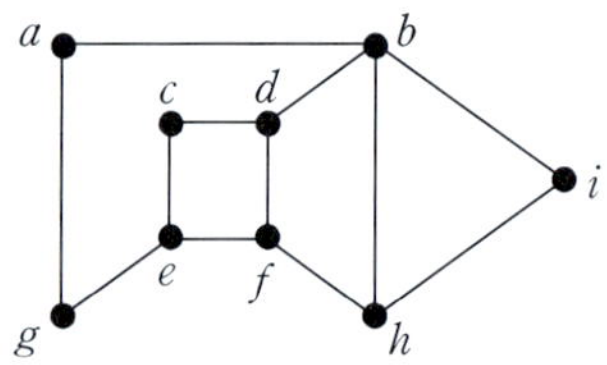

(9)

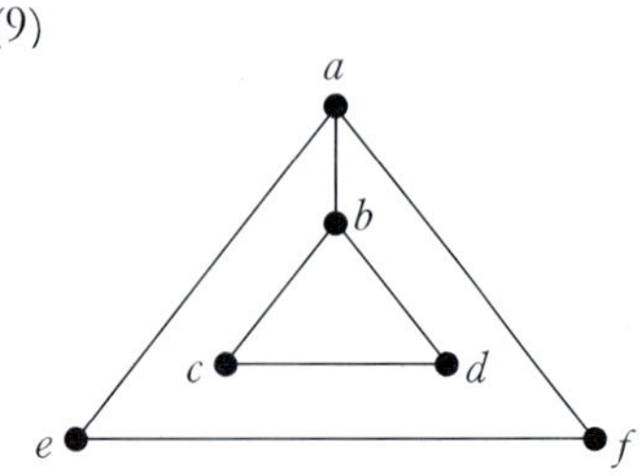

(10)

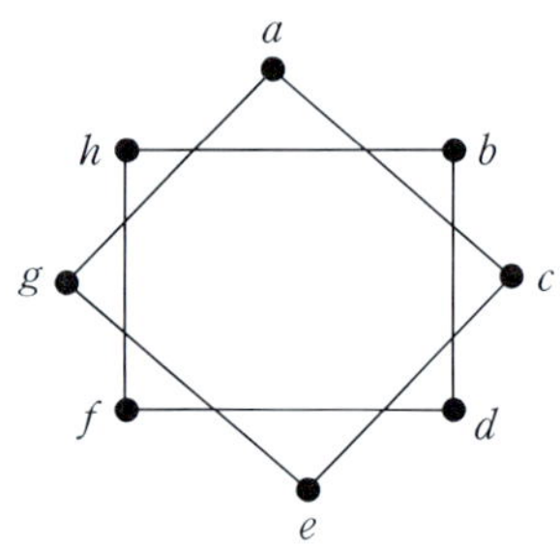

08 다음 그래프에 해밀턴회로가 존재하는지 판단하여라.

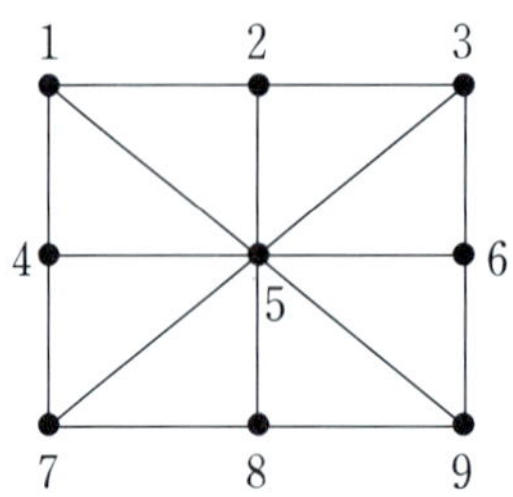

G

(a)

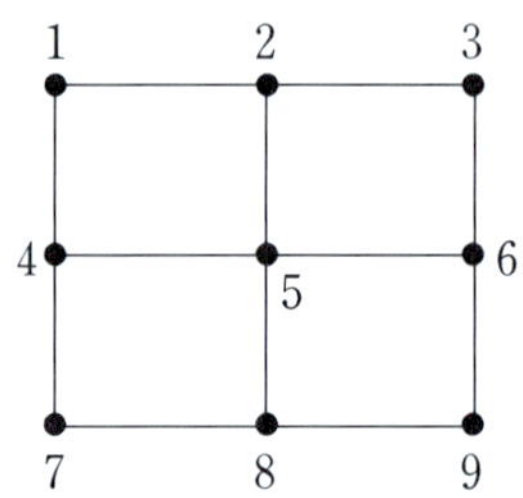

H

(b)

09 오일러회로와 해밀턴회로가 모두 존재하는 연결그래프를 찾아라.

10 오일러회로는 존재하지만 해밀턴회로가 존재하지 않는 연결그래프를 찾아라.

11 해밀턴회로는 존재하지만 오일러회로가 존재하지 않는 연결그래프를 찾아라.

12 오일러회로와 해밀턴회로가 모두 존재하지 않는 연결그래프를 찾아라.

13 꼭지점이 6개인 완전그래프에서 한 꼭지점 s에서 다른 꼭지점 t로 가는 경로 중에서 나머지 네 꼭지점 중 두 꼭지점만 거쳐서 가는 경로의 개수는 ${}_4C_2 \cdot 2! = 6 \cdot 2 = 12$임을 설명하고, 12가지를 그려라.

14 그래프가 n개의 꼭지점을 가지고 있고, 모든 꼭지점들 사이에 변이 존재한다고 가정하자. 그런 그래프를 꼭지점이 n개인 완전그래프라고 한다. 이때 한 꼭지점 s에서 다른 꼭지점 t로 가는 경로의 개수는 몇 가지인가?

15 다음 그래프에서 해밀턴회로를 찾아라.

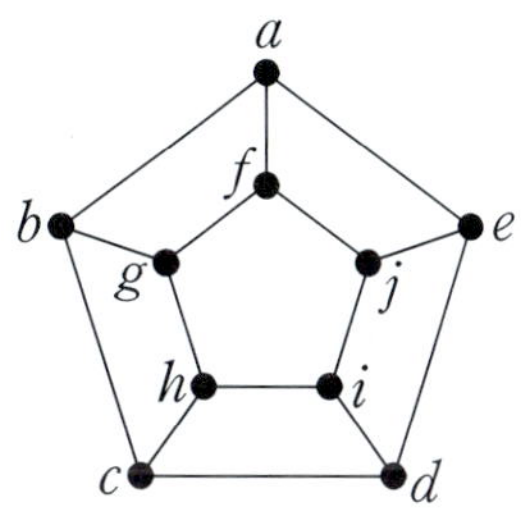

16 다음 그래프에 해밀턴회로가 존재하는지 판별하고, 존재하는 경우 해밀턴회로를 찾아라.

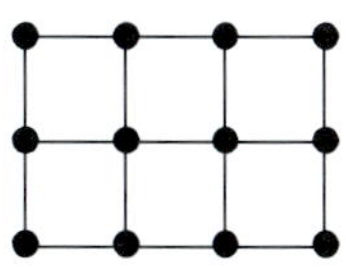
(a)

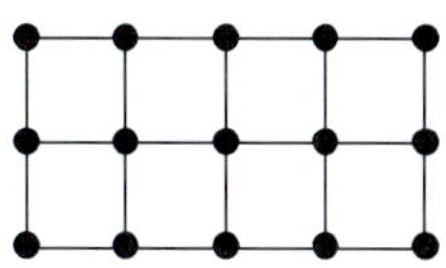
(b)

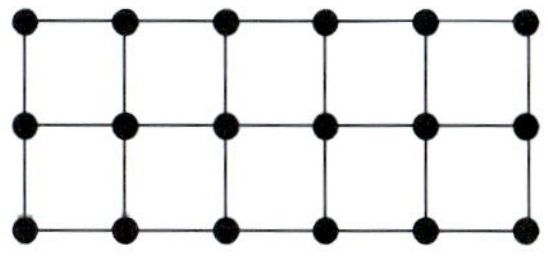
(c)

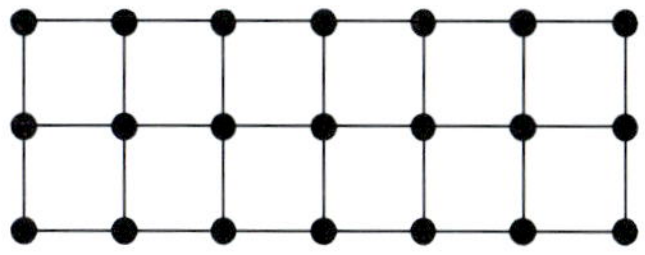
(d)

17 다음 그림은 정다면체를 평면그래프로 나타낸 것이다. 각각의 그래프에서 오일러회로와 해밀턴회로를

찾아라.

(1) 정사면체

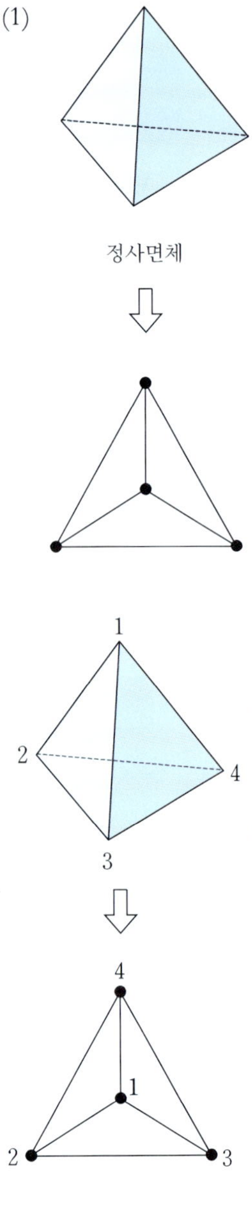

(2) 정육면체

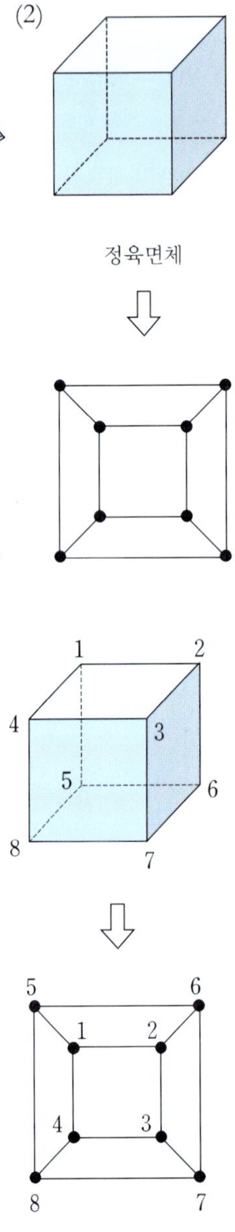

(3) 정팔면체

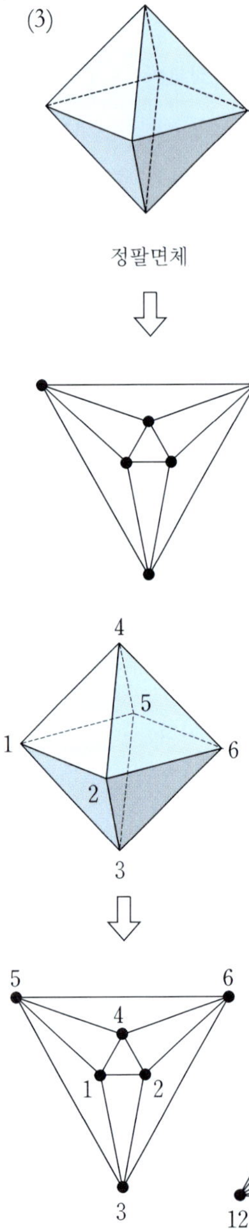

(4) 정십이면체

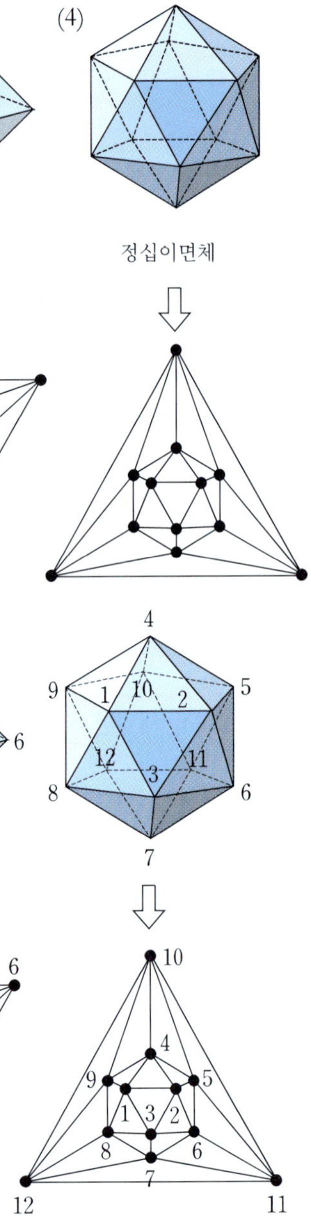

18 5자리 이진수 그레이 코드를 작성하여라.

5.4 평면그래프

세 집에 전기, 전화, 수도를 아래 그림과 같이 가설하려고 할 때 전선, 전화선, 수도관을 서로 교차하지 않도록 가설하는 것이 가능하다.

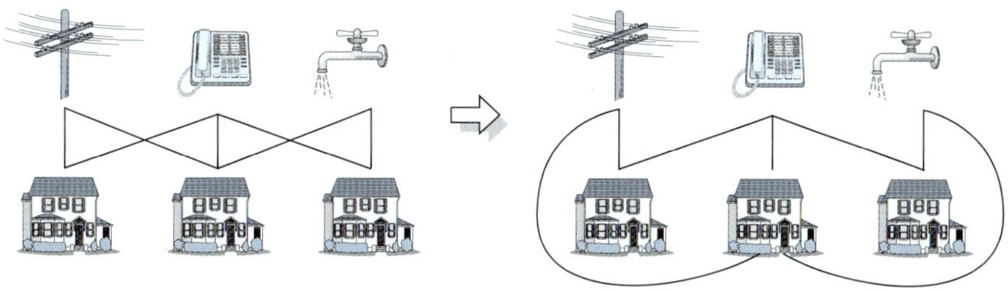

그림 5-17

한편 세 집에 전기, 전화, 수도를 모두 가설하려고 할 때 전선, 전화선, 수도관을 서로 교차하지 않도록 가설하는 것이 가능한지에 대하여 알아보도록 하자.

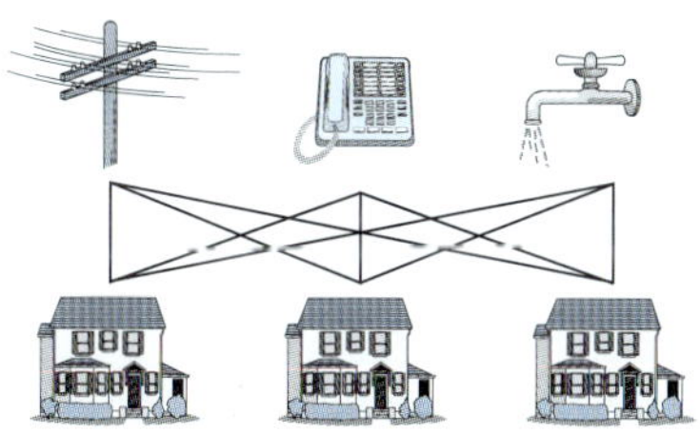

그림 5-18

정의 5.4.1

변이 서로 교차하지 않도록 그래프 G를 평면에 그릴 수 있으면 G를 **평면그래프**(planar graph)라고 한다. 한편, 평면그래프에서 교차하지 않는 변에 의하여 나누어지는 영역을 그 평면그래프의 **면**(face)이라 한다.

예제 5.4.1 다음 그래프가 평면그래프인지 판별하여라.

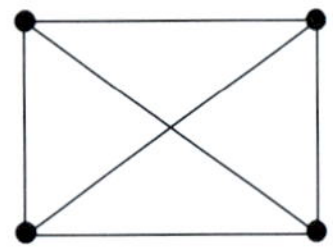

:: 풀이 주어진 그래프를 어떤 변도 꼭지점이 아닌 곳에서는 교차하지 않도록 다음과 같이 다시 그릴 수 있으므로 평면그래프이다.

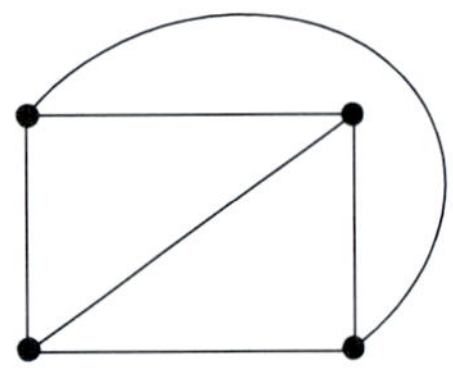

정리 5.4.1

오일러의 공식

연결된 평면그래프 G에서 꼭지점의 수를 v, 변의 수를 e, 면의 수를 f라 하면

$$v-e+f=2$$

이다.

증 명 e에 관한 수학적 귀납법을 이용하여 증명한다. 먼저 $e=0$일 때는 $G=K_1$이다. 이 때, $v=1$, $f=1$이므로 $v-e+f=1-0+1=2$ 가 성립한다. $e=1$일 때는 G는 다음과 같은 두 가지다.

(1) (2)

(1)의 경우 $v=1$, $f=2$이므로 $v-e+f=1-1+2=2$이다.

(2)의 경우 $v=2$, $f=1$이므로 $v-e+f=2-1+1=2$이다. 즉, $e=1$인 경우 오일러의 공식이 성립한다. $e=k$일 때 오일러의 공식이 성립한다고 가정하고 $e=k+1$일 때 성립함을 보이자. $e=k$인 연결된 평면그래프에 변을 하나 추가해서 얻는 연결된 평면그래프의 형태는 다음과 같은 두 가지 경우뿐이다. 첫째는 변이 추가될 때 새로운 꼭지점이 추가되는 경우다. 이 경우에 꼭지점은 하나 증가하나 면의 수에는 변함이 없다. 그러므로 $(v+1)-(e+1)+f=v-e+f=2$가 성립한다. 둘째는 변이 추가될 때 기존의 꼭지점 사이를 변으로 연결하는 경우다. 이 경우에 꼭지점은 증가하지 않으나 면의 수가 하나 증가하게 된다. 그러므로 $v-(e+1)+(f+1)=v-e+f=2$가 성립한다.

예제 5.4.2 예제 5.4.1의 그래프에서 오일러의 공식이 성립함을 보여라.

:: 풀이 꼭지점의 수를 v, 변의 수를 e, 면의 수를 f라고 하면 $v=4$, $e=6$, $f=4$이므로 $v-e+f=4-6+4=2$이다. 따라서 오일러의 공식이 성립한다.

평면그래프는 평면을 여러 개의 **내부 면**(interior face)과 한 개의 **외부 면**(exterior face)으로 나눈다. 아래 그래프 G에서 평면은 3개의 면으로 나누어지며 R_1과 R_2는 내부 면이고, R_3는 외부 면이다. 평면그래프에서 면 R의 **경계**(boundary)를 이루는 변의 수를 면 R의 **차수**(degree)라고 하고 $d(R)$로 나타낸다.

아래 그래프 G에서 세 변 $\{v_1, v_2\}$, $\{v_2, v_3\}$, $\{v_3, v_1\}$은 내부 면 R_1의 경계를 이루며, 세 변 $\{v_1, v_3\}$, $\{v_3, v_4\}$, $\{v_4, v_1\}$은 내부 면 R_2의 경계를 이룬다. 또한, 네 변 $\{v_1, v_2\}$, $\{v_2, v_3\}$, $\{v_3, v_4\}$, $\{v_4, v_1\}$은 외부 면 R_3의 경계를 이룬다. 그러므로 $d(R_1) = 3$, $d(R_2) = 3$, $d(R_3) = 4$이다.

한편, 아래 그래프 H에서 세 변 $\{v_1, v_2\}$, $\{v_2, v_3\}$, $\{v_3, v_1\}$이 내부 면 R_1의 경계를 이루므로 $d(R_1) = 3$이고, 다섯 변 $\{v_4, v_3\}$, $\{v_3, v_1\}$, $\{v_1, v_2\}$, $\{v_2, v_3\}$, $\{v_3, v_4\}$이 외부 면 R_2의 경계를 이루므로 $d(R_2) = 5$이다.

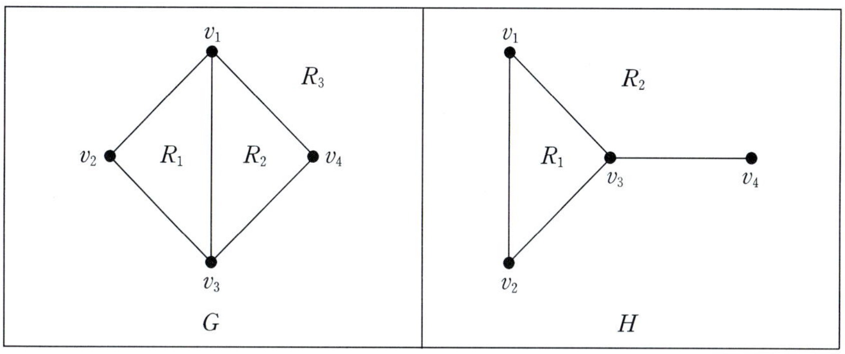

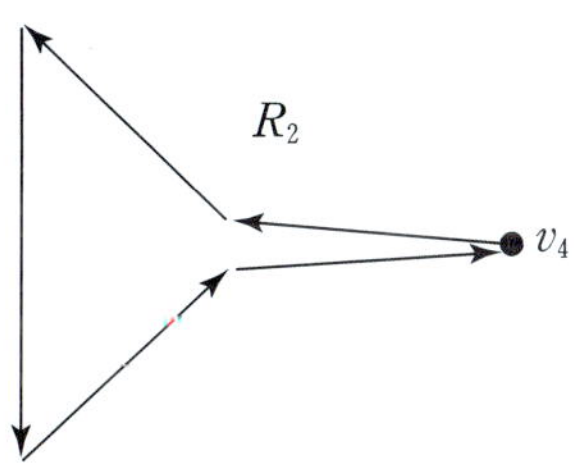

그림 5-19 H에서 R_2의 경계

그래프에서 각 변은 두 면의 경계의 일부이다.

예제 5.4.3 아래 그래프에서 면 R_1과 R_2의 차수를 구하여라.

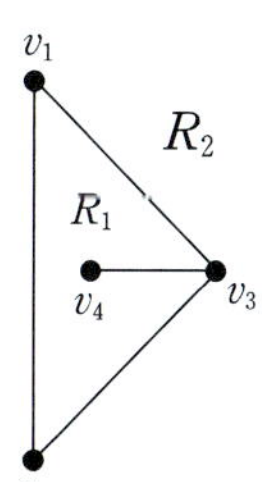

풀이 그래프에서 다섯 변 $\{v_4, v_3\}$, $\{v_3, v_1\}$, $\{v_1, v_2\}$, $\{v_2, v_3\}$, $\{v_3, v_4\}$이 내부 면 R_1의 경계를 이루므로 $d(R_1)=5$이고, 세 변 $\{v_1, v_2\}$, $\{v_2, v_3\}$, $\{v_3, v_1\}$이 외부 면 R_2의 경계를 이루므로 $d(R_2)=3$이다.

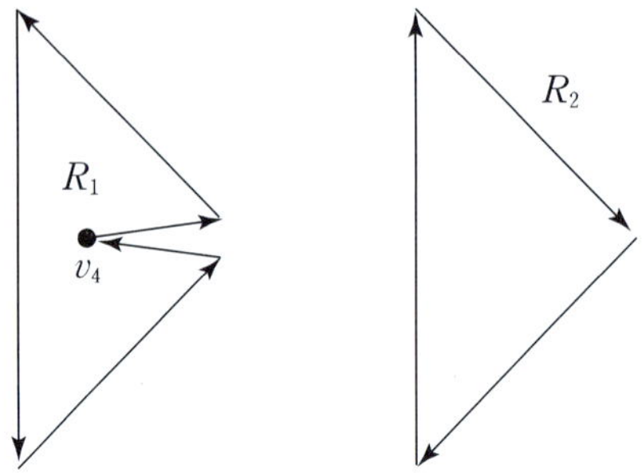

■

평면그래프에서 각 변은 두 면의 경계를 이루므로 면의 차수와 변의 수 사이에 다음 식이 성립한다.

정리 5.4.2

평면그래프에서 면의 차수의 합은 변의 수의 2배이다.

정리 5.4.3

연결된 평면 단순그래프 G에서 꼭지점의 수를 $v(\geq 3)$, 변의 수를 e라 하면

$$e \leq 3v-6$$

이다.

증명 G가 연결된 평면 단순그래프이므로 모든 면의 차수는 3이상이다. 따라서

$$2e = \sum_R d(R) \geq 3f$$

(여기서, $\sum$는 모든 면에 관한 합이며 f는 G의 면의 수이다)

오일러의 공식으로부터 $2=v-e+f \leq v-e+\frac{2e}{3}=v-\frac{e}{3}$이므로 $e \leq 3v-6$이다.

예제 5.4.4 완전그래프 K_5는 평면그래프가 아님을 보여라.

풀이 K_5가 평면그래프라면 $e \leq 3v-6$이다. 그러나 K_5에서 $v=5$, $e=10$이고 $3v-6=9<10=e$이므로 K_5는 평면그래프가 아니다. ■

정리 5.4.4

길이 3인 회로를 포함하지 않는 연결된 평면 단순그래프 G에서 꼭지점의 수를 $v(\geq 4)$, 변의 수를 e라 하면

$$e \leq 2v-4$$

이다.

증명 G가 길이 3인 회로를 포함하지 않는 그래프이므로 G에서 각 회로의 길이는 4이상이다. 그러므로

$$2e = \sum_R d(R) \geq 4f$$

(여기서, $\sum$는 모든 면에 관한 합이며 f는 G의 면의 수이다.)

오일러의 공식으로부터 $2 = v-e+f \leq v-e+\frac{2e}{4} = v-\frac{e}{2}$이므로 $e \leq 2v-4$이다.

예제 5.4.5 완전이분그래프 $K_{3,3}$는 평면그래프가 아님을 보여라.

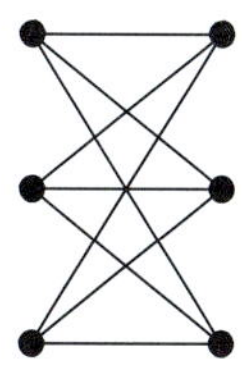

$K_{3,3}$

풀이 $K_{3,3}$에서 가장 짧은 회로의 길이가 4이다. 그러므로 $K_{3,3}$가 평면그래프라면 $e \leq 2v-4$이다. 그러나 $K_{3,3}$에서 $v=6$, $e=9$이고 $2v-4=8<9=e$이므로 $K_{3,3}$는 평면그래프가 아니다. ■

정의 5.4.2

그래프 $G=(V, E)$의 변 위에 꼭지점을 추가하고, 그에 따라 분할된 모든 변을 추가한 그래프를 G의 **부분분할그래프**(elementary subdivision)라 한다.

예를 들어 아래 그림의 그래프 H는 G의 부분분할그래프이다.

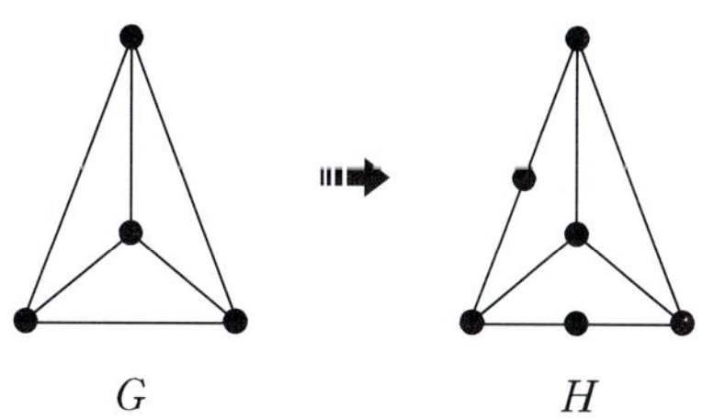

그림 5-20

분명히, 어떤 그래프가 평면그래프라는 것과 그 부분분할그래프가 평면그래프라는 것은 동치이다. 다음 정리는 그래프가 평면그래프임을 판정하는 대표적인 정리이다. 증명없이 정리만 소개한다.

정리 5.4.5

Kuratowski 정리

그래프 G가 평면그래프가 아닐 필요충분조건은 G가 K_5나 $K_{3,3}$의 부분분할그래프와 동형인 부분그래프를 포함하는 것이다.

예제 5.4.6 완전그래프 $K_{m,n}$이 평면그래프일 필요충분조건은 $\min\{m,n\} \le 2$ 이다.

풀이 $K_{1,1}$, $K_{1,2}$, $K_{2,1}$, $K_{2,2}$는 분명히 평면그래프이다. 역으로 $\min\{m, n\} \ge 3$이라 가정하자. 그러면 $K_{m,n}$은 평면그래프가 아닌 $K_{3,3}$을 부분그래프로 가지므로 $K_{m,n}$은 평면그래프가 아니다. ■

연습문제 5.4

01 다음 그래프들이 평면그래프인지 아닌지를 판별하여라.

(1)

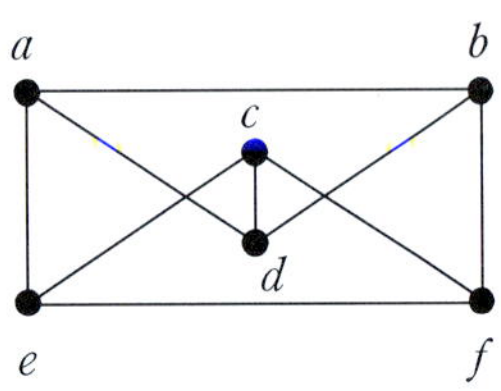

(2)

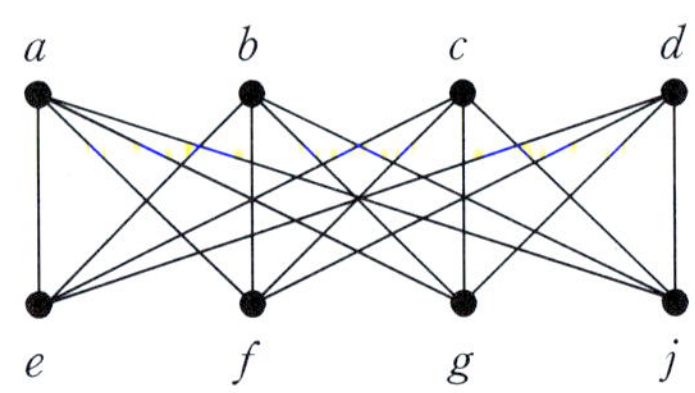

(3)

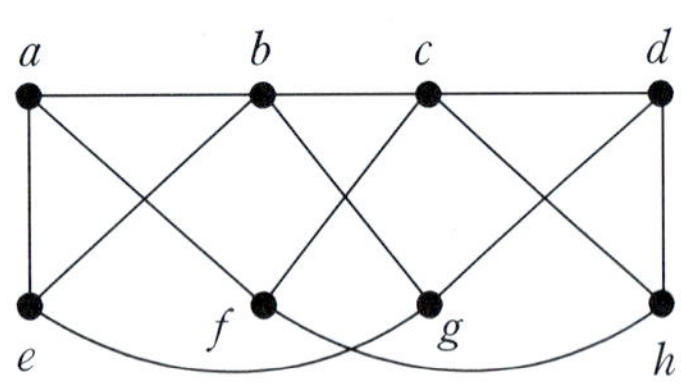

(4)

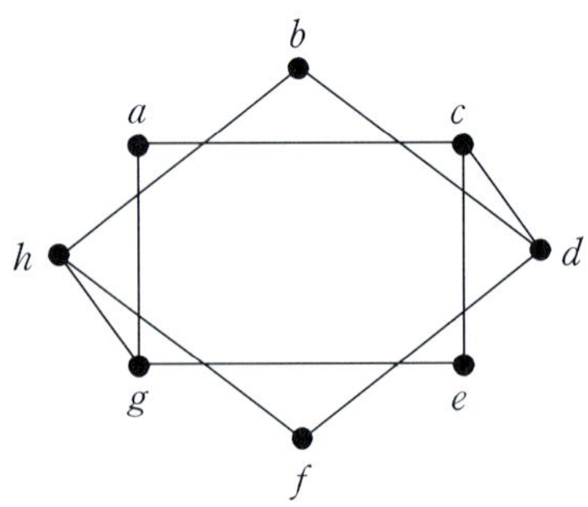

(5)

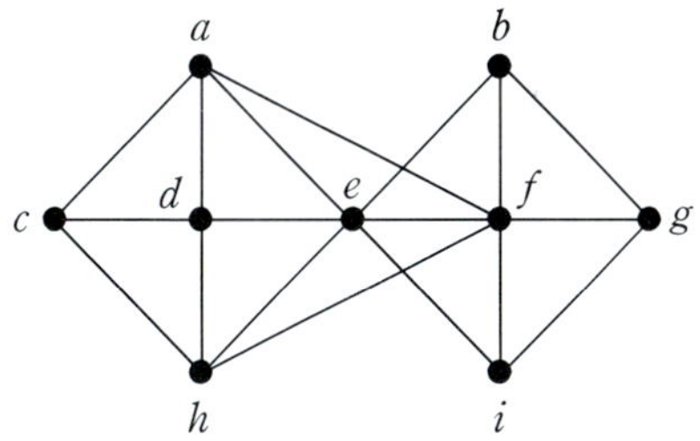

02 다음 그래프들이 평면그래프인지 아닌지를 판별하여라.

(1)

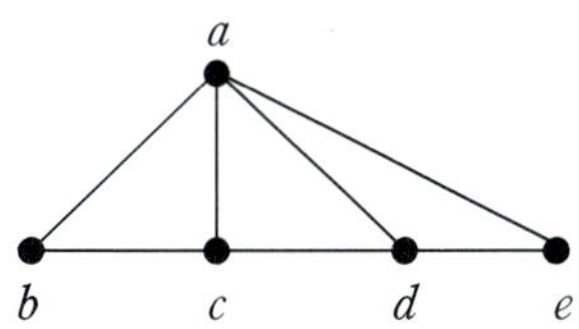

(2)

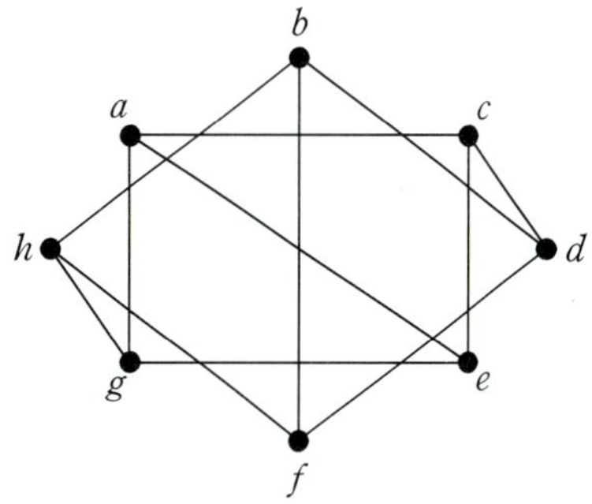

(3)

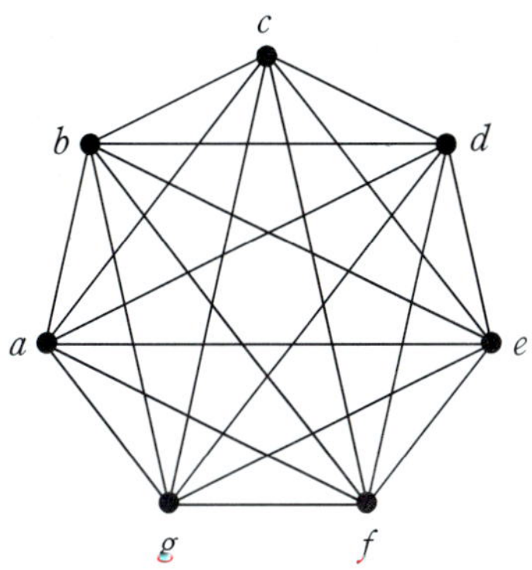

(4)

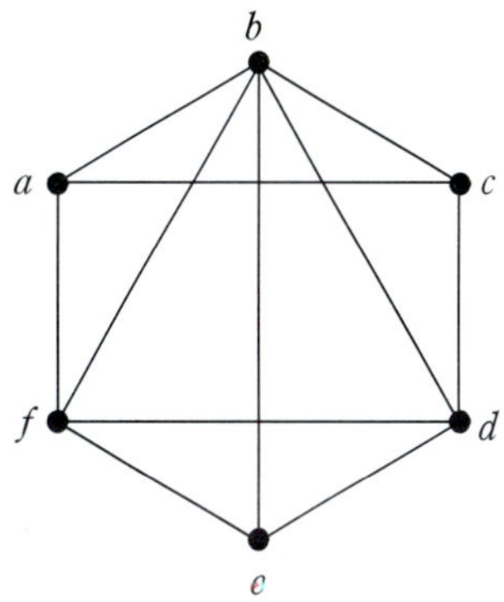

(5)

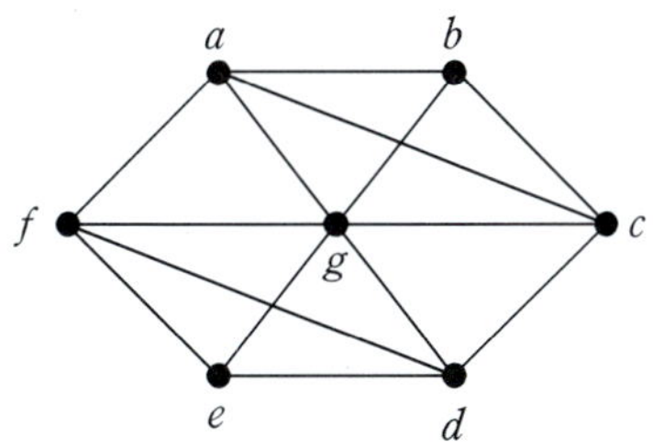

03 다음 그래프에서 오일러의 공식이 성립함을 확인하여라.

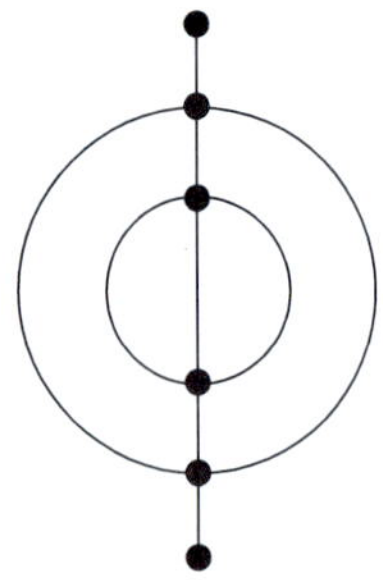

04 꼭지점이 4개인 그래프는 항상 평면그래프임을 보여라. 이 사실로부터 꼭지점이 n개인 완전그래프 K_n이 평면그래프일 필요충분조건은 $n \leq 4$임을 알 수 있다.

05 꼭지점이 12개이고 모든 꼭지점의 차수가 3인 연결된 평면그래프에는 면과 변이 몇 개인가?

06 연결된 평면그래프 G에는 차수가 5이하인 꼭지점이 존재함을 보여라.

07 (1) 아래 평면그래프 G는 서로 만나지 않는 2개의 연결된 부분그래프 G_1, G_2로 이루어져 있다. G_1의 면의 수 f_1, G_2의 면의 수 f_2, G의 면의 수 f를 구하고 $f-(f_1+f_2)$를 구하여라.

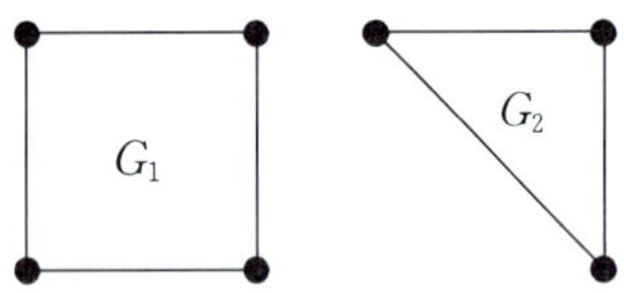

G

(2) 평면그래프 G는 서로 만나지 않는 k개의 연결된 부분그래프 G_1, G_2, $\cdots$, G_k로 이루어져 있다. G의 꼭지점의 수를 v, 변의 수를 e, 면의 수를 f라 하면 $v-e+f$의 값은 얼마인가?

5.5 그래프 색칠문제

평면 위에 그려진 임의의 지도는 평면그래프로 바꿀 수 있다. 국경을 공유하고 있는 나라는 서로 다른 색을 칠하여 구분하도록 지도를 색칠하는 문제에 대하여 생각해보자. 이 문제는 그래프의 모든 꼭지점에 색칠하되 인접한 꼭지점은 다른 색을 칠하는 문제로 바꿀 수 있다. 임의의 평면그래프는 4가지 색만을 이용하여 채색하는 것이 가능하다는 것이 **4색문제**(4 color problem)이다.

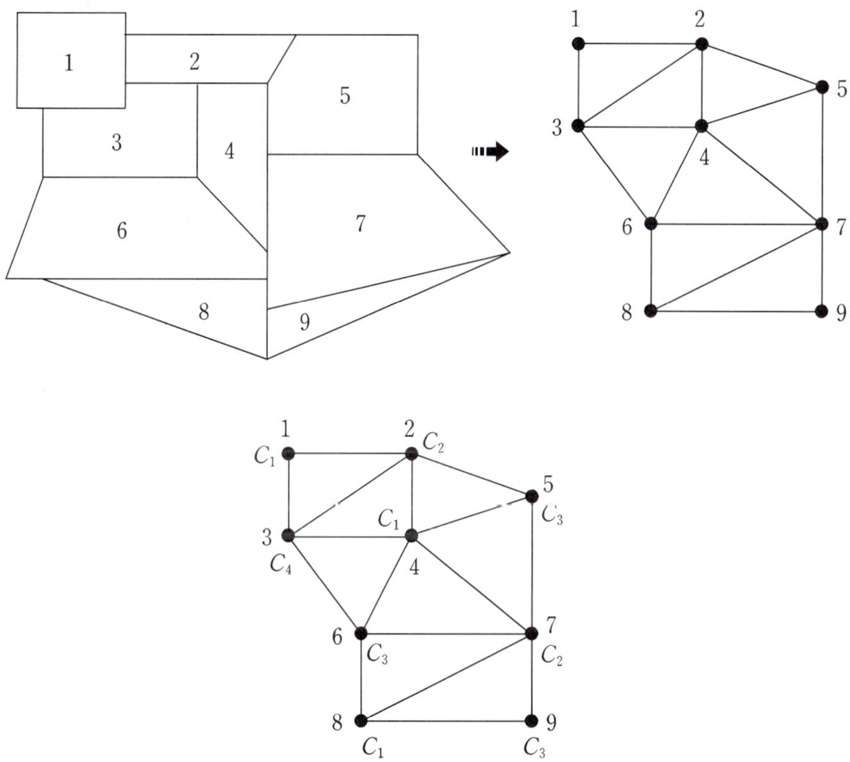

C_1 : 빨강, C_2 : 파랑, C_3 : 검정, C_4 : 초록

그림 5-21

1976년 미국 일리노이대학의 아펠(Kenneth Appel)과 하켄(Wolfgang Haken)은 고속컴퓨터를 사용하여 이를 증명하였다.

정의 5.5.1

그래프에서 변으로 연결된 두 꼭지점을 서로 다른 색으로 모든 꼭지점을 색칠할 때, 그래프를 **적절하게 색칠**(proper coloring)한다고 한다.

꼭지점의 개수가 n인 완전그래프를 적절하게 색칠하기 위해서는 n개의 색이 필요하다.

예제 5.5.1 다음 그래프를 적절하게 색칠할 수 있는 최소의 색의 수를 구하여라.

(1) (2)

G H

풀이 (1)

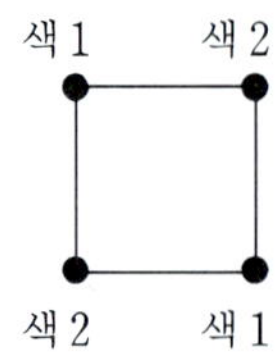

G

위의 그림에서 주어진 그래프를 적절하게 색칠할 수 있는 최소의 색의 수는 2이다.

(2)

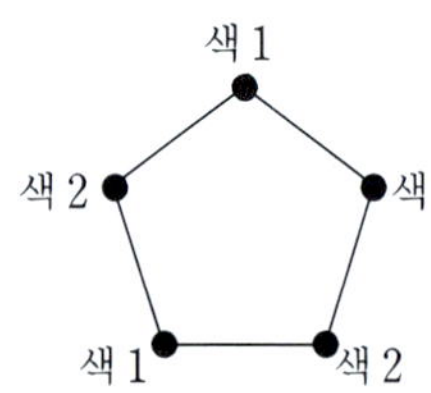

H

위의 그림에서 주어진 그래프를 적절하게 색칠할 수 있는 최소의 색의 수는 3이다.

예제 5.5.2 A, B, C, D, E, F는 어느 학교의 다음 표와 같은 여섯 개의 소속위원회의 회의때마다 꼭 참석해야 하는 위원들이다. 전체 위원회의 회의에 필요한 시간대의 개수는 최소 몇 개인가?

	A	B	C	D	E	F
교무위원회	○					○
예산위원회		○	○			
장학위원회	○		○		○	
학사위원회		○	○		○	
기획위원회				○	○	
학생위원회						○

풀이 각 위원회를 꼭지점으로 하고 공통으로 소속된 위원이 있는 두 위원회에 해당하는 꼭지점을 변으로 이으면 아래 그림과 같다. 회의 시간을 잡는 것을 꼭지점을 색칠하는 것으로 생각하면, 같은 위원이 소속된 두 위원회는 동시에 회의 시간을 잡을 수 없으므로 인접한 꼭지점은 다른 색으로 색칠해야 한다. 이 그래프는 완전그래프 K_3를 부분그래프로 포함하고 있으므로 최소 3가지 색은 필요하며 다음 그림과 같이 3가지 색으로 적절하게 색칠가능하다. 따라서 전체 위원회의 회의에 필요한 최소의 시간 수는 3시간이다.

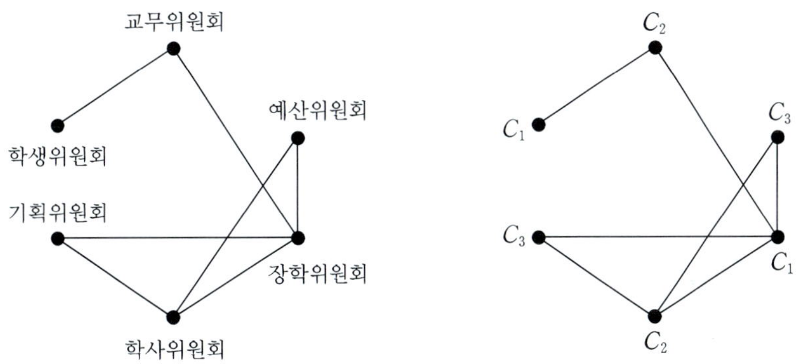

다음과 같은 방법을 이용하여 최소의 색으로 그래프를 색칠할 수 있다.

그래프 색칠 방법

(1) 그래프에서 차수가 가장 높은 꼭지점부터 순서대로 배열한다. 단, 차수가 같은 꼭지점의 순서는 임의로 한다.
(2) 차수가 가장 높은 꼭지점을 첫 번째 색으로 칠한다.
(3) 색칠한 꼭지점과 변으로 연결되어 있지 않은 꼭지점 중에서 서로 연결되어 있지 않은 꼭지점을 (1)의 배열 순서에 따라 같은 색으로 칠한다.
(4) 색칠하지 않은 꼭지점 중에서 차수가 가장 높은 꼭지점을 다른 색으로 칠하고, 배열한 꼭지점을 모두 칠할 때까지 (3)의 과정을 반복한다.

예제 5.5.3 어느 대학교의 수학과 학생들은 1학기에 다음과 같은 5개의 과정 중에서 한 과정을 선택하여 강의를 듣고 있다.

과정 1	이산수학	영어	자료구조	알고리즘
과정 2	이산수학	영어	실용전산	선형대수
과정 3	자료구조	실용전산	대수학	해석학
과정 4	기하학	선형대수	대수학	수치해석
과정 5	기하학	대수학	실용전산	영어

같은 과정에 있는 과목끼리는 다른 시간에 시험을 볼 수 있도록 중간고사 시간표를 작성할 때, 필요한 최소의 시간 수를 구하여라(단, 한 과목당 시험 시간은 한 시간이다).

풀이 각 과목을 꼭지점으로 하고 같은 과정에 있는 과목에 해당하는 꼭지점을 변으로 이으면 아래 그림과 같다.

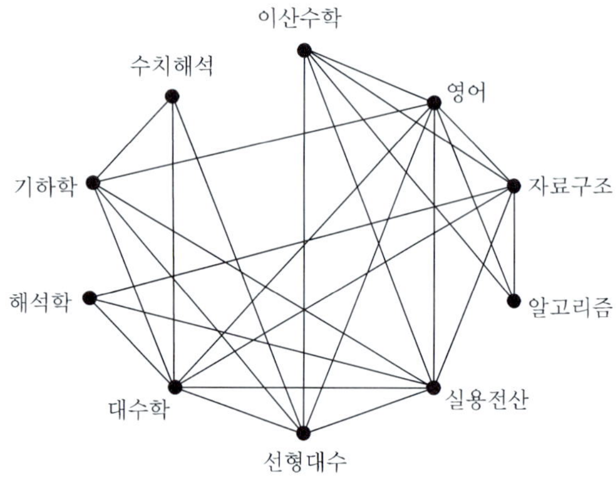

중간고사 시험 시간을 잡는 것을 꼭지점을 색칠하는 것으로 생각하면, 같은 과정에 있는 과목은 동시에 시험 시간을 잡을 수 없으므로 인접한 꼭지점은 다른 색으로 적절하게 색칠해야 한다. 이 그래프는 완전그래프 K_5를 부분그래프로 포함하고 있으므로 최소 5가지 색은 필요하다.

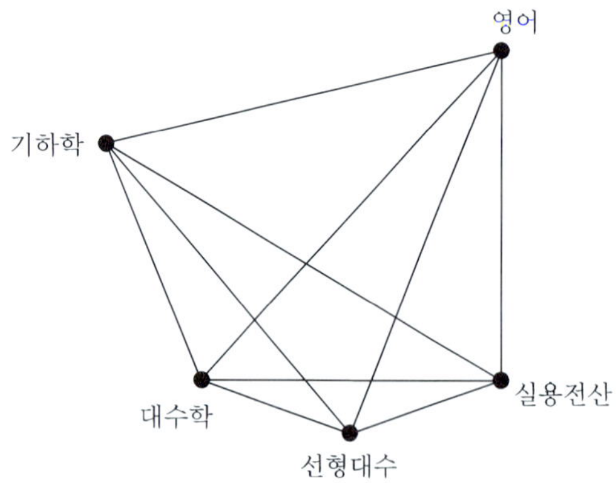

다음 그림과 같이 5가지 색만으로 적절하게 색칠가능하다. 따라서 중간고사 시간표를 작성할 때, 필요한 최소의 시간 수는 5시간이다.

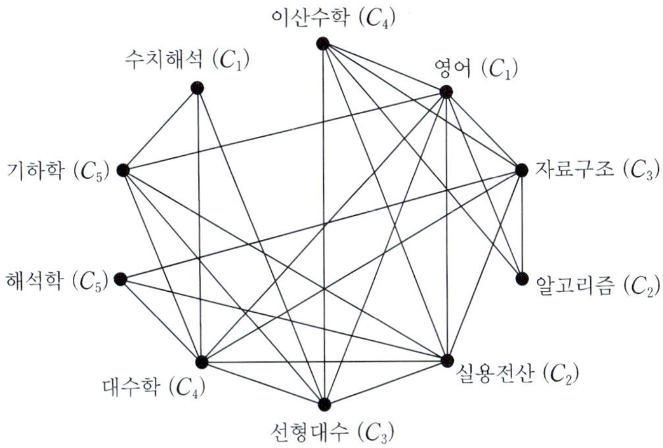

정의 5.5.2

그래프 G의 꼭지점을 x개 이하의 색으로 적절하게 색칠할 수 있는 방법의 수를 $P(G, x)$라고 하면, $P(G, x)$는 x에 대한 다항식이 되고, 이 다항식을 G의 **채색다항식**(chromatic polynomial)이라고 한다. 이 때 $P(G, x) \neq 0$을 만족하는 최소값 x를 G의 **채색수**(chromatic number)라 하며 $\chi(G) = x$로 나타낸다.

예를 들면 아래 그래프 G의 꼭지점을 x개 이하의 색으로 적절하게 색칠할 경우, 꼭지점 a에 색칠하는 방법의 수는 x가지, 꼭지점 b에 색칠하는 방법의 수는 $(x-1)$가지, 꼭지점 c에 색칠하는 방법의 수는 $(x-2)$가지이므로 $P(G, x) = x(x-1)(x-2)$가 되고 $P(G, x) = x(x-1)(x-2) \neq 0$을 만족하는 x의 최소값은 3이다.

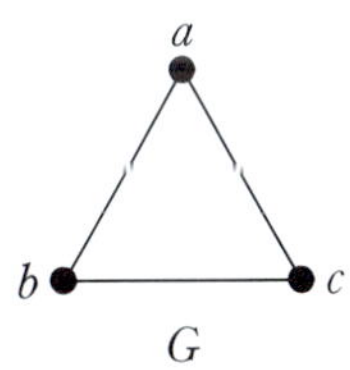

그림 5-22

예제 5.5.4 그래프 H의 꼭지점을 x개 이하의 색으로 적절하게 색칠할 수 있는 방법의 수 $P(H, x)$를 구하여라.

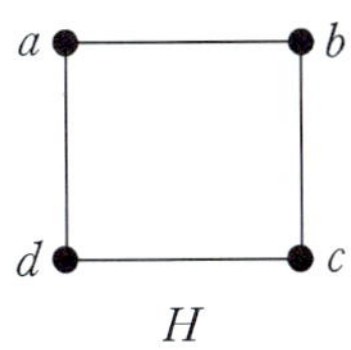

풀이 꼭지점 b, d에 같은 색을 칠하는 경우와 다른 색을 칠하는 경우로 나누어 생각한다.

(i) 꼭지점 b, d에 같은 색을 칠하는 경우

꼭지점 a에 색칠하는 방법의 수는 x가지

꼭지점 b, d에 색칠하는 방법의 수는 $(x-1)$가지

꼭지점 c에 색칠하는 방법의 수는 $(x-1)$가지

따라서, 꼭지점 b, d에 같은 색을 칠하는 경우의 수는 $x(x-1)^2$가지

(ii) 꼭지점 b, d에 다른 색을 칠하는 경우

꼭지점 a에 색칠하는 방법의 수는 x가지

꼭지점 b, d에 색칠하는 방법의 수는 $(x-1)(x-2)$가지

꼭지점 c에 색칠하는 방법의 수는 $(x-2)$가지

따라서, 꼭지점 b, d에 다른 색을 칠하는 경우의 수는 $x(x-1)(x-2)^2$가지

(i), (ii)에 의해서

$$P(H,\ x) = x(x-1)(x-2)^2 + x(x-1)^2 = x(x-1)(x^2-3x+3)$$

■

예제 5.5.5 그래프 K의 꼭지점을 x개 이하의 색으로 적절하게 색칠할 수 있는 방법의 수 $P(K,\ x)$를 구하고 채색수 $\chi(K)$를 구하여라.

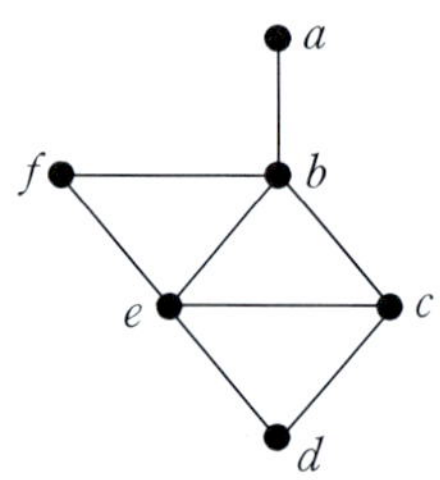

K

풀이 그래프의 꼭지점의 차수가 높은 순서 e, b, c, d, f, a로 배열한다. 차수가 큰 꼭지점부터 칠한다.

e에 색칠하는 방법 수는 x,

그 다음 b에 색칠하는 방법 수는 $x-1$, 그 다음 c에 색칠하는 방법 수는 $x-2$,

그 다음 d에 색칠하는 방법 수는 $x-2$, 그 다음 f에 색칠하는 방법 수는 $x-2$,

그 다음 a에 색칠하는 방법 수는 $x-1$.

따라서 $P(K,\ x) = x(x-1)^2(x-2)^3$

$P(K,\ x) \neq 0$이 되는 최소의 x값은 3이므로 $\chi(K) = 3$이다. ■

다음은 채색다항식을 효율적으로 구하는 방법이다.

정리 5.5.1

(1) 그래프 G가 꼭지점을 공유하지 않는 두 부분그래프 G_1, G_2로 나뉠 때,

$$P(G,\ x) = P(G_1,\ x)\ P(G_2,\ x)$$

이다.

(2) 그래프 G가 꼭지점을 공유하지 않는 m개의 부분그래프 G_1, G_2, $\cdots$, G_m로 나뉠 때

$$P(G, x) = P(G_1, x)\ P(G_2, x) \cdots P(G_m, x)$$

이다.

예를 들어 아래의 그래프 G에 대하여

$$P(G_1, x) = x(x-1)(x^2-3x+3)\text{이고 } P(G_2, x) = x(x-1)(x-2)\text{이므로}$$
$$P(G, x) = P(G_1, x)P(G_2, x) = x^2(x-1)^2(x-2)(x^2-3x+3)$$

이다.

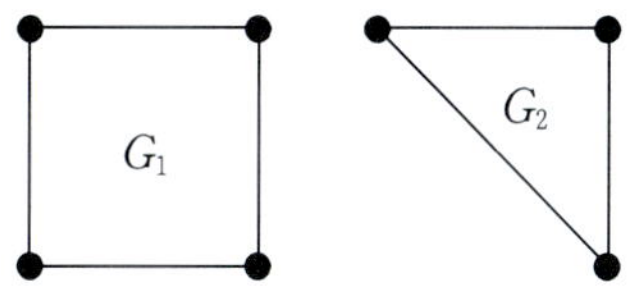

G

그림 5-23

그래프 G에서 한 변 e를 없앤 그래프를 G_e라 하고 G_e에서 변 e의 양 끝점을 동일시 한 것을 G^e라 하자.

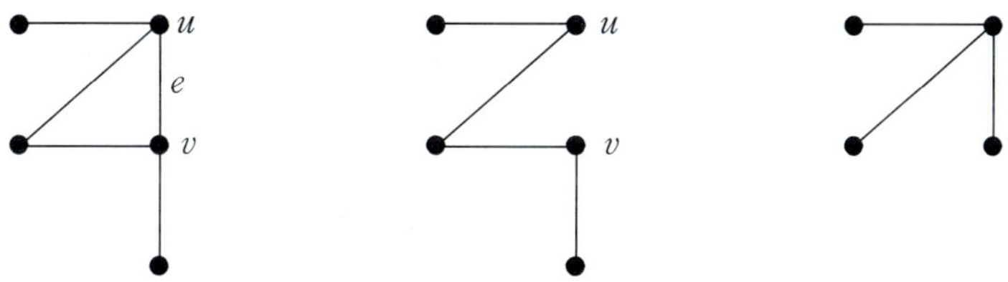

G G_e G^e

그림 5-24

정리 5.5.2

e가 그래프 G의 한 변일 때

$$P(G, x) = P(G_e, x) - P(G^e, x)$$

이다.

증명 변 e의 양끝점을 u, v라 하자. G_e의 꼭지점을 x개 이하의 색으로 적절하게 색칠하는 방법은 u와 v가 다른 색인 경우와 u와 v가 같은 색인 두 가지의 경우로 분류할 수 있다.

(i) u와 v가 다른 색을 가지는 경우는 G의 적절한 색칠이다.

(ii) u와 v가 같은 색을 가지는 경우는 G^e의 적절한 색칠이다.
한편 G_e의 다른 꼭지점들은 G와 똑같은 상태이다. 그러므로
$P(G_e, x) = P(G, x) + P(G^e, x)$ 또는
$P(G, x) = P(G_e, x) - P(G^e, x)$이다.

예제 5.5.6 (1) 다음 그래프의 채색다항식 $P(G, x)$을 구하여라.

G

(2) 다음 그래프의 채색다항식 $P(G, x)$을 구하여라.

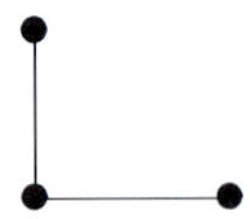

G

(3) 다음 그래프의 채색다항식 $P(G, x)$을 구하여라.

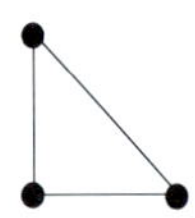

G

풀이 (1)

G G_e G^e

그래프 G의 채색다항식은 $x^2 - x = x(x-1)$이다.

(2)

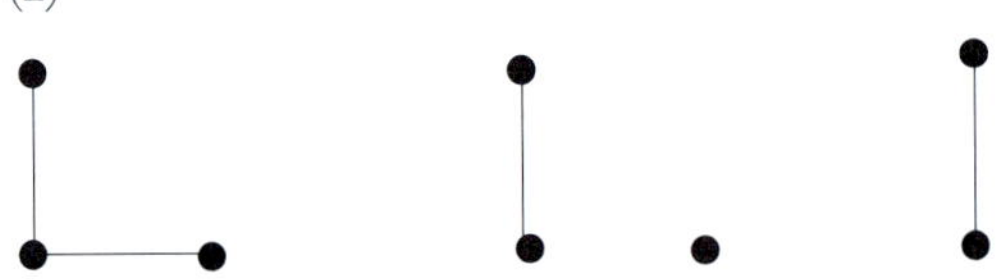

G G_e G^e

그래프 G의 채색다항식은 $[x(x-1)]x - x(x-1) = x(x-1)^2$이다.

(3)

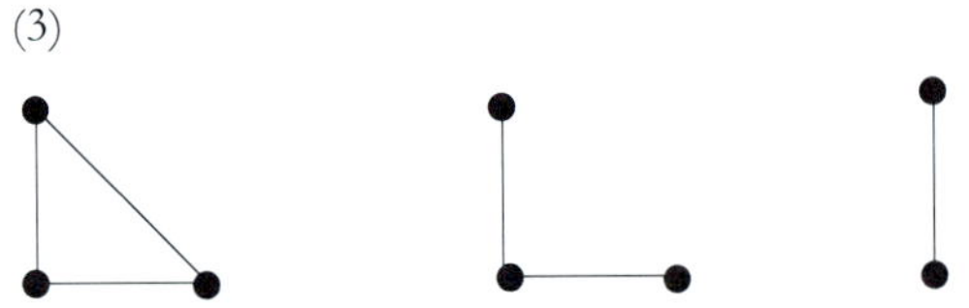

G G_e G^e

그래프 G의 채색다항식은 $x(x-1)^2 - x(x-1) = x(x-1)(x-2)$이다.

예제 5.5.7 다음 그래프 G의 채색다항식 $P(G, x)$을 구하여라.

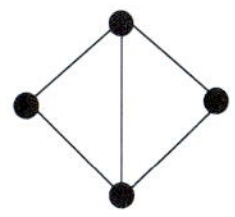

G

풀이

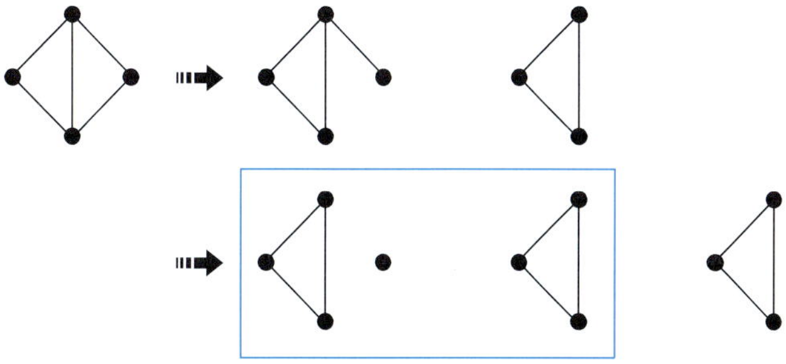

위 그래프 G의 채색다항식은

$$P(G, x) = x(x-1)(x-2)x - 2x(x-1)(x-2)$$
$$= x(x-1)(x-2)^2$$

이다. ■

연습문제 5.5

01 다음 그래프의 채색수를 구하여라.

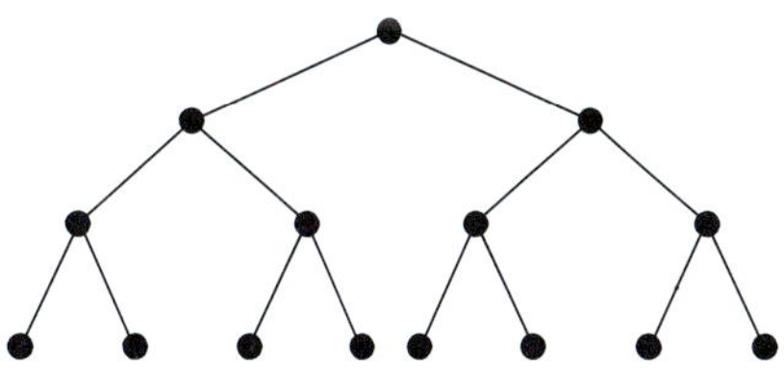

02 완전이분그래프 $K_{m,n}$의 채색수를 구하여라.

03 다음 그래프의 채색수를 구하여라.

(1)

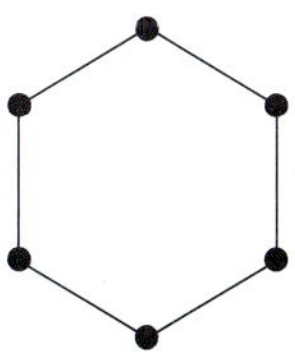

(2)

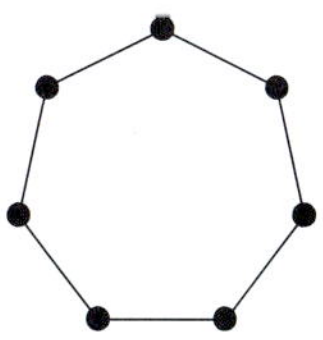

(3)

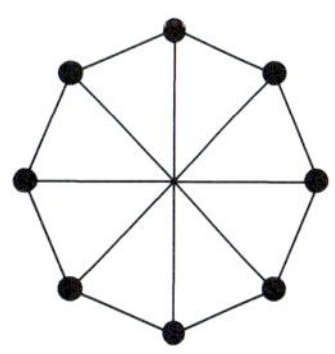

04 다음 그래프의 채색수를 구하여라.

(1)

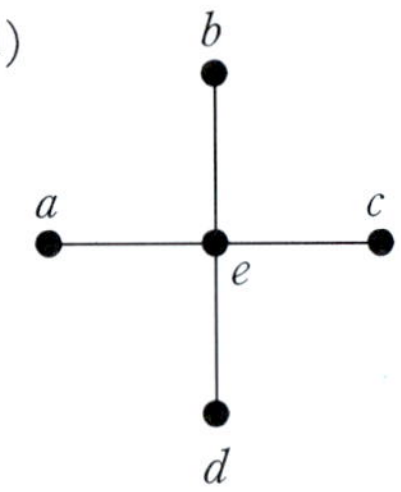

(2)

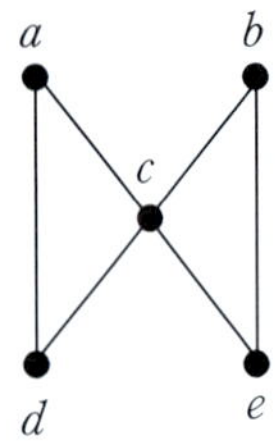

(3)

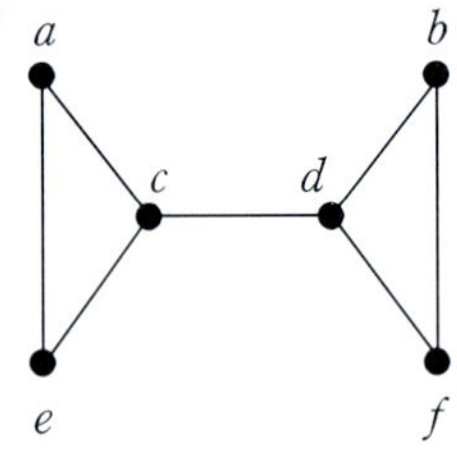

(4)

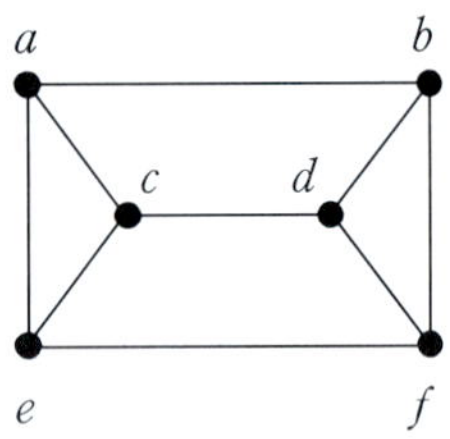

(5)

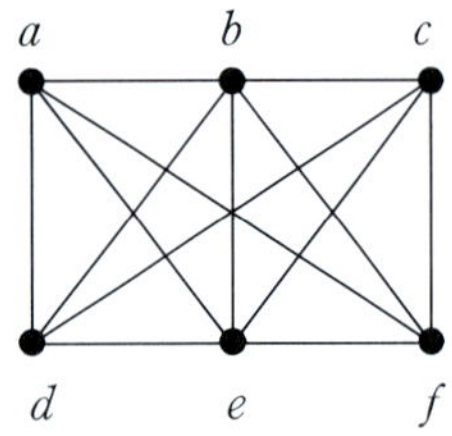

05 그래프 G가 꼭지점과 변의 개수가 각각 $n(n \geq 3)$이고, n각형과 같은 모양의 그래프라 하자. n이 짝수일 때 G의 채색수를 구하여라.

06 그래프 G가 꼭지점과 변의 개수가 각각 $n(n \geq 3)$이고, n각형과 같은 모양의 그래프라 하자. n이 홀수일 때 G의 채색수를 구하여라.

07 다음 그래프들의 채색다항식 $P(G, x)$를 구하여라.

(1) G

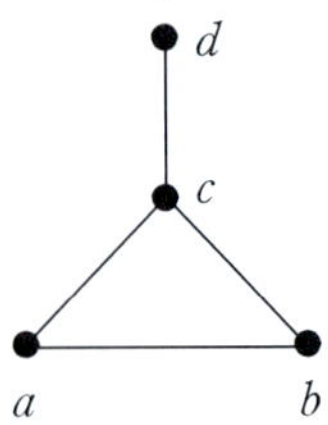

G

(2) G

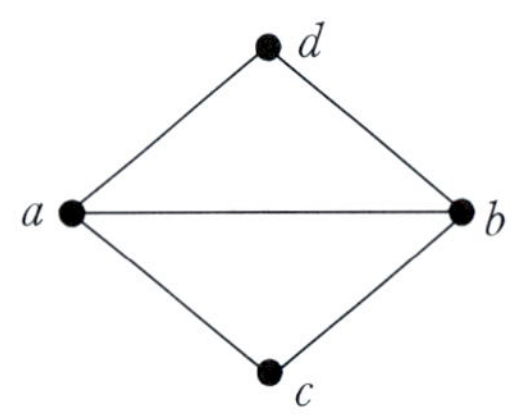

(3)

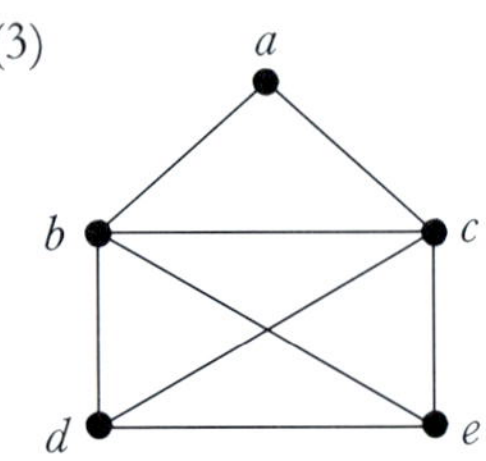

G

(4)

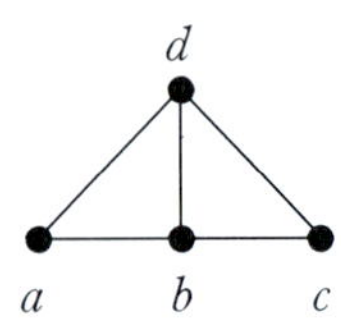

G

(5)

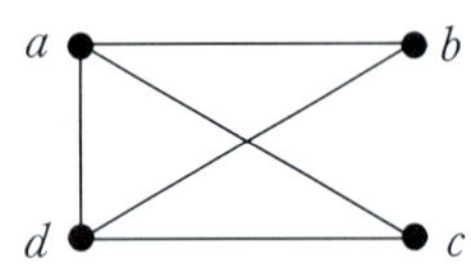

G

08 다음 그래프의 채색다항식 $P(G, x)$를 구하여라.

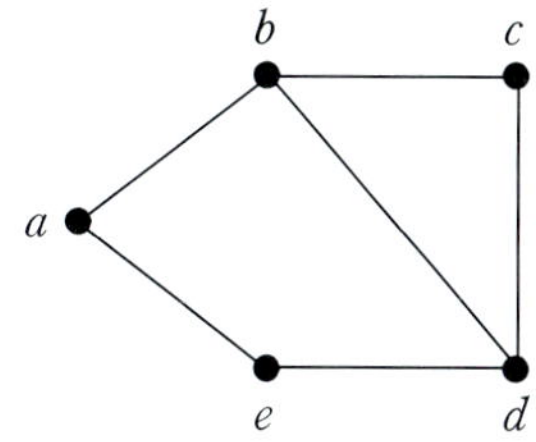

G

09 정리 5.5.2를 이용하여 다음 그래프의 채색다항식 $P(G, x)$를 구하여라.

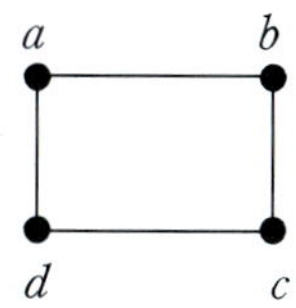

G

5.6 행렬과 그래프

그래프를 행렬로 표현하면 그 구조를 보다 쉽게 이해할 수 있는 경우가 많다. 더욱이 그래프를 컴퓨터에 입력하기 위해서는 행렬로 표현하여야 한다. 이 절에서는 그래프를 행렬로 표현하여 이해하는 방법에 대하여 알아본다.

그래프를 컴퓨터에 표현하기 위해 사용하는 방법으로는 **인접행렬**(adjacency matrix)과 **인접리스트**(adjacency list) 등이 있다.

정의 5.6.1

n개의 꼭지점 $v_1, v_2, \cdots, v_n$을 갖는 (다중)그래프 $G=(V, E)$에서 a_{ij}를 그래프 G에서 두 꼭지점 v_i와 v_j를 잇는 변의 수라고 할 때, $n \times n$ 행렬 $A(G)=(a_{ij})_{n \times n}$을 그래프 G의 **인접행렬**(adjacency matrix)이라고 한다.

단순그래프 G에서 $A(G)$의 (i,j) 원소 a_{ij}는 다음과 같다.

$$a_{ij}(=a_{ji}) = \begin{cases} 1, & (v_i, v_j) \in E \\ 0, & (v_i, v_j) \notin E \end{cases}$$

즉, 꼭지점 v_i와 v_j에 변이 있으면 행렬의 (i, j)성분과 (j, i)성분이 1이고, 변이 없으면 행렬의 (i, j)성분과 (j, i)성분이 0이다.

예제 5.6.1 다음 그래프 G를 인접행렬로 나타내어라.

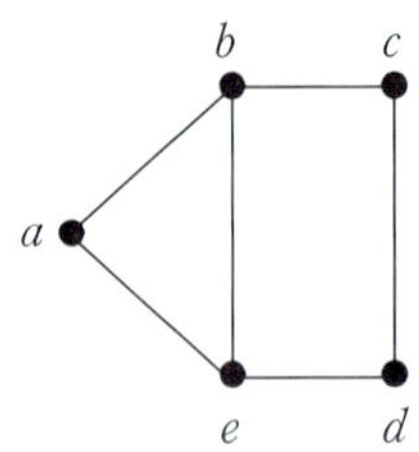

풀이 a, b, c, d, e의 순서로 그래프 G의 인접행렬을 구하여보자. 인접행렬 $A(G)$은 다음과 같다.

$$A(G)=\begin{matrix} & a & b & c & d & e \\ a & 0 & 1 & 0 & 0 & 1 \\ b & 1 & 0 & 1 & 0 & 1 \\ c & 0 & 1 & 0 & 1 & 0 \\ d & 0 & 0 & 1 & 0 & 1 \\ e & 1 & 1 & 0 & 1 & 0 \end{matrix}$$

■

예제 5.6.2 다음 그래프 G의 인접행렬 $A(G)$를 구하여라.

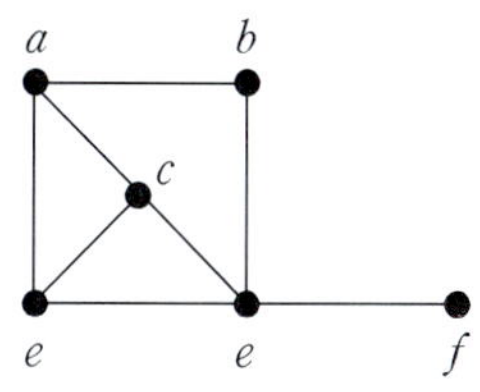

G

풀이 a, b, c, d, e, f의 순서로 그래프 G의 인접행렬을 구하여보자. 인접행렬 $A(G)$은 다음과 같다.

$$A(G)=\begin{matrix} & a & b & c & d & e & f \\ a & 0 & 1 & 1 & 1 & 0 & 0 \\ b & 1 & 0 & 0 & 0 & 1 & 0 \\ c & 1 & 0 & 0 & 1 & 1 & 0 \\ d & 1 & 0 & 1 & 0 & 1 & 0 \\ e & 0 & 1 & 1 & 1 & 0 & 1 \\ f & 0 & 0 & 0 & 0 & 1 & 0 \end{matrix}$$

■

인접리스트에서는 인접행렬의 n개 행을 n개의 연결리스트로 나타낸다. 인접리스트 방식은 각 꼭지점에 인접한 꼭지점들을 순서와 상관없이 일일이 열거하는 것이다. 인접리스트로 나타낼 때 **헤드**(head)에서 출발한 각 꼭지점은 두 개의 필드를 갖는다. 첫 번째 필드는 꼭지점 필드이고, 두 번째 필드는 **링크**(link) 필드다.

예제 5.6.3 예제 5.6.1의 그래프를 인접리스트로 나타내어라.

풀이 그래프를 인접리스트로 나타내면 다음과 같다.

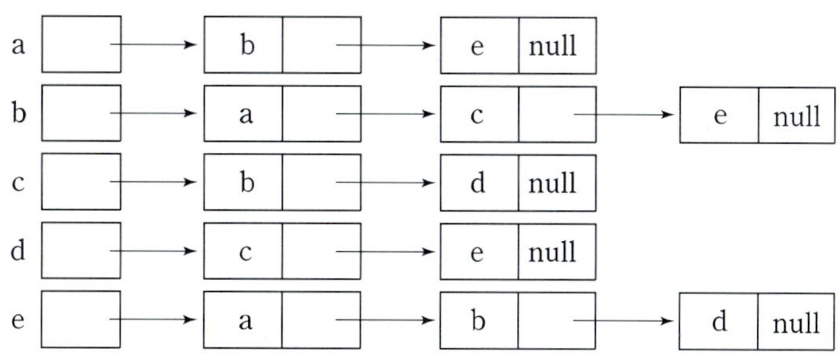

■

인접리스트에서 꼭지점은 임의의 순서로 배열해도 무방하다. 처음 값은 헤드이며, 나머지 꼭지점의 첫 번째 값은 꼭지점, 두 번째 값은 링크다. 링크 필드의 값은 컴퓨터 기억장치에 해당 꼭지점이 저장되는 **주소**(pointer)를 나타낸다.

예제 5.6.4 아래 인접행렬 $A(G)$는 꼭지점이 a, b, c, d, e, f, g인 그래프 G의 인접행렬이다. 다음 물음에 답하여라.

$$A(G)=\begin{array}{c} \\ a \\ b \\ c \\ d \\ e \\ f \\ g \end{array}\begin{array}{c} \begin{array}{ccccccc} a & b & c & d & e & f & g \end{array} \\ \begin{pmatrix} 0 & 1 & 1 & 0 & 0 & 0 & 0 \\ 1 & 0 & 0 & 1 & 1 & 0 & 0 \\ 1 & 0 & 0 & 1 & 0 & 1 & 0 \\ 0 & 1 & 1 & 0 & 1 & 0 & 1 \\ 0 & 1 & 0 & 1 & 0 & 0 & 1 \\ 0 & 0 & 1 & 0 & 0 & 0 & 1 \\ 0 & 0 & 0 & 1 & 1 & 1 & 0 \end{pmatrix} \end{array}$$

(1) b에 연결된 꼭지점의 개수를 구하여라.

(2) 각 꼭지점의 차수를 구하여라.

(3) 그래프 G의 변의 개수를 구하여라.

(4) 그래프 G를 그려라.

풀이 (1) 꼭지점 b에 연결된 꼭지점은 a, d, e이므로, 그 개수는 3개다.

(2) 각 꼭지점의 차수는 그 꼭지점이 위치한 행의 성분의 합이다. 따라서

$d(a)=2,\ d(b)=3,\ d(c)=3,\ d(d)=4,\ d(e)=3,\ d(f)=2,\ d(g)=3$

(3) G의 변의 개수를 e라 하면 꼭지점의 차수의 합은 $2e$이므로 $20=2e$, 즉 $e=10$이다.

(4) 그래프 G는 다음과 같다.

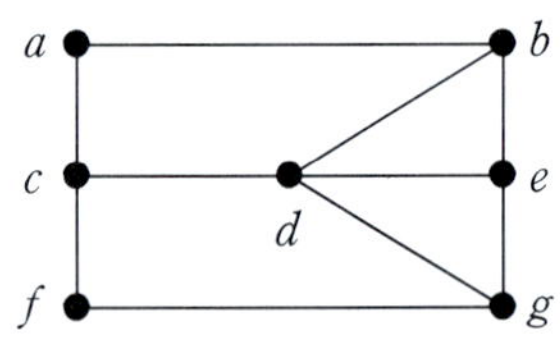

정리 5.6.1

꼭지점이 $v_1, v_2, \cdots, v_n$인 그래프 G의 인접행렬을 $A(G)$라 하자. 그러면 행렬 $A(G)^k$의 (i, j)성분은 꼭지점 v_i에서 꼭지점 v_j로 가는 길이가 k인 길의 개수이다.

증명 각 자연수 k에 대하여, 그래프 G의 꼭지점 v_i에서 꼭지점 v_j로 가는 길이가 k인 길의 개수를 $p_{ij}^{(k)}$라 하고, $A(G)^k=(a_{ij}^{(k)})_{n\times n}$라 하자. 길이 k에 대한 수학적 귀납법으로 $a_{ij}^{(k)}=p_{ij}^{(k)}$임을 증명한다.

(i) $k=1$인 경우 : v_i에서 v_j로 가는 길이 1인 길은 바로 두 꼭지점을 잇는 변이므로 인접행렬 $A(G)$의 정의에 의하여 $a_{ij}^{(1)}=p_{ij}^{(1)}$이 성립한다.

(ii) $k>1$이라 하고 $a_{ij}^{(k-1)}=p_{ij}^{(k-1)}$이 성립한다고 가정하자. 즉, $A(G)^{k-1}$의 (i, j)성분 $a_{ij}^{(k-1)}$은 v_i에서 v_j로 가는 길이가 $k-1$인 길의 개수라 가정하자.

(iii) $A(G)^k=A(G)^{k-1}A(G)$이므로

$$a_{ij}^{(k)}=\sum_{p=1}^{n}a_{ip}^{(k-1)}a_{pj}$$

$$= a_{i1}^{(k-1)}a_{1j} + a_{i2}^{(k-1)}a_{2j} + \cdots + a_{in}^{(k-1)}a_{nj}$$

이다.

$a_{ip}^{(k-1)}$는 v_i에서 v_p로의 길이 $k-1$인 길들의 개수이고 a_{pj}는 v_p와 v_j를 잇는 변의 개수이므로 $a_{ip}^{(k-1)}a_{pj}$는 길이 $k-1$인 v_i에서 v_p로의 길의 끝에 변 $\{v_p, v_j\}$이 이어진 것의 개수이다.

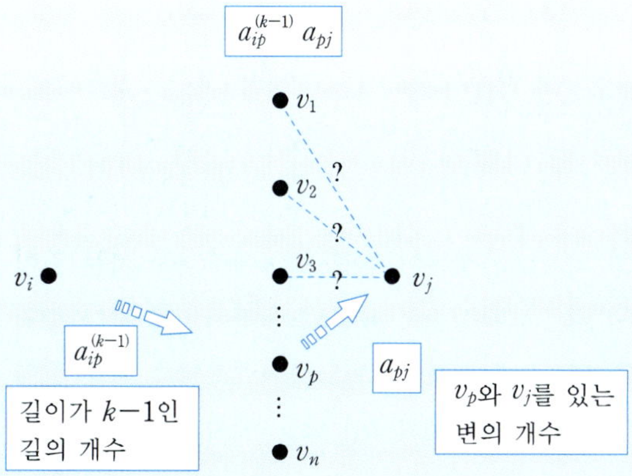

그러므로 $a_{ij}^{(k)} = \sum_{p=1}^{n} a_{ip}^{(k-1)}a_{pj}$ 는 v_i에서 v_j로 가는 길이가 k인 길의 개수이다.

따라서 수학적 귀납법에 의하여 $A(G)^k$의 (i, j)성분 $a_{ij}^{(k)}$는 v_i에서 v_j로 가는 길이가 k인 길의 개수이다.

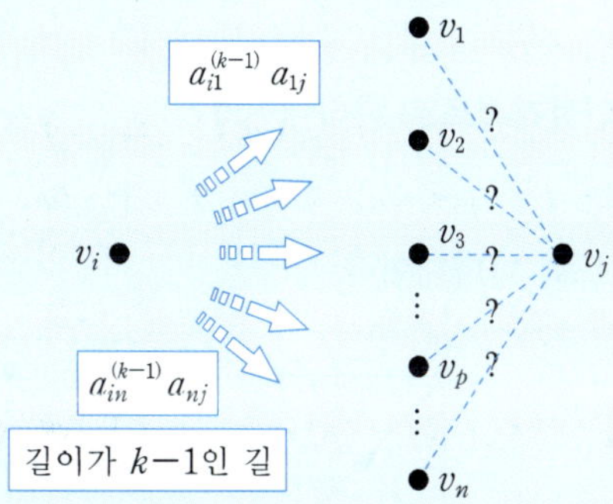

예제 5.6.5 다음 그래프에서 다음을 구하여라.

(1) 꼭지점 a에서 꼭지점 e로 가는 길이 2인 길의 개수를 구하여라.
(2) 꼭지점 e에서 꼭지점 e로 가는 길이 2인 길의 개수를 구하여라.
(3) 꼭지점 a에서 꼭지점 e로 가는 길이 3인 길의 개수를 구하여라.
(4) 꼭지점 e에서 꼭지점 e로 가는 길이 3인 길의 개수를 구하여라.

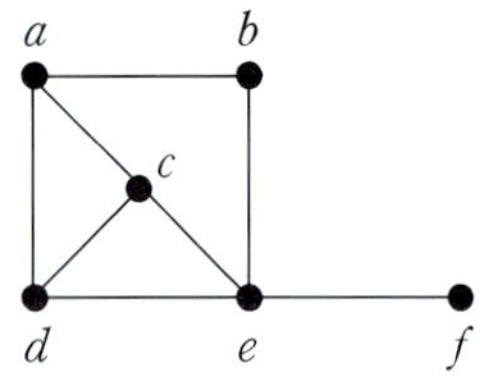

G

풀이

$$A(G)=\begin{array}{c|cccccc} & a&b&c&d&e&f\\ \hline a&0&1&1&1&0&0\\ b&1&0&0&0&1&0\\ c&1&0&0&1&1&0\\ d&1&0&1&0&1&0\\ e&0&1&1&1&0&1\\ f&0&0&0&0&1&0\end{array},\quad A(G)^2=\begin{array}{c|cccccc} & a&b&c&d&e&f\\ \hline a&3&0&1&1&3&0\\ b&0&2&2&2&0&1\\ c&1&2&3&2&1&1\\ d&1&2&2&3&1&1\\ e&3&0&1&1&4&0\\ f&0&1&1&1&0&1\end{array},\quad A(G)^3=A(G)^2A(G)=\begin{pmatrix}2&6&7&7&2&3\\6&0&2&2&7&0\\7&2&4&5&8&1\\7&2&5&4&8&1\\2&7&8&8&2&4\\3&0&1&1&4&0\end{pmatrix}$$

(1) $A(G)^2$의 (1, 5)성분이 3이므로 a에서 e로 가는 길이 2인 길은 3개다.

(2) $A(G)^2$의 (5, 5)성분이 4이므로 e에서 e로 가는 길이 2인 길은 4개다.

(3) $A(G)^3$의 (1, 5)성분이 2이므로 a에서 e로 가는 길이 3인 길은 2개다.

(4) $A(G)^3$의 (5, 5)성분이 2이므로 e에서 e로 가는 길이 3인 길은 2개다.

연습문제 5.6

01 예제 5.6.2의 그래프를 인접리스트로 나타내어라.

02 다음 그래프를 인접리스트로 나타내어라.

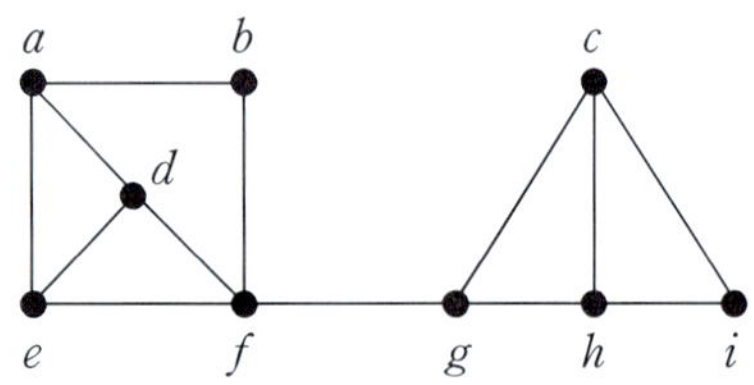

G

03 아래 그래프에 대하여 다음 물음에 답하여라.

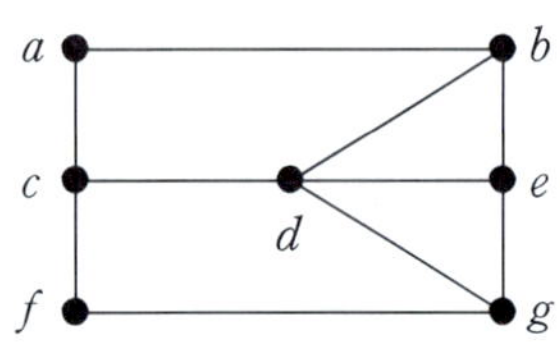

G

(1) 그래프 G의 인접행렬 $A(G)$를 구하여라.

(2) 시작점이 a이고 끝점이 e인 길이 2인 길의 개수를 구하여라.

(3) 시작점이 a이고 끝점이 e인 길이 4인 길의 개수를 구하여라.

(4) 시작점이 a이고 끝점이 e인 길이 6인 길의 개수를 구하여라.

04 (연습문제 5.1 문제 1번 참조)

아래 그래프에 대하여 다음 물음에 답하여라.

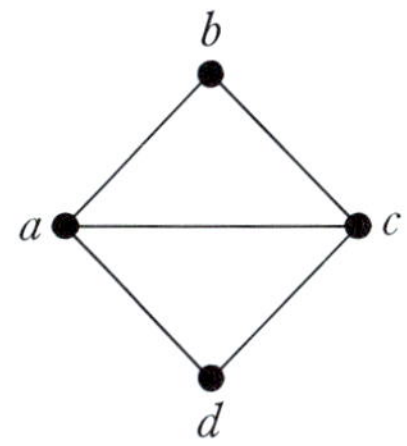

G

(1) 시작점이 a이고 끝점이 d인 길이 1인 길의 개수를 구하여라.

(2) 시작점이 a이고 끝점이 d인 길이 2인 길의 개수를 구하여라.

(3) 시작점이 a이고 끝점이 d인 길이 3인 길의 개수를 구하여라.

(4) 시작점이 a이고 끝점이 d인 길이 4인 길의 개수를 구하여라.

05 (연습문제 5.1 문제 3번 참조)

아래 그래프에 대하여 다음 물음에 답하여라.

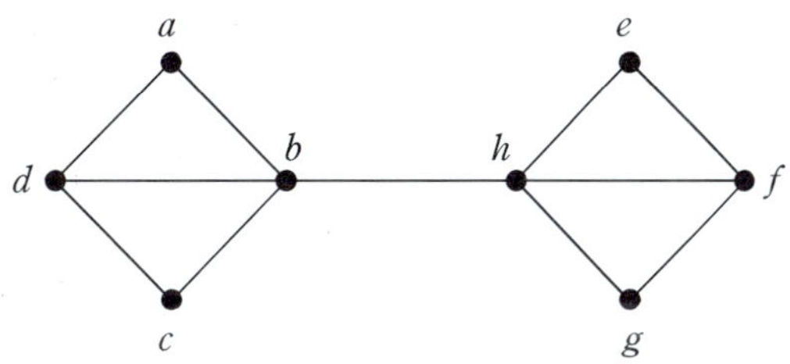

G

(1) 시작점이 a이고 끝점이 g인 길이 4인 길의 개수를 구하여라.

(2) 시작점이 a이고 끝점이 g인 길이 5인 길의 개수를 구하여라.

(3) 시작점이 a이고 끝점이 g인 길이 6인 길의 개수를 구하여라.

5.7 다익스트라 알고리즘과 플로이드 알고리즘

정의 5.7.1

그래프 $G=(V, E)$에서 변 e에 지정된 실수를 변 e의 **가중치**(weight)라고 하고, 각 변에 가중치가 주어진 그래프를 **가중그래프**(weighted graph)라고 한다. 변 $\{u, v\}$의 가중치를 $W[u, v]$로 나타낸다. 가중그래프에서 꼭지점 u와 꼭지점 v를 연결하는 경로에 있는 모든 변의 가중치를 합한 값을 경로의 **길이**(length)라 하고, u와 v를 연결하는 경로중에서 경로의 길이가 가장 짧은 경로를 u와 v를 연결하는 **최단경로**(shortest path)라 하고 그 최단경로의 길이를 **최단거리**(shortest length)라고 한다.

(1) 두 꼭지점 사이의 최단거리

그래프를 이용하는 가장 중요한 분야 중의 하나가 꼭지점 사이의 최단경로나 최단거리를 구하는 것이다.

그림 5-25의 그래프에서 출발점 s에서 꼭지점 m까지의 최단경로를 구하는 문제를 생각해보자. 꼭지점 a, b, c에는 출발점 s에서 a, b, c까지 도달하는 최단거리가 각각 적혀 있다. m에 연결된 꼭지점이 a, b, c이므로 m에 도달하려면 이 세 꼭지점을 거쳐야 된다. 꼭지점 a, b, c를 거쳐서 m까지 도달하는 거리는 각각 $10+6=16$, $12+1=13$, $9+5=14$이므로 m까지의 최단거리는 13이다. 또한 m까지의 최단경로는 b까지의 최단경로에 변 $\{b, m\}$을 더한 경로이다.

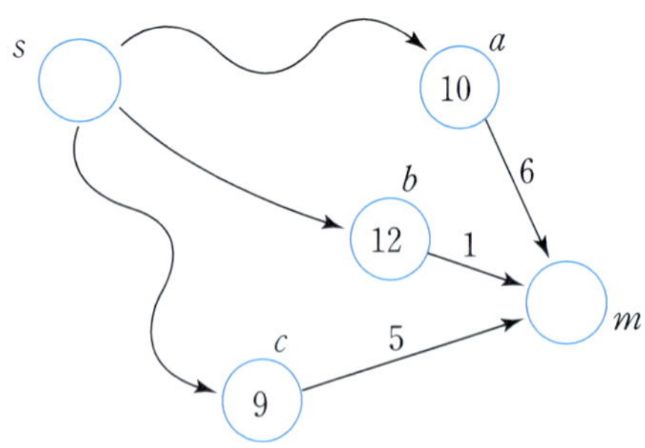

그림 5-25 최단경로의 후보들

그래프에서 최단경로 및 최단거리를 구할 때 다음 원리를 따른다.

출발점 s에서 꼭지점 v까지의 최단거리를 $L(v)$로 나타내기로 하자.
출발점 s에서 꼭지점 m까지의 최단거리 및 최단경로는 다음과 같이 구한다.
m과 이웃한 꼭지점의 집합을 $M=\{m_1, m_2, \cdots, m_k\}$라 하자.
$L(m)$은 집합

$$\{L(m_i)+W[m_i, m] \mid m_i \in M, i=1, 2, \cdots, k\}$$

의 최소값이다.

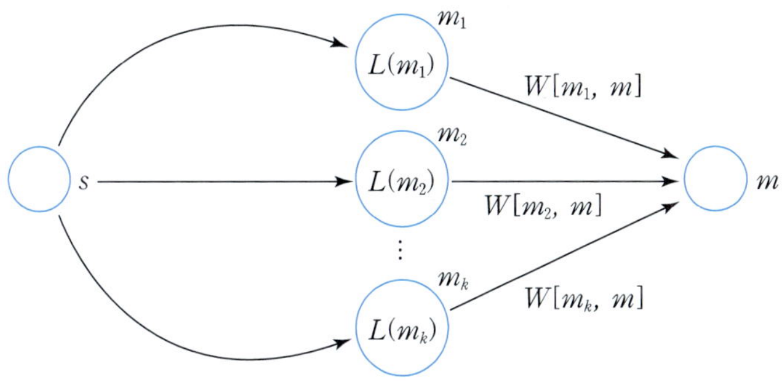

그림 5-26 최단경로의 후보들

그림 5-26에서 $L(m_1)$을 알려면 m_1과 이웃한 꼭지점들까지의 최단경로를 알아야 한다.

그러므로 출발점 s에서 꼭지점 t로 가는 최단경로를 구할 때, t에 이웃한 꼭지점들까지의 최단경로만 알면 된다. 그런데 이웃한 꼭지점들까지의 최단경로도 다른 꼭지점들까지의 최단경로를 알아야 구할 수 있다. 그러므로 두 점 사이의 최단경로를 구하기 위해서는 그래프의 모든 꼭지점까지의 최단경로를 알아내는 방법을 사용한다.

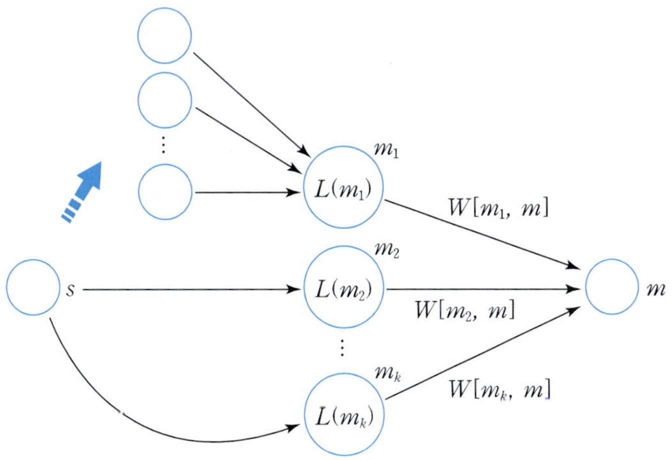

그림 5-27

꼭지점 s에서 꼭지점 t로 가는 단일 출발점 최단경로 및 최단거리를 구하는 1959년에 개발된 유명한

다익스트라(Dijkstra) 알고리즘에 대하여 알아보도록 하자.

다익스트라 알고리즘은 가중치가 음수인 변이 없는 그래프에 적용되며 최단경로가 확정된 점을 차례대로 만들어 나가는 방식이다.

다익스트라 알고리즘은 그래프 $G=(V,\ E)$의 출발점 s에서 최단경로가 이미 결정된 꼭지점들의 집합 S를 $S=\phi$에서 시작하여 $S=V$이 될 때까지 단계별로 꼭지점들을 포함시키는 방식이다.

다음은 그래프 $G=(V,\ E)$에서 출발점 s에서 꼭지점 t로 가는 최단거리를 구하는 다익스트라 알고리즘을 작성하는데 필요한 설명이다.

초기조건으로 $S=\phi$라 하자.

$S^*=V-S$라 하면 초기상태에서 $S^*=V$이고 $V=S\cup S^*$이다.

각 꼭지점 $v\in V$에 대하여, 출발점 s에서 v까지의 최단거리 $L(v)$를 다음과 같이 할당한다.

(i) 출발점 s까지의 거리는 $L(s)=0$로 초기화하고, 아직 거리를 알지 못하는 다른 꼭지점 $v\in V$들의 거리는 모두 $L(v)=\infty$로 초기화한다.

(ii) $v\in S$인 경우 $L(v)$는 출발점 s에서 v까지 최단거리이다.

(iii) 최단거리가 확정되지 않은 꼭지점 $v\notin S$에 대한 $L(v)$는 알고리즘의 각 단계마다 지금까지 알고 있는 최단경로보다 거리가 더 짧아진 최단경로가 있다면 더 짧은 거리로 갱신되면서 유지관리된다.

알고리즘의 최종단계에서는 $t\in S$가 되고, $L(t)$는 출발점 s에서 꼭지점 t로 가는 최단거리이다.

알고리즘의 각 단계에서

$$L(v)=\min\{L(w)\mid w\in S^*\}$$

이 성립하는 한 꼭지점 $v\in S^*$를 선택하여 v를 S에 포함시킨다.

즉, v까지의 최단거리가 확정된다.

이제 v에 연결된 모든 꼭지점 $w\in S^*$에 대하여 (현재까지 파악된 s에서 v까지의 최단경로를 이용하여) s에서 v를 지나 w로 가는 경로의 길이와 s에서 w로 가는 경로의 길이를 다음 식과 같이 비교한다.

$$L(w)>L(v)+W[v,\ w]$$

이 식이 참인 경우에 $L(w)$의 값을 더 작은 값 $L(v)+W[v,\ w]$으로 갱신한다.

다익스트라 최단거리 알고리즘

1. $S := \phi$
2. $S^* := V$
3. $L(s) := 0$
4. s가 아닌 모든 $v \in V$에 대하여 $L(v) := \infty$
5. $t \notin S$이면 다음을 반복 수행한다.

(5a) $L(v) = \min\{L(w) | w \in S^*\}$ 이 성립하는 한 꼭지점 $v \in S^*$를 선택하여 v를 S에 포함시킨다.

(5b) $S^* := S^* - \{v\}$

(5c) v에 연결된 모든 꼭지점 $w \in S^*$에 대하여

if $L(w) > L(v) + W[v, w]$ then

$L(w) := L(v) + W[v, w]$

여기서 $L(v) := \infty$는 아직 v까지 경로가 없음을 의미한다. 모든 실수 r에 대하여 $r < \infty$로 생각하고 $\infty + r$은 ∞로 생각한다.

예제 5.7.1 다음 그래프에서 출발점 s에서 각 꼭지점까지의 최단거리를 다익스트라 알고리즘을 이용하여 구하여라.

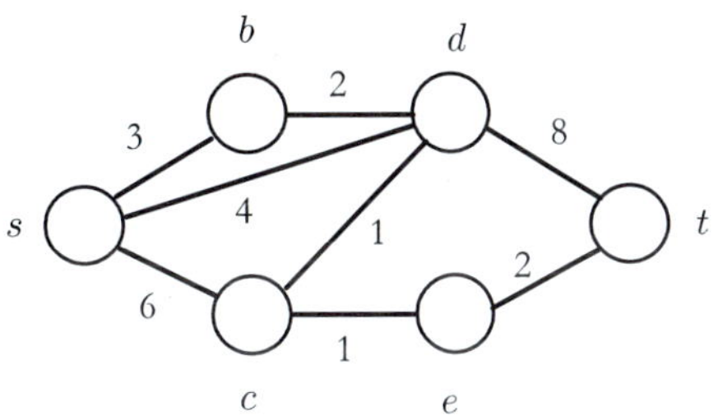

풀이 (1)

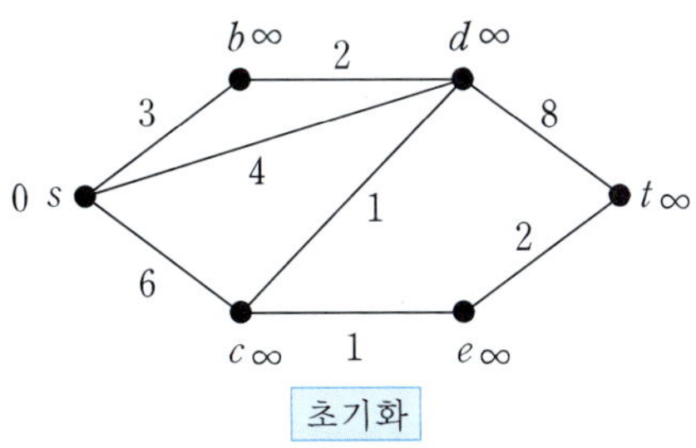

(2)

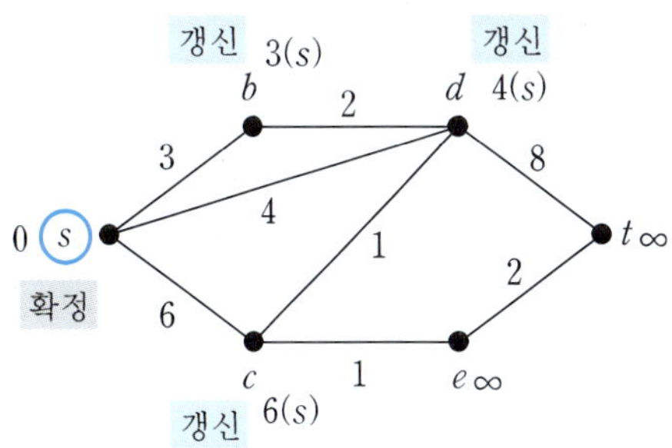

(3)

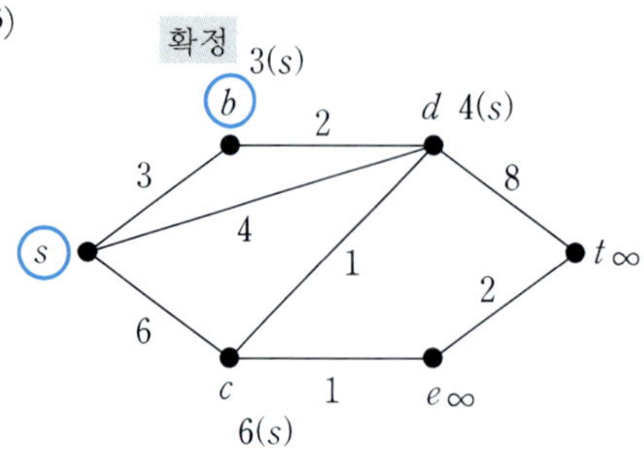

(4)

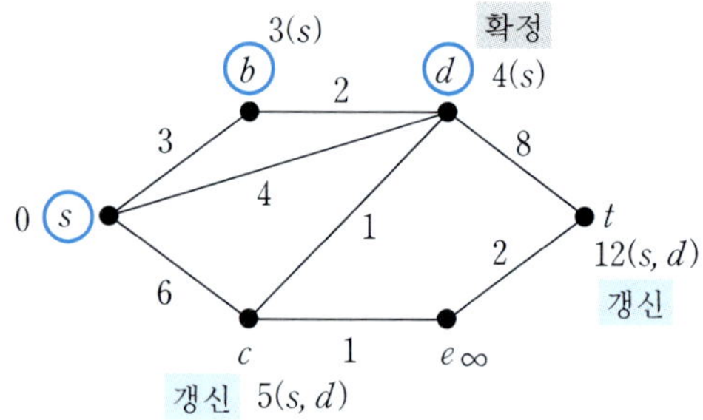

(5)

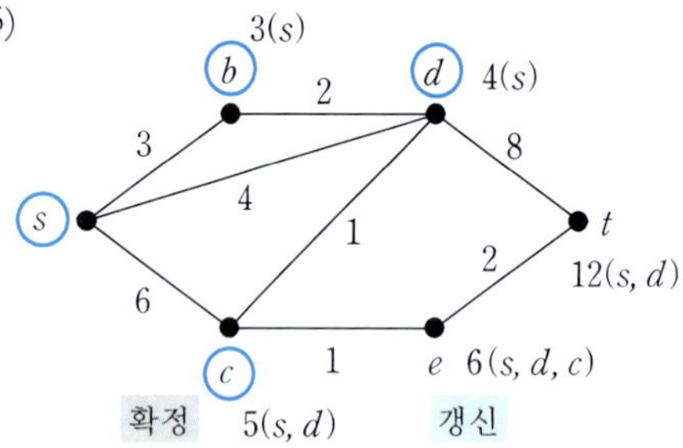

(6)

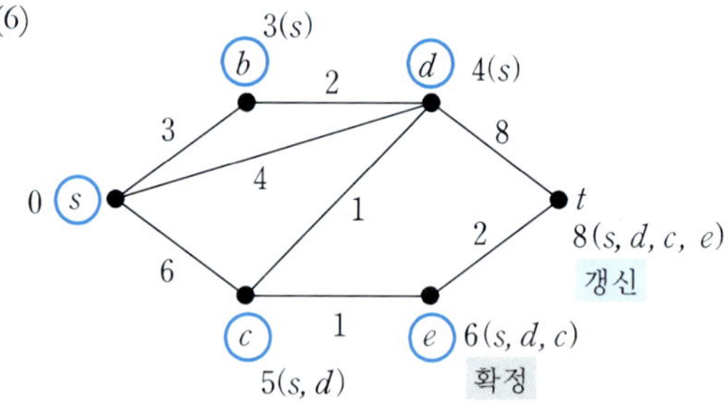

(7)

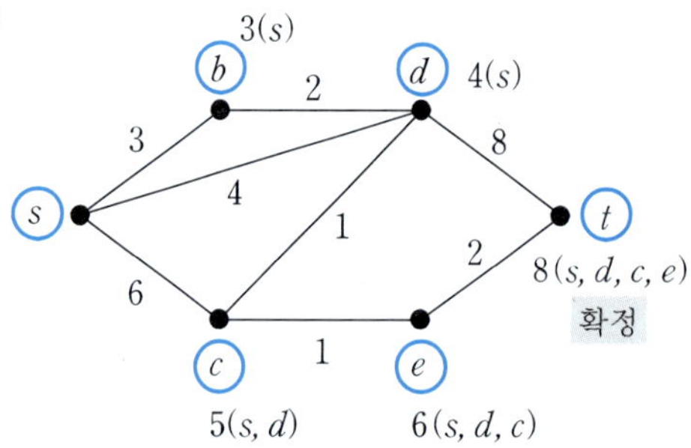

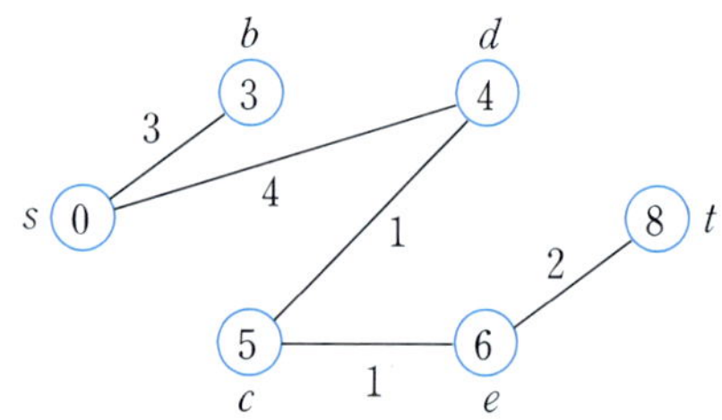

각 꼭지점까지의 최단거리 및 최단경로

(2) 모든 꼭지점 사이의 최단거리

그래프에서 모든 꼭지점 사이의 최단경로나 최단거리를 구하는 방법에 대하여 알아보자. 다익스트라 알고리즘은 출발점이 정해지면 각 꼭지점까지의 최단거리를 알려주므로, 꼭지점이 n개인 그래프에서 출발점을 각 꼭지점으로 바꿔가면서 다익스트라 알고리즘을 n번 적용하면 모든 꼭지점 사이의 최단경로나 최단거리를 구할 수 있을 것이다.

다익스트라 알고리즘은 음수인 가중치를 갖는 그래프에서는 적용이 불가능하므로 모든 꼭지점 사이의 최단경로나 최단거리를 구할 때 다익스트라 알고리즘을 사용한다면 이 제약을 그대로 가지게 된다.

음수인 가중치를 갖는 그래프에서 모든 꼭지점 사이의 최단경로나 최단거리를 구하는 방법으로 1962년 플로이드(Floyd)가 개발한 방법에 대하여 알아보자.

꼭지점이 n개인 그래프 $G=(V, E)$에서 모든 꼭지점 사이의 최단경로나 최단거리를 구하는 플로이드 알고리즘은 다음과 같다.

플로이드 알고리즘

1. 모든 꼭지점 사이의 최단거리를 표현하기 위하여 $n\times n$행렬 $D^{(n)}=(d_{ij}^{n})$을 만든다.
   행렬의 (i, j)-성분 d_{ij}^{n}은 꼭지점 i에서 꼭지점 j까지의 최단거리를 의미한다.
2. 꼭지점의 번호 k를 1부터 n까지 바꿔가면서, 1부터 k까지의 꼭지점을 중간점으로 이용할 때, 꼭지점 i에서 꼭지점 j까지의 최단거리를 성분으로 하는 $n\times n$행렬 $D^{(1)}=(d_{ij}^{1})$, $D^{(2)}=(d_{ij}^{2})$, $\cdots$, $D^{(n)}=(d_{ij}^{n})$들을 차례대로 만들어 나간다.

   $k=1$일 때 : 1을 중간점으로 이용할 때, $n\times n$행렬 $D^{(1)}=(d_{ij}^{1})$를 조사한다.
   $k=2$일 때 : 1, 2를 중간점으로 이용할 때, $n\times n$행렬 $D^{(2)}=(d_{ij}^{2})$를 조사한다.
   $k=3$일 때 : 1, 2, 3을 중간점으로 이용할 때, $n\times n$행렬 $D^{(3)}=(d_{ij}^{3})$를 조사한다.
   이와 같이 계속해서
   $k=n$일 때 : 1, 2, $\cdots$, n을 중간점으로 이용할 때, $n\times n$행렬 $D^{(n)}=(d_{ij}^{n})$를 조사한다.

3. k가 1부터 시작하여 n이 되면, 모든 꼭지점이 중간점으로 사용되었을 때의 각 꼭지점 사이의 확정된 최단거리를 성분으로 하는 $n\times n$행렬 $D^{(n)}=(d_{ij}^{n})$가 완성된다.

d_{ij}^{k}은 중간점으로 1, 2, $\cdots$, k 중 일부를 사용하여 구한 꼭지점 i에서 꼭지점 j까지의 최단거리를 의미한다. d_{ij}^{n}를 구할 때 다음 두 가지 경우를 고려할 수 있다.

① 구하는 최단경로의 중간점에 꼭지점 n이 없는 경우 :

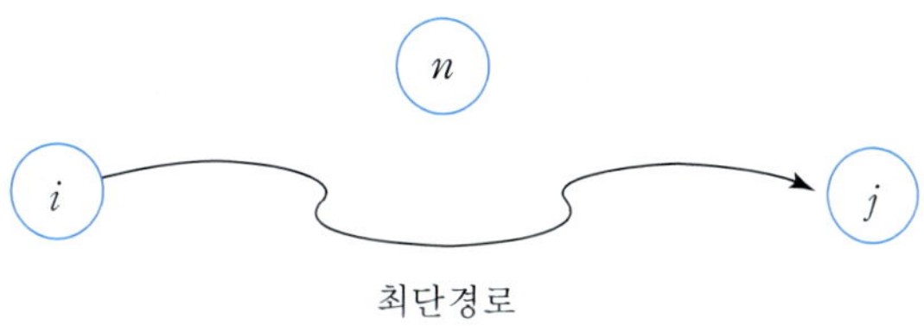

그림 5-28 중간점에 꼭지점 n이 없는 경우

이 경우에는 꼭지점 n을 중간점으로 갖지 않으므로 $d_{ij}^{n}=d_{ij}^{n-1}$이다.

② 구하는 최단경로의 중간점에 꼭지점 n이 있는 경우 :

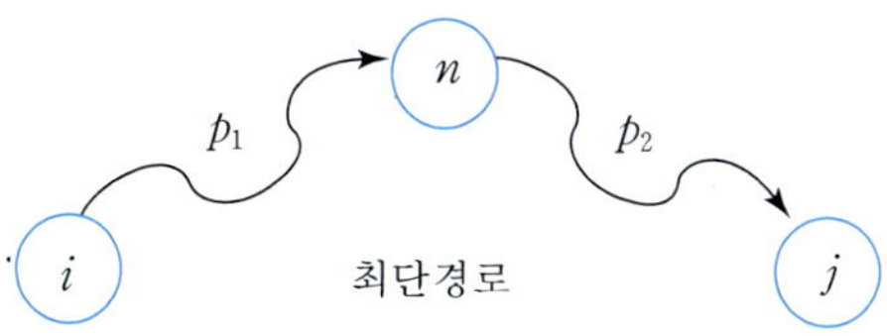

그림 5-29 중간점에 꼭지점 n이 있는 경우

꼭지점 i에서 출발해 꼭지점 n을 거쳐서 꼭지점 j에 도달하는 최단경로를 p라 하자. 최단경로 p에서 꼭지점 i에서 꼭지점 n까지의 경로를 p_1, 꼭지점 n에서 꼭지점 j까지의 경로를 p_2라 하면 p_1은 꼭지점 i에서 꼭지점 n까지의 최단경로이고 p_2는 꼭지점 n에서 꼭지점 j까지의 최단경로이다. 왜냐하면

p_1이 꼭지점 i에서 꼭지점 n까지의 최단경로가 아니거나 p_2가 꼭지점 n에서 꼭지점 j까지의 최단경로가 아니라면 실제 최단경로를 이용한 p보다 더 짧은 최단경로가 존재하기 때문이다.

꼭지점 n이 최단경로 p_1의 중간점으로 사용되지 않기 때문에 최단경로 p_1의 거리는 d_{in}^{n-1}이고 꼭지점 n이 최단경로 p_2의 중간점으로 사용되지 않기 때문에 p_2의 거리는 d_{nj}^{n-1}이다.

그러므로 중간점에 꼭지점 n이 있는 경우에는 $d_{ij}^n = d_{in}^{n-1} + d_{nj}^{n-1}$이다.

위 두 가지 경우 ①, ②중에서 짧은 경로의 길이가 d_{ij}^n이므로 다음이 성립한다.

$$d_{ij}^n = \min\left\{d_{ij}^{n-1},\ d_{in}^{n-1} + d_{nj}^{n-1}\right\} \quad (n \geq 1)$$

위와 같은 식이 성립하므로 $n \times n$행렬 $D^{(n)} = (d_{ij}^n)$을 구하려면 $n \times n$행렬 $D^{(n-1)} = (d_{ij}^{n-1})$을 알아야하고 $n \times n$행렬 $D^{(n-1)} = (d_{ij}^{n-1})$을 구하려면 $n \times n$행렬 $D^{(n-2)} = (d_{ij}^{n-2})$을 알아야 한다. 이와 같이 계속해나가면 다음과 같은 $n \times n$행렬을 차례대로 구해야 한다는 것을 알 수 있다.

$$D^{(1)} = (d_{ij}^1),\ D^{(2)} = (d_{ij}^2),\ \cdots,\ D^{(n-1)} = (d_{ij}^{n-1}),\ D^{(n)} = (d_{ij}^n)$$

$D^{(1)} = (d_{ij}^1)$의 각 성분은 $d_{ij}^1 = \min\left\{d_{ij}^0,\ d_{in}^0 + d_{nj}^0\right\}$이므로 중간점으로 어느 꼭지점도 사용하지 않는 경우인 $n \times n$인접행렬 $D^{(0)} = (d_{ij}^0)$이 필요하다. 여기서 $d_{ij}^0 = W[i,\ j]$이다.

주어진 그래프의 모든 꼭지점 사이의 최단거리를 성분으로 하는 $n \times n$행렬 $D^{(n)} = (d_{ij}^n)$은 다음과 같이 구할 수 있다.

주어진 그래프의 인접행렬을 이용하여 $n \times n$행렬들 $D^{(1)} = (d_{ij}^1)$, $D^{(2)} = (d_{ij}^2)$, $\cdots$, $D^{(n-1)} = (d_{ij}^{n-1})$, $D^{(n)} = (d_{ij}^n)$을 다음 식에 의해 차례대로 구한다.

단계 1 : $d_{ij}^0 = W[i,\ j]$로 놓는다. 두 꼭지점 i와 j 사이에 변이 없으면 $d_{ij}^0 = \infty$로 놓는다.

단계 2: $k \geq 1$일 때 $d_{ij}^k = \min\left\{d_{ij}^{k-1},\ d_{ik}^{k-1} + d_{kj}^{k-1}\right\}$ 이다.

예제 5.7.2 다음 그래프에서 플로이드 알고리즘을 이용하여 모든 꼭지점 사이의 최단거리를 나타낸 4×4행렬 $D^{(4)} = (d_{ij}^4)$을 구하여라.

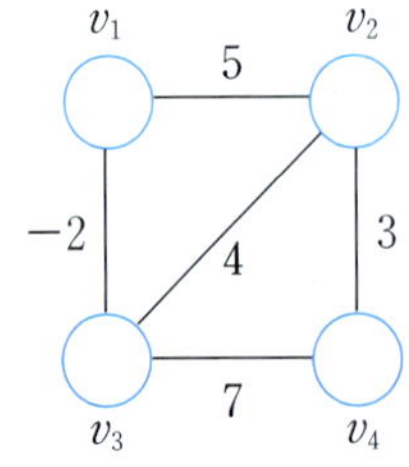

:: 풀이

$D^{(0)}=(d_{ij}^{0})$

	v_1	v_2	v_3	v_4
v_1	0	5	−2	∞
v_2	5	0	4	3
v_3	−2	4	0	7
v_4	∞	3	7	0

$D^{(1)}=(d_{ij}^{1})$

	v_1	v_2	v_3	v_4
v_1	0	5	−2	∞
v_2	5	0	3	3
v_3	−2	3	0	7
v_4	∞	3	7	0

$D^{(2)}=(d_{ij}^{2})$

	v_1	v_2	v_3	v_4
v_1	0	5	−2	8
v_2	5	0	3	3
v_3	−2	3	0	6
v_4	8	3	6	0

$D^{(3)}=(d_{ij}^{3})$

	v_1	v_2	v_3	v_4
v_1	0	2	−2	5
v_2	2	0	3	3
v_3	−2	3	0	6
v_4	5	3	6	0

$D^{(4)}=D^{(3)}$

	v_1	v_2	v_3	v_4
v_1	0	2	−2	5
v_2	2	0	3	3
v_3	−2	3	0	6
v_4	5	3	6	0

$D^{(4)}=(d_{ij}^{4})$로부터 모든 꼭지점 사이의 최단거리를 알 수 있다.

예제 5.7.3 다음 그래프에서 플로이드 알고리즘을 이용하여 모든 꼭지점 사이의 최단거리를 나타낸 6×6행렬 $D^{(6)}=(d_{ij}^{6})$을 구하여라.

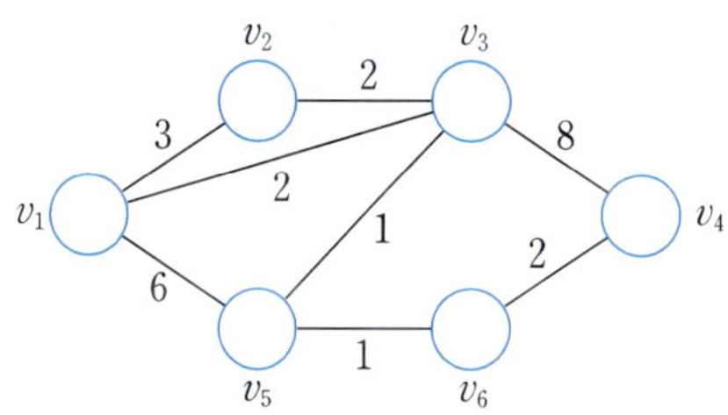

:: 풀이

$D^{(0)}=(d_{ij}^{0})$

	v_1	v_2	v_3	v_4	v_5	v_6
v_1	0	3	2	∞	6	∞
v_2	3	0	2	∞	∞	∞
v_3	2	2	0	8	1	∞
v_4	∞	∞	8	0	∞	2
v_4	6	∞	1	∞	0	1
v_4	∞	∞	∞	2	1	0

$D^{(1)}=(d_{ij}^{1})$

	v_1	v_2	v_3	v_4	v_5	v_6
v_1	0	3	2	∞	6	∞
v_2	3	0	2	∞	9	∞
v_3	2	2	0	8	1	∞
v_4	∞	∞	8	0	∞	2
v_4	6	9	1	∞	0	1
v_4	∞	∞	∞	2	1	0

$D^{(2)}=(d_{ij}^{2})=D^{(1)}$

	v_1	v_2	v_3	v_4	v_5	v_6
v_1	0	3	2	∞	6	∞
v_2	3	0	2	∞	9	∞
v_3	2	2	0	8	1	∞
v_4	∞	∞	8	0	∞	2
v_4	6	9	1	∞	0	1
v_4	∞	∞	∞	2	1	0

$D^{(3)}=(d_{ij}^{3})$

	v_1	v_2	v_3	v_4	v_5	v_6
v_1	0	3	2	10	3	∞
v_2	3	0	2	10	3	∞
v_3	2	2	0	8	1	∞
v_4	10	10	8	0	9	2
v_4	3	3	1	9	0	1
v_4	∞	∞	∞	2	1	0

$D^{(4)}=(d_{ij}^{4})$

	v_1	v_2	v_3	v_4	v_5	v_6
v_1	0	3	2	10	3	12
v_2	3	0	2	10	3	12
v_3	2	2	0	8	1	10
v_4	10	10	8	0	9	2
v_4	3	3	1	9	0	1
v_4	12	12	10	2	1	0

$D^{(5)}=(d_{ij}^{5})$

	v_1	v_2	v_3	v_4	v_5	v_6
v_1	0	3	2	10	3	4
v_2	3	0	2	10	3	4
v_3	2	2	0	8	1	2
v_4	10	10	8	0	9	2
v_4	3	3	1	9	0	1
v_4	4	4	2	2	1	0

$D^{(6)}=(d_{ij}^{6})$

	v_1	v_2	v_3	v_4	v_5	v_6
v_1	0	3	2	6	3	4
v_2	3	0	2	6	3	4
v_3	2	2	0	4	1	2
v_4	6	6	4	0	3	2
v_4	3	3	1	3	0	1
v_4	4	4	2	2	1	0

$D^{(6)}=(d_{ij}^{6})$으로부터 모든 꼭지점 사이의 최단거리를 알 수 있다. ■

연습문제 5.7

01 다음 가중그래프에서 출발점 a에서 각 꼭지점까지의 최단거리를 다익스트라 알고리즘을 이용하여 구하여라.

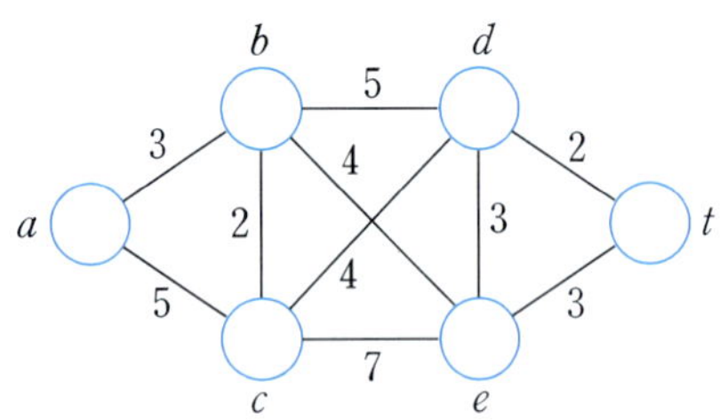

02 다음 가중그래프에서 출발점 a에서 각 꼭지점까지의 최단거리를 다익스트라 알고리즘을 이용하여 구하여라.

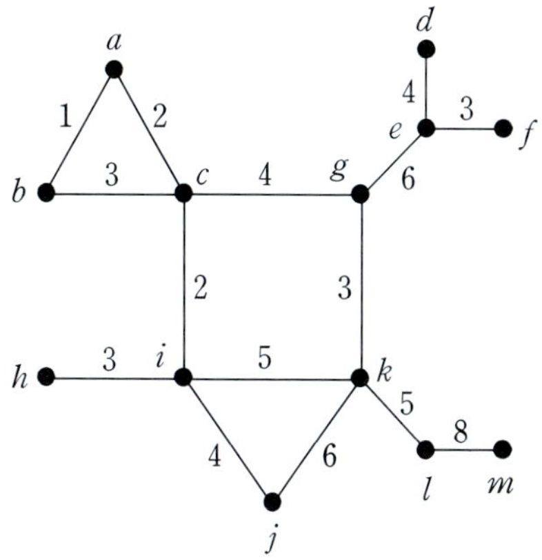

03 다음과 같은 음수인 가중치를 갖는 가중그래프에서 출발점 s 에서 각 꼭지점까지의 최단거리를 다익스트라 알고리즘을 이용하여 구하여라. 구한 최단거리가 틀리는 이유를 설명하여라.

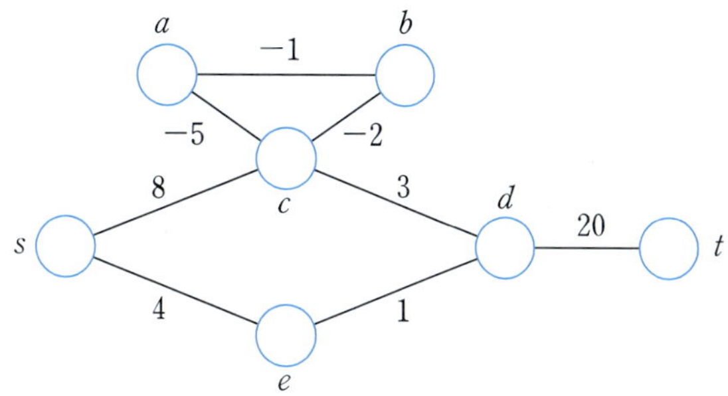

04 다음 가중그래프에서 플로이드 알고리즘을 이용하여 모든 꼭지점 사이의 최단거리를 나타낸 5×5행렬 $D^{(5)}=(d_{ij}^{5})$을 구하여라.

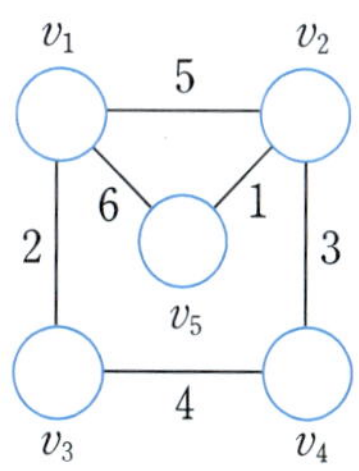

제6장

수형도

6.1 수형도의 기본개념

예제 6.1.1 아래 그림은 수소와 탄소로 이루어진 포화탄화수소화합물을 나타낸 것으로 탄소와 수소를 꼭지점으로 하는 그래프로 생각하면 탄소의 차수는 4이고, 수소의 차수는 1인 회로가 없는 연결그래프이다. 각 그래프의 꼭지점과 변의 수를 구하고 이를 이용하여 꼭지점의 개수 v와 변의 개수 e 사이의 관계를 유추하여라.

(a)

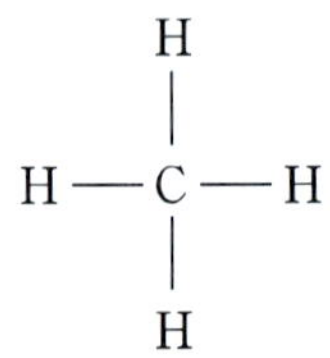

(b)

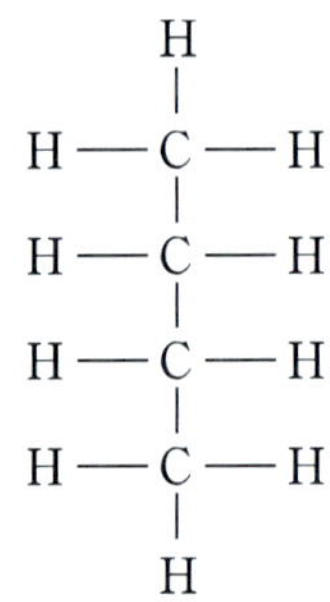

풀이 (a)에서 꼭지점의 개수는 $v=5$, 변의 개수는 $e=4$이고 (b)에서 꼭지점의 개수는 $v=14$, 변의 개수는 $e=13$이다. 따라서 $e=v-1$이다.

정의 6.1.1

회로를 갖지 않는 연결그래프를 **수형도**(tree, 樹型圖)라고 한다.

예제 6.1.2 다음은 수형도의 예들이다.

(a)

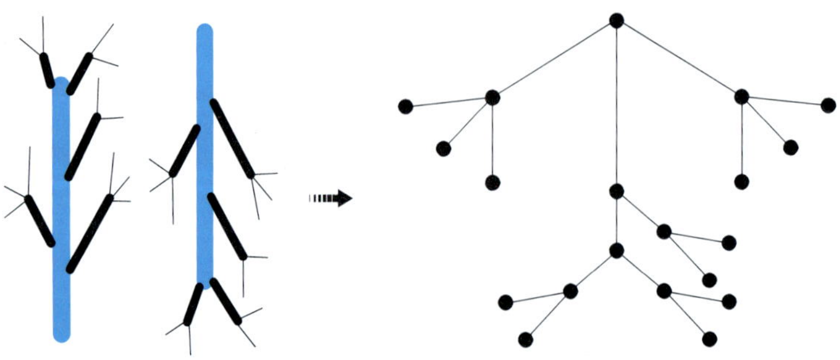

(b)

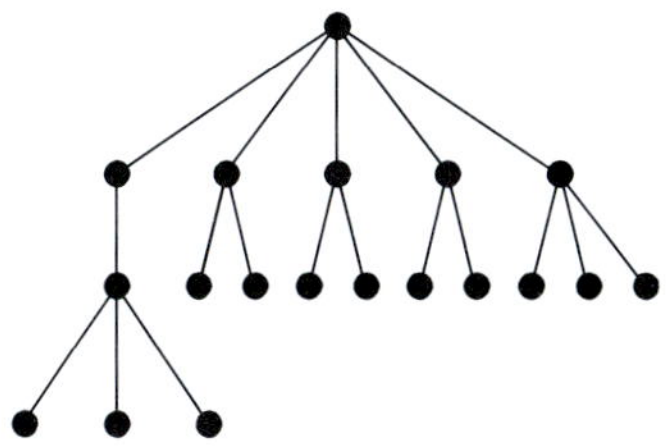

(c)

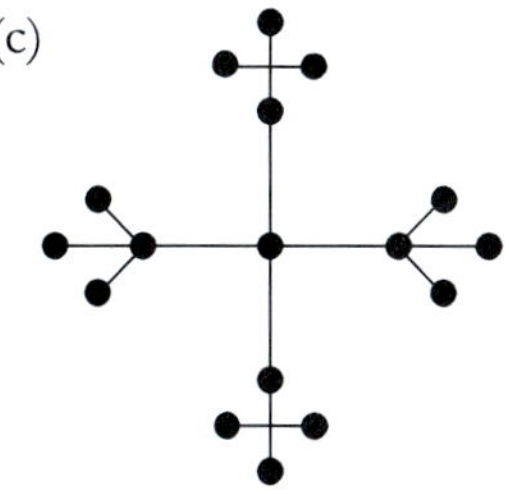

(d)

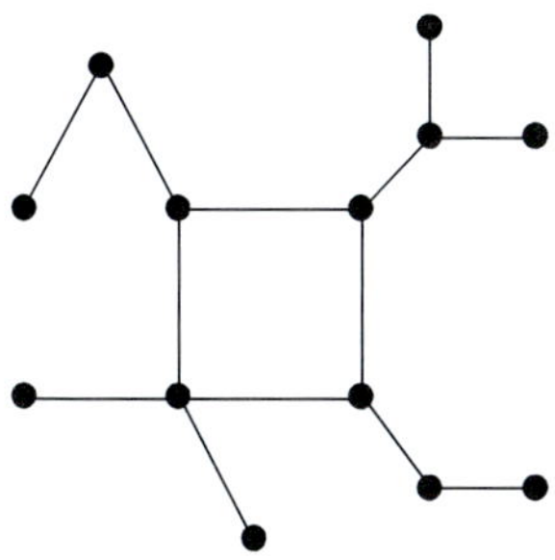

(e)

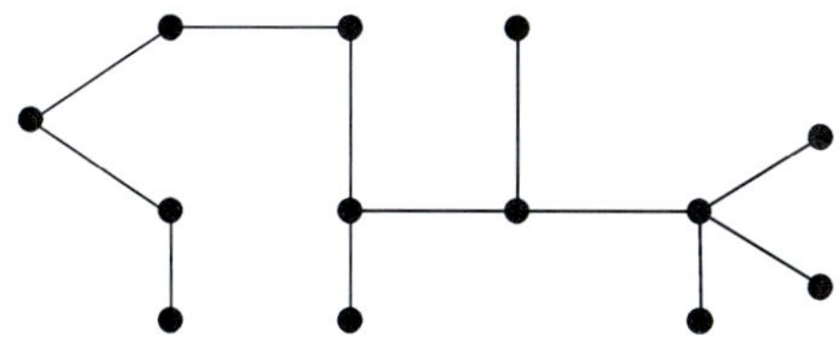

(f)

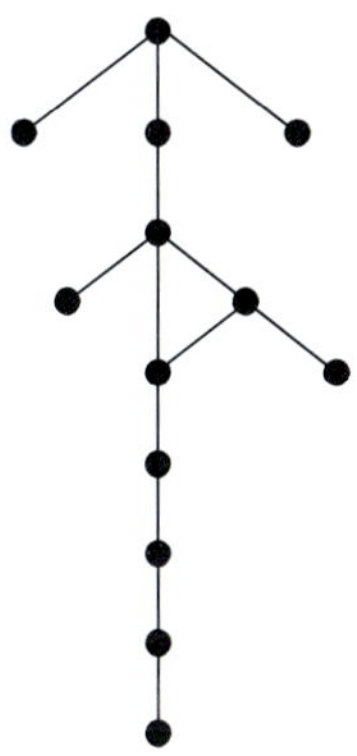

(g)

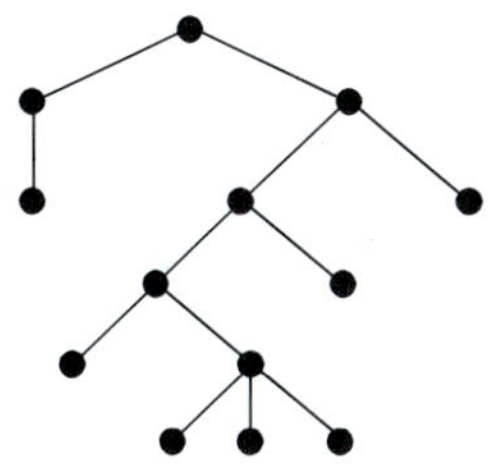

예제 6.1.3 다음 그래프는 수형도인가?

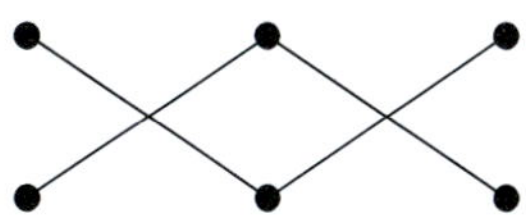

풀이 연결되어 있지 않으므로 수형도가 아니다.

예제 6.1.4 꼭지점의 개수를 1에서 5까지 하나씩 늘려가면서 수형도를 그리시오.

풀이

점의 개수	1개	2개	3개	4개	
수형도					

점의 개수	5개
수형도	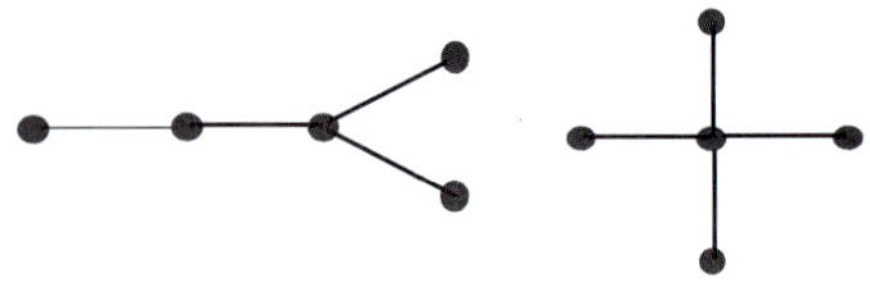

예제 6.1.5 꼭지점의 개수가 6인 수형도를 그리시오.

풀이

점의 개수	6개	
수형도	(1) 	(4) 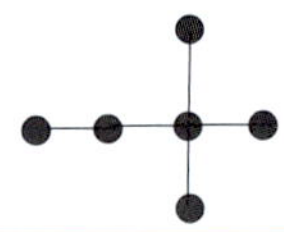
	(2) 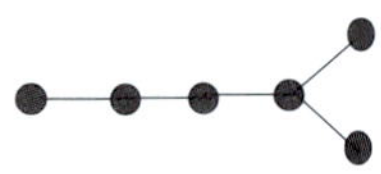	(5) 
	(3) 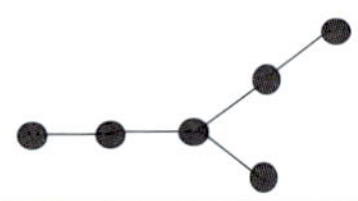	(6) 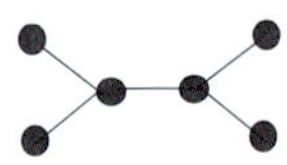

예제 6.1.6 꼭지점의 개수가 7인 수형도를 그리시오.

풀이

점의 개수	7개	
수형도	(1) 	(7) 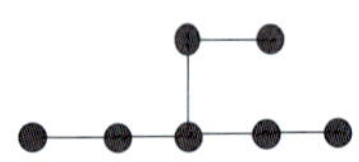
	(2) 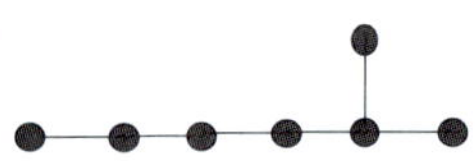	(8) 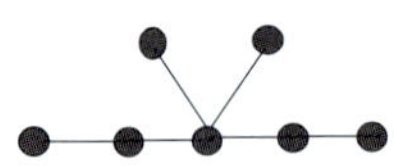
	(3) 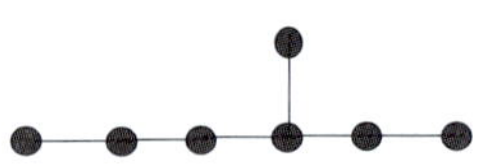	(9) 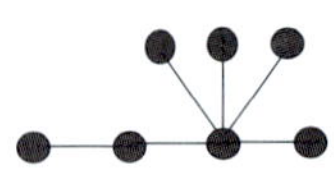
	(4) 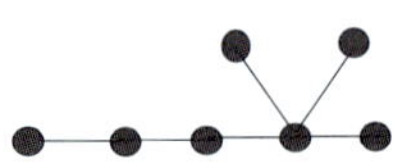	(10) 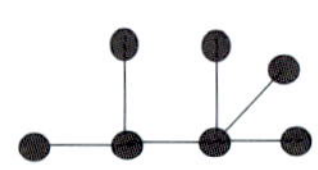
	(5) 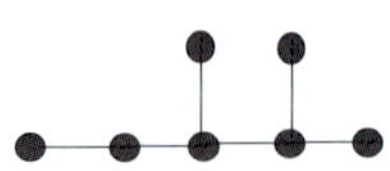	(11) 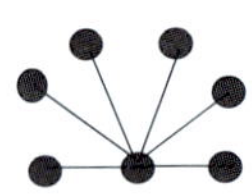
	(6) 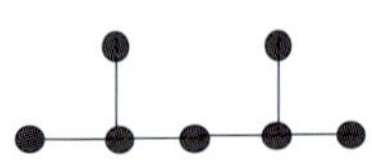	

예제 6.1.7 꼭지점의 개수가 8인 수형도를 그리시오.

:: 풀이

점의 개수	8개
수형도	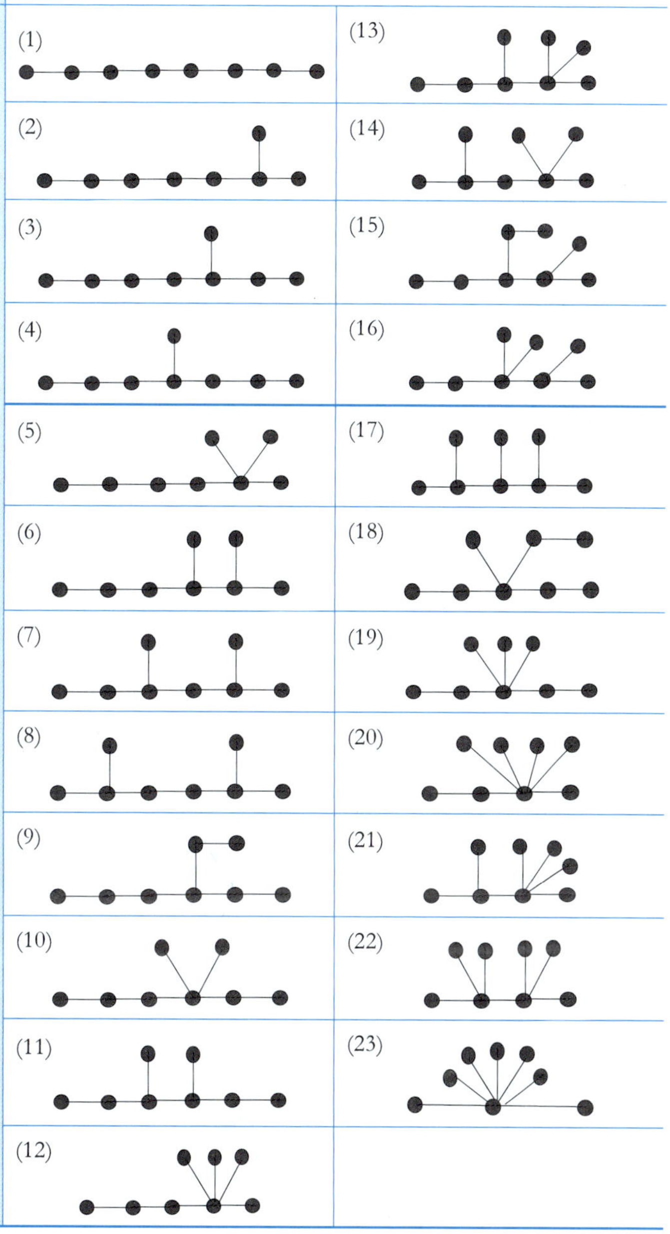

■

정리 6.1.1

수형도 G에서 꼭지점의 개수를 v, 변의 개수를 e라 하면 다음이 성립한다.

$$e = v - 1$$

증 명 v에 관한 수학적 귀납법으로 증명한다.

(i) $v = 1$이면 $e = 0$이므로 $e = v - 1$이 성립한다.

(ii) $v < n$인 모든 수형도에서 $e = v - 1$이 성립한다고 가정하자.

(iii) G가 $v = n$인 수형도라 하자. G에서 임의의 변 $\{x, y\}$을 제거하면 남은 그래프 $G - \{x, y\}$는 다음 그림과 같이 두 개의 수형도 G_1과 G_2로 분리된다.

그래프 G, G_1, G_2의 꼭지점의 개수를 각각

$$v(G),\ v(G_1),\ v(G_2)$$

라 하고 변의 개수를 각각

$$e(G),\ e(G_1),\ e(G_2)$$

라 하면, G_1, G_2의 꼭지점의 개수는 모두 n보다 작으므로 (ii)에 의하여

$$e(G_1) = v(G_1) - 1,$$
$$e(G_2) = v(G_2) - 1$$

이다. $v(G) = v(G_1) + v(G_2)$이므로

$$\begin{aligned} e(G) &= e(G_1) + e(G_2) + 1 \\ &= (v(G_1) - 1) + (v(G_2) - 1) + 1 \\ &= v(G_1) + v(G_2) - 1 = v(G) - 1 \end{aligned}$$

이다.

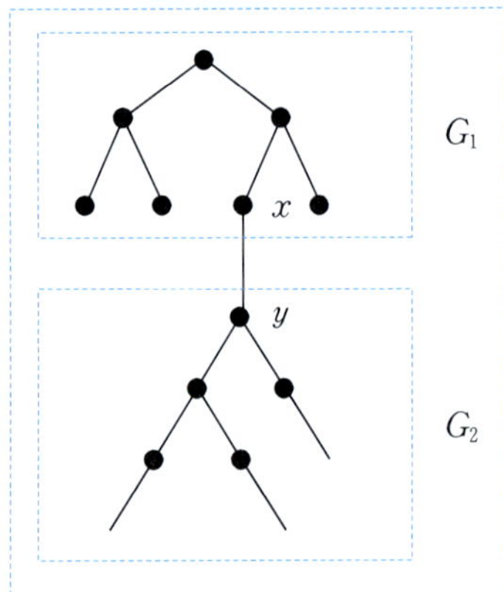

G

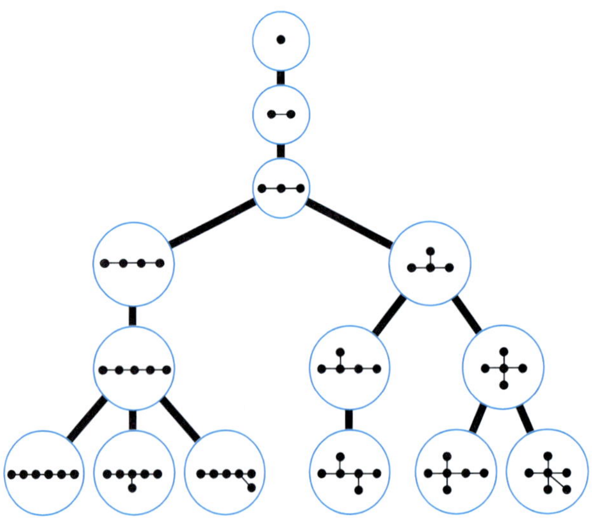

그림 6-1 수형도의 생성 과정

정리 6.1.2

n개의 꼭지점을 갖는 연결그래프 G에 대하여 다음은 동치이다.

(1) G는 수형도이다.

(2) G에는 $n-1$개의 변이 있다.

(3) G에서 임의의 한 변을 제거하면 남은 그래프는 연결그래프가 아니다.

(4) G의 임의의 서로 다른 두 꼭지점 u, v에 대하여 u에서 v로 가는 유일한 경로가 존재한다.

증명 (1) ⇒ (2) 정리 6.1.1에 의하여 성립한다.

(2) ⇒ (1) v에 관한 수학적 귀납법으로 증명한다.

(i) $v=1$이면 $e=0$이고 $G=K_1$이므로 G는 수형도이다.

(ii) $v(<n)$개의 꼭지점을 갖는 연결그래프에 $v-1$개의 변이 있다면 G는 수형도라 가정하자.

(iii) G에 $n-1$개의 변이 있다고 가정하자. 만약 G가 수형도가 아니라면 G에는 적어도 하나의 회로가 존재한다. G에 회로가 존재하지 않을 때까지 변을 제거하여 얻은 연결그래프는 꼭지점의 개수는 여전히 n인데 변의 수가 $n-1$보다 작은 수형도가 되어 정리 6.1.1에 모순이다. 따라서 G는 수형도이다.

(1) ⇒ (3) G에서 한 변을 제거해도 남은 그래프가 연결그래프가 되는 변이 있다고 가정하자. 그 변을 $e=\{u, v\}$라 하자. G에서 변 e를 제거하여 남은 연결그래프에는 u에서 v로 가는 경로 P가 존재한다. P에 변 e를 포함한 것은 G의 회로가 되어 G가 수형도라는 사실에 모순이다.

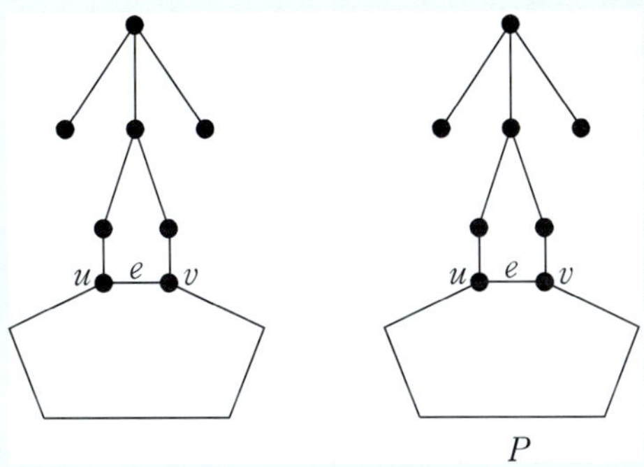

(3) ⇒ (4) u, v가 서로 다른 꼭지점이라 하면 G는 연결그래프이므로 u에서 v로 가는 경로가 존재한다. 만약 u에서 v로 가는 경로가 두 개 있다고 가정하면 G는 회로를 갖게 된다. 그 회로에서 임의의 한 변을 제거해도 남은 그래프는 연결그래프이므로 (3)에 모순이다. 따라서 u에서 v로 가는 경로는 유일하다.

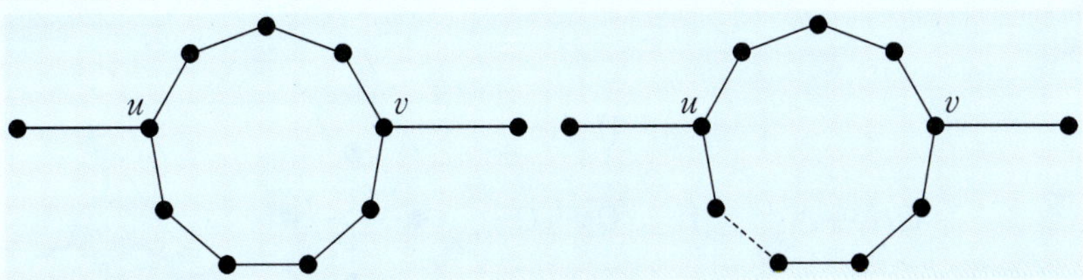

(4) ⇒ (1) 연결그래프 G가 수형도가 아니라고 가정하면 G에는 회로가 존재한다. 그 회로에 포함된 임의의 두 점 u, v에 대하여 u에서 v로 가는 두 개의 경로가 존재하므로 모순이다.

포화탄화수소화합물

물질을 구성하는 원자는 다른 원자들과 결합한 형태로 존재하고, 각 원자들은 고유한 결합 특성을 가진다. 탄소 화합물 중에 가장 기본이 되는 것은 탄소와 수소원자로만 이루어진 탄화수소인데 이들은 주로 천연 가스나 원유 속에 들어 있다. 예를 들어 탄화수소에서 탄소원자는 4개의 수소 또는 탄소원자와 결합하고 각 수소원자는 1개의 탄소원자와 결합한다. 케일리(Arthur Cayley)는 1857년 C_kH_{2k+2} 형태의 포화탄화수소화합물의 **구조 이성질체**(isomer)를 셈하는 과정에서 화학분야에 수형도를 도입하였다.

탄소원자가 k개이고 수소원자가 $2k+2$개인 포화탄화수소화합물(C_kH_{2k+2})을 그래프로 나타내고자 할 때, 탄소원자와 수소원자를 꼭지점으로 나타내고 두 원자 사이의 결합을 변으로 나타내면 이 포화탄화수소화합물을 그래프로 나타낼 수 있다. 이 그래프의 특성에 대하여 살펴보자. 탄소원자는 차수가 4인 꼭지점이고 수소원자는 차수가 1인 꼭지점으로 나타낼 수 있다. 그러므로 이 그래프의 꼭지점의 개수는 $k+(2k+2)=3k+2$이고 꼭지점의 차수의 합은 $4k+(2k+2)=6k+2$이므로 변의 개수는 $\frac{6k+2}{2}=3k+1$이다. 변의 개수가 꼭지점의 개수보다 하나 적으므로 이 그래프는 수형도임을 알 수 있다.

탄소원자의 결합 상태만을 나타낸 그래프를 **탄소그래프**(carbon graph)라고 한다.

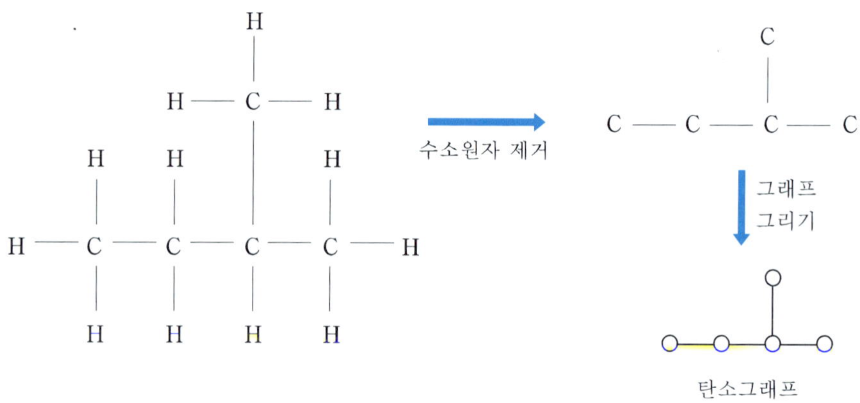

그림 6-2

예제 6.1.8 다음은 포화탄화수소화합물의 예들이다. CH_4를 메탄(methane), C_2H_6를 에탄(ethane), C_3H_8를 프로판(propane)이라고 한다. 이에 해당하는 수형도는 각각 다음과 같은 단 한 가지뿐이다.

CH_4메탄

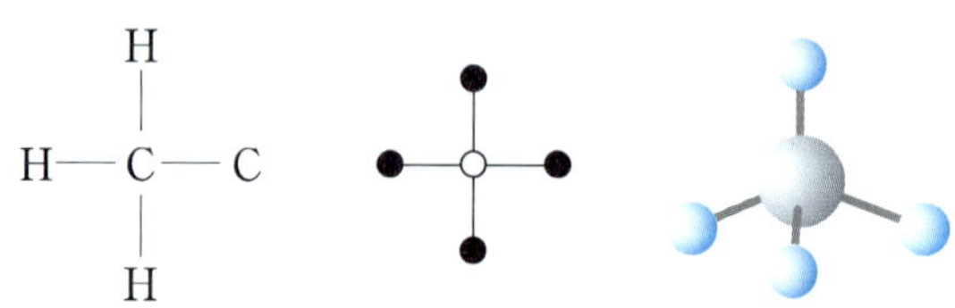

C_2H_6에탄

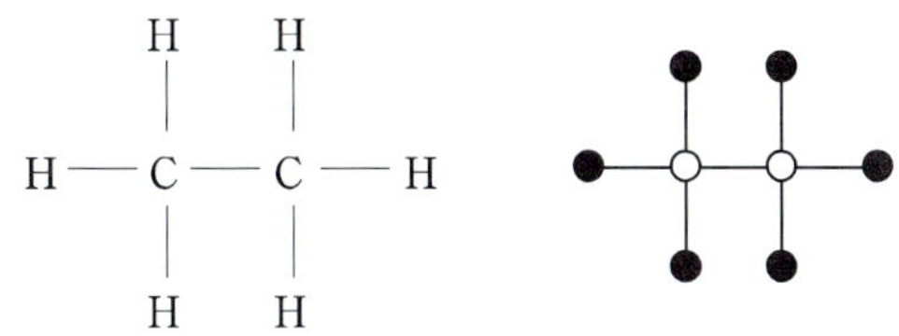

C_3H_6프로판

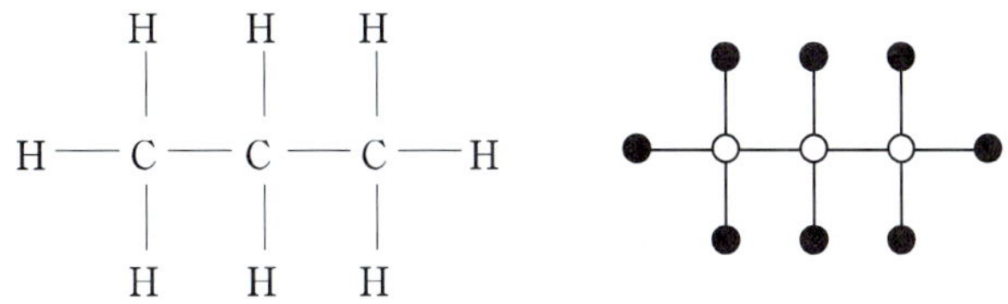

그림 6-3

$k \geq 4$인 포화탄화수소화합물 C_kH_{2k+2}의 경우에는 분자식은 같으나 화학적 성질이 다른 화합물인 여러 가지 구조 이성질체가 존재한다. $k=4$인 경우에 C_4H_{10}에는 다음과 같은 두 가지 구조 이성질체 n-**부탄**(n-butane)과 **2-메틸 프로판**(2-methyl propane)이 존재한다.

C_4H_{10} n부탄

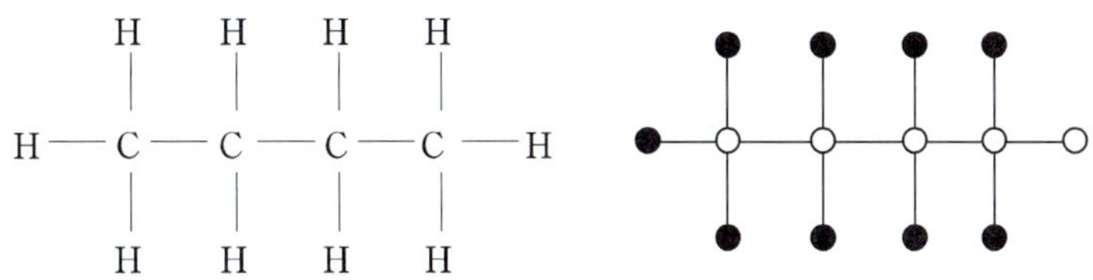

C_4H_{10} 2 메탈프로판

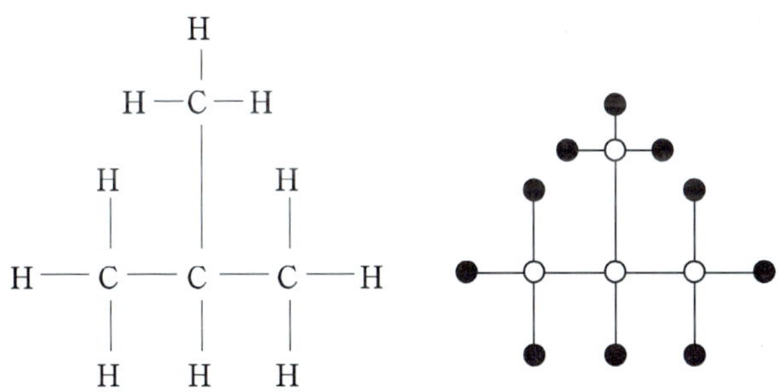

그림 6-4

$k=5$인 경우에 C_5H_{12}에는 다음과 같은 세 가지 구조 이성질체 n-**펜탄**(n-pentane), **2-메틸 부탄**(2-methyl butane), **2,2-디메틸-프로판**(2,2-dimethyl propane)이 존재한다.

C_5H_{12} n펜탄

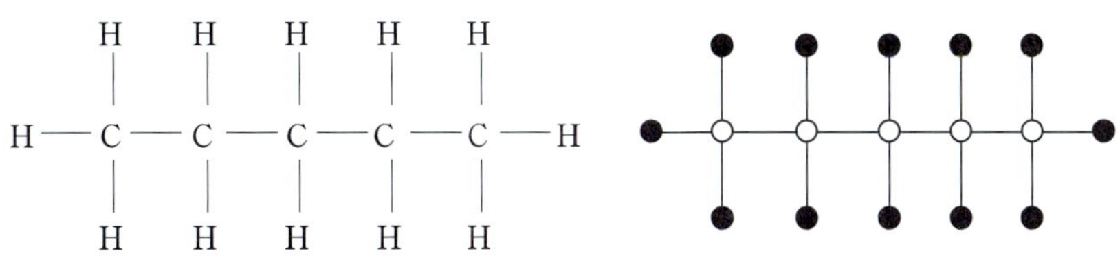

C_5H_{12} 2,2 디메틸프로판

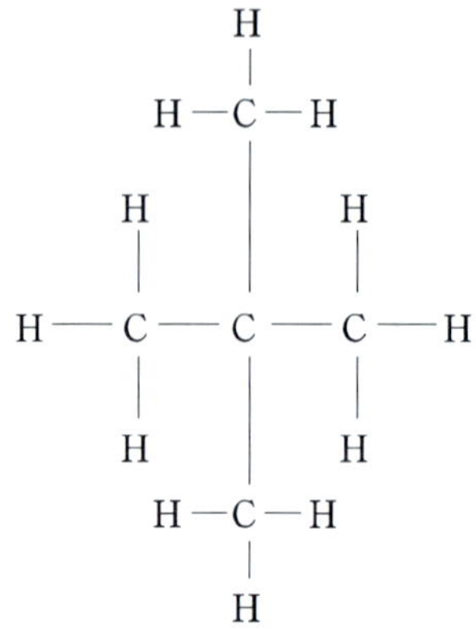

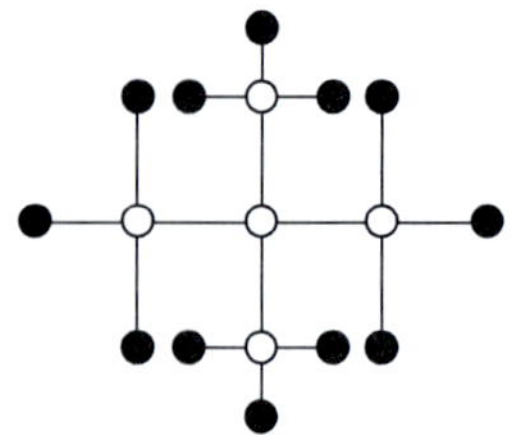

C_5H_{12} 2 메틸부탄

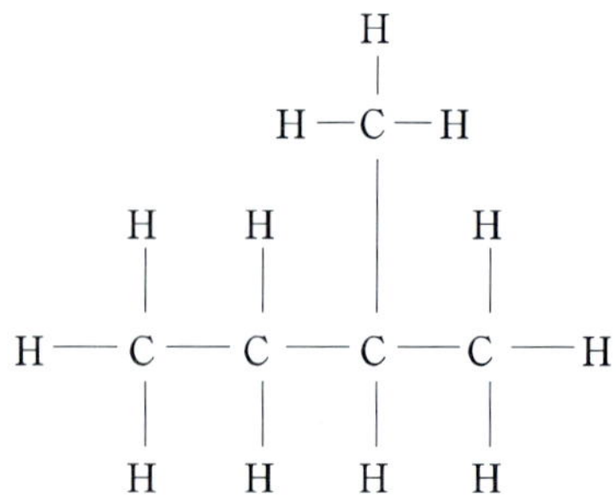

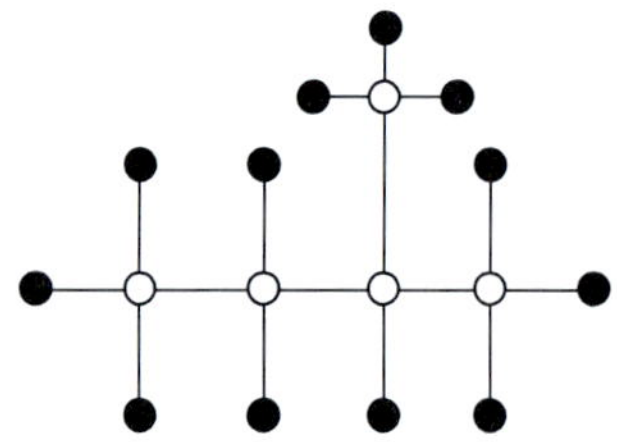

그림 6-5

예제 6.1.9 꼭지점이 6개인 수형도는 다음과 같은 6개가 존재하는데 이로부터 헥산(hexane) C_6H_{14}의 모든 구조 이성질체를 알 수 있다.

점의 개수	6개	
수형도	(1)  헥산(hexane)	(4) 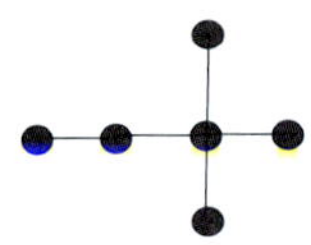 2,2-디메틸 부탄 (2,2-dimethyl butane)
	(2) 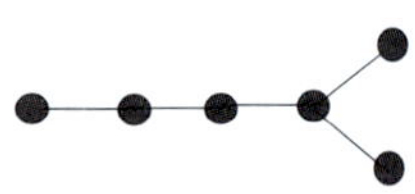 2-메틸 펜탄(2-methyl pentane)	(5)  2,3-디메틸 부탄 (2,2-dimethyl butane)
	(3) 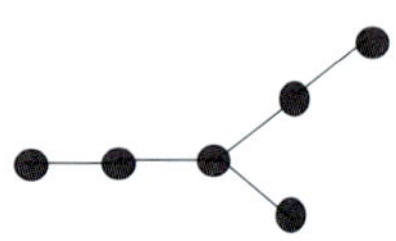 3-메틸 펜탄(3-methyl pentane)	(6) 

(6)번 수형도는 차수 5인 꼭지점이 있으므로 탄소그래프일 수 없다. 그러므로 C_6H_{14}의 구조 이성질체는 5개이다.

다음 표는 $k = 1, 2, \cdots, 15, 20$에 대한 구조 이성질체의 개수이다.

표 6-1 구조 이성질체의 개수

k	1	2	3	4	5	6	7	8
이성질체의 수	1	1	1	2	3	5	9	18
k	9	10	11	12	13	14	15	20
이성질체의 수	35	75	159	355	802	1858	4347	366319

루트 수형도

아래 왼쪽 그림과 같이 수형도에서 한 꼭지점을 정하고, 그 꼭지점을 위로 들어 올리면 수형도는 아래 오른쪽 그림과 같이 집안의 가계도처럼 그릴 수 있다.

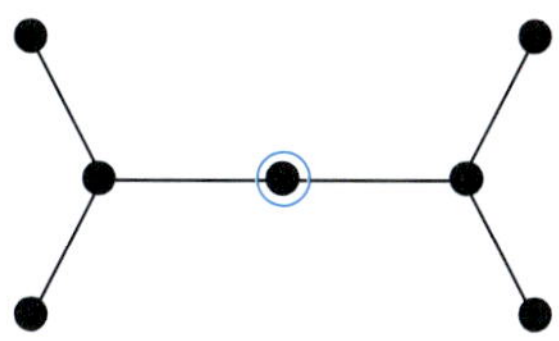

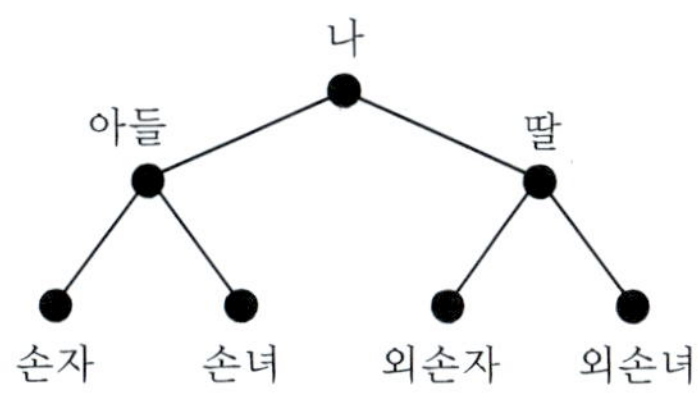

이와 같이 수형도에서 특별히 지정한 꼭지점을 **루트**(root)라고 하고 루트가 있는 수형도를 **루트 수형도**(rooted tree)라고 한다. 루트를 갖지 않는 수형도는 임의의 꼭지점을 루트로 정해서 루트 수형도로 바꿀 수 있다. 이때 루트가 달라지면 루트 수형도도 달라진다.

그림 6-6의 (2)는 수형도 (1)에서 a를 루트로 정한 루트 수형도이고 (3)은 d를 루트로 정한 루트 수형도이다.

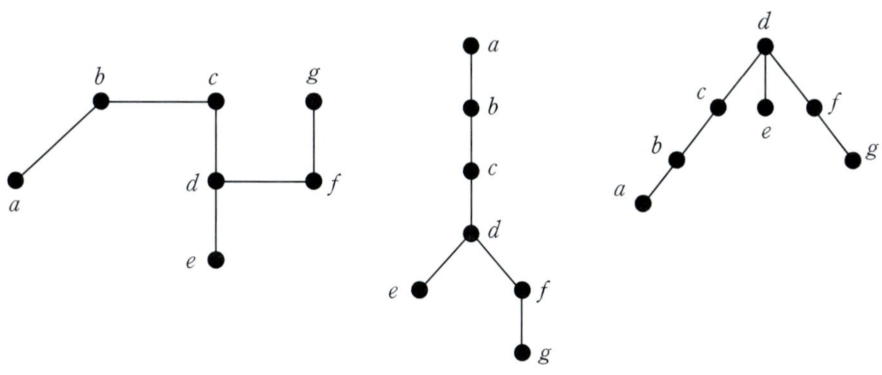

(1) (2) (3)

그림 6-6

루트 수형도의 엄밀한 정의는 다음과 같다.

정의 6.1.2

루트 수형도는 하나 이상의 꼭지점으로 구성된 유한집합으로서 다음의 두 가지 조건을 만족한다.
(1) 특별히 지정된 꼭지점인 루트가 있다.
(2) 나머지 꼭지점들은 각각이 공통된 꼭지점이 없는 루트 수형도 T_1, T_2, $\cdots$, T_n $(n \geq 0)$으로 분할된다. T_1, T_2, $\cdots$, T_n을 루트의 **부분수형도**(subtree)라고 한다.

예를 들어 그림 6-7에서와 같이 꼭지점 b와 c를 각각 루트로 하는 수형도 T_1과 T_2는 루트 a의 부분수형도이며, T_1과 T_2에는 공통된 꼭지점이 없다. 이렇게 만들어진 루트 수형도에서 꼭지점 b와 c는 루트 a의 **자식**(child) 꼭지점이며, 루트 a는 꼭지점 b와 c의 **부모**(parent) 꼭지점이며, 부모 꼭지점이 같은 b와 c는 **형제**(sibling) 꼭지점이라 한다.

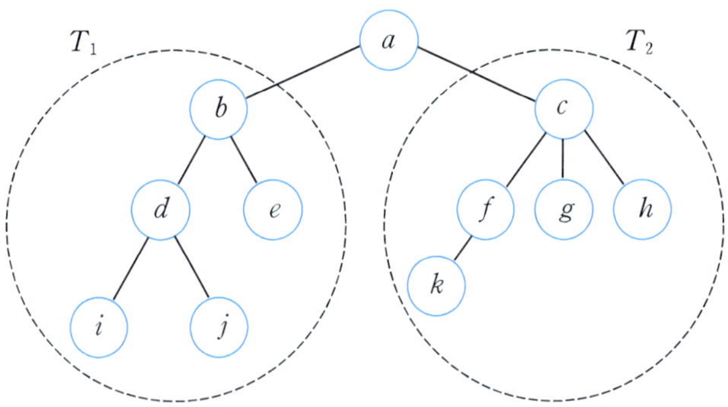

그림 6-7 루트 수형도의 예

일반적으로 하나의 꼭지점이 가지고 있는 부분수형도의 수를 꼭지점의 **차수**(degree)라고 하며, 수형도에 있는 꼭지점의 차수 중에서 가장 큰 차수를 **수형도의 차수**(degree of tree)라고 한다. 그림 6-7에서 꼭지점 a의 차수는 2, 꼭지점 c의 차수는 3, 꼭지점 i의 차수는 0이며 수형도의 차수는 3이다. 수형도에서 자식 꼭지점을 가지고 있지 않은 꼭지점, 즉 차수가 0인 e, g, h, i, j, k와 같은 꼭지점을 **단말점**(terminal vertex)이라고 한다. 또한 수형도에는 **레벨**(level) 개념이 있다. 루트의 레벨을 0으로 놓고 자식 꼭지점으로 내려가면서 레벨이 1씩 증가한다. 레벨은 어떤 꼭지점이 루트에서 얼마나 떨어져 있는지를 나타내며, 수형도에서 가장 큰 레벨을 수형도의 **깊이**(depth) 또는 **높이**(height)라고 한다. 그림 6-7에서 수형도의 깊이는 3이다. 어떤 꼭지점의 **조상**(ancestor)은 그 꼭지점에서 루트에 이르는 경로 위에 있는 모든 꼭지점을 말한다. 그러므로 꼭지점 k의 조상은 f, c, a이다. 그리고 어떤 꼭지점의 **자손**(descendant)은 그 꼭지점과 연결되어 있는 하위 레벨의 모든 꼭지점을 말한다. 꼭지점 c의 자손은 f, g, h, k이다.

예제 6.1.10 다음 루트 수형도에 대한 물음에 답하여라.

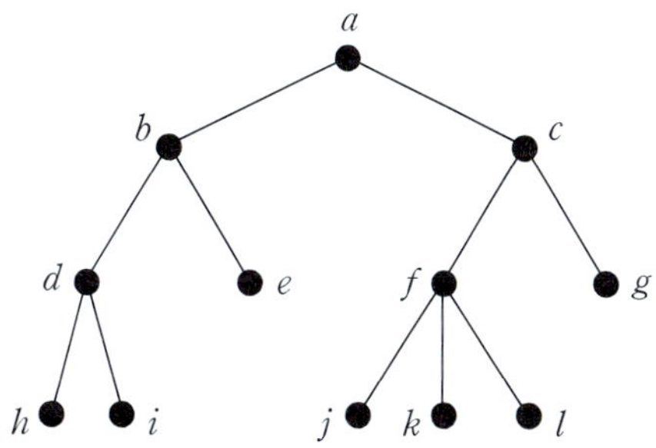

(1) 이 루트 수형도의 깊이는 얼마인가?
(2) 꼭지점 j의 레벨은 얼마인가?
(3) 꼭지점 e의 부모 꼭지점은 무엇인가?
(4) 꼭지점 d의 자식 꼭지점은 무엇인가?
(5) 꼭지점 d의 형제 꼭지점은 무엇인가?
(6) 꼭지점 c의 자손은 무엇인가?
(7) 꼭지점 c의 차수는 얼마인가?
(8) 이 수형도의 차수는 얼마인가?

풀이 (1) 3 (2) 3 (3) b (4) h, i (5) e (6) f, g, j, k, l (7) 2 (8) 3

연습문제 6.1

01 모든 수형도의 색채수는 2임을 증명하여라.

02 수형도는 평면그래프임을 증명하여라.

03 G가 서로 연결되지 않은 k개의 수형도 T_1, T_2, $\cdots$, T_k로 이루어진 그래프라 하자. G의 꼭지점의 개수가 n일 때 G의 변의 개수를 구하여라.

04 꼭지점이 v_1, v_2, $\cdots$, v_n인 수형도에서 차수가 1인 꼭지점의 수는

$$1+\frac{1}{2}\sum_{i=1}^{n}|d(v_i)-2|$$

임을 보여라. 단, $d(v_i)$는 꼭지점 v_i의 차수이다.

05 다음 포화탄화수소화합물의 탄소그래프를 그려라.

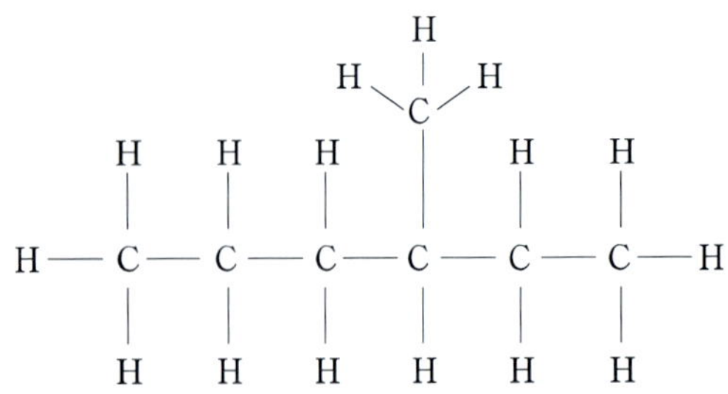

06 탄소그래프가 다음과 같은 포화탄화수소화합물을 그려라.

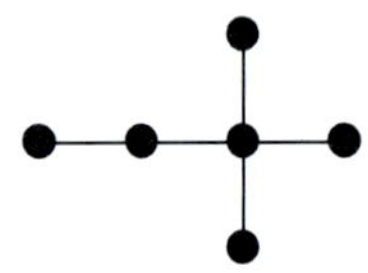

07 꼭지점이 7개인 수형도는 예제 6.1.6에 주어진 11개가 존재하는데 이로부터 헵탄(heptane) C_7H_{16}의 모든 구조 이성질체를 구하여라.

08 꼭지점이 8개인 수형도는 예제 6.1.7에 주어진 23개가 존재하는데 이로부터 옥탄(octane) C_8H_{18}의 모든 구조 이성질체를 구하여라.

6.2 이진수형도

정의 6.2.1

모든 꼭지점의 차수가 n 이하인 루트수형도를 **n-항 수형도**(n-ary tree)라 하고, $n=2$일 때 **이진수형도**(binary tree)라 한다.

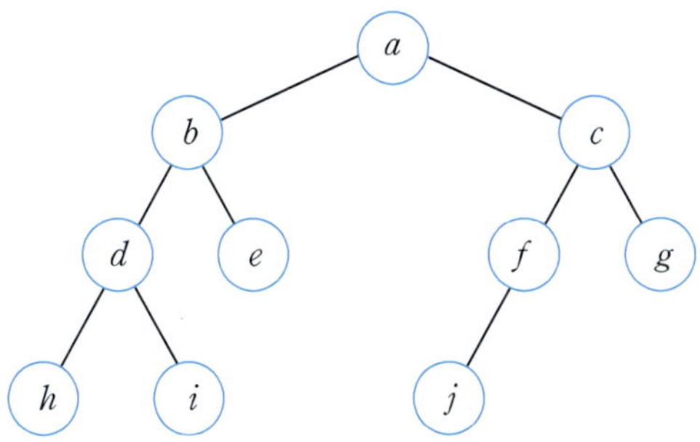

그림 6-8 이진수형도의 예

이진수형도는 모든 꼭지점이 2개의 부분수형도를 갖는 특별한 형태의 수형도이며, 가장 많이 쓰이는 수형도이다. 이 때 이진수형도는 꼭지점이 하나도 없는 **빈 수형도**(empty tree)가 될 수도 있다. 즉, 이진수형도는 꼭지점이 하나도 없는 빈 수형도이거나 루트 하나로만 되어 있거나 두 개 이상의 꼭지점으로 되어 있을 때는 각 꼭지점의 자식 꼭지점이 최대 2개인 수형도를 말한다.

위 그림 6-8의 이진수형도에서 꼭지점 a, b, c, d는 **왼쪽 부분수형도**(left subtree)와 **오른쪽 부분수형도**(right subtree)를 모두 가지고 있으며, 꼭지점 e, g, h, i, j는 왼쪽 부분수형도와 오른쪽 부분수형도를 모두 가지고 있지 않은 단말점이다. 또한 꼭지점 f는 왼쪽 부분수형도만 가지고 있다. 이진수형도에서는 왼쪽 부분수형도와 오른쪽 부분수형도를 분명하게 구분한다. 예를 들어 그림 6-9의 첫 번째 수형도와 두 번째 수형도를 일반적인 수형도에서는 같은 수형도로 간주하지만 이진수형도에서는 다른 수형도로 규정한다.

오른쪽 부분수형도가 빈 수형도인 이진수형도　　　왼쪽 부분수형도가 빈 수형도인 이진수형도

그림 6-9 서로 다른 이진수형도

정의 6.2.2

모든 꼭지점이 왼쪽 자식만을 갖거나 오른쪽 자식만을 가지는 이진수형도를 **사향이진수형도**(skewed binary tree)라고 하며, 수형도의 깊이가 n인 이진수형도의 전체 꼭지점의 수가 그 수형도의 최대 꼭지점의 수인 $2^{n+1}-1$과 같으면 **포화이진수형도**(full binary tree)라고 한다. 또한 수형도의 깊이가 n인 이진수형도의 전체 꼭지점의 수가 $2^{n+1}-1$보다 작으며, 마지막 레벨 이외의 모든 레벨은 꼭지점이 모두 차 있고, 마지막 레벨에서는 왼쪽부터 꼭지점이 차례대로 차 있으면 **완전이진수형도**(complete binary tree)라고 한다.

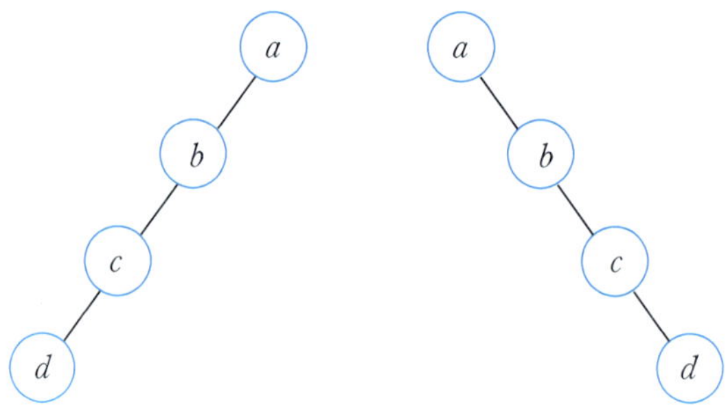

그림 6-10 사향이진수형도의 예

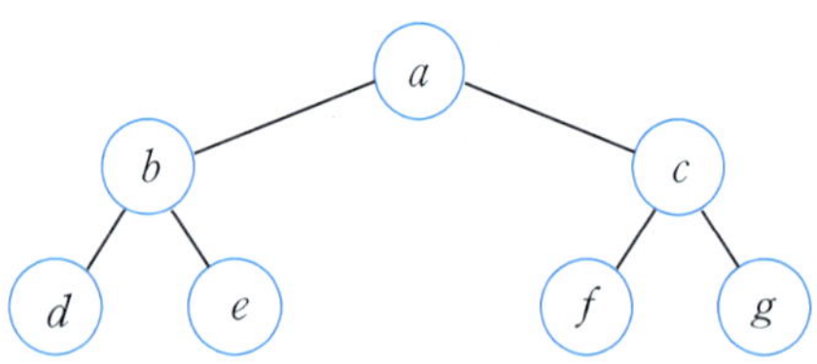

그림 6-11 포화이진수형도의 예

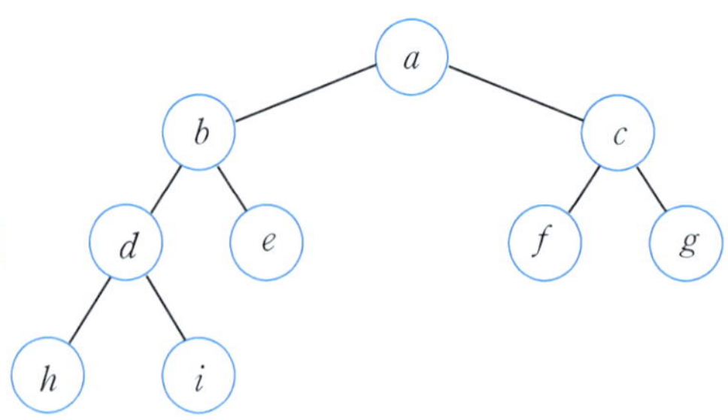

그림 6-12 완전이진수형도의 예

이진수형도의 개수

n개의 꼭지점을 갖는 이진수형도의 개수를 알아본다. 꼭지점의 개수가 1, 2, 3일 때 이진수형도는 다음과 같다.

꼭지점의 개수 n	이진수형도	개수
$n=1$		1
$n=2$		2
$n=3$		5

그림 6-13

예제 6.2.1 꼭지점이 3개인 이진수형도를 구하는 방법에 대하여 알아보자.

풀이 꼭지점이 3개인 이진수형도는 루트를 제외한 꼭지점 2개가 놓인 위치에 따라 다음과 같이 분류할 수 있다.

① 왼쪽 부분수형도의 꼭지점의 개수가 0개
② 왼쪽 부분수형도의 꼭지점의 개수가 1개
③ 왼쪽 부분수형도의 꼭지점의 개수가 2개

①의 경우 : 루트의 오른쪽 부분수형도를 만들기 위해서 꼭지점이 2개인 이진수형도를 붙이면 꼭지점이 3개인 이진수형도 2개가 얻어진다.

②의 경우 : 왼쪽 부분수형도의 꼭지점의 개수가 1개이므로 오른쪽 부분수형도의 꼭지점의 개수도 1개이고, 따라서 꼭지점이 3개인 이진수형도 1개가 얻어진다.

③의 경우 : 루트의 왼쪽 부분수형도를 만들기 위해서 꼭지점이 2개인 이진수형도를 붙이면 꼭지점이 3개인 이진수형도 2개가 얻어진다.

왼쪽 부분수형도의 꼭지점의 개수	이진수형도	개수
0	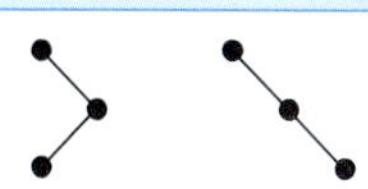	2
1	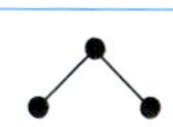	1
2		2

예제 6.2.2 꼭지점이 4개인 이진수형도를 그려라.

풀이 왼쪽 부분수형도의 꼭지점의 개수에 따라 분류하면 다음과 같이 이진수형도가 5+2+2+5 = 14개 존재한다는 것을 알 수 있다.

왼쪽 부분수형도의 꼭지점의 개수	이진수형도	개수
0	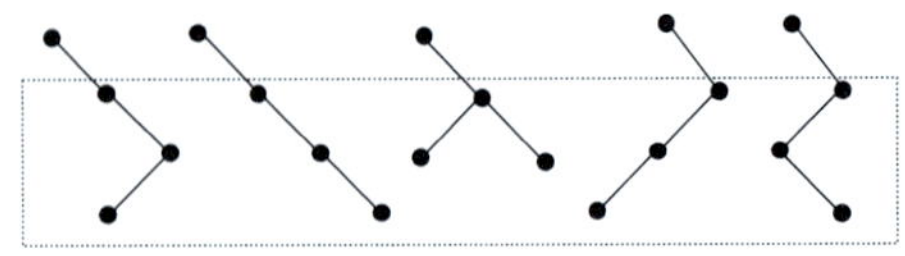	5
1	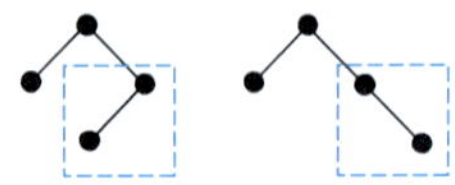	2
2		2
3	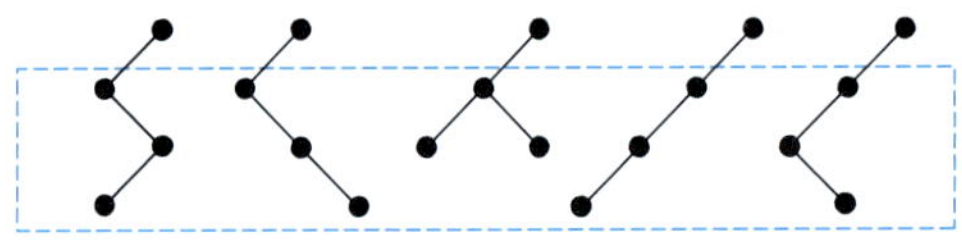	5

n개의 꼭지점을 갖는 이진수형도의 개수를 b_n이라 하자. 그러면 다음이 성립함을 알 수 있다.

$$b_3 = b_2 + b_1 \cdot b_1 + b_2$$
$$b_4 = b_3 + b_1 \cdot b_2 + b_2 \cdot b_1 + b_3$$

$b_0 = 1$로 약속하면 다음과 같이 쓸 수 있다.

$$b_3 = b_0 \cdot b_2 + b_1 \cdot b_1 + b_2 \cdot b_0$$
$$b_4 = b_0 \cdot b_3 + b_1 \cdot b_2 + b_2 \cdot b_1 + b_3 \cdot b_0$$

일반적으로 n개의 꼭지점을 갖는 이진수형도의 개수 b_n은 다음과 같다.

$$b_n = b_0 \cdot b_{n-1} + b_1 \cdot b_{n-2} + \cdots + b_{k-1} \cdot b_{n-k} + \cdots + b_{n-2} \cdot b_1 + b_{n-1} \cdot b_0$$

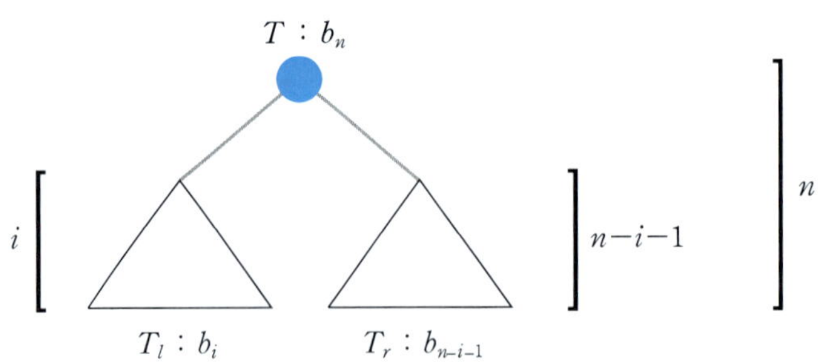

T_l은 꼭지점이 i개인 왼쪽 부분수형도
T_r은 꼭지점이 $n-i-1$개인 오른쪽 부분수형도

그림 6-14 이진수형도의 개수

예제 6.2.3 꼭지점의 개수가 6개인 이진수형도의 개수를 구하여라.

풀이 $b_6 = b_0b_5 + b_1b_4 + b_2b_3 + b_3b_2 + b_4b_1 + b_5b_0$

$= 2(b_0b_5 + b_1b_4 + b_2b_3)$

$= 2(42 + 14 + 10)$

$= 132$ ■

다음 표는 꼭지점의 개수 n에 대한 이진수형도의 개수이다.

표 6-2 꼭지점의 개수에 대한 이진수형도의 개수

꼭지점의 개수 n	이진수형도의 개수
$n = 1$	1
$n = 2$	2
$n = 3$	5
$n = 4$	14
$n = 5$	42
$n = 6$	132
$n = 7$	429
$n = 8$	1430
$n = 9$	4862
$n = 10$	16796

이진탐색수형도

컴퓨터 과학에서 이진수형도는 숫자나 문자열의 집합과 같은 순서화되어 있는 집합에서 원소들을 저장하거나 찾기 위해 많이 사용된다. 특히 이진탐색수형도는 숫자나 문자열의 집합에서 임의의 원소를 삽입, 삭제, 검색하거나 또는 순차적으로 정렬할 때 사용하는 효율적인 자료구조이다.

컴퓨터에서 다음과 같은 문자열의 집합을 저장하려고 한다.

FILE, DATA, COMPUTER, DISCRETE, MATHEMATICS, ALGORITHM, ARCHITECTURE

이 문자열들은 사전식 순서관계 $<$에 의해 순서가 정해져 있다고 가정할 수 있다.

ALGORITHM $<$ ARCHITECTURE $<$ COMPUTER $<$ DATA $<$ DISCRETE $<$ FILE $<$ MATHEMATICS

정의 6.2.3

모든 꼭지점 x에 대해, 꼭지점 u가 x의 왼쪽 부분수형도에 있을 때 $u < x$이고 꼭지점 v가 x의 오른쪽 부분수형도에 있을 때 $x < v$인 이진수형도를 **이진탐색수형도**(binary search tree)라고 한다. 이때 $<$는 순서관계를 의미한다.

이진탐색수형도는 원소들을 특별한 순서로 구성한 이진수형도이며, 다음과 같은 성질을 만족한다.

(1) 모든 꼭지점의 값은 수형도에서 유일하다.
(2) 왼쪽 부분수형도에 있는 모든 꼭지점의 값들은 루트의 값보다 작다.
(3) 오른쪽 부분수형도에 있는 모든 꼭지점의 값들은 루트의 값보다 크다.
(4) 왼쪽 부분수형도와 오른쪽 부분수형도가 모두 이진탐색수형도다.

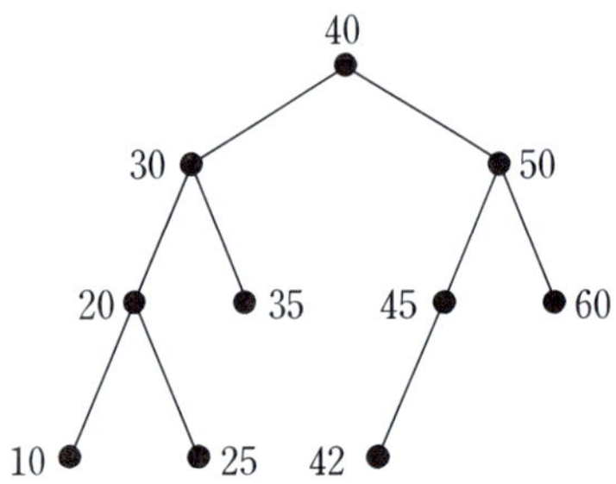

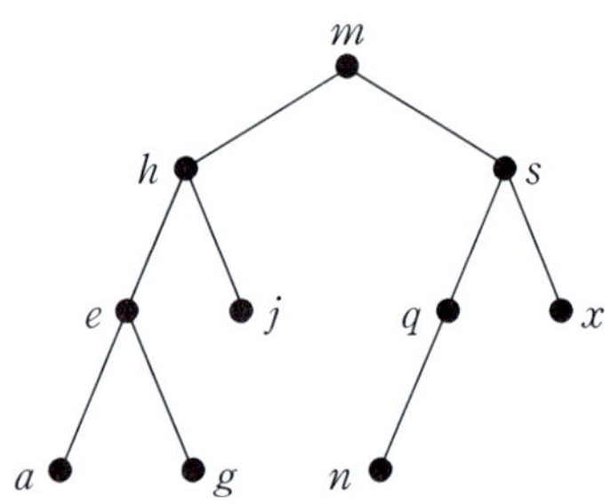

그림 6-15 이진탐색수형도의 예

예제 6.2.4 7개의 원소 7, 8, 12, 10, 5, 20, 1이 주어졌을 때, 원소가 주어진 순서대로 이진탐색수형도를 만들어라.

풀이 주어진 순서대로 이진탐색수형도를 만든다. 먼저 7은 루트가 되고 그 다음 원소 8은 $7 < 8$이므로 오른쪽 자식이 된다. 그 다음 원소 12는 $8 < 12$이므로 꼭지점 8의 오른쪽 자식이 된다. 이 과정을 남은 원소에 대해 반복하면 다음과 같은 이진탐색수형도가 완성된다.

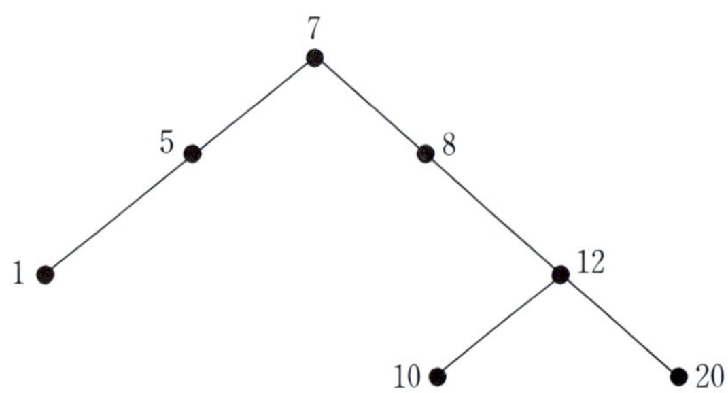

■

연습문제 6.2

01 31개의 꼭지점을 가진 포화이진수형도의 깊이를 구하여라.

02 꼭지점의 개수가 10개인 이진수형도의 개수를 구하여라.

03 7개의 원소 12, 1, 8, 7, 5, 10, 20이 주어졌을 때, 원소가 주어진 순서대로 이진탐색수형도를 만들어라.

04 다음 단어들이 주어진 순서대로 사전식 순서에 의한 이진탐색수형도를 만들어라.
FILE, DATA, COMPUTER, DISCRETE, MATHEMATICS,
ALGORITHM, ARCHITECTURE

6.3 생성수형도

정의 6.3.1

그래프 G의 모든 꼭지점을 포함하는 수형도를 **생성수형도**(spanning tree)라고 한다.

정리 6.3.1

연결그래프 G에는 생성수형도가 존재한다.

증명 G의 모든 꼭지점을 포함하는 연결부분그래프 중 변의 개수가 최소인 그래프를 H라 하면 H는 회로가 없는 그래프이다. 왜냐하면 H에 회로가 있다면, 그 회로에 있는 임의의 한 변을 지운 그래프도 역시 모든 꼭지점을 포함하는 연결부분그래프이면서 H보다 변의 개수가 하나 적은 그래프이므로 H의 선택에 모순이다. 따라서 H는 G의 모든 꼭지점을 포함하는 수형도이므로 G의 생성수형도이다.

예제 6.3.1 다음 그래프에서 서로 다른 생성수형도의 개수를 구하여라.

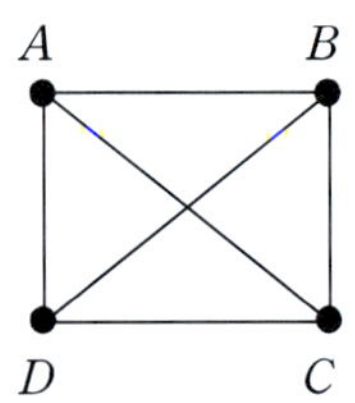

풀이 (i) 주어진 그래프에서 변 $\{A, C\}$를 제거할 때 만들 수 있는 생성수형도는 변 $\{A, B\}$, $\{B, C\}$, $\{C, D\}$, $\{D, A\}$ 중 하나를 제거하면 된다.

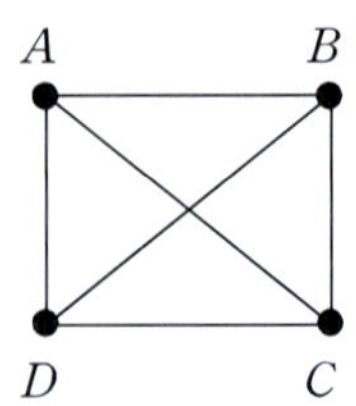

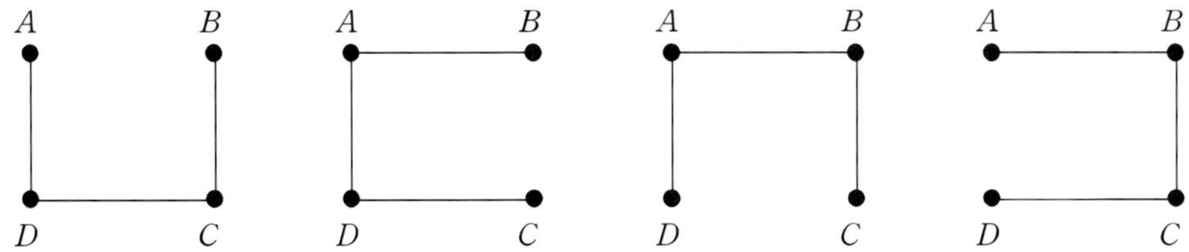

(ii) 변 $\{A,\ C\}$를 제거하지 않고 만들 수 있는 생성수형도는 두 변 $\{A,\ B\}$, $\{B,\ C\}$중 한 변을 제거하고 $\{A,\ D\}$, $\{D,\ C\}$중 한 변을 제거하면 된다.

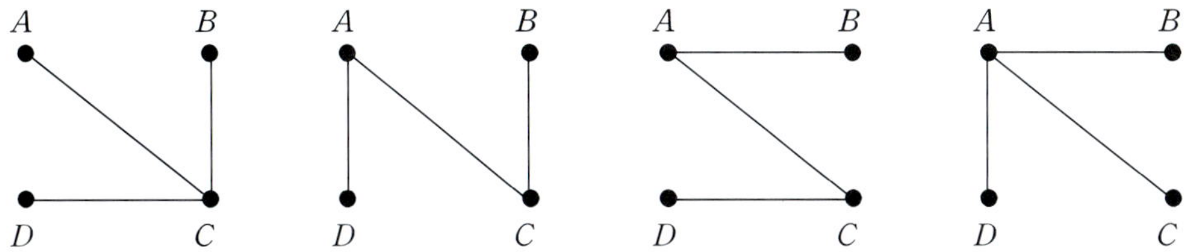

따라서, 서로 다른 생성수형도의 개수는 $4+4=8$개다. ■

예제 6.3.2 다음 그래프에서 서로 다른 생성수형도의 개수를 구하여라.

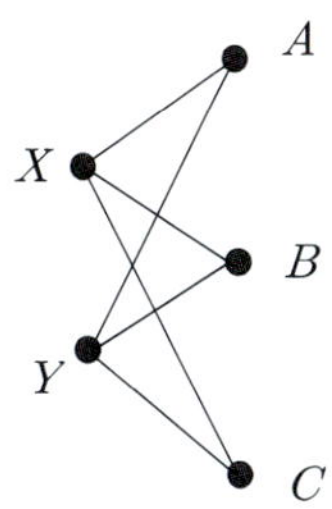

풀이 변이 4개인 회로가 없는 연결그래프가 생성수형도이므로 회로가 없고 연결된 상태를 유지하면서 변 2개를 삭제해야 한다.

변 AX를 삭제하는 경우:

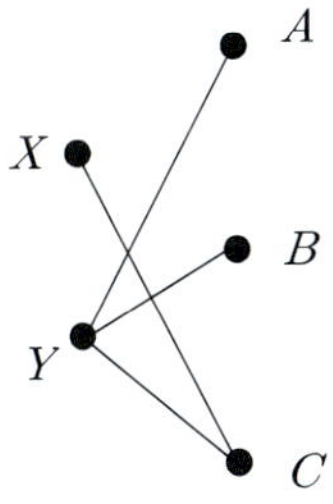

변 BX 삭제

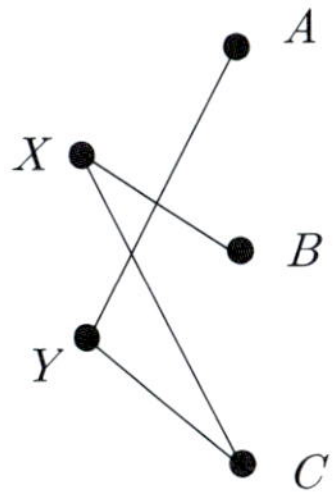

변 BY 삭제

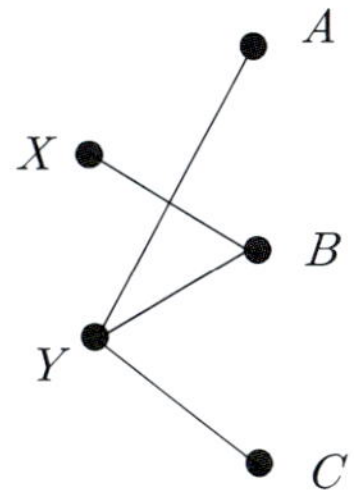

변 CX 삭제

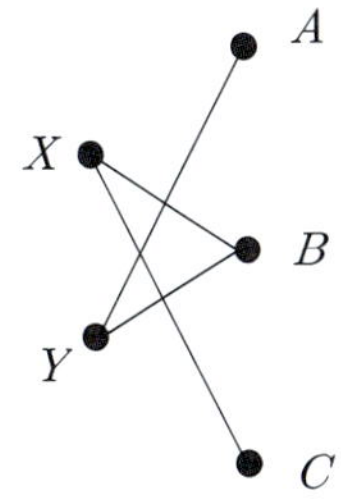

변 CY 삭제

그래프의 생성수형도를 찾는 방법으로 깊이우선탐색 방법과 너비우선탐색 방법이 있다. 깊이우선탐색은 그래프에 있는 임의의 꼭지점을 선택하고, 이 꼭지점에 인접한 꼭지점 중에서 아직 선택되지 않은 꼭지점이 있으면 그 중 한 꼭지점 u와 그 두 꼭지점을 잇는 변을 추가한다. 그리고 다시 u에 인접한 꼭지점 중에서 아직 선택되지 않은 꼭지점이 있으면 그 중 한 꼭지점 v와 그 두 꼭지점 u와 v를 잇는 변을 추가한다. 변을 추가할 때는 회로를 만들지 않아야 한다. 이 과정을 반복하다가 하나의 꼭지점 x에 이르러 더 이상 추가할 꼭지점과 변이 없다면 x 바로 전에 선택된 꼭지점으로 되돌아가서 추가되지 않은 인접한 꼭지점과 회로를 만들지 않는 변을 찾는다. 그러다가 더 이상 추가할 꼭지점이 없으면 깊이우선탐색을 종료한다. 깊이우선탐색은 꼭지점과 변을 추가하기 위해 전 단계로 되돌아가기 때문에 **백트래킹**(backtracking)이라고도 한다.

너비우선탐색은 그래프에 있는 임의의 꼭지점을 선택하고, 이 꼭지점에 인접한 모든 꼭지점과 그 두 꼭지점을 잇는 변을 추가한다. 이렇게 선택된 꼭지점들을 임의로 순서화하여, 순서대로 각 꼭지점에 인접한 모든 꼭지점과 그 두 꼭지점을 잇는 변을 추가한다. 변을 추가할 때는 회로를 만들지 않아야 한다. 수형도의 모든 꼭지점이 추가될 때까지 이 과정을 계속해 나가면 너비우선탐색이 종료된다.

예제 6.3.3 다음 그래프 G의 생성수형도를 깊이우선탐색 방법과 너비우선탐색 방법으로 찾아라.

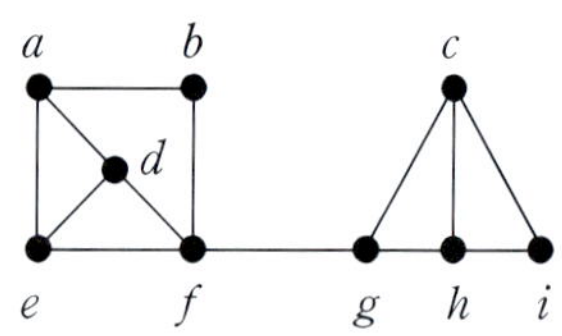

G

풀이 그래프를 인접리스트로 나타내면 다음과 같다.

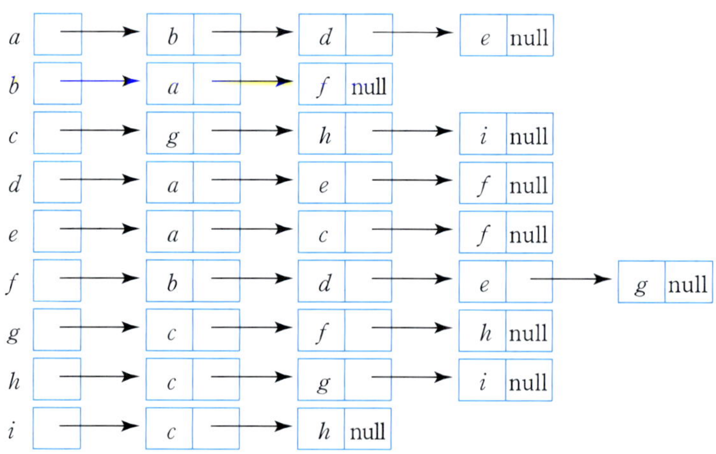

[깊이우선탐색 방법]

그래프에서 한 꼭지점 a를 선택하여 깊이우선탐색이 이루어지는 과정은 다음과 같다.

1. a에 인접한 꼭지점 중 b와 변 $\{a, b\}$를 추가한다.
2. b에 인접한 꼭지점 중 아직 선택되지 않은 f와 변 $\{b, f\}$를 추가한다.
3. f에 인접한 꼭지점 중 아직 선택되지 않은 d와 변 $\{f, d\}$를 추가한다.

4. d에 인접한 꼭지점 중 아직 선택되지 않은 e와 변 $\{d, e\}$를 추가한다.
5. e에 이르러 더 이상 추가할 꼭지점이 없으므로 e 바로 전에 선택된 꼭지점 d로 되돌아간다.
6. d에서 더 이상 추가할 꼭지점이 없으므로 d 바로 전에 선택된 꼭지점 f로 되돌아간다.
7. f에 인접한 꼭지점 중 아직 선택되지 않은 g와 변 $\{f, g\}$를 추가한다.
8. g에 인접한 꼭지점 중 아직 선택되지 않은 c와 변 $\{g, c\}$를 추가한다.
9. c에 인접한 꼭지점 중 아직 선택되지 않은 h와 변 $\{c, h\}$를 추가한다.
10. h에 인접한 꼭지점 중 아직 선택되지 않은 i와 변 $\{h, i\}$를 추가한다.

그래프 G의 모든 꼭지점이 선택되었으므로 지금까지 선택된 꼭지점과 변으로 만들어진 부분그래프가 G의 생성수형도이다.

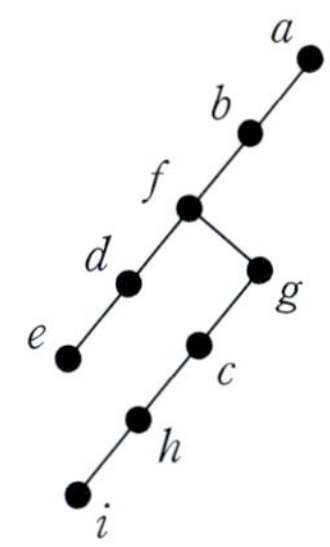

[너비우선탐색 방법]

그래프에서 한 꼭지점 a를 선택하여 너비우선탐색이 이루어지는 과정은 다음과 같다.

1. a에 인접한 모든 꼭지점 b, d, e와 변 $\{a, b\}$, $\{a, d\}$, $\{a, e\}$를 추가한다.
2. b에 인접한 모든 꼭지점 중 아직 선택되지 않은 꼭지점 f와 변 $\{b, f\}$를 추가한다.
3. d에 인접한 모든 꼭지점은 이미 선택되었다.
4. e에 인접한 모든 꼭지점은 이미 선택되었다.
5. f에 인접한 모든 꼭지점 g와 변 $\{f, g\}$를 추가한다.
6. g에 인접한 모든 꼭지점 c, h와 변 $\{g, c\}$, $\{g, h\}$를 추가한다.
7. c에 인접한 모든 꼭지점 중 아직 선택되지 않은 꼭지점 i와 변 $\{c, i\}$를 추가한다.

그래프 G의 모든 꼭지점이 선택되었으므로 지금까지 선택된 꼭지점과 변으로 만들어진 부분그래프가 G의 생성수형도이다.

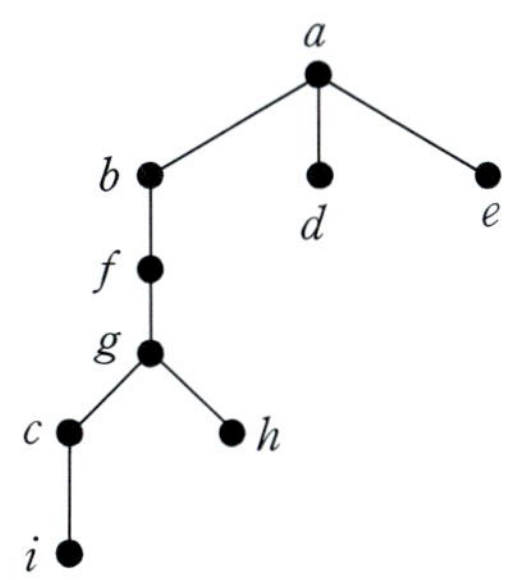

■

연습문제 6.3

01 네 개의 꼭지점 a, b, c, d로 이루어진 완전그래프 K_4로부터 얻을 수 있는 생성수형도를 모두 찾아라.

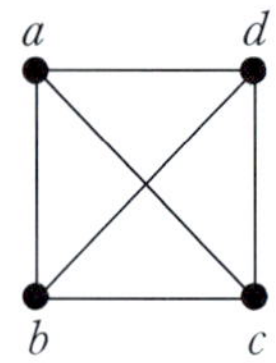

02 다음 그래프 G의 생성수형도를 깊이우선탐색 방법과 너비우선탐색 방법으로 찾아라. 꼭지점 a를 먼저 선택하여라.

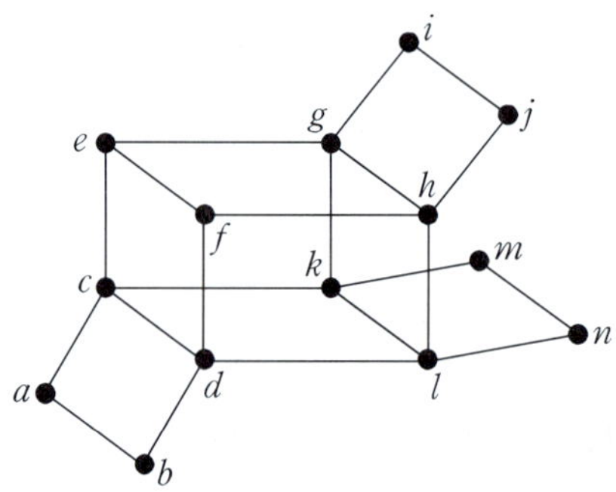

G

03 다음 그래프 G의 생성수형도를 깊이우선탐색 방법과 너비우선탐색 방법으로 찾아라. 꼭지점 a를 먼저 선택하여라. 선택할 꼭지점이 여러 개인 경우에는 알파벳 순으로 선택하기로 한다.

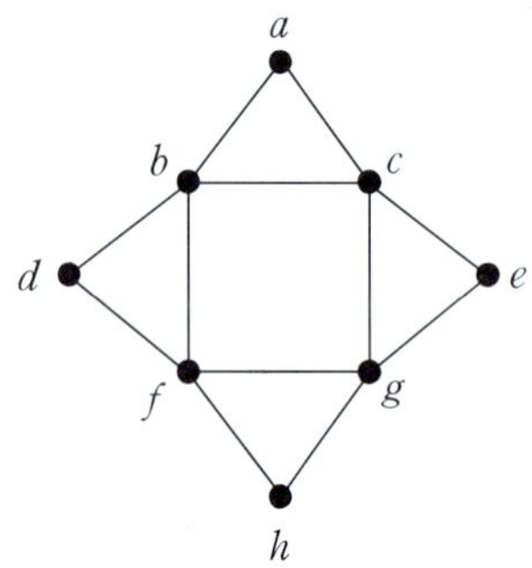

04 다음 그래프 G의 생성수형도를 깊이우선탐색 방법과 너비우선탐색 방법으로 찾아라. 꼭지점 a를 먼저 선택하여라. 선택할 꼭지점이 여러 개인 경우에는 알파벳 순으로 선택하기로 한다.

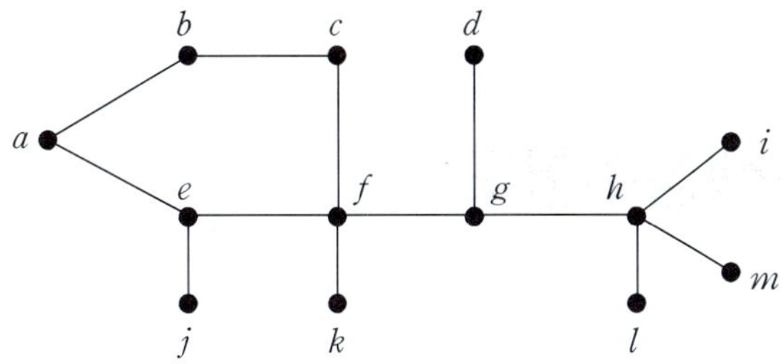

05 다음 그래프 G의 생성수형도를 깊이우선탐색 방법과 너비우선탐색 방법으로 찾아라. 꼭지점 m을 먼저 선택하여라. 선택할 꼭지점이 여러 개인 경우에는 알파벳 순으로 선택하기로 한다.

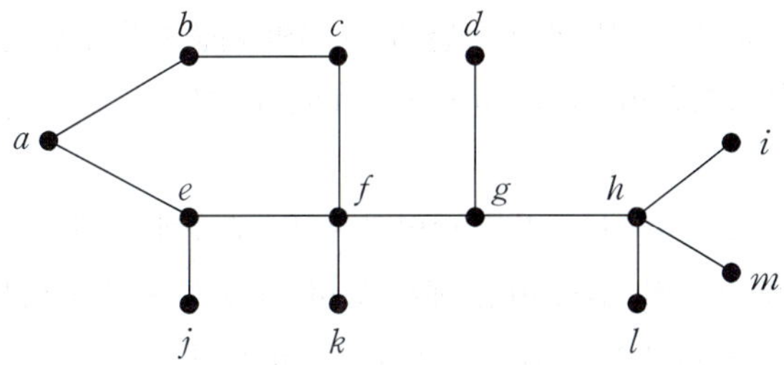

6.4 최소생성수형도

정의 6.4.1

생성수형도의 **비용**(cost)은 수형도에 포함된 모든 변의 가중치를 합한 값이며, 비용이 최소가 되는 생성수형도를 **최소생성수형도**(minimal spanning tree)라 한다.

생성수형도의 비용을 최소로 만드는 것은 다양한 응용 분야에서 매우 의미가 있는 일이며, 경제성이나 효율성 등을 고려할 때 중요한 문제이다. 예를 들면 서울에 본사가 있는 회사에서 광주, 대구, 대전, 부산, 춘천에 지사를 두고 통신망을 설치하려고 한다. 변 위에 적힌 금액은 그 변으로 이어진 두 지점 사이의 통신망 설치 비용을 나타낸다.

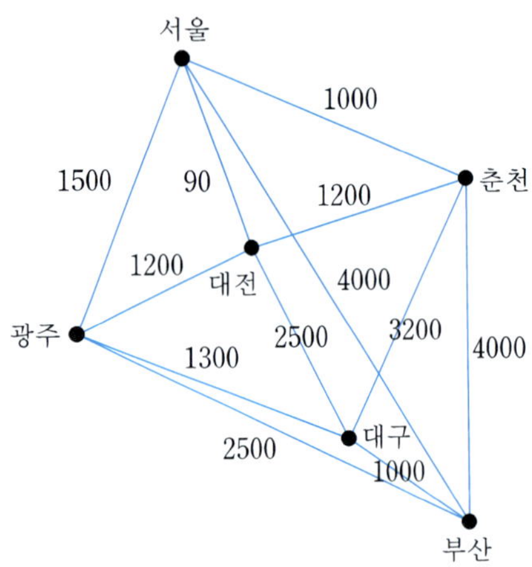

그림 6-19 가중그래프

n개의 꼭지점을 가진 그래프 G에 대하여 최소생성수형도를 찾는 프림 알고리즘은 다음과 같다.

프림(Prim) 알고리즘

알고리즘의 각 단계에서 가중치가 같은 변이 있으면 그 중 임의로 한 변을 선택한다.

① 가중치가 가장 작은 변을 선택한다.
② 이 변의 꼭지점들과 연결된 변 중 가중치가 가장 작은 변을 추가한다.
③ 그 다음 지금까지 만들어진 수형도에 있는 점들과 연결된 변 중 가중치가 가장 작은 변을 추가한다. 이 때 수형도에 추가되는 변이 회로를 형성하면 이 변은 추가되지 않는다.
④ n개의 꼭지점에 대하여 $n-1$개의 변이 추가되었을 때 종료된다.

예제 6.4.1 프림 알고리즘을 이용하여 다음 그림에 대한 최소생성수형도를 구하여라.

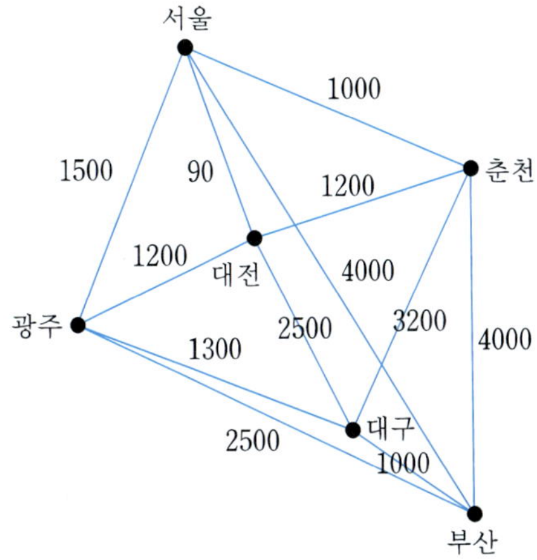

풀이 1. 먼저 가중치가 가장 작은 변 {서울, 대전}을 선택한다.

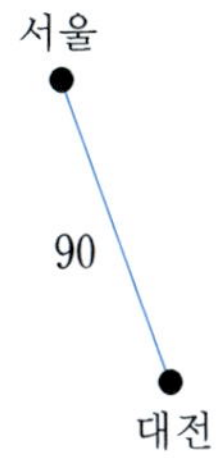

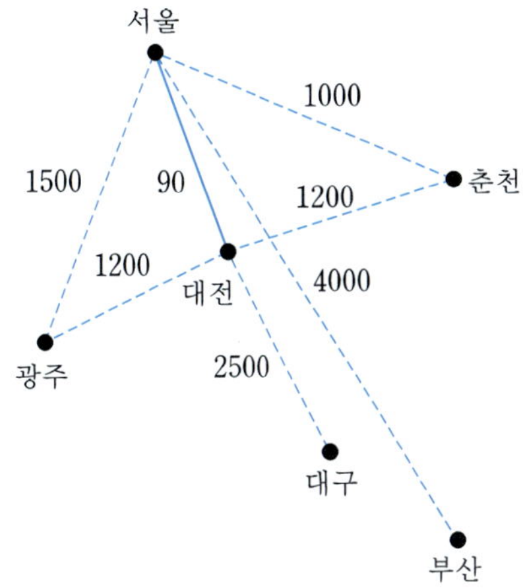

2. 서울과 대전에서 연결된 변 중에서 가중치가 가장 작은 변 {서울, 춘천}을 선택한다.

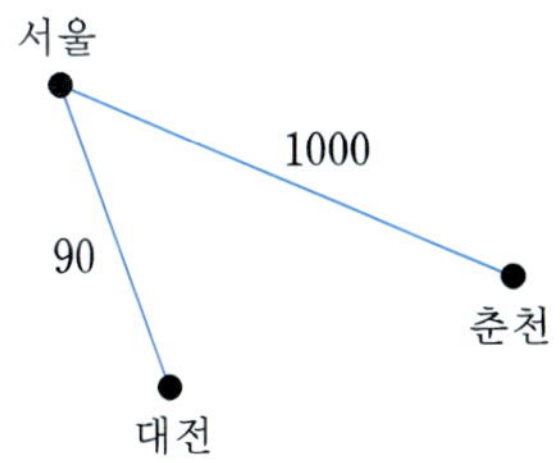

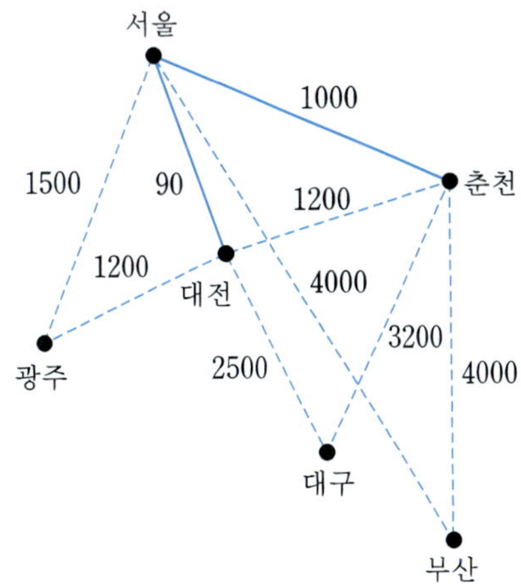

3. 서울, 대전, 춘천에서 연결된 변 중에서 가중치가 가장 작은 변은 {대전, 광주}와 {대전, 춘천}이다. 이 때, {대전, 춘천}을 추가하면 회로가 생기므로 {대전, 광주}를 선택한다.

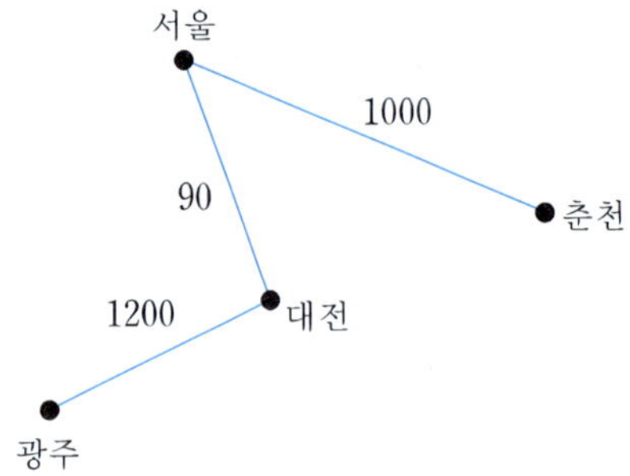

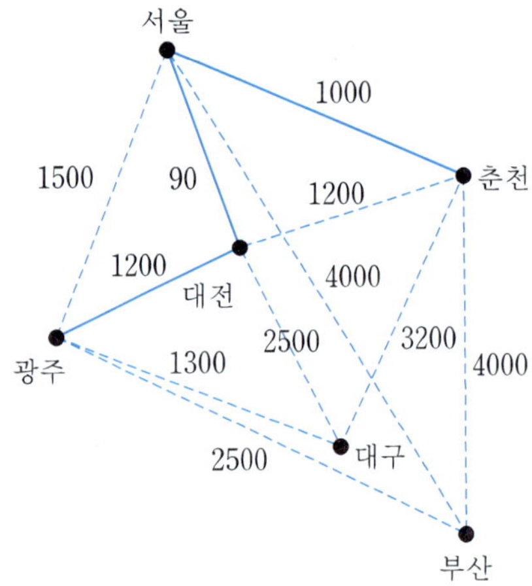

4. 서울, 대전, 춘천, 광주에서 연결된 변 중에서 가중치가 가장 작은 변 {광주, 대구}를 선택한다.

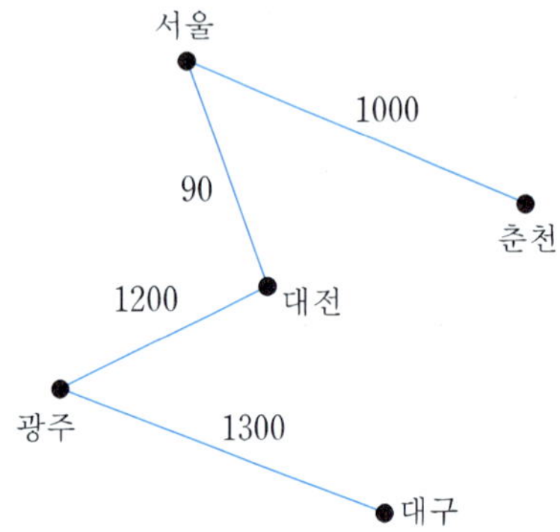

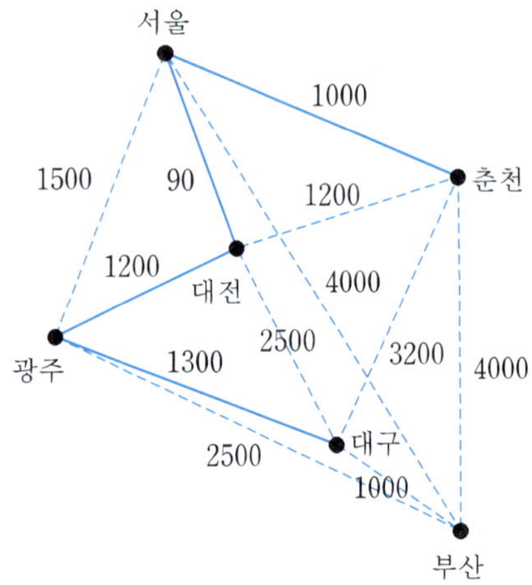

5. 서울, 대전, 춘천, 광주, 대구에서 연결된 변 중에서 가중치가 가장 작은 변 {대구, 부산}을 선택한다. 그러면 다음과 같이 비용이 4590인 최소생성수형도가 완성된다.

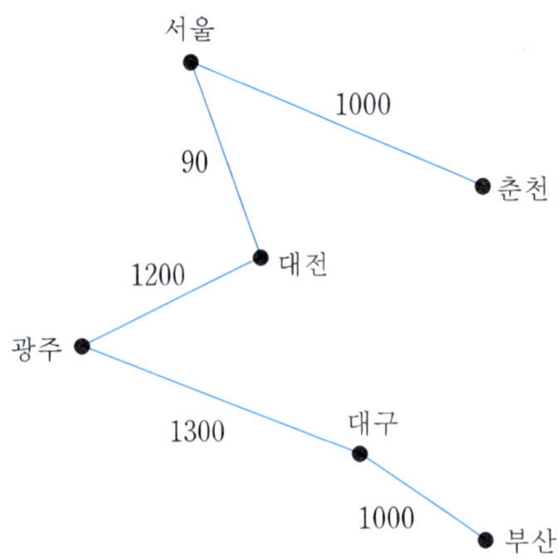

n개의 꼭지점을 가진 그래프 G에 대하여 최소생성수형도를 찾는 크루스칼 알고리즘은 다음과 같다.

크루스칼(Kruskal) 알고리즘

알고리즘의 각 단계에서 가중치가 같은 변이 있으면 그 중 임의로 한 변을 선택한다.
① 가중치가 가장 작은 변을 선택한다.
② 남은 변 중에서 이미 선택된 부분그래프와 회로를 이루지 않으면서 가중치가 가장 작은 변을 추가한다.
③ 이미 선택된 변으로 만들어진 그래프가 생성수형도인지 살펴본다.
  1) $n-1$개의 변으로 이루어져 있지 않으면 ②로 되돌아간다.
  2) $n-1$개의 변이 추가되었을 때 종료된다.

예제 6.4.2 크루스칼 알고리즘을 이용하여 다음 그림에 대한 최소생성수형도를 구하여라.

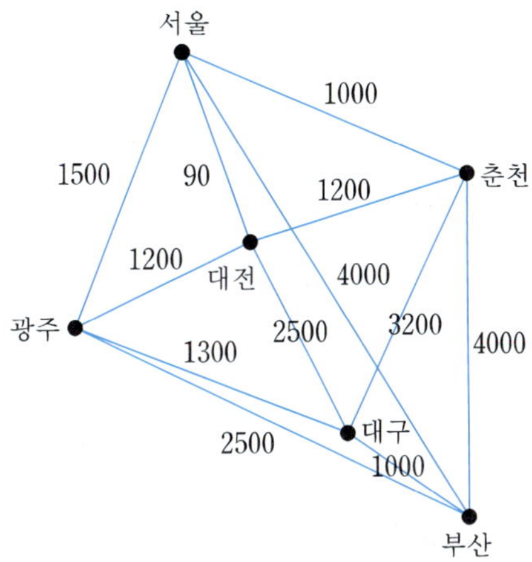

풀이 가중치가 가장 작은 순서대로 나열하면 다음과 같다.

가중치	변	가중치	변
90	{서울, 대전}	1500	{서울, 광주}
1000	{서울, 춘천}	2500	{대전, 대구}
1000	{대구, 부산}	2500	{광주, 부산}
1200	{대전, 광주}	3200	{대구, 춘천}
1200	{대전, 춘천}	4000	{서울, 부산}
1300	{광주, 대구}	4000	{춘천, 부산}

먼저 가중치가 가장 작은 {서울, 대전}을 선택하고, 그 다음으로 가중치가 가장 작은 {서울, 춘천}과 {대구, 부산}을 차례로 선택하고, 그리고 가중치가 가장 작은 {대전, 광주}와 {대전, 춘천} 중에서 하나를 선택하여 추가한다. 만약 {대전, 춘천}을 선택하면 회로가 형성되므로 선택 대상에서 제외시키고 {대전, 광주}를 선택한다. 그리고 가중치가 가장 작은 {광주, 대구}를 선택한다. 선택된 변의 수가 5개이므로 알고리즘은 종료된다. 다음과 같이 비용이 4590인 최소생성수형도가 완성된다.

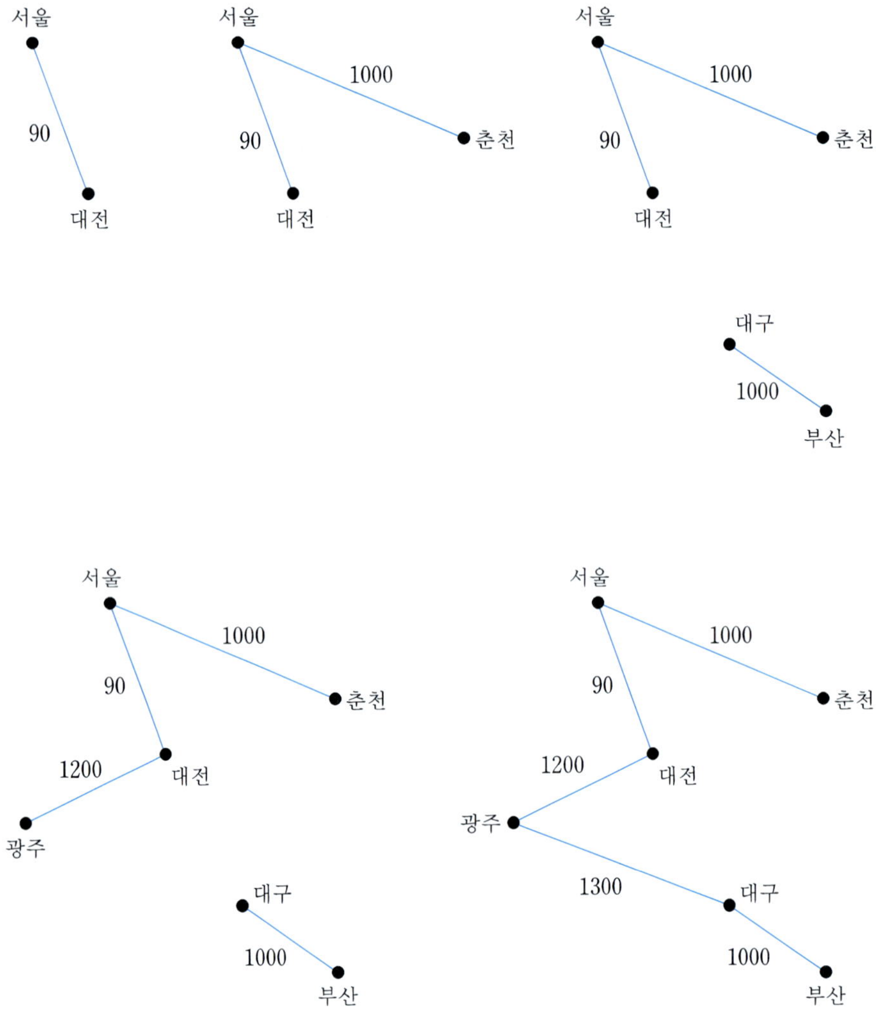

크루스칼 알고리즘에서 구한 최소생성수형도는 프림 알고리즘에서 구한 최소생성수형도와 같음을 알 수 있다. 그래프의 각 변의 가중치가 모두 다르다면 두 알고리즘을 이용하여 구한 최소생성수형도는 같다. 그러나 가중치가 같은 변이 존재하는 경우에는 두 알고리즘을 이용하여 구한 최소생성수형도의 비용은 같지만 최소생성수형도는 다를 수 있다.

프림 알고리즘에서는 이미 선택된 부분그래프의 꼭지점들에 연결된 변들 중에서 가중치가 가장 작으면서 회로를 형성하지 않는 변을 추가하여 최소생성수형도를 구하는데, 크루스칼 알고리즘은 이미 선택된 부분그래프의 꼭지점들에 연결되어 있지 않은 변이라도 가중치가 가장 작으면서 회로를 형성하지 않는 변을 추가하여 최소생성수형도를 구한다.

연습문제 6.4

01 그래프의 최소생성수형도를 구하는 프림 알고리즘과 크루스칼 알고리즘의 차이점을 설명하여라.

02 프림 알고리즘과 크루스칼 알고리즘을 이용하여 다음 그래프에 대한 최소생성수형도를 구하여라.

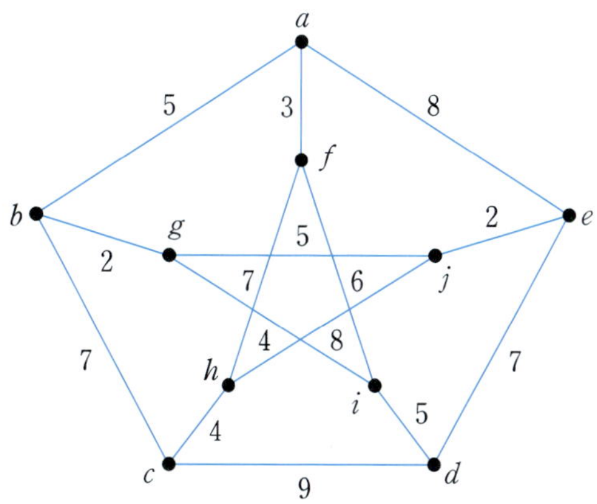

03 프림 알고리즘과 크루스칼 알고리즘을 이용하여 다음 그림에 대한 최소생성수형도를 구하여라.

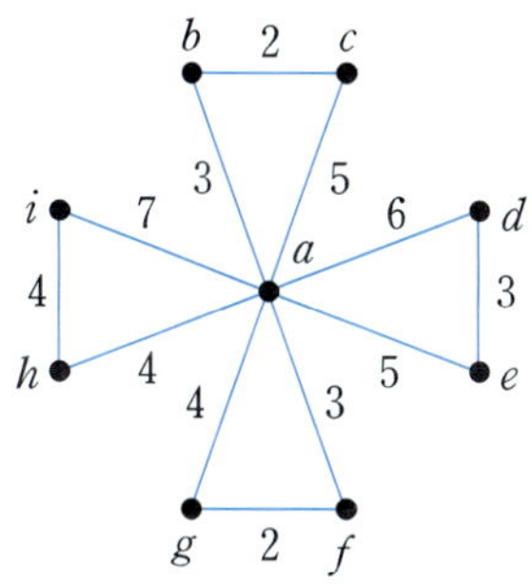

04 프림 알고리즘과 크루스칼 알고리즘을 이용하여 다음 그래프에 대한 최소생성수형도를 구하여라.

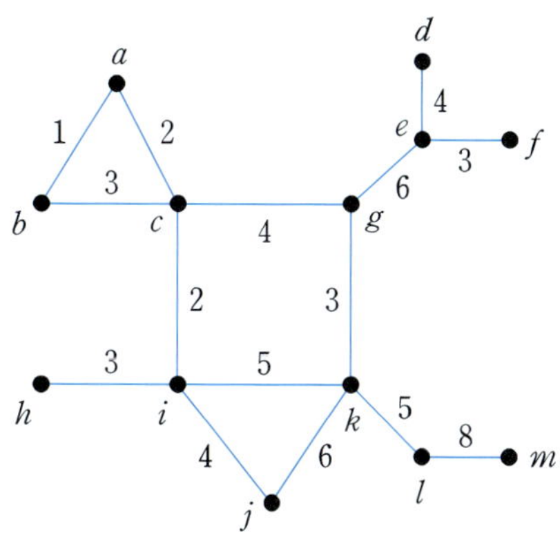

05 프림 알고리즘과 크루스칼 알고리즘을 이용하여 다음 그래프에 대한 최소생성수형도를 구하여라.

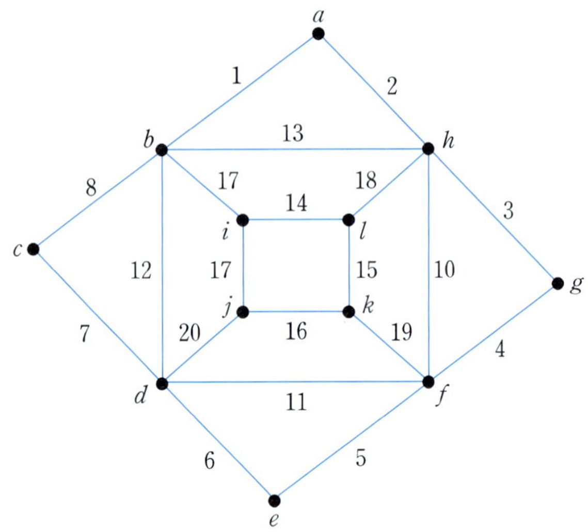

6.5 수형도의 순회방법

이진수형도의 순회

일정한 규칙에 따라 이진수형도의 모든 꼭지점을 꼭 한번씩만 방문하는 것을 **이진수형도 순회**(binary tree traversal)라고 한다. 이진수형도 안의 모든 꼭지점을 순회하면 순회하는 순서에 의해 수형도가 각 꼭지점에 저장하고 있는 데이터를 차례로 나열할 수 있다. 이진수형도 순회 방법은 왼쪽 부분수형도를 오른쪽 부분수형도보다 먼저 순회한다는 조건을 두고, 루트를 언제 방문하느냐에 따라 전위순회, 중위순회, 후위순회와 같은 세 가지 방법으로 나눈다.

정의 6.5.1

전위순회(preorder traversal)는 수형도의 루트를 우선 방문한 후에 각 꼭지점에 대하여 다음과 같은 재귀적 방법으로 방문하는 방법이다.

(1) 루트를 방문한다.
(2) 왼쪽 부분수형도를 전위순회한다.
(3) 오른쪽 부분수형도를 전위순회한다.

정의 6.5.2

중위순회(inorder traversal)는 수형도의 각 꼭지점에 대하여 다음과 같은 재귀적 방법으로 방문하는 방법이다.

(1) 수형도의 왼쪽 부분수형도를 중위순회한다.
(2) 루트를 방문한다.
(3) 수형도의 오른쪽 부분수형도를 중위순회한다.

정의 6.5.3

후위순회(postorder traversal)는 각 꼭지점에 대하여 다음과 같은 재귀적 방법으로 방문하는 방법이다.

(1) 왼쪽 부분수형도를 후위순회한다.
(2) 오른쪽 부분수형도를 후위순회한다.
(3) 루트를 방문한다.

예제 6.5.1 다음 이진수형도에 대하여 전위순회, 중위순회, 후위순회한 결과를 구하여라.

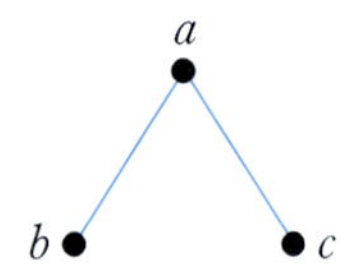

풀이 1. 전위순회는 수형도의 루트를 우선 방문한 후에 왼쪽 부분수형도를 전위순회를 이용하여 방문하고 오른쪽 부분수형도를 전위순회를 이용하여 방문하는 방법이다. 루트 a를 방문하고 a의 왼쪽 부분수형도를 전위순회하고 난 다음 오른쪽 부분수형도를 전위순회한다. 그러므로 전위순회한 결과는 다음과 같다.

$$a \to b \to c$$

2. 중위순회는 루트의 왼쪽 부분수형도를 중위순회로 우선 방문한 후에 루트를 방문하고, 루트의 오른쪽 부분수형도를 중위순회로 방문하는 방법이다. 먼저 a의 왼쪽 부분수형도를 중위순회하고 난 다음 루트 a를 방문하고나서 a의 오른쪽 부분수형도를 중위순회한다. 그러므로 중위순회한 결과는 다음과 같다.

$$b \to a \to c$$

3. 후위순회는 루트의 왼쪽 부분수형도를 후위순회로 우선 방문한 후에 오른쪽 부분수형도를 후위순회로 방문하고 나서 루트를 방문하는 방법이다. 먼저 a의 왼쪽 부분수형도를 후위순회하고, 그 다음 a의 오른쪽 부분수형도를 후위순회한 다음 루트 a를 방문한다. 그러므로 후위순회한 결과는 다음과 같다.

$$b \to c \to a$$

예제 6.5.2 다음 이진수형도에 대하여 전위순회, 중위순회, 후위순회한 결과를 구하여라.

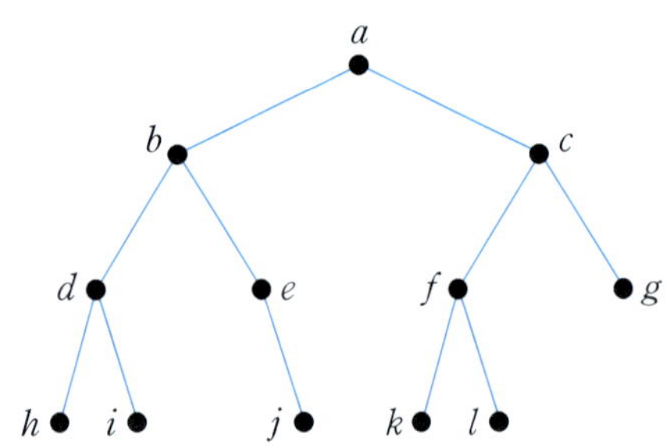

풀이 다음 그림에서 이진수형도를 전위순회하는 방법을 점선으로 나타내었다.

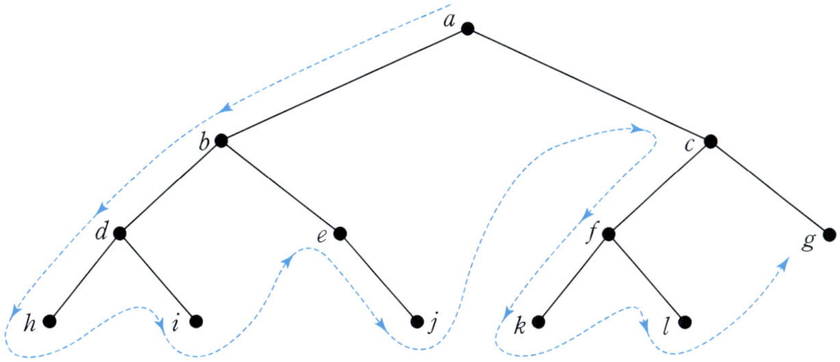

전위순회

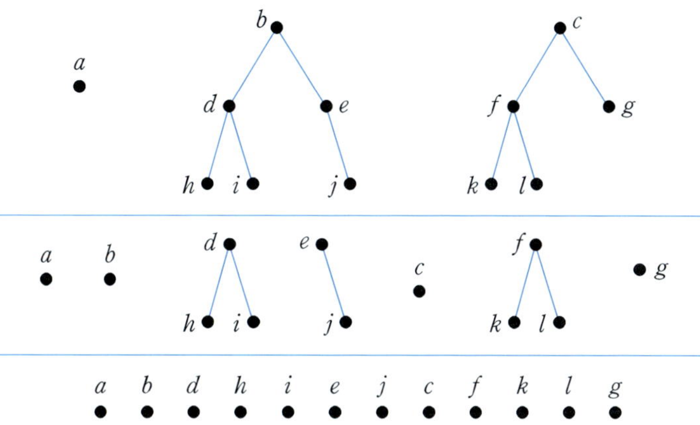

전위순회: $a \to b \to d \to h \to i \to e \to j \to c \to f \to k \to l \to g$

중위순회

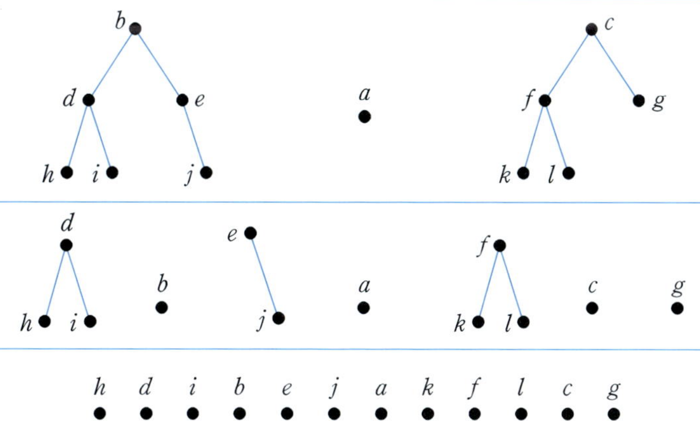

전위순회: $h \to d \to i \to b \to e \to j \to a \to k \to f \to l \to c \to g$

후위순회

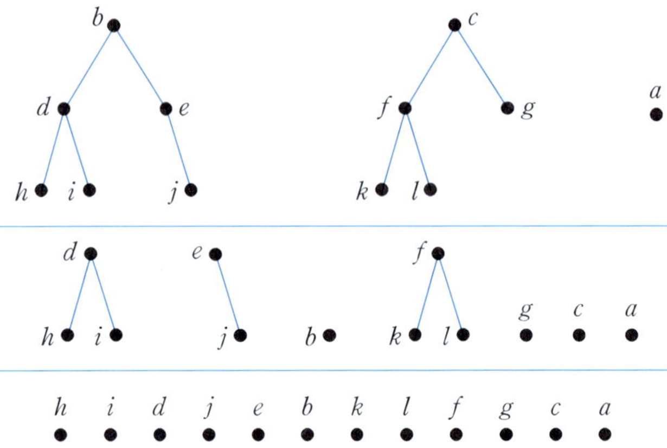

전위순회: $h \to i \to d \to j \to e \to b \to k \to l \to f \to g \to c \to a$

예제 6.5.3 다음 이진수형도에서 단말점의 수와 차수가 2인 꼭지점의 수의 관계를 구하여라.

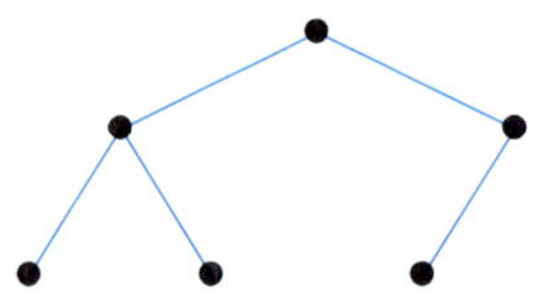

풀이 단말점의 수가 3개, 차수가 2인 꼭지점의 수는 2이므로 단말점의 수가 차수가 2인 꼭지점의 수보다 1 크다. ■

정리 6.5.1

이진수형도에서 단말점의 수를 n_0, 차수가 2인 비단말점의 수를 n_2라 하면 다음이 성립한다.

$$n_0 = n_2 + 1$$

증명 전체 꼭지점의 수를 n, 차수가 1인 꼭지점의 수를 n_1이라 하면 다음이 성립한다.

$$n = n_0 + n_1 + n_2 \quad \cdots\cdots\cdots\cdots\cdots\cdots \quad ①$$

변의 수를 e 라 하면 정리 6.1.1에 의하여 다음이 성립한다.

$$n = e + 1 \quad \cdots\cdots\cdots\cdots\cdots\cdots \quad ②$$

수형도에 있는 변의 총 수는 다음과 같다.

$$e = 2 \times n_2 + 1 \times n_1 + 0 \times n_0 \quad \cdots\cdots\cdots\cdots\cdots\cdots \quad ③$$

③을 ②에 대입하면 $n = 2 \times n_2 + n_1 + 1$이고 이 식과 ①로부터 $n_0 = n_2 + 1$을 얻는다.

정의 6.5.4

연산자가 연관된 두 개의 피연산자 앞에 위치하는 산술 표현을 **전위표기법**(prefix notation)이라고 하며, 연산자가 연관된 두 개의 피연산자 사이에 위치하는 산술 표현을 **중위표기법**(infix notation)이라고 한다. 또한 연산자가 연관된 두 개의 피연산자 뒤에 위치하는 산술 표현을 **후위표기법**(postfix notation)이라고 한다.

표 6-3 수식표기법의 형식과 예

표기법	형식	예
전위표기법	<연산자> <피연산자> <피연산자>	$+xy$
중위표기법	<피연산자> <연산자> <피연산자>	$x+y$
후위표기법	<피연산자> <피연산자> <연산자>	$xy+$

예제 6.5.4 수식 (1+2) * (3-4)을 이진수형도로 나타내고, 전위표기법과 후위표기법으로 나타내어라.

풀이

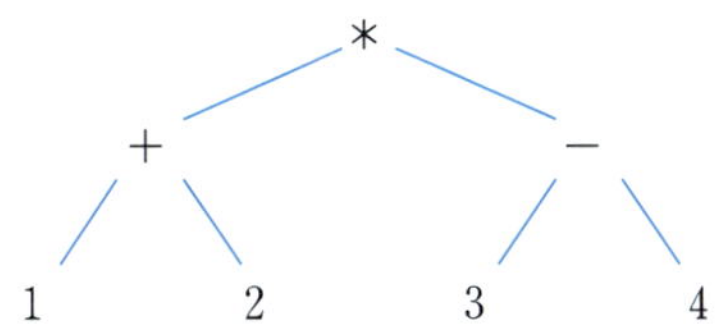

전위표기법 : * +12−34

후위표기법 : 12+34− *

예제 6.5.5 수식 $(a+b)*(c/d)-e$을 이진수형도로 나타내고, 전위표기법과 후위표기법으로 나타내어라.

풀이

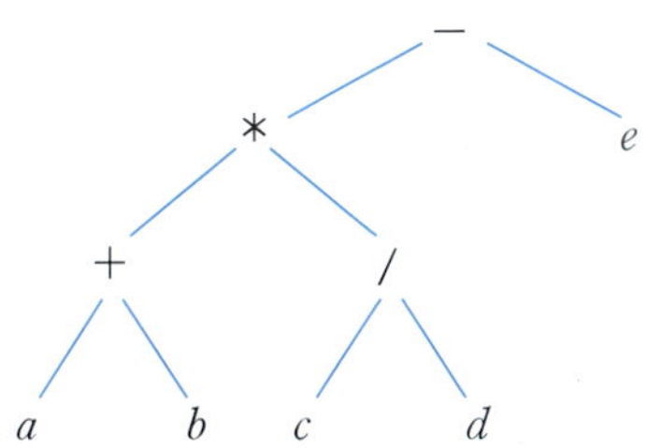

전위표기법으로 나타내면 다음과 같다	후위표기법으로 나타내면 다음과 같다
$(a+b)*(c/d)$ $+ab \quad /cd$ $*+ab/cd$ $-*+ab/cde$	$(a+b)*(c/d)$ $ab+ \quad cd/$ $ab+cd/*$ $ab+cd/*e-$
전위표기법 : $-*+ab/cde$	후위표기법 : $ab+cd/*e-$

완전이진수형도의 꼭지점들을 1차원 배열로 나타내면 루트부터 같은 레벨에 있는 꼭지점들을 왼쪽부터 오른쪽으로 차례대로 저장하는 것으로 가정한다. 이때 배열의 인덱스는 0부터 시작하는 것으로 가정한다.

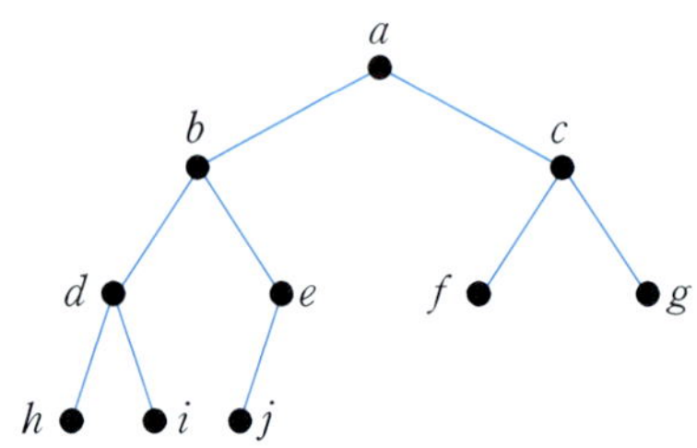

[0]	[1]	[2]	[3]	[4]	[5]	[6]	[7]	[8]	[9]
a	b	c	d	e	f	g	h	i	j

그림 6-20

정리 6.5.2

n개의 꼭지점으로 이루어진 완전이진수형도를 1차원 배열로 나타내고, x가 저장된 위치의 인덱스를 i라고 하면 다음과 같은 성질을 갖는다.

(1) $2i+1 \leq n-1$일 때 x의 왼쪽 자식의 위치는 $2i+1$이다.

(2) $2i+2 \leq n-1$일 때 x의 오른쪽 자식의 위치는 $2(i+1)$이다.

(3) $i \neq 0$일 때 부모의 위치는 $\left\lfloor \frac{i-1}{2} \right\rfloor$ 이다.

증명 (1) i에 대한 수학적 귀납법으로 증명한다. $i=0$일 때 왼쪽 자식의 위치는 1이므로 성립한다. $0 \leq j \leq i$인 모든 인덱스 j에 대하여 j번째 꼭지점의 왼쪽 자식의 위치가 $2j+1$이라 가정하자. 그러면 $i+1$번째 꼭지점의 왼쪽 자식의 위치는 i번째 꼭지점의 왼쪽 자식의 위치 $2i+1$보다 2가 큰 위치에 있다. 따라서 $i+1$번째 꼭지점의 왼쪽 자식의 위치는 $(2i+1)+2=2(i+1)+1$이다. 따라서 $2i+1 \leq n-1$일 때 왼쪽 자식의 위치는 $2i+1$이다.

(2) i번째 꼭지점의 오른쪽 자식의 위치는 $(2i+1)+1=2(i+1)$이다.

(3) (1), (2)에 의하여 i번째 꼭지점의 부모의 위치는 $\left\lfloor \frac{i-1}{2} \right\rfloor$ 이다.

수형도의 순회

수형도의 깊이우선검색

수형도의 한 꼭지점 a에서 시작할 때, a를 현재 꼭지점이라 하면

[1단계] 현재 꼭지점에 아직 검색되지 않은 꼭지점이 변으로 연결되어 있으면 그 중 하나의 꼭지점을 검색하고, 그 꼭지점으로 이동하여 현재의 꼭지점으로 한다. 이 과정을 현재 꼭지점에서 변으로 연결된 검색되지 않은 꼭지점이 없을 때까지 한다.

[2단계] 현재 꼭지점과 변으로 연결된 모든 꼭지점이 검색되었다면 현재 꼭지점이 검색되기 바로 이전에 검색된 꼭지점으로 되돌아가서 그 꼭지점을 현재 꼭지점으로 한다.

[3단계] 더 이상 검색할 꼭지점이 없으면 검색을 끝내고 그렇지 않으면 [1단계]로 되돌아간다.

수형도의 너비우선검색

수형도의 한 꼭지점 a에서 시작할 때, a를 현재 꼭지점이라 하면

[1단계] 현재 꼭지점 a가 아직 검색되지 않은 꼭지점과 인접해 있으면 그 중 한 개인 b를 검색한다. 이렇게 해서 꼭지점 a에 인접한 꼭지점 중 검색되지 않은 모든 꼭지점을 검색하면 그 중 하나를 차례로 선택하여 현재 꼭지점으로 하고 [2단계]로 간다. 즉, 아래 수형도에서 꼭지점 a에서 인접한 꼭지점 b, c를 모두 검색하고, 이 중 하나인 b를 현재 꼭지점으로 한다.

[2단계] 현재 꼭지점에 인접한 꼭지점이 모두 검색되었다면 검색을 끝내고 그렇지 않으면 [1단계]의 과정을 반복한다.

예제 6.5.6 (1) 다음 수형도를 꼭지점 a에서 시작하여 깊이우선검색 방법으로 검색할 때 검색순서를 적어라.

(2) 다음 수형도를 꼭지점 a에서 시작하여 너비우선검색 방법으로 검색할 때 검색순서를 적어라. 단, 검색 순서가 같을 때에는 왼쪽에 있는 꼭지점부터 검색한다.

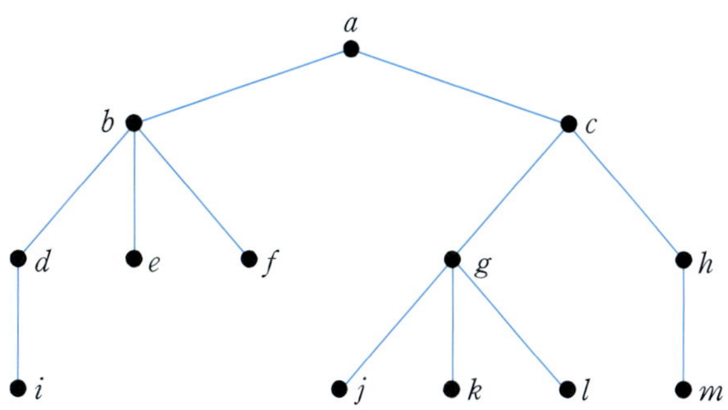

깊이우선검색 검색순서 : a, b, d, i, e, f, c, g, j, k, l, h, m

너비우선검색 검색순서 : a, b, c, d, e, f, g, h, i, j, k, l, m

연습문제 6.5

01 다음 이진수형도에 대하여 전위순회, 중위순회, 후위순회한 결과를 구하여라.

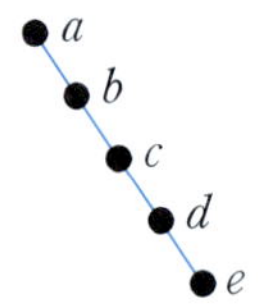

02 다음 이진수형도에 대하여 전위순회, 중위순회, 후위순회한 결과를 구하여라.

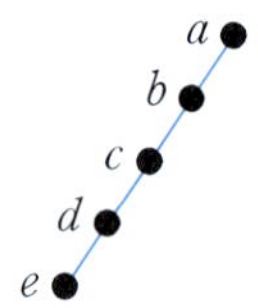

03 다음 이진수형도에 대하여 전위순회, 중위순회, 후위순회한 결과를 구하여라.

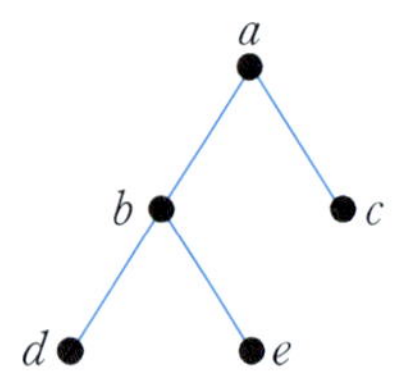

04 다음 이진수형도에 대하여 전위순회, 중위순회, 후위순회한 결과를 구하여라.

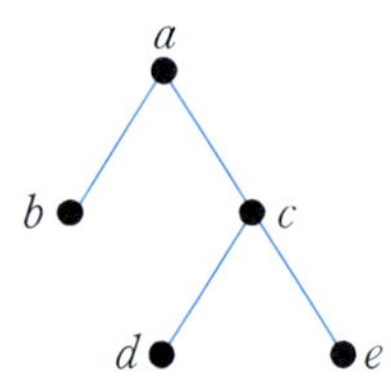

05 다음 이진수형도에 대하여 전위순회, 중위순회, 후위순회한 결과를 구하여라.

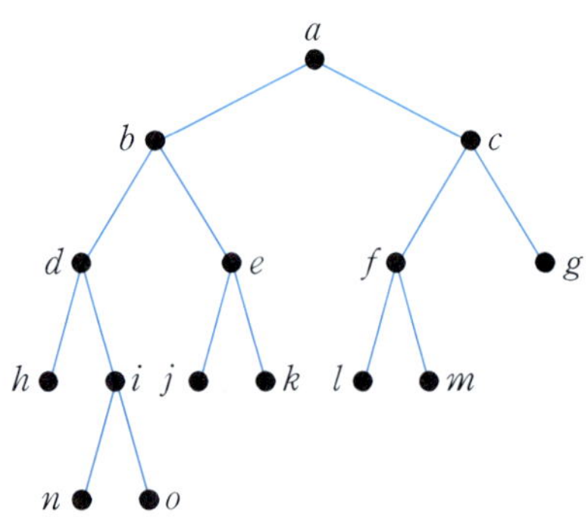

06 다음 이진수형도에 대하여 전위순회, 중위순회, 후위순회한 결과를 구하여라.

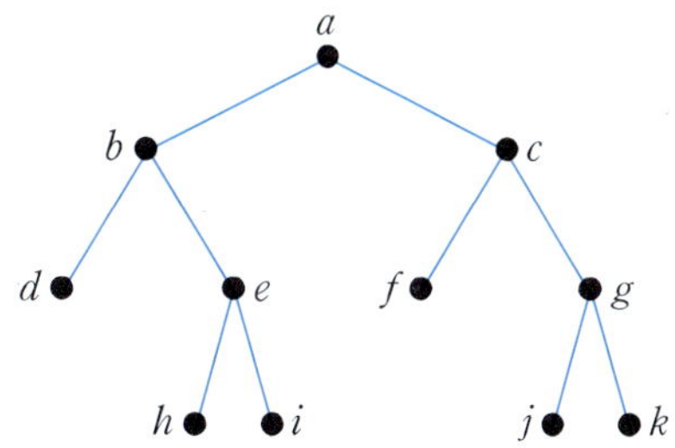

07 수식 $(a+b)*c$를 이진수형도로 나타내고, 전위표기법과 후위표기법으로 나타내어라.

08 수식 $(a+b*c)*(d/e+f)$을 이진수형도로 나타내고, 전위표기법과 후위표기법으로 나타내어라.

09 수식 $((a+b)\times c)\div(c+d)$을 이진수형도로 나타내고, 전위표기법과 후위표기법으로 나타내어라.

10 수식 $(a\times(b+(d-(e+f))))\div((g+f)\times(i+j))$을 이진수형도로 나타내고, 전위표기법과 후위표기법으로 나타내어라.

11 수식 $(((a+b)-c)\times d)\div(e-(f\times(g+h)))$을 이진수형도로 나타내고, 전위표기법과 후위표기법으로 나타내어라.

12 전위표기법으로 나타내면 $abcd$인 동형이 아닌 이진수형도를 3개 구하여라.

13 중위표기법으로 나타내면 $acbde$이고 후위표기법으로 나타내면 $acedb$인 이진수형도를 구하여라.

14 중위표기법으로 나타내면 $acbdefg$이고 전위표기법으로 나타내면 $edcabfg$인 이진수형도를 구하여라.

15 중위표기법으로 나타내면 $dbheiafcjgk$이고 전위표기법으로 나타내면 $abdehicfgjk$인 이진수형도를 구하여라.

16 꼭지점이 3개 이상인 이진수형도 중에서 중위표기법과 후위표기법으로 나타냈을 때 같은 식이 되는 것을 찾아라.

6.6 허프만 코드

컴퓨터에서 문자 데이터를 표현하는 문자 체계로 ASCII(American Standard Code for Information Interchange) 코드 등을 사용한다. ASCII는 고정 길이의 비트 스트링을 사용하여 다음 표와 같이 7비트로 문자를 표현한다.

표 6-4 ASCII 코드

문자	ASCII 코드	문자	ASCII 코드
A	1000001	S	1010011
B	1000010	T	1010100
C	1000011	U	1010101
D	1000100	V	1010110
E	1000101	W	1010111
F	1000110	X	1011000
G	1000111	Y	1011001
H	1001000	Z	1011010
I	1001001	0	0110000
J	1001010	1	0110001
K	1001011	2	0110010
L	1001100	3	0110011
M	1001101	4	0110100
N	1001110	5	0110101
O	1001111	6	0110110
P	1010000	7	0110111
Q	1010001	8	0111000
R	1010010	9	0111001

ASCII 코드를 사용하면 발생 빈도에 상관없이 각 문자는 언제나 동일한 용량의 저장 공간을 필요로 한다. 발생 빈도가 높은 문자에는 적은 비트를 할당하고, 발생 빈도가 낮은 문자에는 많은 비트를 할당하는 식으로 가변 길이로 문자데이터를 표현하는 방법이 있다. 이렇게 하면 저장될 파일의 데이터 크기

를 줄일 수 있다. 이를 **데이터 압축**(data compression)이라고 하며, **허프만 코드**(Huffman code)가 기본적인 방식이다. 허프만 코드는 문자에 대한 비트 스트링의 압축뿐만 아니라 오디오나 이미지와 같은 파일의 압축에도 사용된다.

허프만 코드는 문자를 가변 길이의 비트 스트링으로 표현하는 것이며, 이진수형도로 정의된다. 허프만은 문자들의 발생 빈도로부터 허프만 코드를 구성하는 알고리즘을 제시하였다. **허프만 알고리즘**(Huffman algorithm)은 다음과 같다.

n개의 문자 s_1, s_2, $\cdots$, s_n의 빈도수가 각각 f_1, f_2, $\cdots$, f_n이라 하자.

문자	빈도수
s_1	f_1
s_2	f_2
⋮	⋮
s_n	f_n

(1) 빈도표에서 빈도수를 오름차순으로 나열한다.

(2) f_i와 f_j가 이 순서로 가장 낮은 빈도수라면 s_i와 s_j를 자식으로 갖는 이진수형도를 구성한다. 이때 s_i가 왼쪽 자식, s_j가 오른쪽 자식이고 부모는 가상 문자로 대치하고, 부모의 빈도수는 f_i+f_j로 나타낸다. 이진수형도에서 왼쪽 변에는 0을 오른쪽 변에는 1을 부여한다.

(3) 빈도표에서 f_i와 f_j를 제거하고 f_i+f_j를 삽입한다.

(4) 다시 빈도표에서 빈도수를 오름차순으로 나열한다.

(5) 빈도표에 하나의 빈도수만 남을 때까지 위 과정을 반복한다.

(6) 최종 이진수형도가 완성되면 루트로부터 단말점에 있는 각 문자까지 경로의 변에 있는 1 또는 0을 순서대로 나열한 문자열이 그 문자의 허프만 코드이다.

예제 6.6.1 각 문자에 대한 빈도수가 다음 빈도표와 같다고 하자.

문자	빈도수
a	20
d	14
e	50
t	2
r	4
s	9

(1) 허프만 수형도를 만들어라.

(2) 각 문자에 대한 허프만 코드를 작성하여라.

(3) 단어 $address$를 허프만 코드로 변환하여라.

(4) 허프만 코드로 변환된 011000110111에 대응하는 단어를 구하여라.

풀이 (1) 6개의 문자 a, d, e, t, r, s의 빈도수가 각각 20, 14, 50, 2, 4, 9이다. 빈도수에 따라 오름차순으로 나열하면 다음과 같다.

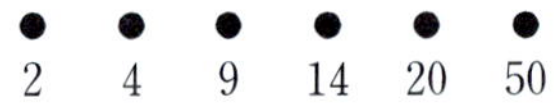

빈도수에 따라 오름차순으로 나열한다.

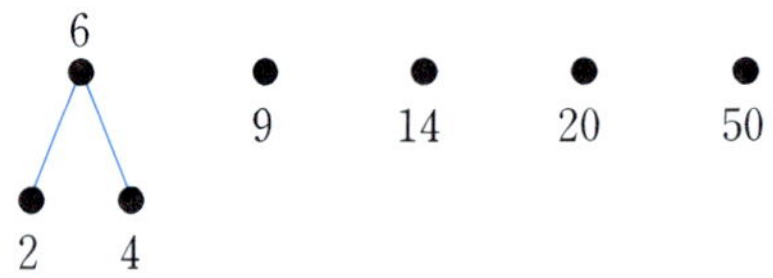

가장 낮은 빈도수인 2와 4의 합으로 새로운 꼭지점을 만들어 오름차순이 유지되도록 삽입한다.

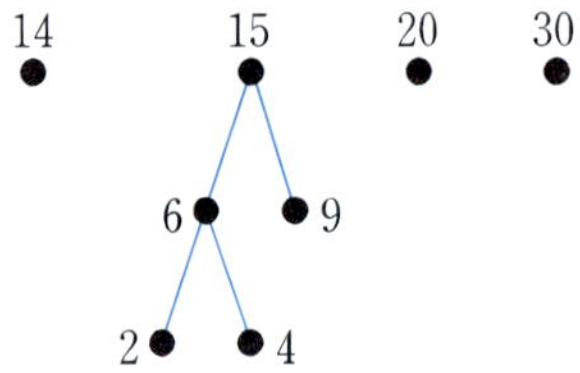

가장 낮은 빈도수인 6과 9의 합으로 새로운 꼭지점을 만들어 오름차순이 유지되도록 삽입한다.

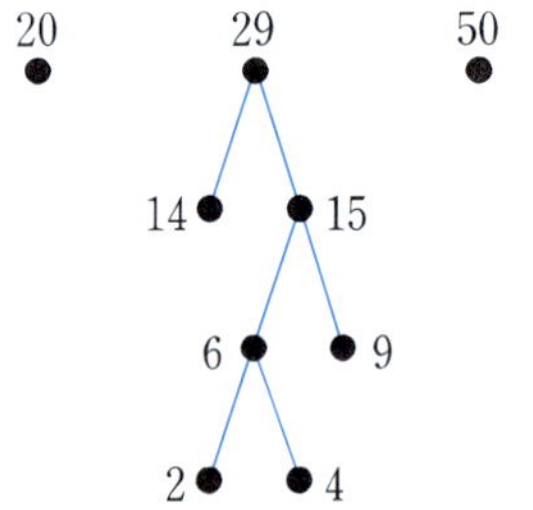

가장 낮은 빈도수인 14와 15의 합으로 새로운 꼭지점을 만들어 오름차순이 유지되도록 삽입한다.

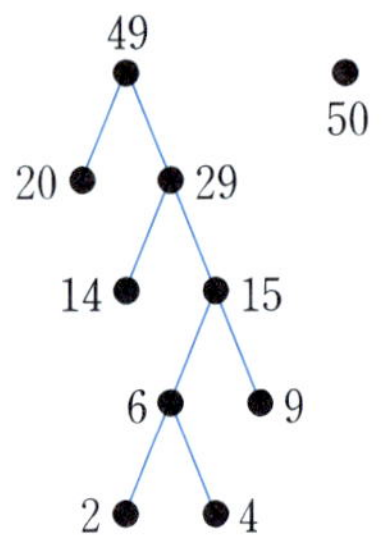

가장 낮은 빈도수인 20과 29의 합으로 새로운 꼭지점을 만들어 오름차순이 유지되도록 삽입한다.

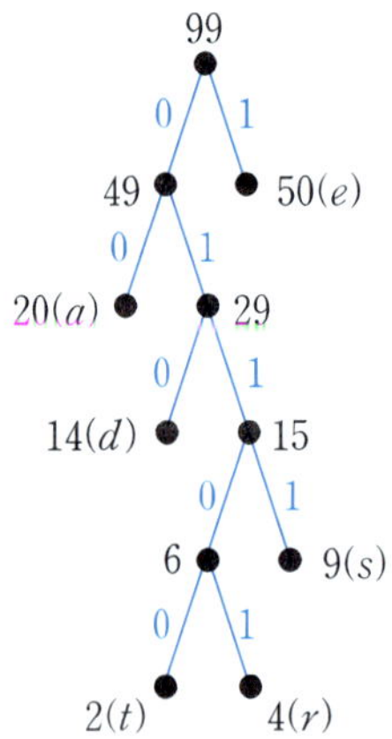

허프만 수형도

(2)

문자	허프만 코드
a	00
d	010
e	1
t	01100
r	01101
s	0111

(3) 0001001001101101110111

(4) *tree*

예제 6.6.2 각 문자에 대한 빈도수가 다음 빈도표와 같다고 하자.

문자	빈도수	문자	빈도수
a	15	f	5
b	2	g	3
c	6	h	9
d	10	i	20
e	30		

(1) 허프만 수형도를 만들어라.

(2) 각 문자에 대한 허프만 코드를 작성하여라.

풀이 (1) 9개의 문자 a, b, c, d, e, f, g, h, i의 빈도수가 각각 15, 2, 6, 10, 30, 5, 3, 9, 20이다. 빈도수에 따라 오름차순으로 나열하면 다음과 같다.

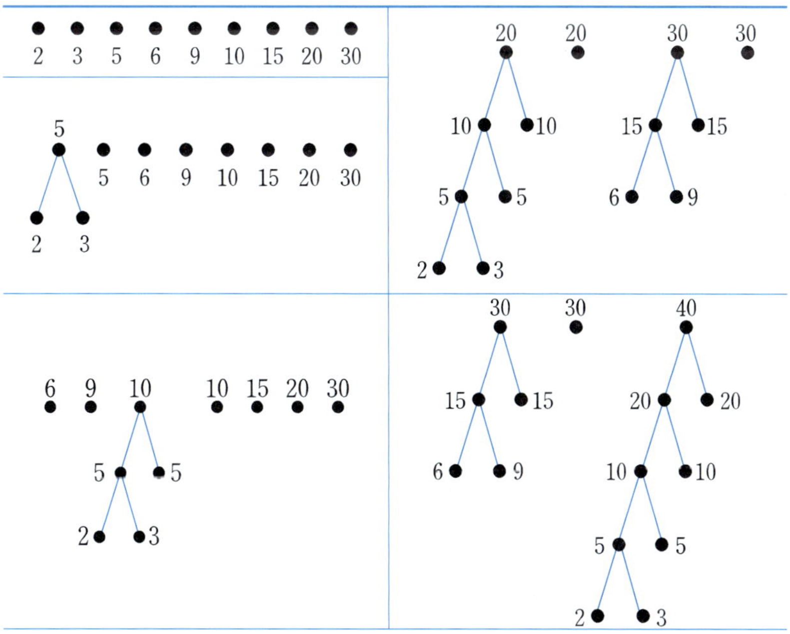

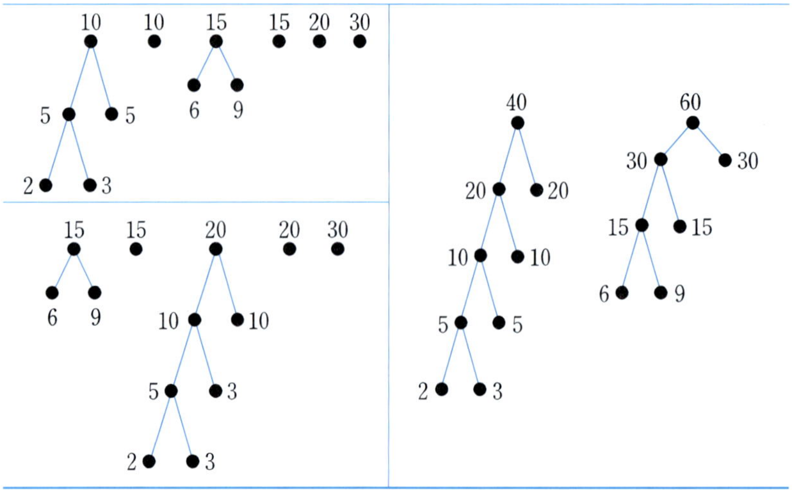

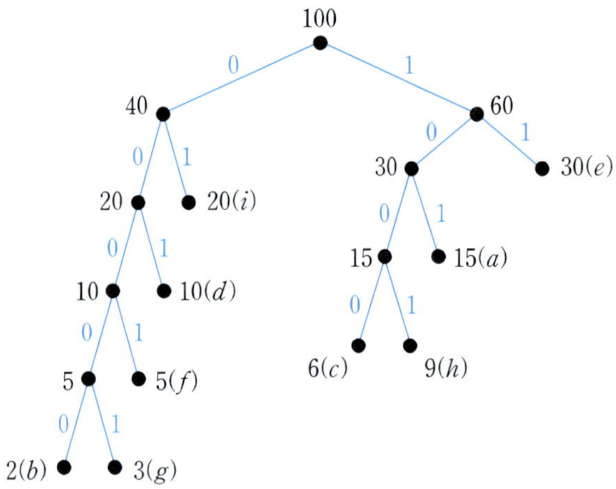

허프만 수형도

(2)

문자	허프만 코드	문자	허프만 코드
a	101	f	0001
b	00000	g	00001
c	1000	h	1001
d	001	i	01
e	11		

연습문제 6.6

01 각 문자에 대한 빈도수가 다음 빈도표와 같다고 하자.

문자	빈도수
a	13
c	7
e	20
i	15
g	8
h	4
m	5
s	10
t	18

(1) 허프만 수형도를 만들어라.

(2) 각 문자에 대한 허프만 코드를 작성하여라.

(3) 단어 $math$를 허프만 코드로 변환하여라.

(4) 허프만 코드로 변환된 00111110011101에 대응하는 단어를 구하여라.

02 각 문자에 대한 빈도수가 다음 빈도표와 같다고 하자.

문자	빈도수	문자	빈도수
a	12	f	9
b	3	g	6
c	8	h	11
d	10	i	19
e	20	j	2

(1) 허프만 수형도를 만들어라.

(2) 각 문자에 대한 허프만 코드를 작성하여라.

제7장

부울대수

7.1 부울식의 표현

부울대수(Boolean algebra)는 1854년 영국의 수학자 **조지 부울**(George Boole)이 논리계산을 형식화하여 도입한 대수체계로서, 논리식을 간소화하기 위하여 부울대수를 이용하였다. 부울대수는 전자회로를 분석하는데 사용되었으며 컴퓨터의 분석과 설계에 필수적인 개념이다.

부울대수는 집합 $B=\{0, 1\}$에 대한 연산과 규칙을 제공한다. 부울대수의 연산은 보수(⁻, complement), 부울합(+, sum), 부울곱(· , product)이다. 각 연산자는 다음과 같은 값을 갖는다.

(1) $0+0=0,\ 0+1=1,\ 1+0=1,\ 1+1=1$

(2) $0\cdot 0=0,\ 0\cdot 1=0,\ 1\cdot 0=0,\ 1\cdot 1=1$

(3) $\overline{0}=1,\ \overline{1}=0$

연산자의 연산 우선순위는 ⁻, · , + 순이다.

변수 x가 집합 $B=\{0, 1\}$의 값만을 취할 때 x를 **부울변수**(Boolean variable)라고 한다. $x\cdot y$는 · 을 생략하여 xy로 나타내기도 한다. ⁻, · , +은 각각 논리연산자 ¬, ∧, ∨에 대응되고 0은 F(false), 1은 T(true)에 대응된다.

예제 7.1.1 다음 식의 값을 구하여라.

(1) $0+\overline{0}$ (2) $1\cdot 0+\overline{1\cdot 0}$ (3) $\overline{(0\cdot 1)+1}$

풀이 (1) $0+\overline{0}=0+1=1$

(2) $1\cdot 0+\overline{1\cdot 0}=0+\overline{0}=0+1=1$

(3) $\overline{(0\cdot 1)+1}=\overline{0+1}=\overline{1}=0$ ■

$B=\{0, 1\}$일 때 $B^n=\{(x_1, x_2, \cdots, x_n) \mid x_i \in B,\ 1\le i\le n\}$이다.

예제 7.1.2 B^2, B^3, B^4 를 순서쌍들의 집합으로 나타내어라.

풀이 $B^2=\{(0, 0), (0, 1), (1, 0), (1, 1)\}$,

$B^3=\{(0,0,0), (0,0,1), (0,1,0), (0,1,1), (1,0,0), (1,0,1), (1,1,0), (1,1,1)\}$,

$B^4=\{(0, 0, 0, 0), (0, 0, 0, 1), (0, 0, 1, 0), (0, 0, 1, 1), (0, 1, 0, 0),$
$(0, 1, 0, 1), (0, 1, 1, 0), (0, 1, 1, 1), (1, 0, 0, 0), (1, 0, 0, 1),$
$(1, 0, 1, 0), (1, 0, 1, 1), (1, 1, 0, 0), (1, 1, 0, 1), (1, 1, 1, 0), (1, 1, 1, 1)\}$ ■

정의 7.1.1

부울식은 다음과 같이 재귀적으로 정의한다.
(1) 상수 0과 1은 부울식이다.
(2) 부울변수는 부울식이다.
(3) E_1과 E_2가 부울식이면 $\overline{E_1}$, E_1+E_2, $E_1 \cdot E_2$도 부울식이다.

예제 7.1.3 부울변수가 x, y, z라 할 때, 다음 식들은 부울식이다.

$$x+y\cdot\overline{z},\ (1+\overline{x+y})+\overline{x\cdot y}$$

부울식에서 부울변수 x, y, z가 가질 수 있는 값인 0 또는 1을 정해줌으로써 각 부울식에 대한 값을 구할 수 있다.

예제 7.1.4 $x=1$, $y=0$, $z=1$일 때 부울식 $x+y\cdot\overline{z}$의 값을 구하여라.

풀이 $x+y\cdot\overline{z}=1+0\cdot\overline{1}=1+0\cdot 0=1+0=1$ ■

정의 7.1.2

함수 $f: B^n \to B$ 를 n차 부울함수라 한다. n개의 변수들 x_1, x_2, $\cdots$, x_n에 대한 부울함수의 값은 $f(x_1, x_2, \cdots, x_n)$로 나타내며, 공역이 $B=\{0, 1\}$이므로 $f(x_1, x_2, \cdots, x_n)$는 0 또는 1이다.

부울함수는 진리표로 나타낼 수 있다.

예제 7.1.5 (1) 진리표로 나타낸 2변수 부울함수의 예

x	y	$f(x, y)$
0	0	0
0	1	1
1	0	1
1	1	1

(2) 진리표로 나타낸 3변수 부울함수이 예

x	y	z	$f(x, y, z)$
0	0	0	0
0	0	1	1
0	1	0	0
0	1	1	1
1	0	0	0
1	0	1	1
1	1	0	0
1	1	1	0

(3) 진리표로 나타낸 4변수 부울함수의 예

w	x	y	z	$f(w, x, y, z)$
0	0	0	0	0
0	0	0	1	0
0	0	1	0	0
0	0	1	1	1
0	1	0	0	0
0	1	0	1	0
0	1	1	0	1
0	1	1	1	0

w	x	y	z	$f(w, x, y, z)$
1	0	0	0	1
1	0	0	1	0
1	0	1	0	0
1	0	1	1	0
1	1	0	0	1
1	1	0	1	0
1	1	1	0	0
1	1	1	1	0

각 부울식은 부울함수를 나타낸다. 부울식 $\overline{x}y$은 $f(x, y) = \overline{x}y$인 부울함수 $f: B^2 \to B$를 나타낸다.

예제 7.1.6 부울식 $\overline{x}y$의 값을 진리표를 사용하여 나타내어라.

풀이

x	y	$\overline{x}$	$\overline{x}y$
0	0	1	0
0	1	1	1
1	0	0	0
1	1	0	0

■

예제 7.1.7 부울식 $x + y\overline{z}$은 $f(x, y, z) = x + y\overline{z}$인 부울함수 $f: B^3 \to B$를 나타낸다. 부울식 $x + y\overline{z}$의 값을 진리표를 사용하여 나타내어라.

풀이

x	y	z	$\overline{z}$	$y\overline{z}$	$x+y\overline{z}$
0	0	0	1	0	0
0	0	1	0	0	0
0	1	0	1	1	1
0	1	1	0	0	0
1	0	0	1	0	1
1	0	1	0	0	1
1	1	0	1	1	1
1	1	1	0	0	1

2변수 부울함수는 모두 몇 가지가 있는지 살펴보자. 입력변수가 2개인 경우 모두 16가지의 진리표가 만들어질 수 있으므로 16가지의 부울함수가 있을 수 있다. 다음 표는 가능한 모든 경우의 2변수 부울함수를 보여준다.

표 7-1 2변수에 대한 모든 부울함수

x	y	f_0	f_1	f_2	f_3	f_4	f_5	f_6	f_7	f_8	f_9	f_{10}	f_{11}	f_{12}	f_{13}	f_{14}	f_{15}
0	0	0	0	0	0	0	0	0	0	1	1	1	1	1	1	1	1
0	1	0	0	0	0	1	1	1	1	0	0	0	0	1	1	1	1
1	0	0	0	1	1	0	0	1	1	0	0	1	1	0	0	1	1
1	1	0	1	0	1	0	1	0	1	0	1	0	1	0	1	0	1

$f_2(x, y)$가 1인 경우는 $x=1$, $y=0$일 때뿐이므로 $f_2(x, y)=x\overline{y}$가 된다. $f_9(x, y)$는 $x=0$, $y=0$일 때이거나 $x=1$, $y=1$일 때만 1이 되므로 $f_9(x, y)=\overline{x}\,\overline{y}+xy$가 된다.

모든 x, y에 대하여 $f_0(x, y)$가 0이므로 $f_0(x, y)=0$으로 나타내고, $f_{15}(x, y)$가 1이므로 $f_{15}(x, y)=1$로 나타낸다.

n차 부울함수는 몇 가지가 있을까? n변수에 대한 진리표의 행의 개수는 2^n개이며, 부울함수의 값이 0 또는 1이므로 모든 부울함수의 수는 2^{2^n}이 된다. 3변수에 대한 부울함수의 수는 $2^{2^3}=2^8=256$가지이다.

7.2 부울함수의 표현

정의 7.2.1

부울변수이거나 부울변수의 보수를 **리터럴**(literal)이라 한다. n개의 부울변수 $x_1, x_2, \cdots, x_n$에 대하여 $y_1 y_2 \cdots y_n (y_i = x_i$ 또는 $y_i = \overline{x_i}, 1 \le i \le n)$을 **최소항**(minterm)이라 한다.

예제 7.2.1 (1) 2변수 x, y에 대한 최소항은 다음과 같은 $2^2 = 4$가지이다.

$$\overline{x}\,\overline{y},\ \overline{x}y,\ x\overline{y},\ xy$$

진리표를 사용하여 나타내면 다음과 같다.

x	y	$\overline{x}\,\overline{y}$	$\overline{x}y$	$x\overline{y}$	xy
0	0	1	0	0	0
0	1	0	1	0	0
1	0	0	0	1	0
1	1	0	0	0	1

(2) 3변수 x, y, z에 대한 최소항은 다음과 같은 $2^3 = 8$가지이다.

$$\overline{x}\,\overline{y}\,\overline{z},\ \overline{x}\,\overline{y}z,\ \overline{x}y\overline{z},\ \overline{x}yz,\ x\overline{y}\,\overline{z},\ x\overline{y}z,\ xy\overline{z},\ xyz$$

진리표를 사용하여 나타내면 다음과 같다.

x	y	z	$\overline{x}\,\overline{y}\,\overline{z}$	$\overline{x}\,\overline{y}z$	$\overline{x}y\overline{z}$	$\overline{x}yz$	$x\overline{y}\,\overline{z}$	$x\overline{y}z$	$xy\overline{z}$	xyz
0	0	0	1	0	0	0	0	0	0	0
0	0	1	0	1	0	0	0	0	0	0
0	1	0	0	0	1	0	0	0	0	0
0	1	1	0	0	0	1	0	0	0	0
1	0	0	0	0	0	0	1	0	0	0
1	0	1	0	0	0	0	0	1	0	0
1	1	0	0	0	0	0	0	0	1	0
1	1	1	0	0	0	0	0	0	0	1

표 7-4 2변수 최소항의 표현 방법

x	y	최소항
0	0	$\overline{x}\,\overline{y}$
0	1	$\overline{x}y$
1	0	$x\overline{y}$
1	1	xy

표 7-5 3변수 최소항의 표현 방법

x	y	z	최소항
0	0	0	$\overline{x}\,\overline{y}\,\overline{z}$
0	0	1	$\overline{x}\,\overline{y}z$
0	1	0	$\overline{x}y\overline{z}$
0	1	1	$\overline{x}yz$
1	0	0	$x\overline{y}\,\overline{z}$
1	0	1	$x\overline{y}z$
1	1	0	$xy\overline{z}$
1	1	1	xyz

(3) 4변수 w, x, y, z에 대한 최소항은 $2^4 = 16$가지이다
최소항은 다음 표와 같다.

표 7-6 4변수 w, x, y, z에 대한 최소항의 표현방법

w	x	y	z	최소항	w	x	y	z	최소항
0	0	0	0	$\overline{w}\,\overline{x}\,\overline{y}\,\overline{z}$	1	0	0	0	$w\overline{x}\,\overline{y}\,\overline{z}$
0	0	0	1	$\overline{w}\,\overline{x}\,\overline{y}z$	1	0	0	1	$w\overline{x}\,\overline{y}z$
0	0	1	0	$\overline{w}\,\overline{x}y\overline{z}$	1	0	1	0	$w\overline{x}y\overline{z}$
0	0	1	1	$\overline{w}\,\overline{x}yz$	1	0	1	1	$w\overline{x}yz$
0	1	0	0	$\overline{w}x\overline{y}\,\overline{z}$	1	1	0	0	$wx\overline{y}\,\overline{z}$
0	1	0	1	$\overline{w}x\overline{y}z$	1	1	0	1	$wx\overline{y}z$
0	1	1	0	$\overline{w}xy\overline{z}$	1	1	1	0	$wxy\overline{z}$
0	1	1	1	$\overline{w}xyz$	1	1	1	1	$wxyz$

부울식을 최소항들의 부울합으로 표현하는 것을 **논리합의 표준형**(DNF, Disjunctive Normal Form)이라고 한다.

예제 7.2.2 부울함수 $f(x, y) = x + y$의 DNF를 구하여라.

풀이

$f(x, y) = x + y$의 진리표

x	y	$f(x, y)$
0	0	0
0	1	1
1	0	1
1	1	1

이 진리표에서는 다음과 같은 세 가지 경우에 해당하는 값이 1이다.

(1) $x = 0$, $y = 1$ (2) $x = 1$, $y = 0$ (3) $x = 1$, $y = 1$

풀이 이것을 다른 방식으로 표현하면 다음과 같다.
$(\overline{x}=1,\ y=1)$ OR $(x=1,\ \overline{y}=1)$ OR $(x=1,\ y=1)$ 일 때 $f(x,\ y)=1$이다. 그러므로 부울함수 $f(x,\ y)=x+y$의 DNF는 $\overline{x}y+x\overline{y}+xy$이다. ■

부울함수의 진리표에서 f가 1인 행들을 최소항으로 나타내고, 최소항들의 논리합이 DNF이다.

예제 7.2.3 다음 진리표에 의해 정의된 부울함수의 DNF를 구하여라.

x	y	z	$f(x,\ y,\ z)$
0	0	0	0
0	0	1	1
0	1	0	0
0	1	1	1
1	0	0	0
1	0	1	1
1	1	0	0
1	1	1	0

풀이 $f(x,\ y,\ z)$에 대한 DNF는 $\overline{x}\overline{y}z+\overline{x}yz+x\overline{y}z$이다. ■

예제 7.2.4 2변수에 대한 16개 부울함수의 DNF를 구하여라.

풀이

$f_0=0$	$f_4=\overline{x}y$	$f_8=\overline{x}\,\overline{y}$	$f_{12}=\overline{x}\,\overline{y}+\overline{x}y$
$f_1=xy$	$f_5=\overline{x}y+xy$	$f_9=\overline{x}\,\overline{y}+xy$	$f_{13}=\overline{x}\,\overline{y}+\overline{x}y+xy$
$f_2=x\overline{y}$	$f_6=\overline{x}y+x\overline{y}$	$f_{10}=\overline{x}\,\overline{y}+x\overline{y}$	$f_{14}=\overline{x}\,\overline{y}+\overline{x}y+x\overline{y}$
$f_3=x\overline{y}+xy$	$f_7=\overline{x}y+x\overline{y}+xy$	$f_{11}=\overline{x}\,\overline{y}+x\overline{y}+xy$	$f_{15}=\overline{x}\,\overline{y}+\overline{x}y+x\overline{y}+xy$

연습문제 7.2

01 부울함수 $f(x,\ y)=x\oplus y$의 DNF를 구하여라.

02 부울함수 $f(x,\ y)=x+xy$의 DNF를 구하여라.

03 부울함수 $f(x,\ y,\ z)=x+y+z$의 DNF를 구하여라.

04 부울함수 $f(x, y, z) = (x+y)(x+\overline{y})(\overline{x}+z)$의 DNF를 구하여라.

05 다음 진리표에 의해 정의된 부울함수 f와 g의 DNF를 구하여라.

x	y	z	$f(x, y, z)$	$g(x, y, z)$
0	0	0	1	0
0	0	1	0	0
0	1	0	0	0
0	1	1	0	1
1	0	0	1	1
1	0	1	0	0
1	1	0	1	0
1	1	1	0	1

06 다음 진리표에 의해 정의된 부울함수 $f(w, x, y, z)$의 DNF를 구하고, DNF를 간단히 하여라.

w	x	y	z	$f(w, x, y, z)$
0	0	0	0	1
0	0	0	1	1
0	0	1	0	0
0	0	1	1	0
0	1	0	0	0
0	1	0	1	0
0	1	1	0	0
0	1	1	1	0

w	x	y	z	$f(w, x, y, z)$
1	0	0	0	1
1	0	0	1	1
1	0	1	0	0
1	0	1	1	0
1	1	0	0	0
1	1	0	1	0
1	1	1	0	0
1	1	1	1	0

7.3 논리게이트

부울식의 법칙을 이용하여 복잡한 논리회로의 설계를 간단하게 나타낼 수 있는데, 이때 디지털 신호를 나타내기 위해 사용되는 논리회로를 **게이트**(gate)라고 한다. 즉, **논리게이트**(logic gate)는 논리회로를 구성하는 기본 소자로서 이진 입력 정보를 이용해서 0 또는 1의 논리적인 값을 생성한다. 기본적인 논리게이트로는 AND, OR, NOT 게이트가 있으며, 그밖에 NAND, NOR, XOR 게이트 등이 있다.

AND 게이트

AND 게이트는 두 개의 입력신호 x와 y에 대하여 한 개의 출력신호 xy를 얻는 게이트로 **논리곱**이라 하며, 이 게이트의 출력은 입력에 의하여 결정되는데, 입력이 모두 1(ON)인 경우에만 출력은 1이 되고, 입력 중에 0(OFF)이 하나라도 있으면 출력은 0이 된다.

OR 게이트

OR 게이트는 두 개의 입력신호 x와 y에 대하여 한 개의 출력신호 $x+y$를 얻는 게이트로 **논리합**이라 하며, 이 게이트의 출력은 입력에 의하여 결정되는데, 두 입력 중 하나라도 1이면 출력이 1이고 두 입력 모두 0이면 출력은 0이 된다.

그림 7-1

표 7-7 AND 게이트에 대한 진리표

입력		출력
x	y	xy
0	0	0
0	1	0
1	0	0
1	1	1

표 7-8 OR 게이트에 대한 진리표

입력		출력
x	y	$x+y$
0	0	0
0	1	1
1	0	1
1	1	1

NOT 게이트

NOT 게이트는 한 개의 입력과 한 개의 출력을 갖는 게이트로 논리 부정을 나타낸다. 입력이 1인 경우에 출력은 0이 되고, 입력이 0인 경우에는 출력이 1이 된다.

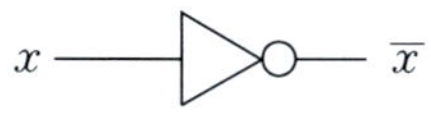

그림 7-2

표 7-9 NOT 게이트에 대한 진리표

입력	출력
x	$\overline{x}$
0	1
1	0

NAND 게이트

NAND 게이트는 AND와 NOT 게이트를 결합한 것으로 출력은 AND 연산의 결과에 NOT 연산을 한 것이다.

NOR 게이트

NOR 게이트는 OR와 NOT 게이트를 결합한 것으로 출력은 OR 연산의 결과에 NOT 연산을 한 것이다.

그림 7-3

표 7-10 NAND 게이트에 대한 진리표

입력		출력
x	y	$\overline{xy}$
0	0	1
0	1	1
1	0	1
1	1	0

표 7-11 NOR 게이트에 대한 진리표

입력		출력
x	y	$\overline{x+y}$
0	0	1
0	1	0
1	0	0
1	1	0

XOR 게이트

XOR(eXclusive OR) 게이트는 입력값이 서로 같으면 0이고 다르면 1이다.

XNOR 게이트

XNOR(eXclusive NOR) 게이트는 XOR와 NOT 게이트를 결합한 것으로 출력은 XOR 연산의 결과에 NOT 연산을 한 것이다.

그림 7-4

표 7-12 XOR 게이트에 대한 진리표

입력		출력
x	y	$x \oplus y$
0	0	0
0	1	1
1	0	1
1	1	0

표 7-13 XNOR 게이트에 대한 진리표

입력		출력
x	y	$\overline{x \oplus y}$
0	0	1
0	1	0
1	0	0
1	1	1

예제 7.3.1 부울함수 $f(x, y) = xy + x\overline{y}$ 를 논리회로로 나타내어라.

풀이 다음 두 가지 방법으로 나타낼 수 있다.

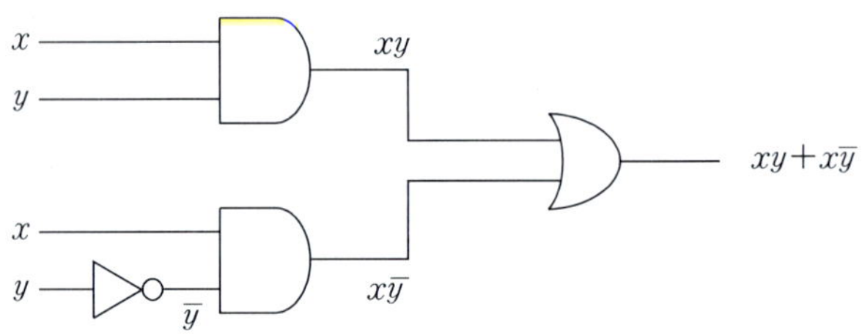

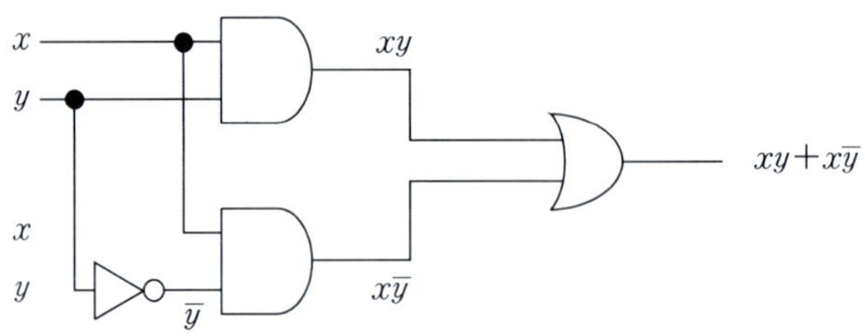

예제 7.3.2 부울함수 $f(x, y, z) = (\bar{x} + y)(x + \bar{z})$를 논리회로로 나타내어라.

풀이

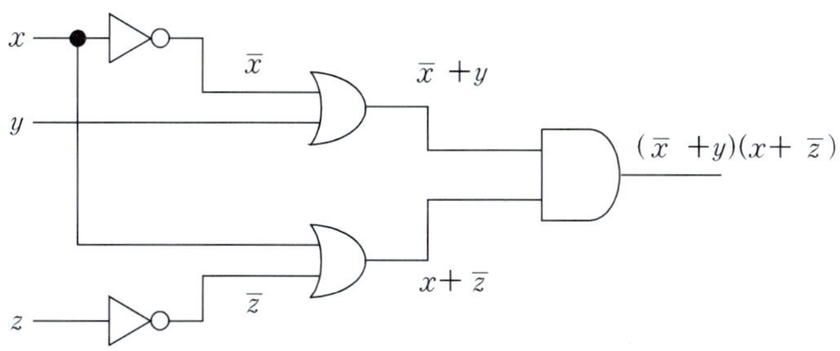

예제 7.3.3 반가산기(half adder)는 두 개의 이진수 한 자리를 입력하여 합과 캐리(carry, 자리올림수) 비트를 출력하는 덧셈회로이다. 반가산기를 논리회로로 나타내어라.

풀이 반가산기는 이진수 한 자리 덧셈회로로서 두 개의 1비트를 더하여 합비트와 캐리 비트를 출력한다. 그러므로 입력변수는 x, y로 정하고, 출력변수는 C, S로 정한다.

반가산기의 진리표는 다음과 같다.

입력		출력	
x	y	C	S
0	0	0	0
0	1	0	1
1	0	0	1
1	1	1	0

진리표에서 입력변수 x, y와 출력변수 C의 관계는 AND 게이트와 동작이 같으므로 $C = xy$이다. 그리고 입력변수 x, y와 출력변수 S의 관계는 XOR 게이트와 동작이 같으므로 $S = x \oplus y$이다.

반가산기를 논리회로로 나타내면 다음과 같다.

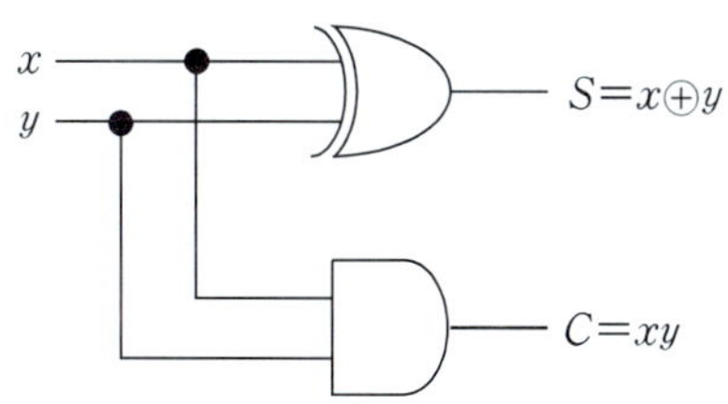

그림 7-5 반가산기 논리회로

연습문제 7.3

01 진리표를 이용하여 교환법칙 $x \oplus y = y \oplus x$을 증명하여라.

02 진리표를 이용하여 분배법칙 $(x \oplus y) \oplus z = x \oplus (y \oplus z)$을 증명하여라.

03 부울함수 $f(x, y, z) = x(\overline{y} + z) + y$를 논리회로로 나타내어라.

04 부울함수 $f(x, y) = x\overline{y} + \overline{x}y$를 논리회로로 나타내어라.

05 부울함수 $f(x, y) = xy + \overline{x}\,\overline{y}$를 논리회로로 나타내어라.

7.4 카르노맵

부울변수의 최소항들로부터 얻어진 부울함수는 좀 더 간단한 형태의 부울함수로 만들 수 있다. 부울식을 간단히 표현하는 방법에는 다음과 같은 두 가지가 있다.

(1) 부울대수의 기본 법칙 사용
(2) 카르노맵 사용

부울대수의 기본 법칙을 사용하여 부울식을 간소화할 수 있다.

예제 7.4.1 다음 부울식을 부울대수의 기본 법칙을 이용하여 간단히 하여라.

$$x\bar{y}+\bar{x}y+xy$$

풀이 $x\bar{y}+\bar{x}y+xy = x\bar{y}+\bar{x}y+xy+xy$ (멱등법칙)
$= x(\bar{y}+y)+(\bar{x}+x)y$ (결합법칙)
$= x\cdot 1+1\cdot y$
$= x+y$ ■

예제 7.4.2 다음 부울식을 부울대수의 기본 법칙을 이용하여 간단히 하여라.

$$xyz+x\bar{y}z$$

풀이 $xyz+x\bar{y}z = xz(y+\bar{y}) = xz\cdot 1 = xz$ ■

부울대수를 이용하여 부울식을 보다 간단한 부울식으로 만드는 방법은 복잡하다. 이 절에서는 부울식을 빠르게 보다 간단한 부울식으로 만드는 방법인 **카르노맵**(Karnaugh map)방법을 설명한다. 카르노맵은 1953년 카르노(Maurice Karnaugh)가 소개하였다. 카르노맵은 부울함수에서 사용될 최소항들을 각각의 칸 안에 넣어서 표로 만들어 놓은 것이다. 카르노맵은 변수의 개수가 4개까지는 퀸-맥클러스키(Quine-McCluskey) 방법보다 쉽지만 변수의 개수가 5개 이상일 때는 카르노맵으로 표현하는 것이 어렵다. 퀸-맥클러스키 방법은 많은 변수에서도 편하게 간소화할 수 있는 방법이다. 퀸-맥클러스키 방법은 1956년 퀸(Willard Van Orman Quine)과 맥클러스키(Edward J. McCluskey)가 개발하였다. 퀸-맥클러스키 방법을 사용하여 부울식의 최소화 과정을 전산화한 방법이 사용되고 있다. 이 장에서는 퀸-맥클러스키 방법을 다루지 않는다.

2변수 카르노맵

두 변수를 x, y라 할 때, $2^2 = 4$개의 사각형으로 구성되는 2변수 카르노맵은 다음과 같이 그린다.

$x \backslash y$	0	1
0	$\bar{x}\,\bar{y}$	$\bar{x}\,y$
1	$x\,\bar{y}$	$x\,y$

그림 7-5 2변수 카르노맵

$x = 0$, $y = 0$일 때는 그에 해당하는 부울식은 최소항 $\bar{x}\bar{y}$이 된다.

$x = 0$, $y = 1$일 때는 그에 해당하는 부울식은 최소항 $\bar{x}y$이 된다.

[카르노맵의 작성 방법]

부울식의 값이 1이 되는 최소항의 사각형에 1을 표시하면 카르노맵을 작성할 수 있다. 나머지 사각형에는 0으로 채우거나 비워둔다.

예를 들어, 부울식 $\bar{x}\bar{y} + \bar{x}y$을 카르노맵으로 나타내면 다음과 같다.

$x \backslash y$	0	1
0	1	1
1		

그림 7-6 $\bar{x}\bar{y} + \bar{x}y$의 카르노맵

카르노맵에서 1에 대응되는 모든 부울식은 합으로 결합되어 표현된다. 이웃한 사각형이 1인 경우 하나로 묶을 수 있다. 그림 7-6에서 $\bar{x}\bar{y} + \bar{x}y$는 y가 0이나 1 어느 값을 가져도 전체 부울식의 값에 영향을 주지 않으므로 $\bar{x}$으로 간소화 될 수 있다. 부울대수의 기본 법칙을 이용하여 이를 확인할 수 있다.

$$\bar{x}\bar{y} + \bar{x}y = \bar{x}(\bar{y} + y) = \bar{x} \cdot 1 = \bar{x}$$

2변수 카르노맵을 이용하여 부울식을 간단히 만드는 방법은 다음과 같다.

2변수 카르노맵의 규칙

(1) 카르노맵에서 두 이웃한 1은 결합되어 하나의 변수로 표현된다.
(2) 카르노맵에서 개별적인 1은 두 변수의 곱으로 표현된다.

예제 7.4.3 $\bar{x}\bar{y}+\bar{x}y$을 카르노맵을 이용하여 보다 간단한 부울식으로 나타내어라.

풀이 다음 그림과 같이 묶으면 $\bar{x}\bar{y}+\bar{x}y=\bar{x}$이다.

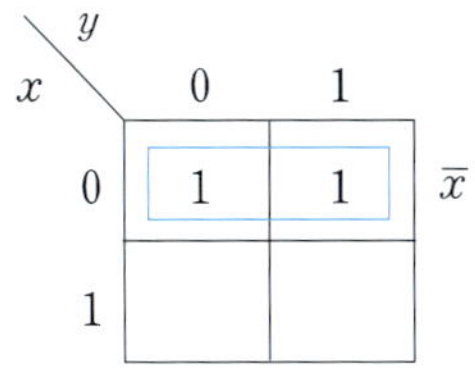

예제 7.4.4 $x\bar{y}+\bar{x}y+xy$을 카르노맵을 이용하여 보다 간단한 부울식으로 나타내어라.

풀이 중복되더라도 부울식이 간단하게 된다면 중복으로 묶어야 한다. 여러 개의 묶음이 나타날 때 개별적인 묶음은 부울식에서 +로 나타낸다. 다음 그림과 같이 xy가 중복되도록 묶으면 $x\bar{y}+\bar{x}y+xy=x+y$이다.

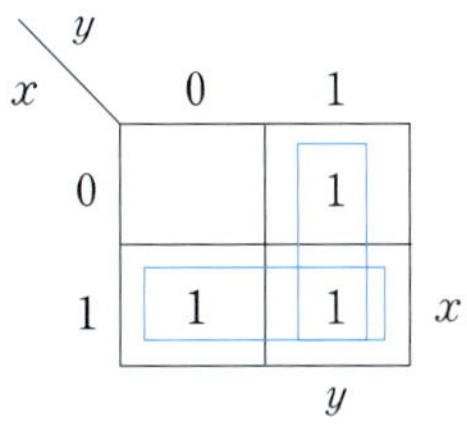

2개의 이웃한 사각형의 모임은 하나의 변수로 표현된다.

$\bar{x}$ x $\bar{y}$ y

$\bar{x}\bar{y}+\bar{x}y=\bar{x}$ $x\bar{y}+xy=x$ $\bar{x}\bar{y}+x\bar{y}=\bar{y}$ $\bar{x}y+xy=y$

3변수 카르노맵

세 변수를 x, y, z라 할 때, $2^3=8$개의 사각형으로 구성되는 3변수 카르노맵은 다음과 같이 그린다.

x \ y	00	01	11	10
0	$\bar{x}\bar{y}\bar{z}$	$\bar{x}\bar{y}z$	$\bar{x}yz$	$\bar{x}y\bar{z}$
1	$x\bar{y}\bar{z}$	$x\bar{y}z$	xyz	$xy\bar{z}$

그림 7-7 3변수 카르노맵

$x=0$, $y=1$, $z=1$일 때는 그에 해당하는 부울식은 최소항 $\bar{x}yz$가 된다.

2개의 변수를 같이 사용할 때 반드시 00, 01, 11, 10의 순서로 적어야 한다.

3변수 카르노맵을 이용하여 부울식을 간단히 만드는 방법은 다음과 같다.

3변수 카르노맵의 규칙

(1) 4개의 이웃한 사각형의 모임은 하나의 변수로 표현된다.
(2) 2개의 이웃한 사각형의 모임은 두 변수의 곱으로 표현된다.
(3) 개별적인 하나의 사각형은 세 변수의 곱으로 표현된다.

왼쪽 끝의 사각형들은 오른쪽 끝의 사각형들과 이웃해 있다고 생각한다.

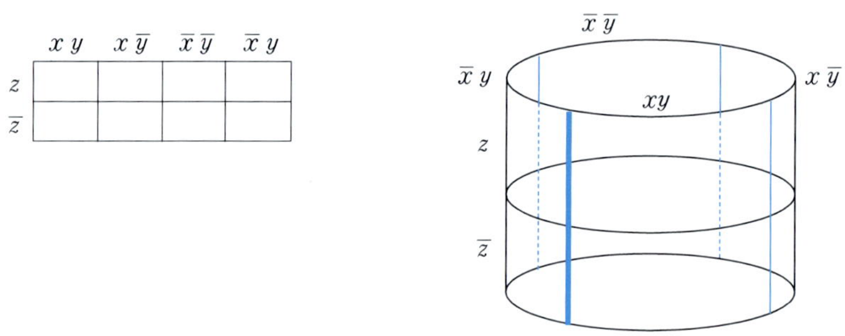

그림 7-8

4개의 이웃한 사각형의 모임은 하나의 변수로 표현된다.

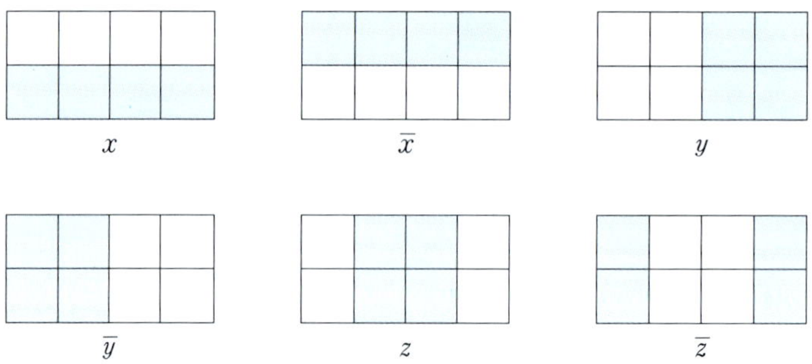

그림 7-9

$$\bar{x}\bar{y}\bar{z}+\bar{x}\bar{y}z+\bar{x}yz+\bar{x}y\bar{z}=\bar{x}\bar{y}(\bar{z}+z)+\bar{x}y(z+\bar{z})$$
$$=\bar{x}\bar{y}\cdot 1+\bar{x}y\cdot 1=\bar{x}\bar{y}+\bar{x}y=\bar{x}(\bar{y}+y)=\bar{x}$$

$$\bar{x}\bar{y}\bar{z}+x\bar{y}\bar{z}+\bar{x}\bar{y}z+x\bar{y}z=(\bar{x}+x)\bar{y}\bar{z}+(\bar{x}+x)\bar{y}z$$
$$=\bar{y}\bar{z}+\bar{y}z=\bar{y}(\bar{z}+z)=\bar{y}$$

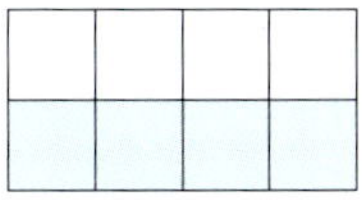 와 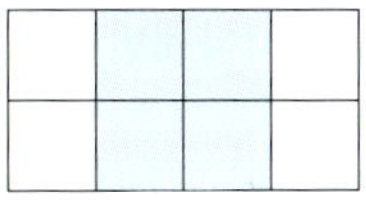 의 공통부분은 

x z xz

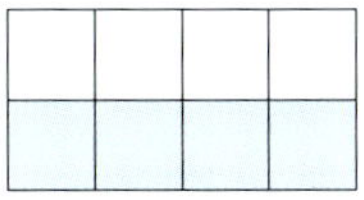 와 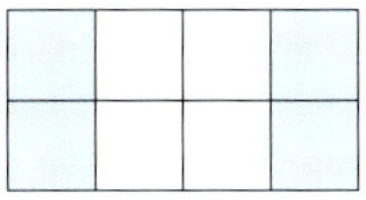 의 공통부분은 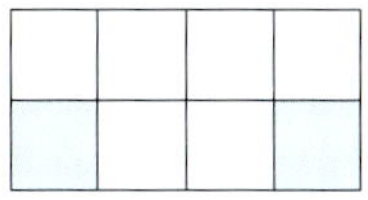

x $\overline{z}$ $x\overline{z}$

예제 7.4.5 다음과 같은 카르노맵의 부울식을 구하여라.

x \ yz	00	01	11	10
0	1	1		
1				

풀이 $x=0,\ y=0,\ z=0$과 $z=1$에서 1이므로 x와 y는 남고 z는 없어져서 $\overline{x}\,\overline{y}$가 된다. 부울대수의 기본 법칙을 이용하여 이를 확인할 수 있다.

$$\overline{x}\,\overline{y}\,\overline{z}+\overline{x}\,\overline{y}z=\overline{x}\,\overline{y}(\overline{z}+z)=\overline{x}\,\overline{y}\cdot 1=\overline{x}\,\overline{y}$$ ■

예제 7.4.6 다음과 같은 카르노맵의 부울식을 구하여라.

x \ yz	00	01	11	10
0		1		
1		1		

풀이 $x=0,\ y=0,\ z=1$과 $x=1,\ y=0,\ z=1$에서 1이므로 y와 z는 남고 x는 없어져서 $\overline{y}z$가 된다. 부울대수의 기본 법칙을 이용하여 이를 확인할 수 있다.

$$\overline{x}\,\overline{y}z+x\overline{y}z=(\overline{x}+x)\overline{y}z=1\cdot\overline{y}z=\overline{y}z$$ ■

예제 7.4.7 다음 부울함수에 대하여 카르노맵을 이용하여 보다 간단한 부울식으로 나타내어라.

x	y	z	$f(x, y, z)$
0	0	0	1
0	0	1	1
0	1	0	0
0	1	1	0
1	0	0	0
1	0	1	0
1	1	0	1
1	1	1	1

풀이 왼쪽 위의 묶음에서 $x=0,\ y=0,\ z=0$과 $z=1$에서 1이므로 x와 y는 남고 z는 없어져서 $\overline{x}\,\overline{y}$가 된다. 오른쪽 아래 묶음에서 $x=1,\ y=1,\ z=1$과 $z=0$에서 1이므로 x와 y는 남고 z는 없

어져서 xy가 된다. 이 두 묶음을 +로 나타내면 구하는 부울식은 $\overline{x}\,\overline{y}+xy$이다.

x \ yz	00	01	11	10
0	1	1		
1			1	1

별해

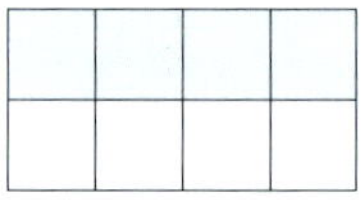 와 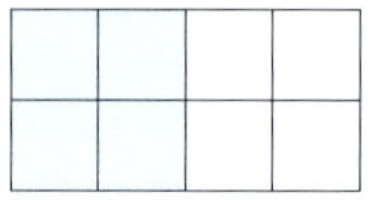 의 공통부분은 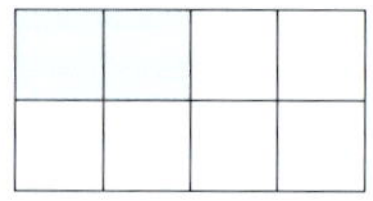 이고

$\overline{x}$ $\quad$ $\overline{y}$ $\quad$ $\overline{x}\,\overline{y}$

 와 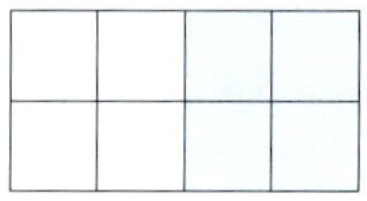 의 공통부분은  이므로

x $\quad$ y $\quad$ xy

 의 부분식은 $xy+\overline{x}\,\overline{y}$이다

4변수 카르노맵

네 변수를 w, x, y, z라 할 때, $2^4=16$개의 사각형으로 구성되는 4변수 카르노맵은 다음과 같이 그린다.

wx \ yz	00	01	11	10
00	$\overline{w}\,\overline{x}\,\overline{y}\,\overline{z}$	$\overline{w}\,\overline{x}\,\overline{y}\,z$	$\overline{w}\,\overline{x}\,y\,z$	$\overline{w}\,\overline{x}\,y\,\overline{z}$
01	$\overline{w}\,x\,\overline{y}\,\overline{z}$	$\overline{w}\,x\,\overline{y}\,z$	$\overline{w}\,x\,y\,z$	$\overline{w}\,x\,y\,\overline{z}$
11	$w\,x\,\overline{y}\,\overline{z}$	$w\,x\,\overline{y}\,z$	$w\,x\,y\,z$	$w\,x\,y\,\overline{z}$
10	$w\,\overline{x}\,\overline{y}\,\overline{z}$	$w\,\overline{x}\,\overline{y}\,z$	$w\,\overline{x}\,y\,z$	$w\,\overline{x}\,y\,\overline{z}$

그림 7-10 4변수 카르노맵

$w=0$, $x=0$, $y=1$, $z=1$일 때는 그에 해당하는 부울식은 최소항 $\overline{w}\,\overline{x}yz$가 된다.

4변수 카르노맵을 이용하여 부울식을 간단히 만드는 방법은 다음과 같다.

4변수 카르노맵의 규칙

(1) 8개의 이웃한 사각형의 모임은 하나의 변수로 표현된다.
(2) 4개의 이웃한 사각형의 모임은 두 변수의 곱으로 표현된다.
(3) 2개의 이웃한 사각형의 모임은 세 변수의 곱으로 표현된다.
(4) 개별적인 하나의 사각형은 네 변수의 곱으로 표현된다.

$wx \backslash yz$	00	01	11	10
00				
01				
11				
10				

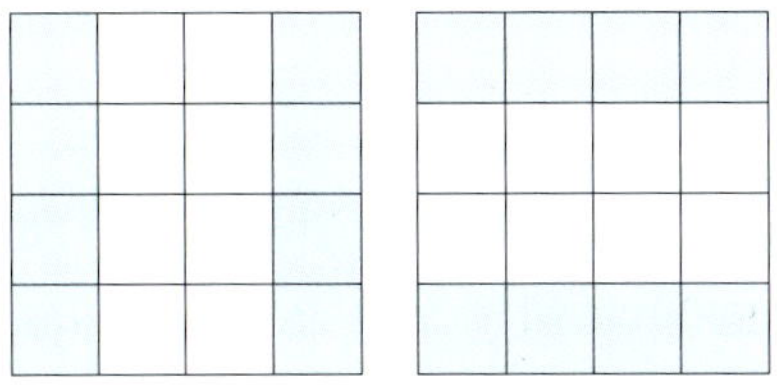

왼쪽 끝의 사각형들은 오른쪽 끝의 사각형들과 이웃해 있다고 생각한다.
위 네 사각형들은 아래 네 사각형들과 이웃해 있다고 생각한다.

이웃한 8개 사각형은 다음과 같은 8개이다.

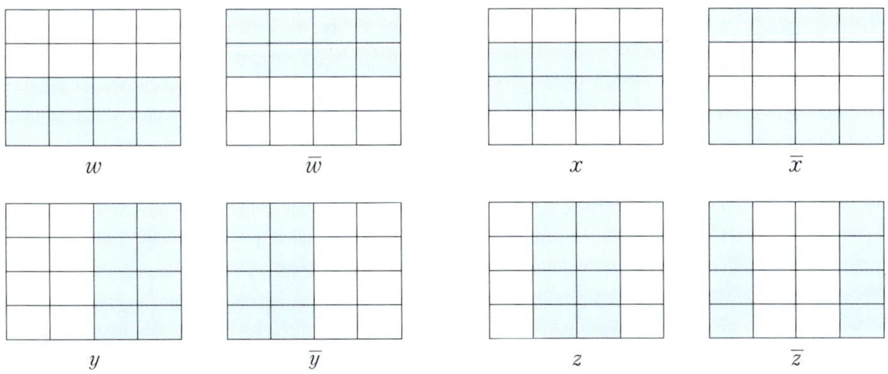

그림 7-12

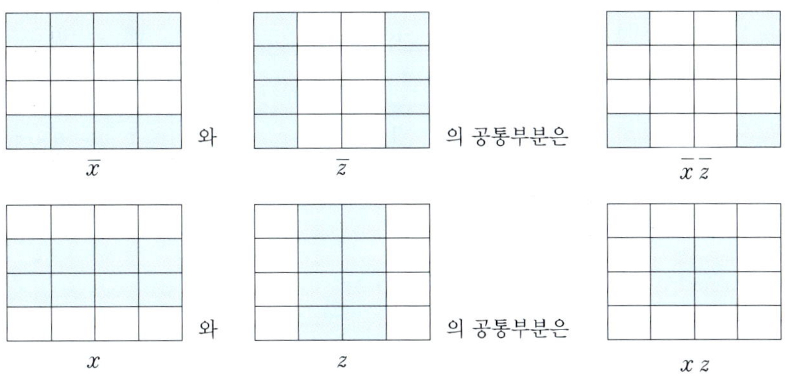

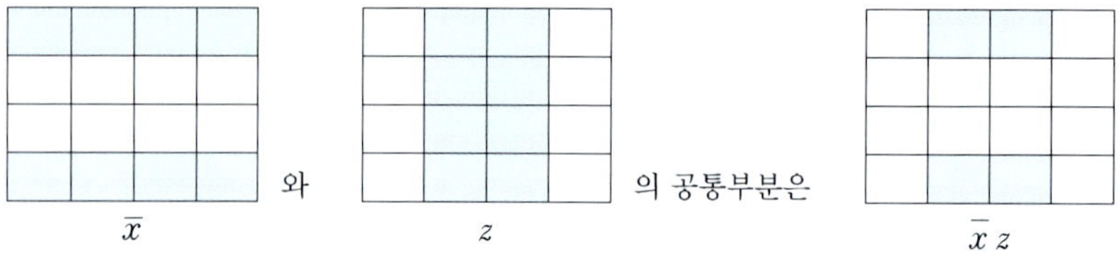

무관 조건

입력값의 특정 조합에 대해서만 반응하는 회로를 만들 경우가 있다. 이 때 몇 개의 입력 조합에 대해서는 출력이 0이어도 되고 1이어도 된다. 이런 입력 조합을 무관(don't care)항이라 한다. 카르노맵에서 무관항은 d 또는 x로 표시한다. 무관항이 있는 경우에는 묶어서 부울식이 간단하게 된다면 무관항의 d를 1로 생각하여 묶어준다. 무관항을 잘 이용하면 회로를 간단하게 나타낼 수 있다.

예제 7.4.8 다음 논리표에 나타난 부울함수를 무관 조건을 사용하여 최소화하여라.

(1)

x	y	z	$f(x,y,z)$
0	0	0	1
0	0	1	1
0	1	0	0
0	1	1	0
1	0	0	d
1	0	1	d
1	1	0	1
1	1	1	1

(2)

x	y	z	$f(x,y,z)$
0	0	0	1
0	0	1	d
0	1	0	1
0	1	1	1
1	0	0	1
1	0	1	d
1	1	0	1
1	1	1	0

풀이 (1)

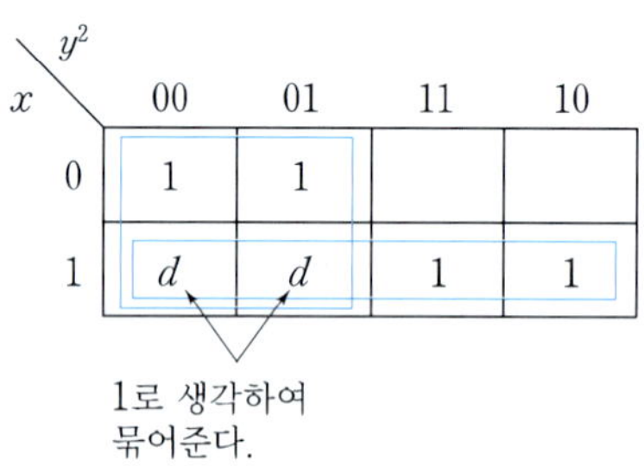

(2)

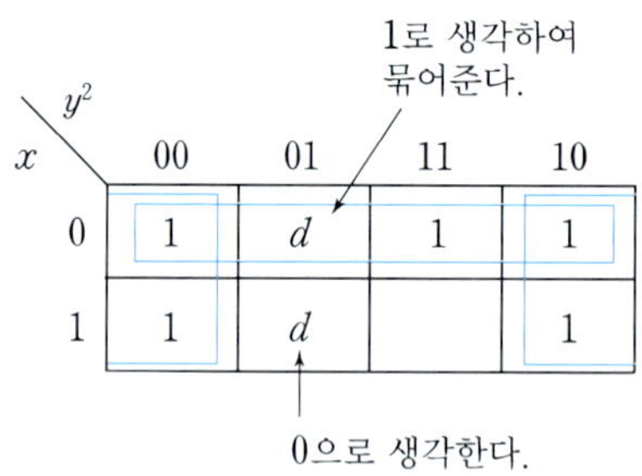

(1) $x+\bar{y}$ (2) $\bar{x}+\bar{z}$

5변수 카르노맵

다섯 변수를 A, B, C, D, E라 할 때, $2^5 = 32$개의 사각형으로 구성된 5변수 카르노맵은 다음과 같이 그린다. 4변수를 기준으로 4변수 카르노맵을 각각 그린 다음 아래 그림과 같이 점선으로 연결한다. $A=0$인 면과 $A=1$ 인 면에서는 4변수 카르노맵처럼 상하좌우가 이웃하다고 생각하면 된다. 두 사각형이 복사판이라 생각하고 $A=0$인 면과 $A=1$ 인 면의 대응되는 위치의 사각형은 이웃한 사각형이라 생각하면 된다. $A=0$인 면과 $A=1$ 인 면을 묶어서 부울식을 간소화시킬 수 있다.

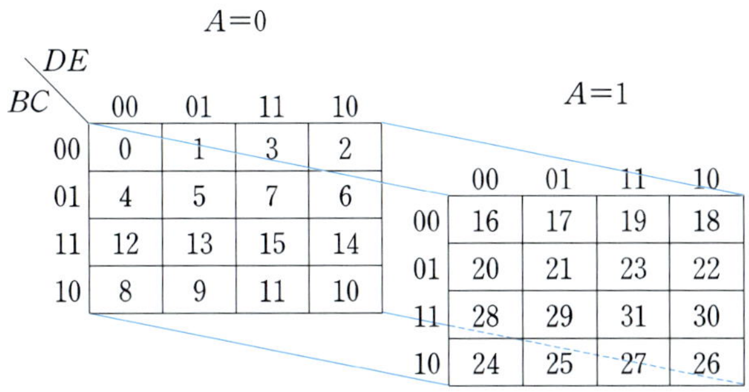

사각형안의 숫자는 각 항의 5비트 2진수를 10진수로 바꾼 값이다. 예를 들어 $ABCDE=01011_{(2)}$에 해당하는 사각형의 숫자는 10진수 11이다.

5변수 카르노맵의 규칙

(1) 16개의 이웃한 사각형의 모임은 하나의 변수로 표현된다.
(2) 8개의 이웃한 사각형의 모임은 두 변수의 곱으로 표현된다.
(3) 4개의 이웃한 사각형의 모임은 세 변수의 곱으로 표현된다.
(4) 2개의 이웃한 사각형의 모임은 네 변수의 곱으로 표현된다.
(5) 개별적인 하나의 사각형은 다섯 변수의 곱으로 표현된다.

예제 7.4.9 다음과 같은 카르노맵의 부울식을 구하여라.

$A=0$

$BC \backslash DE$	00	01	11	10
00	1	1		
01	1	1		
11	1	1		
10	1	1		

$A=1$

$BC \backslash DE$	00	01	11	10
00	1	1		
01	1	1		
11	1	1		
10	1	1		

풀이 16개의 사각형이 이웃한 사각형이고 구하는 부울식은 $\overline{D}$ 이다. ■

예제 7.4.10 다음과 같은 카르노맵의 부울식을 구하여라.

$A=0$

$BC \backslash DE$	00	01	11	10
00				
01				
11				
10	1			1

$A=1$

$BC \backslash DE$	00	01	11	10
00				
01				
11				
10	1			1

풀이

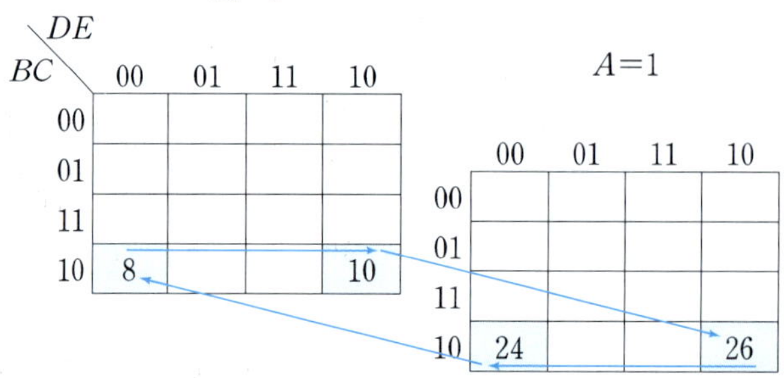

01000, 01010, 11010, 11000 (,01000)은 이웃한 4개의 사각형이다. 4개의 연이은 이진수가 1비트 차이가 난다. 부울식은 $B\overline{C}\,\overline{E}$ 이다.

예제 7.4.11 다음과 같은 카르노맵의 부울식을 구하여라.

$A=0$

$BC \backslash DE$	00	01	11	10
00	1			1
01				
11				
10	1			1

$A=1$

$BC \backslash DE$	00	01	11	10
00	1			1
01				
11				
10	1			1

풀이

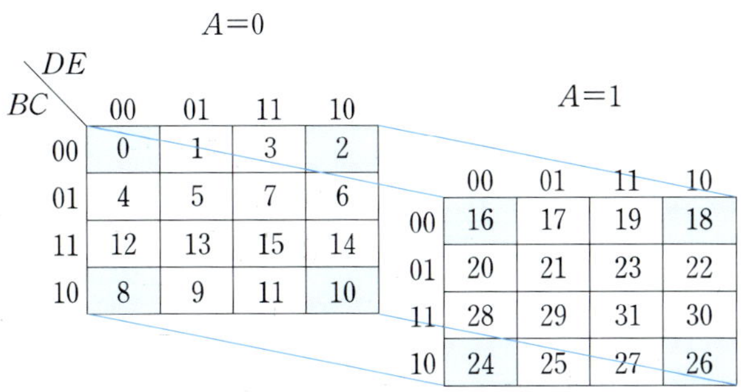

00000, 00010, 01010, 01000, 11000, 11010, 10010, 10000은 이웃한 8개의 사각형이다.
8개의 연이은 이진수가 1비트 차이가 난다. 부울식은 $\overline{C}\,\overline{E}$이다.

6변수 카르노맵

여섯 변수를 A, B, C, D, E, F라 할 때, $2^6 = 64$개의 사각형으로 구성된 6변수 카르노맵은 다음과 같이 그린다. 4변수를 기준으로 4변수 카르노맵을 4개 그린 다음 아래 그림과 같이 점선으로 연결한다. $A = 00$인 면과 $A = 10$인 면이 이어져있다고 본다.

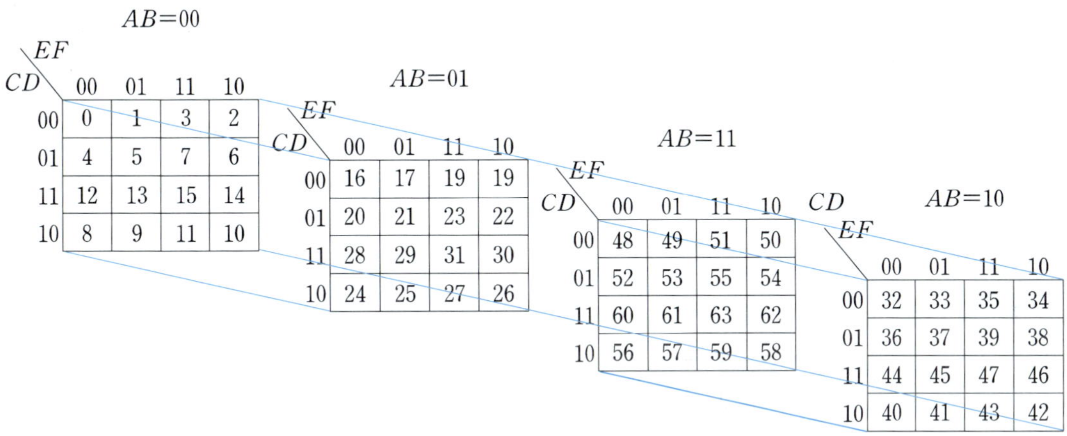

예제 7.4.12 다음과 같은 카르노맵의 부울식을 구하여라.

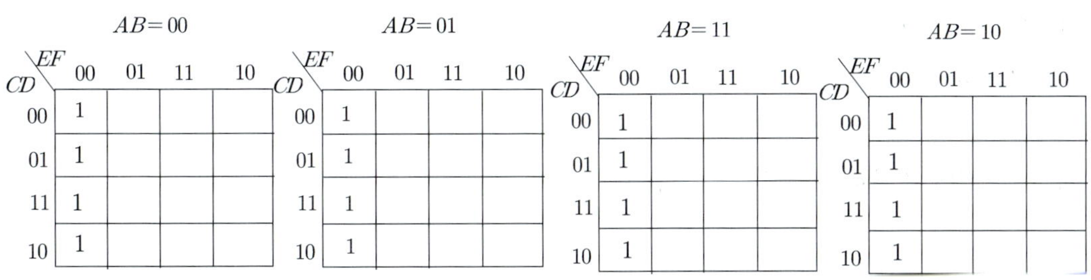

풀이 $AB = 00$인 면과 $AB = 10$인 면이 이어져 있다고 보고 사각형을 2개, 4개, 8개, 16개, 32개씩 묶

으면 된다.

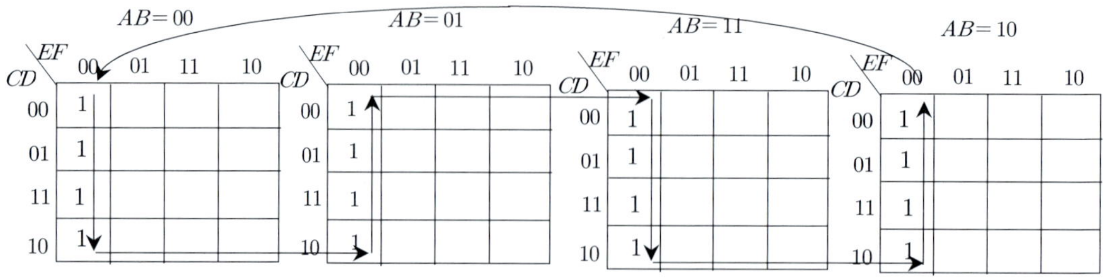

000000,000100,001100,001000, 011000,011100,010100,010000,
110000,110100,111100,111000, 101000,101100,100100,100000 (,000000)
은 이웃한 16개의 사각형이다. 16개의 연이은 이진수가 1비트 차이가 난다. 부울식은 $\overline{E}\,\overline{F}$이다. ■

예제 7.4.13 다음과 같은 카르노맵의 부울식을 구하여라.

$AB=00$

CD \ EF	00	01	11	10
00				
01	1	1		
11	1	1		
10				

$AB=01$

CD \ EF	00	01	11	10
00				
01				
11				
10				

$AB=11$

CD \ EF	00	01	11	10
00				
01				
11				
10				

$AB=10$

CD \ EF	00	01	11	10
00				
01	1	1		
11	1	1		
10				

풀이 부울식은 $\overline{B}\,\overline{D}\,\overline{E}\,\overline{F}$ 이다. ■

연습문제 7.4

01 다음 각 부울함수를 부울대수의 기본 법칙을 이용하여 간단히 하여라.

(1) $f(x,\ y)= x\overline{y}+y$

(2) $f(x,\ y,\ z)= xyz+xy\overline{z}+x\overline{y}z+\overline{x}\,\overline{y}z$

02 다음 부울함수에 대하여 카르노맵을 이용하여 보다 간단한 부울식으로 나타내어라.

x	y	z	$f(x, y, z)$
0	0	0	0
0	0	1	0
0	1	0	0
0	1	1	1
1	0	0	0
1	0	1	1
1	1	0	1
1	1	1	1

03 부울함수 $f(x, y, z) = (x+y)\bar{z}$를 DNF로 나타내어라.

04 다음 카르노맵에 대한 부울식을 구하여라.

wx \ yz	00	01	11	10
00	1			
01	1		1	1
11	1		1	1
10	1			

05 다음 카르노맵에 대한 부울식을 구하여라.

wx \ yz	00	01	11	10
00				
01	1			1
11	1			1
10				

06 다음 카르노맵에 대한 부울식을 구하여라.

wx \ yz	00	01	11	10
00	1			1
01		1	1	
11		1	1	
10	1			1

07 다음 카르노맵에 대한 부울식을 구하여라.

wx \ yz	00	01	11	10
00	1	1		1
01	1	1	1	1
11				
10				

08 카르노맵을 이용하여 다음 부울함수를 간단한 부울식으로 나타내어라.

w	x	y	z	$f(w, x, y, z)$
0	0	0	0	0
0	0	0	1	0
0	0	1	0	1
0	0	1	1	1
0	1	0	0	0
0	1	0	1	0
0	1	1	0	0
0	1	1	1	1

w	x	y	z	$f(w, x, y, z)$
1	0	0	0	0
1	0	0	1	0
1	0	1	0	1
1	0	1	1	1
1	1	0	0	1
1	1	0	1	0
1	1	1	0	1
1	1	1	1	0

09 2개의 2진수 x, y와 아랫자리로부터 올라 온 캐리 z를 포함하여 한 자리수 2진수 세 개를 더하는 전가산기(full adder)를 논리회로로 나타내어라.

10 다음 논리표에 나타난 부울함수를 무관 조건을 사용하여 최소화하여라.

(1)

x	y	z	$f(x,y,z)$
0	0	0	d
0	0	1	0
0	1	0	1
0	1	1	0
1	0	0	1
1	0	1	d
1	1	0	1
1	1	1	1

(2)

x	y	z	$f(x,y,z)$
0	0	0	0
0	0	1	0
0	1	0	0
0	1	1	1
1	0	0	0
1	0	1	1
1	1	0	1
1	1	1	d

11 다음 논리표에 나타난 부울함수를 무관 조건을 사용하여 최소화하여라.

w	x	y	z	$f(w,x,y,z)$	w	x	y	z	$f(w,x,y,z)$
0	0	0	0	1	1	0	0	0	d
0	0	0	1	0	1	0	0	1	d
0	0	1	0	d	1	0	1	0	0
0	0	1	1	0	1	0	1	1	0
0	1	0	0	d	1	1	0	0	d
0	1	0	1	0	1	1	0	1	1
0	1	1	0	1	1	1	1	0	1
0	1	1	1	0	1	1	1	1	1

12 다음 카르노맵에 나타난 부울함수를 무관 조건을 사용하여 최소화하여라.

wx \ yz	00	01	11	10
00	1	1	1	1
01			1	
11	d	d	d	d
10	1	1	d	d

13 다음과 같은 카르노맵의 부울식을 구하여라.

$A=0$

BC \ DE	00	01	11	10
00				
01	1	1		
11	1	1		1
10				1

$A=1$

BC \ DE	00	01	11	10
00				
01	1	1		
11	1	1		1
10				1

14 다음과 같은 카르노맵의 부울식을 구하여라.

$A=0$

BC \ DE	00	01	11	10
00				
01				
11	1	1		
10	1	1		

$A=1$

BC \ DE	00	01	11	10
00		1		
01		1		
11		1		
10	1	1		

15 다음과 같은 카르노맵의 부울식을 구하여라.

$AB=00$

$CD \backslash EF$	00	01	11	10
00				
01	1	1		
11	1	1		
10				

$AB=01$

$CD \backslash EF$	00	01	11	10
00				
01				
11				
10				

$AB=11$

$CD \backslash EF$	00	01	11	10
00				
01	1	1		
11	1	1		
10				

$AB=10$

$CD \backslash EF$	00	01	11	10
00				
01				
11				
10				

16 다음과 같은 카르노맵의 부울식을 구하여라.

$AB=00$

$CD \backslash EF$	00	01	11	10
00		1	1	
01	1			1
11	1			1
10				1

$AB=01$

$CD \backslash EF$	00	01	11	10
00		1	1	
01				
11				
10				1

$AB=11$

$CD \backslash EF$	00	01	11	10
00		1	1	
01				
11				
10				1

$AB=10$

$CD \backslash EF$	00	01	11	10
00		1	1	
01	1			1
11	1			1
10				1

제 8 장

형식언어와 유한상태기계

8.1 형식언어

정의 8.1.1

알파벳(alphabet) Σ는 기호들의 유한집합이다. Σ에서 정의되는 **문자열**(string)은 Σ의 원소인 기호들을 유한개 나열한 것이며, **단어**(word)라고 한다.

예제 8.1.1 다음은 알파벳들이다.

(1) $\Sigma = \{0,\ 1,\ 2,\ \cdots,\ 24\}$

(2) $\Sigma = \{a,\ b,\ \cdots,\ z\}$

(3) $\Sigma = \{$ㄱ, ㄴ, ㄷ, ⋯, ㅍ, ㅎ, ㅏ, ㅑ, ⋯, ㅡ, ㅣ$\}$

정의 8.1.2

기호를 포함하지 않은 문자열을 **공문자열**(empty string)이라 하고 ϵ(epsilon)으로 나타낸다. 문자열의 길이는 문자열을 이루고 있는 기호의 개수이다. 문자열 w의 길이는 $|w|$으로 나타낸다. 공문자열의 길이는 $|\epsilon| = 0$이다.

정의 8.1.3

알파벳 Σ에서의 문자열들의 집합을 Σ^*로 나타낸다.
Σ에서의 **언어**(language) L은 Σ^*의 부분집합이다. Σ^+은 Σ^*에서 공문자열 ϵ을 제외한 모든 문자열들의 집합이다. 즉, $\Sigma^+ = \Sigma^* - \{\epsilon\}$이다. Σ^n은 Σ^*에서 문자열의 길이가 n인 모든 문자열들의 집합이다.

예제 8.1.2 $\Sigma = \{0,\ 1\}$일 때 Σ^0, Σ^3, Σ^+, Σ^*를 구하여라.

풀이 $\Sigma^0 = \{\epsilon\}$, $\Sigma^3 = \{000, 001, 010, 011, 100, 101, 110, 111\}$.

Σ^*는 공문자열 및 0과 1로 구성된 모든 유한 문자열들의 집합이다.

$\Sigma^* = \{\epsilon, 0, 1, 00, 01, 10, 11, 000, 001, 010, 011, 100, 101, 110, 111, 0000, \cdots\}$

$\Sigma^+ = \Sigma^* - \{\epsilon\} = \{0, 1, 00, 01, 10, 11, 000, 001, 010, 011, 100, 101, 110, 111, 0000, \cdots\}$ ■

정의 8.1.4

$w_1 = a_1a_2 \cdots a_m$, $w_2 = b_1b_2 \cdots b_n \in \Sigma^+$일 때 두 문자열 w_1과 w_2의 **접합**(concatenation)은 w_1w_2로 나타내며 다음과 같이 정의한다.

$$w_1w_2 = a_1a_2 \cdots a_mb_1b_2 \cdots b_n$$

임의의 문자열 w에 대하여 다음이 성립한다.

$$w\epsilon = \epsilon w = w$$

문자열 w에 대하여 w^n은 w를 n번 접합한 문자열이다. 특히 $w^0 = \epsilon$이다.

예제 8.1.3 기호 a에 대하여 a^5은 $aaaaa$를 의미한다.

정의 8.1.5

두 언어 L_1과 L_2의 **접합**(concatenation)은 L_1L_2로 나타내며 다음과 같이 정의한다.

$$L_1L_2 = \{w_1w_2 | w_1 \in L_1,\ w_2 \in L_2\}$$

예제 8.1.4 $\Sigma = \{0, 1\}$일 때 두 언어 $L_1 = \{0, 10\}$, $L_2 = \{1, 01\}$에 대하여 L_1L_2와 L_2L_1을 구하여라.

풀이 $L_1L_2 = \{0, 10\}\{1, 01\} = \{01, 001, 101, 1001\}$

$L_2L_1 = \{1, 01\}\{0, 10\} = \{10, 110, 010, 0110\}$ ■

정의 8.1.6

알파벳 Σ에서의 언어 L에 대하여 L을 n번 접합한 것을 L^n으로 나타낸다.
특히 $L^0 = \{\epsilon\}$, $L^2 = \{w_1w_2 | w_1,\ w_2 \in L\}$

정의 8.1.7

알파벳 Σ에서의 언어 L에 대하여 L의 **클린 폐포**(Kleene closure) L^*는 다음과 같이 정의한다.

$$L^* = \bigcup_{n=0}^{\infty} L^n$$

예제 8.1.5 $\Sigma = \{a, b\}$에서의 언어 $L = \{aa\}$에 대하여 L의 클린 폐포 L^*를 구하여라.

풀이 $L^* = \bigcup_{n=0}^{\infty} L^n$

$= L^0 \cup L^1 \cup L^2 \cup L^3 \cup \cdots$

$= \{\epsilon\} \cup \{aa\} \cup \{aaaa\} \cup \{aaaaaa\} \cup \cdots$

은 ϵ을 포함하여 짝수개의 a만으로 이루어진 모든 문자열의 집합이다. ■

일상적으로 사용되는 언어인 자연언어의 **구문**(syntax)은 매우 복잡하기 때문에 명백한 정의에 의하여 정의된 **형식언어**(formal language)를 이용하여 구문분석을 한다.

연습문제 8.1

01 알파벳 $\Sigma = \{a\}$에 대하여 Σ^0, Σ^1, Σ^2, Σ^*, Σ^+를 구하여라.

02 알파벳 $\Sigma = \{a, b\}$에 대하여 Σ^0, Σ^1, Σ^2, Σ^3, Σ^4를 구하여라.

03 $\Sigma = \{a, b\}$일 때 두 언어 $L_1 = \{aa, ab\}$, $L_2 = \{a, ca, \epsilon\}$에 대하여 다음을 구하여라.

(1) $L_1 L_2$ (2) L_2^0 (3) L_2^2

04 알파벳 $\Sigma = \{a, b, c\}$에 대하여 Σ^2를 구하여라.

8.2 문법

형식언어는 다음과 같은 문법에 의해 생성되는 언어이다.

정의 8.2.1

문법 G는 다음과 같이 구성되며 $G=(N, T, P, S)$로 나타낸다.

(1) N은 **비단말기호**(nonterminal symbol)들의 유한집합이다.

(2) T는 **단말기호**(terminal symbol)들의 유한집합이다. 단, $N\cap T=\phi$

(3) P는 다음과 같은 **생성규칙**(production rule)들의 유한집합이다.

$$\alpha\to\beta$$

여기서 $\alpha\in(N\cup T)^*-T^*$, $\beta\in(N\cup T)^*$이다.

(4) S는 N에 속하는 **시작기호**(start symbol)이다.

비단말기호는 문법에 의해 생성되는 언어를 정의하기 위한 중간 단계를 나타내는데 사용되는 문자열이다. 단말기호는 언어를 구성하는 가장 기본적인 기호이다. 시작기호는 문법에서 문장을 생성할 때 생성의 시작 지점을 나타내는 비단말기호이다.

$\alpha\in(N\cup T)^*-T^*$은 문자열 α가 공문자열이 아니고, 비단말기호를 포함하는 문자열임을 의미한다.

$\beta\in(N\cup T)^*$은 문자열 β가 공문자열일 수도 있고, 비단말기호 또는 단말기호로 이루어진 문자열임을 의미한다.

생성규칙은 언어에서 문장이 어떤 규칙에 의해 만들어지는가를 나타내는 문법적인 규칙이다. $\alpha\to\beta$는 문자열 α를 문자열 β로 대치할 수 있음을 나타낸다.

정의 8.2.2

문법 $G=(N, T, P, S)$에서 임의의 문자열 $a, b\in(N\cup T)^*$과 생성규칙 $\alpha\to\beta$에 대해서

$$w_1=a\alpha b,\ w_2=a\beta b$$

이면 w_2는 w_1으로부터 직접유도 가능하다고 하고 $w_1\Rightarrow w_2$로 나타낸다.

$$w_1 \Rightarrow w_2,\ w_2 \Rightarrow w_3,\ \cdots,\ w_{n-1} \Rightarrow w_n$$

일 때 w_n은 w_1으로부터 유도가능하다고 한다. 이를

$$w_1 \Rightarrow w_2 \Rightarrow w_3 \Rightarrow \cdots \Rightarrow w_n$$

으로 나타내고 w_1으로부터 w_n의 **유도**(derivation)라고 한다.

$w_1 \Rightarrow w_2 \Rightarrow w_3 \Rightarrow \cdots \Rightarrow w_n$ $(n > 1)$일 때 $w_1 \Rightarrow^+ w_n$으로 나타낸다.

$w_1 \Rightarrow^+ w_n$ 또는 $w_1 = w_n$일 때 $w_1 \Rightarrow^* w_n$으로 나타낸다.

$\Rightarrow$는 한 번의 생성규칙을 적용해서 유도되는 직접유도를 나타낸다.
$\Rightarrow^*$는 0번 이상의 유도과정을 통해서 유도됨을 나타낸다.
$\Rightarrow^+$는 한 번 이상의 유도과정을 통해서 유도됨을 나타낸다.

정의 8.2.3

문법 $G=(N, T, P, S)$에 의해 생성된 **언어**(language)를 $L(G)$라고 나타낸다. 이것은 시작기호 S로부터 유도가능한 T^*에 속하는 문자열들의 집합이다. 즉,

$$L(G) = \{w \in T^* \mid S \Rightarrow^* w\}$$

$L(G)$는 시작기호 S로부터 단말기호로 이루어진 문자열을 얻을 때까지 생성규칙을 반복 적용하여 유도해서 얻은 단말기호들의 유한문자열의 집합이다.

예제 8.2.1 $N=\{S\}$, $T=\{a, b\}$, $P=\{S \to bbS,\ S \to a\}$일 때,

문법 $G=(N, T, P, S)$에 의해 생성되는 언어 $L(G)$를 구하여라.

풀이

$$\begin{array}{ccccccc} S \Rightarrow & bbS \Rightarrow & bbbbS \Rightarrow \cdots \Rightarrow & b^{2n-2}S \Rightarrow & b^{2n}S \\ \Downarrow & \Downarrow & \Downarrow & \Downarrow & \Downarrow \\ a & bba & bbbba & b^{2n-2}a & b^{2n}a \end{array}$$

$L(G) = \{a, bba, bbbba, \cdots, b^{2n}a, \cdots\}$은 a를 포함하여, 짝수개의 b가 나온 후 하나의 a로 끝나는 모든 문자열들로 이루어져 있다.

예제 8.2.2 언어 $L=\{1^n0^n \mid n \geq 0\}$를 생성하는 문법 $G=(N, T, P, S)$을 구하여라.

풀이 $L=\{\epsilon, 10, 1100, 111000, \cdots\}$은 공문자열을 포함하여 1이 몇 번 나온 후에 그 개수만큼 0이 나오는 문자열들로 이루어져 있다. 맨 앞에 1, 맨 뒤에 0을 추가하여 긴 문자열을 생성하므로 생성규칙은 $S \to 1S0$이다. 두 번째 생성규칙은 $S \to \epsilon$이다. 구하는 문법은 다음과 같다.

$$N=\{S\},\ T=\{0, 1\},\ P=\{S \to 1S0,\ S \to \epsilon\}$$

$S \to 1S0$을 n번 적용한 다음 $S \to \epsilon$을 적용하면 1^n0^n을 얻는다. 예를 들어 $S \to 1S0$을 2번 적용한 다음 $S \to \epsilon$을 한 번 적용하면 1100을 얻는다. $S \Rightarrow 1S0 \Rightarrow 11S00 \Rightarrow 1100$

$$\begin{array}{ccccccc} S & \Rightarrow 1S0 & \Rightarrow & 11S00 & \Rightarrow & 111S000 & \Rightarrow \cdots \\ \Downarrow & \Downarrow & & \Downarrow & & \Downarrow & \\ \epsilon & 10 & & 1100 & & 111000 & \end{array}$$

■

예제 8.2.3 언어 $L = \{1^m0^n \mid m$과 n은 음이 아닌 정수$\}$를 생성하는 문법 $G = (N, T, P, S)$을 구하여라.

풀이 구하는 문법은 다음과 같다.

$$N = \{S\},\ T = \{0, 1\},\ P = \{S \to 1S,\ S \to S0,\ S \to \epsilon\}$$

$S \to 1S$을 m번 적용한 다음 $S \to S0$을 n번 적용하고 $S \to \epsilon$을 적용하면 1^m0^n을 얻는다. 예를 들어 1^30^2은 다음과 같이 유도된다.

$$S \Rightarrow 1S \Rightarrow 11S \Rightarrow 111S \Rightarrow 111S0 \Rightarrow 111S00 \Rightarrow 11100$$

정의 8.2.4

문법 $G = (N, T, P, S)$에 대하여 촘스키는 언어를 다음과 같은 4가지 유형으로 분류하였다.

유형 0 문법(**무제한 문법**(unrestricted grammar)) : 생성규칙에 대한 제한이 없는 문법이다.

유형 1 문법(**문맥의존문법**(context-sensitive grammar)) :

모든 생성규칙의 형태가 $wAw' \to w\beta w'$이다.

단, $A \in N$, w, w', $\beta \in (N \cup T)^*$

유형 2 문법(**문맥자유문법**(context-free grammar)) :

모든 생성규칙의 형태가 $A \to w$이다.

단, $A \in N$, $w \in (N \cup T)^*$

유형 3 문법(**정규문법**(regular grammar)) :

생성규칙의 형태가 다음 두 가지 형태이다.

(1) $A \to tB$ 또는 $A \to t$ (2) $A \to Bt$ 또는 $A \to t$

단, $t \in T^*$, A, $B \in N$

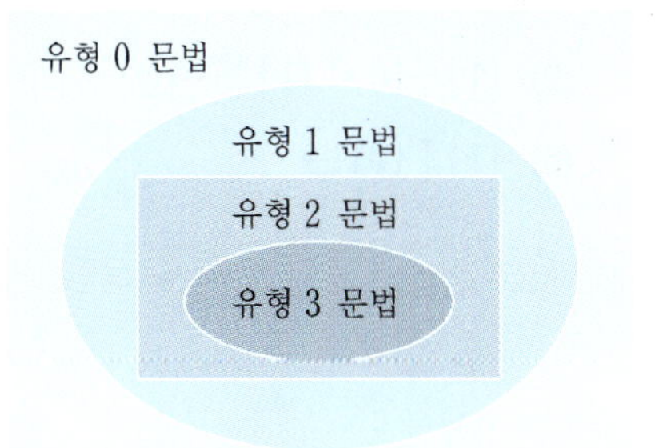

문법의 유형

예제 8.2.4 $N=\{S, A, B\}$, $T=\{a, b\}$이고 $P=\{S\to aAB, AB\to Ba, A\to aB, B\to b\}$인 문법 $G=(N, T, P, S)$는 어떤 유형의 문법인가?

풀이 생성규칙 $AB\to Ba$의 왼쪽에 두 개의 비단말기호가 사용되었으므로 유형 2 문법과 유형 3 문법은 아니다. 유형 1 문법이다. ■

예제 8.2.5 예제 8.2.2의 언어 $L=\{1^n0^n \mid n\geq 0\}$은 생성규칙이 $S\to 1S0$, $S\to\epsilon$이므로 유형 2 문법에 의해 생성된다.

예제 8.2.6 예제 8.2.3의 언어 $L=\{1^m0^n \mid m$과 n은 음이 아닌 정수$\}$은 생성규칙이 $S\to 1S$, $S\to S0$, $S\to\epsilon$이므로 유형 3 문법에 의해 생성된다.

연습문제 8.2

01 언어 $L=\{1^n0^n \mid n\geq 1\}$를 생성하는 문법 $G=(N, T, P, S)$을 구하여라.

02 언어 $L=\{1^n0^{n+1} \mid n\geq 0\}$를 생성하는 문법 $G=(N, T, P, S)$을 구하여라.

03 $N=\{S, A, B\}$, $T=\{0, 1\}$, $P=\{S\to AB, A\to 10, B\to 00\}$일 때, 문법 $G=(N, T, P, S)$에 의해 생성되는 언어 $L(G)$를 구하여라.

04 $N=\{S, A, B\}$, $T=\{0, 1\}$, $P=\{S\to AB, S\to 1A, A\to 1, B\to 01\}$일 때, 문법 $G=(N, T, P, S)$에 의해 생성되는 언어 $L(G)$를 구하여라.

05 알파벳 $\Sigma=\{0, 1\}$에 대하여 문자열 10101이 다음 각 언어에 속하는지를 결정하여라.

(1) $\{0, 1\}^*$　(2) $\{1\}^*\{0\}^*\{1\}^*$　(3) $\{10\}^*\{1\}^*$

(4) $\{10\}\{1\}^*\{01\}^*$　(5) $\{1\}^*\{01\}^*$

8.3 유한상태기계

입력과 입력이 시작되는 시점의 기계의 상태에 따라서 출력이 결정되는 회로인 **순차회로**(sequential circuit)는 메모리를 갖는다. 메모리를 갖는 기계에 대한 추상적인 모델이 **유한상태기계**(finite state machine)이다. 유한상태기계는 출력이 있는 유한상태기계와 출력이 없는 유한상태기계로 나눌 수 있으며, 출력이 없는 유한상태기계를 **유한상태오토마타**(finite state automata)라고 한다.

출력이 있는 유한상태기계

정의 8.3.1

유한상태기계는 다음과 같이 구성되며, $M=(S, I, O, f, g, s_0)$로 나타낸다.

(1) 상태의 유한집합 S

(2) 입력기호의 유한집합 I

(3) 출력기호의 유한집합 O

(4) 전이함수(transition function) $f: S\times I \rightarrow S$

(5) 출력함수 $g: S\times I \rightarrow O$

(6) 초기상태 $s_0 \in S$

유한상태기계는 **상태표**(state table) 또는 **상태전이그래프**(state transition diagram)에 의해서 표현될 수 있다.

방향그래프를 이용하여 유한상태기계를 표현하는 것이 편리하다.

정의 8.3.2

상태전이그래프는 꼭지점이 상태를 나타내는 방향그래프이다. 이때 변은 상태전이를 나타낸다. 초기상태는 Start→(s_0) 로 나타낸다. 현재 상태 s_1에서 x가 입력되었을 때 다음 상태가 s_2이고 출력이 y인 경우는 $f(s_1, x)=s_2$, $g(s_1, x)=y$로 나타내고 방향그래프는 다음과 같다.

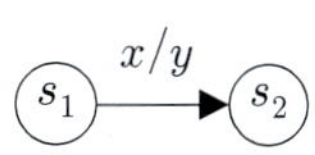

예제 8.3.1 $S=\{s_0, s_1, s_2\}$, $I=\{a, b\}$, $O=\{0, 1\}$일 때 다음 상태표에 의해 주어진 유한상태기계의 상태전이그래프를 그려라.

	f		g	
S \ I	a	b	a	b
s_0	s_1	s_0	0	1
s_1	s_2	s_2	1	0
s_2	s_0	s_1	0	1

풀이 상태전이그래프는 다음과 같다.

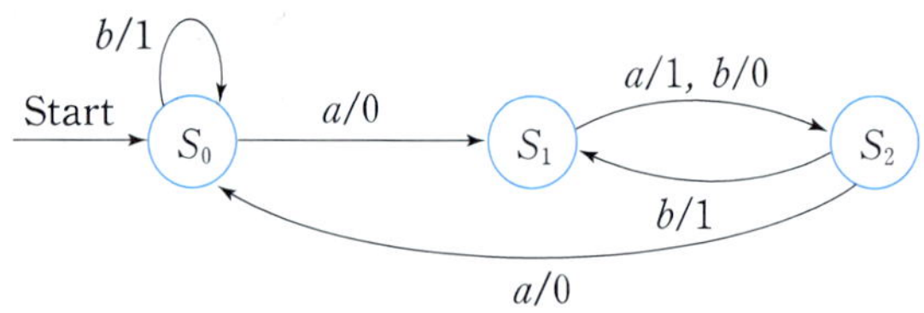

■

예제 8.3.2 다음은 유한상태기계에 대한 상태전이그래프이다.

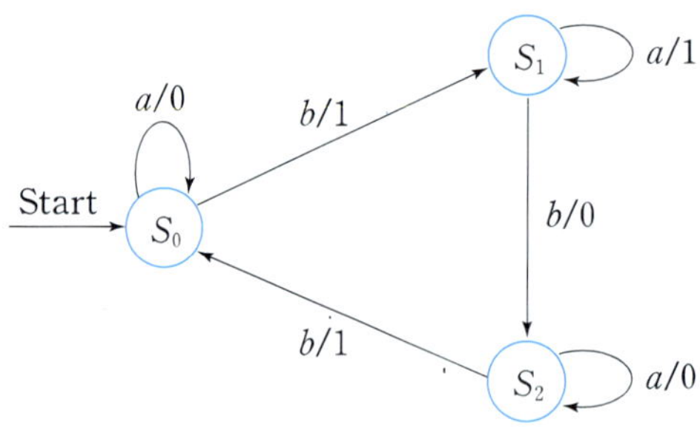

(1) 상태표를 작성하여라.

(2) 입력문자열 $ababab$에 대한 출력문자열을 구하여라.

풀이 (1) 상태표는 다음과 같다.

	f		g	
S \ I	a	b	a	b
s_0	s_0	s_1	0	1
s_1	s_1	s_2	1	0
s_2	s_2	s_0	0	1

(2) 출력문자열은 011001이다. ■

출력이 없는 유한상태기계

출력이 없는 유한상태기계를 유한상태오토마타라고 한다.

정의 8.3.3

유한상태오토마타(finite state automata)는 다음과 같이 구성되며, $M=(S, I, f, s_0, A)$로 나타낸다.

(1) 상태의 유한집합 S

(2) 입력기호의 유한집합 I

(3) 전이함수 $f: S \times I \to S$

(4) 초기상태 s_0

(5) S의 부분집합인 **수용상태**(accepting state) A

수용상태를 **최종상태**(final state)라고도 한다. 유한상태오토마타는 상태전이그래프와 상태표를 이용하여 나타낼 수 있다. 상태전이그래프에서 수용상태는 두 개의 원으로 표시하고, 출력기호는 생략한다.

예제 8.3.3 유한상태오토마타 $M=(S, I, f, s_0, A)$에서 $S=\{s_0, s_1, s_2, s_3\}$, $I=\{a, b\}$, $A=\{s_1, s_2\}$일 때 상태표가 다음과 같다.

	f	
S \ I	a	b
s_0	s_0	s_1
s_1	s_0	s_2
s_2	s_0	s_3
s_3	s_3	s_3

이 유한상태오토마타의 상태전이그래프를 그려라.

풀이 상태전이그래프는 다음과 같다.

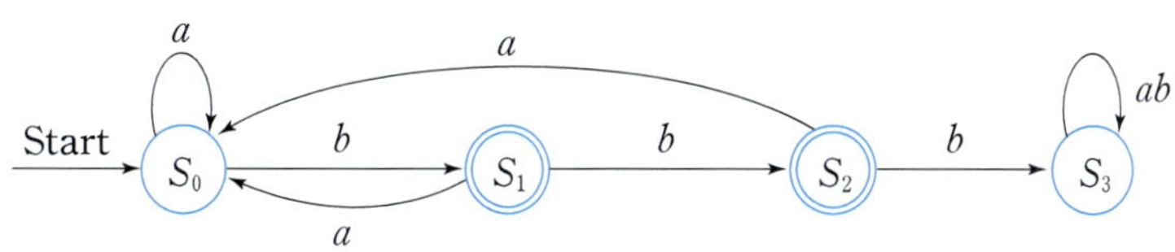

■

유한상태오토마타 M에 입력기호의 문자열 $x=x_1x_2\cdots x_n$이 주어지면 M의 상태는 $s=s_1s_2\cdots s_n$으로 전이된다.

이때, 각 i $(1 \le i \le n)$에 대하여 $f(s_{i-1}, x_i)=s_i$이다.

또한 마지막 상태인 s_n이 수용상태 중 하나이면 M이 문자열 $x=x_1x_2\cdots x_n$를 수용한다고 한다.

예제 8.3.4 예제 8.3.3의 유한상태오토마타가 다음 문자열을 수용하는가?

(1) $aabab$

(2) $aababbb$

풀이 (1)

$$s_0 \xrightarrow{a} s_0 \xrightarrow{a} s_0 \xrightarrow{b} s_1 \xrightarrow{a} s_0 \xrightarrow{b} s_1$$

상태 s_0에서 시작하여 a가 입력되면 계속 s_0에 머물고 b가 입력되면 s_1으로 이동한다. 다시 a가 입력되면 s_0로 이동하고 b가 입력되면 s_1으로 이동한다. 마지막 상태 s_1이 수용상태이므로 문자열 $aabab$은 유한상태오토마타가 수용한다.

(2)

$$s_0 \xrightarrow{a} s_0 \xrightarrow{a} s_0 \xrightarrow{b} s_1 \xrightarrow{a} s_0 \xrightarrow{b} s_1 \xrightarrow{b} s_2 \xrightarrow{b} s_3$$

입력문자열 $aababbb$가 입력되면 마지막 상태 s_3가 수용상태가 아니므로 문자열 $aababbb$는 유한상태오토마타가 수용하지 않는다. ■

정의 8.3.4

비결정적 유한상태오토마타(nondeterministic finite state automata)는 다음과 같이 구성되며, $M=(S, I, f, s_0, A)$로 나타낸다.

(1) 상태의 유한집합 S

(2) 입력기호의 유한집합 I

(3) 전이함수 $f: S\times I \to P(S)$ (단, $P(S)$는 S의 멱집합이다.)

(4) 초기상태 s_0

(5) S의 부분집합인 수용상태 A

예제 8.3.5 유한상태오토마타 $M=(S, I, f, s_0, A)$에서 $S=\{s_0, s_1, s_2\}$, $I=\{a, b\}$, $A=\{s_2\}$일 때 상태표가 다음과 같다.

S \ I	f: a	f: b
s_0	$\{s_1\}$	ϕ
s_1	ϕ	$\{s_0, s_2\}$
s_2	ϕ	$\{s_2\}$

이 비결정적 유한상태오토마타의 상태전이그래프를 그려라.

풀이 상태전이그래프는 다음과 같다.

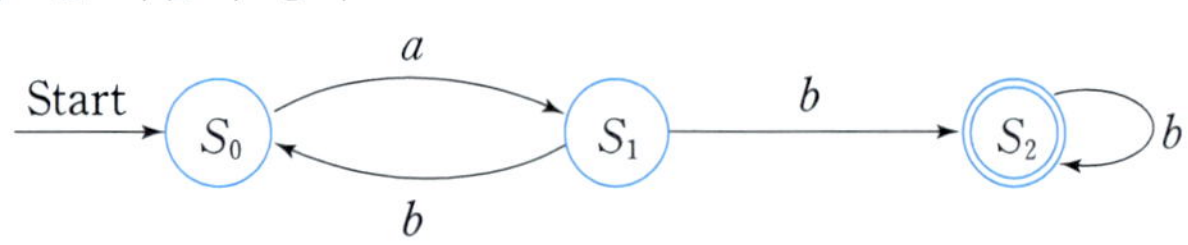

정의 8.3.5

언어 L을 수용하는 유한상태오토마타가 존재하면 언어 L을 **정규언어**(regular language)라고 한다.

연습문제 8.3

01 $S=\{s_0, s_1, s_2, s_3\}$, $I=\{a, b\}$, $O=\{0, 1\}$일 때

(1) 다음 상태표에 의해 주어진 유한상태기계의 상태전이그래프를 그려라.

(2) 입력문자열 $abbabab$에 대한 출력문자열을 구하여라.

	f		g	
S \ I	a	b	a	b
s_0	s_0	s_2	0	1
s_1	s_1	s_2	1	0
s_2	s_3	s_1	1	1
s_3	s_3	s_3	1	1

02 다음은 유한상태기계에 대한 상태전이그래프이다.

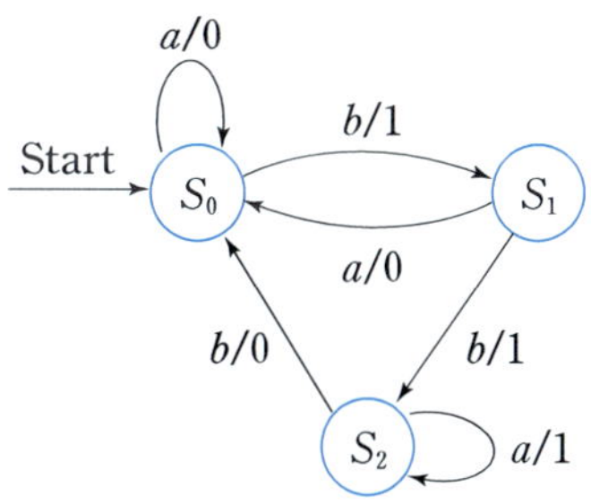

상태표를 작성하여라.

03 다음은 유한상태오토마타 M의 상태전이그래프이다.

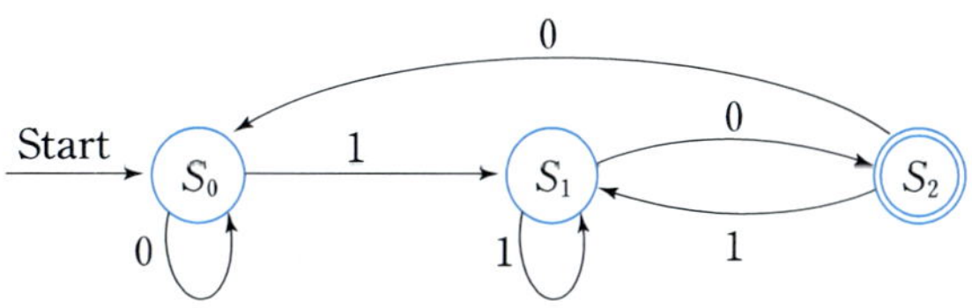

(1) M의 상태를 구하여라.

(2) 입력기호를 구하여라.

(3) 초기상태는 무엇인가?

(4) 수용상태는 무엇인가?

(5) M의 상태표를 작성하여라.

(6) 다음 문자열 중 M이 수용하는 문자열은 어느 것인가?

0111010, 00111, 111010, 0100, 1110

04 $I=\{a, b\}$일 때 aa로 시작하는 모든 문자열을 수용하는 유한상태오토마타를 구하여라.

05 다음 유한상태 오토마타에 의해 수용되는 문자열을 구하여라.

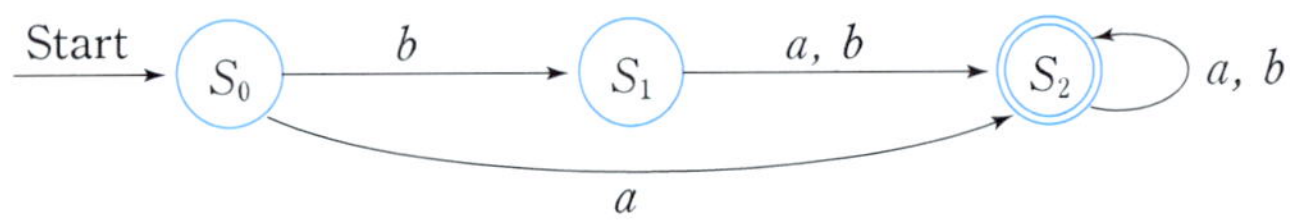

06 다음 유한상태오토마타에 의해 수용되는 문자열을 구하여라.

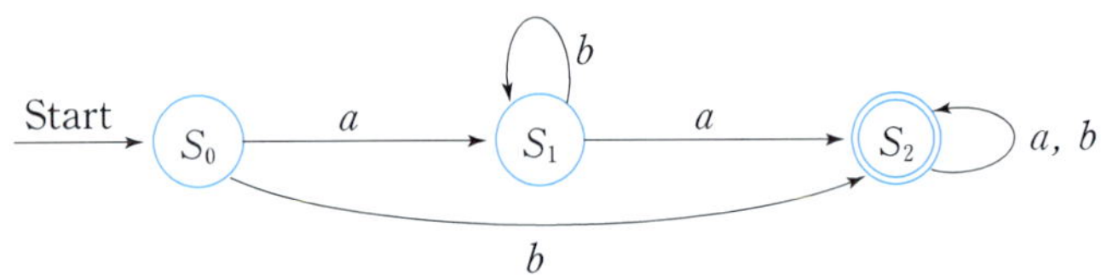

07 $I=\{a, b\}$일 때 bab로 끝나는 모든 문자열을 수용하는 유한상태오토마타를 구하여라.

08 $I=\{a, b\}$일 때 홀수개의 a를 포함하는 모든 문자열을 수용하는 유한상태오토마타를 구하여라.

09 $I=\{a, b\}$일 때 ab 또는 ba를 포함하는 모든 문자열을 수용하는 유한상태오토마타를 구하여라.

10 다음은 비결정적 유한상태오토마타 M의 상태전이그래프이다.

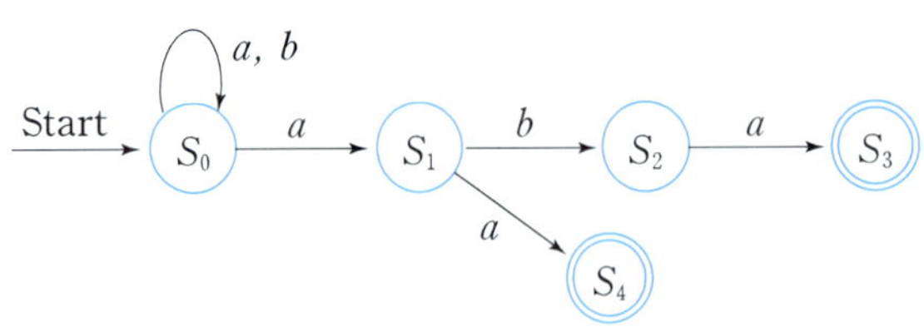

(1) M의 상태표를 작성하여라.

(2) 수용상태는 무엇인가?

(3) 입력문자열이 baa일 때 이 문자열은 수용되는가?

(4) 입력문자열이 $bbabbaa$일 때 이 문자열은 수용되는가?

(5) M에 의해 수용되는 문자열을 구하여라.

11 **다음 비결정적 유한상태오토마타에 의해 수용되는 문자열을 구하여라.**

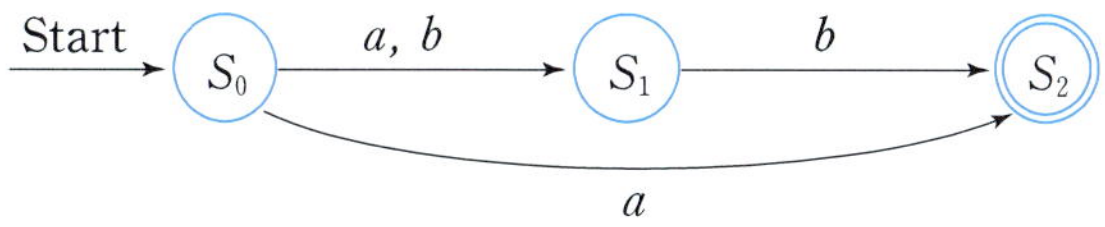

연습문제 풀이

연습문제 1장

01

p	q	$p \vee q$	$p \wedge q$	$p \oplus q$	$(p \vee q) \rightarrow (p \oplus q)$	$(p \oplus q) \rightarrow (p \wedge q)$
T	T	T	T	F	F	T
T	F	T	F	T	T	F
F	T	T	F	T	T	F
F	F	F	F	F	T	T

02

p	q	$p \wedge q$	$\neg(p \wedge q)$	$\neg p$	$\neg q$	$\neg p \vee \neg q$
T	T	T	F	F	F	F
T	F	F	T	F	T	T
F	T	F	T	T	F	T
F	F	F	T	T	T	T

03

p	q	r	$q \wedge r$	$p \vee (q \wedge r)$	$p \vee q$	$p \vee r$	$(p \vee q) \wedge (p \vee r)$
T	T	T	T	T	T	T	T
T	T	F	F	T	T	T	T
T	F	T	F	T	T	T	T
T	F	F	F	T	T	T	T
F	T	T	T	T	T	T	T
F	T	F	F	F	T	F	F
F	F	T	F	F	F	T	F
F	F	F	F	F	F	F	F

04

p	$\mathbb{T}$	$\mathbb{F}$	$p \wedge \mathbb{T}$	$p \vee \mathbb{F}$	$p \wedge \mathbb{F}$	$p \vee \mathbb{T}$	$p \vee p$	$p \wedge p$
T	T	F	T	T	F	T	T	T
F	T	F	F	F	F	T	F	F

05 $p \rightarrow q$은 다음과 같다.

1킬로바이트가 1024바이트면 1킬로바이트는 8192비트다.

➡ 명제의 역 : $q \rightarrow p$

1킬로바이트가 8192비트면 1킬로바이트는 1024바이트다.

➡ 명제의 이 : $\neg p \rightarrow \neg q$

1킬로바이트가 1024바이트가 아니면 1킬로바이트는 8192비트가 아니다.

➡ 명제의 대우 : $\neg q \rightarrow \neg p$

1킬로바이트가 8192비트가 아니면 1킬로바이트는 1024바이트가 아니다.

06 (1) 방정식 $x^2+y^2=4$이 성립하는 정수 x와 2보다 큰 정수 y가 존재한다. $y>2$이면 $y^2>4$이므로 거짓이다.

(2) 모든 정수 x와 y에 대해 방정식 $x^2+y^2=4$이 성립한다. $x=2$, $y=2$일 때 $x^2+y^2=4$이 성립하지 않으므로 거짓이다.

(3) 모든 정수 x에 대해 방정식 $x^2+y^2=4$이 성립하는 (x값에 의존하는) 정수 y가 존재한다. $x=3$일 때 $x^2+y^2=4$이 성립하는 정수 y가 존재하지 않으므로 거짓이다.

(4) 모든 정수 y에 대해 방정식 $x^2+y^2=4$이 성립하는 정수 x가 존재한다. $y=1$일 때 $x^2+y^2=4$이 성립하는 정수 x가 존재하지 않으므로 거짓이다.

(5) 방정식 $x^2+y^2=4$이 성립하는 정수 x와 정수 y가 존재한다. $x=0$, $y=2$인 경우 $x^2+y^2=4$이 성립하므로 참이다.

07 (1) (101010 ∧ 110101) ∧ 110101 = 011111 ∧ 110101 = 101010

(2) 101010 ∧ (110101 ∧ 110101) = 101010 ∧ 000000 = 101010

(3) (101010 & 110101) & 110101 = 100000 & 110101 = 100000

(4) 101010 & (110101 & 110101) = 101010 & 110101 = 100000

(5) (101010 | 110101) | 110101 = 111111 | 110101 = 111111

(6) 101010 | (110101 | 110101) = 101010 | 110101 = 111111

08 (1)

p	$p\to p$
T	T
F	T

(2)

p	q	$p\wedge q$	$q\wedge p$	$p\wedge q\to q\wedge p$
T	T	T	T	T
T	F	F	F	T
F	T	F	F	T
F	F	F	F	T

(3)

p	$p\wedge q$	$p\to(p\wedge p)$
T	T	T
F	F	T

(4)

p	q	$p\wedge q$	$p\wedge q\to p$
T	T	T	T
T	F	F	T
F	T	F	T
F	F	F	T

09

p	q	$\neg p$	$p\wedge(\neg p)$	$(p\wedge(\neg p))\to q$	$\neg((p\wedge(\neg p))\to q)$
T	T	F	F	T	F
T	F	F	F	T	F
F	T	T	F	T	F
F	F	T	F	T	F

10 $(p\wedge q)\to(p\vee q)\equiv\neg(p\wedge q)\vee(p\vee q)$

$\equiv(\neg q\vee\neg q)\vee(p\vee q)\equiv(\neg p\vee p)\vee(\neg q\vee q)\equiv\mathbb{T}\vee\mathbb{T}\equiv\mathbb{T}$

11 (1)

p	q	r	$p\to r$	$q\to r$	$(p\to r)\wedge(q\to r)$	$p\wedge q$	$(p\wedge q)\to r$
T	T	T	T	T	T	T	T
T	T	F	F	F	F	T	F
T	F	T	T	T	T	F	T
T	F	F	T	T	F	F	F
F	T	T	T	T	T	F	T
F	T	F	F	F	F	F	F
F	F	T	T	T	T	F	T
F	F	F	T	T	T	F	T

(2) $(p\to r)\vee(q\to r)\equiv(\neg(p\wedge\neg r))\vee(\neg(q\wedge\neg r))$
$\equiv\neg((p\wedge\neg r)\wedge(q\wedge\neg r))\equiv\neg((p\wedge q)\wedge\neg r)\equiv(p\wedge q)\to r$

12 $(p\wedge q)\to r\equiv\neg((p\wedge q)\wedge\neg r)\equiv\neg(p\wedge(q\wedge\neg r))$
$\equiv\neg(p\wedge\neg(\neg(q\wedge\neg r)))\equiv p\to\neg(q\wedge\neg r)\equiv p\to(q\to r)$

13 $p\to(q\vee r)\equiv\neg(p\wedge\neg(q\vee r))\equiv\neg p\vee\neg(\neg(q\vee r))$
$\equiv\neg p\vee(q\vee r)\equiv(\neg p\vee q)\vee r\equiv\neg(p\wedge\neg q)\vee r\equiv(p\wedge\neg q)\to r$

14 $P(n)$을 "$2^n<n!$"이라 하자.

[기본단계] $n=4$일 때 : $2^4=16<24=4!$이므로 $P(4)$가 성립한다.

[귀납적 단계] $n=k(k\geq 4)$일 때 $P(n)$, 즉 $2^k<k!$이 성립한다고 가정하자.

$$\begin{aligned}2^{k+1}&=2\cdot 2^k\\&<2\cdot k!\ (\text{귀납법 가정})\\&<(k+1)\cdot k!\ \ (k\geq 4)\\&=(k+1)!\end{aligned}$$

그러므로 $n=k+1$일 때도 명제 $P(n)$이 성립한다.

따라서 주어진 부등식은 $n\geq 4$인 모든 자연수 n에 대하여 성립한다.

15 (a) 대우증명법을 이용하여 증명하면 다음과 같다.

n이 홀수라 가정하자. 그러면 $n=2k+1$(k는 정수)로 나타낼 수 있다. 이때 $n^3+5=(2k+1)^3+5=2(4k^3+6k^2+3k+3)$은 짝수이다.

따라서 정수 n에 대하여 n^3+5가 홀수이면 n은 짝수이다.

(b) 모순증명법을 이용하여 증명하면 다음과 같다.

n^3+5이 홀수이고 n도 홀수라 가정하자. n이 홀수이고 두 홀수의 곱이 홀수이므로 n^2은 홀수이고 따라서 n^3도 홀수이다. 두 홀수의 차는 짝수이므로 두 홀수 n^3+5와 n^3의 차인 $(n^3+5)-n^3=5$는 짝수이다. 이는 모순이다. 따라서 정수 n에 대하여 n^3+5가 홀수이면 n은 짝수이다.

16 (a) 직접증명법을 이용하여 증명하면 다음과 같다.

n이 짝수라 가정하면 $n=2k$(k는 정수)로 나타낼 수 있다. 그러면 $n^2=(2k)^2=4k^2=2(2k^2)$은 짝수다. 따라서 정수 n에 대하여 n이 짝수면 n^2도 짝수이다.

(b) 모순증명법을 이용하여 증명하면 다음과 같다.

n이 짝수이지만 n^2은 홀수라 가정하자. 그러면 n은 홀수이다. 이는 n이 짝수라는 사실에 모순이다. 따라서 정수 n에 대하여 n이 짝수면 n^2도 짝수이다.

17

$$(x\text{가 짝수}) \lor (x\text{가 홀수}) \to (x^2-x\text{는 짝수})$$
$$\equiv ((x\text{가 짝수}) \to (x^2-x\text{는 짝수})) \land ((x\text{가 홀수}) \to (x^2-x\text{는 짝수}))$$

경우1 : (x가 짝수) → (x^2-x는 짝수)

x가 짝수이므로 $x=2n$(n은 정수)로 나타낼 수 있다.

그러면 $x^2-x=(2n)^2-2n=2n(2n-1)$은 짝수이다.

경우2 : (x가 홀수) → (x^2-x는 짝수)

x가 홀수이므로 $x=2n+1$(n은 정수)로 나타낼 수 있다.

그러면 $x^2-x=(2n+1)^2-(2n+1)=2n(2n+1)$은 짝수이다.

18 두 유리수를 x, y라 하면 $x=\frac{q}{p}$, $y=\frac{t}{s}$ (p, q, s, t는 정수, $p\neq 0$, $s\neq 0$)로 나타낼 수 있다. $x+y=\frac{q}{p}+\frac{t}{s}=\frac{sq+pt}{ps}$, p와 s가 0이 아니므로 $ps\neq 0$, $sq+pt$와 ps는 정수이다. 그러므로 $x+y$는 유리수이다.

19 $P(n)$을 "$\cos\theta+\cos 3\theta+\cos 5\theta+\cdots+\cos(2n-1)\theta=\frac{\sin 2n\theta}{2\sin\theta}$"이라 하자.

[기본단계] $n=1$일 때 $\cos\theta=\frac{(2\sin\theta)\cos\theta}{2\sin\theta}=\frac{\sin 2\theta}{2\sin\theta}$이므로 $P(1)$은 참이다.

[귀납적 단계] $n=k$일 때 $P(k)$, 즉

$\cos\theta+\cos 3\theta+\cos 5\theta+\cdots+\cos(2k-1)\theta=\frac{\sin 2k\theta}{2\sin\theta}$이 성립한다고 가정하고,

$n=k+1$일 때 $P(k+1)$, 즉

$$\cos\theta+\cos 3\theta+\cos 5\theta+\cdots+\cos(2(k+1)-3)\theta+\cos(2(k+1)-1)\theta$$
$$=\frac{\sin 2(k+1)\theta}{2\sin\theta}$$

이 성립함을 보이자.

$$\cos\theta+\cos 3\theta+\cos 5\theta+\cdots+\cos(2(k+1)-3)\theta+\cos(2(k+1)-1)\theta$$
$$=\cos\theta+\cos 3\theta+\cos 5\theta+\cdots+\cos(2k-1)\theta+\cos(2k+1)\theta$$
$$=\frac{\sin 2k\theta}{2\sin\theta}+\cos(2k+1)\theta \quad (\because \text{귀납법 가정})$$
$$=\frac{\sin 2k\theta+2\sin\theta\cos(2k+1)\theta}{2\sin\theta}$$
$$=\frac{\sin((2k+1)\theta-\theta)+2\sin\theta\cos(2k+1)\theta}{2\sin\theta}$$
$$=\frac{(\sin(2k+1)\theta\cdot\cos\theta-\cos(2k+1)\theta\cdot\sin\theta)+2\sin\theta\cos(2k+1)\theta}{2\sin\theta}$$

$$= \frac{\sin\theta\cos(2k+1)\theta + \cos(2k+1)\theta\sin\theta}{2\sin\theta}$$

$$= \frac{\sin(\theta+(2k+1)\theta)}{2\sin\theta} = \frac{\sin 2(k+1)\theta}{2\sin\theta}$$

그러므로 모든 자연수 n에 대하여

$\cos\theta + \cos 3\theta + \cos 5\theta + \cdots + \cos(2n-1)\theta = \dfrac{\sin 2n\theta}{2\sin\theta}$이 성립한다.

연 습 문 제 2.1

01 참고로 1에서 128까지 십진수를 이진수로 나타내면 다음과 같다.

십진수	이진수	십진수	이진수	십진수	이진수	십진수	이진수
1	0000001	33	0100001	65	1000001	97	1100001
2	0000010	34	0100010	66	1000010	98	1100010
3	0000011	35	0100011	67	1000011	99	1100011
4	0000100	36	0100100	68	1000100	100	1100100
5	0000101	37	0100101	69	1000101	101	1100101
6	0000110	38	0100110	70	1000110	102	1100110
7	0000111	39	0100111	71	1000111	103	1100111
8	0001000	40	0101000	72	1001000	104	1101000
9	0001001	41	0101001	73	1001001	105	1101001
10	0001010	42	0101010	74	1001010	106	1101010
11	0001011	43	0101011	75	1001011	107	1101011
12	0001100	44	0101100	76	1001100	108	1101100
13	0001101	45	0101101	77	1001101	109	1101101
14	0001110	46	0101110	78	1001110	110	1101110
15	0001111	47	0101111	79	1001111	111	1101111
16	0010000	48	0110000	80	1010000	112	1110000
17	0010001	49	0110001	81	1010001	113	1110001
18	0010010	50	0110010	82	1010010	114	1110010
19	0010011	51	0110011	83	1010011	115	1110011
20	0010100	52	0110100	84	1010100	116	1110100
21	0010101	53	0110101	85	1010101	117	1110101
22	0010110	54	0110110	86	1010110	118	1110110
23	0010111	55	0110111	87	1010111	119	1110111
24	0011000	56	0111000	88	1011000	120	1111000
25	0011001	57	0111001	89	1011001	121	1111001
26	0011010	58	0111010	90	1011010	122	1111010
27	0011011	59	0111011	91	1011011	123	1111011
28	0011100	60	0111100	92	1011100	124	1111100

29	0011101
30	0011110
31	0011111
32	0100000

61	0111101
62	0111110
63	0111111
64	1000000

93	1011101
94	1011110
95	1011111
96	1100000

125	1111101
126	1111110
127	1111111
128	10000000

02 $101100000_{(2)}$

03 $11111111000100_{(2)}$

04 $2DB83_{(16)}$

05 (1) $3F$ (2) $2DE$

06 (1) 755 (2) 53731

07 92.2265625

08 $24.A$

09

$$\begin{array}{r} ABCDE \\ +\ 1\,2\,3\,4\,5 \\ \hline BE0\,2\,3 \end{array} \qquad \begin{array}{r} ABCDE \\ -\ 5\,4\,3\,2\,1 \\ \hline 5\,7\,9\,BD \end{array} \qquad \begin{array}{r} ABCDE \\ \times \quad 1\,2\,3 \\ \hline 2\,0\,3\,6\,9\,A \\ 1\,5\,7\,9\,B\,C \\ A\,BCDE \\ \hline C\,3\,4\,B\,0\,5\,A \end{array}$$

10 (1) a, b, c가 연이은 3개의 정수라 하면 $a=n$, $b=n+1$, $c=n+2$인 정수 n이 존재한다. 그리고 나눗셈 정리에 의하여 $n=3q+r$, $0 \le r < 3$인 정수 q, r이 존재한다.

$r=0$이면 $a=n=3q$이므로 a는 3의 배수이다.

$r=1$이면 $c=n+2=3q+3=3(q+1)$이므로 c는 3의 배수이다.

$r=2$이면 $b=n+1=3q+3=3(q+1)$이므로 b는 3의 배수이다.

그러므로 연이은 3개의 정수 중에는 3의 배수가 존재한다. 따라서 연이은 3개의 자연수의 곱은 3의 배수이다.

(2) 연이은 2개의 자연수의 곱은 2의 배수이므로, 연이은 3개의 자연수의 곱은 2의 배수이면서 3의 배수이다. 따라서 3!의 배수이다.

11 a, b, c, d, e가 연이은 5개의 정수라 하면 $a=n$, $b=n+1$, $c=n+2$, $d=n+3$, $e=n+4$인 정수 n이 존재한다. 그리고 나눗셈 정리에 의하여 $n=5q+r$, $0 \le r < 5$인 정수 q, r이 존재한다.

$r=0$이면 $a=n=5q$이므로 a는 5의 배수이다.

$r=1$이면 $e=n+4=5q+5=5(q+1)$이므로 e는 5의 배수이다.

$r=2$이면 $d=n+3=5q+5=5(q+1)$이므로 d는 5의 배수이다.

$r=3$이면 $c=n+2=5q+5=5(q+1)$이므로 c는 5의 배수이다.

$r=4$이면 $b=n+1=5q+5=5(q+1)$이므로 b는 5의 배수이다.

그러므로 연이은 5개의 정수 중에는 5의 배수가 존재한다.

12 (1) 10번, 11번과 같은 방법으로 증명할 수 있다.

(2) 연이은 4개의 자연수에서 처음 자연수를 n이라 하면 연이은 4개의 자연수의 곱을 x라 할 때

$x=n(n+1)(n+2)(n+3)$이다. 나눗셈 정리에 의하여 $n=4q+r$, $0\le r<4$인 정수 q, r이 존재한다.
$r=0$이면 $n=4q$, $n+2=4q+2=2(2q+1)$이므로 x는 8의 배수이다.
$r=1$이면 $n+1=4q+2=2(2q+1)$, $n+3=4q+4=4(q+1)$이므로 x는 8의 배수이다.
$r=2$이면 $n=4q+2=2(2q+1)$, $n+2=4q+4=4(q+1)$이므로 x는 8의 배수이다.
$r=3$이면 $n+1=4q+4=4(q+1)$, $n+3=4q+6=2(2q+3)$이므로 x는 8의 배수이다.
그러므로 연이은 4개의 정수의 곱은 8의 배수이다. 한편 연이은 3개의 정수의 곱은 3의 배수이므로 연이은 4개의 자연수의 곱은 4!의 배수이다.

별해 $x=n(n+1)(n+2)(n+3)=\dfrac{(n+3)!}{(n-1)!}=\dfrac{(n+3)!4!}{(n-1)!4!}=4!\cdot {}_{n+3}C_4$이고 ${}_{n+3}C_4$은 자연수이므로 연이은 4개의 자연수의 곱은 4!의 배수이다.

(3) 연이은 n개의 자연수에서 처음 자연수를 k라 하면 연이은 n개의 자연수의 곱을 x라 할 때

$$x=k(k+1)(k+2)\cdots(k+n-1)=\frac{(k+n-1)!}{(k-1)!}=\frac{(k+n+3)!n!}{(k-1)!n!}=n!\cdot {}_{k+n-1}C_n$$

이고 ${}_{k+n-1}C_n$은 자연수이므로 연이은 n개의 자연수의 곱은 $n!$의 배수이다.

13 (1) 1이 x^n-1의 근이므로 $x-1$은 x^n-1을 나누어 떨어뜨린다. 즉

$$x^n-1=(x-1)(x^{n-1}+x^{n-2}+\cdots+x^2+x+1)$$

이다. $x^{n-1}=(x-1)(x^{n-1}+x^{n-2}+\cdots+x^2+x+1)$에서 x를 b로 대체하면 주어진 식을 얻는다.

별해 [b진법을 이용한 증명]

b^n-1을 b진법으로 나타내면 n개의 $b-1$인 $(b-1)(b-1)\cdots(b-1)(b-1)_{(b)}$이다. 예를 들어 $10^6-1=999999$이다. 한편 $b^{n-1}+b^{n-2}+\cdots+b^2+b+1$을 b진법으로 나타내면 n개의 1로 이루어진다. n개의 1인 $11\cdots11_{(b)}$에 $(b-1)_{(b)}$을 곱하면 n개의 $b-1$인 $(b-1)(b-1)\cdots(b-1)(b-1)_{(b)}$이다. 따라서 $b^n-1=(b-1)(b^{n-1}+b^{n-2}+\cdots+b^2+b+1)$이다.

(2) (1)에서 b를 b^m으로 대체하면 성립한다.

(3) $5^{12}-1=(5^4-1)(5^8+5^4+1)=(5^2-1)(5^2+1)(5^8+5^4+1)$
$=2^4\cdot 3^2\cdot 7\cdot 13\cdot 391251=2^4\cdot 3^2\cdot 7\cdot 13\cdot 31\cdot 601$

(4) $2^{33}-1=(2^{11}-1)(2^{22}+2^{11}+1)=2047\cdot 4196353=23\cdot 89\cdot 7\cdot 599479$

(5) $2^{21}-1=(2^7-1)(2^{14}+2^7+1)=127\cdot 16513=127\cdot 7^2\cdot 337$

(6)

2^n-1	소인수 분해	2^n-1	소인수 분해
2^2-1	3	$2^{19}-1$	524287
2^3-1	7	$2^{20}-1$	$3\times 5^2\times 11\times 31\times 41$
2^4-1	3×5	$2^{21}-1$	$7^2\times 127\times 337$
2^5-1	31	$2^{22}-1$	$3\times 23\times 89\times 683$
2^6-1	$3^2\times 7$	$2^{23}-1$	47×178481
2^7-1	127	$2^{24}-1$	$3^2\times 5\times 7\times 13\times 17\times 241$
2^8-1	$3\times 5\times 17$	$2^{25}-1$	$31\times 601\times 1801$
2^9-1	7×73	$2^{26}-1$	$3\times 2731\times 8191$
$2^{10}-1$	$3\times 11\times 31$	$2^{27}-1$	$7\times 73\times 262657$

$2^{11}-1$	23×89	$2^{28}-1$	$3\times5\times29\times43\times113\times127$
$2^{12}-1$	$3^2\times5\times7\times13$	$2^{29}-1$	$233\times1103\times2089$
$2^{13}-1$	8191	$2^{30}-1$	$3^2\times7\times11\times31\times151\times331$
$2^{14}-1$	$3\times43\times127$	$2^{31}-1$	2147483647
$2^{15}-1$	$7\times31\times151$	$2^{32}-1$	$3\times5\times17\times257\times65537$
$2^{16}-1$	$3\times5\times17\times257$	$2^{33}-1$	$7\times23\times89\times599479$
$2^{17}-1$	131071	$2^{34}-1$	$3\times43691\times131071$
$2^{18}-1$	$3^3\times7\times19\times73$	$2^{35}-1$	$31\times71\times127\times122921$

14 $(n+1)^2-(n+1)+41=(n^2+2n+1)-(n+1)+41=n^2+n+41$이므로 $n=0$에서 $n=39$까지 정수 n에 대하여 $f(n)=n^2+n+41$을 계산하면 모두 소수이다.

	n^2-n+41		n^2+n+41
$n=0$	41	→	41
$n=1$	41	→	43
$n=2$	43	→	47
$n=3$	47	→	53
$n=4$	53	→	61
$n=5$	61		
	⋮		
		→	1523
$n=39$	1523	→	1601
$n=40$	1601		

15 (1) $n=0, 1, \cdots, 39$일 때 $n^2-79n=n(n-79)$의 값과 $n=79, 78, \cdots, 40$일 때 $n^2-79n=n(n-79)$의 값이 차례대로 같으므로 $f(n)$의 값도 같다.

(3) $f(80)=80^2-79\cdot80+1601=1681=41^2$은 합성수이다.

16 $n^3-1=(n-1)(n^2+n+1)$이고 n^3-1이 소수이므로 $n-1=1$ 또는 $n^2+n+1=1$이다. $n\geq1$이므로 $n^2+n+1>1$이고 따라서 $n^2+n+1\neq1$이다. 그러므로 $n-1=1$, 즉 $n=2$이어야 한다.

17 2^n-1이 소수이지만 n은 소수가 아니라고 가정하고 모순을 유도한다. $n=1$이면 $2-1=1$이 소수가 아니므로 모순이다.

n이 1보다 큰 소수가 아닌 수라면 $n=st$ $(2\leq s, t\leq n-1)$인 정수 s, t가 존재한다.

$$\begin{aligned}2^n-1&=2^{st}-1=(2^s)^t-1\\&=(2^s-1)((2^s)^{t\ 1}+(2^o)^{t-2}+\cdots+2^s+1)\\&=(2^s-1)(2^{s(t-1)}+2^{s(t-2)}+\cdots+2^s+1)\end{aligned}$$

$s\geq2$이므로 $2^s-1\geq2^2-1=3$이고 $t\geq2$이므로

$2^{s(t-1)}+2^{s(t-2)}+\cdots+2^s+1 \geq 2^2+1 \geq 5$이다. 그러므로 2^n-1은 1보다 큰 두 정수의 곱으로 나타낼 수 있으므로 소수가 아니다. 이는 가정에 모순이다. 따라서 2^n-1이 소수이면 n은 소수이다.

별해 대우명제를 증명한다.

n이 소수가 아니라 가정하고 2^n-1이 소수가 아님을 보인다.

n이 소수가 아니면 $n=st$ $(2\leq s,\ t\leq n-1)$로 나타낼 수 있다.

$$\begin{aligned}2^n-1&=2^{st}-1\\&=(2^s)^t-1\\&=(2^s-1)\ ((2^s)^{t-1}+(2^s)^{t-2}+\cdots+2^s+1)\end{aligned}$$

$s\geq 2$이므로 $2^s-1\geq 2^2-1=3$이고 $t\geq 2$이므로

$2^{s(t-1)}+2^{s(t-2)}+\cdots+2^s+1\geq 2^2+1\geq 5$이다. 그러므로 2^n-1은 1보다 큰 두 정수의 곱으로 나타낼 수 있으므로 소수가 아니다.

문제에서 n이 소수가 아니면 2^n-1은 소수가 아니라는 것을 주장하고 있다. n이 소수인 경우에 대해서는 어떤 주장도 하고 있지 않다. 그러므로 n이 소수인 경우 2^n-1은 소수일 수도 있고 소수가 아닐 수도 있다.

18 (1) $a^{2^2}-1=(a^2)^2-1=(a^2+1)(a^2-1)$이므로 $a^{2^2}-1$은 a^2+1의 배수이다.

(2) $a^{2^3}-1=(a^{2^2})^2-1=(a^{2^2}+1)(a^{2^2}-1)$이므로 $a^{2^3}-1$은 $a^{2^2}+1$의 배수이다.

(3) $a^{2^{n+1}}-1=(a^{2^n})^2-1=(a^{2^n}+1)(a^{2^n}-1)$이므로 $a^{2^{n+1}}-1$은 $a^{2^n}+1$의 배수이다.

(4) $(a^{2^n}+1)(a^{2^n}-1)=(a^{2^n})^2-1=a^{2^{n+1}}-1$이므로 $a^{2^m}-1$이 $a^{2^{n+1}}-1$의 배수임을 보이면 된다.

$x^n-1=(x-1)(x^{n-1}+x^{n-2}+\cdots+x+1)$을 이용하여 증명한다. $m>n\Leftrightarrow m\geq n+1\Leftrightarrow m=n+k$ $(k\geq 1)$이므로 $m=n+k$ $(k\geq 1)$라 하자. 그러면

$$\begin{aligned}a^{2^m}-1&=a^{2^{n+k}}-1=(a^{2^{n+1}})^{2^{k-1}}-1\\&=(a^{2^{n+1}}-1)((a^{2^{n+1}})^{2^{k-1}-1}+(a^{2^{n+1}})^{2^{k-1}-2}+\cdots+a^{2^{n+1}}+1)\end{aligned}$$

이므로 $a^{2^m}-1$은 $a^{2^{n+1}}-1$의 배수이고, (3)에 의해 $a^{2^{n+1}}-1$은 $a^{2^n}+1$의 배수이므로 $a^{2^m}-1$은 $a^{2^n}+1$의 배수이다.

19 일반성을 잃지 않고 $m\geq n$이라 가정하자. 유클리드 알고리즘에 의하여

$$\begin{aligned}m&=q_1n+r_1,\ 0\leq r_1<n\\n&=q_1r_1+r_2,\ 0\leq r_2<r_1\\r_1&=q_2r_2+r_3,\ 0\leq r_3<r_2\\&\cdots\\r_{k-2}&=q_kr_{k-1}+r_k,\ 0\leq r_k<r_{k-1}\\r_{k-1}&=q_{k+1}r_k+0\end{aligned}$$

이라 하자. 이때, $r_k=\gcd(m,\ n)$이다.

$2^m-1=2^{q_1n+r_1}-1=2^{(q_1-1)n+r_1}(2^n-1)+2^{(q_1-1)n+r_1}-1$이므로

$\gcd(2^m-1,\ 2^n-1)=\gcd(2^{q_1n+r_1}-1,\ 2^n-1)=\gcd(2^{(q_1-1)n+r_1}-1,\ 2^n-1)$이다.

$2^{(q_1-1)n+r_1}-1=2^{(q_1-2)n+r_1}(2^n-1)+2^{(q_1-2)n+r_1}-1$이므로

$\gcd(2^{(q_1-1)n+r_1}-1,\ 2^n-1)=\gcd(2^{(q_1-2)n+r_1}-1,\ 2^n-1)$이다.

이와 같이 계속해나가면

$$\begin{aligned}\gcd(2^m-1,\ 2^n-1)&=\gcd(2^{q_1n+r_1}-1,\ 2^n-1)=\gcd(2^{(q_1-1)n+r_1}-1,\ 2^n-1)\\&=\gcd(2^{(q_1-2)n+r_1}-1,\ 2^n-1)\\&=\cdots=\gcd(2^{(q_1-q_1)n+r_1}-1,\ 2^n-1)=\gcd(2^{r_1}-1,\ 2^n-1)\end{aligned}$$

이다. 지금까지

$m=q_1n+r_1$일 때 $\gcd(2^m-1,\ 2^n-1)=\gcd(2^{r_1}-1,\ 2^n-1)$임을 보였다.

$m=q_1n+r_1 \ \Rightarrow\ \gcd(2^m-1,\ 2^n-1)=\gcd(2^{r_1}-1,\ 2^n-1)$

$n=q_1r_1+r_2 \ \Rightarrow\ \gcd(2^n-1,\ 2^{r_1}-1)=\gcd(2^{r_1}-1,\ 2^{r_2}-1)$

$r_1=q_2r_2+r_3 \ \Rightarrow\ \gcd(2^{r_1}-1,\ 2^{r_2}-1)=\gcd(2^{r_2}-1,\ 2^{r_3}-1)$

$\cdots$

$r_{k-2}=q_kr_{k-1}+r_k \ \Rightarrow\ \gcd(2^{r_{k-2}}-1,\ 2^{r_{k-1}}-1)=\gcd(2^{r_{k-1}}-1,\ 2^{r_k}-1)$

$r_{k-1}=q_{k+1}r_k+0 \ \Rightarrow\ \gcd(2^{r_{k-1}}-1,\ 2^{r_k}-1)=\gcd(2^{r_k}-1,\ 2^0-1)$

$=\gcd(2^{r_k}-1,\ 0)=2^{r_k}-1=2^{\gcd(m,\ n)}-1$

$m=q_1n+r_1$	$\Rightarrow$	$\gcd(2^m-1,\ 2^n-1)=\gcd(2^{r_1}-1,\ 2^n-1)$
$n=q_1r_1+r_2$	$\Rightarrow$	$\gcd(2^n-1,\ 2^{r_1}-1)=\gcd(2^{r_1}-1,\ 2^{r_2}-1)$
$r_1=q_2r_2+r_3$	$\Rightarrow$	$\gcd(2^{r_1}-1,\ 2^{r_2}-1)=\gcd(2^{r_2}-1,\ 2^{r_3}-1)$
$\cdots$		
$r_{k-2}=q_kr_{k-1}+r_k$	$\Rightarrow$	$\gcd(2^{r_{k-2}}-1,\ 2^{r_{k-1}}-1)=\gcd(2^{r_{k-1}}-1,\ 2^{r_k}-1)$
$r_{k-1}=q_{k+1}r_k+0$	$\Rightarrow$	$\gcd(2^{r_{k-1}}-1,\ 2^{r_k}-1)=\gcd(2^{r_k}-1,\ 2^0-1)$
		$=\gcd(2^{r_k}-1,\ 0)=2^{r_k}-1=2^{\gcd(m,\ n)}-1$

따라서 $\gcd(2^m-1,\ 2^n-1)=2^{\gcd(m,\ n)}-1$이 성립한다.

참고로 $\gcd(2^{r_{k-1}}-1,\ 2^{r_k}-1)=\gcd(2^{r_k}-1,\ 2^0-1)$의 증명은 다음과 같다.

$r_{k-1}=q_{k+1}r_k+0$이므로 $2^{r_{k-1}}-1=2^{(q_{k+1}-1)r_k}(2^{r_k}-1)+2^{(q_{k+1}-1)r_k}-1$이다.

그러므로 $\gcd(2^{r_{k-1}}-1,\ 2^{r_k}-1)=\gcd(2^{(q_{k+1}-1)r_k},\ 2^{r_k}-1)$.

$2^{(q_{k+1}-1)r_k}-1=2^{(q_{k+1}-2)r_k}(2^{r_k}-1)+2^{(q_{k+1}-2)r_k}-1$이므로

$$\begin{aligned}\gcd(2^{r_{k-1}}-1,\ 2^{r_k}-1)&=\gcd(2^{(q_{k+1}-1)r_k},\ 2^{r_k}-1)\\&=\cdots=\gcd(2^{(q_{k+1}-q_{k+1})r_k}-1,\ 2^{r_k}-1)=\gcd(2^0-1,\ 2^{r_k}-1)=2^{r_k}-1\end{aligned}$$

서로소인 큰 수 두 개를 선택하는데 이 문제를 이용할 수 있다. 서로소인 $m=32,\ n=31$에 대하여 $\gcd(2^{32}-1,\ 2^{31}-1)=2^{\gcd(32,31)}-1=2^1-1=1$이므로 큰 두 정수 $2^{32}-1,\ 2^{31}-1$가 서로소임을 알 수 있다. 또한 쌍마다 서로소인 $m=37,\ n=35,\ k=39$에 대하여 $2^{37}-1,\ 2^{35}-1,\ 2^{39}-1$은 쌍마다 서로소이다.

20 $m=n$이면 분명히 성립한나. $m\le n$이라 가정하고 n에 관한 수학적 귀납법으로 증명한다. $m=n$이면 성립하므로 $m<n$인 경우에 한하여 증명하면 된다. $P(n)$을 다음과 같다고 하자.

$P(n)$: $m<n$인 모든 m에 관해 $\gcd(b^m-1,\ b^n-1)=b^{\gcd(m,n)}-1$이 성립한다.

모든 $n \geq 2$에 대하여 $P(n)$이 참임을 n에 관한 수학적 귀납법으로 증명한다.

$n=2$인 경우;

$P(2): m<2$인 모든 m에 관해 $\gcd(b^m-1,\ b^2-1)=b^{\gcd(m,2)}-1$이 성립한다.

$m=1$인 경우에 분명히 성립한다.

$n=3$인 경우;

$P(3): m<3$인 모든 m에 관해 $\gcd(b^m-1,\ b^3-1)=b^{\gcd(m,3)}-1$이 성립한다.

$m=1$인 경우와 $m=2$인 경우에 분명히 성립한다. $P(r)$을 다음과 같다고 하자.

$P(r): m<r$인 모든 m에 관해 $\gcd(b^m-1,\ b^r-1)=b^{\gcd(m,r)}-1$이 성립한다.

모든 $r(2 \leq r \leq n-1)$에 대하여 $P(r)$이 성립한다고 가정하자.

다음을 증명하면 된다.

$P(n): m<n$인 모든 m에 관해 $\gcd(b^m-1,\ b^n-1)=b^{\gcd(m,n)}-1$이 성립한다.

$b^n-1=b^{n-m}(b^m-1)+b^{n-m}-1$이므로

$\gcd(b^m-1,\ b^n-1)=\gcd(b^m-1,\ b^{n-m}-1)$이 성립한다. 귀납법 가정을 이용하면

$\gcd(b^m-1,\ b^n-1)=\gcd(b^m-1,\ b^{n-m}-1)=b^{\gcd(m,n-m)}-1=b^{\gcd(m,n)}-1$이 성립한다.

21 홀수 n에 관한 수학적 귀납법으로 증명하자.

$n=1$: 좌변 $=a+1$, 우변 $=(a+1)\cdot 1$

$n=3$: 좌변 $=a^3+1$, 우변 $=(a+1)\cdot(a^2-a+1)$

$n=2k-1$일 때 성립한다고 가정하자. 즉,

$$a^{2k-1}+1=(a+1)(a^{2k-2}-a^{2k-3}+a^{2k-4}-\cdots+a^2-a+1)$$

$n=2k+1$일 때

$$a^{2k+1}+1=(a+1)(a^{2k}-a^{2k-1}+a^{2k-2}-\cdots+a^2-a+1)$$

이 성립함을 보이면 된다.

$$\begin{aligned}a^{2k+1}+1&=(a+1)(a^{2k}+1)-a^{2k}-a=(a+1)(a^{2k}+1)-a(a^{2k-1}+1)\\&=(a+1)(a^{2k}+1)-a(a+1)\cdot(a^{2k-2}-a^{2k-3}+a^{2k-4}-\cdots+a^2-a+1)\\&=(a+1)(a^{2k}+1-a^{2k-1}+a^{2k-2}-a^{2k-3}+\cdots-a^3+a^2-a)\\&=(a+1)(a^{2k}-a^{2k-1}+a^{2k-2}-\cdots+a^2-a+1).\end{aligned}$$

22 각 자연수 i에 대하여 $5|10^i$이므로

$5|n \Leftrightarrow 5|a_0 \Leftrightarrow a_0=0$ 또는 $a_0=5$

23

(1), (2): $10^i=\overbrace{99\cdots9}^{9\text{가 } i\text{개}}+1$이므로

$$\begin{aligned}n&=(99\cdots9)a_m+a_m+\cdots+99a_2+a_2+9a_1+a_1+a_0\\&=(99\cdots9a_m+\cdots+99a_2+9a_1)+(a_m+\cdots+a_2+a_1+a_0)\end{aligned}$$

이므로 $3|n \Leftrightarrow 3|(a_0+a_1+\cdots+a_m)$와

$9|n \Leftrightarrow 9|(a_0+a_1+\cdots+a_m)$ 이 성립한다.

(3) (i) $t=0,\ 3,\ 6,\ 9$

(ii) $t=0,\ 9$

24 (1) 모든 자연수 i에 대하여 $2|10^i$이므로 $2|n \Leftrightarrow 2|a_0$이다.

(2) $i \geq 2$인 모든 자연수 i에 대하여 $4|10^i$이므로 $4|n \Leftrightarrow 4|(a_1 \cdot 10 + a_0)$이다.

(3) $i \geq 3$인 모든 자연수 i에 대하여 $8|10^i$이므로 $8|n \Leftrightarrow 8|(a_2 \cdot 10^2 + a_1 \cdot 10 + a_0)$이다.

(4) $2^{i+1}|n \Leftrightarrow 2^{i+1}|(a_i \cdot 10^i + \cdots + a_1 \cdot 10 + a_0)$

25 (1) $n = ab = a \cdot 10 + b = a \cdot (11-1) + b = 11a + (b-a)$이므로
$11|n \Leftrightarrow 11|(b-a)$

(2) $n = abc = a \cdot 10^2 + b \cdot 10 + c = a \cdot (99+1) + b \cdot (11-1) + c$
$= (a \cdot 99 + b \cdot 11) + (c-b+a)$이므로 $11|n \Leftrightarrow 11|(c-b+a)$

(3) $n = abcd = a \cdot 10^3 + b \cdot 10^2 + c \cdot 10 + d$
$= a \cdot (1001-1) + b \cdot (99+1) + c \cdot (11-1) + d$
$= (a \cdot 1001 + b \cdot 99 + c \cdot 11) + (d-c+b-a)$이고, 1001, 99, 11은 모두 11의 배수이므로 $11|n \Leftrightarrow$ $11|(d-c+b-a)$

(4) $n = abcde = a \cdot 10^4 + b \cdot 10^3 + c \cdot 10^2 + d \cdot 10 + e$
$= a \cdot (9999+1) + b \cdot (1001-1) + c \cdot (99+1) + d \cdot (11-1) + e$
$= (a \cdot 9999 + b \cdot 1001 + c \cdot 99 + d \cdot 11) + (e-d+c-b+a)$이고, 9999, 1001, 99, 11은 모두 11의 배수이므로 $11|n \Leftrightarrow 11|(e-d+c-b+a)$

(5) $n = a_0 + a_1(11-1) + a_2(99+1) + a_3(1001-1) + a_4(9999+1) + \cdots$
$= (11a_1 + 99a_2 + 1001a_3 + 9999a_4 + \cdots) + (a_0 - a_1 + a_2 - a_3 + a_4 - \cdots)$에서
11, 99, 1001, 9999, …는 11의 배수이므로 $a_0 - a_1 + a_2 - a_3 + \cdots + (-1)^m a_m$가 11의 배수이면 n은 11의 배수가 된다. 즉,

$$11|n \Leftrightarrow 11|(a_0 - a_1 + a_2 - a_3 + \cdots + (-1)^m a_m)$$

정확한 증명은 다음과 같다.

$10 \equiv -1 \pmod{11}$이므로 모든 자연수 i에 대하여 $10^i \equiv (-1)^i \pmod{11}$이다. 그러므로

$n = a_m a_{m-1} \cdots a_2 a_1 a_0 = a_m \cdot 10^m + a_{m-1} \cdot 10^{m-1} + \cdots + a_2 \cdot 10^2 + a_1 \cdot 10^1 + a_0$
$\equiv a_m \cdot (-1)^m + a_{m-1} \cdot (-1)^{m-1} + \cdots + a_2 \cdot (-1)^2 + a_1 \cdot (-1)^1 + a_0$
$= a_0 - a_1 + a_2 - a_3 + \cdots + (-1)^m a_m \pmod{11}$

이다. $n \equiv a_0 - a_1 + a_2 - a_3 + \cdots + (-1)^m a_m \pmod{11}$이므로

$$11|n \Leftrightarrow 11|(a_0 - a_1 + a_2 - a_3 + \cdots + (-1)^m a_m)$$

26 (1) $121 = 11^2$
(2) $12321 = 3^2 \cdot 37^2$
(3) $1234321 = 11^2 \cdot 101^2$
(4) $123454321 = 41^2 \cdot 271^2$
(5) $12345654321 = 3^2 \cdot 7^2 \cdot 11^2 \cdot 13^2 \cdot 37^2$
(6) $1234567654321 = 239^2 \cdot 4649^2$
(7) $123456787654321 = 11^2 \cdot 73^2 \cdot 101^2 \cdot 137^2$

27 정수 a, b가 $a > b$일 때 $\gcd(a, b) = \gcd(a-b, b)$이 성립한다는 것을 알고 있나면 직접증명법으로 증명할 수 있다.

[직접증명법] $\gcd(a, b) = 1$일 때 $\gcd(2a+3b, a+2b) = 1$이 성립한다는 것을 다음과 같이 바로 보일 수 있다.

$$\gcd(2a+3b,\ a+2b) = \gcd(a+b,\ a+2b) = \gcd(a+b,\ b) = \gcd(a,\ b) = 1$$

[대우증명법] $2a+3b$와 $a+2b$가 서로소가 아니라고 가정하면

$2a+3b = mk$ … ①

$a+2b = nk$ … ②

(단, m, n, k는 정수이고, $k>1$이다)

①×2-②×3에서 $a=(2m-3n)k$,

②×2-①에서 $b=(2n-m)k$.

여기서 $2m-3n$, $2n-m$은 정수이므로 a와 b는 공약수 $k(>1)$를 갖게 되어 a와 b가 서로소라는 조건에 모순이 된다. 따라서 $2a+3b$와 $a+2b$도 서로소이다.

28 $(6n+5)(-7)+(7n+6)(6)=1$이므로 $\gcd(6n+5,\ 7n+6)=1$이다.

별해 $n=1$일 때 $\gcd(6n+5,\ 7n+6)=\gcd(11,\ 13)=1$이다. $n\geq 2$일 때 $7n+6>6n+5$이므로 유클리드 알고리즘에 의하면

$$\begin{aligned} 7n+6 &= 1(6n+5)+(n+1), & 0<n+1<6n+5,\\ 6n+5 &= 5(n+1)+n, & 0<n<n+1,\\ n+1 &= 1(n)+1, & 0<1<n,\\ n &= n(1)+0 & \end{aligned}$$

$\gcd(6n+5,\ 7n+6)=1$이다.

29 1. $44<\sqrt{2007}<45$을 확인한다.

2. 45^2-2007, $(45+1)^2-2007$, $(45+2)^2-2007$, $(45+3)^2-2007$, …이 완전제곱수가 되는 경우를 차례로 조사한다.

$$\begin{gathered} 45^2-2007=18\\ 46^2-2007=109\\ 47^2-2007=202\\ \cdots\\ 116^2-2007=14449=107^2 \end{gathered}$$

$x=116$, $y=107$로 택할 수 있다. 그러므로

$2007=116^2-107^2=(116+107)(116-107)=223\cdot 9$이므로 2007은 소수가 아니다.

30 (1) $1111<\sqrt{1234567}<1112$을 확인한다.

(2) $1112^2-1234567$, $(1112+1)^2-1234567$, $(1112+2)^2-1234567$, $(1112+3)^2-1234567$, …이 완전제곱수가 되는 경우를 차례로 조사한다.

$$\begin{gathered} 1112^2-1234567=1977\\ 1113^2-1234567=4202\\ 1114^2-1234567=6429\\ \cdots\\ 4924^2-1234567=23011209=4797^2 \end{gathered}$$

$x=4924$, $y=4797$로 택할 수 있다. 그러므로

$1234567=4924^2-4797^2=(4924+4797)(4924-4797)=9721\cdot 127$이므로

1234567은 소수가 아니다.

31 나눗셈 알고리즘을 반복 적용하면 다음을 얻는다.

$$\begin{aligned} 1053 &= 1\cdot 617+436 \\ 617 &= 1\cdot 436+181 \\ 436 &= 2\cdot 181+74 \\ 181 &= 2\cdot 74+33 \\ 74 &= 2\cdot 33+8 \\ 33 &= 4\cdot 8+1 \\ 8 &= 8\cdot 1 \end{aligned}$$

그러므로 gcd (1053, 617) = 1이다. 1을 1053과 617의 일차결합으로 다음과 같이 나타낼 수 있다.

$$\begin{aligned} 436 &= 1053-1\cdot 617 \\ 181 &= 617-1\cdot 436 \\ &= 617-1\cdot(1053-1\cdot 617) \\ &= -1\cdot 1053+2\cdot 617 \\ 74 &= 436-2\cdot 181 \\ &= (1053-1\cdot 617)-2\cdot(-1\cdot 1053+2\cdot 617) \\ &= 3\cdot 1053-5\cdot 617 \\ 33 &= 181-2\cdot 74 \\ &= (-1\cdot 1053+2\cdot 617)-2\cdot(3\cdot 1053-5\cdot 617) \\ &= -7\cdot 1053+12\cdot 617 \\ 8 &= 74-2\cdot 33 \\ &= (3\cdot 1053-5\cdot 617)-2\cdot(-7\cdot 1053+12\cdot 617) \\ &= 17\cdot 1053-29\cdot 617 \\ 1 &= 33-4\cdot 8 \\ &= (-7\cdot 1053+12\cdot 617)-4\cdot(17\cdot 1053-29\cdot 617) \\ &= -75\cdot 1053+128\cdot 617 \end{aligned}$$

그러므로 gcd(1053, 617) = 1 = −75 · 1053 + 128 · 617이다. 따라서 $s=-75$, $t=128$이다.

32 $d=\gcd(a, b)$, $e=\text{lcm}(a, b)$라고 하자. $d=\gcd(a, b)$이므로 $d|a$, $d|b$이고 $\frac{a}{d}$와 $\frac{b}{d}$는 정수이다.

$e=\text{lcm}(a, b)$이므로 $a|e$, $b|e$이고 $\frac{e}{a}$와 $\frac{e}{b}$는 정수이다. 한편 $e=\text{lcm}(a, b)$이므로 $e|ab$이고, $\frac{ab}{e}=k$라 하자. 그러면 $a=\left(\frac{e}{b}\right)k$, $b=\left(\frac{e}{a}\right)k$이다. $\frac{e}{a}$와 $\frac{e}{b}$가 정수이므로 k는 a와 b의 공약수이고 $d=\gcd(a, b)$이므로 $k|d$이다. $\frac{a}{d}$와 $\frac{b}{d}$가 정수이므로 $a\left|\left(a\frac{b}{d}\right)\right.$, $b\left|\left(b\frac{a}{d}\right)\right.$이고 따라서 $\frac{ab}{d}$는 a와 b의 공배수이다. $e=\text{lcm}(a, b)$이므로 $e\left|\frac{ab}{d}\right.$이고, $\frac{ab}{d}=et$라 하자. 그러면 $ab=det$이다.

$$ab=d(et)\Rightarrow\frac{ab}{e}=dt\Rightarrow k=dt\Rightarrow d|k$$

이므로 $d|k$이고 $k|d$이므로 $d=k$이다. 그러므로 $de=ab$이다.

33 $7^4\equiv 1 \pmod{10}$
$\Rightarrow (7^4)^{50}\equiv 1^{50} \pmod{10}$
$\Rightarrow 7^{200}\equiv 1 \pmod{10}$
$\Rightarrow 7^{200}\cdot 7\equiv 1\cdot 7 \pmod{10}$
$\Rightarrow 7^{201}\equiv 7 \pmod{10}$
그러므로 1의 자릿수는 7이다.

34 두 자연수가 모두 $\sqrt{n}$보다 크다고 가정하자. 그러면 그 두 수의 곱은 $\sqrt{n}\cdot\sqrt{n}=n$보다 크다. 이것은 두 수의 곱이 n이라는 사실에 모순이다. 그러므로 처음 가정이 거짓이다. 따라서 둘 중 적어도 한 수는 $\sqrt{n}$ 이하이다.

연습문제 2.2

01 (1) $a_0=1,\ a_1=a_0+3=4,\ a_2=a_1+3=7,\ a_3=a_2+3=10,\ a_4=a_3+3=13$

(2) $a_0=4,\ a_1=a_0+3=7,\ a_2=a_1+3\cdot 2=13,\ a_3=a_2+3\cdot 3=22,\ a_4=a_3+3\cdot 4=34$

(3) $a_0=3,\ a_1=2,\ a_2=7a_1-6a_0+5=7\cdot 2-6\cdot 3+5=1,$

$a_3=7a_2-6a_1+5=7\cdot 1-6\cdot 2+5=0,\ a_4=7a_3-6a_2+5=7\cdot 0-6\cdot 1+5=-1$

(4) $a_0=1,\ a_1=2,\ a_2=a_1+a_0+2=2+1+2=5,\ a_3=a_2+a_1+3=5+2+3=10,$

$a_4=a_3+a_2+4=10+5+4=19$

02

$$f_0=\frac{1}{\sqrt{5}}\left(\frac{1+\sqrt{5}}{2}\right)^0-\frac{1}{\sqrt{5}}\left(\frac{1-\sqrt{5}}{2}\right)^0=\frac{1}{\sqrt{5}}-\frac{1}{\sqrt{5}}=0$$

$$f_1=\frac{1}{\sqrt{5}}\left(\frac{1+\sqrt{5}}{2}\right)^1-\frac{1}{\sqrt{5}}\left(\frac{1-\sqrt{5}}{2}\right)^1=\frac{1}{\sqrt{5}}\left[\left(\frac{1+\sqrt{5}}{2}\right)-\left(\frac{1-\sqrt{5}}{2}\right)\right]$$

$$=\frac{1}{\sqrt{5}}\left[\frac{(1+\sqrt{5})-(1-\sqrt{5})}{2}\right]=\frac{1}{\sqrt{5}}\cdot\sqrt{5}=1$$

$$f_2=\frac{1}{\sqrt{5}}\left(\frac{1+\sqrt{5}}{2}\right)^2-\frac{1}{\sqrt{5}}\left(\frac{1-\sqrt{5}}{2}\right)^2=\frac{1}{\sqrt{5}}\left[\left(\frac{1+\sqrt{5}}{2}\right)^2-\left(\frac{1-\sqrt{5}}{2}\right)^2\right]$$

$$=\frac{1}{\sqrt{5}}\left[\frac{(1+\sqrt{5})^2-(1-\sqrt{5})^2}{2^2}\right]=\frac{1}{\sqrt{5}}\left[\frac{(1+2\sqrt{5}+5)-(1-2\sqrt{5}+5)}{2^2}\right]$$

$$=\frac{1}{\sqrt{5}}\cdot\sqrt{5}=1$$

$$f_3=\frac{1}{\sqrt{5}}\left(\frac{1+\sqrt{5}}{2}\right)^3-\frac{1}{\sqrt{5}}\left(\frac{1-\sqrt{5}}{2}\right)^3=\frac{1}{\sqrt{5}}\left[\left(\frac{1+\sqrt{5}}{2}\right)^3-\left(\frac{1-\sqrt{5}}{2}\right)^3\right]$$

$$=\frac{1}{\sqrt{5}}\left[\frac{(1+\sqrt{5})^3-(1-\sqrt{5})^3}{2^3}\right]=\frac{1}{\sqrt{5}}\left[\left(\frac{1+\sqrt{5}}{2}\right)^3-\left(\frac{1-\sqrt{5}}{2}\right)^3\right]$$

$$=\frac{1}{\sqrt{5}}\cdot\frac{8\sqrt{5}-(-8\sqrt{5})}{2^3}=\frac{1}{\sqrt{5}}\cdot 2\sqrt{5}=2$$

$a^4-b^4=(a^2-b^2)(a^2+b^2)=(a-b)(a+b)(a^2+b^2)$을 이용한다.

$$f_4=\frac{1}{\sqrt{5}}\left(\frac{1+\sqrt{5}}{2}\right)^4-\frac{1}{\sqrt{5}}\left(\frac{1-\sqrt{5}}{2}\right)^4=\frac{1}{\sqrt{5}\cdot 2^4}[(1+\sqrt{5})^4-(1-\sqrt{5})^4]$$

$$=\frac{1}{\sqrt{5}\cdot 2^4}\{2\cdot 2\sqrt{5}\cdot((1+\sqrt{5})^2+(1-\sqrt{5})^2)\}=\frac{1}{\sqrt{5}\cdot 2^4}(2\cdot 2\sqrt{5}\cdot 12)=3$$

03 0이 연속으로 3번 이상 나오지 않는 한 자리수는 0, 1이고 두 자리수는 00, 01, 10, 11이며 세 자리수는

001, 010, 100, 011, 101, 110, 111이므로 $a_1=2,\ a_2=4,\ a_3=7$이다. 일반적으로 다음과 같이 세 경우로 나누어 생각할 수 있다.

경우1 : 첫째자리의 숫자가 1인 경우

첫째자리를 제외한 나머지는 0이 연속으로 3번 이상 나오지 않는 $n-1$자리수이며 그런 수의 개수는 a_{n-1}이다.

경우2 : 처음 두 자리가 01인 경우

처음 두 자리를 제외한 나머지는 0이 연속으로 3번 이상 나오지 않는 $n-2$자리수이며 그런 수의 개수는 a_{n-2}이다. 그러므로 0이 연속으로 3번 이상 나오지 않으며 처음 두 자리가 01인 경우의 수는 a_{n-2}이다.

경우3 : 처음 세 자리가 001인 경우

처음 세 자리를 제외한 나머지는 0이 연속으로 3번 이상 나오지 않는 $n-3$자리수이며 그런 수의 개수는 a_{n-3}이다. 그러므로 0이 연속으로 3번 이상 나오지 않으며 처음 세 자리가 001인 경우의 수는 a_{n-3}이다.

위의 세 경우는 동시에 일어나지 않으므로 합의 법칙에 의하여

$$a_1=2,\ a_2=4,\ a_3=7,\ a_n=a_{n-1}+a_{n-2}+a_{n-3}\ (\text{단},\ n\geq 4)$$

이다.

04 원금 a원을 연이율 r로 1년 동안 저금할 때 원리합계 P는

$$P=a(1+r)$$

이다. 따라서

$$a_n=(1+0.08)a_{n-1}=1.08a_{n-1}\ (n\geq 1)$$

$$a_0=50000$$

이다. 그러므로

$$a_n=1.08a_{n-1}=1.08^2a_{n-2}=\cdots=1.08^na_0=(50000)1.08^n\ \ (n\geq 0)$$

이다. 따라서 4년후 원리합계는 $a_4=(50000)1.08^4=68024.4$원이고 10년후 원리합계는 $a_{10}=(50000)1.08^{10}=107946$원이다.

05 4명 $p_1,\ p_2,\ p_3,\ p_4$을 2명씩 짝짓는 방법은 다음과 같은 3가지이다.

방법 1 : $\{p_1,\ p_2\},\ \{p_3,\ p_4\}$ **방법 2** : $\{p_1,\ p_3\},\ \{p_2,\ p_4\}$ **방법 3** : $\{p_1,\ p_4\},\ \{p_2,\ p_3\}$

6명의 학생을 $p_1,\ p_2,\ p_3,\ p_4,\ p_5,\ p_6$이라 하자. 특별한 학생 p_1과 한 쌍을 만드는 방법은 나머지 학생이 5명이므로 다음과 같은 5가지이다.

$$\{p_1,\ p_2\},\ \{p_1,\ p_3\},\ \{p_1,\ p_4\},\ \{p_1,\ p_5\},\ \{p_1,\ p_6\}$$

p_1과 한 쌍을 만들고 남은 4명을 2명씩 짝짓는 방법은 3가지이므로, 6명을 2명씩 짝짓는 방법은 $5\cdot 3=15$가지이다.

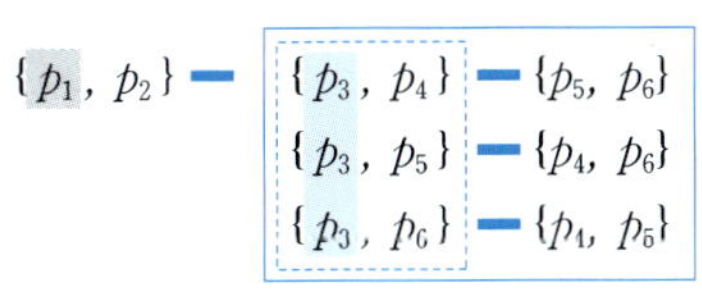

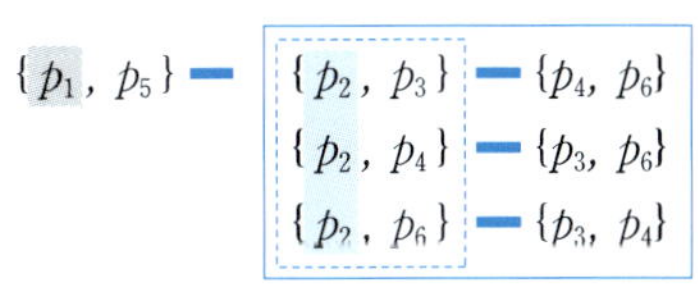

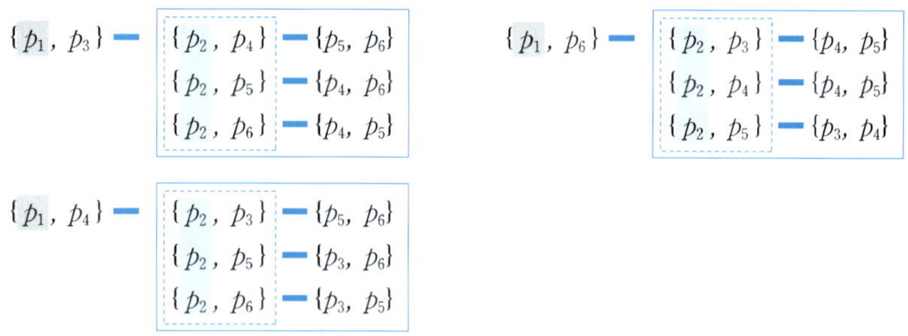

방법 1	$\{p_1, p_2\}, \{p_3, p_4\}, \{p_5, p_6\}$	방법 9	$\{p_1, p_4\}, \{p_2, p_6\}, \{p_3, p_5\}$
방법 2	$\{p_1, p_2\}, \{p_3, p_5\}, \{p_4, p_6\}$	방법 10	$\{p_1, p_5\}, \{p_2, p_3\}, \{p_4, p_6\}$
방법 3	$\{p_1, p_2\}, \{p_3, p_6\}, \{p_4, p_5\}$	방법 11	$\{p_1, p_5\}, \{p_2, p_4\}, \{p_3, p_6\}$
방법 4	$\{p_1, p_3\}, \{p_2, p_4\}, \{p_5, p_6\}$	방법 12	$\{p_1, p_5\}, \{p_2, p_6\}, \{p_3, p_5\}$
방법 5	$\{p_1, p_3\}, \{p_2, p_5\}, \{p_4, p_6\}$	방법 13	$\{p_1, p_6\}, \{p_2, p_3\}, \{p_4, p_6\}$
방법 6	$\{p_1, p_3\}, \{p_2, p_6\}, \{p_4, p_5\}$	방법 14	$\{p_1, p_6\}, \{p_2, p_4\}, \{p_3, p_5\}$
방법 7	$\{p_1, p_4\}, \{p_2, p_3\}, \{p_5, p_6\}$	방법 15	$\{p_1, p_6\}, \{p_2, p_5\}, \{p_3, p_4\}$
방법 8	$\{p_1, p_4\}, \{p_2, p_5\}, \{p_3, p_6\}$		

06 8명의 학생을 $p_1, p_2, p_3, p_4, p_5, p_6, p_7, p_8$이라 하자. 특별한 학생 p_1과 한 쌍을 만드는 방법은 나머지 학생이 7명이므로 다음과 같은 7가지이다.

$$\{p_1, p_2\}, \{p_1, p_3\}, \{p_1, p_4\}, \{p_1, p_5\}, \{p_1, p_6\}, \{p_1, p_7\}, \{p_1, p_8\}$$

p_1과 한 쌍을 만들고 남은 6명을 2명씩 짝짓는 방법은 15가지이므로, 8명을 2명씩 짝짓는 방법은 $7 \cdot 15 = 105$가지이다. $\{p_1, p_2\}$에 대한 15개는 다음과 같다.

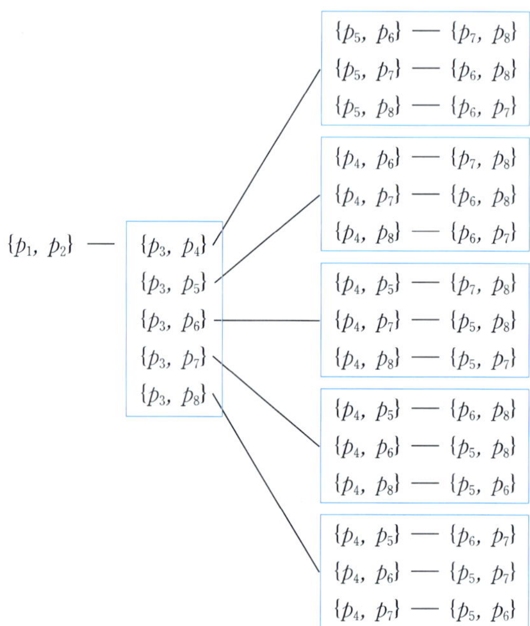

$\{p_1, p_2\}, \{p_3, p_4\}, \{p_5, p_6\}, \{p_7, p_8\}$을 12,34,56,78로 나타내기로 하자.

(1) 12,34,56,78
(2) 12,34,57,68
(3) 12,34,58,67
(4) 12,35,46,78
(5) 12,35,47,68
(6) 12,35,48,67
(7) 12,36,45,78
(8) 12,36,47,58
(9) 12,36,48,57
(10) 12,37,45,68
(11) 12,37,46,58
(12) 12,37,48,56
(13) 12,38,45,67
(14) 12,38,46,57
(15) 12,38,47,56
(16) : 13,24,56,78
(17) : 13,24,57,68
(18) : 13,24,58,67
(19) : 13,25,46,78
(20) : 13,25,47,68
(21) : 13,25,48,67
(22) : 13,26,45,78
(23) : 13,26,47,58
(24) : 13,26,48,57
(25) : 13,27,45,68
(26) : 13,27,46,58
(27) : 13,27,48,56
(28) : 13,28,45,67
(29) : 13,28,46,57
(30) : 13,28,47,56
(31) 14,23,56,78
(32) 14,23,57,68
(33) 14,23,58,67
(34) 14,25,36.78
(35) 14,25,37,68
(36) 14,25,38,67
(37) 14,26,35,78
(38) 14,26,37,58
(39) 14,26,38,57
(40) 14,27,35,68
(41) 14,27,36,58
(42) 14,27,38,56
(43) 14,28,35,67
(44) 14,28,36,57
(45) 14,28,37,56
(46) 15,23,46,78
(47) 15,23,47,68
(48) 15,23,48,67
(49) 15,24,36,78
(50) 15,24,37,68
(51) 15,24,38,67
(52) 15,26,34,78
(53) 15,26,37,48
(54) 15,26,38,47
(55) 15,27,34,68
(56) 15,27,36,48
(57) 15,27,38,46
(58) 15,28,34,67
(59) 15,28,36,47
(60) 15,28,37,46
(61) 16,23,45,78
(62) 16,23,47,58
(63) 16,23,48,57
(64) 16,24,35,78
(65) 16,24,37,58
(66) 16,24,38,57
(67) 16,25,34,78
(68) 16,25,37,48
(69) 16,25,38,47
(70) 16,27,34,58
(71) 16,27,35,48
(72) 16,27,38,45
(73) 16,28,34,57
(74) 16,28,35,47
(75) 16,28,37,45
(76) 17,23,45,68
(77) 17,23,46,58
(78) 17,23,48,56
(79) 17,24,35.68
(80) 17,24,36,58
(81) 17,24,38,56
(82) 17,25,34,68
(83) 17,25,36,48
(84) 17,25,38,46
(85) 17,26,34,58
(86) 17,26,35,48
(87) 17,26,38,45
(88) 17,28,34,56
(89) 17,28,35,46
(90) 17,28,36,45
(91) 18,23,45,67
(92) 18,23,46,57
(93) 18,23,47,56
(94) 18,24,35,67
(95) 18,24,36,57
(96) 18,24,37,56
(97) 18,25,34,67
(98) 18,25,36,47
(99) 18,25,37,46
(100) 18,26,34,57
(101) 18,26,35,47
(102) 18,26,37,45
(103) 18,27,34,56
(104) 18,27,35,46
(105) 18,27,36,45

07 $2n$명의 학생을 p_1, p_2, $\cdots$, p_{2n-1}, p_{2n}이라 하자. $n=1$이면 2명 p_1, p_2이 있고, 짝짓는 방법은 $\{p_1, p_2\}$만 있으므로 $a_1=1$이다. $n=2$이면 4명 p_1, p_2, p_3, p_4이 있고, 짝짓는 방법은 다음과 같은 3가지이다.

방법 1 : $\{p_1, p_2\}$, $\{p_3, p_4\}$ 방법 2 : $\{p_1, p_3\}$, $\{p_2, p_4\}$ 방법 3 : $\{p_1, p_4\}$, $\{p_2, p_3\}$

그러므로 $a_2=3$이다.

특별한 학생 p_1과 한 쌍을 만드는 방법은 나머지 학생이 $2n-1$명이므로 $2n-1$가지이다. p_1과 한 쌍을 만들고 남은 $2n-2$명으로 $n-1$쌍을 만드는 방법은 a_{n-1}가지이므로 구하는 점화식은

$$a_n = (2n-1)a_{n-1} \ (n \geq 2)$$

$$a_1 = 1$$

이다.

$a_2=(2 \cdot 2-1)a_1=3 \cdot 1=3$, $a_3=(2 \cdot 3-1)a_2=5 \cdot 3=15$이다.

이 점화식을 풀면

$a_{n-1}=(2(n-1)-1)a_{(n-1)-1}=(2n-3)a_{n-2}$이므로

$a_n=(2n-1)a_{n-1}=(2n-1)(2n-3)a_{n-2}$이다. 또

$a_{n-2}=(2(n-2)-1)a_{(n-2)-1}=(2n-5)a_{n-3}$이므로

$a_n=(2n-1)(2n-3)a_{n-2}=(2n-1)(2n-3)(2n-5)a_{n-3}$이다. 또한 수열 1, 3, 5, $\cdots$의 n항은 $2n-1$이고 $(n-1)$항은 $2(n-1)-1=2n-3$이다.

이와 같이 계속해 나가면 다음을 얻는다.

$$\begin{aligned}
a_n &= (2n-1)a_{n-1} \\
&= (2n-1)(2n-3)a_{n-2} \\
&= (2n-1)(2n-3)(2n-5)a_{n-3} \\
&\ \vdots \\
&= (2n-1)(2n-3)(2n-5)\cdots(2n-(2n-3)) \cdot a_{n-(n-1)} \\
&= (2n-1)(2n-3)(2n-5)\cdots 3 \cdot a_1 \\
&= (2n-1)(2n-3)(2n-5)\cdots 3 \cdot 1 \\
&= \frac{2n(2n-1)(2n-2)(2n-3)(2n-4)(2n-5)\cdots 3 \cdot 2 \cdot 1}{2n(2n-2)(2n-4)(2n-6)\cdots 2} \\
&= \frac{(2n)!}{2^n n!} \ (n \geq 1)
\end{aligned}$$

08 육각형의 삼각형 분할 방법은 다음과 같은 14가지이므로 $T_4=14$이다.

육각형의 각 꼭지점을 다음 그림과 같이 v_0, v_a, v_1, v_2, v_3, v_4라 하자. 육각형을 삼각형으로 가르는 방법은 다음과 같이 나눌 수 있다.

v_0와 v_1을 변으로 잇는 경우

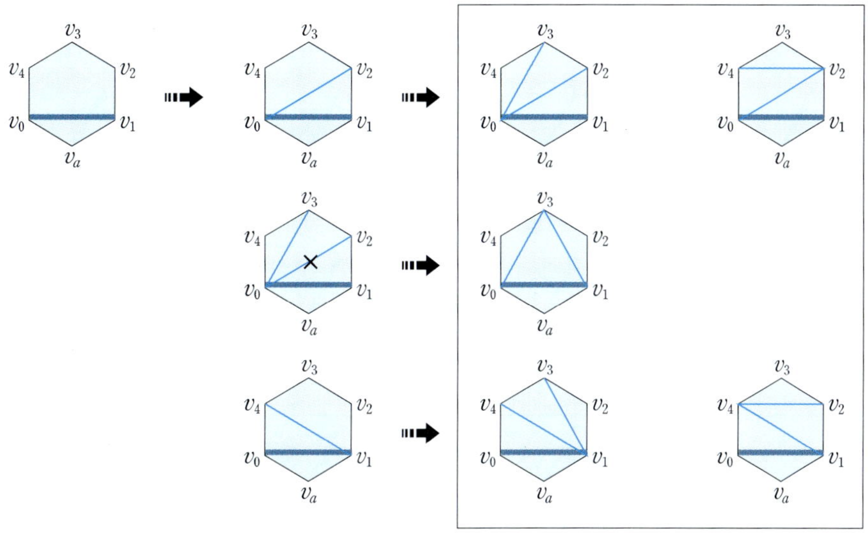

이 경우는 $T_3 = 5$가지가 존재한다.

v_0와 v_2를 변으로 잇되, v_0와 v_1은 변으로 잇지 않는 경우

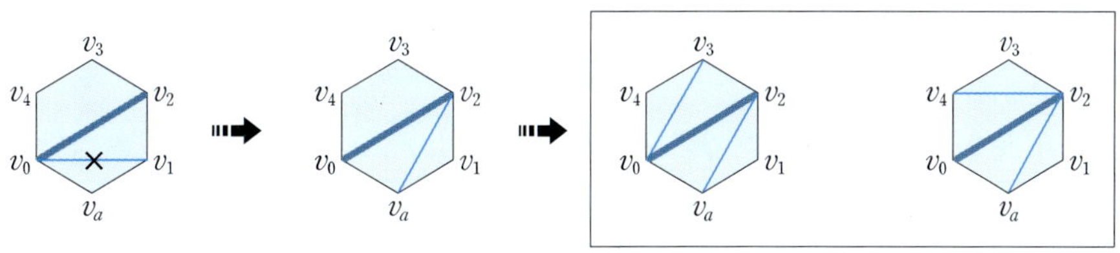

이 경우는 $T_2 = 2$가지가 존재한다.

v_0와 v_3를 변으로 잇되, v_0와 v_1, v_2는 변으로 잇지 않는 경우

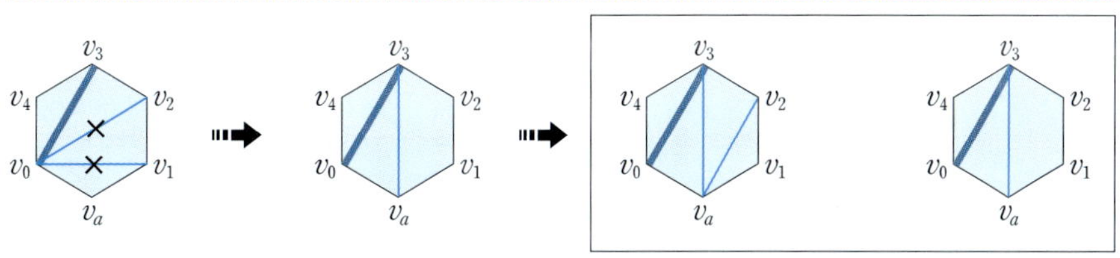

이 경우는 $T_2 = 2$가지가 존재한다.

v_0와 v_k(k=1, 2, 3)사이에 변이 없는경우 :
이 경우 v_a와 v_4가 변으로 이어져야 한다.

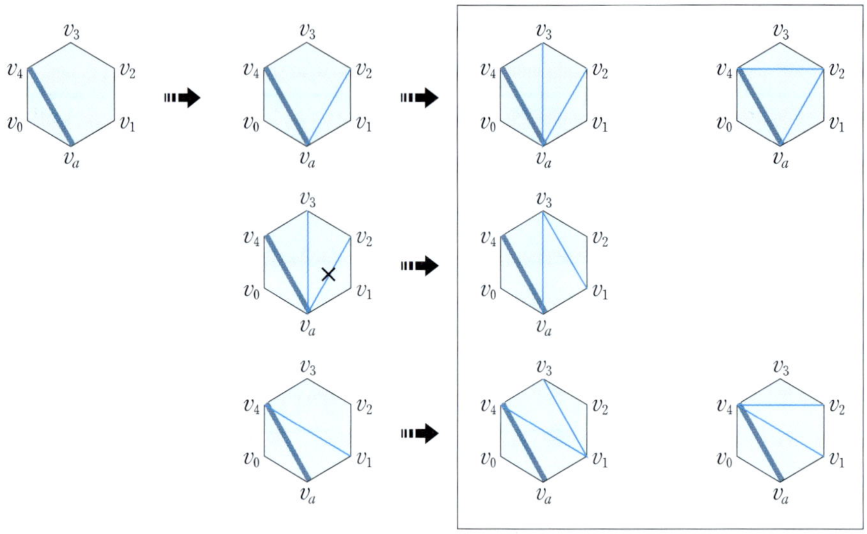

이 경우는 T_3= 5가지가 존재한다.

경우 1부터 경우 4까지 모두 더하면 다음과 같다.

$T_4 = T_3 + T_2 + T_2 + T_3 = 5+2+2+5 = 14$

09 칠각형의 각 꼭지점을 다음 그림과 같이 v_0, v_a, v_1, v_2, v_3, v_4, v_5라 하자. 칠각형을 삼각형으로 가르는 방법은 다음과 같이 나눌 수 있다.

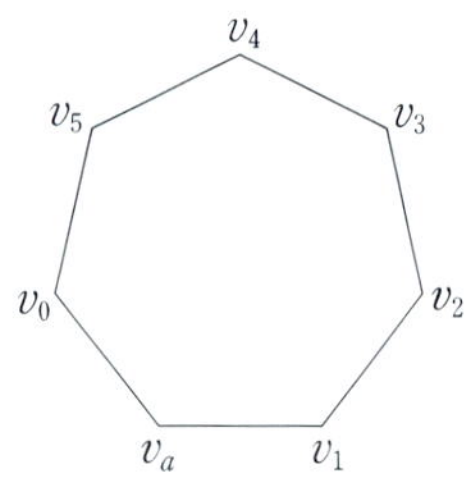

경우 1

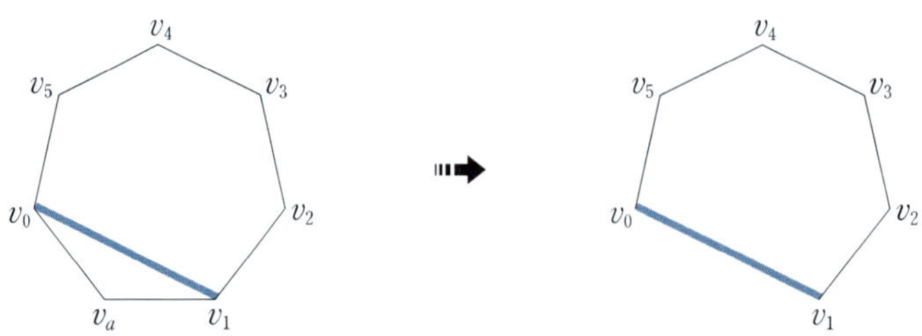

v_0와 v_1을 변으로 잇는 경우

육각형을 삼각형으로 분할하는 T_4=14가지 방법이 있다.

경우 2 :

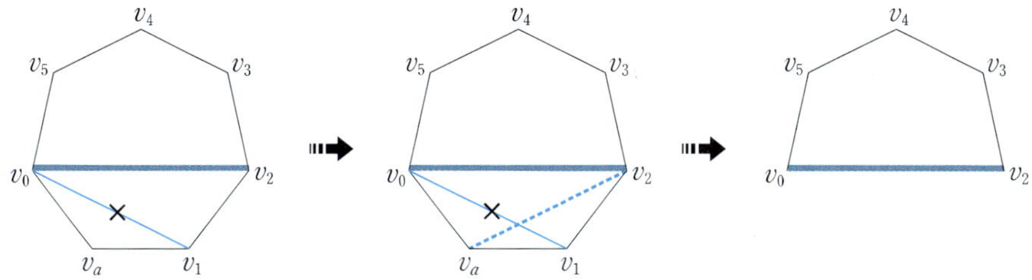

v_0와 v_2를 변으로 잇되, v_0와 v_1은 변으로 잇지 않는 경우

v_a와 v_2가 변으로 이어져야 한다.

오각형을 삼각형으로 분할하는 T_3=5가지 방법이 있다.

경우 3 :

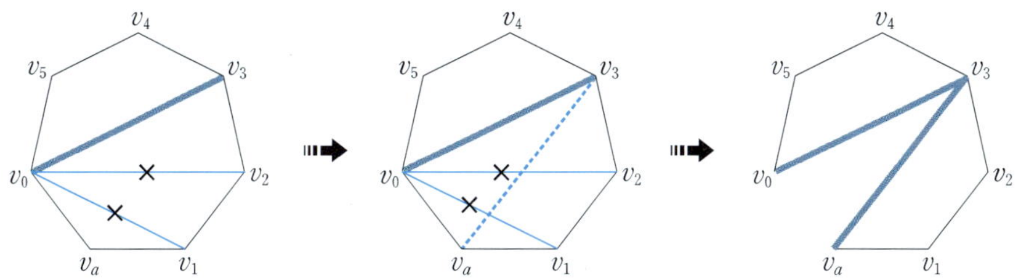

v_0와 v_3를 변으로 잇되, v_0와 v_1, v_0와 v_2는 변으로 잇지 않는 경우

v_a와 v_3가 변으로 이어져야 한다.

사각형을 삼각형으로 분할하는 방법이 T_2=2가지이므로 $T_2 \cdot T_2$=4가지 방법이 있다.

경우 4 :

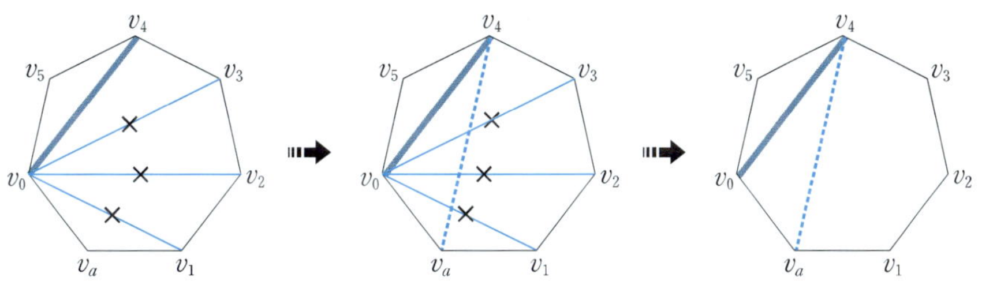

v_0와 v_4를 변으로 잇되, v_0와 v_1, v_0와 v_2, v_0와 v_3는 변으로 잇지 않는 경우

v_a와 v_4가 변으로 이어져야 한다.

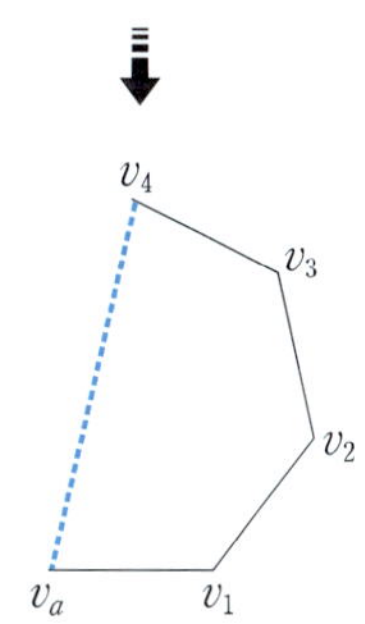

오각형을 삼각형으로 분할하는 T_3=5가지 방법이 있다.

경우 5 :

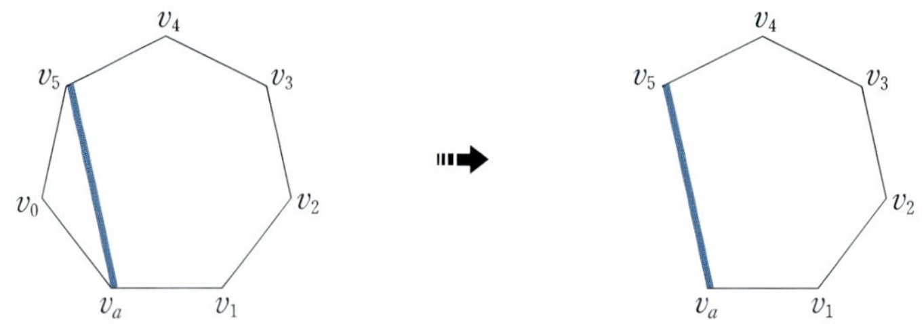

v_a와 v_5를 변으로 잇는 경우

육각형을 삼각형으로 분할하는 T_4=14가지 방법이 있다.

경우 1부터 경우 5까지 모두 더하면 다음과 같다.

$$T_5 = T_4 + T_3 + T_2 \cdot T_2 + T_3 + T_4 = 14 + 5 + 2 \cdot 2 + 5 + 14 = 42$$

10 팔각형을 삼각형으로 가르는 방법은 다음과 같이 나눌 수 있다.

경우 1 :

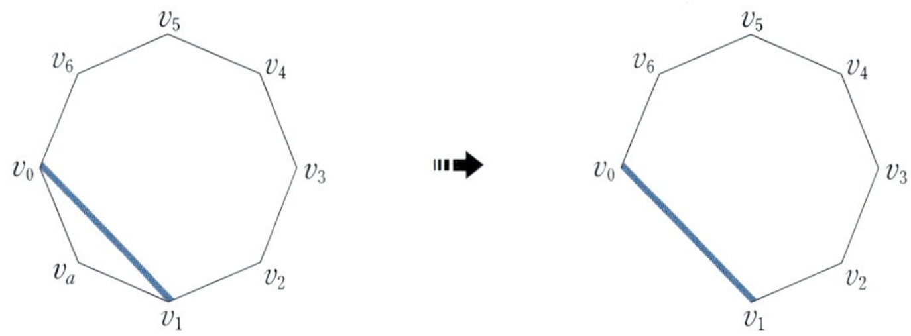

v_0와 v_1을 변으로 잇는 경우

칠각형을 삼각형으로 분할하는 T_4=42가지 방법이 있다.

경우 2 :

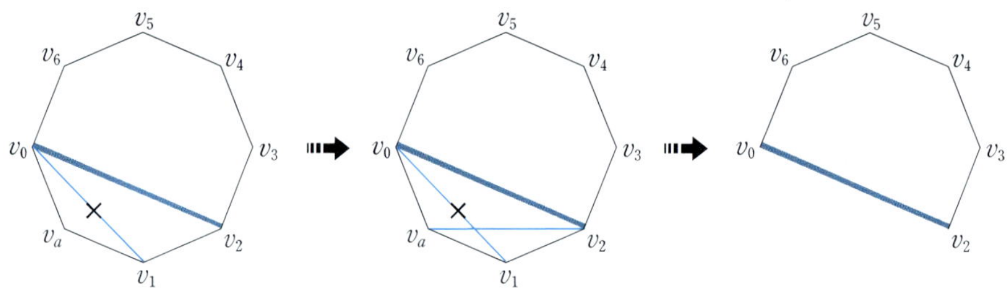

v_0와 v_2를 변으로 잇되, v_0와 v_1은 변으로 잇지 않는 경우

v_a와 v_2가 변으로 이어져야 한다.

육각형을 삼각형으로 분할하는 T_4=14가지 방법이 있다.

경우 3 :

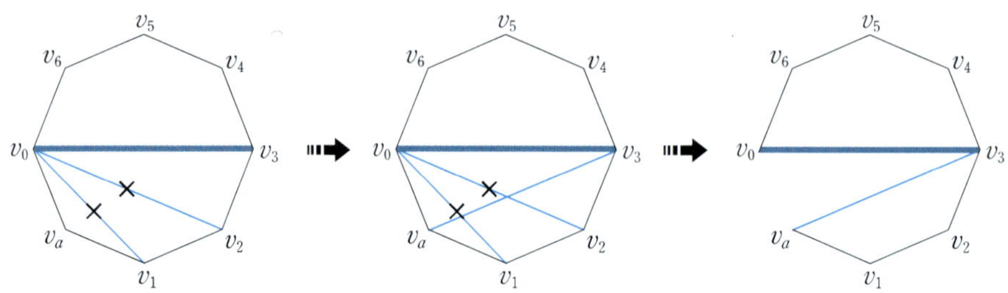

v_0와 v_3를 변으로 잇되, v_0와 v_1, v_0와 v_2는 변으로 잇지 않는 경우

v_a와 v_3가 변으로 이어져야 한다.

$T_3 \cdot T_2$가지 방법이 있다.

경우 4 :

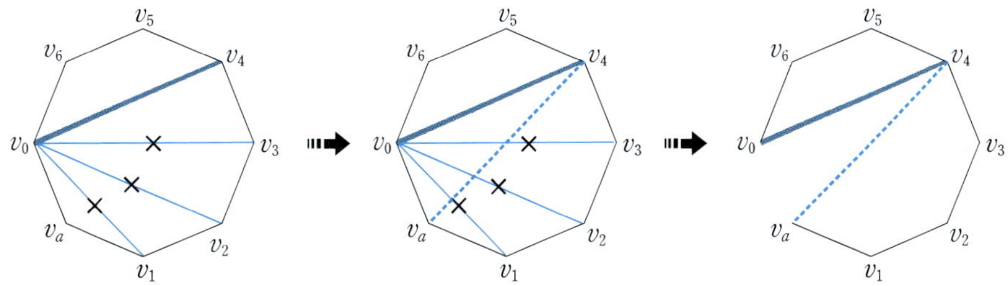

v_0와 v_4를 변으로 잇되, v_0와 v_1, v_0와 v_2, v_0와 v_3는 변으로 잇지 않는 경우

v_a와 v_4가 변으로 이어져야 한다.

사각형과 오각형을 분할하는 방법 수의 곱 $T_2 \cdot T_3 = 1 \cdot 5 = 10$ 만큼 존재한다.

경우 5 :

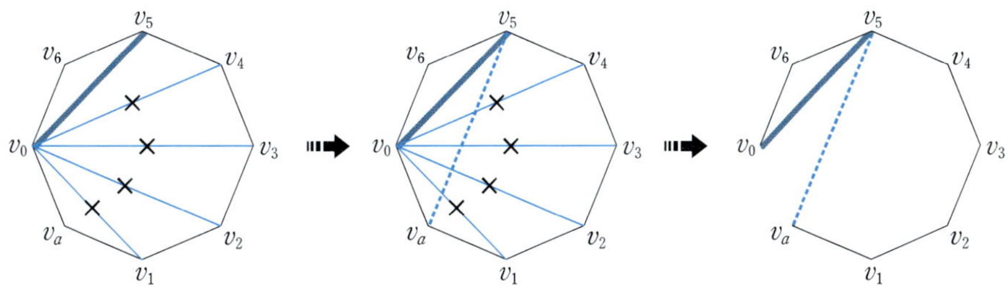

v_0와 v_5를 변으로 잇되, v_0와 v_1, v_0와 v_2, v_0와 v_4는 변으로 잇지 않는 경우

v_a와 v_5가 변으로 이어져야 한다.

삼각형과 육각형을 분할하는 방법 수의 곱 $T_1 \cdot T_4 = 1 \cdot 14 = 14$ 만큼 존재한다.

경우 6 :

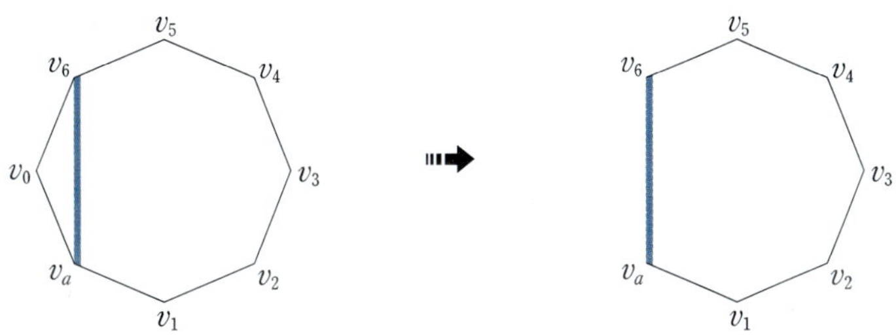

v_a와 v_6를 변으로 잇는 경우

칠각형을 삼각형으로 분할하는 $T_5 = 42$가지 방법이 있다.

경우 1부터 경우 6까지 모두 더하면 다음과 같다.

$$T_6 = T_5 + T_4 + T_3 \cdot T_2 + T_2 \cdot T_3 + T_4 + T_5 = 42 + 14 + 5 \cdot 2 + 2 \cdot 5 + 14 + 42 = 132$$

11 $(n+2)$각형을 삼각형으로 가르는 방법은 다음과 같이 나눌 수 있다.

(1) v_0와 v_1을 변으로 잇는 경우 :

이 경우 $(n+1)$각형의 삼각형 분할 방법 수 T_{n-1}만큼 존재한다.

(2) v_0와 $v_k(k = 2, \cdots, n-1)$을 변으로 잇되 v_0와 v_1, $\cdots$, v_0와 v_{k-1}는 변으로 잇지 않는 경우 :

이 경우 $(n-k+2)$각형의 삼각형 분할 방법 수와 $(k+1)$각형의 삼각형 분할 방법 수의 곱인 $T_{n-k} \cdot T_{k-1}$ 만큼 존재한다.

(3) v_0와 $v_k(k = 1, 2, \cdots, n-1)$사이에 변이 없는 경우 :

이 경우 v_a와 v_n이 변으로 이어져야 한다.

이 경우 $(n+1)$각형의 삼각형 분할 방법 수 T_{n-1}만큼 존재한다.
따라서 다음이 성립한다.

$$T_n = T_{n-1} + T_{n-2} \cdot T_1 + T_{n-3} \cdot T_2 + \cdots + T_{n-k} \cdot T_{k-1} + \cdots + T_1 \cdot T_{n-2} + T_{n-1}$$

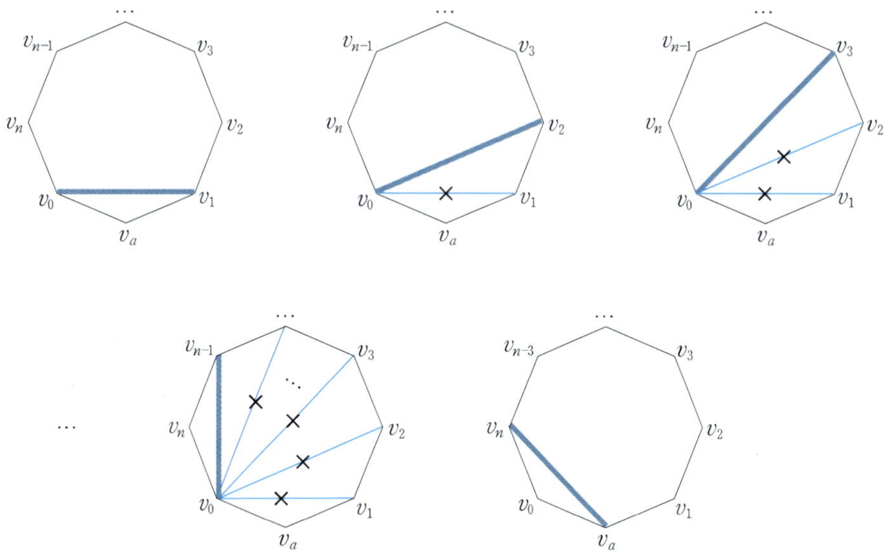

12 1이 연속으로 나오지 않는 한 자리수는 1, 2이고 두 자리수는 12, 21, 22 뿐이므로 $a_1 = 2$, $a_2 = 3$이다. 일반적으로 첫째 자리의 숫자에 따라 다음과 같은 두 가지 경우가 있다.

경우1 : 첫째자리의 숫자가 1인 경우

1이 연속으로 나올 수 없기 때문에 둘째자리의 숫자는 2이며 나머지는 1이 연속으로 나오지 않는 $n-2$ 자리수이다. 그러므로 1이 연속으로 나오지 않으며 첫째자리의 숫자가 1인 경우의 수는 a_{n-2}이다.

경우2 : 첫째자리의 숫자가 2인 경우

첫째자리를 제외한 나머지는 1이 연속으로 나오지 않는 $n-1$자리수이며 그런 수의 개수는 a_{n-1}이다.
경우1과 경우2는 동시에 일어나지 않으므로 합의 법칙에 의하여

$$a_n = a_{n-1} + a_{n-2},\ a_1 = 2,\ a_2 = 3\ (\text{단, } n \geq 3)$$

이다.

13

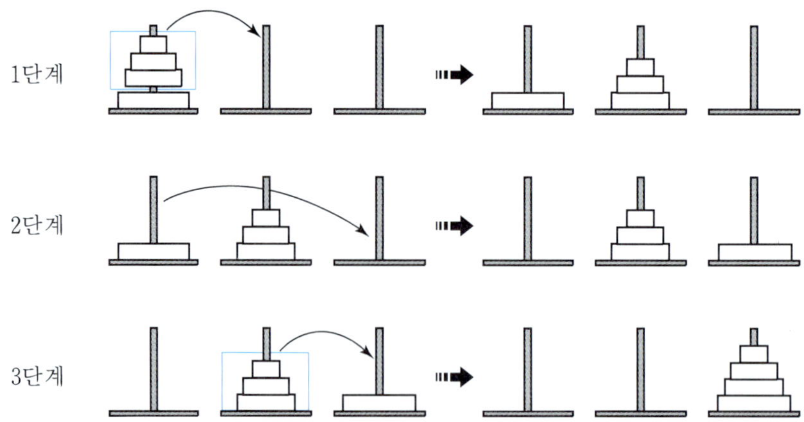

1단계에서, 막대기1의 맨 밑에 있는 가장 큰 원판이 없다고 생각하면, 7번 이동으로 위에 있는 작은 세 원판을 이동할 수 있다. 그런 다음 막대기1에 있는 가장 큰 원판을 막대기3으로 옮긴다. 마지막으로 3단계에

서 막대기2에 있는 세 원판을 7번 이동으로 막대기3으로 이동할 수 있다. 그러므로 필요한 최소 이동 회수는 15번이다.

이동 1

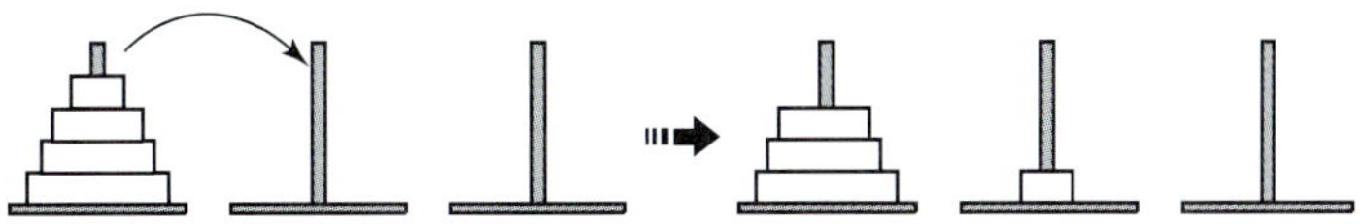

이동 2

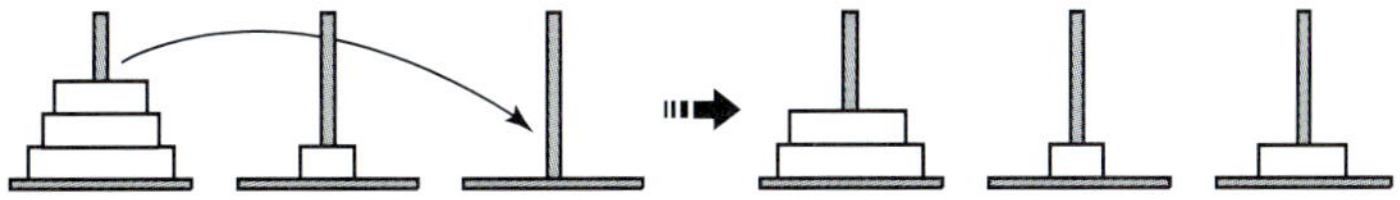

이동 3

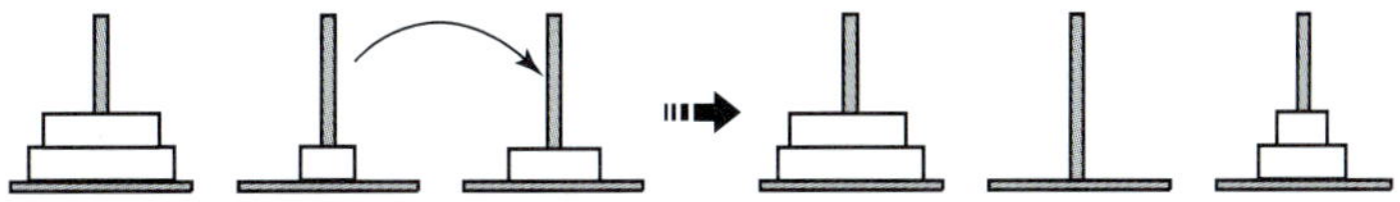

막대기1에서 밑에 있는 두 원판이 없다고 생각하면, 3번 이동으로 위에 있는 작은 두 원판을 이동할 수 있다.

이동 4

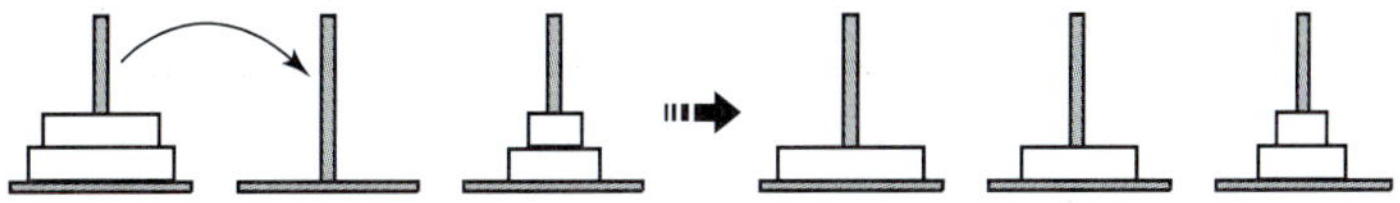

이동 5

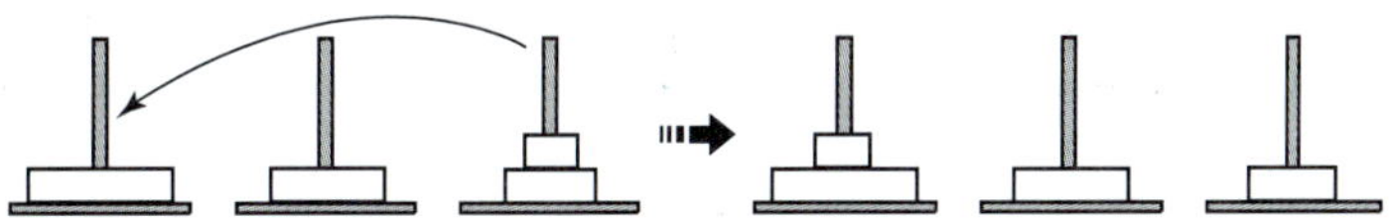

이동 6

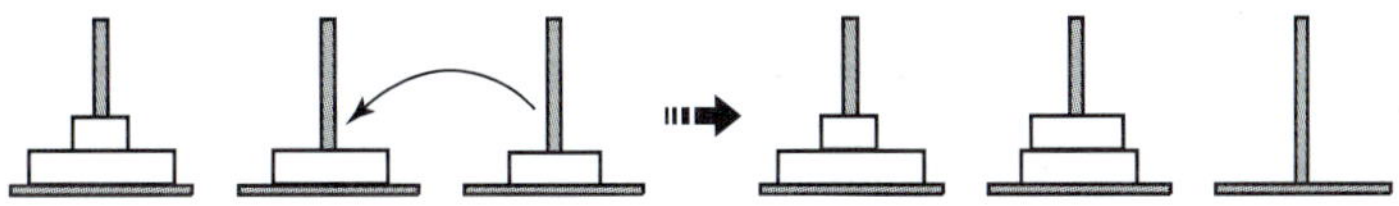

이동 7

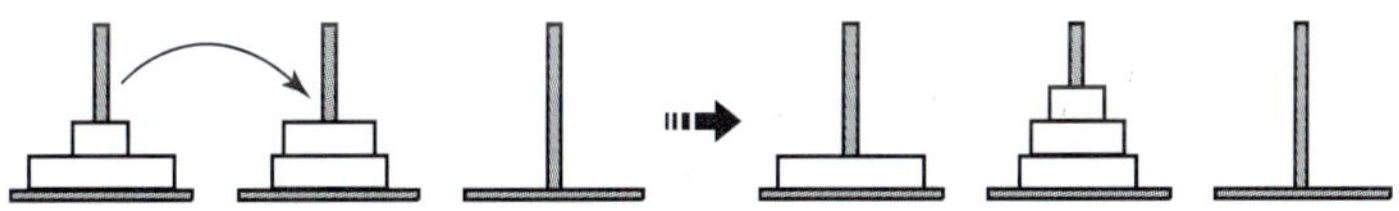

막대기1에서 맨 밑에 있는 가장 큰 원판이 없다고 생각하면, 7번 이동으로 위에 있는 작은 세 원판을 이동할 수 있다.

막대기1에 있는 가장 큰 원판을 막대기3으로 옮긴다.

이동 8

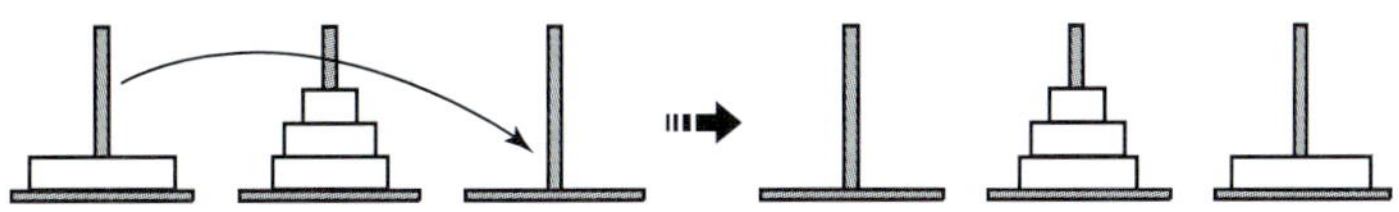

이제 막대기2에 있는 세 원판을 7번 이동으로 막대기3으로 이동할 수 있다. 막대기3에 있는 가장 큰 원판은 이동하지 않으므로 없다고 생각하면 된다.

이동 9

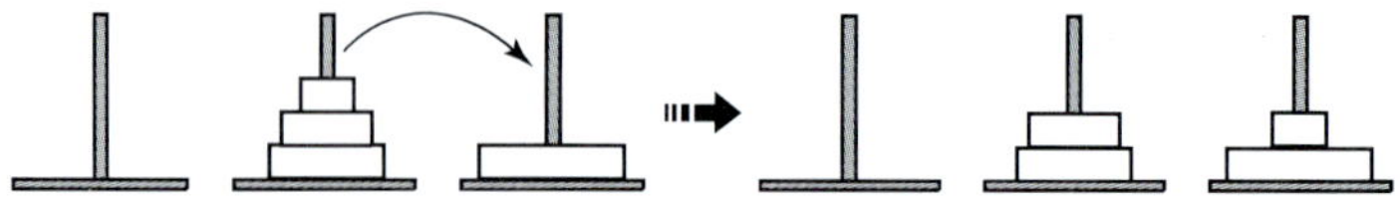

이동 10

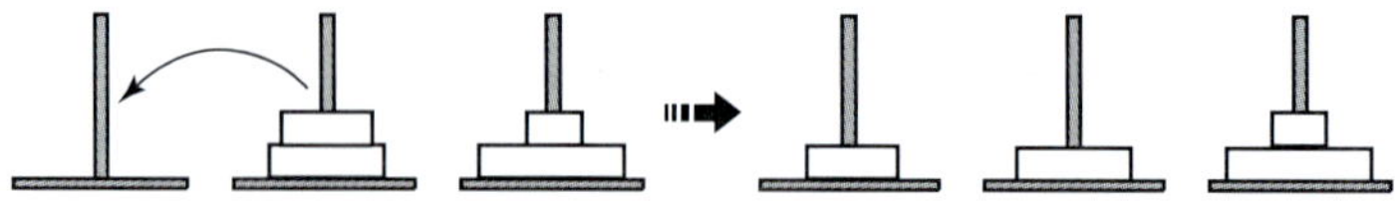

이동 11

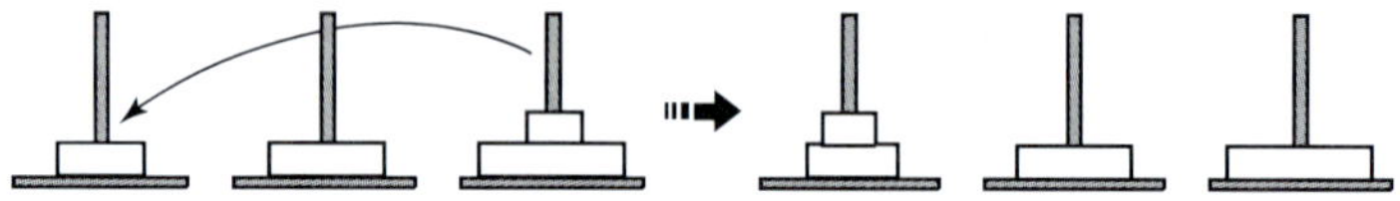

이동 12

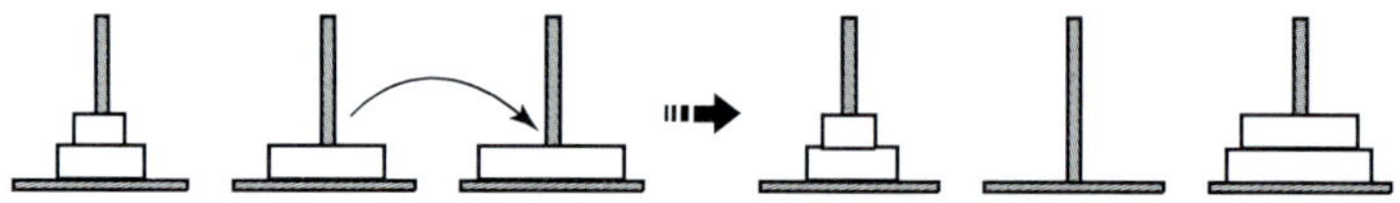

이동 13

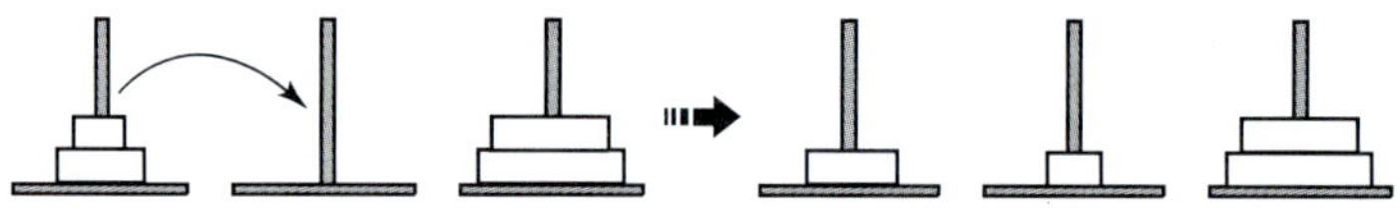

이동 14

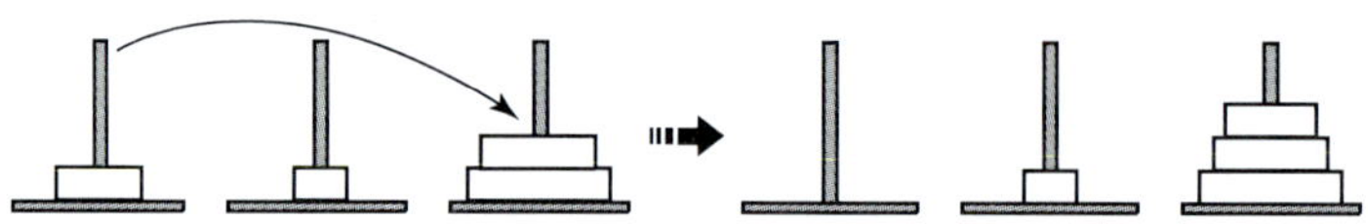

이동 15

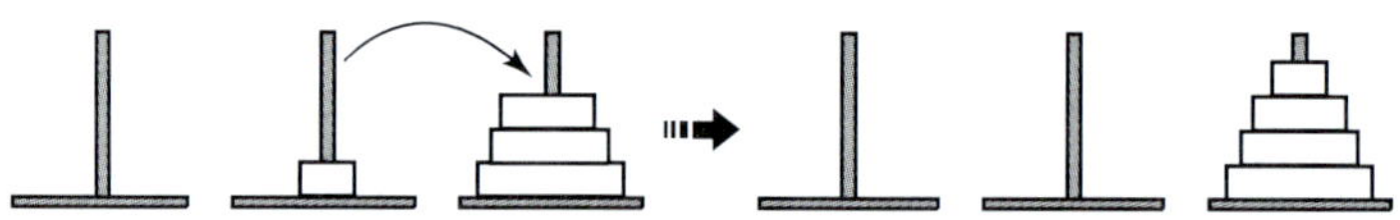

14 막대기1의 맨 밑에 있는 가장 큰 원판을 막대기3으로 옮기려면 그 위에 있는 5개 원판을 막대기2로 옮겨놓아야 하고, 그 5개 원판을 막대기2로 옮기려면 그 위에 있는 4개 원판을 막대기3으로 옮겨놓아야 하고, 그 4개 원판을 막대기3으로 옮기려면 그 위에 있는 3개 원판을 막대기2로 옮겨놓아야 하고, 그 3개 원판을 막대기2로 옮기려면 그 위에 있는 2개 원판을 막대기3으로 옮겨놓아야 하고, 그 2개 원판을 막대기3으로 옮기려면 그 위에 있는 1개 원판을 막대기2로 옮겨놓아야 한다.

그러므로 맨 위 가장 작은 원판을 막대기2로 옮겨야 한다.

작은 5개 원판 ➡ 막대기2
작은 4개 원판 ➡ 막대기3
작은 3개 원판 ➡ 막대기2
작은 2개 원판 ➡ 막대기3
가장 작은 1개 원판 ➡ 막대기2

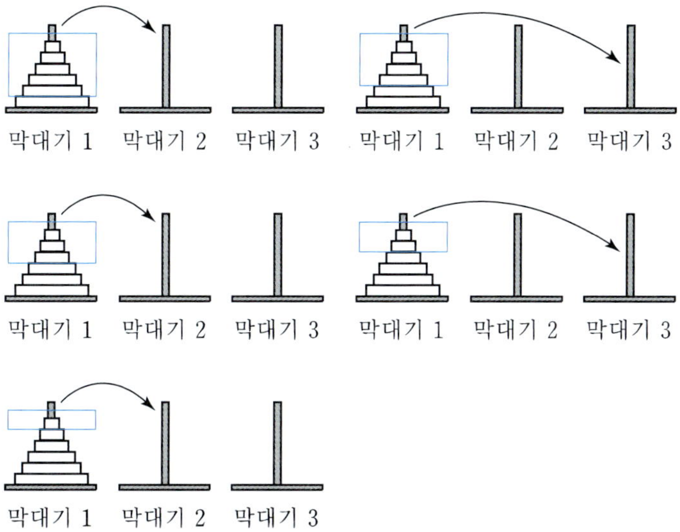

일반적으로 막대기1에 놓인 원판의 개수가 짝수 개인 경우 가장 작은 원판을 막대기2로 옮겨야 하고 홀수 개인 경우 가장 작은 원판을 막대기3으로 옮겨야 한다.

15 다음과 같은 8가지가 존재한다.

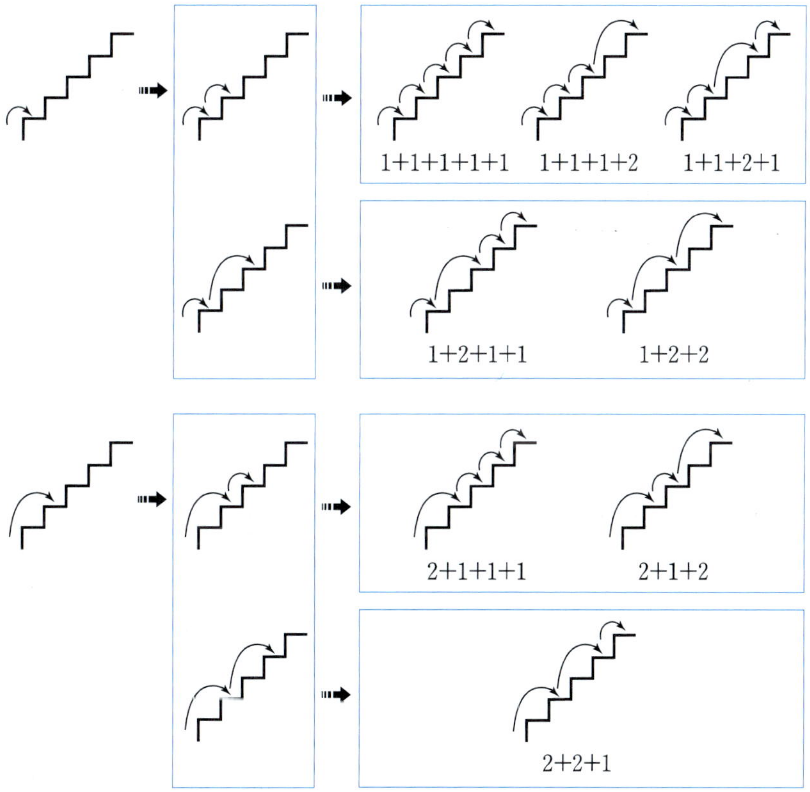

16

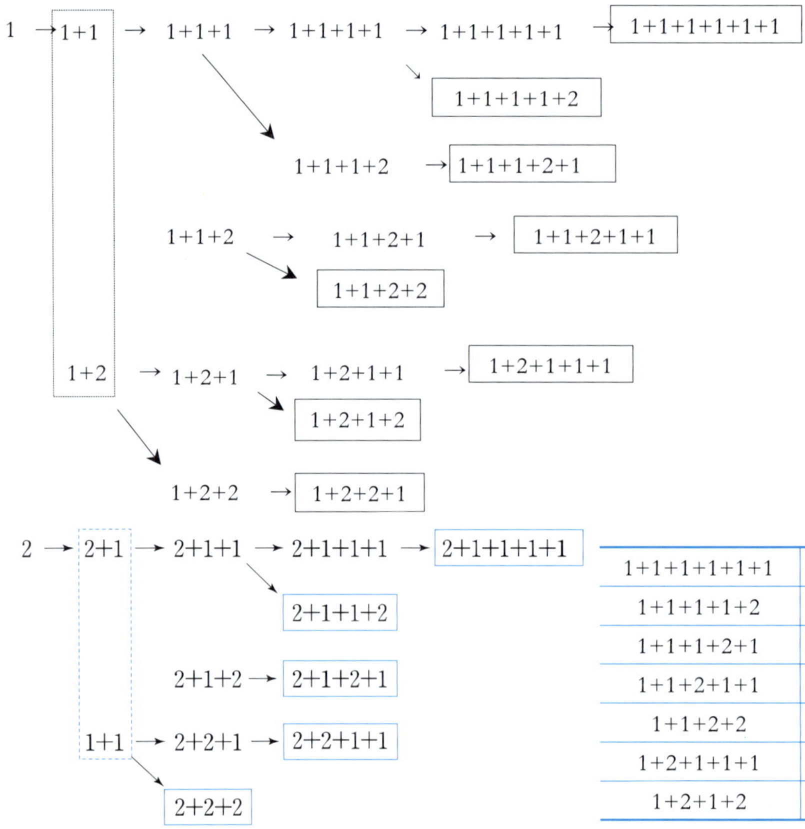

1+1+1+1+1+1	1+2+2+1
1+1+1+1+2	2+1+1+1+1
1+1+1+2+1	2+1+1+2
1+1+2+1+1	2+1+2+1
1+1+2+2	2+2+1+1
1+2+1+1+1	2+2+2
1+2+1+2	

17

1+1+1+1+1+1+1	1+1+2+2+1	2+1+1+1+2
1+1+1+1+1+2	1+2+1+1+1+1	2+1+1+2+1
1+1+1+1+2+1	1+2+1+1+2	2+1+2+1+1
1+1+1+2+1+1	1+2+1+2+1	2+1+2+2
1+1+1+2+2	1+2+2+1+1	2+2+1+1+1
1+1+2+1+1+1	1+2+2+2	2+2+1+2
1+1+2+1+2	2+1+1+1+1+1	2+2+2+1

18 한 번에 1개 또는 2개 또는 3개의 계단을 오를 수 있으므로 n개의 계단을 오르는 방법의 수 a_n은 처음에 1계단을 올라간 뒤 남은 $(n-1)$개의 계단을 오르는 방법의 수 a_{n-1}과 처음에 2계단을 올라간 뒤 남은 $(n-2)$개의 계단을 오르는 방법의 수 a_{n-2}와 처음에 3계단을 올라간 뒤 남은 $(n-3)$개의 계단을 오르는 방법의 수 a_{n-3}과의 합이다. 그러므로 $a_n = a_{n-1} + a_{n-2} + a_{n-3}$이다.

분명히 $a_1 = 1$, $a_2 = 2(1+1,\ 2)$, $a_3 = 4(1+1+1,\ 1+2,\ 2+1,\ 3)$이다.

3개의 계단을 오르는 방법 $a_3 = 4$는 다음과 같다.

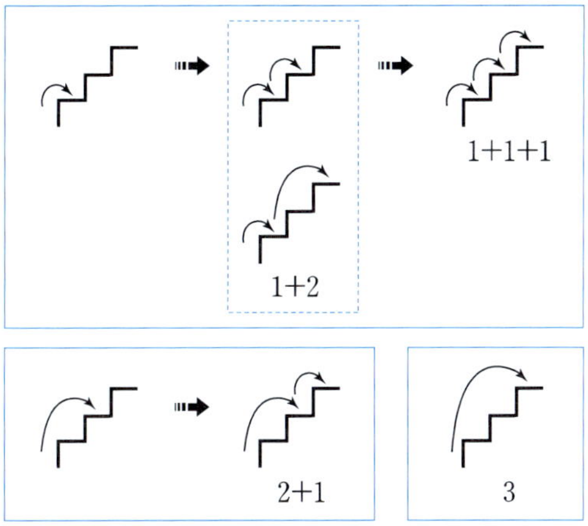

a_n에 대한 점화식은 다음과 같다.

$$a_n = a_{n-1} + a_{n-2} + a_{n-3},\ a_1 = 1,\ a_2 = 2,\ a_3 = 4\ (n \geq 4)$$

따라서, 10개의 계단을 오르는 방법 a_{10}은 다음과 같이 구할 수 있다.

$a_4 = a_1 + a_2 + a_3 = 7$, $a_5 = a_2 + a_3 + a_4 = 13$, $a_6 = a_3 + a_4 + a_5 = 24$,

$a_7 = a_4 + a_5 + a_6 = 44$, $a_8 = a_5 + a_6 + a_7 = 81$, $a_9 = a_6 + a_7 + a_8 = 149$,

$a_{10} = a_7 + a_8 + a_9 = 274$

19 1 → 1+1 → 1+1+1 → 1+1+1+1 → 1+1+1+1+1

1+1+1+2

1+1+2 → 1+1+2+1

1+1+3

1+2 → 1+2+1 → 1+2+1+1

1+2+1

1+3 1+3+1

2 → 2+1 → 2+1+1 → 2+1+1+1

2+1+2

2+2 → 2+2+1

2+3

3 → 3+1 → 3+1+1

3+2

1+1+1+1+1	2+1+1+1
1+1+1+2	2+1+2
1+1+2+1	2+2+1
1+1+3	2+3
1+2+1+1	3+1+1
1+2+2	3+2
1+3+1	

20

1+1+1+1+1+1	1+1+3+1	1+3+2	2+2+2
1+1+1+1+2	1+2+1+1+1	2+1+1+1+1	2+3+1
1+1+1+2+1	1+2+1+2	2+1+1+2	3+1+1+1
1+1+1+3	1+2+2+1	2+1+2+1	3+1+2
1+1+2+1+1	1+2+3	2+1+3	3+2+1
1+1+2+2	1+3+1+1	2+2+1+1	3+3

21 분명히 $a_1 = 1$이다. 2×2판 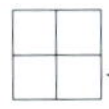을 덮는 방법은 다음 2가지이다.

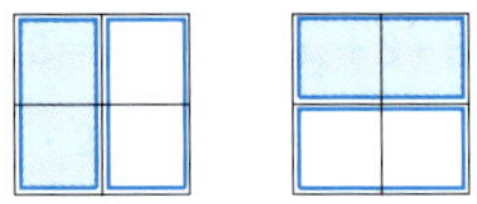

처음에 덮는 도미노에 따라 다음과 같은 두 경우로 나누어진다.

(a) 처음에 덮는 도미노가 2×1판인 경우:

남은 $2\times(n-1)$판을 도미노로 덮는 방법의 수는 a_{n-1}이다.

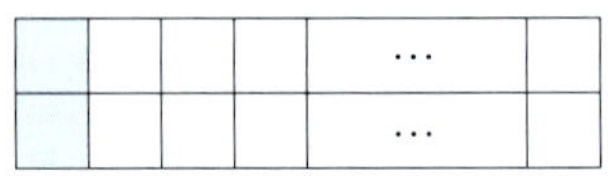

(b) 처음에 덮는 도미노가 1×2판인 경우:

처음 도미노 바로 밑은 1×2로 덮어야 하므로, 남은 $2\times(n-2)$판을 도미노로 덮는 방법의 수는 a_{n-2}이다.

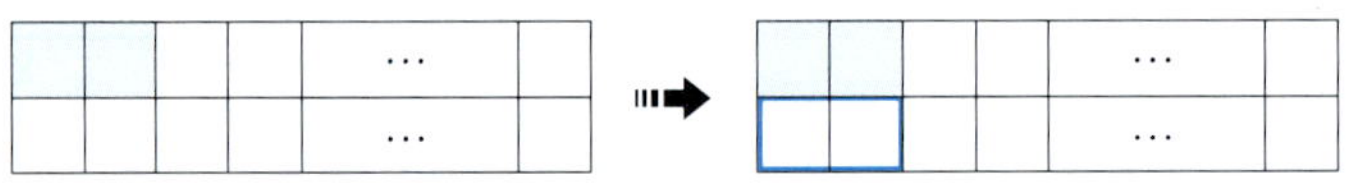

따라서 합의 법칙에 의하여

$$a_n = a_{n-1} + a_{n-2}\ (n \geq 3),\ a_1 = 1,\ a_2 = 2$$

22 이 점화식의 특성다항식은 $t^2 - 5t + 6$이고 그 근은 $t = 2$, $t = 3$이므로

$$a_n = p_1(2^n) + p_2(3^n)\ \ (p_1,\ p_2\text{는 상수})$$

이다. 초기조건 $a_0 = 1$, $a_1 = 4$을 이용하면

$$1 = a_0 = p_1 + p_4,$$

$$4 = a_1 = 2p_1 + 3p_2$$

이고 이 연립방정식을 풀면 $p_1 = -1$, $p_2 = 2$이다. 따라서

$$a_n = -2^n + 2(3^n)\ \ (\text{단, } n \geq 0)$$

이다.

23 점화식 $a_n = 7a_{n-1} - 15a_{n-2} + 9a_{n-3}$의 특성다항식은 $t^3 - 7t^2 + 15t - 9 = (t-1)(t-3)^2$이고 그 근은 $t = 1, 3$(중근)이므로 주어진 점화식의 일반해 a_n은 $a_n = p_1 \cdot 1^n + p_2 3^n + p_3 n 3^n$이다. 초기조건 $a_0 = 1, a_1 = 2, a_2 = 4$를 이용하면

$$1 = a_0 = p_1 + p_2$$

$2 = a_1 = p_1 + 3p_2 + 3p_3$

$4 = a_2 = p_1 + 9p_2 + 18p_3$

이고 이 연립방정식을 풀면 $p_1 = \frac{1}{4}, p_2 = \frac{3}{4}, p_3 = -\frac{1}{6}$ 이므로 $a_n = \frac{1}{4} + \frac{3}{4} \cdot 3^n - \frac{1}{6} n3^n \ (n \geq 0)$이다.

24 점화식 $a_n = -2a_{n-1} + 15a_{n-2}$의 특성다항식은 $t^2 + 2t - 15 = (t+5)(t-3)$이고 그 근은 $t = 3, -5$이므로 점화식 $a_n = -2a_{n-1} + 15a_{n-2}$의 일반해 x_n은 $x_n = q_1 3^n + q_2(-5)^n$이다. 위 점화식의 특수해 p_n을 $p_n = c$라 하면 $p_n = p_{n-1} = p_{n-2} = c$이므로 $c = -2c + 15c + 24$가 되어 $p_n = -2$이다. 따라서 주어진 점화식의 일반해 a_n은 $a_n = x_n + p_n = q_1 3^n + q_2(-5)^n - 2$이다. 초기조건 $a_0 = 3$, $a_1 = 5$을 이용하면 $3 = a_0 = q_1 + q_2 - 2$, $5 = a_1 = 3q_1 - 5q_2 - 2$이고 이 연립방정식을 풀면 $q_1 = 4$, $q_2 = 1$이므로 $a_n = 4 \cdot 3^n + (-5)^n - 2$이다.

25 점화식 $a_n = 2a_{n-1} + 3a_{n-2}$의 특성다항식은 $t^2 - 2t - 3$이고 그 근은 $t = -1$, $t = 3$이므로 점화식 $a_n = 2a_{n-1} + 3a_{n-2}$의 일반해 x_n은

$$x_n = q_1(-1)^n + q_2(3^n)$$

이다. 주어진 비동차점화식의 특수해 p_n을 $p_n = c(5^n)$이라 하면 비동차점화식에 대입하여

$$c(5^n) = 2c(5^{n-1}) + 3c(5^{n-2}) + 5^n$$

$$25c = 10c + 3c + 25$$

$$12c = 25$$

이 되어 $c = \frac{25}{12}$이고 $p_n = \frac{25}{12}(5^n)$이다. 따라서 주어진 비동차점화식의 일반해 a_n은 $a_n = x_n + p_n = q_1(-1)^n + q_2(3^n) + \frac{25}{12}(5^n)$이다. 초기조건 $a_0 = -2$, $a_1 = 1$을 이용하면

$$-2 = a_0 = q_1 + q_2 + \frac{25}{12}$$

$$1 = a_1 = -q_1 + 3q_2 + \frac{25}{12} \cdot 5$$

이고 이 방정식을 풀면 $q_1 = -\frac{17}{24}$, $q_2 = -\frac{27}{8}$이므로

$$a_n = -\frac{17}{24}(-1)^n - \frac{27}{8}(3^n) + \frac{25}{12}(5^n)$$

이다.

26 점화식 $a_n - 5a_{n-1} = 0$의 특성다항식은 $t - 5$이고 그 근은 $t = 5$이므로 점화식 $a_n - 5a_{n-1} = 0$의 일반해 x_n은

$$x_n = q_1 \cdot 5^n$$

이다. 위 점화식의 특수해 p_n을 $p_n - c \cdot 5^n$이라 하면 $a_n - 5a_{n-1} = 0$의 일반해 x_n과 비동차점화식의 특수해 p_n이 같은 형태가 되어 비동차점화식의 일반해를 구할 수 없다. 이런 경우 $p_n = cn5^n$이라 하면 위의 비동차점화식에 대입하여

$$cn5^n - 5c(n-1)5^{n-1} = 5^n$$

이 되어 $c = 1$이고 $p_n = n5^n$이다. 따라서 주어진 점화식의 일반해 a_n은

$$a_n = x_n + p_n = q_1 \cdot 5^n + n5^n$$

이다. 초기조건 $a_0 = 1$을 이용하면

$$a_0 = q_1 = 1$$

이 되어

$$a_n = 5^n + n5^n = (1+n)5^n$$

이다.

27 점화식 $a_n = a_{n-1}$의 특성다항식은 $t-1$이고 그 근은 $t=1$이므로 점화식 $a_n = a_{n-1}$의 일반해 x_n은 $x_n = q_1 \cdot 1^n = q_1$이다. 위 점화식의 특수해 p_n을 $p_n = b+cn+dn^2$이라 하면 위의 비동차점화식에 대입하여 $p_n = p_{n-1} + n^2$이므로 다음이 성립한다.

$$b+cn+dn^2 = (b+c(n-1)+d(n-1)^2)+n^2$$

계수를 비교하면 $b=b-c+d$, $c=c-2d$, $d=d+1$이 되어 모순이다. 그러므로 $p_n = b+cn+dn^2$은 위 점화식의 특수해가 될 수 없다. 이제 특수해 p_n을 $p_n = b+cn+dn^2+en^3$이라 하면 $p_n = p_{n-1}+n^2$이므로 다음이 성립한다.

$$b+cn+dn^2+en^3 = (b+c(n-1)+d(n-1)^2+e(n-1)^3)+n^2$$

계수를 비교하면 $b=b-c+d-e$, $c=c-2d+3e$, $d=1+d-3e$로부터 $c=\frac{1}{6}$, $d=\frac{1}{2}$, $e=\frac{1}{3}$이다. e는 모든 수가 가능하므로 $e=0$으로 택한다. 그러면 $p_n = \frac{1}{6}n + \frac{1}{2}n^2 + \frac{1}{3}n^3 = \frac{2n^3+3n^2+n}{6}$이다. 따라서 주어진 점화식의 일반해 a_n은 $a_n = x_n + p_n = q_1 + \frac{2n^3+3n^2+n}{6}$이다. 초기조건 $a_1 = 1$을 이용하면 $q_1 = 0$이다. 따라서 $a_n = \frac{2n^3+3n^2+n}{6} = \frac{n(n+1)(2n+1)}{6}$이다.

연 습 문 제 2.3

01 (1)

5,4,3,2,1	4,3,2,1,⑤	3,2,1,④,⑤	2,1,③,④,⑤
4,5,3,2,1	3,4,2,1,⑤	2.3,1,④,⑤	1,②,③,④,⑤
4,3,5,2,1	3,2,4,1,⑤	2,1,③,④,⑤	
4,3,2,5,1	3,2,1,④,⑤		
4,3,2,1,⑤			
1단계 정렬완료	2단계 정렬완료	3단계 정렬완료	4단계 정렬완료
(교환 4번)	(교환 3번)	(교환 2번)	(교환 1번)
			버블정렬 완성

최악의 경우인 12번의 교환이 일어난다.

(2) 초기상태 : 5, 4, 3, 2, 1

1단계 : 1, 4, 3, 2, 5

2단계 : 1, 2, 3, 4, 5

3단계 : 1, 2, 3, 4, 5

4단계 : 1, 2, 3, 4, 5

02

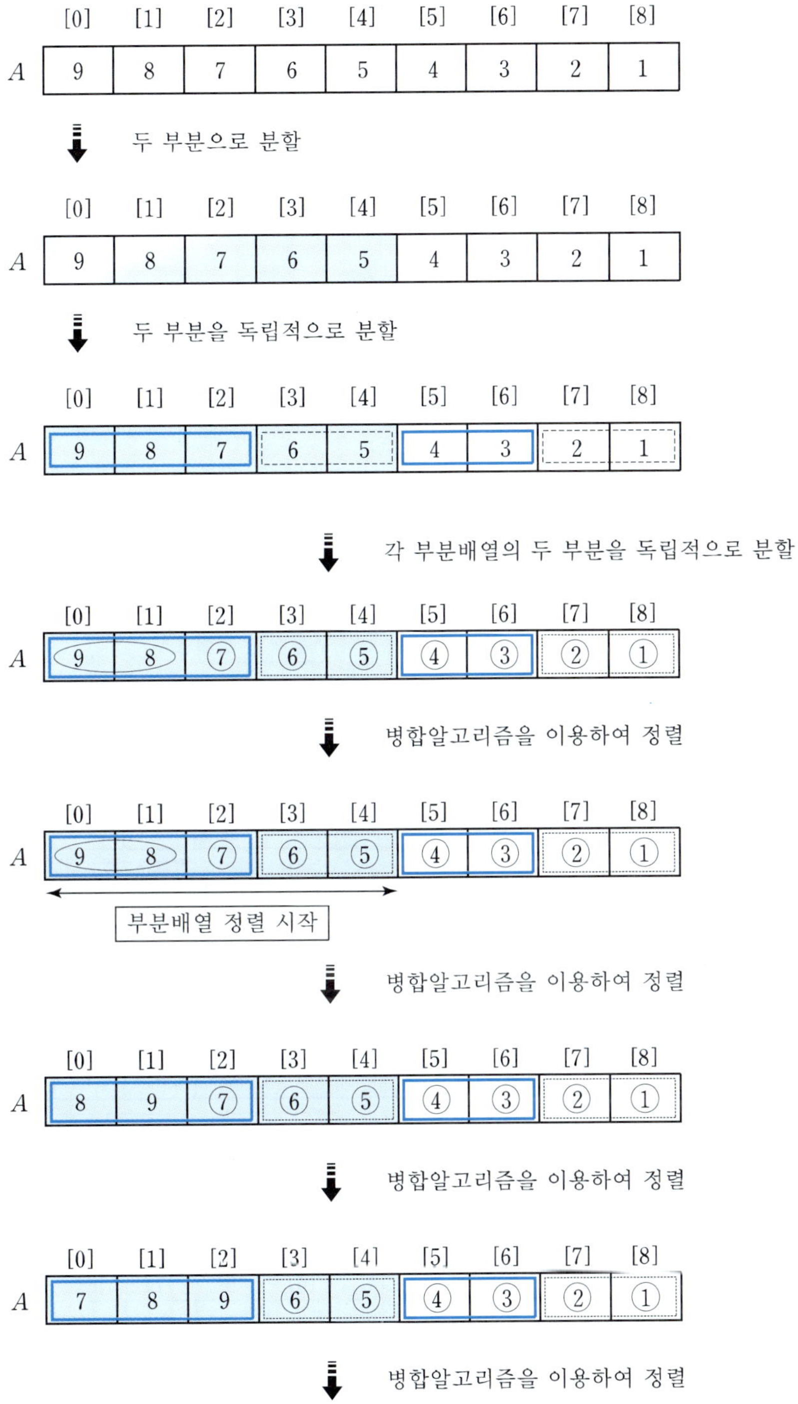

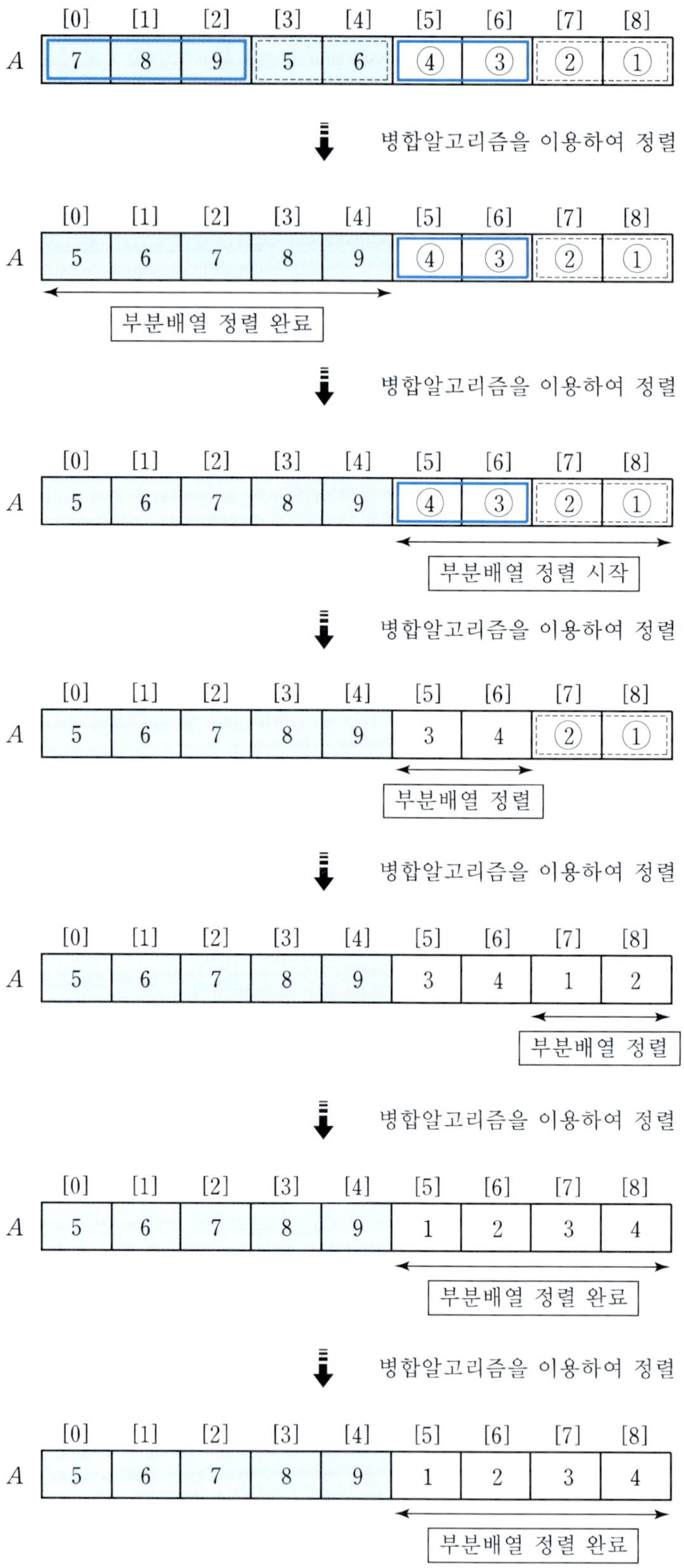
[0] [1] [2] [3] [4] [5] [6] [7] [8]
A 7 8 9 5 6 ④ ③ ② ①
병합알고리즘을 이용하여 정렬
A 5 6 7 8 9 ④ ③ ② ①
부분배열 정렬 완료
병합알고리즘을 이용하여 정렬
A 5 6 7 8 9 ④ ③ ② ①
부분배열 정렬 시작
병합알고리즘을 이용하여 정렬
A 5 6 7 8 9 3 4 ② ①
부분배열 정렬
병합알고리즘을 이용하여 정렬
A 5 6 7 8 9 3 4 1 2
부분배열 정렬
병합알고리즘을 이용하여 정렬
A 5 6 7 8 9 1 2 3 4
부분배열 정렬 완료
병합알고리즘을 이용하여 정렬
A 5 6 7 8 9 1 2 3 4
부분배열 정렬 완료

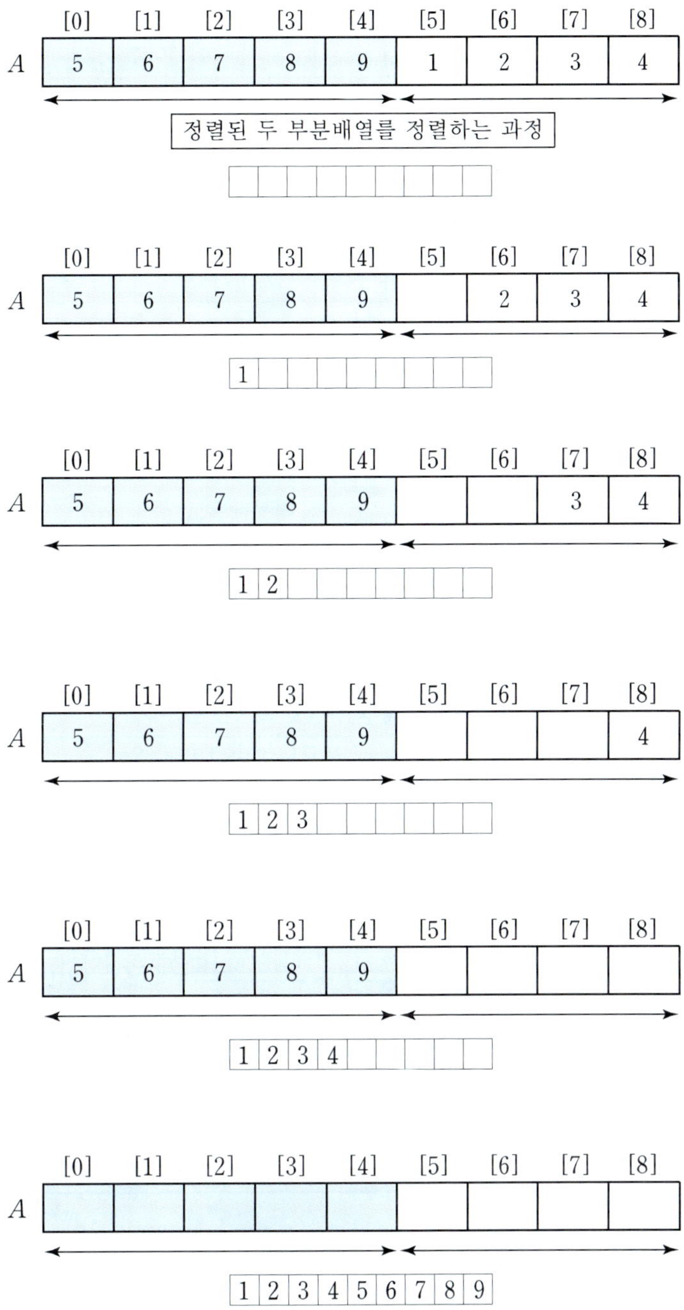

03

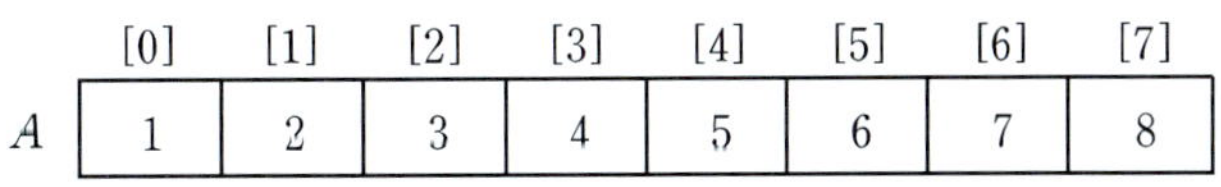

1단계 : 피봇값을 $A[0]=1$로 정한다. 두 개의 키를 각각 L과 R이라고 하자.

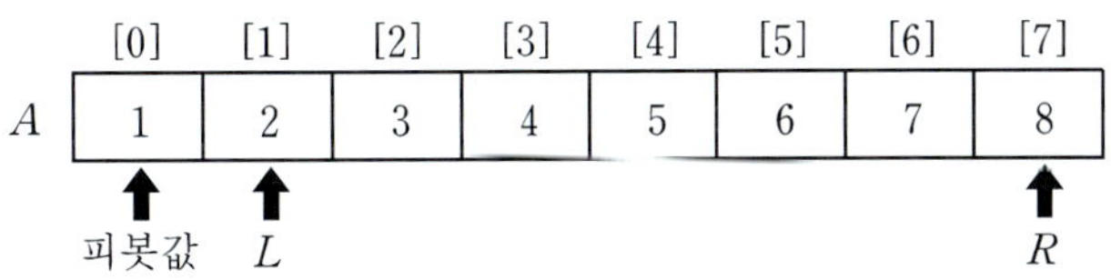

1을 피봇값으로 퀵정렬 1단계 완성

부분배열의 크기가 단지 1 줄어든다.

2단계 : 이제 각 부분 배열에 대해서도 똑같은 작업을 반복하면서 정렬시킨다. 먼저 왼쪽 부분 배열이 없으므로 오른쪽 부분배열에 대하여 데이터의 처음 값 2를 피봇값으로 하여 퀵정렬한다.

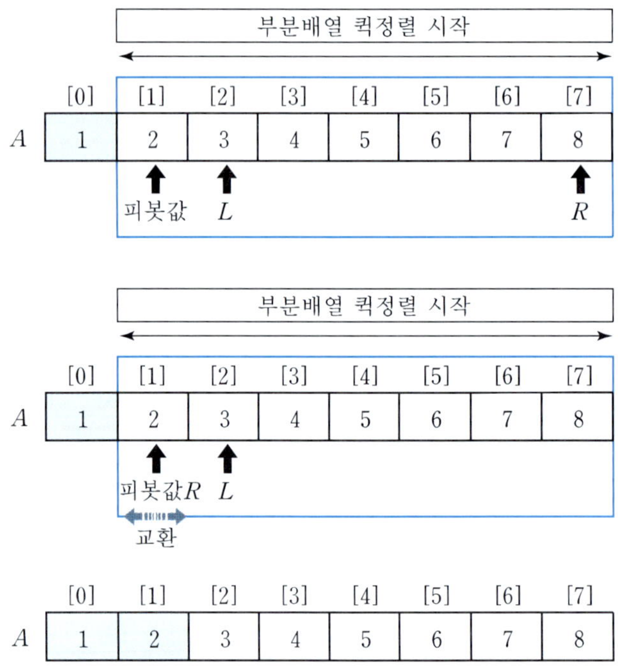

2를 피봇값으로 퀵정렬 2단계 완성

부분배열의 크기가 단지 1 줄어든다.

이와 같이 단계마다 배열의 크기가 1씩 줄어들므로, 8단계후 퀵정렬이 완성된다.

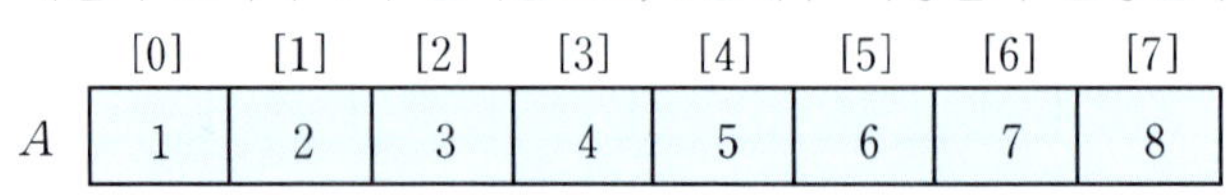

퀵정렬 완성

04 $\log_2 n! = \log_2(n(n-1)\cdots 2\cdot 1)$

$= \log_2 n + \log_2(n-1) + \cdots + \log_2 2 + \log_2 1$

$\leq \log_2 n + \log_2 n + \cdots + \log_2 n + \log_2 n$

$= n\log_2 n$

이다. $c=1$, $n_0=1$이 존재하므로 $\log_2 n! = O(n\log_2 n)$이다.

05 모든 $n \geq 1$에 대하여 $\log_2 n \leq n$이므로 $n\log_2 n \leq n \cdot n = n^2$이다. $c=1$, $n_0=1$이 존재하므로 $n\log_2 n = O(n^2)$이다.

06 (1) $f_1(n) = O(g(n))$, $f_2(n) = O(g(n))$이면 자연수 n_1, n_2와 양의 상수 c_1, c_2에 대하여 다음이 성립한다.

$$n \geq n_1 \Rightarrow f_1(n) \leq c_1 g(n),$$
$$n \geq n_2 \Rightarrow f_2(n) \leq c_2 g(n)$$

그러므로 n_0를 n_1과 n_2 중 최대값이라 하고 $c = c_1 + c_2$라고 하면 $n \geq n_0$인 모든 n에 대하여

$$f_1(n) + f_2(n) \leq c_1 g(n) + c_2 g(n) = cg(n)$$

이므로 $f_1(n) + f_2(n) = O(g(n))$이다.

(2) $f_1(n) = O(g_1(n))$, $f_2(n) = O(g_2(n))$이면 자연수 n_1, n_2와 양의 상수 c_1, c_2에 대하여 다음이 성립한다.

$$n \geq n_1 \Rightarrow f_1(n) \leq c_1 g_1(n),$$
$$n \geq n_2 \Rightarrow f_2(n) \leq c_2 g_2(n)$$

그러므로 n_0를 n_1과 n_2 중 최대값이라 하고 M을 c_1과 c_2 중 최대값이라 하면 $n \geq n_0$인 모든 n에 대하여

$$f_1(n) + f_2(n) \leq c_1 g_1(n) + c_2 g_2(n) \leq Mg_1(n) + Mg_2(n) = M(g_1(n) + g_2(n))$$

이므로 $f_1(n) + f_2(n) = O(g_1(n) + g_2(n))$이다. 한편,

$N = c_1 \cdot c_2$라고 하면

$$f_1(n)f_2(n) \leq c_1 g(n) c_2 g(n) = Ng_1(n)g_2(n)$$

이므로 $f_1(n)f_2(n) = O(g_1(n)g_2(n))$이다.

07 다음과 같이 하면 개인의 월급에 대한 어떠한 정보도 드러내지 않고 세미나에 참석한 40명의 수학자들의 평균월급을 알 수 있다.

① 한 수학자가 큰 수를 정하고 이 수에다 자기의 월급을 더한 다음 종이 쪽지에 그 합계를 적고 다음 사람에게 건네준다.

② 받은 사람은 받은 종이에 있는 수와 자신의 월급을 더한 다음 그 결과를 다른 종이에 적어서 다음 사람에게 건네준다.

③ 40번째 사람까지 이와같이 계속해 나간다.

④ 마지막 사람까지 도달하면 처음 시작했던 수학자가 그 결과를 받아서 처음에 정한 큰 수를 뺀다. 그러면 모든 사람의 총 수입이 나온다 그 수를 40으로 나누면 수학자의 월급의 평균을 구할 수 있다.

이 아이디어는 개인의 월급에 대한 어떠한 정보도 드러내지 않고 원하는 값을 알 수 있는 방법이다.

08 (1) 증명자 P가 동굴 문을 여는 주문을 모른다면 임금님이 나오라는 방향으로 나올 확률은 1/2이다. 그러므로 2번 계속 맞출 수 있는 확률은 $\left(\frac{1}{2}\right)^2$이다.

(2) 10번 계속 맞출 수 있는 확률은 $\left(\frac{1}{2}\right)^{10}=\frac{1}{1024}$이다.

(3) 청년이 10번의 임금님 명령대로 올바르게 나왔다면 그가 주문을 알고 있을 확률은 $1-\left(\frac{1}{2}\right)^{10}=1-\frac{1}{1024}=\frac{1023}{1024}$이다.

(4) $\left(\frac{1}{2}\right)^{n}$

연습문제 3.1

01 $P(n)$이 다음과 같다고 하자.

"임의의 $i, j\ (1\le i, j\le n)$에 대하여 $i\ne j$이면 $X_i\cap X_j=\phi$일 때 $|X_1\cup X_2\cup\cdots\cup X_n|=m_1+m_2+\cdots+m_n=|X_1|+|X_2|+\cdots+|X_n|$이다."

[기본단계]

$$P(2): \text{“}X_1\cap X_2=\phi\text{이면 } |X_1\cup X_2|=m_1+m_2=|X_1|+|X_2|\text{이다.”}$$

이므로 $P(2)$가 성립한다.

[귀납적 단계] $n=k$일 때

$P(k)$: "임의의 $i, j\ (1\le i, j\le k)$에 대하여 $i\ne j$이면 $X_i\cap X_j=\phi$일 때 $|X_1\cup X_2\cup\cdots\cup X_k|=m_1+m_2+\cdots+m_k=|X_1|+|X_2|+\cdots+|X_k|$이다."

가 성립한다고 가정하자. 이 때

$P(k+1)$: "임의의 $i, j\ (1\le i, j\le k+1)$에 대하여 $i\ne j$이면 $X_i\cap X_j=\phi$일 때 $|X_1\cup X_2\cup\cdots\cup X_{k+1}|=m_1+m_2+\cdots+m_{k+1}=|X_1|+|X_2|+\cdots+|X_{k+1}|$이다."

가 성립함을 보이면 된다.

$$\begin{aligned}&(X_1\cup X_2\cup\cdots\cup X_k)\cap X_{k+1}\\&=(X_1\cap X_{k+1})\cup(X_2\cap X_{k+1})\cup\cdots\cup(X_k\cap X_{k+1})\\&=\phi\cup\phi\cup\cdots\cup\phi\\&=\phi\end{aligned}$$

이므로

$$\begin{aligned}&|X_1\cup X_2\cup\cdots\cup X_k\cup X_{k+1}|\\&=|(X_1\cup X_2\cup\cdots\cup X_k)\cup X_{k+1}|\\&=|X_1\cup X_2\cup\cdots\cup X_k|+|X_{k+1}|-|(X_1\cup X_2\cup\cdots\cup X_k)\cap X_{k+1}|\\&=|X_1\cup X_2\cup\cdots\cup X_k|+|X_{k+1}|\\&=(|X_1|+|X_2|+\cdots+|X_k|)+|X_{k+1}|\ (\because \text{ 귀납법 가정})\\&=|X_1|+|X_2|+\cdots+|X_k|+|X_{k+1}|\end{aligned}$$

그러므로 2 이상인 모든 자연수 n에 대하여 $P(n)$이 성립한다.

02 (1) A, B, C를 나열하는 $3! = 6$가지 방법 중에서 AB를 한 문자로 생각하고, AB, C를 나열하는 $2! = 2$가지 방법을 제외하면 $3! - 2! = 4$가지 방법이 존재한다.

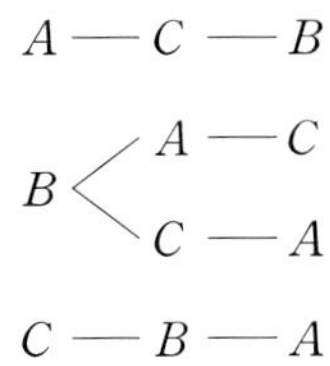

(2) A, B, C, D를 나열하는 $4! = 24$가지 방법 중에서 AB를 한 문자로 생각하고, AB, C, D를 나열하는 $3! = 6$가지 방법을 제외하면 $4! - 3! = 18$가지 방법이 존재한다.

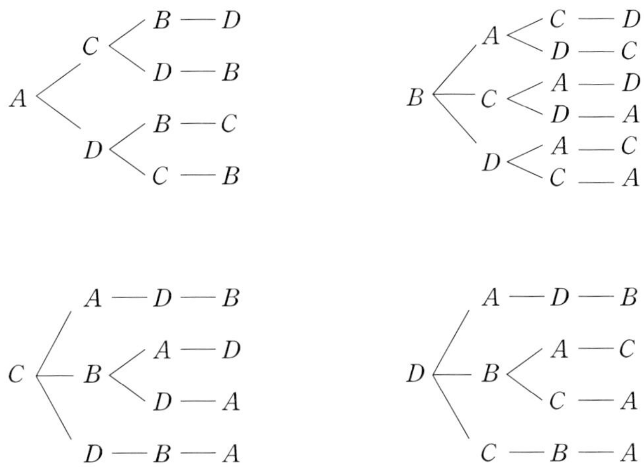

03 (1) $A = \{1, 2, 3, 4\}$에서 1, 2를 뺀 $\{3, 4\}$의 각 부분집합에 1, 2를 포함시키면 1, 2를 포함하는 A의 모든 부분집합을 얻을 수 있으므로 1, 2를 포함하는 A의 부분집합의 개수는 $2^{4-2} = 2^2$이다.

(2) $A = \{1, 2, 3, 4\}$에서 2를 뺀 $\{1, 3, 4\}$의 부분집합중 1을 포함하는 부분집합은 $\{1, 3, 4\}$에서 1을 뺀 $\{3, 4\}$의 각 부분집합에 1을 포함시키면 1은 포함하고 2는 포함하지 않는 A의 부분집합을 얻을 수 있다. 그러므로 1은 포함하고 2는 포함하지 않는 A의 부분집합의 개수는 $2^{4-2} = 2^2$이다.

04 (1) $A = \{1, 2, \cdots, n\}$에서 1, 2를 뺀 $\{3, 4, \cdots, n\}$의 각 부분집합에 1, 2를 포함시키면 1, 2를 포함하는 A의 모든 부분집합을 얻을 수 있으므로 1, 2를 포함하는 A의 부분집합의 개수는 2^{n-2}이다.

(2) $A = \{1, 2, \cdots, n\}$에서 3을 뺀 $\{1, 2, 4, 5, \cdots, n\}$의 부분집합중 1, 2를 포함하는 부분집합은 $\{1, 2, 4, 5, \cdots, n\}$에서 1, 2을 뺀 $\{4, 5, \cdots, n\}$의 각 부분집합에 1, 2를 포함시키면 1, 2는 포함하고 3은 포함하지 않는 A의 부분집합을 얻을 수 있다. 그러므로 1, 2는 포함하고 3은 포함하지 않는 A의 부분집합의 개수는 2^{n-3}이다.

05 계수가 가장 큰 z를 기준으로 생각하면 $x + 2y \geq 3$이므로 $3 \leq 3z \leq 10$이다. 따라서 $z = 1, 2, 3$이다.

(1) $z = 1$일 때 :

$x + 2y = 10$을 만족하는 x, y는 계수가 가장 큰 y를 기준으로 생각하면 $2 \leq 2y \leq 9$이므로 $y = 1, 2, 3, 4$의 4개가 있다.

구하는 (x, y, z)쌍은 다음과 같다 : (8, 1, 1), (6, 2, 1), (4, 3, 1), (2, 4, 1)

(2) $z = 2$일 때 :

$x+2y=7$을 만족하는 x, y는 계수가 가장 큰 y를 기준으로 생각하면 $2 \le 2y \le 6$이므로 $y=1, 2, 3$의 3개가 있다.

구하는 (x, y, z)쌍은 다음과 같다: (5, 1, 2), (3, 2, 2), (1, 3, 2)

(3) $z=3$일 때:

$x+2y=4$을 만족하는 x, y는 계수가 가장 큰 y를 기준으로 생각하면 $2 \le 2y \le 3$이므로 $y=1$의 1개가 있다.

구하는 (x, y, z)쌍은 다음과 같다: (2, 1, 3)

(1), (2), (3)에 의하여 구하는 (x, y, z)의 개수는 4+3+1 = 8(개)이다.

06 (1)

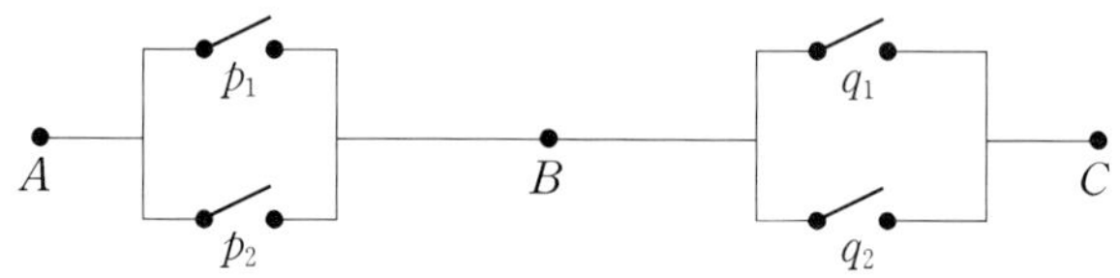

회로가 병렬 연결되어 있는 경우 전류가 흐르는 경우는 두 스위치 중 하나만 연결되면 된다. 스위치가 연결되어 있는 상태를 ○, 스위치가 열려있는 상태를 ×로 나타내기로 하자.

p_1	p_2
○	○
○	×
×	○

A에서 B로 전류가 흐르는 경우

q_1	q_2
○	○
○	×
×	○

B에서 C로 전류가 흐르는 경우

그러므로 A에서 C로 전류가 흐르는 경우의 수는 곱의 법칙에 의하여 $3 \times 3 = 9$이다.

(2)

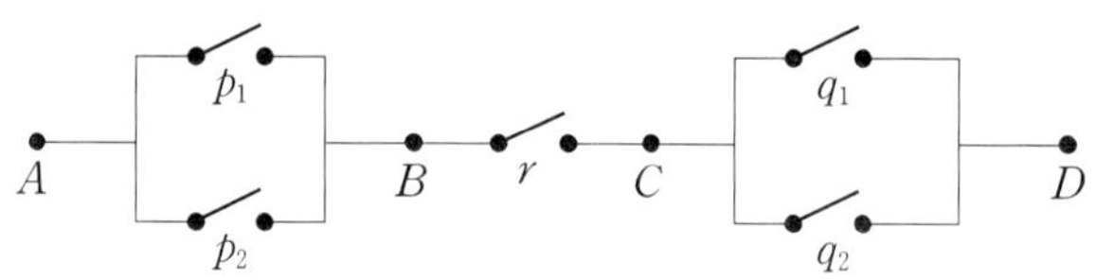

p_1	p_2
○	○
○	×
×	○

A에서 B로 전류가 흐르는 경우

r
○

B에서 C로 전류가 흐르는 경우

q_1	q_2
○	○
○	×
×	○

C에서 D로 전류가 흐르는 경우

그러므로 A에서 D로 전류가 흐르는 경우의 수는 곱의 법칙에 의하여 $3 \times 1 \times 3 = 9$이다.

07

$$\begin{aligned}|A \cup B \cup C| &= |(A \cup B) \cup C| = |A \cup B| + |C| - |(A \cup B) \cap C| \\ &= |A \cup B| + |C| - |(A \cap C) \cup (B \cap C)| \\ &= (|A| + |B| - |A \cap B|) + |C| - (|A \cap C| + |B \cap C| - |(A \cap C) \cap (B \cap C)|) \\ &= |A| + |B| + |C| - (|A \cap B| + |A \cap C| + |B \cap C|) + |A \cap B \cap C|\end{aligned}$$

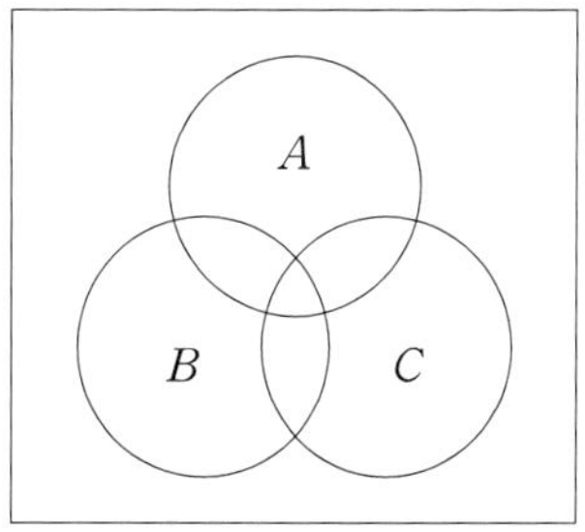

08 (1) 1바이트는 8비트이므로 $2^8 = 256$개의 이진수가 있다.

(2) 2바이트는 16비트이므로 $2^{16} = 65,536$개의 이진수가 있다.

(3) 4바이트는 32비트이므로 $2^{32} = 4,294,967,296$개의 이진수가 있다.

(4) n바이트는 $8n$비트이므로 2^{8n}개의 이진수가 있다.

09 8비트 이진 비트열의 개수는 2^8개이고 1을 하나도 포함하지 않는 8비트 이진 비트열은 00000000 하나뿐이므로 구하는 이진 비트열의 개수는 $2^8 - 1 = 255$개다.

10 (1) 첫 번째 비트를 1로 마지막 비트를 0으로 고정하고 가운데 6비트에 0 또는 1을 선택하는 방법이므로 1로 시작하여 0으로 끝나는 8비트 이진 비트열의 개수는 $2^6 = 64$개이다.

1							0

(2) 2^{n-2}

(3) 1로 시작하는 비트열은

1							

형태이고 0으로 끝나는 비트열은

							0

형태이다. 1로 시작하는 비트열의 집합을 A라 하고 0으로 끝나는 비트열을 B라 하면 구하는 이진 비트열의 집합은 $A \cup B$이다. $|A|$는 첫 번째 비트를 1로 고정하고 나머지 7비트는 0 또는 1로 선택하는 방법의 수이므로 $2^7 = 128$가지이다. $|B|$는 마지막 비트를 0으로 고정하고 나머지 7비트는 0 또는 1로 선택하는 방법의 수이므로 $2^7 = 128$가지이다. 1로 시작하고 0으로 끝나는 8비트 이진 비트열은

1							0

형태이다. 그러므로 $|A \cap B|$는 첫 번째 비트를 1로 고정하고 마지막 비트를 0으로 고정한 뒤 가운데 6비트에 0 또는 1로 선택하는 방법의 수이므로 $2^6 = 64$가지이다. 따라서 1로 시작하거나 0으로 끝나는 8비트 이진 비트열의 수는 $|A \cup B| = |A| + |B| - |A \cap B| = 128 + 128 - 64 = 192$이다.

(4) $n = 1$이면 2개 존재한다 : 0과 1

$n \geq 2$이면 $2^{n-1} + 2^{n-1} - 2^{n-2}$개 존재한다.

11 (1) 234뿐이므로 구하는 개수는 1이다.

(2) 123, 124, 125, 134, 135, 145, 234, 235, 245, 345이므로 구하는 개수는 10이다.

12 (1) 234, 235, 245, 345이므로 구하는 개수는 4이다.

(2) 123, 124, 125, 126, 134, 135, 136, 145, 146, 156, 234, 235, 236, 245, 246, 256, 345, 346, 356, 456이므로 구하는 개수는 20이다.

13 (1) $a_1a_2a_3a_4a_5a_6a_7a_8$이 8개의 문자로 이루어진 회문이라 하자. 그러면 $a_1=a_8$, $a_2=a_7$, $a_3=a_6$, $a_4=a_5$이다. 4개 문자 a_1, a_2, a_3, a_4에 각각 26가지 선택이 가능하므로 8개의 문자로 이루어진 회문의 개수는 26^4이다.

(2) $a_1a_2a_3a_4a_5a_6a_7a_8a_9$가 9개의 문자로 이루어진 회문이라 하자. 그러면 $a_1=a_9$, $a_2=a_8$, $a_3=a_7$, $a_4=a_6$이다. 4개 문자 a_1, a_2, a_3, a_4에 각각 26가지 선택이 가능하고, a_5에도 26가지 선택이 가능하므로 9개의 문자로 이루어진 회문의 개수는 26^5이다.

(3) n이 짝수라 하자. $n=2k$(k는 자연수)이면 n개의 문자로 이루어진 회문 $a_1a_2\cdots a_{2k-1}a_{2k}$의 개수는 k개 문자 a_1, a_2, $\cdots$, a_k에 각각 26가지 선택이 가능하므로 $26^k=26^{\frac{n}{2}}$개 존재한다. n이 홀수라 하자. $n=2k-1$(k는 자연수)이면 n개의 문자로 이루어진 회문 $a_1a_2\cdots a_{2k-2}a_{2k-1}$의 개수는 $k-1$개 문자 a_1, a_2, $\cdots$, a_{k-1}에 각각 26가지 선택이 가능하고 a_k에도 26가지 선택이 가능하므로 회문의 개수는 $26^{k-1}\cdot 26=26^k=26^{\frac{n+1}{2}}$이다.

14 (1) 4개 : 000, 010, 101, 111

(2) 4개 : 0000, 0110, 1001, 1111

(3) n이 짝수일 때 $2^{\frac{n}{2}}$개, n이 홀수일 때 $2^{\frac{n+1}{2}}$개

15 (1) 다음과 같은 9개의 2자리 회문이 있다.
{11, 22, 33, 44, 55, 66, 77, 88, 99}

(2) 다음과 같은 $9\times 10=90$개의 3자리 회문이 있다.
$\{1a1, 2a2, 3a3, 4a4, 5a5, 6a6, 7a7, 8a8, 9a9 \mid a\in\{0, 1, \cdots, 9\}\}$

(3) 다음과 같은 $9\times 10=90$개의 4자리 회문이 있다.
$\{1aa1, 2aa2, 3aa3, 4aa4, 5aa5, 6aa6, 7aa7, 8aa8, 9aa9 \mid a\in\{0, 1, \cdots, 9\}\}$

(4) n이 짝수이면 $9\times 10^{\frac{n}{2}-1}$, n이 홀수이면 $9\times 10^{\frac{n-1}{2}-1}\times 10=9\times 10^{\frac{n-1}{2}}$

16 1의 함수값은 a 또는 b이므로 1의 함수값을 선택할 수 있는 방법의 수는 2이다. 마찬가지로 2, $\cdots$, n의 함수값을 선택할 수 있는 방법의 수도 각각 2이므로 구하는 경우의 수는 곱의 법칙에 의하여 $2\times\cdots\times 2=2^n$이다.

17 1의 함수값은 1, 2, $\cdots$, m 중 하나이므로 1의 함수값을 선택할 수 있는 방법의 수는 m이다. 마찬가지로 2, $\cdots$, n의 함수값을 선택할 수 있는 방법의 수도 각각 m이므로 구하는 경우의 수는 곱의 법칙에 의하여 $m\times\cdots\times m=m^n$이다.

18 (1) $A=\{a, b, c\}$, $B=\{1, 2\}$일 때 A에서 B로의 함수의 개수는 2^3이고, 그 중 2개의 상수함수를 제외한 모든 함수가 전사이므로 전사함수의 개수는 2^3-2이다.

(2) A의 원소의 개수가 m, $B=\{1, 2\}$일 때 A에서 B로의 함수의 개수는 2^m이고, 그 중 2개의 상수함수

를 제외한 모든 함수가 전사이므로 전사함수의 개수는 2^m-2이다.

19 n의 약수는

$$p_1^{f_1}p_2^{f_2}\cdots p_r^{f_r}\ (0\le f_i\le e_i)$$

꼴이다. 각 $i\ (1\le i\le r)$에 대하여 f_i는 0, 1, $\cdots$, e_i 중의 한 수이므로 f_i를 선택할 수 있는 방법은 (e_i+1)가지이다. 그러므로 n의 약수의 개수는 곱의 법칙에 의하여 $(e_1+1)(e_2+1)\cdots(e_r+1)$이다.

20 아래 왼쪽 그림과 같이 세 꼭지점에 x, y, z가 있다고 하자. 삼각형의 세 변에 놓인 수의 합은 $17\times3=51$이고, 이때 x, y, z는 두 번 세었으므로 다음이 성립한다.

$$x+y+z+(1+\cdots+9)=51$$

이로부터 $x+y+z=6$을 얻는다. 이것을 만족하는 x, y, z는 1, 2, 3만이 가능하다. 아래 오른쪽 그림과 같다고 가정할 수 있다.

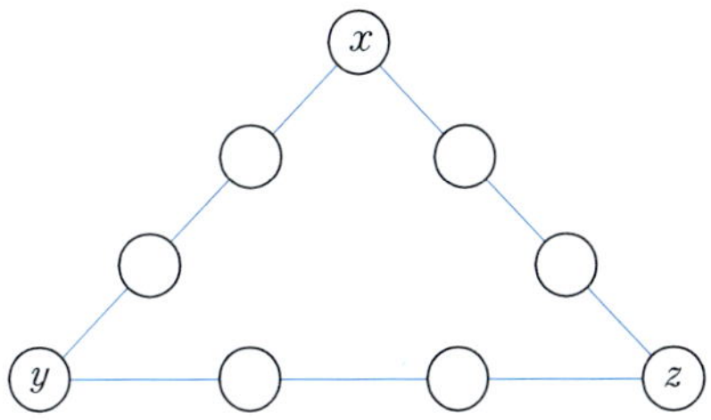

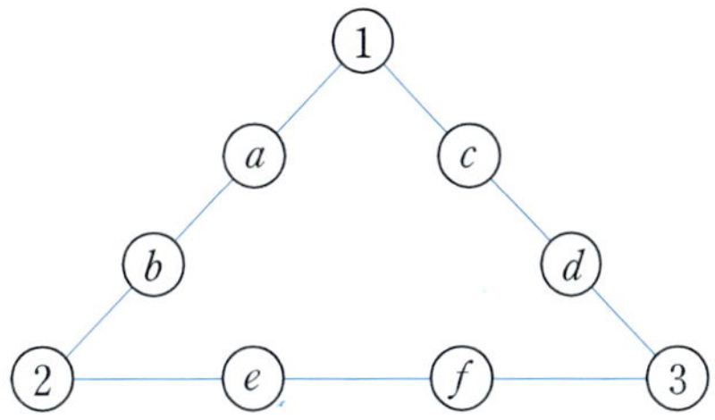

그러면 다음이 성립한다. $\begin{cases}a+b=14\\c+d=13\\e+f=12\end{cases}$

$a+b=14$를 만족하는 것은 $\{a, b\}=\{5, 9\}$ 또는 $\{a, b\}=\{6, 8\}$의 두 경우뿐이다.

① $a=5$, $b=9$라고 하자. 이때, $\begin{cases}c+d=13\\e+f=12\end{cases}$을 만족하는 것은 $\{c, d\}=\{6, 7\}$, $\{e, f\}=\{4, 8\}$뿐이다.

각 변에 2가지씩 가능하므로 8가지가 존재한다.

② $a=6$, $b=8$이라고 하자. 이때, $\begin{cases}c+d=13\\e+f=12\end{cases}$을 만족하는 것은 $\{c, d\}=\{4, 9\}$, $\{e, f\}=\{5, 7\}$뿐이다.

각 변에 2가지씩 가능하므로 8가지가 존재한다. 따라서 구하는 수는 16이다.

21 (a) 첫 번째 바둑알을 놓는 방법의 수는 9, 두 번째 바둑알을 첫 번째 바둑알과 같은 행이나 같은 열에 오지 않도록 놓는 방법의 수는 $9-(3+2)=4$이므로 곱의 법칙에 의하여 $9\times4=36$이다. 그러나 두 바둑알을 바꾸어도 같은 것이 되므로 실제로 구하는 수는 위에서 얻은 수를 2로 나눈 $\dfrac{9\times4}{2}=18$이다.

(b) 첫 번째 바둑알을 놓는 방법의 수는 16, 두 번째 바둑알을 첫 번째 바둑알과 같은 행이나 같은 열에 오지 않도록 놓는 방법의 수는 $16-(4+3)=9$이므로 곱의 법칙에 의하여 $16\times9=144$이다. 그러나 두 바둑알을 바꾸어도 같은 것이 되므로 실제로 구하는 수는 위에서 얻은 수를 2로 나눈 $\dfrac{16\times9}{2}=72$이다.

(c) 첫 번째 바둑알을 놓는 방법의 수는 25, 두 번째 바둑알을 첫 번째 바둑알과 같은 행이나 같은 열에 오지 않도록 놓는 방법의 수는 $25-(5+4)=16$이므로 곱의 법칙에 의하여 $25\times16=400$이다. 그러나 두 바둑알을 바꾸어도 같은 것이 되므로 실제로 구하는 수는 위에서 얻은 수를 2로 나눈 $\dfrac{25\times16}{2}=200$이다.

마찬가지 방법으로 다음을 알 수 있다.

(d) $\dfrac{36\times25}{2}=450$ (e) $\dfrac{49\times36}{2}=882$ (f) $\dfrac{64\times49}{2}=1568$ (g) $\dfrac{n^2(n-1)^2}{2}$

22 (a) 첫 번째 바둑알을 아래의 그림과 같이 사각형 둘레에 놓는 경우는 8가지이고 각 경우에 두 번째 바둑알을 놓는 경우의 수는 $9-(3+2+2)=2$이고 두 바둑알을 서로 바꾸어도 같은 것이 되므로 구하는 수는 $\dfrac{8\times2}{2}=8$이다.

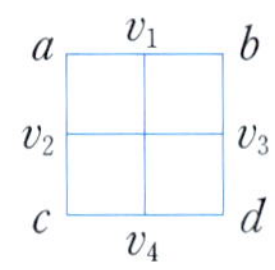

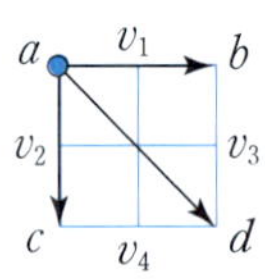

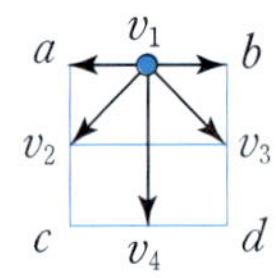

(b) (i) 첫 번째 바둑알을 아래의 그림과 같이 사각형의 둘레에 놓는 경우:
두 가지 경우로 나누어 생각하자.
① 꼭지점 a, b, c, d에 놓는 경우
② 꼭지점이 아닌 변 위의 점(v_1, $\cdots$, v_8)에 놓는 경우

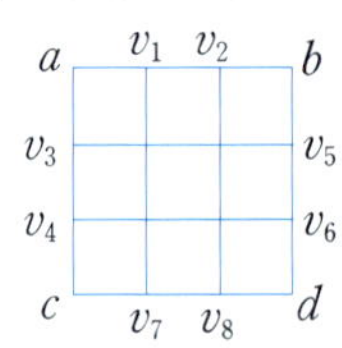

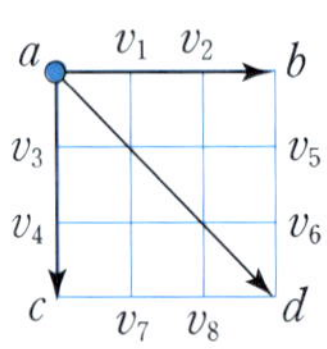

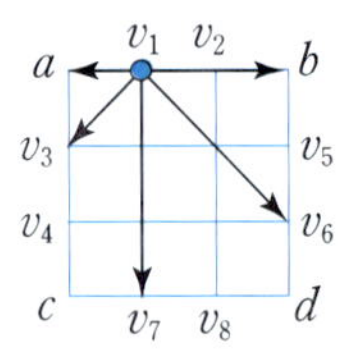

(i) 첫 번째 바둑알의 위치가 ①인 경우 두 번째 바둑알을 맨 바깥 사각형에 놓는 경우의 수는 $12-(4+3+1)=4$이고, 첫 번째 바둑알의 위치가 ②인 경우 두 번째 바둑알을 바깥 사각형에 놓는 경우의 수는 $12-(4+3)=5$이다. 그런데 두 바둑알을 서로 바꾸어도 같은 것이 되므로 구하는 수는 $\dfrac{4\times4+8\times5}{2}=28$이다. 한편 첫 번째 바둑알을 꼭지점 a, b, c, d에 놓는 경우에 두 번째 바둑알을 바깥 사각형이 아닌 곳에 놓는 경우의 수는 $4-2=2$이고, 첫 번째 바둑알을 꼭지점이 아닌 변 위의 점(v_1, $\cdots$, v_8)에 놓는 경우에 두 번째 바둑알을 바깥 사각형이 아닌 곳에 놓는 경우의 수는 $4-3=1$이므로 구하는 수는 $4\times2+8\times1=16$이다.
그러므로 첫 번째 바둑돌을 바깥 사각형에 놓는 경우의 수는 다음과 같다.

$$\frac{4\times4+8\times5}{2}+4\times2+8\times1=28+8+8=44$$

(ii) 첫 번째 바둑돌을 바깥 사각형이 아닌 곳에 놓는 경우는 존재하지 않는다.
위의 (i)-(ii)로부터 구하는 수는 44이다.

(c) (i) 첫 번째 바둑알을 바깥 사각형에 놓는 경우:

두 가지 경우로 나누어 생각하자.

① 꼭지점 a, b, c, d에 놓는 경우

② 꼭지점이 아닌 변 위의 점(v_1, ⋯, v_{12})에 놓는 경우

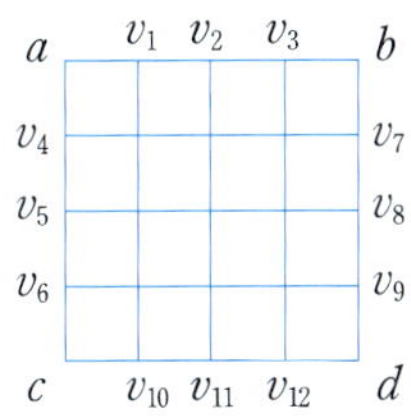

첫 번째 바둑알의 위치가 ①인 경우 두 번째 바둑알을 바깥 사각형에 놓는 경우의 수는 $16-(5+4+1)=6$이고 첫 번째 바둑알의 위치가 ②인 경우 두 번째 바둑알을 바깥 사각형에 놓는 경우의 수는 $16-(5+3)=8$이다.

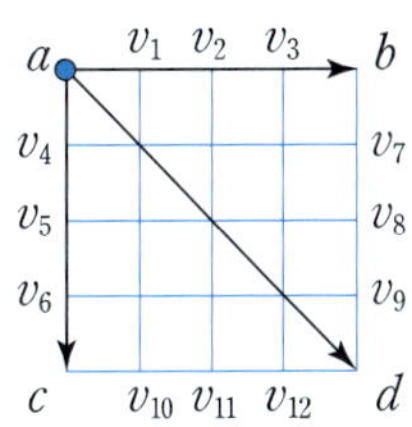

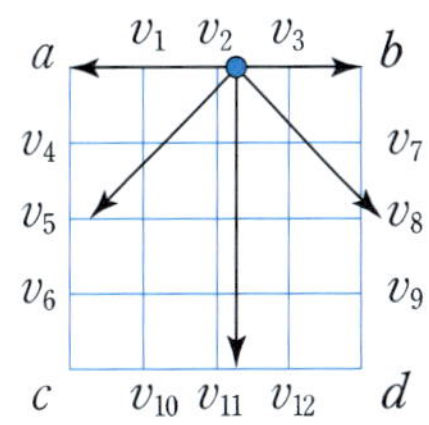

그런데 두 바둑알을 서로 바꾸어도 같은 것이 되므로 구하는 수는 $\frac{4\times6+12\times8}{2}=60$이다. 한편 첫 번째 바둑알의 위치가 ①인 경우 두 번째 바둑알을 바깥 사각형이 아닌 곳에 놓는 경우의 수는 $9-3=6$이고, 첫 번째 바둑알의 위치가 ②인 경우 두 번째 바둑알을 바깥 사각형이 아닌 곳에 놓는 경우의 수는 $9-(3+2)=4$이므로 구하는 수는 $4\times6+12\times4=72$이다. 그러므로 첫 번째 바둑돌을 바깥 사각형에 놓는 경우의 수는 다음과 같다.

$$\frac{4\times6+12\times8}{2}+4\times6+12\times4=60+24+48=132$$

(ii) 첫 번째 바둑돌을 바깥 사각형에서 한 칸 안쪽 사각형에 놓는 경우는 (a)에 의하면 8가지이다.

위의 (i)-(ii)로부터 구하는 수는 $132+8=140$이다.

연습문제 3.2

01 한 변의 길이가 1인 16개의 정사각형으로 나누면 대각선의 길이는 $\sqrt{2}$이고 17개의 점을 찍으면 두 개의 점이 있는 정사각형이 존재한다. 따라서, 두 점 사이의 거리가 $\sqrt{2}$ 이하인 두 점이 반드시 존재한다.

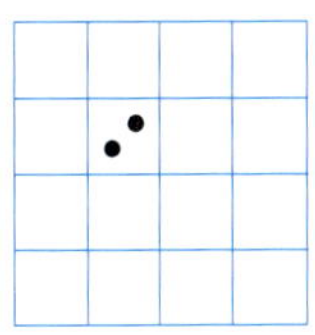

02 사람의 머리카락의 수는 30만 이하이므로 부산 시민의 머리카락의 수가 모두 다르다면 부산 시민의 수도 30만 이하여야 한다. 그러나 부산 시민의 수는 300만을 넘는다. 따라서 부산 시민 중 적어도 두 사람은 똑같은 수의 머리카락을 갖고 있다.

03 $n+1$개의 정수 1, 11, 111, ⋯, 11⋯11(1이 $n+1$개) 를 차례로 $a_1, a_2, a_3, \cdots, a_{n+1}$이라 하자. 각각의 i에 대하여 a_i를 n으로 나눈 나머지를 차례로 $r_1, r_2, r_3, \cdots, r_{n+1}$이라 하면

$$\{r_1, r_2, r_3, \cdots, r_{n+1}\} \subseteq \{0, 1, 2, \cdots, n-1\}$$

비둘기 　　　　　　 비둘기집

이다. 비둘기집 원리에 의하여 $r_i = r_j$인 자연수 $i, j\ (1 \le i < j \le n+1)$가 존재한다. a_j와 a_i가 나머지가 같은 수이므로 $a_j - a_i = 111\cdots000$($j-i$개의 1 다음에 i개의 0)은 0과 1로만 이루어진 n의 배수이다.

04 임의의 자연수는

$$2^i q_i (i \ge 0,\ q_i\text{는 홀수})$$

와 같은 꼴로 나타낼 수 있다.

각 $i = 1, 2, \cdots, n+1$에 대하여 $1 \le a_i \le 2n$이므로 $1 \le q_i \le 2n-1$이다.

비둘기($n+1$마리)	비둘기집(n개의 홀수)
q_1 q_2 ⋮ q_{n+1}	1 3 ⋮ $2n-1$

집합 $\{q_1, q_2, \cdots, q_{n+1}\}$은 $n+1$개의 홀수의 집합이고 $2n$보다 작은 홀수는 n개뿐이므로 $q_i = q_j$인 $i \ne j$가 존재한다. 이때, S의 원소 $a_i = 2^i q_i$, $a_j = 2^j q_j$에 대해 $i < j$이면 a_i가 a_j의 약수이고, $i > j$이면 a_j가 a_i의 약수이다.

05 (1) 101개의 서로 다른 자연수를 $a_1, a_2, \cdots, a_{101}$ 이라 하자.

$a_1, a_2, \cdots, a_{101}$ 를 비둘기라 하고, $\{1,2\}$, $\{3,4\}$, ⋯, $\{199, 200\}$을 50개의 비둘기집이라 하자.

비둘기	비둘기집
$S = \{a_1, a_2, \cdots, a_{101}\}$	$\{1, 2\}$ $\{3, 4\}$ ⋮ $\{199, 200\}$

비둘기집의 원리에 의하여 적어도 한 집에는 두 마리 비둘기가 들어가야 한다. 동일한 집에 들어간 비둘기는 연이은 두 수이다. 즉 101개의 자연수 $a_1, a_2, \cdots, a_{101}$중에는 연이은 두 수가 있다. 연이은 두 자연수를 n, $n+1$이라 하자. 양수 d가 n과 $n+1$의 공약수라면 d는 $(n+1)-n=1$의 공약수이다. 그러므로 n과 $n+1$의 최대공약수는 1이다. 그러므로 $\gcd(n, n+1) = 1$이다. 따라서 101개의 서로 다른 자연수 $a_1, a_2, \cdots, a_{101}$ 중에는 서로 소인 두 수가 존재한다.

(2) $n+1$개의 서로 다른 자연수를 $a_1, a_2, \cdots, a_{n+1}$이라 하면

$S=\{a_1,\ a_2,\ \cdots,\ a_{n+1}\}$	$\{1,\ 2\}$ $\{3,\ 4\}$ $\vdots$ $\{2n-1,\ 2n\}$
비둘기	비둘기집

이다. 비둘기집 원리에 의하여 S에는 연속된 두 자연수 n, $n+1$이 존재한다. 그러므로 $\gcd(n,\ n+1)=1$이다.

06 (1) 처음 앉은 자리에서 원탁을 한자리씩 돌리면 3번 돌리는 동안에 꼭 한 번만 제자리의 명찰이 돌아오고 원탁을 한자리씩 4번 돌리면 처음 자리에 되돌아온다. 처음에는 아무도 제자리에 앉은 사람이 없고, 한자리씩 3번 돌리는 동안 제자리에 앉게 되는 경우는 4번 있으므로 원탁을 한자리씩 3번 돌리는 동안 적어도 한 번은 두 사람이 제자리에 앉게 되는 경우가 생긴다.

비둘기	비둘기집
4사람	한자리씩 돌리는 회수(3)

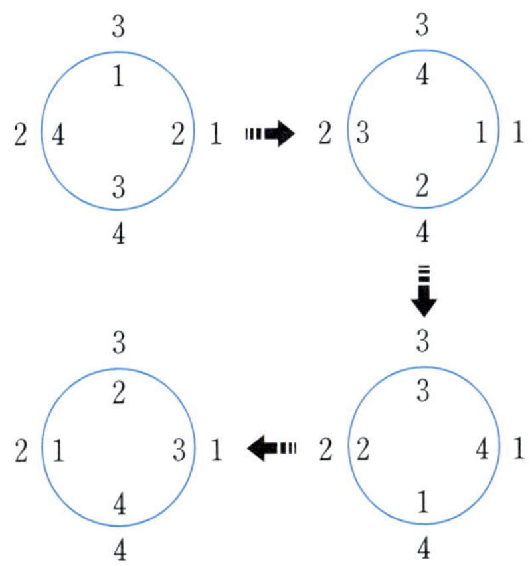

(2) 처음 앉은 자리에서 원탁을 한자리씩 돌리면 9번 돌리는 동안에 꼭 한 번만 제자리의 명찰이 돌아오고 원탁을 한자리씩 10번 돌리면 처음 자리에 되돌아온다. 처음에는 아무도 제자리에 앉은 사람이 없고, 한자리씩 9번 돌리는 동안 제자리에 앉게 되는 경우는 10번 있으므로 원탁을 한자리씩 9번 돌리는 동안 적어도 한 번은 두 사람이 제자리에 앉게 되는 경우가 생긴다.

비둘기	비둘기집
10사람	한자리씩 돌리는 회수(9)

(3) 처음 앉은 자리에서 원탁을 한자리씩 돌리면 $n-1$번 돌리는 동안에 꼭 한 번만 제자리의 명찰이 돌아오고 원탁을 한자리씩 n번 돌리면 처음 자리에 되돌아온다. 처음에는 아무도 제자리에 앉은 사람이 없고, 한자리씩 $n-1$번 돌리는 동안 제자리에 앉게 되는 경우는 n번 있으므로 원탁을 한자리씩 $n-1$번 돌리는 동안 적어도 한 번은 두 사람이 제자리에 앉게 되는 경우가 생긴다.

비둘기	비둘기집
n사람	한자리씩 돌리는 회수$(n-1)$

07 $m+1$개의 자연수 $2^1-1,\ 2^2-1,\ \cdots,\ 2^m-1,\ 2^{m+1}-1$을 생각하여 보자. 이 수들을 m으로 나눈 나머지를 차례로 $r_1,\ r_2,\ \cdots,\ r_m,\ r_{m+1}$이라 하면

$$\boxed{\{r_1, r_2, \cdots, r_m, r_{m+1}\}} \subseteq \boxed{\{0, 1, 2, \cdots, m-1\}}$$

비둘기 비둘기집

이다. 비둘기집 원리에 의하여 2^i-1와 2^j-1이 똑같은 나머지를 갖는 자연수 i, j $(1 \le i < j \le m+1)$가 존재한다. 그러므로

$2^i-1 = q_1m+r$, $2^j-1 = q_2m+r$인 음이 아닌 정수 q_1, q_2가 존재하고

$$(2^j-1)-(2^i-1) = (q_2m+r)-(q_1m+r) = (q_2-q_1)m$$

이다. $2^j-2^i = 2^i(2^{j-i}-1)$이고 m이 홀수이므로 $\gcd(2^i, m)=1$이다. 따라서 m은 $2^{j-i}-1$의 약수이다. $n=j-i$으로 놓으면 2^n-1은 m의 배수이다.

08 (1) 임의의 수 $a \in \{1, 2, \cdots, 100\}$에 대하여 $1 \le \sqrt{a} \le 10$이다. $\{1, 2, \cdots, 100\}$에서 뽑은 11개의 수를 a_1, a_2, $\cdots$, a_{11}이라 하면

$$\{\lfloor \sqrt{a_1} \rfloor, \lfloor \sqrt{a_2} \rfloor, \cdots, \lfloor \sqrt{a_{11}} \rfloor\} \subseteq \{1, 2, \cdots, 10\}$$

비둘기 비둘기집

이다. 비둘기집 원리에 의하여 $\lfloor \sqrt{x} \rfloor = \lfloor \sqrt{y} \rfloor$를 만족하는 두 수 $x, y \in \{1, 2, \cdots, 100\}$가 존재한다. 그러므로

$$\sqrt{x} = \lfloor \sqrt{x} \rfloor + r_1,\ \sqrt{y} = \lfloor \sqrt{x} \rfloor + r_2\ \ (0 \le r_1, r_2 < 1)$$

이다. $\sqrt{x}-\sqrt{y} = r_1-r_2$, $-1 < r_1-r_2 < 1$이고 $r_1 \ne r_2$이므로

$0 < |\sqrt{x}-\sqrt{y}| < 1$이 성립한다.

(2) 임의의 수 $a \in \{1, 2, \cdots, n^2\}$에 대하여 $1 \le \sqrt{a} \le n$이다. $\{1, 2, \cdots, n^2\}$에서 뽑은 $n+1$개의 수를 a_1, a_2, $\cdots$, a_{n+1}이라 하면

$$\{\lfloor \sqrt{a_1} \rfloor, \lfloor \sqrt{a_2} \rfloor, \cdots, \lfloor \sqrt{a_{n+1}} \rfloor\} \subseteq \{1, 2, \cdots, n\}$$

비둘기 비둘기집

이다. 비둘기집 원리에 의하여 $\lfloor \sqrt{x} \rfloor = \lfloor \sqrt{y} \rfloor$를 만족하는 두 수 $x, y \in \{1, 2, \cdots, n^2\}$가 존재한다. 그러므로

$$\sqrt{x} = \lfloor \sqrt{x} \rfloor + r_1,\ \sqrt{y} = \lfloor \sqrt{x} \rfloor + r_2\ \ (0 \le r_1, r_2 < 1)$$

이다. $\sqrt{x}-\sqrt{y} = r_1-r_2$, $-1 < r_1-r_2 < 1$이고 $r_1 \ne r_2$이므로

$0 < |\sqrt{x}-\sqrt{y}| < 1$이 성립한다.

09 6명의 사람을 6개의 점으로 나타내고, 각 쌍의 점을 그 점에 해당하는 2명이 서로 알 때는 실선으로, 서로 모를 때는 점선으로 연결하기로 하면, 문제는 선의 모양이 같은 삼각형이 존재한다는 것을 보이는 것이다.

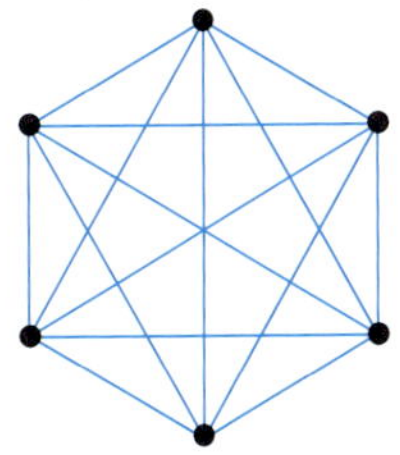

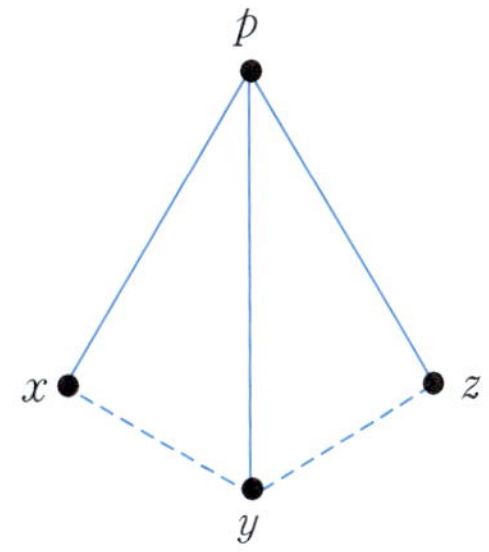

6사람 중 한 사람을 택하여 p라고 하자. 나머지 5명 중 A는 p와 아는 사람들의 집합 B는 p와 모르는 사람들의 집합이라 하자. 그러면 나머지 5명은 A, B 중 어느 한 집합에 속하게 된다. 비둘기집 원리에 의하여 A, B 중 어느 한 집합에는 적어도 $\left\lceil \frac{5}{2} \right\rceil = 3$명이 속한다.

남은 5개의 점을 p_1, p_2, p_3, p_4, p_5라고 하자.

p_1, p_2, p_3, p_4, p_5	A B
비둘기	비둘기집

p와 아는 관계이면 실선에 대응, p와 아는 관계가 아니면 점선에 대응시킨다. 그러면 나머지 5개의 점 중 3개(x, y, z라 하자)는 p와 이어진 선의 모양이 같다. 일반성을 잃지 않고 이들 선의 모양이 모두 실선이라고 하자. 이들 선의 모양이 모두 점선인 경우에는 증명방법이 똑같다.

① x, y, z 중 어느 두 점도 실선으로 이어져 있지 않다면 삼각형 x, y, z는 점선으로 이루어진 삼각형이다.

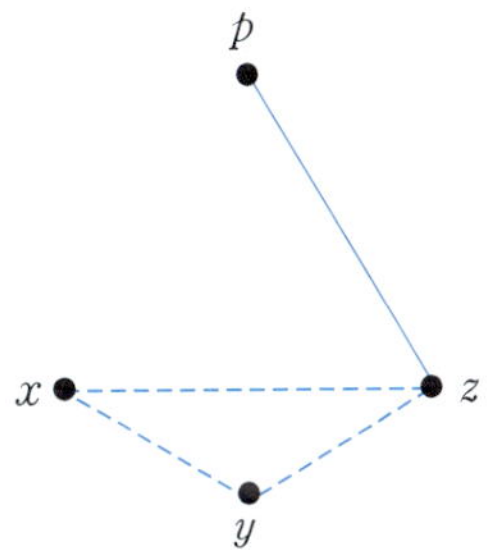

② x, y, z 중 어느 두 점이, 이를테면 x, y가 실선으로 이어졌다면 삼각형 p, x, y는 실선으로 이루어진 삼각형이다.

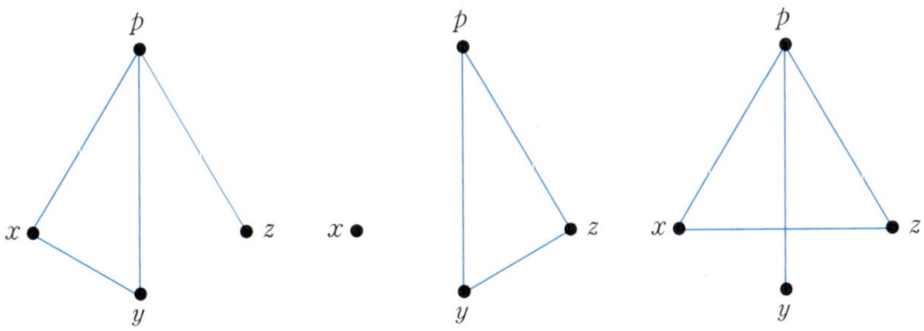

10 정사각형을 한 변의 길이가 $\frac{1}{2}$인 4개의 정사각형으로 나누면 $9 = 4\times2+1$이므로 9개의 점 중에서 적어도

세 점은 한 변의 길이가 $\frac{1}{2}$인 정사각형 안에 있게 된다. 이 정사각형 안에 있는 삼각형의 최대 면적은 정사각형 면적의 $\frac{1}{2}$이므로 삼각형의 최대 면적은 $\frac{1}{2}\times\frac{1}{2}\times\frac{1}{2}=\frac{1}{8}$이다.

11 다섯 점은 다음과 같은 4가지 형태로 분류된다. 즉,
(짝수, 짝수), (짝수, 홀수), (홀수, 짝수), (홀수, 홀수)이다.

비둘기	비둘기집
p_1, p_2, p_3, p_4, p_5	(짝수, 짝수), (짝수, 홀수), (홀수, 짝수), (홀수, 홀수)

비둘기집 원리에 의하여, 적어도 두 점 p_i, p_j는 같은 형태이다. p_i를 (a, b), p_j를 (c, d)라 하면, 두 점의 중점은 $\left(\frac{a+c}{2}, \frac{b+d}{2}\right)$이다. 짝수들의 합과 홀수들의 합은 항상 짝수이므로 $a+c$와 $b+d$는 짝수이다. 따라서 $\frac{a+c}{2}$와 $\frac{b+d}{2}$는 정수이다.

12 (1) 이 문제는 예를 들어 n^2+1명의 키가 서로 다른 사람이 줄을 서 있다면 그 중에서 $n+1$명으로 구성된 키 순서가 증가하는 혹은 감소하는 사람들을 선정하여 옆줄로 뽑아낼 수 있다는 문제이다.
a_1, a_2, $\cdots$, a_{n^2+1}을 n^2+1개의 서로 다른 유한 실수열이라 하자. $1\le k\le n^2+1$인 각 k에 대하여 d_k를 a_k에서 끝나는 감소하는 부분수열의 최대길이라 하고 i_k를 a_k에서 끝나는 증가하는 부분수열의 최대길이라 하자. 예를 들어 위에서 주어진 수열 7, 8, 5, 3, 6, 11, 10, 12, 2, 1의 경우는 다음과 같다.

k	1	2	3	4	5	6	7	8	9	10
a_k	7	8	5	3	6	11	10	12	2	1
d_k	1	1	2	3	2	1	2	1	4	5
i_k	1	2	1	1	2	3	3	4	1	1

만약 길이가 $n+1$인 감소하는 부분수열도 없고 증가하는 부분수열도 없다고 가정하자. 그러면 $1\le k\le n^2+1$인 각 k에 대하여 $1\le d_k\le n$, $1\le i_k\le n$이므로 기껏해야 n^2개의 순서쌍 (d_k, i_k)이 존재한다. 그런데 $1\le k\le n^2+1$이므로 n^2+1개의 순서쌍 (d_k, i_k)이 존재한다. 비둘기집 원리에 의하여 n^2+1개의 순서쌍 (d_k, i_k) 중에는 같은 것이 존재한다. 같은 것을 $s<t$인 s, t에 대하여 $(d_s, i_s)=(d_t, i_t)$, 즉 $d_s=d_t$, $i_s=i_t$라 하자. 이것이 불가능함을 보일 수 있다. 수열의 모든 항이 서로 다른 수이므로 $a_s<a_t$ 혹은 $a_s>a_t$이다. $a_s<a_t$라면 $i_s<i_t$가 되어 모순이고 $a_s<a_t$라면 $d_s<d_t$가 되어 모순이다. 그러므로 $n+1$개의 수로 구성된 증가하는 부분수열 혹은 감소하는 부분수열이 존재한다. 즉, $n+1\le k\le n^2+1$인 적당한 k에 대하여 $i_k=n+1$ 혹은 $d_k=n+1$이 된다.

(2) 이 문제를 다시 말하면 $n+1$개의 수로 구성된 증가하는 부분수열 혹은 감소하는 부분수열을 보장하기 위해서는 최소로 n^2+1개의 서로 다른 실수가 필요하다는 것이다. 예를 들어, 임의로 배열한 서로 다른 유한 실수열 11, 1, 4, 12, 7의 항의 개수는 $5=2^2+1$이다. 이 수열에는 3개의 수로 구성된 증가하는 수열이 2개 있다.

1, 4, 12 ; 1, 4, 7

또 이 수열에는 3개의 수로 구성된 감소하는 수열이 1개 있다.

11, 12, 7

임의로 배열한 서로 다른 실수의 수열 7, 8, 5, 3, 6, 11, 10, 12, 2, 1의 항의 개수는 $10 = 3^2 + 1$이다. 이 수열에는 4개의 수로 구성된 증가하는 수열 7, 8, 11, 12가 존재한다. 또한 이 경우에는 4개의 수로 구성된 감소하는 수열 7, 5, 3, 2도 존재한다. 조사해보면 이 특수한 수열에는 5개의 수로 구성된 감소하는 수열 7, 5, 3, 2, 1도 존재한다.

$n = 2$인 경우 : 3개의 수로 구성된 증가하는 부분수열도 없고 감소하는 부분수열도 없는 길이가 4인 수열이 존재한다. 2, 4, 1, 3

$n = 3$인 경우 : 4개의 수로 구성된 증가하는 부분수열도 없고 감소하는 부분수열도 없는 길이가 9인 수열이 존재한다.

$$3,\ 6,\ 9,\ 2,\ 5,\ 8,\ 1,\ 4,\ 7$$

$n \geq 2$일 때 $n+1$개의 수로 구성된 증가하는 부분수열도 없고 감소하는 부분수열도 없는 n^2개의 서로 다른 실수로 구성된 유한 실수열이 존재한다. 예를 들면,

$$\begin{array}{cccccc} n & 2n & 3n & \cdots & (n-1)n & n^2 \\ n-1 & 2n-1 & 3n-1 & \cdots & (n-1)n-1 & n^2-1 \\ n-2 & 2n-2 & 3n-2 & \cdots & (n-1)n-2 & n^2-2 \\ \vdots & \vdots & \vdots & & \vdots & \vdots \\ 1 & 2n-(n-1)=n+1 & 3n-(n-1)=2n+1 & \cdots & (n-1)n-(n-1) & n^2-(n-1) \end{array}$$

$n = 10$일 때 1에서 100까지 100개의 수로 구성된 다음 수열에는 11개의 수로 구성된 증가하는 부분수열도 없고 감소하는 부분수열도 없다.

10,	20,	30,	40,	50,	60,	70,	80,	90,	100,
9,	19,	29,	39,	49,	59,	69,	79,	89,	99,
8,	18,	28,	38,	48,	58,	68,	78,	88,	98,
7,	17,	27,	37,	47,	57,	67,	77,	87,	97,
6,	16,	26,	36,	46,	56,	66,	76,	86,	96,
5,	15,	25,	35,	45,	55,	65,	75,	85,	95,
4,	14,	24,	34,	44,	54,	64,	74,	84,	94,
3,	13,	23,	33,	43,	53,	63,	73,	83,	93,
2,	12,	22,	32,	42,	52,	62,	72,	82,	92,
1,	11,	21,	31,	41,	51,	61,	71,	81,	91

연습문제 3.3

01 길이가 10인 비트열은 다음과 같은 꼴이다.

$$a_1 a_2 \cdots a_{10} \quad (a_i \in \{0,\ 1\})$$

a_i중 1이 4개이고 0이 6개인 것의 개수는 ${}_{10}C_4 = 210$이다.

02 다음과 같은 $5! = 120$개의 순열이 있다.

12345	14235	21345	24135	31245	34125	41235	43125	51234	53124
12354	14253	21354	24153	31254	34152	41253	43152	51243	53142
12435	14325	21435	24315	31425	34215	41325	43215	51324	53214
12453	14352	21453	24351	31452	34251	41352	43251	51342	53241
12534	14523	21534	24513	31524	34512	41523	43512	51423	53412
12543	14532	21543	24531	31542	34521	41532	43521	51432	53421
13245	15234	23145	25134	32145	35124	42135	45123	52134	54123
13254	15243	23154	25143	32154	35142	42153	45132	52143	54132
13425	15324	23415	25314	32415	35214	42315	45213	52314	54213
13452	15342	23451	25341	32451	35241	42351	45231	52341	54231
13524	15423	23514	25413	32514	35412	42513	45312	52413	54312
13542	15432	23541	25431	32541	35421	42531	45321	52431	54321

03 (1) 다음과 같은 5개다.

(1, 2, 3, 4), (1, 2, 3, 5), (1, 2, 4, 5), (1, 3, 4, 5), (2, 3, 4, 5)

1에서 5까지 자연수 중 4개의 수를 선택하는 조합의 개수와 일치하므로 구하는 개수는 ${}_5C_4 = 5$개다.

(2) 1에서 19까지 자연수 중 4개의 수를 선택하는 조합의 개수와 일치하므로 구하는 개수는 ${}_{19}C_4$개다.

(3) 1에서 $n-1$까지 자연수 중 4개의 수를 선택하는 조합의 개수와 일치하므로 구하는 개수는 ${}_{n-1}C_4$개다.

04 (1) 구하는 개수는 서로 다른 n개의 숫자 1, 2, ⋯, n 중에서 서로 다른 2개의 숫자를 택하여 만든 조합의 개수와 일치하므로 구하는 개수는 ${}_nC_2$이다.

(2) ${}_nC_3$ (3) ${}_nC_4$ (4) ${}_nC_k$

05 영문자를 1개 이상 포함하는 패스워드의 개수는 전체 패스워드의 개수에서 숫자만으로 이루어진 패스워드의 개수를 뺀 것과 같다. 영문자는 26개이므로 영문자 26개와 10개의 숫자로 만들 수 있는 여섯 자리의 패스워드의 개수는 36^6이다. 이 중 숫자만으로 이루어진 패스워드의 개수는 10^6이므로 영문자를 1개 이상 포함하는 패스워드의 개수는 $36^6 - 10^6$이다.

06 M 다음에 바로 L이 오지 않는 경우의 여사건은 M 다음에 바로 L이 오는 경우이다. M 다음에 바로 L이 오는 경우의 수는 M과 L을 붙여서 하나로 생각하여 7개를 일렬로 나열하는 순열의 수이므로 7!가지이다. 전체의 경우의 수는 8개를 일렬로 나열하는 순열의 수 8!가지이므로 M 다음에 바로 L이 오지 않는 경우의 수는 $8! - 7! = 7 \times 7!$(가지)이다.

07 ${}_nP_r$은 1, 2, ⋯, n에서 r개를 뽑아 r자리 수를 만드는 방법의 수이다. 다음의 두 가지 경우로 나누어 생각할 수 있다.

① n이 뽑히지 않을 경우 :

n을 제외한 나머지 $n-1$개의 수 1, 2, ⋯, $n-1$에서 r개를 뽑아 r자리 수를 만들어야 하므로 이 방법의 수는 ${}_{n-1}P_r$이다.

② n이 뽑힐 경우:

n을 제외한 나머지 $n-1$개의 수 1, 2, ⋯, $n-1$에서 $r-1$개를 뽑아 $r-1$자리 수를 만들고 여기에 n을 끼워 넣어 r자리 수를 만드는 방법이 r가지이므로 이 방법의 수는 $r \cdot {}_{n-1}P_{r-1}$이다.

경우 ①과 경우 ②는 동시에 일어나지 않으므로 합의 법칙에 의하여

$${}_nP_r = {}_{n-1}P_r + r \cdot {}_{n-1}P_{r-1}$$

이다.

08 n명을 $n-1$개 팀으로 나누면 2명인 팀 1개와 1명인 팀 $n-2$개가 된다. n명 중에서 2명인 팀에 들어갈 2명만 뽑으면 나머지 팀은 자동으로 결정되므로 ${}_nC_2 = \frac{n(n-1)}{2}$(가지)이다.

연습문제 3.4

01 (1) 출력의 각 행은 다음과 같은 3개의 정수로 이루어져 있다:

$$i_1 i_2 i_3 \quad \cdots \ (*)$$

그리고 이들 사이에는 다음과 같은 관계가 있다.

$$1 \le i_3 \le i_2 \le i_1 \le 5 \quad \cdots \ (**)$$

(**)를 만족하는 모든 정수 열이 (*)의 형태로 나타난다. 따라서 문제는 중복을 허락한 상황에서 집합 $\{1, 2, \cdots, 5\}$에서 3개의 정수를 선택할 수 있는 방법을 세는 것이다. 가능한 선택 방법의 수는 1에서 5까지 5개 품목에서 중복을 허락하여 3개를 선택하는 방법의 수이다. 따라서 ${}_5H_3 = {}_7C_3 = \frac{7!}{4!3!} = 35$이다.

(2) ${}_nH_k = {}_{n+k-1}C_k$

02 1에서 20까지 자연수 중 중복을 허락하여 4개의 수를 선택하는 조합이므로 ${}_{20}H_4 = {}_{23}C_4$이다.

03 전체 경우의 수는 T를 2개 포함한 11개의 문자를 일렬로 나열하는 순열의 수이므로 $\frac{11!}{2!}$ 가지이다. 한편, 적어도 한쪽 끝에 자음이 오는 경우의 수는 전체 경우의 수에서 양쪽 끝에 모음이 오는 경우의 수를 빼면 된다. 양쪽 끝에 모음이 오는 경우에는 5개의 모음 중 2개를 택하여 양쪽 끝에 나열하고 그 사이에 T를 2개 포함한 9개의 문자를 나열한다. 따라서 적어도 한쪽 끝에 자음이 오는 경우의 수는 $\frac{11!}{2!} - {}_5P_2 \times \frac{9!}{2!}$(가지)이다.

04 다음과 같이 두 가지 경우로 나눌 수 있다.

① D로 시작하는 경우: $DDRRR$, $DRDRR$, $DRRDR$, $DRRRD$

② R로 시작하는 경우:

다음과 같이 두 가지 경우로 나눌 수 있다.

(a) R다음에 D로 시작하는 경우: $RDDRR$, $RDRDR$, $RDRRD$

(b) R다음에 R로 시작하는 경우: $RRDDR$, $RRDRD$, $RRRDD$

R로 시작하는 경우는 위의 두 경우 (a), (b)중 하나이고 두 경우를 동시에 만족하는 것은 없으므로 합의 법칙에 의하여 $3+3=6$가지이다.

따라서 D, D, R, R, R을 나열하는 방법의 수는 위의 두 경우 ①, ②중 하나이고 두 경우를 동시에 만족하는 것은 없으므로 합의 법칙에 의하여 $4+6=10$가지이다.

별해 아래와 같은 5개의 빈 칸에 D를 넣을 2칸을 선택하는 방법의 수만큼 존재한다.

그러므로 D, D, R, R, R을 나열하는 방법의 수는 다음과 같은 ${}_5C_2=10$가지이다.

D	D			

$DDRRR$

D		D		

$DRDRR$

D			D	

$DRRDR$

D				D

$DRRRD$

	D	D		

$RDDRR$

	D		D	

$RDRDR$

	D			D

$RDRRD$

		D	D	

$RRDDR$

		D		D

$RRDRD$

			D	D

$RRRDD$

05 ${}_{2n}C_2$은 집합 $\{1, 2, \cdots, n, n+1, n+2, \cdots, 2n\}$에서 두 원소를 뽑는 방법의 수이고 이런 방법은 다음과 같이 두 경우로 나누어 생각할 수 있다.

(1) 두 집합 $\{1, 2, \cdots, n\}$과 $\{n+1, n+2, \cdots, 2n\}$에서 각각 한 원소를 뽑을 수 있고 이런 방법의 수는 ${}_nC_1 \cdot {}_nC_1=n^2$이다.

(2) 집합 $\{1, 2, \cdots, n\}$나 $\{n+1, n+2, \cdots, 2n\}$중 한 집합에서 두 원소를 뽑을 수 있고 이런 방법의 수는 $2\times {}_nC_2$이다.

위의 (1)과 (2)는 동시에 일어나지 않으므로 합의 법칙에 의하여 ${}_{2n}C_2=2\times {}_nC_2+n^2$이다.

06 방법 1 : 철수가 8명중 1명, 2명, …, 8명을 초대할 수 있으므로 철수가 초대할 수 있는 방법의 수는 다음과 같다.

$$ {}_8C_1+{}_8C_2+\cdots+{}_8C_8=2^8-{}_8C_0=255 $$

방법 2 : 1명 이상 8명까지 친구를 초대할 수 있으므로 친구를 초대하는 방법은 원소가 8개인 집합에서 공집합을 제외한 부분집합의 개수만큼 존재한다. 그러므로 $2^8-1=255$가지 방법이 존재한다.

07

$${}_{n+2}C_r = {}_{n+1}C_{r-1} + {}_{n+1}C_r$$
$$= ({}_nC_{r-2} + {}_nC_{r-1}) + ({}_nC_{r-1} + {}_nC_r)$$
$$= {}_nC_{r-2} + 2 \cdot {}_nC_{r-1} + {}_nC_r$$

08 ${}_nC_0 + {}_nC_1 + \cdots + {}_nC_n = 2^n$이고, 각 $i = 0, 1, \cdots, n$에 대하여 ${}_{2n+1}C_i = {}_{2n+1}C_{2n+1-i}$이므로

$$2^{2n+1} = ({}_{2n+1}C_0 + {}_{2n+1}C_1 + \cdots + {}_{2n+1}C_n) + ({}_{2n+1}C_{n+1} + {}_{2n+1}C_{n+2} + \cdots + {}_{2n+1}C_{2n+1})$$
$$= 2({}_{2n+1}C_0 + {}_{2n+1}C_1 + \cdots + {}_{2n+1}C_n)$$

이다. 그러므로 ${}_{2n+1}C_0 + {}_{2n+1}C_1 + {}_{2n+1}C_2 + \cdots + {}_{2n+1}C_n = 2^{2n}$이다.

09 (1) $(x+a_1)(x+a_2)\cdots(x+a_n)$의 각 인수에서 상수항을 선택하여 곱한 것이므로 $a_1a_2\cdots a_n$이다.

(2) $(x+a_1)(x+a_2)\cdots(x+a_n)$의 전개식에서 x항은 x를 한 번 선택하고 $a_1, a_2, \cdots, a_n$중에서 $(n-1)$개를 선택하여 곱한 것이므로 x의 계수는

$$a_1\cdots a_{n-1} + a_1\cdots a_{n-2}a_n + a_1\cdots a_{n-3}a_{n-1}a_n + \cdots + a_1\cdots a_{i-1}a_{i+1}\cdots a_n + \cdots + a_2\cdots a_n$$
$$= \sum_{i=1}^{n} \frac{a_1a_2\cdots a_n}{a_i}$$ 이다.

(3) $(x+a_1)(x+a_2)\cdots(x+a_n)$의 전개식에서 x^2항은 x를 두 번 선택하고 $a_1, a_2, \cdots, a_n$ 중에서 $(n-2)$개를 선택하여 곱한 것이므로 x^2의 계수는

$$a_3\cdots a_n + a_2a_4\cdots a_n + a_2a_3a_5\cdots a_n + \cdots + a_2\cdots a_{n-1} + a_1a_4\cdots a_n + a_1a_3a_5\cdots a_n$$
$$+\cdots + a_1\cdots a_{n-2} = \sum_{1\le i_1<i_2<\cdots<i_{n-2}\le n} a_{i_1}a_{i_2}\cdots a_{i_{n-2}} = \sum_{1\le i<J\le n} \frac{a_1a_2\cdots a_n}{a_ia_j}$$

이다.

(4) $(x+a_1)(x+a_2)\cdots(x+a_n)$의 전개식에서 x^{n-2}항은 x를 $n-2$번 선택하고 $a_1, a_2, \cdots, a_n$ 중에서 둘을 선택하여 곱한 것이므로 x^{n-2}의 계수는

$$a_1a_2 + a_1a_3 + \cdots + a_1a_n + a_2a_3 + \cdots + a_{n-1}a_n = \sum_{1\le i<j\le n} a_ia_j$$이다.

(5) $(x+a_1)(x+a_2)\cdots(x+a_n)$의 전개식에서 x^{n-1}항은 x를 $n-1$번 선택하고 $a_1, a_2, \cdots, a_n$ 중에서 하나를 선택한 것이므로 x^{n-1}의 계수는 $a_1 + a_2 + \cdots + a_n$이다.

(6) 1

(7) $(x+a_1)(x+a_2)\cdots(x+a_n)$의 전개식에서 x^{n-r}항은 x를 $n-r$번 선택하고 $a_1, a_2, \cdots, a_n$ 중에서 r개를 선택한 것이므로 x^{n-r}의 계수는

$$a_1a_2\cdots a_r + a_1a_2\cdots a_{r-1}a_{r+1} + a_1a_2\cdots a_{r-1}a_{r+2} + \cdots + a_1a_2\cdots a_{r-1}a_n$$
$$+\cdots + a_{n-r+1}a_{n-r+2}\cdots a_n = \sum_{1\le i_1<i_2<\cdots<i_r\le n} a_{i_1}a_{i_2}\cdots a_{i_r}$$

이다.

10 $x+y+z=10$에서 음이 아닌 정수해의 개수는 ${}_3H_{10} = {}_{12}C_{10} = \frac{12\times 11}{2\times 1} = 66$이고, 양의 정수해의 개수는 ${}_3H_7 = {}_{3+7-1}C_7 = {}_9C_2 = \frac{9\times 8}{2\times 1} = 36$이다. 따라서 음이 아닌 정수해 중 반드시 0을 포함하는 것은 음이 아닌 정수해의 개수에서 양의 정수해의 개수를 뺀 것과 같으므로 66-36 = 30(개)이다.

11 각 $i=1, 2, \cdots, n$에 대하여 $y_i = x_i - 1$이라 하면 방정식 $x_1 + x_2 + \cdots + x_n = k$의 자연수 해의 개수는 방정식 $y_1 + y_2 + \cdots + y_n = k-n$의 음이 아닌 정수해의 개수 ${}_nH_{k-n} = {}_{k-1}C_{n-1}$과 같다.

12 (1) $$\sum_{i=0}^{9}\sum_{j=0}^{7} a_{ij} = \sum_{j=0}^{7} a_{0j} + \sum_{j=0}^{7} a_{1j} + \cdots + \sum_{j=0}^{7} a_{9j}$$
$$= \sum_{i=0}^{9} a_{i0} + \sum_{i=0}^{9} a_{i1} + \cdots + \sum_{i=0}^{9} a_{i7} = \sum_{j=0}^{7}\sum_{i=0}^{9} a_{ij}$$

$$\begin{array}{lcccccccc}
\sum_{j=0}^{7} a_{0j} = & a_{00} + & a_{01} + & a_{02} + & a_{03} + & a_{04} + & a_{05} + & a_{06} + & a_{07} \\
\sum_{j=0}^{7} a_{1j} = & a_{10} + & a_{11} + & a_{12} + & a_{13} + & a_{14} + & a_{15} + & a_{16} + & a_{17} \\
\sum_{j=0}^{7} a_{2j} = & a_{20} + & a_{21} + & a_{22} + & a_{23} + & a_{24} + & a_{25} + & a_{26} + & a_{27} \\
\sum_{j=0}^{7} a_{3j} = & a_{30} + & a_{31} + & a_{32} + & a_{33} + & a_{34} + & a_{35} + & a_{36} + & a_{37} \\
\sum_{j=0}^{7} a_{4j} = & a_{40} + & a_{41} + & a_{42} + & a_{43} + & a_{44} + & a_{45} + & a_{46} + & a_{47} \\
\sum_{j=0}^{7} a_{5j} = & a_{50} + & a_{51} + & a_{52} + & a_{53} + & a_{54} + & a_{55} + & a_{56} + & a_{57} \\
\sum_{j=0}^{7} a_{6j} = & a_{60} + & a_{61} + & a_{62} + & a_{63} + & a_{64} + & a_{65} + & a_{66} + & a_{67} \\
\sum_{j=0}^{7} a_{7j} = & a_{70} + & a_{71} + & a_{72} + & a_{73} + & a_{74} + & a_{75} + & a_{76} + & a_{77} \\
\sum_{j=0}^{7} a_{8j} = & a_{80} + & a_{81} + & a_{82} + & a_{83} + & a_{84} + & a_{85} + & a_{86} + & a_{87} \\
\sum_{j=0}^{7} a_{9j} = & a_{90} + & a_{91} + & a_{92} + & a_{93} + & a_{94} + & a_{95} + & a_{96} + & a_{97} \\
 & \parallel & \parallel & \parallel & \parallel & \parallel & \parallel & \parallel & \parallel \\
 & \sum_{i=0}^{9} a_{i0} & \sum_{i=0}^{9} a_{i1} & \sum_{i=0}^{9} a_{i2} & \sum_{i=0}^{9} a_{i3} & \sum_{i=0}^{9} a_{i4} & \sum_{i=0}^{9} a_{i5} & \sum_{i=0}^{9} a_{i6} & \sum_{i=0}^{9} a_{i7}
\end{array}$$

(2) 예제 3.4.15에 의하여 각 $j\ (0 \le j \le 7)$에 대하여 $\sum_{i=0}^{9} {}_iC_j = {}_{10}C_{j+1}$이므로

$$\sum_{i=0}^{9}\sum_{j=0}^{7} {}_iC_j = \sum_{j=0}^{7}\sum_{i=0}^{9} {}_iC_j = \sum_{j=0}^{7} {}_{10}C_{j+1} = {}_{10}C_1 + {}_{10}C_2 + \cdots + {}_{10}C_8$$

이다.

한편 ${}_{10}C_0 + {}_{10}C_1 + \cdots + {}_{10}C_{10} = 2^{10}$ 이므로

$${}_{10}C_1 + {}_{10}C_2 + \cdots + {}_{10}C_8 = 2^{10} - ({}_{10}C_0 + {}_{10}C_9 + {}_{10}C_{10}) = 1024 - (1+10+1) = 1012$$

이다. 따라서

$\sum_{i=0}^{9}\sum_{j=0}^{7} {}_iC_j = 1012$이다.

(3) $$\sum_{i=0}^{m}\sum_{j=0}^{n} a_{ij} = \sum_{j=0}^{n} a_{0j} + \sum_{j=0}^{n} a_{1j} + \cdots + \sum_{j=0}^{n} a_{mj}$$
$$= \sum_{i=0}^{m} a_{i0} + \sum_{i=0}^{m} a_{i1} + \cdots + \sum_{i=0}^{m} a_{in} = \sum_{j=0}^{n}\sum_{i=0}^{m} a_{ij}$$

13 (1) $(a+b+c)^4$의 전개식에서 항의 일반적인 형태는

$$a^{n_1}b^{n_2}c^{n_3}\ (n_1+n_2+n_3=4\text{이고 } n_1,\ n_2,\ n_3\geq 0)$$

꼴이므로 항의 개수는 방정식 $n_1+n_2+n_3=4$의 음이 아닌 정수해의 개수인 ${}_3H_4={}_6C_4=15$이다.

(2) $$(a+b+c)^4=\sum_{n_1+n_2+n_3=4}\binom{4}{n_1,n_2,n_3}a^{n_1}b^{n_2}c^{n_3}$$

$$=\binom{4}{4,0,0}a^4+\binom{4}{3,1,0}a^3b+\binom{4}{3,0,1}a^3c+\binom{4}{2,2,0}a^2b^2+\binom{4}{2,1,1}a^2bc$$

$$+\binom{4}{2,0,2}a^2c^2+\binom{4}{1,3,0}ab^3+\binom{4}{1,2,1}ab^2c+\binom{4}{1,1,2}abc^2+\binom{4}{1,0,3}ac^3$$

$$+\binom{4}{0,4,0}b^4+\binom{4}{0,3,1}b^3c+\binom{4}{0,2,2}b^2c^2+\binom{4}{0,1,3}bc^3+\binom{4}{0,0,4}c^4$$

$$=a^4+4a^3b+4a^3c+6a^2b^2+12a^2bc+6a^2c^2+4ab^3+12ab^2c+12abc^2+4ac^3$$

$$+b^4+4b^3c+6b^2c^2+4bc^3+c^4$$

14 (1) $(a+b+c+d)^4=\sum_{n_1+n_2+n_3+n_4=4}\binom{4}{n_1,n_2,n_3,n_4}a^{n_1}b^{n_2}c^{n_3}d^{n_4}$이므로 a^2bc의 계수는

$\binom{4}{2,1,1,0}=12$이다.

(2) $(a+b+c+d)^5=\sum_{n_1+n_2+n_3+n_4=5}\binom{5}{n_1,n_2,n_3,n_4}a^{n_1}b^{n_2}c^{n_3}d^{n_4}$이므로 a^3bc의 계수는

$\binom{5}{3,1,1,0}=20$이다.

(3) $(a+b+c+d)^n=\sum_{n_1+n_2+n_3+n_4=n}\binom{n}{n_1,n_2,n_3,n_4}a^{n_1}b^{n_2}c^{n_3}d^{n_4}$이므로 $a^{n-2}bc$의 계수는

$\binom{n}{n-2,1,1,0}=n(n-1)$이다.

15 (1) $(2x-y)^8=\sum_{k=0}^{8}{}_8C_k(2x)^k(-y)^{8-k}$이므로 x^6y^2의 계수는 ${}_8C_6 2^6(-1)^2=1792$이다.

(2) 계수의 합은 각 문자에 1을 대입한 값과 같으므로 $(3\cdot1+4\cdot1)^6=7^6$이다.

16 (1) 2^3 (2) 0 (3) 2^{10} (4) 3^{10} (5) 4^{10} (6) 625

17 $(x+y)^n=\sum_{k=0}^{n}{}_nC_kx^ky^{n-k}$에서 $x=2$, $y=1$을 대입하면

$3^n=(2+1)^n=\sum_{k=0}^{n}{}_nC_k\cdot2^k\cdot1^{n-k}=\sum_{k=0}^{n}{}_nC_k\cdot2^k$이다.

18 $\left(x+\frac{1}{x}\right)^9=\sum_{k=0}^{9}{}_9C_kx^k\left(\frac{1}{x}\right)^{9-k}=\sum_{k=0}^{9}{}_9C_kx^{2k-9}$

전개식에서 x^5의 계수는 $2k-9=5$, 즉 $k=7$일 때이므로 x^5의 계수는 ${}_9C_7=36$이나.

19 다항정리에 의하여

$$(x+3y+2)^7 = \sum_{n_1+n_2+n_3=7} \binom{7}{n_1, n_2, n_3} x^{n_1}(3y)^{n_2} 2^{n_3}$$

$$= \sum_{n_1+n_2+n_3=7} \binom{7}{n_1, n_2, n_3} 3^{n_2} \cdot 2^{n_3} x^{n_1} y^{n_2}$$

이므로 x^3y^2의 계수는 $\binom{7}{3,2,2}3^2 \cdot 2^2 = \frac{7!}{3!2!2!} \cdot 3^2 \cdot 2^2 = 7560$이다.

20 $\binom{7}{3, 2, 2} \cdot 2^3 \cdot (-3)^2 \cdot 4^2 = 241920$

21 $x_1^{n_1} x_2^{n_2} \cdots x_k^{n_k}$가 $(x_1 + x_2 + \cdots + x_k)^n$의 전개식의 한 항이라면

$$n = n_1 + n_2 + \cdots + n_k \ (n_1, n_2, \cdots, n_k \geq 0)$$

이다. 위의 방정식을 만족하는 음이 아닌 정수해는 ${}_kH_n = {}_{k+n-1}C_n$이므로 $(x_1 + x_2 + \cdots + x_k)^n$의 전개식에서 항의 개수는 ${}_kH_n = {}_{k+n-1}C_n$이다.

22 방법 1 : $2n$-집합 S를 2개의 서로소인 n-집합 X, Y로 분할한다. S에서 n개 택한 조합은 각 $k = 1, 2, \cdots, n$에 대하여 다음과 같은 꼴로 나타난다.

(X의 k개 택한 조합) ∪ (Y의 $(n-k)$개 택한 조합)

따라서 ${}_{2n}C_n = \sum_{k=0}^{n} {}_nC_{kn}C_{n-k} = \sum_{k=0}^{n} ({}_nC_k)^2$

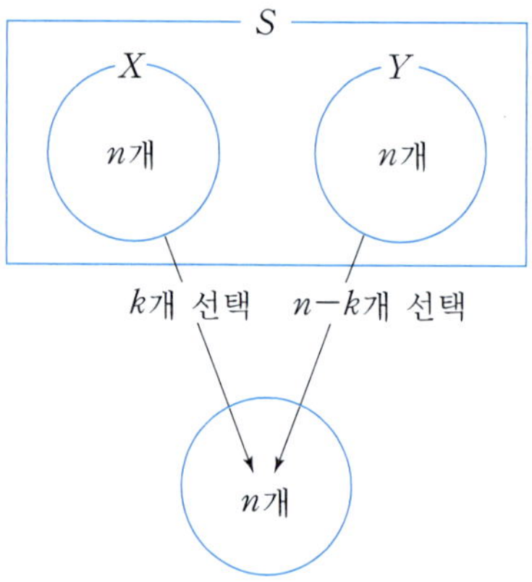

S의 $n-$조합

방법 2 : $0 \leq i \leq n$인 i에 대하여 (n, i) 위치의 점에서 $(2n, n)$ 위치의 점까지 가는 방법의 수는 $(0, 0)$ 위치의 점에서 $(n, n-i)$ 위치의 점까지 가는 방법의 수와 같으므로 ${}_nC_{n-i}$이다. 다음 그림과 같이 $(0, 0)$ 위치의 점에서 $(2n, n)$ 위치의 점에 가기 위해서는 각 $i = 0, 1, \cdots, n$에 대하여 (n, i) 위치의 점까지 간 다음 (n, i) 위치의 점에서 $(2n, n)$ 위치의 점까지 가면 되므로

$${}_{2n}C_n = {}_nC_{0n}C_n + {}_nC_{1n}C_{n-1} + \cdots + {}_nC_{kn}C_{n-k} + \cdots + {}_nC_{nn}C_0$$
$$= {}_nC_{0n}C_0 + {}_nC_{1n}C_1 + \cdots + {}_nC_{kn}C_k + \cdots + {}_nC_{nn}C_n$$
$$= ({}_nC_0)^2 + ({}_nC_1)^2 + \cdots + ({}_nC_n)^2$$

이다.

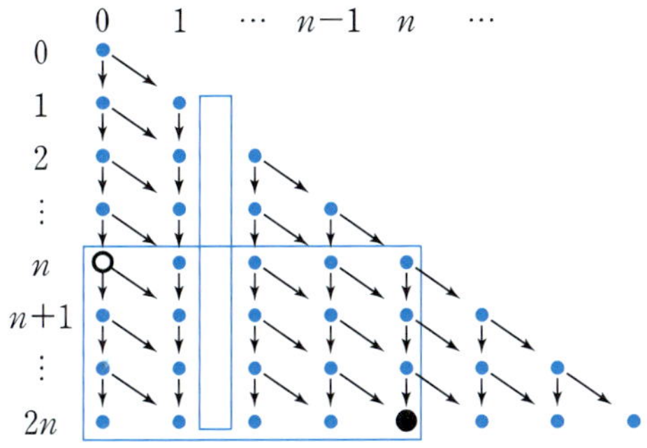

$_nC_0\ _nC_n$

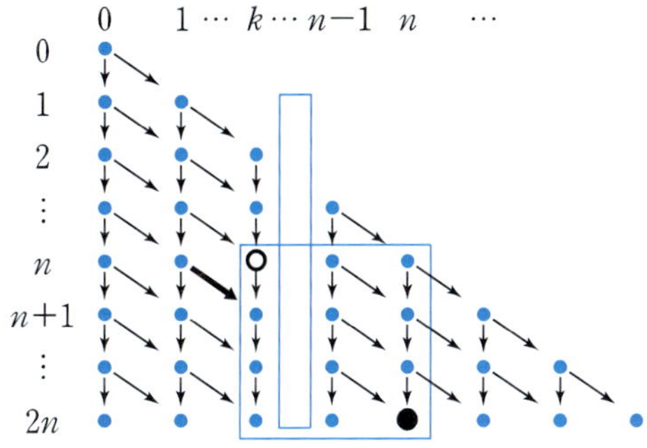

$_nC_k\ _nC_{n-k}$

23 (1) $(1+x)^{n+1}=(1+x)(1+x)^n=x(1+x)^n+(1+x)^n$을 이용하면,
$x(1+x)^n+(1+x)^n$에서 x^k의 계수는 $_nC_{k-1}+{}_nC_k$이고 $(1+x)^{n+1}$에서 x^k의 계수는 $_{n+1}C_k$이므로 $_{n+1}C_k={}_nC_{k-1}+{}_nC_k$이다.

(2) $(1+x)^{2n}$에서 x^n의 계수는 $_{2n}C_n$이고, $(1+x)^n(1+x)^n$에서 x^n의 계수는
$_nC_0\,{}_nC_n+{}_nC_1\,{}_nC_{n-1}+{}_nC_2\,{}_nC_{n-2}+\cdots+{}_nC_n\,{}_nC_0$
$=({}_nC_0)^2+({}_nC_1)^2+\cdots+({}_nC_n)^2$
이므로 $_{2n}C_n=({}_nC_0)^2+({}_nC_1)^2+\cdots+({}_nC_n)^2$이다.

(3) $(1+x)^{m+n}$에서 x^k의 계수는 $_{m+n}C_k$이고, $(1+x)^m(1+x)^n$에서 x^k의 계수는
$_mC_0\,{}_nC_k+{}_mC_1\,{}_nC_{k-1}+\cdots+{}_mC_k\,{}_nC_0$이다. 따라서
$_{m+n}C_k={}_mC_0\,{}_nC_k+{}_mC_1\,{}_nC_{k-1}+\cdots+{}_mC_k\,{}_nC_0$이다.

24 (1) $(1+x)^{n+1}$에서 x^k의 계수는 $_{n+1}C_k$이고,
$(1+x)^n+x(1+x)^{n-1}+x^2(1+x)^{n-2}+\cdots+x^k(1+x)^{n-k}+x^{k+1}(1+x)^{n-k}$에서 x^k의 계수는
$_nC_k+{}_{n-1}C_{k-1}+{}_{n-2}C_{k-2}+\cdots+{}_{n-k}C_0$이다. 그러므로
$_nC_k+{}_{n-1}C_{k-1}+{}_{n-2}C_{k-2}+\cdots+{}_{n-k}C_0={}_{n+1}C_k$이다.

(2) $(0, 0)$ 위치의 점에서 $(n+1, k)$ 위치의 점까지 가는 방법의 수는 $0\le i\le k-1$인 각 i에 대하여 $(n-k+i, i)$ 위치의 점까지 간 다음 아래로 한 칸 가고 나서 계속 오른쪽 아래로 내려가거나, (n, k) 위치의 점까지 간 다음 바로 아래로 한 칸 내려가는 방법의 수와 같으므로

$$_{n+1}C_k={}_nC_k+{}_{n-1}C_{k-1}+{}_{n-2}C_{k-2}+\cdots+{}_{n-k}C_0$$

이다.

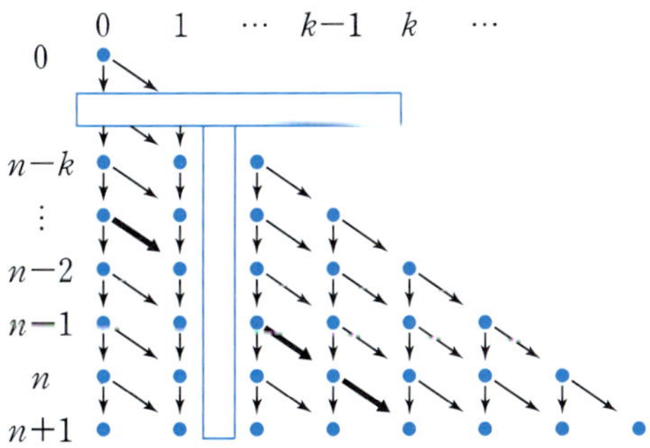

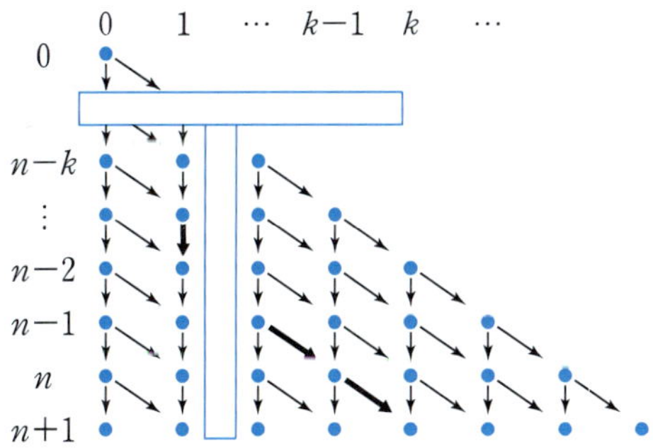

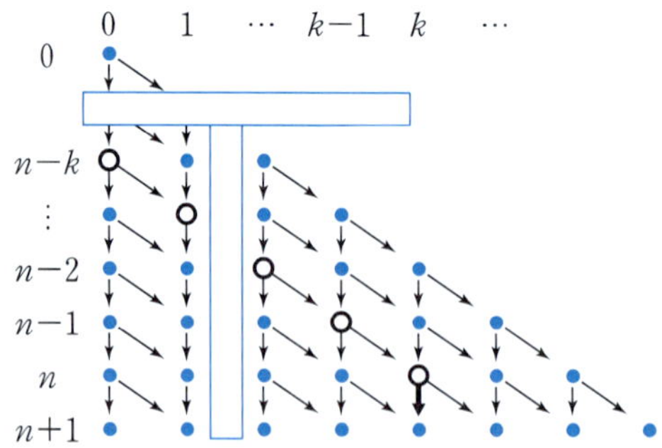

25 $0 \le i \le k$인 i에 대하여 (m, i) 위치의 점에서 $(m+n, k)$ 위치의 점까지 가는 방법의 수는 $(0, 0)$ 위치의 점에서 $(n, k-i)$ 위치의 점까지 가는 방법의 수와 같으므로 ${}_nC_{k-i}$이다. 다음 그림과 같이 $(0, 0)$ 위치의 점에서 $(m+n, k)$ 위치의 점에 가기 위해서는 각 $i=0, 1, \cdots, k$에 대하여 (m, i) 위치의 점까지 간 다음 (m, i) 위치의 점에서 $(m+n, k)$위치의 점까지 가면 되므로 ${}_{m+n}C_k = {}_mC_0\,{}_nC_k + {}_mC_1\,{}_nC_{k-1} + \cdots + {}_mC_k\,{}_nC_0$이다.

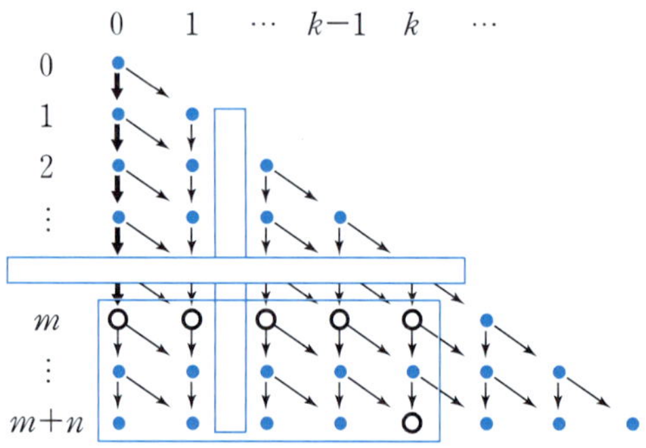

${}_mC_0\,{}_nC_k$

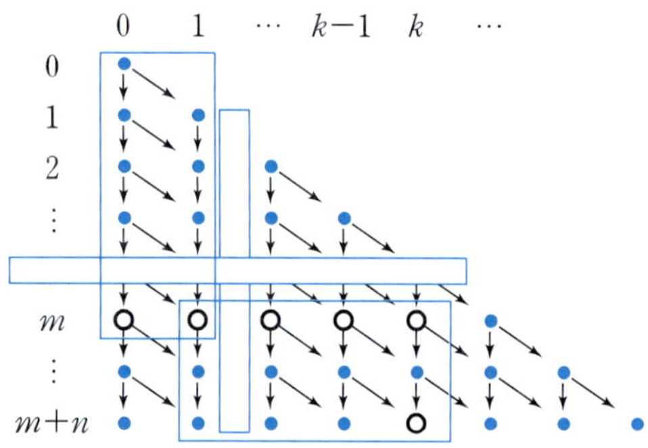

${}_mC_1\,{}_nC_{k-1}$

26 (1) 구하는 수는 4권 이상씩 있는 두 종류의 책 중에서 4권의 책을 선택하는 방법 수이므로 두 종류의 책을 구분하기 위해서 필요한 한 개의 |와 선택하는 책의 개수인 4개의 ○를 합해서 총 5개의 기호를 나열하는 방법의 수와 같다. 그러므로 구하는 해의 개수는 ${}_2H_4 = {}_{2+4-1}C_4 = {}_5C_4 = 5$이다.

별해 5개의 빈 칸에서 1칸을 선택하여 ○로 나타낸 다음 그림에서 ⓐ, ⓑ에 있는 빈 칸의 개수를 각각 x_1, x_2라 하면 (x_1, x_2)는 부등식 $x_1 + x_2 = 4$의 음이 아닌 정수해들이다.

그러므로 $x_1 + x_2 = 4$의 음이 아닌 정수해의 개수는 5개의 칸에서 ○를 넣을 1칸을 선택하는 경우의 수 ${}_5C_1 = 5$와 같다.

(2) 다음과 같이 세 가지 방법으로 문제를 풀 수 있다.

(i) $x_1 + x_2 \le 4$의 음이 아닌 정수해는 각 $i = 0, 1, 2, 3, 4$에 대하여 $x_1 + x_2 = i$의 음이 아닌 정수해들이므로 구하는 수는 다음과 같다.

$$\begin{aligned} &{}_2H_0 + {}_2H_1 + {}_2H_2 + {}_2H_3 + {}_2H_4 \\ &= {}_1C_0 + {}_2C_1 + {}_3C_2 + {}_4C_3 + {}_5C_4 \\ &= {}_6C_4 (\text{예제 3.4.16 참조}) \end{aligned}$$

(ii) 6개의 빈 칸에서 2칸을 선택하여 ○로 나타낸 다음 그림에서 ⓐ, ⓑ에 있는 빈 칸의 개수를 각각

x_1, x_2라 하면 $(x_1,\ x_2)$는 부등식 $x_1+x_2 \le 4$의 음이 아닌 정수해들이다.

ⓐ ○ ⓑ ○ ⓒ

역으로 부등식 $x_1+x_2 \le 4$의 음이 아닌 정수해 $(x_1,\ x_2)$가 주어지면 위와 같은 방법으로 6칸에서 ○를 넣을 2칸을 선택할 수 있다.

그러므로 $x_1+x_2 \le 4$의 음이 아닌 정수해의 개수는 6개의 칸에서 ○를 넣을 2칸을 선택하는 경우의 수 ${}_6C_2=15$와 같다.

다음은 $x_1+x_2 \le 4$의 음이 아닌 정수해들이다.

○	○					(0, 0)
○		○				(0, 1)
○			○			(0, 2)
○				○		(0, 3)
○					○	(0, 4)
	○	○				(1, 0)
	○		○			(1, 1)
	○			○		(1, 2)
	○				○	(1, 3)
		○	○			(2, 0)
		○		○		(2, 1)
		○			○	(2, 2)
			○	○		(3, 0)
			○		○	(3, 1)
				○	○	(4, 0)

(iii) 부등식 $x_1+x_2 \le 4$의 음이 아닌 정수해 $(x_1,\ x_2)$에 대하여 $x_3=4-(x_1+x_2)$라 하면 $(x_1,\ x_2,\ x_3)$는 방정식 $x_1+x_2+x_3=4$의 음이 아닌 정수해이다. 예를 들어 $x_1+x_2 \le 4$의 음이 아닌 정수해 $(1,\ 3)$에 대하여 $x_3=4-(1+3)=0$이라 하면 $(1,\ 3,\ 0)$은 $x_1+x_2+x_3=4$의 음이 아닌 정수해이다.
역으로 $(x_1,\ x_2,\ x_3)$가 방정식 $x_1+x_2+x_3=4$의 음이 아닌 정수해라면 $(x_1,\ x_2)$는 부등식 $x_1+x_2 \le 4$의 음이 아닌 정수해이다. 그러므로 부등식 $x_1+x_2 \le 4$의 음이 아닌 정수해의 개수는 방정식 $x_1+x_2+x_3=4$의 음이 아닌 정수해의 개수와 같고, 이 수는 ${}_3H_4={}_{3-1+4}C_4={}_6C_4=15$이다.

27 다음과 같이 세 가지 방법으로 문제를 풀 수 있다.

(1) $x_1+x_2+\cdots+x_n \le k$의 음이 아닌 정수해는 각 $i=0,\ 1,\ \cdots,\ k$에 대하여 $x_1+x_2+\cdots+x_n=i$의 음이 아닌 정수해들로 나눌 수 있으므로 구하는 수는 다음과 같다.

$${}_nH_0+{}_nH_1+\cdots+{}_nH_k$$
$$={}_{n-1}C_0+{}_nC_1+\cdots+{}_{n-1+k}C_k$$
$$={}_{n+k}C_k \text{ (예제 3.4.16 참조)}$$

(2) $(n+k)$개의 빈 칸에서 n칸을 선택하여 ○로 나타낸 다음 그림에서 $B_1,\ B_2,\ \cdots,\ B_n$에 있는 빈 칸의 개수를 각각 $x_1,\ x_2,\ \cdots,\ x_n$이라 하면 $(x_1,\ x_2,\ \cdots,\ x_n)$는 부등식 $x_1+x_2+\cdots+x_n \le k$의 음이 아닌 정수해들이다.

B_1 ○ B_2 ○ B_3 ⋯ B_{n-1} ○ B_n ○ B_{n+1}

역으로 부등식 $x_1+x_2+\cdots+x_n \le k$의 음이 아닌 정수해 $(x_1,\ x_2,\ \cdots,\ x_n)$가 주어지면 위와 같은 방법으로 $(n+k)$칸에서 ○를 넣을 n칸을 선택할 수 있다. 그러므로 $x_1+x_2+\cdots+x_n \le k$의 음이 아닌 정수해의 개수는 $(n+k)$개의 칸에서 ○를 넣을 n칸을 선택하는 경우의 수 ${}_{n+k}C_n={}_{n+k}C_k$ 와 같다.

(3) 부등식 $x_1+x_2+\cdots+x_n \le k$의 음이 아닌 정수해 $(x_1, x_2, \cdots, x_n)$에 대하여 $x_{n+1}=k-(x_1+x_2+\cdots+x_n)$라 하면 $(x_1, x_2, \cdots, x_{n+1})$는 방정식 $x_1+x_2+\cdots+x_{n+1}=k$의 음이 아닌 정수해이다.

역으로 $(x_1, x_2, \cdots, x_{n+1})$가 방정식 $x_1+x_2+\cdots+x_{n+1}=k$의 음이 아닌 정수해라면 $(x_1, x_2, \cdots, x_n)$는 부등식 $x_1+x_2+\cdots+x_n \le k$의 음이 아닌 정수해이다. 그러므로 부등식 $x_1+x_2+\cdots+x_n \le k$의 음이 아닌 정수해의 개수는 방정식 $x_1+x_2+\cdots+x_{n+1}=k$의 음이 아닌 정수해의 개수와 같고, 이 수는 ${}_{n+1}H_k={}_{(n+1)-1+k}C_k={}_{n+k}C_k$이다.

28 다음과 같이 세 가지 방법으로 문제를 풀 수 있다.

(1) 구하는 수는 i $(2 \le i \le 4)$개의 똑같은 공을 2개의 서로 다른 상자에 넣는데 빈 상자가 없도록 넣는 방법의 수이다. 우선 두 상자에 1개씩 넣으면 $i-2$개가 남는다. 구하는 수는 이 $i-2$ $(2 \le i \le 4)$개의 공을 2개의 서로 다른 상자에 넣는 방법 수와 같으므로 ${}_2H_0+{}_2H_1+{}_2H_2={}_1C_0+{}_2C_1+{}_3C_2={}_4C_2=6$이다.

실제로 $x_1+x_2 \le 4$의 자연수로 이루어진 해는 다음과 같은 6개이다.

$$(1,\ 1),\ (1,\ 2),\ (2,\ 1),\ (1,\ 3),\ (2,\ 2),\ (3,\ 1)$$

(2) $y_1=x_1-1$, $y_2=x_2-1$라 하면 x_1, x_2가 자연수이므로 y_1, y_2는 음이 아닌 정수이다. 주어진 부등식은 $(y_1+1)+(y_2+1) \le 4$, 즉 $y_1+y_2 \le 2$이다.

부등식 $y_1+y_2 \le 2$의 음이 아닌 정수해는 문제 26에 의하여 ${}_{2+2}C_2=6$개다.

(3) (x_1, x_2)를 부등식 $x_1+x_2 \le 4$의 자연수로 이루어진 해라 하자.

$$a_1=x_1,\ a_2=x_1+x_2$$

로 놓으면 $1 \le a_1 < a_2 \le 4$이다. 역으로 $1 \le a_1 < a_2 \le 4$인 자연수 a_1, a_2에 대하여 $a_1=x_1$, $a_2=x_1+x_2$이 성립하도록 x_1, x_2를 잡으면 (x_1, x_2)는 부등식 $x_1+x_2 \le 4$의 자연수로 이루어진 해이다. 따라서 부등식 $x_1+x_2 \le 4$의 자연수로 이루어진 해의 개수는 $1 \le a_1 < a_2 \le 4$인 a_1, a_2를 선택하는 방법의 수 ${}_4C_2=6$와 같다.

29 다음과 같이 세 가지 방법으로 문제를 풀 수 있다.

(1) 구하는 수는 i $(n \le i \le k)$개의 똑같은 공을 n개의 서로 다른 상자에 넣는데 빈 상자가 없도록 넣는 방법의 수이다. 우선 n개의 상자에 1개씩 넣으면 $i-n$개가 남는다. 구하는 수는 이 $i-n$ $(n \le i \le k)$개의 공을 n개의 서로 다른 상자에 넣는 방법 수와 같으므로

$${}_nH_0+{}_nH_1+\cdots+{}_nH_{k-n}$$
$$={}_{n-1}C_0+{}_nC_1+\cdots+{}_{k-1}C_{k-n}$$
$$={}_kC_{k-n}\ (\text{예제 3.4.16 참조})$$
$$={}_kC_n$$

이다.

(2) $y_1=x_1-1$, $y_2=x_2-1$, $\cdots$, $y_n=x_n-1$이라 하면 x_1, x_2, $\cdots$, x_n이 자연수이므로 y_1, y_2, $\cdots$, y_n은 음이 아닌 정수이다. 주어진 부등식은 $(y_1+1)+(y_2+1)+\cdots+(y_n+1) \le k$, 즉 $y_1+y_2+\cdots+y_n \le k-n$이다.

부등식 $y_1+y_2+\cdots+y_n \le k-n$의 음이 아닌 정수해는 문제 27에 의하여 ${}_{(k-n)+n}C_n={}_kC_n$개다.

(3) $(x_1, x_2, \cdots, x_n)$를 부등식 $x_1+x_2+\cdots+x_n \le k$의 자연수로 이루어진 해라 하자.

$$a_1 = x_1,\ a_2 = x_1 + x_2,\ \cdots,\ a_n = x_1 + x_2 + \cdots + x_n$$

로 놓으면 $1 \le a_1 < a_2 < \cdots < a_n \le k$이다. 역으로 $1 \le a_1 < a_2 < \cdots < a_n \le k$인 자연수 $a_1,\ a_2,\ \cdots,\ a_n$에 대하여 $a_1 = x_1,\ a_2 = x_1 + x_2,\ \cdots,\ a_n = x_1 + x_2 + \cdots + x_n$이 성립하도록 $x_1,\ x_2,\ \cdots,\ x_n$을 잡으면 $(x_1,\ x_2,\ \cdots,\ x_n)$은 부등식 $x_1 + x_2 + \cdots + x_n \le k$의 자연수로 이루어진 해이다. 따라서 부등식 $x_1 + x_2 + \cdots + x_n \le k$의 자연수로 이루어진 해의 개수는 $1 \le a_1 < a_2 < \cdots < a_n \le k$인 $a_1,\ a_2,\ \cdots,\ a_n$를 선택하는 방법의 수 ${}_kC_n$와 같다.

연습문제 3.5

01 (1) 다음과 같은 2개 존재한다.

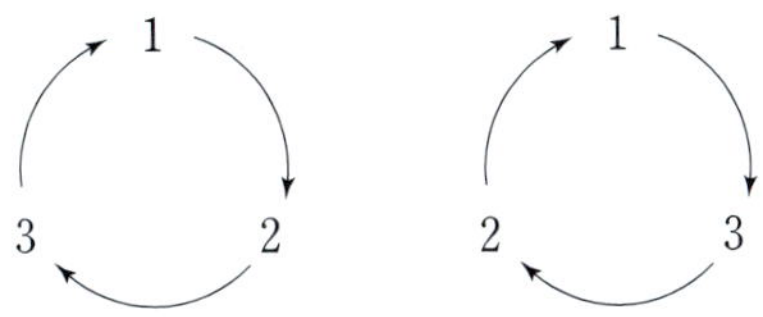

$\begin{pmatrix}123\\231\end{pmatrix}=(123)$　　$\begin{pmatrix}123\\312\end{pmatrix}=(132)$

(2) 다음과 같은 3개 존재한다.

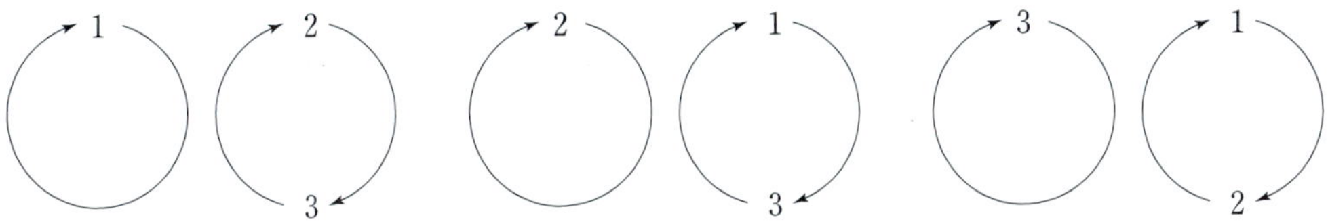

$\begin{pmatrix}123\\132\end{pmatrix}=(1)(23)$　　$\begin{pmatrix}123\\321\end{pmatrix}=(2)(13)$　　$\begin{pmatrix}123\\213\end{pmatrix}=(3)(12)$

(3) 다음과 같은 1개 존재한다.

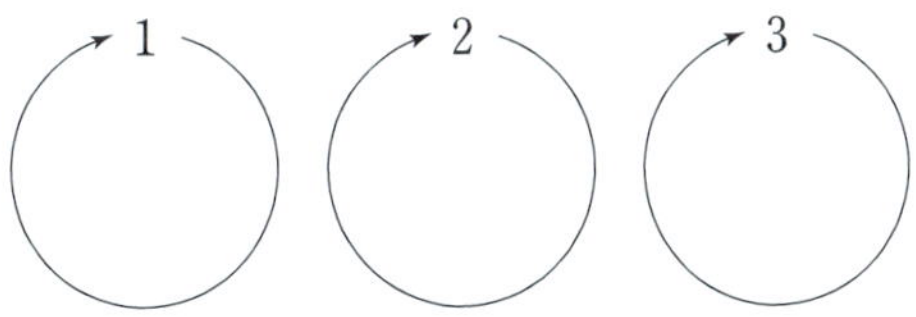

$\begin{pmatrix}123\\123\end{pmatrix}=(1)(2)(3)$

(4) $s(3,\ 1)+s(3,\ 2)+s(3,\ 3)=2+3+1=6=3!$이다. 집합 $\{1,\ 2,\ 3\}$의 모든 치환의 개수도 $6=3!$이다. 그러므로 $s(3,\ 1)+s(3,\ 2)+s(3,\ 3)$은 집합 $\{1,\ 2,\ 3\}$이 모든 치환의 개수이다.

02 (1) 다음과 같은 6개 존재한다.

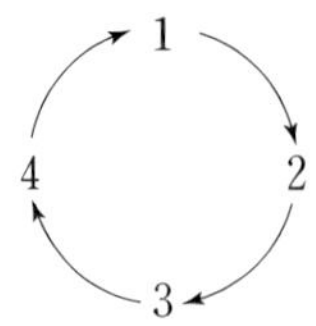

$\begin{pmatrix}1234\\2341\end{pmatrix}=(1234)$

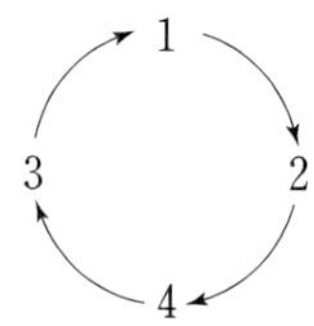

$\begin{pmatrix}1234\\2413\end{pmatrix}=(1243)$

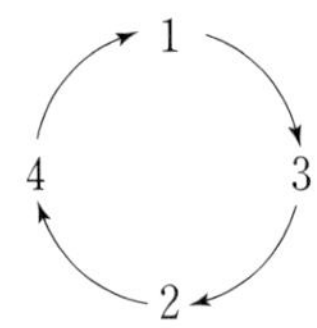

$\begin{pmatrix}1234\\3421\end{pmatrix}=(1324)$

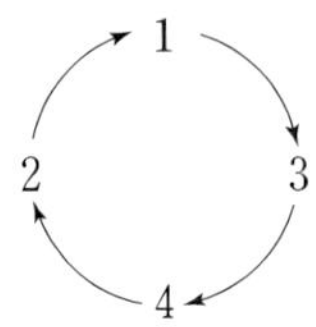

$\begin{pmatrix}1234\\3142\end{pmatrix}=(1342)$

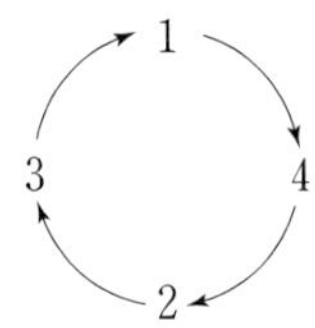

$\begin{pmatrix}1234\\4312\end{pmatrix}=(1423)$

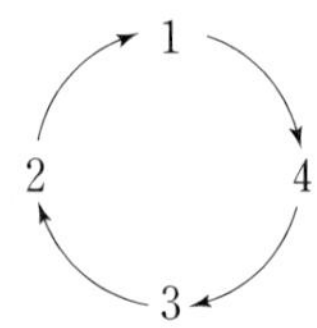

$\begin{pmatrix}1234\\4123\end{pmatrix}=(1432)$

(2) 11개(예제 3.5.1)

(3) 다음과 같은 6개 존재한다.

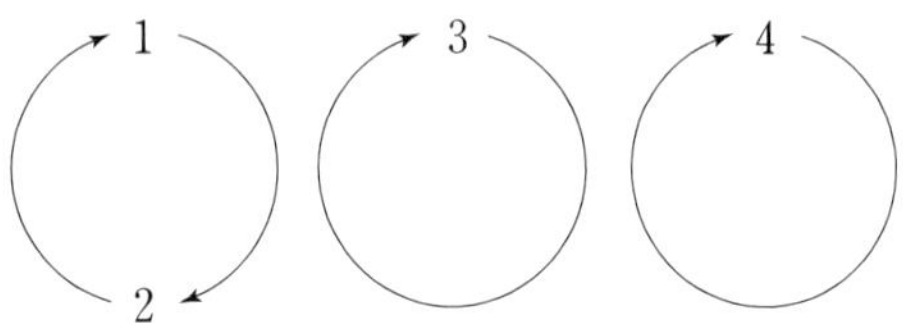

$\begin{pmatrix}1234\\2134\end{pmatrix}=(12)(3)(4)$

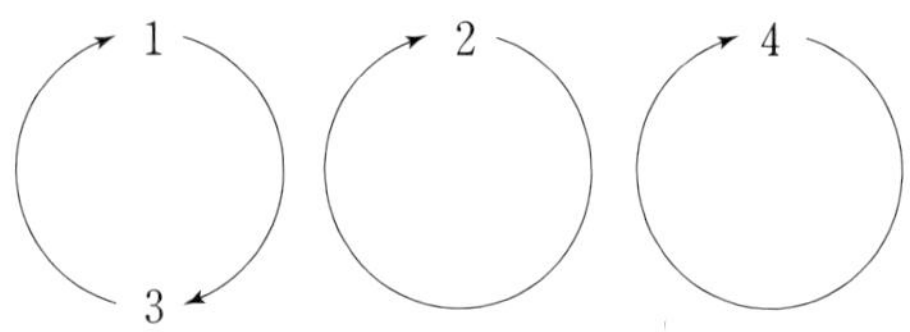

$\begin{pmatrix}1234\\3214\end{pmatrix}=(13)(2)(4)$

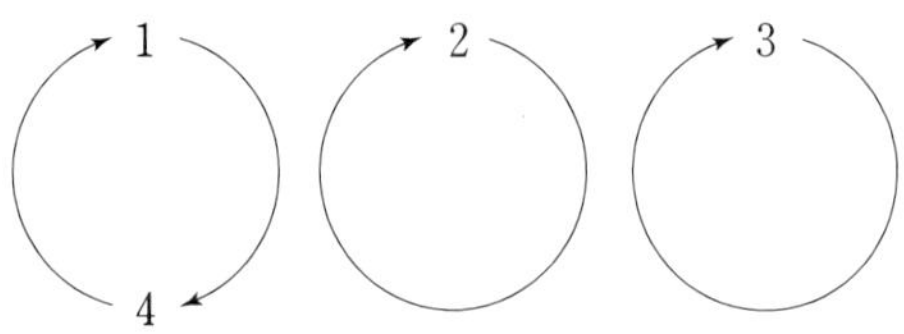

$\begin{pmatrix}1234\\4231\end{pmatrix}=(14)(2)(3)$

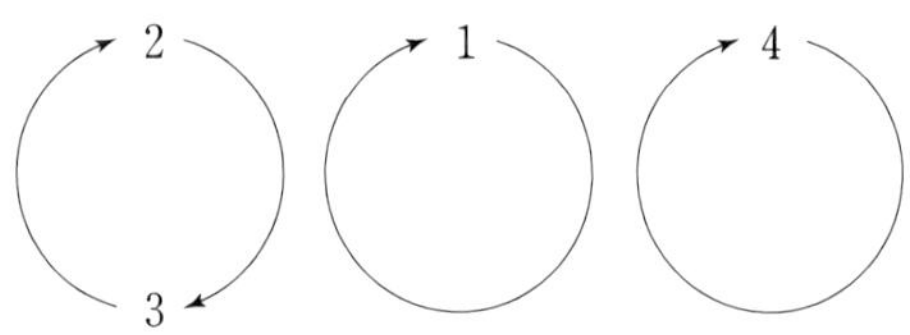

$\begin{pmatrix}1234\\1324\end{pmatrix}=(23)(1)(4)$

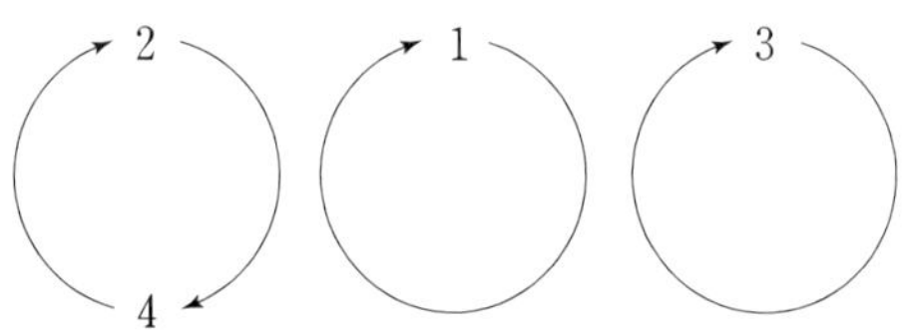

$\begin{pmatrix}1234\\1432\end{pmatrix}=(24)(1)(3)$

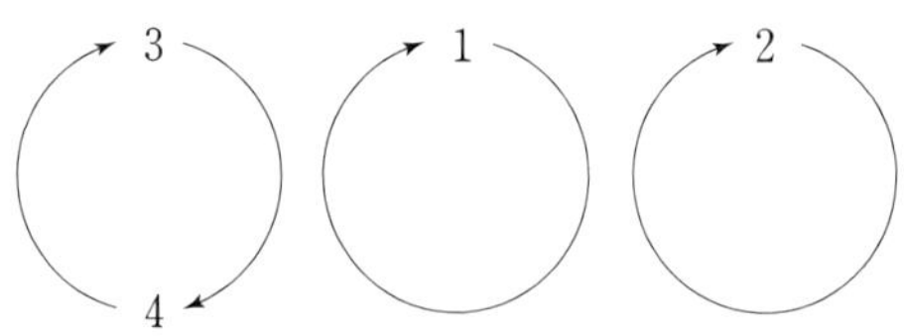

$\begin{pmatrix}1234\\1243\end{pmatrix}=(34)(1)(2)$

(4) 다음과 같은 1개 존재한다.

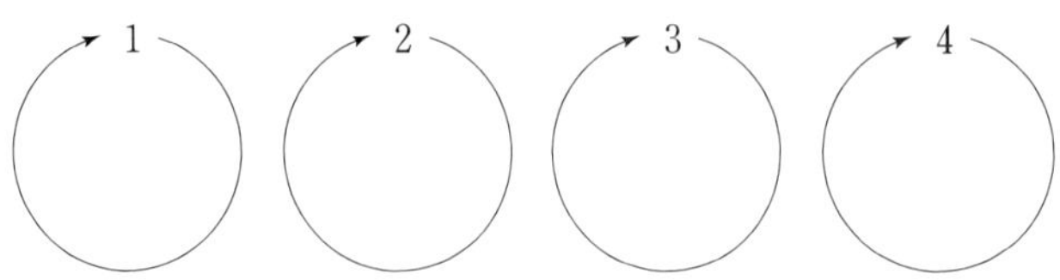

$\begin{pmatrix}1234\\1234\end{pmatrix}=(1)(2)(3)(4)$

(5) $s(4,1)+s(4,2)+s(4,3)+s(4,4)=6+11+6+1=24=4!$이다. 집합 $\{1, 2, 3, 4\}$의 모든 치환의 개수도 $24=4!$이다. 그러므로 $s(4,1)+s(4,2)+s(4,3)+s(4,4)$은 집합 $\{1, 2, 3, 4\}$의 모든 치환의 개수이다.

03 (1) 집합 $\{1, 2, 3, 4, 5\}$의 경우 1개의 사이클로 이루어진 치환은 $s(5,1)=24$개다.
(2) 집합 $\{1, 2, 3, 4, 5\}$의 경우 2개의 사이클로 이루어진 치환은 $s(5,2)=50$개다.
(3) 집합 $\{1, 2, 3, 4, 5\}$의 경우 3개의 사이클로 이루어진 치환은 $s(5,3)=35$개다.
(4) 집합 $\{1, 2, 3, 4, 5\}$의 경우 4개의 사이클로 이루어진 치환은 $s(5,4)=10$개다.
(5) 집합 $\{1, 2, 3, 4, 5\}$의 경우 5개의 사이클로 이루어진 치환은 $s(5,5)=1$개다.
(6) $s(5,1)+s(5,2)+s(5,3)+s(5,4)+s(5,5)=24+50+35+10+1=120=5!$이고 $\{1, 2, 3, 4, 5\}$의 모든 치환의 개수도 $5!=120$개다.

04 $s(n,1)+s(n,2)+\cdots+s(n,n)$와 집합 $\{1, 2, 3, \cdots, n\}$의 모든 치환의 개수는 각각 $n!$개로 같다.

05 $5!S(10,5)$이다. $S(9,4)=S(8,3)+4S(8,4)=966+4\cdot1701=7770$이고,
$S(9,5)=S(8,4)+5S(8,5)=1701+5\cdot1050=6951$이므로
$S(10,5)=S(9,4)+5S(9,5)=7770+5\cdot6951=42525$이다.
그러므로 구하는 전사함수의 개수는 $5!S(10,5)=120\cdot42525=5103000$이다.

06 7 = 7
= 6+1 = 5+2 = 4+3
= 5+1+1 = 4+2+1 = 3+3+1 = 3+2+2
= 4+1+1+1 = 3+2+1+1 = 2+2+2+1
= 3+1+1+1+1 = 2+2+1+1+1
= 2+1+1+1+1+1
= 1+1+1+1+1+1+1
그러므로

$$p_1(7)=1,\ p_2(7)=3,\ p_3(7)=4,\ p_4(7)=3,\ p_5(7)=2,\ p_6(7)=1,\ p_7(7)=1$$

이다. 따라서 $p(8)=1+3+4+3+2+1+1=15$이다.

07 8 = 8
= 7+1 = 6+2 = 5+3 = 4+4
= 6+1+1 = 5+2+1 = 4+3+1 = 4+2+2 = 3+3+2
= 5+1+1+1 = 4+2+1+1 = 3+3+1+1 = 3+2+2+1=2+2+2+2
= 4+1+1+1+1 = 3+2+1+1+1 = 2+2+2+1+1
= 3+1+1+1+1+1 = 2+2+1+1+1+1
= 2+1+1+1+1+1+1
= 1+1+1+1+1+1+1+1
그러므로

$$p_1(8)=1,\ p_2(8)=4,\ p_3(8)=5,\ p_4(8)=5,\ p_5(8)=3,\ p_6(8)=2,\ p_7(8)=1,\ p_8(8)=1$$

이다. 따라서 $p(8)=1+4+5+5+3+2+1+1=22$이다.

08 (1) $p_4(8)=5$

(2) $p_1(8)+p_2(8)+p_3(8)+p_4(8)=1+4+5+5=15$

(3) 다음과 같은 8가지 방법이 있다.

(4, 4, 0, 0), (4, 3, 1, 0), (4, 2, 2, 0), (4, 2, 1, 1), (3, 3, 2, 0), (3, 3, 1, 1), (3, 2, 2, 1), (2, 2, 2, 2)

09 예제 3.5.10에 의하여 다음이 성립한다.

$$p_n(2n)=p_1(n)+p_2(n)+\cdots+p_n(n)=p(n)$$

10 n명을 $n-2$개 팀으로 나누는 방법은 다음 2가지이다.

(1) 3명인 팀 1개와 1명인 팀 $n-3$개

(2) 2명인 팀 2개와 1명인 팀 $n-4$개

(1)의 경우 : n명 중에서 3명인 팀에 들어갈 3명만 뽑으면 나머지 팀은 자동으로 결정되므로 ${}_nC_3$가지이다.

(2)의 경우 : n명 중에서 4명을 선택한 다음, 그 4명을 두 팀으로 나누는 방법이므로

${}_nC_4 \cdot \dfrac{{}_4C_2}{2!}=3\cdot{}_nC_4$ 가지이다.

따라서 $S(n,\ n-2)={}_nC_3+3\cdot{}_nC_4$ 이다.

연습문제 3.6

01 왼쪽 식은 $A_1\cup A_2\cup A_3\cup A_4$에 있는 원소의 개수를 의미한다. 합집합 $\bigcup_{i=1}^{4}A_i$의 원소는 A_1, A_2, A_3, A_4 중 어느 한 집합에만 속한 원소, 두 집합에만 속한 원소, 세 집합에만 속한 원소, 네 집합에 속한 원소로 나눌 수 있다. 예를 들어 $a\in\bigcup_{i=1}^{4}A_i$가 네 집합 A_1, A_2, A_3, A_4 중 세 집합 A_1, A_2, A_3에 속한 원소라고 가정하자.

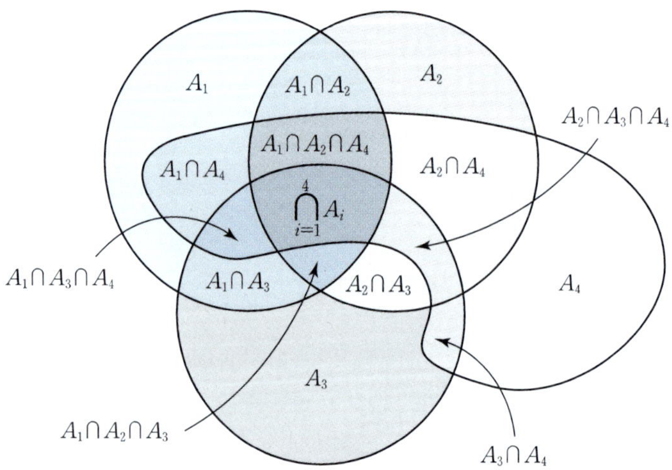

원소 a가 주어진 식의 우변에서 정확히 한 번 세어짐을 확인하자.

$|A_1|+|A_2|+|A_3|+|A_4|$에서 a를 포함하는 집합이 3개 있으므로 ${}_3C_1=3$번 세어진다. $\sum_{1\le i<j\le 4}|A_i\cap A_j|$에서 a를 포함하는 항은 3개($A_1\cap A_2$, $A_1\cap A_3$, $A_2\cap A_3$)있으므로 ${}_3C_2=3$번 세어진다(이것은 $\{1, 2, 3\}$에서 두 수를 뽑는 방법의 수와 같다). $\sum_{1\le i<j<k\le 4}|A_i\cap A_j\cap A_k|$에서 a를 포함하는 항은 $A_1\cap A_2\cap A_3$뿐이므로 ${}_3C_3=1$번 세어진다. $|\bigcap_{i=1}^{4}A_i|$에서는 세어지지 않는다. 그러므로 a는 우변에서 ${}_3C_1-{}_3C_2+{}_3C_3=1$번 세어진다.

일반적인 증명은 다음과 같다.

$a\in\bigcup_{i=1}^{4}A_i$ 가 r $(1\le r\le 4)$개의 집합에 속한 원소라고 가정하자. 원소 a가 우변에서 정확히 한 번 세어짐을 확인하자. $\sum_{1\le i\le 4}|A_i|$에서 a를 포함하는 집합이 r개 있으므로 ${}_rC_1$번 세어진다. $\sum_{1\le i<j\le 4}|A_i\cap A_j|$에는 ${}_4C_2$개의 항이 있는데 그 중에서 a를 포함하는 항은 ${}_rC_2$개 있으므로 ${}_rC_2$번 세어진다(이것은 a를 포함하는 r개의 집합에서 두 개를 뽑는 방법의 수와 같다). $\sum_{1\le i<j<k\le 4}|A_i\cap A_j\cap A_k|$에서 a를 포함하는 항은 ${}_rC_3$개 있으므로 ${}_rC_3$번 세어진다. $|\bigcap_{i=1}^{4}A_i|$에서 a를 포함하는 항은 ${}_rC_4$개 있으므로 ${}_rC_4$번 세어진다. 그러므로 a는 우변에서 ${}_rC_1-{}_rC_2+{}_rC_3-{}_rC_4$번 세어진다(단, ${}_rC_1-{}_rC_2+{}_rC_3-{}_rC_4$은 $r=1$이면 ${}_rC_1$, $r=2$이면 ${}_rC_1-{}_rC_2$, $r=3$이면 ${}_rC_1-{}_rC_2+{}_rC_3$, $r=4$이면 ${}_rC_1-{}_rC_2+{}_rC_3-{}_rC_4$을 나타낸다). 각 경우에 ${}_rC_1-{}_rC_2+{}_rC_3-{}_rC_4=1$임을 확인할 수 있다.

02 26!개의 순열이 존재한다. fish를 포함하는 순열은 fish를 하나로 보고 나머지 22문자를 포함한 23개의 기호의 순열의 개수와 같으며 23!이다. rat를 포함하는 순열은 rat를 하나로 보고 나머지 23문자를 포함한 24개의 기호의 순열의 개수와 같으며 24!이다. bird를 포함하는 순열은 bird를 하나로 보고 나머지 22문자를 포함한 23개의 기호의 순열의 개수와 같으며 23!이다. fish와 rat을 둘 다 포함하는 순열은 fish를 하나로 보고, rat도 하나로 보고 나머지 19문자를 포함한 21개의 기호의 순열의 개수와 같으며 21!이다. 그렇지만 fish와 bird를 함께 포함하는 순열은 없고, rat과 bird 를 함께 포함하는 순열도 없다. 따라서 $26!-23!-24!-23!+21!\fallingdotseq 4.0\times 10^{26}$

03 2개의 0으로 시작하는 2^5개의 이진 비트열이 있고 3개의 1로 끝나는 2^4개의 이진 비트열이 있으며 2개의 0으로 시작하면서 3개의 1로 끝나는 2^2개의 이진 비트열이 있으므로 포함 배제 원리에 의하여 구하는 이진 비트열의 개수는 $2^5+2^4-2^2=44$개이다.

04 (1) 5개의 연속된 0을 포함하는 이진 비트열이 시작하는 위치에 따라서 셈해보자.

1번째 비트에서부터 연속된 5개의 0이 나타나는 (길이가 10인 이진 비트열의 개수는) 처음부터 5비트는 전부 0이고 나머지 5비트에는 제한이 없으므로 $2^5=32$개 있다.

2번째 비트에서부터 연속된 5개의 0이 나타나는 비트열은 첫 비트는 1이고 2번째 비트에서부터 6번째 비트까지는 전부 0이고 나머지 4비트에는 제한이 없으므로 $2^4=16$개 있다.

3번째 비트에서부터 연속된 5개의 0이 나타나는 비트열은 2번째 비트는 1이고 3번째 비트에서부터 7번째 비트까지는 전부 0이고 첫 번째 비트와 8, 9, 10번째 비트에는 제한이 없으므로 $2^4=16$개 있다.

4번째 비트에서부터 연속된 5개의 0이 나타나는 비트열은 3번째 비트는 1이고 4번째 비트에서부터 8번째 비트까지는 전부 0이고 1, 2번째 비트와 9, 10번째 비트에는 제한이 없으므로 $2^4=16$개 있다.

5번째 비트에서부터 연속된 5개의 0이 나타나는 비트열은 4번째 비트는 1이고 5번째 비트에서부터 9

번째 비트까지는 전부 0이고 1, 2, 3번째 비트와 10번째 비트에는 제한이 없으므로 $2^4 = 16$개 있다. 6번째 비트에서부터 연속된 5개의 0이 나타나는 비트열은 5번째 비트는 1이고 6번째 비트에서부터 10번째 비트까지는 전부 0이고 1, 2, 3, 4번째 비트에는 제한이 없으므로 $2^4 = 16$개 있다.
그러므로 5개의 연속된 0을 포함하는 이진 비트열의 개수는 $32 + 5 \cdot 16 = 112$개다.

(2) 5개의 연속된 1을 포함하는 이진 비트열의 개수는 (1)에서와 마찬가지로 112개가 있다.

(3) (1)에서 0000011111, 1111100000이 셈해졌고, (2)에서도 0000011111, 1111100000이 셈해졌다.

따라서 구하는 개수는 포함 배제 원리에 의하여 $112+112-2 = 222$개이다.

05 (a) X에서 X로의 전단사함수의 집합을 S_6이라 하면 $|S_6| = 6!$이다.

(b) $A_1 = \{f \in S_6 | f(1) = 1\}$라 하면 구하는 함수 f는 $A_1^C = S_6 - A_1$의 원소이므로 구하는 함수의 수는 $|S_6| - |A_1|$ 이다. $|A_1| = 5!$ 이므로 포함 배제 원리에 의하여 구하는 함수의 수는 $|S_6| - |A_1| = 6! - 5! = 600$ 이다.

(c) $A_1 = \{f \in S_6 | f(1) = 1\}$, $A_2 = \{f \in S_6 | f(2) = 2\}$라 하면 구하는 함수 f는 $A_1^C \cap A_2^C = S_6 - (A_1 \cup A_2)$의 원소이므로 구하는 함수의 수는 $|S_6| - |A_1 \cup A_2|$이다. $|A_1| = 5!$, $|A_2| = 5!$, $|A_1 \cap A_2| = 4!$이므로 포함 배제 원리에 의하여 구하는 함수의 수는

$$|S_6| - |A_1 \cup A_2| = 6! - \left(\sum_{i=1}^{2}|A_i| - \left|\bigcap_{i=1}^{2} A_i\right|\right)$$
$$= 6! - (2 \cdot 5! - 4!) = 504$$

(d) 각 $i = 1, 2, 3$에 대하여 $A_i = \{f \in S_6 | f(i) = i\}$라 하면 구하는 함수 f는 $A_1^C \cap A_2^C \cap A_3^C$ $= S_6 - (A_1 \cup A_2 \cup A_3)$의 원소이므로 구하는 함수의 수는 $|S_6| - \left|\bigcup_{i=1}^{3} A_i\right|$이다. 각 $i = 1, 2, 3$에 대하여 $|A_i| = 5!$, 각 $i, j\ (1 \le i < j \le 4)$에 대하여 $|A_i \cap A_j| = 4!$, $|A_1 \cap A_2 \cap A_3| = 3!$이므로 포함 배제 원리에 의하여 구하는 함수의 수는

$$|S_6| - \left|\bigcup_{i=1}^{3} A_i\right| = 6! - \left(\sum_{i=1}^{3}|A_i| - \sum_{1 \le i < j \le 3}|A_i \cap A_j| + \left|\bigcap_{i=1}^{3} A_i\right|\right)$$
$$= 6! - (3 \cdot 5! - {}_3C_2 \cdot 4! + 3!) = 426$$

(e) 각 $i = 1, 2, 3, 4$에 대하여 $A_i = \{f \in S_6 | f(i) = i\}$라 하면 구하는 함수 f는 $A_1^C \cap A_2^C \cap A_3^C \cap A_4^C =$ $S_6 - (A_1 \cup A_2 \cup A_3 \cup A_4)$의 원소이므로 구하는 함수의 수는 $|S_6| - \left|\bigcup_{i=1}^{4} A_i\right|$ 이다. 각 $i = 1, 2, 3, 4$에 대하여 $|A_i| = 5!$, 각 $i, j\ (1 \le i < j \le 4)$에 대하여 $|A_i \cap A_j| = 4!$, 각 $i, j, k\ (1 \le i < j < k \le 4)$에 대하여 $|A_i \cap A_j \cap A_k| = 3!$이므로 포함 배제 원리에 의하여 구하는 함수의 수는

$$|S_6| - \left|\bigcup_{i=1}^{4} A_i\right|$$
$$= 6! - \left(\sum_{i=1}^{4}|A_i| - \sum_{1 \le i < j \le 4}|A_i \cap A_j| + \sum_{1 \le i < j < k \le 4}|A_i \cap A_j \cap A_k| - \left|\bigcap_{i=1}^{4} A_i\right|\right)$$
$$= 6! - (4 \cdot 5! - {}_4C_2 \cdot 4! + {}_4C_3 \cdot 3! - 2!) = 362$$

(f) 각 $i = 1, 2, 3, 4, 5$에 대하여 $A_i = \{f \in S_6 | f(i) = i\}$라 하면 구하는 함수 f는 $A_1^C \cap A_2^C \cap A_3^C \cap A_4^C$ $\cap A_5^C = S_6 - (A_1 \cup A_2 \cup A_3 \cup A_4 \cup A_5)$의 원소이므로 구하는 함수의 수는 $|S_6| - \left|\bigcup_{i=1}^{5} A_i\right|$ 이다. 각 $i = 1, 2, 3, 4, 5$에 대하여 $|A_i| = 5!$, 각 $i, j\ (1 \le i < j \le 5)$에 대하여 $|A_i \cap A_j| = 4!$, 각

$i, j, k\ (1 \le i < j < k \le 5)$에 대하여 $|A_i \cap A_j \cap A_k| = 3!$, 각 $i, j, k, l\ (1 \le i < j < k < l \le 5)$에 대하여 $|A_i \cap A_j \cap A_k \cap A_l| = 2!$, $\left|\bigcap_{i=1}^{5} A_i\right| = 1!$이므로 포함 배제 원리에 의하여 구하는 함수의 수는

$$\begin{aligned}|S_6| - \left|\bigcup_{i=1}^{5} A_i\right| &= 6! - \left(\sum_{i=1}^{5}|A_i| - \sum_{1\le i<j\le 5}|A_i \cap A_j| + \sum_{1\le i<j<k\le 5}|A_i\cap A_j\cap A_k|\right. \\ &\quad \left. - \sum_{1\le i<j<k<l\le 5}|A_i\cap A_j\cap A_k\cap A_l| + \left|\bigcap_{i=1}^{5}A_i\right|\right) \\ &= 6! - (5\cdot 5! - {}_5C_2\cdot 4! + {}_5C_3 \cdot 3! - {}_5C_4\cdot 2! + 1!) = 791\end{aligned}$$

(g) 각 $i = 1, 2, 3, 4, 5, 6$에 대하여 $A_i = \{f \in S_6 | f(i) = i\}$라 하면 구하는 함수 f는 $\bigcap_{i=1}^{6} A_i^C = S_6 - \bigcup_{i=1}^{6} A_i$의 원소이므로 구하는 함수의 수는 $|S_6| - \left|\bigcup_{i=1}^{6}A_i\right|$이다. 각 $i = 1, 2, 3, 4, 5, 6$에 대하여 $|A_i| = 5!$, 각 $i, j\ (1\le i < j \le 6)$에 대하여 $|A_i \cap A_j| = 4!$, 각 $i, j, k\ (1 \le i < j < k \le 6)$에 대하여 $|A_i \cap A_j \cap A_k| = 3!$, 각 $i, j, k, l\ (1 \le i < j < k < l \le 6)$에 대하여 $|A_i \cap A_j \cap A_k \cap A_l| = 2!$, 각 $i, j, k, l, m\ (1 \le i < j < k < l < m \le 6)$에 대하여 $|A_i \cap A_j \cap A_k \cap A_l \cap A_m| = 1!$, $\left|\bigcap_{i=1}^{6}A_i\right| = 1!$이므로 포함 배제 원리에 의하여 구하는 함수의 수는

$$\begin{aligned}|S_6| - \left|\bigcup_{i=1}^{6} A_i\right| &= 6! - \left(\sum_{i=1}^{6}|A_i| - \sum_{1\le i<j\le 6}|A_i \cap A_j| + \sum_{1\le i<j<k\le 6}|A_i\cap A_j\cap A_k|\right. \\ &\quad - \sum_{1\le i<j<k<l\le 6}|A_i\cap A_j\cap A_k\cap A_l| + \sum_{1\le i<j<k<l<m\le 6} \\ &\quad \left. |A_i\cap A_j\cap A_k\cap A_l\cap A_m| - \left|\bigcap_{i=1}^{6}A_i\right|\right) \\ &= 6! - (6\cdot 5! - {}_6C_2\cdot 4! + {}_6C_3 \cdot 3! - {}_6C_4\cdot 2! + {}_6C_5\cdot 1! - {}_6C_6 \cdot 1!) = 265\end{aligned}$$

06 (1) X에서 Y로 가는 전사함수의 개수는 $3!S(8, 3)$이다.

(2) 먼저 $X = \{1, 2, \cdots, n\}$에서 $Y = \{a, b, c\}$로 가는 전단사함수의 개수를 구하여 보자.

$U = \{f : X \to Y | f$는 함수$\}$

$A = \{f \in U | a \notin f(X)\}$

$B = \{f \in U | b \notin f(X)\}$

$C = \{f \in U | c \notin f(X)\}$

라 하면 X에서 Y로 가는 전사함수의 개수는 $|A^C \cap B^C \cap C^C|$이고, 따라서

$$\begin{aligned}|A^C \cap B^C \cap C^C| &= |U| - (|A| + |B| + |C|) + (|A\cap B| + |B \cap C| + |C \cap A|) - |A \cap B \cap C| \\ &= 3^n - (2^n + 2^n + 2^n) + (1+1+1) - 0 = 3^n - 3\cdot 2^n + 3\end{aligned}$$

이다. 한편 X에서 Y로 가는 전사함수의 개수는 $3!S(n, 3)$이므로

$$S(n, 3) = \frac{1}{3!}(3^n - 3\cdot 2^n + 3)$$

이다.

07 두 가지 경우로 나누어 볼 수 있다.

(1) 연구팀장이 연구팀장만이 처리할 수 있는 과제만을 처리하고, 남은 6개의 과제를 3명의 연구원이 나누어 맡아 처리하는 방법은

$$\sum_{k=0}^{3}(-1)^{k}{}_3C_{3-k}(3-k)^6 = 540$$

가지이다(이것은 $|A|=6$, $|B|=3$인 전사함수 $f: A\to B$의 개수를 구하는 문제이다).

(2) 연구팀장이 연구팀장만이 처리할 수 있는 과제를 처리하고 남은 6개의 과제를 연구팀장을 포함한 4명의 연구원이 나누어 맡아 처리하는 방법은

$$\sum_{k=0}^{4}(-1)^{k}{}_4C_{4-k}(4-k)^6 = 1560$$

가지이다(이것은 $|C|=6$, $|D|=4$인 전사함수 $g: C\to D$의 개수를 구하는 문제이다).

(1), (2)에 의하여 구하는 방법은 $540+1560=2100$가지이다.

08 $U=\{1, 2, \cdots, n\}$, 각 $i=1, 2, \cdots, r$에 대하여

$$A_i=\{x\in\mathbb{N} \mid 1\le x\le n,\ p_i|x\}$$

라 정의하자.

그러면 각 $i=1, 2, 3, 4$에 대하여 $|A_i|=\dfrac{n}{p_i}$이다. 그리고 $1\le i<j\le r$인 i, j에 대하여 $A_i\cap A_j$는 p_i와 p_j의 배수이므로 $|A_i\cap A_j|=\dfrac{n}{p_ip_j}$이고

일반적으로 $|A_{i_1}\cap A_{i_2}\cap\cdots\cap A_{i_r}|=\dfrac{n}{p_{i_1}p_{i_2}\cdots p_{i_r}}$이다. 그러므로

$$\begin{aligned}
\phi(n) &= \left|\left(\bigcup_{i=1}^{r}A_i\right)^C\right| = |U| - \left|\bigcup_{i=1}^{r}A_i\right| \\
&= |U| - S_1 + S_2 - S_3 + \cdots + (-1)^r S_r \\
&= n - \left(\frac{n}{p_1}+\cdots+\frac{n}{p_r}\right) + \left(\frac{n}{p_1p_2}+\frac{n}{p_1p_3}+\cdots+\frac{n}{p_{r-1}p_r}\right)+\cdots+(-1)^{r-1} \\
&\quad \left(\frac{n}{p_1p_2\cdots p_{r-1}}+\frac{n}{p_1\cdots p_{r-2}p_r}+\cdots+\frac{n}{p_2\cdots p_{r-1}}\right)+(-1)^r\frac{n}{p_1p_2\cdots p_r} \\
&= \frac{n}{p_1\cdots p_r}[p_1\cdots p_r - (p_2\cdots p_r+\cdots+p_1\cdots p_{r-1}) \\
&\quad +(p_3\cdots p_r + p_2p_4\cdots p_r+\cdots+p_1\cdots p_{r-2}) \\
&\quad +\cdots+(-1)^{r-1}(p_r+p_{r-1}+\cdots+p_1)+(-1)^r] \\
&= \frac{n}{p_1\cdots p_r}[(p_1-1)(p_2-1)\cdots(p_r-1)] \\
&= n\left[\frac{p_1-1}{p_1}\frac{p_2-1}{p_2}\cdots\frac{p_r-1}{p_r}\right] \\
&= n\prod_{i=1}^{r}\left(1-\frac{1}{p_i}\right) = \prod_{i=1}^{r}(p_i^{e_i}-p_i^{e_i-1})
\end{aligned}$$

09 서로 다른 r개의 물건을 서로 다른 5개의 상자에 넣는 모든 경우의 집합을 U라 하자. 각 $1\le i\le 5$에 대하여 A_i를 다음과 같이 정의하자.

A_i는 U의 원소 중 상자 i가 비어있는 경우이다.

그러면 적어도 한 상자가 빈 경우의 수는 $\left|\bigcup_{i=1}^{5}A_i\right|$이다. $|U|=5^r$,

각 $1\le i\le 5$에 대하여 $|A_i|=4^r$(서로 다른 r개의 물건을 서로 다른 4개의 상자에 넣는 경우의 수)이므로

$S_1 = {}_5C_1 4^r$이다. 각 $i, j\ (1 \le i < j \le 5)$ 에 대하여 $|A_i \cap A_j| = 3^r$(서로 다른 r개의 물건을 서로 다른 3개의 상자에 넣는 경우의 수) 이므로 $S_2 = {}_5C_2 3^r$이다.

각 $1 \le i < j < k \le 5$인 i, j, k에 대하여 $|A_i \cap A_j \cap A_k| = 2^r$이고, 각 $1 \le i < j < k < l \le 5$인 i, j, k, l에 대하여 $|A_{i_1} \cap A_{i_2} \cap A_{i_3} \cap A_{i_4}| = 1^r$, $|A_1 \cap A_2 \cap A_3 \cap A_4 \cap A_5| = 0$이다. 그러므로

$$\left|\bigcup_{i=1}^{5} A_i\right| = S_1 - S_2 + S_3 - S_4 + S_5$$
$$= {}_5C_1 4^r - {}_5C_2 3^r + {}_5C_3 2^r - {}_5C_4 1^r + 0$$

10 U는 방정식 $x_1 + x_2 + x_3 + x_4 + x_5 + x_6 = 25$의 음이 아닌 모든 정수해의 집합이다. U의 원소의 개수는 6개의 서로 다른 대상으로부터 중복을 허락해서 25개를 뽑는 중복조합의 수 ${}_6H_{25} = {}_{6+25-1}C_{25} = {}_{30}C_{25}$이다. 각 $i\ (1 \le i \le 6)$에 대하여 A_i를 다음과 같이 정의하자.

A_i는 $x_i \ge 9$인 정수해들의 집합이다. 그러면 구하는 답은 $\left|\left(\bigcup_{i=1}^{6} A_i\right)^C\right|$이다.

A_1의 원소의 개수는 방정식

$$x_1 + x_2 + x_3 + x_4 + x_5 + x_6 = 25,\ x_1 \ge 9$$

의 음이 아닌 정수해의 개수이므로

$$x_1 + x_2 + x_3 + x_4 + x_5 + x_6 = 25 - 9$$

의 음이 아닌 정수해의 개수와 같다.

그러므로 $|A_1| = {}_6H_{25-9} = {}_{6+(25-9)-1}C_{25-9} = {}_{21}C_{16}$이다. 이와 마찬가지로 각 $2 \le i \le 6$에 대하여 $|A_i| = {}_{21}C_{16}$이므로 $S_1 := \sum_{i=1}^{6} |A_i| = {}_6C_1 \cdot {}_{21}C_{16}$이다. $A_1 \cap A_2$의 원소의 개수는 방정식

$$x_1 + x_2 + x_3 + x_4 + x_5 + x_6 = 25,\ x_1 \ge 9,\ x_2 \ge 9$$

의 음이 아닌 정수해의 개수이므로

$$x_1 + x_2 + x_3 + x_4 + x_5 + x_6 = 25 - 18$$

의 음이 아닌 정수해의 개수와 같다. 그러므로

$|A_1 \cap A_2| = {}_6H_{25-18} = {}_{6+(25-18)-1}C_{25-18} = {}_{12}C_7$이다.

이와 마찬가지로 각 $i, j\ (1 \le i < j \le 6)$에 대하여 $|A_i \cap A_j| = {}_{12}C_7$이므로 $S_2 := \sum_{1 \le i < j \le 6} |A_i \cap A_j| = {}_5C_2\, {}_{12}C_7$이다.

$A_1 \cap A_2 \cap A_3$의 원소의 개수는 방정식

$$x_1 + x_2 + x_3 + x_4 + x_5 + x_6 = 25,\ x_1 \ge 9,\ x_2 \ge 9,\ x_3 \ge 9$$

의 음이 아닌 정수해의 개수이므로 존재하지 않는다. 그러므로 $A_1, A_2, \cdots, A_6$중 3개 이상의 교집합의 원소의 개수는 0이다. 그러므로

$$|U| - \left|\bigcup_{i=1}^{6} A_i\right| = |U| - S_1 + S_2 = {}_{30}C_{25} - {}_6C_1\, {}_{21}C_{16} + {}_6C_2\, {}_{12}C_7.$$

11 5장의 편지를 각각 모두 서로 다른 사람의 봉투에 넣는 방법의 수는 5×5 체스판에서 대각선 위치에 있지 않은 칸 중 각 행, 각 열에서 하나씩 나오도록 5개의 칸을 선택하는 방법의 수와 같다.

	1	2	3	4	5
1					
2					
3					
4					
5					

다음과 같은 44가지가 있음을 알 수 있다. 즉 5번째 교란수는 $D_5=44$이다. 따라서 구하는 확률은 $\frac{D_5}{5!}=\frac{44}{24}=\frac{11}{30}$이다.

1	2	3	4	5
2	1	4	5	3
2	1	5	3	4
2	3	1	5	4
2	3	4	5	1
2	3	5	1	4
2	4	1	5	3
2	4	5	1	3
2	4	5	3	1
2	5	1	3	4
2	5	4	1	3
2	5	4	3	1

1	2	3	4	5
3	1	2	5	4
3	1	4	5	2
3	1	5	2	4
3	4	1	5	2
3	4	2	5	1
3	4	5	1	2
3	4	5	2	1
3	5	1	2	4
3	5	2	1	4
3	5	4	1	2
3	5	4	2	1

1	2	3	4	5
4	1	2	5	3
4	1	5	2	3
4	1	5	3	2
4	3	1	5	2
4	3	2	5	1
4	3	5	1	2
4	3	5	2	1
4	5	1	2	3
4	5	1	3	2
4	5	2	1	3
4	5	2	3	1

1	2	3	4	5
5	1	2	3	4
5	1	4	2	3
5	1	4	3	2
5	3	1	2	4
5	3	2	1	4
5	3	4	1	2
5	3	4	2	1
5	4	1	2	3
5	4	1	3	2
5	4	2	1	3
5	4	2	3	1

실제로 구해보면 다음과 같은 44가지이다.

	1	2	3	4	5
1		✓			
2	✓				
3				✓	
4					✓
5			✓		

	1	2	3	4	5
1		✓			
2	✓				
3					✓
4			✓		
5				✓	

	1	2	3	4	5
1		✓			
2			✓		
3	✓				
4					✓
5				✓	

…

	1	2	3	4	5
1					✓
2				✓	
3	✓				
4			✓		
5		✓			

	1	2	3	4	5
1					✓
2				✓	
3		✓			
4	✓				
5			✓		

	1	2	3	4	5
1					✓
2				✓	
3		✓			
4			✓		
5	✓				

12 집합 $\{1, 2, \cdots, n\}$에서 집합 $\{1, 2, \cdots, n\}$로의 전단사함수 전체의 집합을 S_n이라 하고, 각 $i=1, 2, \cdots, n$에 대하여 $A_i=\{f\in S_n \mid f(i)=i\}$라 하면 구하고자 하는 교란순열의 수는 $|S_n|-\left|\bigcup_{i=1}^{n} A_i\right|$이다. $\{1, 2, \cdots, n\}$

의 임의의 부분집합 J에 대하여 $|J|=k$일 때, $\left|\bigcap_{j\in J} A_i\right|=(n-k)!$이다. $\{1, 2, \cdots, n\}$의 k-부분집합의 개수가 ${}_nC_k$이므로 $A_1, A_2, \cdots, A_n$의 모든 k개의 집합의 교집합의 크기의 합은 ${}_nC_k \cdot (n-k)! = \frac{n!}{k!}$이므로 포함 배제 원리에 의하여

$$\begin{aligned}\left|\bigcup_{i=1}^{n} A_i\right| &= \sum_{1\le i\le n}|A_i| - \sum_{1\le i<j\le n}|A_i\cap A_j| + \sum_{1\le i<j<k\le n}|A_i\cap A_j\cap A_k| - \cdots \\ &+(-1)^{k-1}\sum_{1\le i_1<i_2<i_3<\cdots<i_k\le n}\left|A_{i_1}\cap A_{i_2}\cap A_{i_3}\cap\cdots\cap A_{i_k}\right| + \cdots \\ &+(-1)^{n-2}\sum_{1\le i_1<i_2<i_3<\cdots<i_{n-1}\le n}\left|A_{i_1}\cap A_{i_2}\cap A_{i_3}\cap\cdots\cap A_{i_{n-1}}\right| + (-1)^{n-1}\left|\bigcap_{i=1}^{n} A_i\right|\end{aligned}$$

이다. 따라서

$$|S_n| - \left|\bigcup_{i=1}^{n} A_i\right| = n! - n!\sum_{k=1}^{n}\frac{(-1)^{k-1}}{k!} = n!\sum_{k=0}^{n}\frac{(-1)^k}{k!}$$

연습문제 4.1

01 $A^2 = A\times A = \{(0, 0), (0, 1), (1, 0), (1, 1)\}$.

$A^3 = A\times A\times A = \{(0, 0, 0), (0, 0, 1), (0, 1, 0), (0, 1, 1), (1, 0, 0), (1, 0, 1), (1, 1, 0), (1, 1, 1)\}$

$A^4 = A\times A\times A\times A = \{(0, 0, 0, 0), (0, 0, 0, 1), (0, 0, 1, 0), (0, 0, 1, 1), (0, 1, 0, 0), (0, 1, 0, 1), (0, 1, 1, 0), (0, 1, 1, 1), (1, 0, 0, 0), (1, 0, 0, 1), (1, 0, 1, 0), (1, 0, 1, 1), (1, 1, 0, 0), (1, 1, 0, 1), (1, 1, 1, 0), (1, 1, 1, 1)\}$

02 $\{(1, 2, 3), (1, 2, 4), (1, 3, 4), (2, 3, 4)\}$

03 $\{(1, 1, 1, 6), (1, 1, 2, 3), (1, 1, 3, 2), (1, 1, 6, 1), (1, 2, 1, 3), (1, 2, 3, 1), (1, 3, 1, 2), (1, 3, 2, 1), (1, 6, 1, 1), (2, 1, 1, 3), (2, 1, 3, 1), (2, 3, 1, 1), (3, 1, 1, 2), (3, 1, 2, 1), (3, 2, 1, 1), (6, 1, 1, 1)\}$

04 $R = \{(1, 2), (1, 3), (1, 4), (2, 3), (2, 4), (3, 4)\}$

05 $R = \{(1, 2), (2, 1), (1, 3), (3, 1), (2, 3), (3, 2)\}$

06 $R = \{(-2, 0), (0, -2), (0, 2), (2, 0)\}$

07 $R = \{(3, 5), (4, 4), (4, 5), (5, 3), (5, 4), (5, 5)\}$

08 $R = \{(-2, -2), (-2, -1), (-2, 0), (-1, -2), (-1, -1), (-1, 0), (-1, 1), (0, -2), (0, -1), (0, 0), (0, 1), (0, 2), (1, -1), (1, 0), (1, 1), (1, 2), (2, 0), (2, 1), (2, 2)\}$

09 관계행렬 M_R과 방향그래프는 다음과 같다.

$$M_R = \begin{array}{c} \\ 1 \\ 2 \\ 3 \\ 4 \end{array}\begin{array}{c} \begin{array}{cccc} 1 & 2 & 3 & 4 \end{array} \\ \left[\begin{array}{cccc} 1 & 1 & 1 & 1 \\ 0 & 1 & 1 & 1 \\ 0 & 0 & 1 & 1 \\ 0 & 0 & 0 & 1 \end{array}\right] \end{array}$$

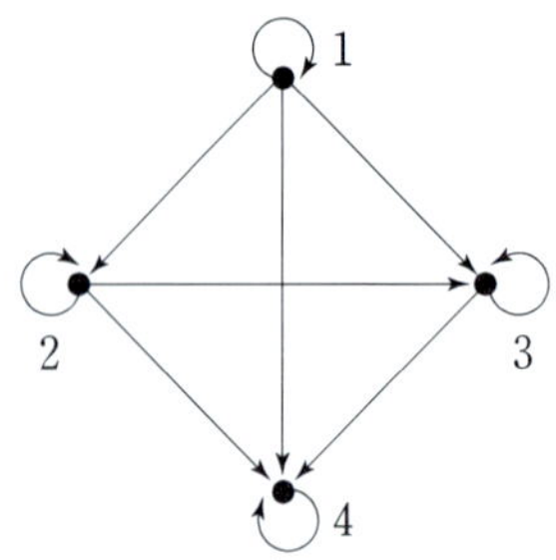

10 $A \times A$의 원소의 개수가 2^2이므로 $A \times A$의 부분집합의 개수는 2^{2^2}이다. 그러므로 A에 대한 관계는 2^{2^2}개 있다.

11 $A \times A$의 원소의 개수가 2^n이므로 $A \times A$의 부분집합의 개수는 2^{2^n}이다. 그러므로 A에 대한 관계는 2^{2^n}개 있다.

연습문제 4.2

01 정수의 집합 $\mathbb{Z}$에 대한 관계 R이 반사관계일 필요충분조건은 $\{(a, a) | a \in \mathbb{Z}\} \subseteq R$이다. R_1, R_3, R_4는 반사관계이고 R_2, R_5, R_6은 반사관계가 아니다. 모든 $a \in \mathbb{Z}$에 대하여 $a \leq a$이므로 $\{(a, a) | a \in \mathbb{Z}\} \subseteq R_1 = \{(a, b) | a \leq b\}$이어서 R_1는 반사적 관계이다. 모든 $a \in \mathbb{Z}$에 대하여 $a = a$ or $a = -a$이므로 $\{(a, a) | a \in \mathbb{Z}\} \subseteq R_3 = \{(a, b) | a = b \text{ or } a = -b\}$이어서 R_3는 반사적 관계이다. 모든 $a \in \mathbb{Z}$에 대하여 $a = a$이므로 $\{(a, a) | a \in \mathbb{Z}\} \subseteq R_4 = \{(a, b) | a = b\}$이어서 R_4는 반사적 관계이다.

$(1, 1) \not\in R_2 = \{(a, b) | a > b\}$이므로 R_2는 반사적 관계가 아니다.

$(1, 1) \not\in R_5 = \{(a, b) | a = b + 1\}$이므로 R_5는 반사적 관계가 아니다.

$(2, 2) \not\in R_6 = \{(a, b) | a + b \leq 3\}$이므로 R_6는 반사적 관계가 아니다.

02 (1) M_R의 주대각성분이 모두 1이므로 R은 반사관계이다.

(2) M_R이 대칭행렬이므로 R은 대칭관계이다.

(3) R이 반대칭관계이려면 주대각선을 대칭축으로 하여 대응되는 원소 중 적어도 하나는 0이어야 하는데 M_R의 경우는 대응되는 원소가 모두 1인 경우가 있으므로 반대칭관계가 아니다.

(4) $(3, 2) \in R$이고 $(2, 1) \in R$이지만 $(3, 1) \not\in R$이므로 R은 추이관계가 아니다.

03 (1)

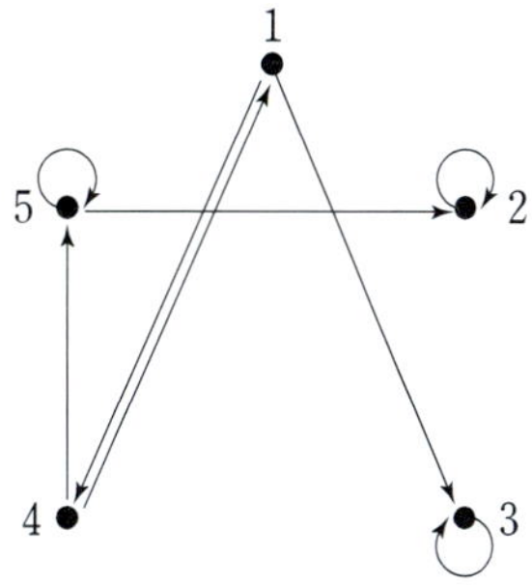

꼭지점 1에 고리가 없으므로 반사관계가 아니다. $4R5$이지만 $5\not R4$이므로 대칭관계가 아니다. $4R5$이고 $5R2$이지만 $4\not R2$이므로 추이관계가 아니다.

(2) R은 반사, 대칭, 추이관계이다.

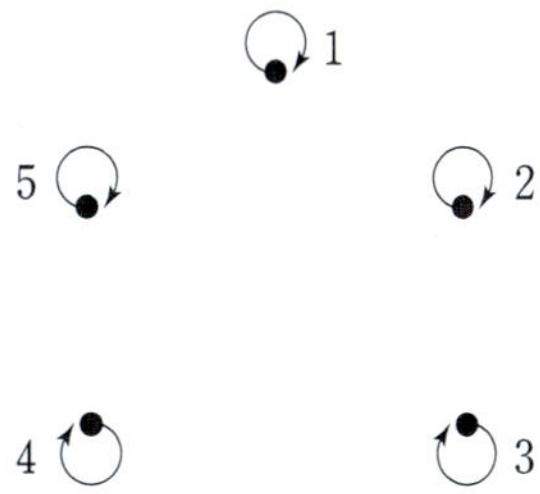

(3) R은 반사, 대칭, 추이관계이다.

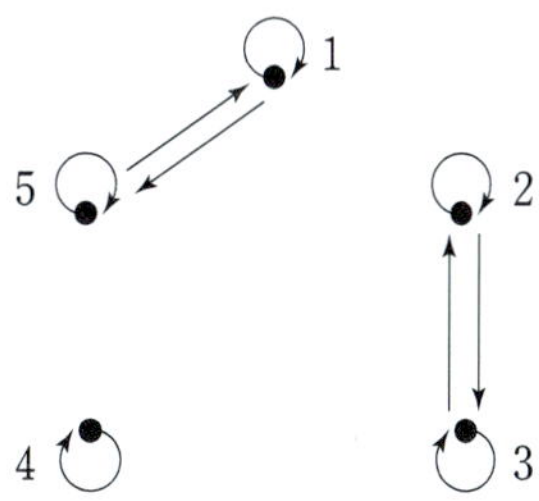

04 (1) $\{(1, 1), (1, 2), (2, 2)\}$, $\{(1, 1), (2, 1), (2, 2)\}$, $\{(1, 2), (2, 1), (2, 2)\}$, $\{(1, 1), (1, 2), (2, 1), (2, 2)\}$

(2) ϕ, $\{(1, 1)\}$, $\{(2, 2)\}$, $\{(1, 1), (2, 2)\}$, $\{(1, 2), (2, 1)\}$, $\{(1, 1), (1, 2), (2, 1)\}$, $\{(1, 2), (2, 1), (2, 2)\}$, $\{(1, 1), (1, 2), (2, 1), (2, 2)\}$

(3) 16개 중에서 다음 4개만 반대칭적 관계가 아니다.
$\{(1, 2), (2, 1)\}$, $\{(1, 1), (1, 2), (2, 1)\}$, $\{(1, 2), (2, 1), (2, 2)\}$, $\{(1, 1), (1, 2), (2, 1), (2, 2)\}$

(4) 16개 중에서 다음 3개만 추이적 관계가 아니다.
$\{(1, 2), (2, 1)\}$, $\{(1, 1), (1, 2), (2, 1)\}$, $\{(1, 2), (2, 1), (2, 2)\}$

연습문제 4.3

01 (1) $R = \{(1, b), (1, c), (2, a), (2, b), (2, d), (3, b), (3, d)\}$,

$S = \{(a, 1), (a, 2), (b, 1), (b, 3), (d, 3)\}$

(2) $M_R \odot M_S = \begin{pmatrix} 0110 \\ 1101 \\ 0101 \end{pmatrix} \odot \begin{pmatrix} 110 \\ 101 \\ 000 \\ 001 \end{pmatrix} = \begin{pmatrix} 101 \\ 111 \\ 101 \end{pmatrix}$

(3) $M_R \odot M_S = \begin{pmatrix} 101 \\ 111 \\ 111 \end{pmatrix}$로부터 다음을 얻는다.

$S \circ R = \{(1, 1), (1, 3), (2, 1), (2, 2), (2, 3), (3, 1), (3, 2), (3, 3)\}$

02 (1)

[R의 방향그래프]

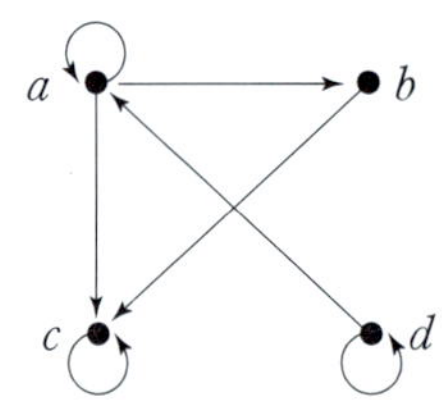

(2) $M_R = \begin{pmatrix} 1110 \\ 0010 \\ 0010 \\ 1001 \end{pmatrix}$, $M_{R^2} = M_R \odot M_R = \begin{pmatrix} 1110 \\ 0010 \\ 0010 \\ 1001 \end{pmatrix} \odot \begin{pmatrix} 1110 \\ 0010 \\ 0010 \\ 1001 \end{pmatrix} = \begin{pmatrix} 1110 \\ 0010 \\ 0010 \\ 1111 \end{pmatrix}$,

$M_{R^3} = M_{R^2} \odot M_R = \begin{pmatrix} 1110 \\ 0010 \\ 0010 \\ 1111 \end{pmatrix}$, $M_{R^4} = M_{R^3} \odot M_R = \begin{pmatrix} 1110 \\ 0010 \\ 0010 \\ 1001 \end{pmatrix}$

(3) $R^2 = \{(a, a), (a, b), (a, c), (b, c), (c, c), (d, a), (d, b), (d, c), (d, d)\}$,

$R^3 = \{(a, a), (a, b), (a, c), (b, c), (c, c), (d, b), (d, c), (d, d)\}$,

$R^4 = \{(a, a), (a, b), (a, c), (b, c), (c, c), (d, a), (d, d)\}$

(4) $M_{R^*} = M_R \vee M_{R^2} \vee M_{R^3} \vee M_{R^4} = \begin{pmatrix} 1110 \\ 0010 \\ 0010 \\ 1111 \end{pmatrix}$

(5) $W_0 = M_R$, $W_1 = (w_{ij}^{(1)})$, $W_2 = (w_{ij}^{(2)})$, $W_3 = (w_{ij}^{(3)})$, $W_4 = (w_{ij}^{(4)}) = M_{R^*}$를 단계적으로 구한다.

$W_0 = \begin{pmatrix} 1110 \\ 0010 \\ 0010 \\ 1001 \end{pmatrix} = M_R$, $W_1 = \begin{pmatrix} 1110 \\ 0010 \\ 0010 \\ 1111 \end{pmatrix} = W_2 = W_3 = W_4 = M_{R^*}$

(6) 관계 R의 추이폐포 R^*는 다음과 같다.

$R^* = \{(a, a), (a, b), (a, c), (b, c), (c, c), (d, a), (d, b), (d, c), (d, d)\}$

[R^*의 방향그래프]

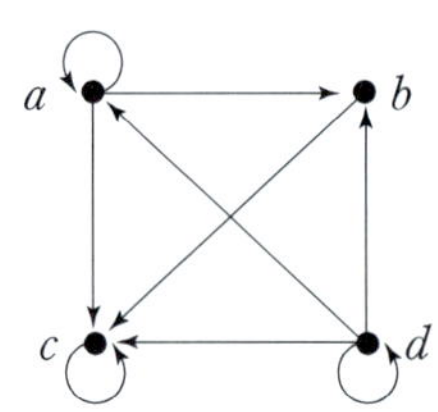

03 R의 대칭폐포는

$$R \cup R^{-1} = \{(1, 1), (2, 2), (3, 3), (4, 4), (1, 2), (1, 3), (1, 4), (2, 4), (2, 1), (3, 1), (4, 1), (4, 2)\}$$

04 R의 대칭폐포는

$$R \cup R^{-1} = \{(a, b) \in \mathbb{Z} \times \mathbb{Z} \mid a\text{는 } b\text{의 약수 또는 } b\text{는 } a\text{의 약수}\}$$

05 모든 자연수 n에 대하여 $R^n \subseteq R$이라 가정하자. 그러면 $R^2 \subseteq R$이다. 정리 4.3.3에 의하여 R은 추이관계이다. 역으로 관계 R이 추이관계이면 모든 자연수 n에 대하여 $R^n \subseteq R$이 성립함을 수학적 귀납법으로 증명하자.

$n=1$일 때 $R^1 = R$이므로 성립한다. 임의의 양의 정수 k에 대하여 $R^k \subseteq R$라 가정하고 $R^{k+1} \subseteq R$이 성립함을 증명한다.

$(a, b) \in R^{k+1} = R^k \circ R$이라 하면 $(a, c) \in R$이고 $(c, b) \in R^k$인 원소 $c \in A$가 존재한다. 귀납법 가정에 의하여 $R^k \subseteq R$이므로 $(c, b) \in R$이다. 즉, $(a, c) \in R$이고 $(c, b) \in R$이다. R이 추이관계이므로 $(a, b) \in R$이다. 즉, $R^{k+1} \subseteq R$이다. 따라서 모든 자연수 n에 대하여 $R^n \subseteq R$이 성립한다.

06 관계 R의 방향그래프는 다음과 같다.

[R의 방향그래프]

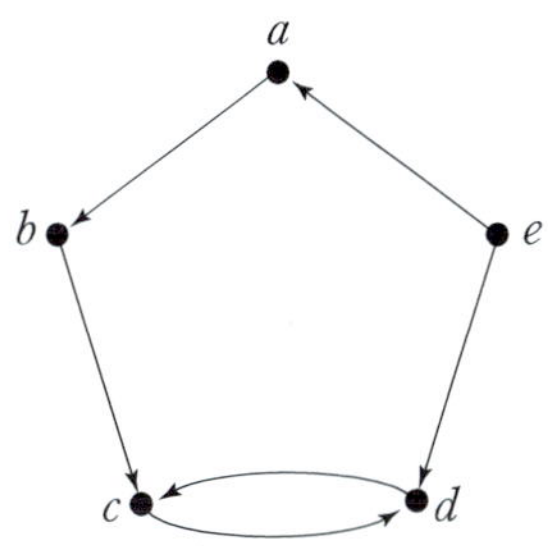

$W_0 = M_R$, $W_1 = (w_{ij}^{(1)})$, $W_2 = (w_{ij}^{(2)})$, $W_3 = (w_{ij}^{(3)})$, $W_4 = (w_{ij}^{(4)})$, $W_5 = (w_{ij}^{(5)}) = M_{R^*}$를 단계적으로 구한다.

$$W_0 = \begin{pmatrix} 01000 \\ 00100 \\ 00010 \\ 00100 \\ 10010 \end{pmatrix} = M_R, \quad W_1 = \begin{pmatrix} 01000 \\ 00100 \\ 00010 \\ 00100 \\ 11010 \end{pmatrix}, \quad W_2 = \begin{pmatrix} 01100 \\ 00100 \\ 00010 \\ 00100 \\ 11110 \end{pmatrix}, \quad W_3 = \begin{pmatrix} 01110 \\ 00110 \\ 00010 \\ 00110 \\ 11110 \end{pmatrix},$$

$$W_4 = \begin{pmatrix} 01110 \\ 00110 \\ 00110 \\ 00110 \\ 11110 \end{pmatrix} = W_5 = M_{R^*}$$

그러므로 관계 R의 추이폐포 R^*는 다음과 같다.

$$R^* = \{(a, b), (a, c), (a, d), (b, c), (b, d), (c, c), (c, d), (d, c), (d, d), (e, a), (e, b), (e, c), (e, d)\}$$

[R^*의 방향그래프]

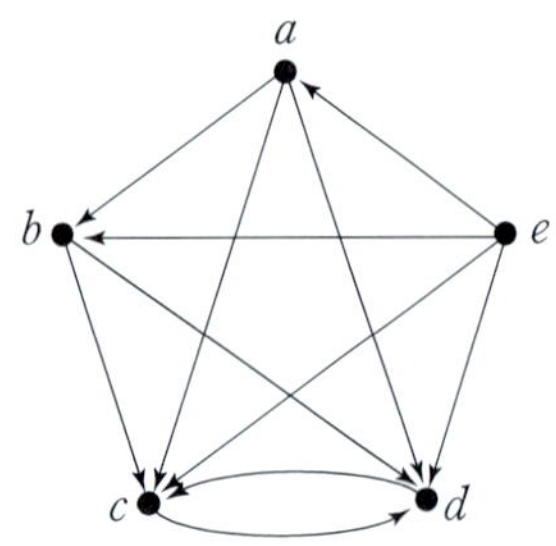

07 관계 R의 방향그래프는 다음과 같다.

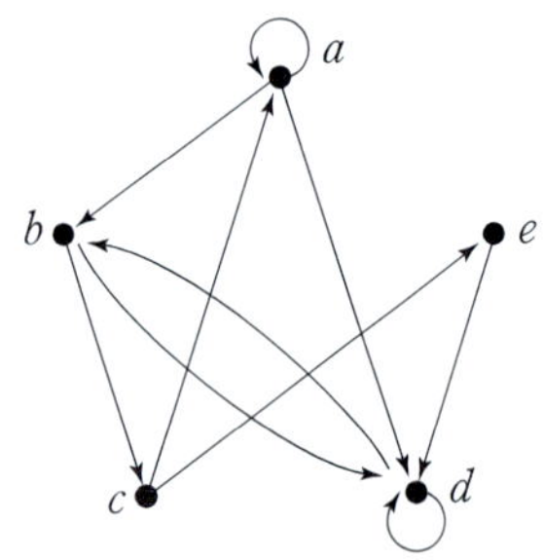

$W_0 = M_R$, $W_1 = (w_{ij}^{(1)})$, $W_2 = (w_{ij}^{(2)})$, $W_3 = (w_{ij}^{(3)})$, $W_4 = (w_{ij}^{(4)})$, $W_5 = (w_{ij}^{(5)}) = M_{R^*}$를 단계적으로 구한다.

$$W_0 = \begin{pmatrix} 1\,1\,0\,1\,0 \\ 0\,0\,1\,1\,0 \\ 1\,0\,0\,0\,1 \\ 0\,1\,0\,1\,0 \\ 0\,1\,0\,1\,0 \end{pmatrix} = M_R,\ W_1 = \begin{pmatrix} 1\,1\,0\,1\,0 \\ 0\,0\,1\,1\,0 \\ 1\,1\,0\,1\,1 \\ 0\,1\,0\,1\,0 \\ 0\,1\,0\,1\,0 \end{pmatrix},\ W_2 = \begin{pmatrix} 1\,1\,1\,1\,0 \\ 0\,0\,1\,1\,0 \\ 1\,1\,1\,1\,1 \\ 0\,1\,1\,1\,0 \\ 0\,1\,1\,1\,0 \end{pmatrix},\ W_3 = \begin{pmatrix} 1\,1\,1\,1\,1 \\ 1\,1\,1\,1\,1 \\ 1\,1\,1\,1\,1 \\ 1\,1\,1\,1\,1 \\ 1\,1\,1\,1\,1 \end{pmatrix} = W_4 = W_5 = M_{R^*}$$

그러므로 관계 R의 추이폐포 R^*는 모든 순서쌍의 집합이다.

$R^* = \{(a, a), (a, b), (a, c), (a, d), (a, e), (b, a), (b, b), (b, c), (b, d), (b, e), (c, a),$
$(c, b), (c, c), (c, d), (c, e), (d, a), (d, b), (d, c), (d, d), (d, e), (e, a), (e, b),$
$(e, c), (e, d), (e, e)\}$

연습문제 4.4

01 (1) $0 \cdot 0 = 0 \not> 0$이므로 $(0, 0) \notin R$이다. 그러므로 R은 반사관계가 아니다.

(2) $(a, b) \in R \Rightarrow ab > 0 \Rightarrow ba = ab > 0 \Rightarrow (b, a) \in R$ 이므로 R은 대칭관계이다.

(3) $(a, b) \in R$이고 $(b, c) \in R$이라 가정하자. 그러면 $ab > 0$이고 $bc > 0$이다.

$ab > 0$일 필요충분조건은 다음과 같다.

$ab > 0 \Leftrightarrow$ (i) $a > 0$, $b > 0$ 또는 (ii) $a < 0$, $b < 0$

그러므로 다음 두 가지 경우로 나눌 수 있다.

(i) $a > 0$, $b > 0$인 경우:

$bc > 0$이므로 $c > 0$이고 따라서 $ac > 0$이므로 $(a, c) \in R$이다.

(ii) $a<0$, $b<0$인 경우 :

$bc>0$이므로 $c<0$이고 따라서 $ac>0$이므로 $(a, c)\in R$이다.

그러므로 각 경우에 $(a, c)\in R$이 성립한다.

따라서 R은 추이관계이다.

02 (1) (i) 정수 a에 대하여 $a^2-a^2=0$은 5의 배수이므로 $(a, a)\in R$이다. 그러므로 R은 반사관계이다.

(ii) $(a, b)\in R \Rightarrow a^2-b^2=5k$($k$는 정수) $\Rightarrow b^2-a^2=-5k$(k는 정수) $\Rightarrow (b, a)\in R$. 그러므로 R은 대칭관계이다.

(iii) $(a, b)\in R$, $(b, c)\in R$이라 하자. 그러면 $5|(a^2-b^2)$, $5|(b^2-c^2)$이므로 $5|\{(a^2-b^2)+(b^2-c^2)\}$ 즉, $5|(a^2-c^2)$이다. 그러므로 R은 추이관계이다.

(i), (ii), (iii)에 의하여 R은 동치관계이다.

(2) 정수 a에 나눗셈 알고리즘을 적용하면 $a=5q+r$, $0\le r<5$이다. 그러면 $a^2=25q^2+10qr+r^2\equiv r^2 \pmod 5$이다.

$r=0$이면 $r^2=0$, $r=1$이면 $r^2=1^2$, $r=2$이면 $r^2=2^2$, $r=3$이면

$r^2=9=5\cdot1+4=5\cdot1+2^2$이므로 $a^2\equiv 2^2 \pmod 5$, $r=4$이면

$r^2=16=5\cdot3+1$이므로 $a^2\equiv 1^2 \pmod 5$이다.

그러므로 임의의 정수 a에 대하여 $(a, 0)\in R$ 또는 $(a, 1)\in R$ 또는 $(a, 2)\in R$이다. 따라서 단지 3개의 동치류 $[0]=\{a\in\mathbb{Z}|a^2\equiv 0 \pmod 5\}$, $[1]=\{a\in\mathbb{Z}|a^2\equiv 1 \pmod 5\}$, $[2]=\{a\in\mathbb{Z}|a^2\equiv 2^2 \pmod 5\}$가 존재한다.

03 $[0]=\{x|(x, 0)\in R\}=\{x|x\equiv 0 \pmod 3\}$

$=\{\cdots, -6, -3, 0, 3, 6, \cdots\}$: 3의 배수의 집합

$[1]=\{x|(x, 1)\in R\}=\{x|x\equiv 1 \pmod 3\}$

$=\{\cdots, -5, -2, 1, 4, 7, \cdots\}$: 3으로 나누어 나머지가 1인 수의 집합

$[2]=\{x|(x, 2)\in R\}=\{x|x\equiv 2 \pmod 3\}$

$=\{\cdots, -4, -1, 2, 5, 8, \cdots\}$: 3으로 나누어 나머지가 2인 수의 집합

a가 3의 배수이면 $[a]=[0]$, a가 3으로 나누어 나머지가 1인 수의 집합이면 $[a]=[1]$, a가 3으로 나누어 나머지가 2인 수의 집합이면 $[a]=[2]$이다.

동치류의 집합 $\{[0], [1], [2]\}$은 정수의 집합의 한 분할이다.

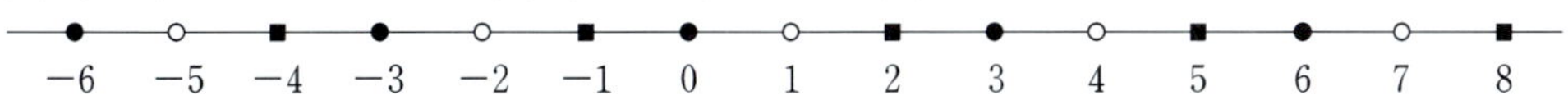

04 (1) (i) 모든 $a\in A$에 대하여 a는 a와 성이 같으므로 R은 반사관계이다.

(ii) 모든 $a,b\in A$에 대하여,

$(a,b)\in R \Rightarrow$ a와 b는 성이 같다. $\Rightarrow$ b와 a는 성이 같다. $\Rightarrow (b,a)\in R$

그러므로 R은 대칭관계이다.

(iii) 모든 $a,b,c\in A$에 대하여,

$(a,b)\in R$ and $(b,c)\in R$ $\Rightarrow$(a와 b는 성이 같다.) and (b와 c는 성이 같다.)

$\Rightarrow$ a와 c는 성이 같다. $\Rightarrow (a,c)\in R$

그러므로 R은 추이관계이다.

(i), (ii), (iii)에 의해 R은 동치관계이다.

(2) 철수의 동치류 [철수]는 남성의 집합이고 영희의 동치류 [영희]는 여성의 집합이다. {[철수], [영희]}는 사람들의 집합 A의 한 분할이다.

05 (1) (i) 모든 $a \in A$에 대하여 a는 a와 같은 동아리 회원이므로 R은 반사관계이다.

(ii) 모든 $a,b \in A$에 대하여,

$(a,b) \in R \Rightarrow a$와 b는 같은 동아리 회원이다.

$\Rightarrow$ b와 a는 같은 동아리 회원이다.

$\Rightarrow (b,a) \in R$

그러므로 R은 대칭관계이다.

(iii) 모든 $a,b,c \in A$에 대하여,

$(a,b) \in R$ and $(b,c) \in R \Rightarrow$ (a와 b는 같은 동아리 회원이다.) and (b와 c는 같은 동아리 회원이다.) $\Rightarrow$ a와 c는 같은 동아리 회원이다. $\Rightarrow (a,c) \in R$

그러므로 R은 추이관계이다.

(i), (ii), (iii)에 의해 R은 동치관계이다.

(2) 철수의 동치류 [철수]는 이산수학을 수강하는 학생들 중 철수와 같은 동아리 회원들의 집합이다.

연습문제 4.5

01 반사관계이다: 임의의 $a \in \mathbb{Z}$에 대하여 $a^2 \geq 0$이므로 $(a, a) \in R$이다.

대칭관계이다: $(a, b) \in R \Rightarrow ab \geq 0 \Rightarrow ba \geq 0 \Rightarrow (b, a) \in R$

추이관계가 아니다: $5(0) = 0 \geq 0$이므로 $(5, 0) \in R$이고 $0(-6) = 0 \geq 0$이므로 $(0, -6) \in R$이지만 $5(-6) < 0$이므로 $(5, -6) \notin R$이다.

반대칭관계가 아니다: $5(2) = 10 \geq 0$이므로 $(5, 2) \in R$이고 $2(5) = 10 \geq 0$이므로 $(2, 5) \in R$이지만 $5 \neq 2$이다.

02 (1) $\{(1, 1), (1, 2), (2, 3)\}$
(2) $\{(1, 1), (2, 2), (3, 3), (1, 2), (2, 3)\}$
(3) $\{(1, 2), (2, 1)\}$
(4) $\{(1, 2), (2, 3), (1, 3), (2, 2)\}$
(5) $\{(1, 1), (1, 2), (2, 1), (2, 2), (3, 3), (2, 3), (3, 2)\}$
(6) $\{(1, 1), (2, 2), (3, 3), (1, 2), (2, 3), (1, 3), (3, 2)\}$
(7) $\{(1, 2), (2, 1), (1, 1), (2, 2)\}$
(8) $\{(1, 1), (2, 2), (3, 3)\}$

03 반사관계이다: 임의의 자연수 a에 대하여 $a \geq a$이므로 $(a, a) \in R$이다.

대칭관계가 아니다: $3 \geq 2$이므로 $(3, 2) \in R$이지만 $2 < 3$이므로 $(2, 3) \notin R$이다.

추이관계이다: $(a, b) \in R$이고 $(b, c) \in R$일 때 즉, $a \geq b$이고 $b \geq c$이면 $a \geq c$이므로 $(a, c) \in R$이다.

반대칭관계이다: $(a, b) \in R$이고 $(b, a) \in R$이면 $a = b$이므로 반대칭관계이다.

04 반사관계이다: 임의의 자연수 n에 대하여 $n|n$이므로 $(n, n) \in R$이다.

반대칭관계이다 : 임의의 자연수 m, n에 대하여 $m|n$이고 $n|m$이면 $m=n$이므로 반대칭관계이다.
추이관계이다 : 임의의 자연수 l, m, n에 대하여 $l|m$이고 $m|n$이면 $l|n$이므로 추이관계이다. 따라서 부분순서관계이다.

05 반사관계이다 : 임의의 정수 n에 대하여 $n|n$이므로 $(n, n)\in R$이다.
추이관계이다 : 임의의 정수 l, m, n에 대하여 $l|m$이고 $m|n$이면 $l|n$이므로 추이관계이다.
반대칭관계가 아니다 : 정수 -2, 2의 경우 $2|(-2)$이고 $(-2)|2$이지만 $-2\neq 2$이므로 반대칭관계가 아니다. 따라서 부분순서관계가 아니다.

06 (1) 모든 꼭지점에서 고리가 생략되었으므로 고리를 그려 넣는다. 추이관계에 의해 생략된 변들을 그려 넣으면 다음과 같다.
$\{(1, 1), (1, 2), (1, 3), (1, 4), (2, 2), (2, 3), (2, 4), (3, 3), (4, 4)\}$
(2) $\{(1, 1), (1, 3), (1, 4), (2, 2), (2, 3), (2, 4), (3, 3), (3, 4), (4, 4)\}$
(3) $\{(1, 1), (1, 2), (1, 3), (1, 4), (2, 2), (2, 3), (2, 4), (3, 3), (3, 4), (4, 4)\}$

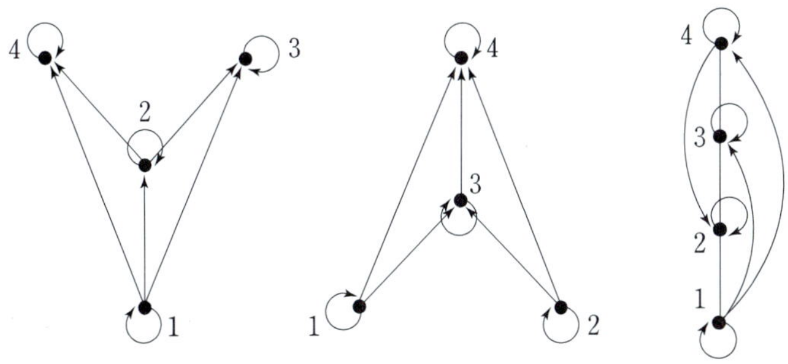

07 다음과 같이 하세도표를 그릴 수 있다. 1이 가장 작은 원소이고 20이 가장 큰 원소이므로 1은 가장 아래쪽에 20은 가장 위쪽에 그린다. 4는 1과 2의 배수이므로 1과 2 위에 그린다. $2\leq x\leq 4$이고 $2\neq x$, $4\neq x$인 x가 A에 존재하지 않으므로 2에서 4로 가는 변을 그린다. 10은 2와 5의 배수이므로 2와 5의 위에 그린다. $2\leq x\leq 10$이고 $2\neq x$, $10\neq x$인 x가 A에 존재하지 않으므로 2에서 10으로 가는 변을 그린다. 마찬가지로 5에서 10으로 가는 변을 그린다. 이와 같은 방법으로 하세도표를 그리면 아래와 같다.

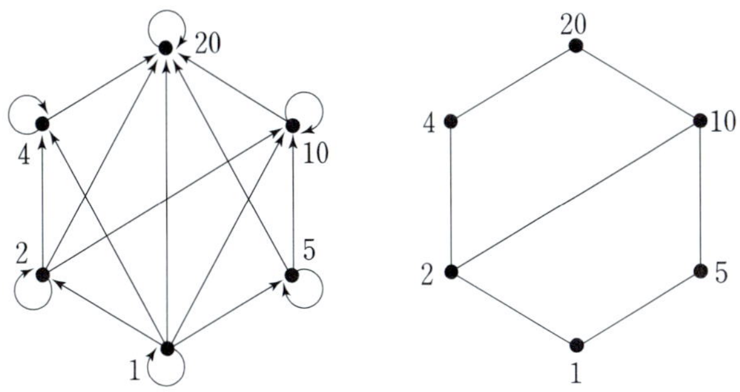

08 2와 5는 극소원소이므로 맨 아래 그리고, 15와 20은 극대원소이므로 맨 위에 그린다. 4와 10은 그 사이에 그린다.

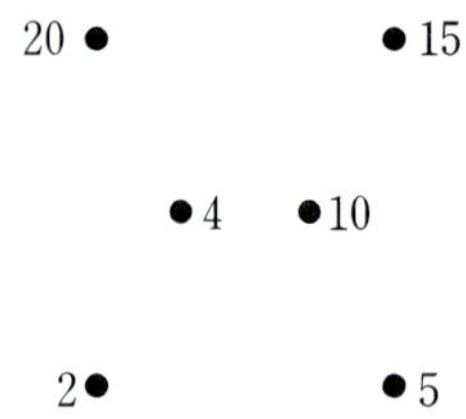

$2 \le x \le 4$이고 $2 \ne x$, $4 \ne x$인 x가 A에 존재하지 않으므로 2에서 3로 가는 변을 그린다. 마찬가지로 4에서 20으로 가는 변을 그린다.

$2 \le x \le 10$이고 $2 \ne x$, $10 \ne x$인 x가 A에 존재하지 않으므로 2에서 4로 가는 변을 그린다. 마찬가지로 4에서 20으로 가는 변을 그린다.

$2 \le x \le 10$이고 $2 \ne x$, $10 \ne x$인 x가 A에 존재하지 않으므로 2에서 10으로 가는 변을 그린다. 마찬가지로 5에서 10으로 가는 변을 그린다.

이와 같은 방법으로 하세도표를 그리면 아래와 같다.

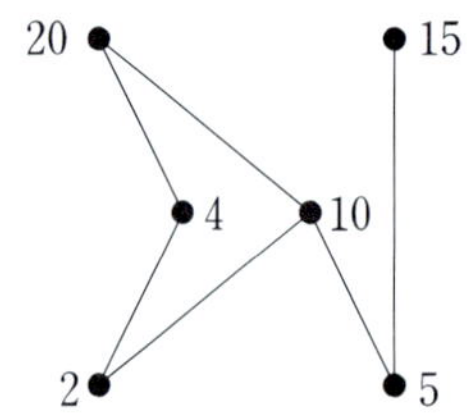

09 1이 최소원소이므로 맨 아래 그리고, 8과 12가 극대원소이므로 맨 위에 그린다. 그 사이에 2, 4와 3, 6을 각각 모아서 그린다.

$2 \le x \le 4$이고 $2 \ne x$, $4 \ne x$인 x가 A에 존재하지 않으므로 2에서 4로 가는 변을 그린다. 마찬가지로 4에서 8로 가는 변을 그린다.

이와 같은 방법으로 하세도표를 그리면 아래와 같다.

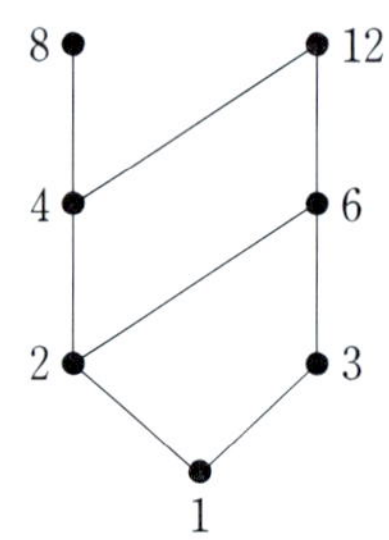

10 $R = \{(a, b) | a$는 b의 약수이다$\}$

$= \{(1, 1), (1, 2), (1, 3), (1, 4), (1, 6), (1, 9), (2, 2), (2, 4), (2, 6), (3, 3),$
$(3, 6), (3, 9), (4, 4), (6, 6), (9, 9)\}$의 하세도표는 아래와 같다.

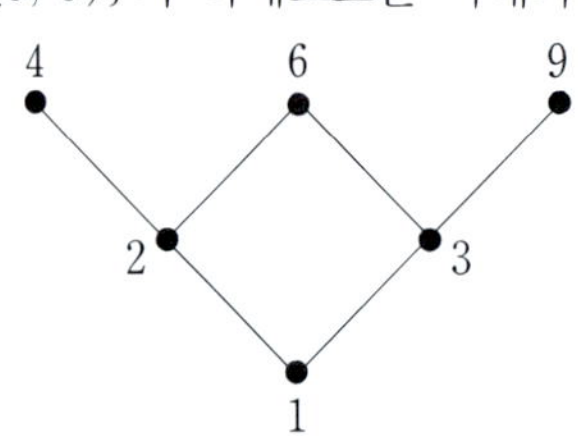

연습문제 4.6

01

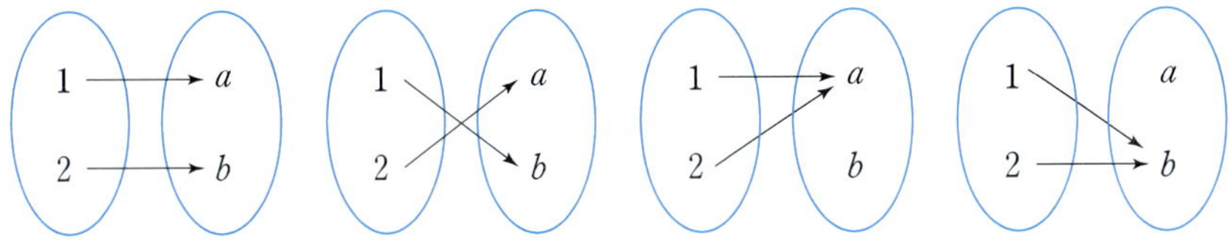

02 (1) 함수이다. 정의역 $= A$, 공역 $= B$, 치역 $= \{-1, 0\}$

(2) 함수가 아니다.

(3) 함수가 아니다.

(4) 함수이다. 정의역 $= \mathbb{Z}$, 공역 $= \mathbb{Z}$, 치역 $= \mathbb{Z}$

(5) 함수이다. 정의역 $= \mathbb{N}$, 공역 $= \mathbb{N}$, 치역 $= \mathbb{N} - \{1\} = \{2, 3, \cdots\}$

03 $\lfloor x \rfloor$이 정수이므로 $\lceil \lfloor x \rfloor \rceil = \lfloor x \rfloor$이다.

04 (1) $x = n - r$(n은 정수, $0 \leq r < 1$)이라 하자.

그러면 $\lceil x \rceil = n$이고 $\lfloor -x \rfloor = \lfloor -n + r \rfloor = -n = -\lceil x \rceil$이다.

(2) $x = n + r$(n은 정수, $0 \leq r < 1$)이라 하자.

그러면 $\lfloor x \rfloor = n$이고 $\lceil -x \rceil = \lceil -n - r \rceil = -n = -\lfloor x \rfloor$이다.

05 $k = \lceil x \rceil$이라 하자. 그러면 $k - 1 < x \leq k$이므로 $k + n - 1 < x + n \leq k + n$이다. k, n이 정수이므로 $k + n$은 정수이고 따라서 $\lceil x + n \rceil = k + n = \lceil x \rceil + n$이다.

06 (1) (a) x (b) $x + 1$

(2) (a) $x = \lfloor x \rfloor + r$, $0 \leq r < 1$이라 하자. 다음 3가지 경우로 나눌 수 있다.

(i) $0 \leq r < \dfrac{1}{2}$인 경우:

$\lfloor x \rfloor \leq x + \dfrac{1}{2} = \lfloor x \rfloor + r + \dfrac{1}{2} < \lfloor x \rfloor + 1$이므로 $\left\lfloor x + \dfrac{1}{2} \right\rfloor = \lfloor x \rfloor$이다. 즉, $\left\lfloor x + \dfrac{1}{2} \right\rfloor$은 x에 가장 가까운 정수 $\lfloor x \rfloor$이다.

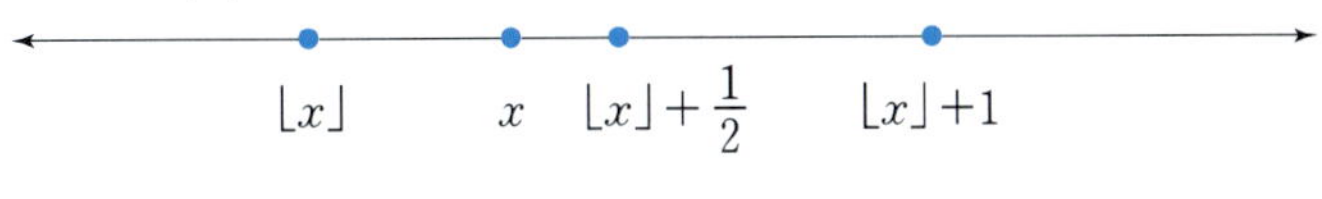

(ii) $r > \dfrac{1}{2}$인 경우:

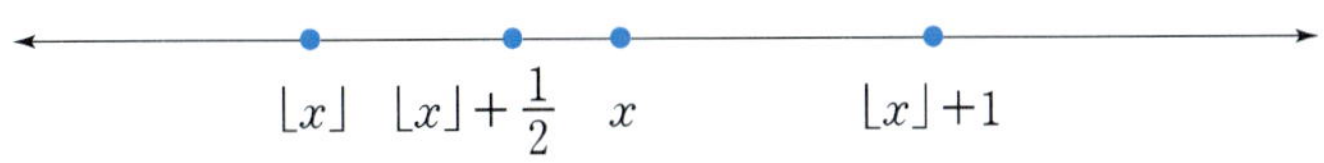

$$\lfloor x \rfloor + 1 < x + \frac{1}{2} = \lfloor x \rfloor + r + \frac{1}{2} < \lfloor x \rfloor + 1 + 1 = \lfloor x \rfloor + 2$$

이므로 $\left\lfloor x + \dfrac{1}{2} \right\rfloor = \lfloor x \rfloor + 1$이다.

즉, $\left\lfloor x+\frac{1}{2}\right\rfloor$은 x에 가장 가까운 정수 $\lfloor x\rfloor+1$이다.

(iii) $r=\frac{1}{2}$인 경우:

$x+\frac{1}{2}=\lfloor x\rfloor+\frac{1}{2}+\frac{1}{2}=\lfloor x\rfloor+1$이므로 $\left\lfloor x+\frac{1}{2}\right\rfloor=\lfloor x\rfloor+1$이다.

즉, $\left\lfloor x+\frac{1}{2}\right\rfloor$은 x가 중간에 위치한 두 정수 중 큰 쪽이다.

(b) $x=\lfloor x\rfloor+r$, $0\leq r<1$이라 하자.

다음 3가지 경우로 나눌 수 있다:

(i) $0\leq r<\frac{1}{2}$인 경우:

$\lfloor x\rfloor-\frac{1}{2}\leq x-\frac{1}{2}=\lfloor x\rfloor+r-\frac{1}{2}<\lfloor x\rfloor+\frac{1}{2}-\frac{1}{2}=\lfloor x\rfloor$

이므로 $\left\lceil x-\frac{1}{2}\right\rceil=\lfloor x\rfloor$이다.

즉, $\left\lceil x-\frac{1}{2}\right\rceil$은 x에 가장 가까운 정수 $\lfloor x\rfloor$이다.

(ii) $r>\frac{1}{2}$인 경우:

$\lfloor x\rfloor<x-\frac{1}{2}=\lfloor x\rfloor+r-\frac{1}{2}<\lfloor x\rfloor+\frac{1}{2}$이므로

$\lfloor x\rfloor<x-\frac{1}{2}<\lfloor x\rfloor+1$ 이다. 따라서 $\left\lceil x-\frac{1}{2}\right\rceil=\lfloor x\rfloor+1$이다.

즉, $\left\lceil x-\frac{1}{2}\right\rceil$은 x에 가장 가까운 정수 $\lfloor x\rfloor+1$이다.

(iii) $r=\frac{1}{2}$인 경우:

$x-\frac{1}{2}=\lfloor x\rfloor+r-\frac{1}{2}=\lfloor x\rfloor$이므로 $\left\lceil x-\frac{1}{2}\right\rceil=\lfloor x\rfloor$이다.

즉, $\left\lceil x-\frac{1}{2}\right\rceil$은 x가 중간에 위치한 두 정수 중 작은 정수이다.

07 (1) n이 짝수이므로 $n=2k$(k는 정수)로 나타낼 수 있다.

$$\left\lceil\frac{n}{2}\right\rceil=\left\lceil\frac{2k}{2}\right\rceil=\lceil k\rceil=k=\frac{n}{2}$$

(2) n이 홀수이므로 $n=2k+1$(k는 정수)로 나타낼 수 있다.

$$\left\lceil\frac{n}{2}\right\rceil=\left\lceil\frac{2k+1}{2}\right\rceil=\left\lceil k+\frac{1}{2}\right\rceil=k+1=\frac{n-1}{2}+1=\frac{n+1}{2}$$

08 $x=y=\frac{1}{2}$일 때 $\lfloor x\rfloor+\lfloor y\rfloor=\left\lfloor\frac{1}{2}\right\rfloor+\left\lfloor\frac{1}{2}\right\rfloor=0+0=0$,

$\lfloor x+y\rfloor=\left\lfloor\frac{1}{2}+\frac{1}{2}\right\rfloor=\lfloor 1\rfloor=1$이므로 $\lfloor x+y\rfloor\neq\lfloor x\rfloor+\lfloor y\rfloor$이다.

09 (1) n이 짝수인 경우 $\frac{n}{2}$과 $\frac{n^2}{4}$이 모두 정수이므로

$$\left\lfloor \frac{n}{2} \right\rfloor \cdot \left\lceil \frac{n}{2} \right\rceil = \frac{n}{2} \cdot \frac{n}{2} = \frac{n^2}{4} = \left\lfloor \frac{n^2}{4} \right\rfloor$$

(2) n이 홀수인 경우 $n=2k+1$(k는 정수)로 나타낼 수 있다. $\frac{n}{2}=k+\frac{1}{2}$이므로

$\left\lfloor \frac{n}{2} \right\rfloor \cdot \left\lceil \frac{n}{2} \right\rceil = k(k+1) = k^2+k$ 이다.

$\frac{n^2}{4} = \frac{(2k+1)^2}{4} = k^2+k+\frac{1}{4}$이므로 $\left\lfloor \frac{n^2}{4} \right\rfloor = k^2+k$이다. 따라서 $\left\lfloor \frac{n}{2} \right\rfloor \cdot \left\lceil \frac{n}{2} \right\rceil = \left\lfloor \frac{n^2}{4} \right\rfloor$ 이 성립한다.

10

111	112		114				007	119				123			
0	1	2	3	4	5	6	7	8	9	10	11	12	13	14	15

										100				104	
16	17	18	19	20	21	22	23	24	25	26	27	28	29	30	31

32	33	34	35	36

11 $\mathbb{N}\times\mathbb{N}$의 원소들을 다음과 같이 배열하고 맨 위의 왼쪽 끝에 있는 (1, 1)부터 시작해서 화살표 방향으로 자연수를 차례로 대응시킨다.

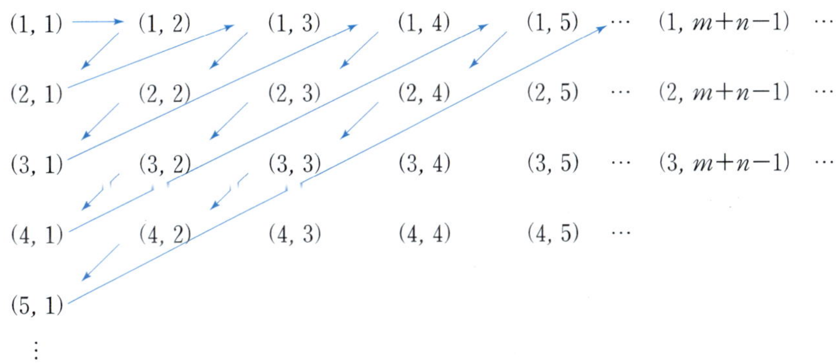

순서쌍에 있는 수의 합이 같은 것들로 군을 나눈다.

(1, 1) ; (1, 2), (2, 1) ; (1, 3), (2, 2), (3, 1) ; (1, 4), (2, 3), (3, 2), (4, 1); ⋯ ;

$(1,\ m+n-1),\ (2,\ m+n-2),\ \cdots,\ (m,\ n),\ \cdots,\ (m+n-1,\ 1);\ \cdots$

각 군의 첫째항들에 대응하는 자연수를 통하여 $m+n-1$군의 첫째항 $(1,\ m+n-1)$에 대응하는 자연수를 구할 수 있다.

각 군의 첫째항들에 대응하는 자연수로 이루어진 수열을 $\{a_n\}$이라 하고, $\{b_n\}$은 $b_n=a_{n+1}-a_n$인 수열이라 하자.

	(1,1)		(1,2)		(1,3)		(1,4)		(1,5)		(1,6)		(1,7)		⋯	$(1,m+n-1)$
(a_n)	1		2		4		7		11		16		22			
(b_n)		1		2		3		4		5		6			⋯	

그러면

$$a_{m+n-1} = a_1 + \sum_{i=1}^{m+n-2} b_i$$
$$= 1+(1+2+\cdots+(m+n-2))$$
$$= 1+\frac{(m+n-2)(m+n-1)}{2}$$

이므로 $(1,\ m+n-1)$에 대응하는 자연수는 $1+\frac{(m+n-2)(m+n-1)}{2}$ 이다.

제 $m+n-1$군에서 $(m,\ n)$은 m번째 항이므로 $(m,\ n)$에 대응하는 자연수는

$$1+\frac{(m+n-2)(m+n-1)}{2}+(m-1)$$

이다. 그러므로

$$f(m,\ n)=\frac{(m+n-2)(m+n-1)}{2}+m$$

으로 정의된 함수 $f: \mathbb{N}\times\mathbb{N}\to\mathbb{N}$는 전단사함수이다.

실제로, 2이상의 모든 자연수 x에 대하여 $f(x-1,\ 1)+1=f(1,\ x)$가 성립함을 보이면 f는 전단사함수이다.

$$f(x-1,\ 1)+1=\frac{(x-2)(x-1)}{2}+(x-1)+1$$
$$=\frac{x^2-x+2}{2}=\frac{(x-1)x}{2}+1=f(1,x)$$

연 습 문 제 5.1

01 5.6절 본문과 연습문제 5.6 문제 4번에서 각 꼭지점 사이의 길이에 따른 길의 개수를 구하는 방법을 설명한다.

(1) (a) $a\to d$ (b) $a\to c\to d$

(c) 다음과 같은 5개가 존재한다.

$a\to b\to c\to d$, $a\to b\to a\to d$, $a\to c\to a\to d$, $a\to d\to c\to d$, $a\to d\to a\to d$

(d) 다음과 같은 9개가 존재한다.

$a\to b\to c\to a\to d$, $a\to b\to a\to c\to d$, $a\to c\to a\to c\to d$,

$a\to c\to b\to a\to d$, $a\to c\to b\to c\to d$, $a\to c\to d\to a\to d$,

$a\to d\to c\to a\to d$, $a\to d\to a\to c\to d$, $a\to c\to d\to c\to d$

(2) 꼭지점이 모두 다른 길이 1인 경로 : $a\to d$

꼭지점이 모두 다른 길이 2인 경로 : $a\to c\to d$

꼭지점이 모두 다른 길이 3인 경로 : $a\to b\to c\to d$

(3)

길이	경로
1	$a \to d$
2	$a \to c \to d$
3	$a \to b \to c \to d$
4	$a \to b \to c \to a \to d$, $a \to c \to b \to a \to d$

(4) $a \to b \to c \to a$, $a \to c \to b \to a$, $a \to c \to d \to a$, $a \to d \to c \to a$,
$a \to b \to c \to d \to a$, $a \to d \to c \to b \to a$

02 a에서 b로 갈 때 반드시 지나야 하는 꼭지점은 A, B, C이다. n각형의 한 꼭지점에서 다른 꼭지점으로 가는 경로의 수는 2이므로 a에서 A로 가는 경로의 수는 2가지, A에서 B로 가는 경로의 수는 2가지, B에서 C로 가는 경로의 수는 2가지, C에서 b로 가는 경로의 수는 2가지이므로 a에서 b로 가는 서로 다른 경로의 수는 $2^4 = 16$가지이다.

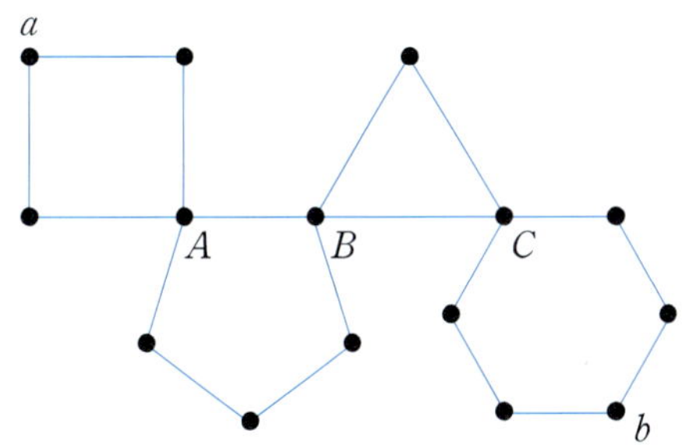

03 5.6절 본문과 연습문제 5.6 문제 5번에서 각 꼭지점 사이의 길이에 따른 길의 개수를 구하는 방법을 설명한다.

(1) (a) $a \to b \to h \to f \to g$, $a \to d \to b \to h \to g$

(b) 다음과 같은 12개가 존재한다.

$a \to b \to h \to e \to f \to g$, $a \to b \to h \to e \to h \to g$, $a \to b \to h \to f \to h \to g$,
$a \to b \to h \to g \to f \to g$, $a \to b \to h \to g \to h \to g$, $a \to d \to b \to h \to f \to g$,
$a \to b \to a \to b \to h \to g$, $a \to b \to c \to b \to h \to g$, $a \to b \to d \to b \to h \to g$,
$a \to b \to h \to b \to h \to g$, $a \to d \to a \to b \to h \to g$, $a \to d \to c \to b \to h \to g$

(c) 다음과 같은 30개가 존재한다.

$a \to b \to a \to b \to h \to f \to g$, $a \to b \to a \to d \to b \to h \to g$, $a \to b \to c \to b \to h \to f \to g$,
$a \to b \to c \to d \to b \to h \to g$, $a \to b \to d \to a \to b \to h \to g$, $a \to b \to d \to b \to h \to f \to g$,
$a \to b \to d \to c \to b \to h \to g$, $a \to b \to h \to b \to h \to f \to g$, $a \to b \to h \to e \to f \to h \to g$,
$a \to b \to h \to e \to h \to f \to g$, $a \to b \to h \to f \to e \to f \to g$, $a \to b \to h \to f \to e \to h \to g$,
$a \to b \to h \to f \to g \to f \to g$, $a \to b \to h \to f \to g \to h \to g$, $a \to b \to h \to f \to h \to f \to g$,
$a \to b \to h \to g \to f \to h \to g$, $a \to b \to h \to g \to h \to f \to g$, $a \to d \to b \to a \to b \to h \to g$,
$a \to d \to b \to c \to b \to h \to g$, $a \to d \to b \to d \to b \to h \to g$, $a \to d \to b \to h \to b \to h \to g$,
$a \to d \to b \to h \to e \to f \to g$, $a \to d \to b \to h \to e \to h \to g$, $a \to d \to b \to h \to f \to h \to g$,
$a \to d \to b \to h \to g \to f \to g$, $a \to d \to b \to h \to g \to h \to g$, $a \to d \to a \to b \to h \to f \to g$,

$a \to d \to c \to b \to h \to f \to g$, $a \to d \to a \to d \to b \to h \to g$, $a \to d \to c \to d \to b \to h \to g$

(2) 시작점이 a이고 끝점이 g인 경로 중 꼭지점이 모두 다른 경로는 다음 표와 같다.

길이	경로
3	$a \to b \to h \to g$
4	$a \to b \to h \to f \to g$ $a \to d \to b \to h \to g$
5	$a \to d \to b \to h \to f \to g$ $a \to d \to c \to b \to h \to g$ $a \to b \to h \to e \to f \to g$
6	$a \to d \to c \to b \to h \to f \to g$ $a \to d \to b \to h \to e \to f \to g$
7	$a \to d \to c \to b \to h \to e \to f \to g$

(3) 시작점이 a이고 끝점이 g인 경로는 다음 표와 같다.

길이	경로
3	$a \to b \to h \to g$
4	$a \to b \to h \to f \to g$ $a \to d \to b \to h \to g$
5	$a \to d \to b \to h \to f \to g$ $a \to d \to c \to b \to h \to g$ $a \to b \to h \to e \to f \to g$
6	$a \to d \to c \to b \to h \to f \to g$ $a \to d \to b \to h \to e \to f \to g$ $a \to b \to h \to e \to f \to h \to g$ $a \to b \to h \to f \to e \to h \to g$
7	$a \to d \to b \to h \to e \to f \to h \to g$ $a \to d \to b \to h \to f \to e \to h \to g$ $a \to d \to c \to b \to h \to e \to f \to g$
8	$a \to d \to c \to b \to h \to f \to e \to h \to g$ $a \to d \to c \to b \to h \to e \to f \to h \to g$ $a \to b \to c \to d \to b \to h \to e \to f \to g$ $a \to b \to d \to c \to b \to h \to e \to f \to g$
9	$a \to b \to c \to d \to b \to h \to f \to e \to h \to g$ $a \to b \to c \to d \to b \to h \to e \to f \to h \to g$

(4) 시작점과 끝점이 a인 회로는 다음과 같은 4가지이다.

$a \to b \to d \to a$, $a \to d \to b \to a$, $a \to b \to c \to d \to a$, $a \to d \to c \to b \to a$

04 함수 $f: V \to V'$를

$$A \leftrightarrow a,\ B \leftrightarrow b,\ C \leftrightarrow c,\ D \leftrightarrow h,\ E \leftrightarrow f,\ F \leftrightarrow e,\ G \leftrightarrow d,\ H \leftrightarrow g$$

으로 정의하면 함수 f는 동형사상이고, 따라서 그래프 G는 G'과 동형이다.

연습문제 5.2

01 주어진 그래프는 다음 그림과 같이 다시 그릴 수 있으므로 이분그래프이다.

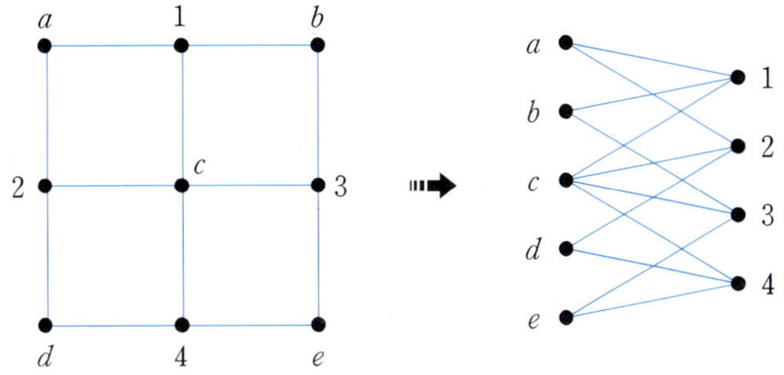

02 주어진 그래프는 다음 그림과 같이 다시 그릴 수 있으므로 이분그래프이다.

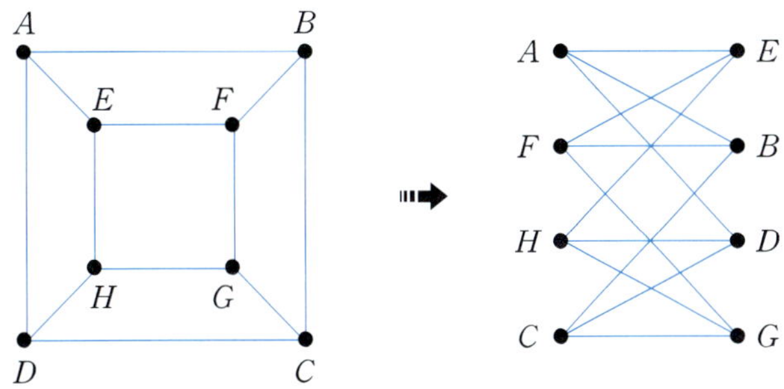

03 K_n에서 변의 개수는 n개의 꼭지점에서 서로 다른 2개의 꼭지점을 선택하는 조합의 수이므로 ${}_nC_2=\dfrac{n(n-1)}{2}$이다.

04 $K_{m,n}$에서는 m개의 꼭지점이 각각 n개의 꼭지점에 변으로 연결되어 있으므로 $K_{m,n}$에는 mn개의 변이 있다.

05 변의 개수와 꼭지점의 개수가 같은 완전이분그래프는 $K_{2,2}$뿐이다.

06 (1) 각 꼭지점의 차수가 4이상이고 변의 개수가 25인 그래프의 꼭지점의 개수를 m이라 하자. 그래프에서 모든 꼭지점의 차수의 합은 변의 개수의 2배이므로 $4m \le 2\times 25 = 50$이다. 그러므로 $M\le \dfrac{50}{4}=12.5$이다. 그런데 m은 자연수이므로 $m \le 12$. 따라서 꼭지점의 최대 개수는 12이다.

(2) 변의 개수가 일정할 때 꼭지점의 개수가 최소가 되는 경우는 완전그래프일 때이다. 10개의 꼭지점을 갖는 완전그래프의 변의 개수는 ${}_{10}C_2=45$이고, 11개의 꼭지점을 갖는 완전그래프의 변의 개수는 ${}_{11}C_2=55$이다. 따라서 변의 개수가 50인 그래프가 가질 수 있는 꼭지점의 최소 개수는 11이다.

07 그래프 G가 이분그래프이면 꼭지점의 집합 V는 서로 소인 두 집합 V_1, V_2로 분할된다. 꼭지점 $a\in V_1$에서 시작하여 a에서 끝나는 회로에는 V_1의 꼭지점과 V_2의 꼭지점이 번갈아 나타나므로 회로의 길이가 짝수이다. 같은 방법으로 V_2의 꼭지점에서 시작하는 회로의 길이도 짝수임을 보일 수 있다.

역으로 G의 모든 회로의 길이가 짝수라고 하자. G가 연결그래프가 아니라도 G의 각 연결부분그래프가 이분그래프이면 G도 이분그래프이며 각 연결부분그래프의 회로의 길이도 짝수이다.
따라서 연결그래프 G에 대해서 위의 성질이 만족함을 보이면 된다.
이제 연결그래프 G의 한 꼭지점 v를 잡고,

$$V_e = \{x \mid \text{홀수 길이의 } (v,\ x)-\text{경로가 있다}\},$$

$$V_o = \{y \mid \text{짝수 길이의 } (v,\ y)-\text{경로가 있다}\}$$

로 두면, $V = V_e \cup V_o$이다. 그리고 $V_e \cap V_o = \phi$이다.
왜냐하면 연결그래프 G의 모든 회로의 길이가 짝수이면 한 고정된 꼭지점 v에서 각 꼭지점에 이르는 경로의 길이는 항상 짝수이든가 항상 홀수이다. 왜냐하면, 만약 v에서 다른 꼭지점 w에 이른 경로가 P_1, P_2이고 P_1의 길이는 짝수, P_2의 길이는 홀수라면 다음 그림과 같이 v에서 P_1를 따라 w로 갔다가 P_2를 따라 v로 돌아오는 회로는 길이가 홀수이므로 모순이기 때문이다.

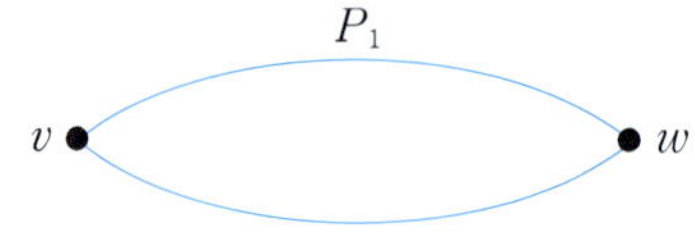

그러므로 V_e, V_0는 꼭지점의 집합의 분할이다. 두 꼭지점 $x_1, x_2 \in V_e$ 사이에 변이 있다고 하자. 그러면 짝수 길이의 $(v,\ x_1)-$경로와 $(v,\ x_2)-$경로가 있다.

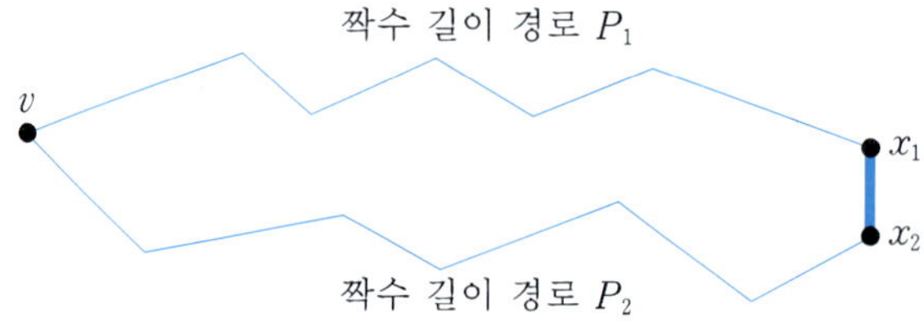

짝수 길이 경로 P_1과 P_2 및 변 $\{x_1,\ x_2\}$를 붙이면 홀수 길이의 회로가 되어 모순이다. 따라서 V_e의 두 꼭지점 사이에는 변이 없다. 같은 방법으로 V_0의 두 꼭지점 사이에도 변이 없음을 알 수 있다. 따라서 G는 이분그래프이다.

08 전체집합 U는 주어진 그래프의 꼭지점들을 n개의 색으로 칠하는 모든 방법의 집합이라 하자. 그러면 네 꼭지점에 대해 n개의 색을 선택할 수 있으므로 $|U| = n^4$이다. 각 $i = 1, 2, 3, 4, 5$에 대하여 A_i를 다음과 같이 정의한다.
A_i는 변 e_i의 양 끝 점이 같은 색을 갖는 그래프의 집합.
이 경우 변 e_i의 양 끝 점에 같은 색을 칠하는 경우이므로, 세 꼭지점에 대해 n개의 색을 선택할 수 있으므로 $|A_i| = n^3$이다. 따라서

$$S_1 := \sum_{i=1}^{5} |A_i| = 5n^3$$

이다. 이제 $|A_i \cap A_j|$을 계산하자. 이 경우 변 e_i와 e_j의 양 끝 점에 같은 색을 칠하는 경우이므로, 세 꼭지점이 동일한 색을 칠하는 경우이다. 그러므로 두 꼭지점에 각각 n개의 색을 선택할 수 있으므로 각 $i,\ j\ (1 \le i < j \le 5)$에 대하여 $|A_i \cap A_j| = n^2$이다. 따라서

$$S_2 := \sum_{1 \le i < j \le 5} |A_i \cap A_j| = {}_5C_2 n^2$$

이다. 세 집합 A_i, A_j, A_k의 교집합의 경우는 두 가지 경우로 나눌 수 있다.

(i) $A_1 \cap A_2 \cap A_3$, $A_3 \cap A_4 \cap A_5$(이 경우 변 e_1, e_2, e_3와 e_3, e_4, e_5는 삼각형을 이룬다)

(ii) 세 변이 삼각형을 이루지 않는 경우 : ${}_5C_3 - 2 = 8$가지

$A_1 \cap A_2 \cap A_4$, $A_1 \cap A_2 \cap A_5$, $A_1 \cap A_3 \cap A_4$, $A_1 \cap A_3 \cap A_5$,

$A_1 \cap A_4 \cap A_5$, $A_2 \cap A_3 \cap A_4$, $A_2 \cap A_3 \cap A_5$, $A_2 \cap A_4 \cap A_5$

(i) $|A_1 \cap A_2 \cap A_3| = n^2$, $|A_3 \cap A_4 \cap A_5| = n^2$

삼각형을 이루는 세 꼭지점에 같은 색을 칠하는 경우이므로, 세 꼭지점이 동일한 색을 칠하는 경우이다. 그러므로 두 꼭지점에 각각 n개의 색을 선택할 수 있다.

(ii) 네 꼭지점에 같은 색을 칠하는 경우이므로 8가지 경우 모두 n가지이다.

따라서 (i), (ii)에 의하여

$$S_3 := \sum_{1 \le i < j < k \le 5} |A_i \cap A_j \cap A_k| = 2n^2 + [{}_5C_3 - 2]n$$

이다. 이제 네 집합의 교집합이나 다섯 집합의 교집합은 모두 4개의 꼭지점에 같은 색을 칠하는 경우이므로

$$S_4 := \sum_{1 \le i < j < k < l \le 5} |A_i \cap A_j \cap A_k \cap A_l| = {}_5C_4 n, \ S_5 := |\bigcap_{i=1}^{5} A_i| = n.$$

그러므로 주어진 그래프를 n개의 색으로 적절히 색칠하는 경우의 수는 다음과 같다.

$$\begin{aligned}\left|\left(\bigcup_{i=1}^{5} A_i\right)^C\right| &= |U| - \left|\bigcup_{i=1}^{5} A_i\right| = |U| - S_1 + S_2 - S_3 + S_4 - S_5 \\ &= n^4 - 5n^3 + {}_5C_2 n^2 - \{2n^2 + ({}_5C_3 - 2)n\} + {}_5C_4 n - n \\ &= n^4 - 5n^3 + 8n^2 - 4n.\end{aligned}$$

09 다섯 개의 마을을 1, 2, 3, 4, 5라 하고, 어느 꼭지점도 고립되지 않도록 변을 연결하여 만들 수 있는 그래프의 개수를 구하는 것이다. 아래 그림의 (a), (b)와 같은 경우는 가능하고, (c), (d)와 같은 경우는 각각 고립된 꼭지점 3과 2가 있으므로 불가능하다.

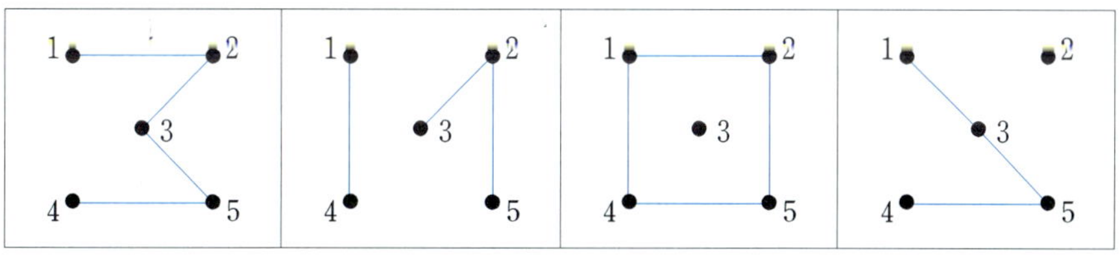

(a) (b) (c) (d)

U를 꼭지점의 집합 $V = \{1, 2, 3, 4, 5\}$상의 그래프 전체의 집합이라 하자. 그러면 다섯 개 꼭지점 중 임의로 선택한 두 꼭지점에 변을 연결하거나 변을 연결하지 않거나 두 가지 경우가 가능하다. ${}_5C_2 = 10$ 가지 가능한 길이 존재하므로 $|U| = 2^{10}$이다. 각 $1 \le i \le 5$에 대하여 A_i를 다음과 같이 정의하자.

A_i는 꼭지점 i가 고립된 그래프의 집합이다.

그러면 구하는 답은 $\left|\left(\bigcup_{i=1}^{5} A_i\right)^C\right|$이다. A_1에 속한 그래프는 꼭지점 1이 고립된 그래프이므로 6개의 변 $\{2, 3\}$, $\{2, 4\}$, $\{2, 5\}$, $\{3, 4\}$, $\{3, 5\}$, $\{4, 5\}$만 생각하면 되고, 이때 각 변이 포함되거나 포함되지 않는 두 경우 선택이 가능하므로 $|A_1| = 2^6$이다. 이와 마찬가지로 각 $2 \le i \le 5$에 대하여 $|A_i| = 2^6$이므로 $S_1 := \sum_{i=1}^{5} |A_i| = {}_5C_1 2^6$이다. $A_1 \cap A_2$에 속한 그래프는 꼭지점 1, 2가 고립된 그래프이므로 3개의 변 $\{3, 4\}$, $\{3, 5\}$, $\{4, 5\}$만 생각하면 되고, 이때 각 변이 포함되거나 포함되지 않는 두 경우 선택이 가능하므로

$|A_1 \cap A_2| = 2^3$이다. 이와 마찬가지로 각 $i, j\,(1 \le i < j \le 5)$에 대하여 $|A_i \cap A_j| = 2^3$이므로 $S_2 := \sum_{1 \le i < j < k \le 5} |A_i \cap A_j \cap A_k| = {}_5C_2 2^3$이다. $1 \le i < j < k \le 5$인 i, j, k에 대하여 $|A_i \cap A_j \cap A_k| = 2^1$이고, $|A_1 \cap A_2 \cap A_3 \cap A_4| = 2^0$, $|A_1 \cap A_2 \cap A_3 \cap A_4 \cap A_5| = 2^0$이므로 $S_3 := \sum_{1 \le i < j < k \le 5} |A_i \cap A_j \cap A_k| = {}_5C_3 2^1$, $S_4 := \sum_{1 \le i < j < k < l \le 5} |A_i \cap A_j \cap A_k \cap A_l| = {}_5C_4 2^0$, $S_5 := |\bigcap_{i=1}^{5} A_i| = {}_5C_5 2^0$이다. 그러므로

$$
\begin{aligned}
\left|\left(\bigcup_{i=1}^{5} A_i\right)^C\right| &= |U| - \left|\bigcup_{i=1}^{5} A_i\right| \\
&= |U| - S_1 + S_2 - S_3 + S_4 - S_5 \\
&= 2^{10} - {}_5C_1 2^6 + {}_5C_2 2^3 - {}_5C_3 2^1 + {}_5C_4 2^0 - {}_5C_5 2^0 = 768.
\end{aligned}
$$

연습문제 5.3

01 (1) 연결그래프가 아니므로 오일러회로가 존재하지 않는다.

(2)

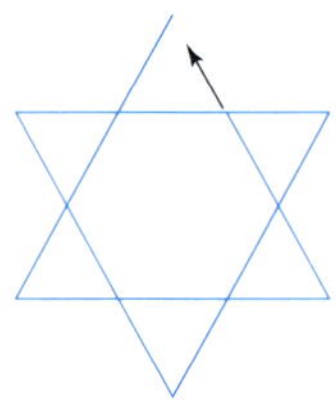

회로 $a \to g \to l \to e \to k \to j \to c \to i \to h \to b \to i \to j \to d \to k \to l \to f \to g \to h \to a$는 위 그래프의 모든 꼭지점과 모든 변이 포함되는 오일러회로이다.

(3) 차수가 홀수인 꼭지점이 있으므로 오일러회로는 존재하지 않는다.

(4) 차수가 홀수인 꼭지점이 있으므로 오일러회로는 존재하지 않는다.

02 각 꼭지점의 차수가 짝수이므로 오일러회로가 존재한다. 회로 $a \to d \to g \to b \to e \to h \to c \to f \to a$는 위 그래프의 모든 꼭지점과 모든 변이 포함되는 오일러회로이다.

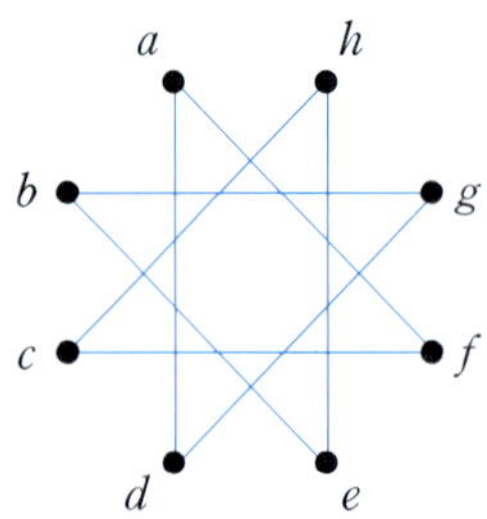

03 각 꼭지점의 차수가 짝수이므로 오일러회로가 존재한다.

04 그래프에는 홀수점이 e와 f 단 두 개이므로 시작점이 e이고 끝점이 f인 다음과 같은 오일러경로가 존재한다.

$e \to g \to i \to j \to h \to g \to k \to m \to n \to l \to k \to c \to d \to l \to h \to f \to d \to b \to a \to c \to e \to f$

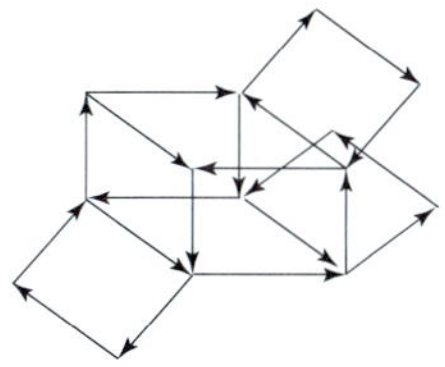

05 차수가 1인 꼭지점 f가 있으므로 해밀턴회로가 존재하지 않는다.

06 완전그래프 K_n의 꼭지점을 v_1, $\cdots$, v_n이라 하면 $v_1 \to v_2 \to \cdots \to v_n \to v_1$은 K_n의 해밀턴회로이다.

07 (1) $a \to b \to c \to d \to e$

(2) $a \to b \to c \to d \to e \to f$

(3) $f \to d \to c \to e \to g \to a \to b \to i \to h$

(4) $e \to g \to a \to c \to d \to f \to h \to b$

(5) $a \to d \to b \to c \to e \to f \to g \to h$

(6) $a \to c \to g \to f \to e \to d \to b \to a$

(7) $a \to b \to f \to e \to c \to d \to a$

(8) $a \to b \to i \to h \to f \to d \to c \to e \to g \to a$

(9) 존재하지 않는다.

(10) 존재하지 않는다.

08 (a) 해밀턴회로가 존재한다.

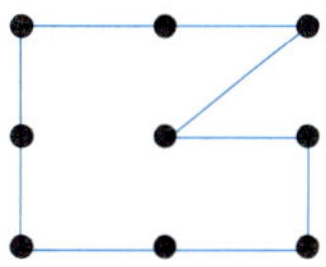

(b) 그래프 H에 해밀턴회로 C가 존재한다고 가정하자. 그러면 H의 꼭지점의 개수는 9개이므로 C의 변의 개수는 9개이다. 그러나 연습문제 5.2의 (1)번에 의하면 그래프 H는 이분그래프이고 연습문제 5.2의 (7)번에 의하면 이분그래프에 있는 회로의 길이는 모두 짝수이므로 모순이다. 따라서 그래프 H에는 해밀턴회로가 존재하지 않는다.

별해1 그래프 H에 해밀턴회로 C가 존재한다고 가정하자. 그러면 해밀턴회로 C는 차수가 2인 꼭지점 1, 3, 7, 9을 지나므로 꼭지점 1, 3, 7, 9에 연결된 두 변을 반드시 포함한다. 그러면 해밀턴회로의 길이보다 짧은 부분회로를 포함하므로 모순이다. 따라서 그래프 H에는 해밀턴회로가 존재하지 않는다.

별해2 그래프 H를 9명의 학생이 3행 3열로 의자에 앉아 있는 것으로 생각하자. 각 의자의 전, 후, 좌, 우를 이웃의자라고 하자. 예를 들어 9개의 각 의자에서의 이웃의자는 다음 그림과 같다.

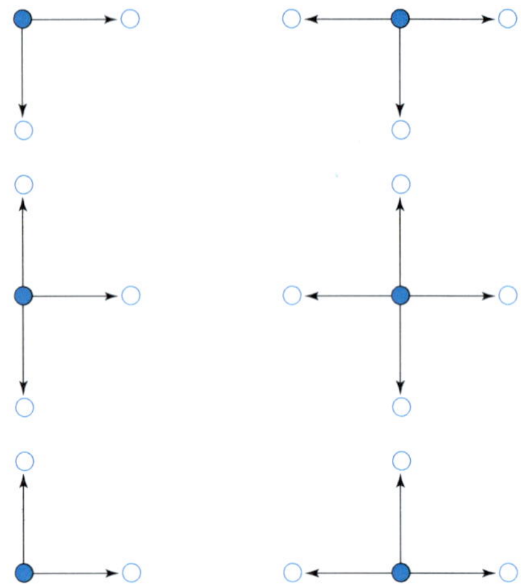

이웃 의자

그래프 H의 왼쪽 맨 위 꼭지점에 검은색을 칠하고 한 칸 씩 건너가면서 흰색, 검은색을 교대로 칠하면 검은색 의자의 이웃의자의 색은 흰색이고 흰색 의자의 이웃의자의 색은 검은색이다. 꼭지점의 개수가 홀수이기 때문에 흰색 의자와 검은색 의자의 개수가 다르므로 9명이 동시에 이웃의자로 옮겨 앉는 것이 불가능하다.

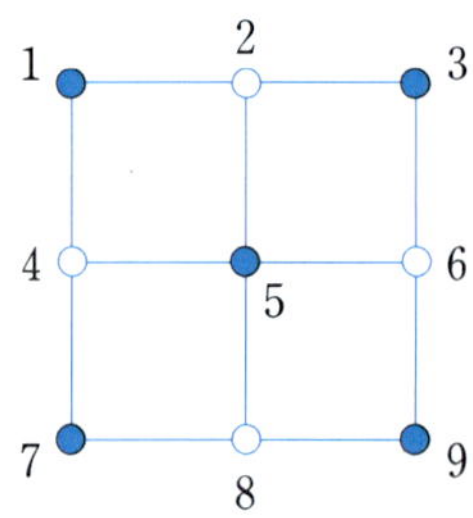

H

그래프 H에 해밀턴회로 C가 존재한다고 가정하자. 그러면 각 학생은 C에 있는 변을 따라 이동하면 이웃자리로 옮겨 앉는 것이 가능하다. 그런데 9명이 동시에 이웃의자로 옮겨 앉는 것이 불가능하므로 그래프 H에는 해밀턴회로가 존재하지 않는다.

09

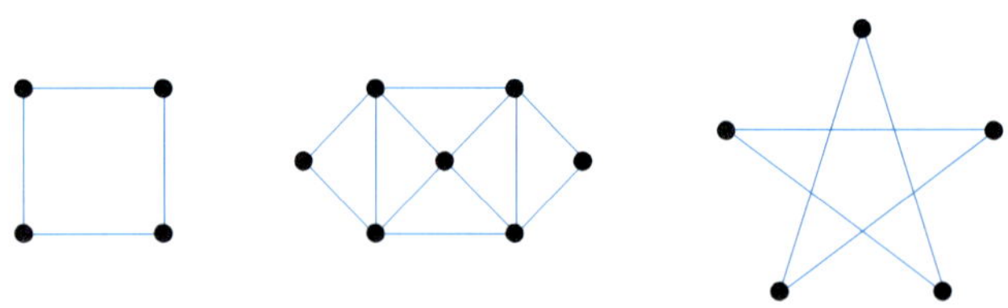

K_5

10

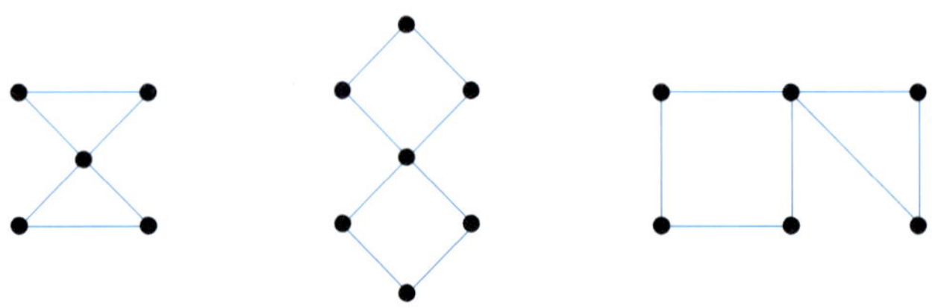

11

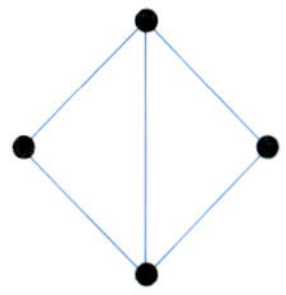

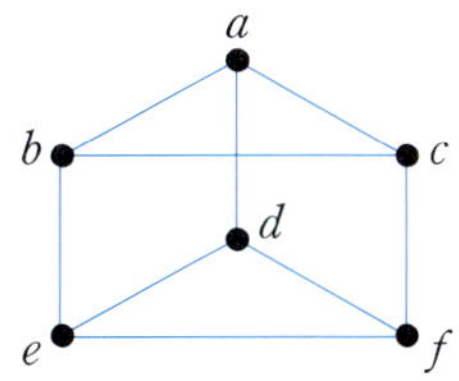

12

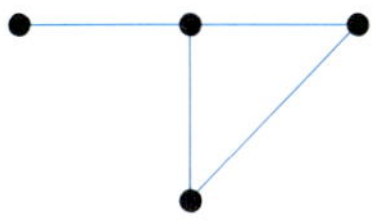

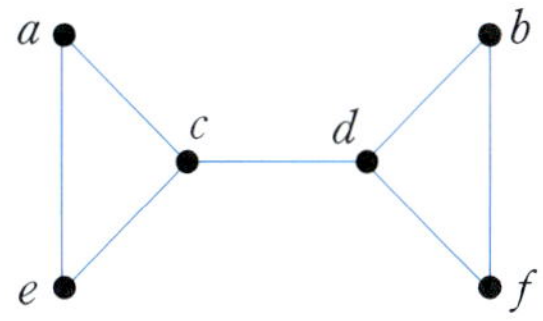

13 s에서 t로 가는 경로 중에서 나머지 네 꼭지점 중 두 꼭지점만 거쳐서 가는 경로의 개수는 네 꼭지점 중 두 꼭지점을 선택하는 방법의 수 ${}_4C_2$가지이고, 선택된 두 꼭지점을 거쳐서 가는 방법이 2!가지이므로 ${}_4C_2 \cdot 2! = 6 \cdot 2 = 12$가지이다.

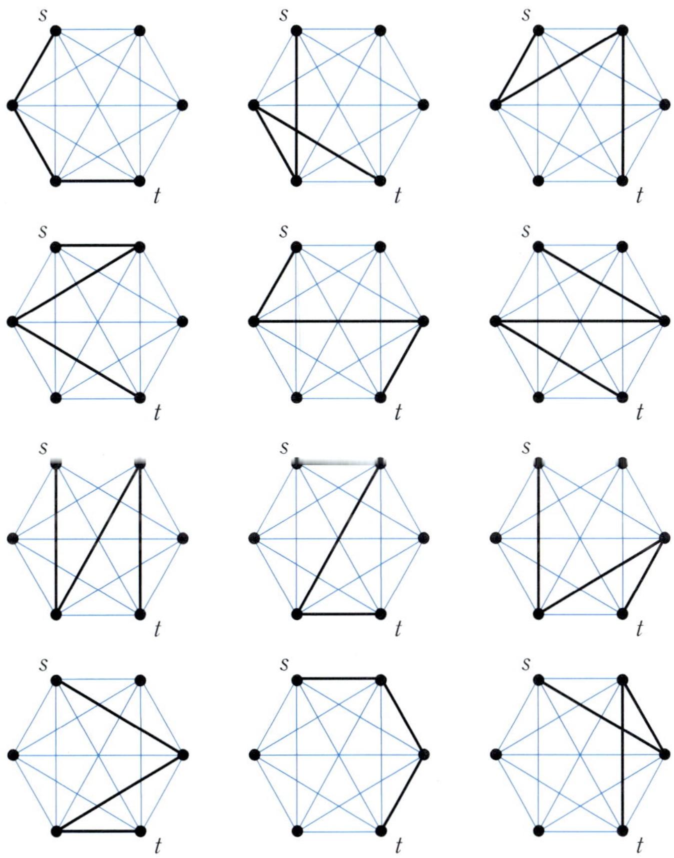

14 s에서 다른 꼭지점 t로 가는 경로의 개수는 다음과 같다.

$$1+{}_{n-2}C_1+{}_{n-2}C_2\cdot 2!+{}_{n-2}C_3\cdot 3!+\cdots+{}_{n-2}C_{n-3}\cdot (n-3)!+(n-2)!$$

15 회로 $a\to b\to c\to d\to e\to j\to i\to h\to g\to f\to a$는 위 그래프의 모든 꼭지점을 한번만 포함하는 해밀턴회로이다.

16 (a) 해밀턴회로가 존재한다.

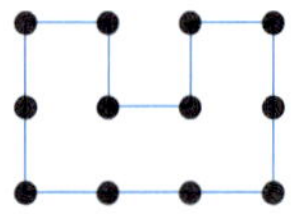

(b) 꼭지점의 개수가 홀수개인 이분그래프 G에 해밀턴회로 C가 존재한다고 가정하자. 그러면 G의 꼭지점의 개수는 홀수개이므로 C의 변의 개수는 홀수개이다. 그러나 연습문제 5.2의 (7)번에 의하면 이분그래프에 있는 회로의 길이는 모두 짝수이므로 모순이다. 따라서 그래프 G에는 해밀턴회로가 존재하지 않는다. 그러므로 꼭지점의 개수가 홀수개인 이분그래프는 해밀턴그래프가 아님을 알 수 있다. 그래프 (b)는 꼭지점이 15개인 이분그래프이므로 해밀턴회로가 존재하지 않는다.

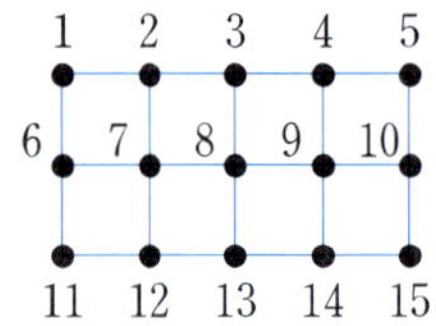

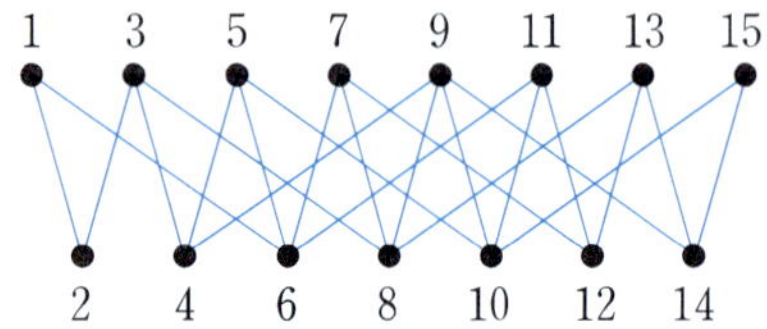

이분그래프

별해 연습문제 8번 (b)의 별해1, 별해2와 같은 방법으로 해밀턴회로가 존재하지 않는다는 것을 보일 수 있다.

(c) 해밀턴회로가 존재한다.

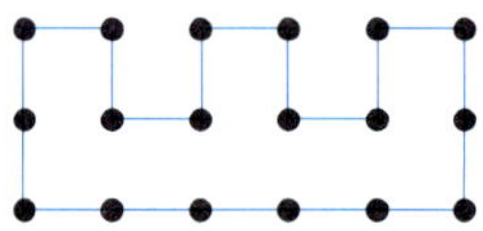

(d) 그래프 (d)는 꼭지점이 21개인 이분그래프이므로 해밀턴회로가 존재하지 않는다.

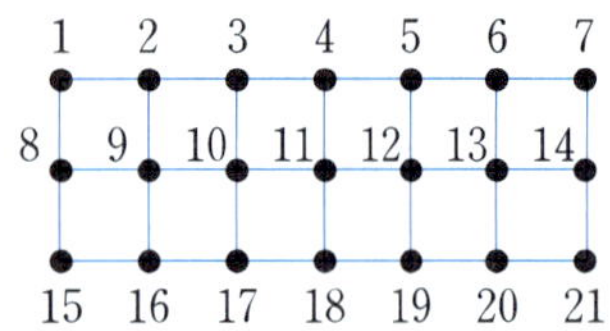

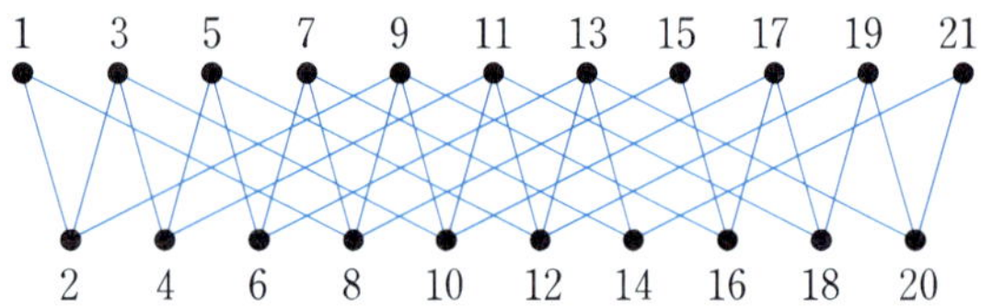

이분그래프

별해 연습문제 8번 (b)의 별해1, 별해2와 같은 방법으로 해밀턴회로가 존재하지 않는다는 것을 보일 수 있다.

17 (1) 오일러회로는 없으나 해밀턴회로는 존재한다.

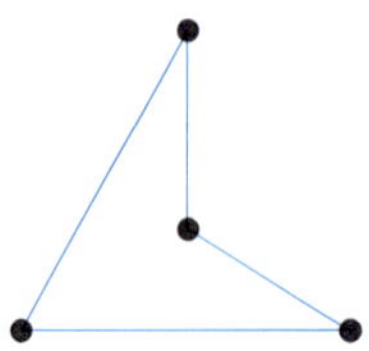

해밀턴회로

(2) 오일러회로는 없으나 해밀턴회로는 존재한다.

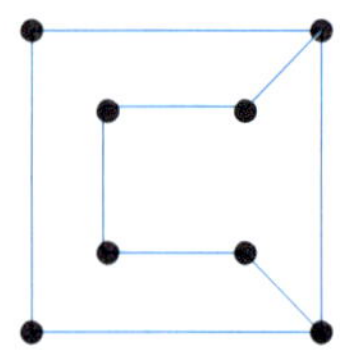

해밀턴회로

(3) 오일러회로와 해밀턴회로 모두 존재한다.

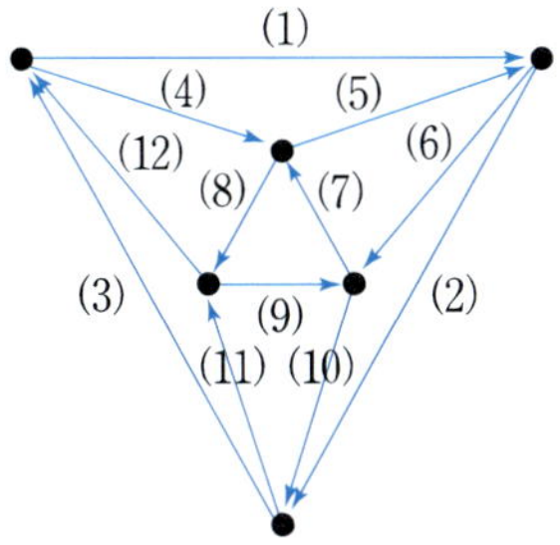

오릴러회로

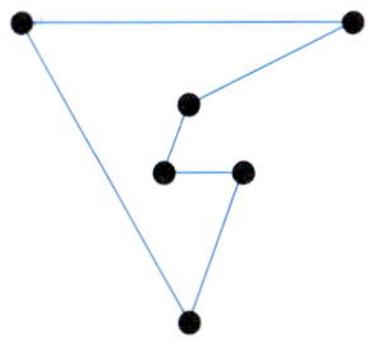
해밀턴회로

(4) 오일러회로는 없으나 해밀턴회로는 존재한다.

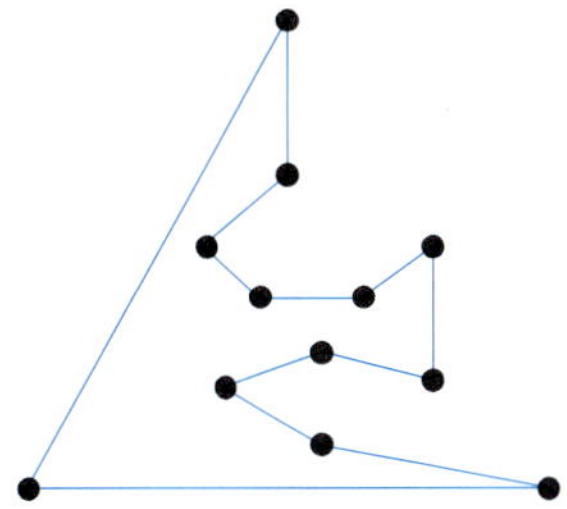
해밀턴회로

18

수	코드					수	코드				
1	0	0	0	0	0	17	1	1	0	0	0
2	0	0	0	0	1	18	1	1	0	0	1
3	0	0	0	1	1	19	1	1	0	1	1
4	0	0	0	1	0	20	1	1	0	1	0
5	0	0	1	1	0	21	1	1	1	1	0
6	0	0	1	1	1	22	1	1	1	1	1
7	0	0	1	0	1	23	1	1	1	0	1
8	0	0	1	0	0	24	1	1	1	0	0
9	0	1	1	0	0	25	1	0	1	0	0
10	0	1	1	0	1	26	1	0	1	0	1
11	0	1	1	1	1	27	1	0	1	1	1
12	0	1	1	1	0	28	1	0	1	1	0
13	0	1	0	1	0	29	1	0	0	1	0
14	0	1	0	1	1	30	1	0	0	1	1
15	0	1	0	0	1	31	1	0	0	0	1
16	0	1	0	0	0	32	1	0	0	0	0

연습문제 5.4

01 (1) 다음과 같이 다시 그릴 수 있으므로 평면그래프이다.

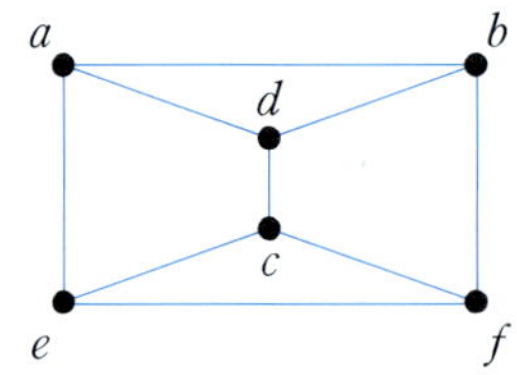

(2) 완전이분그래프 $K_{3,3}$를 포함하고 있으므로 평면그래프가 아니다.

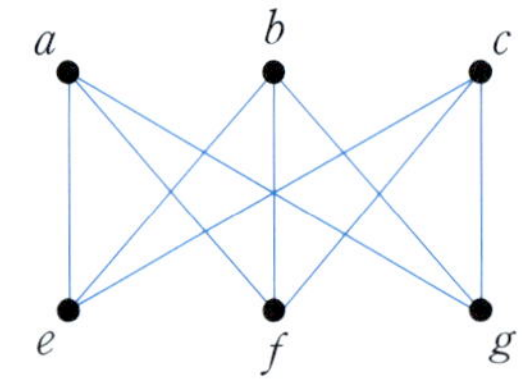

(3) 다음과 같이 다시 그릴 수 있으므로 평면그래프이다.

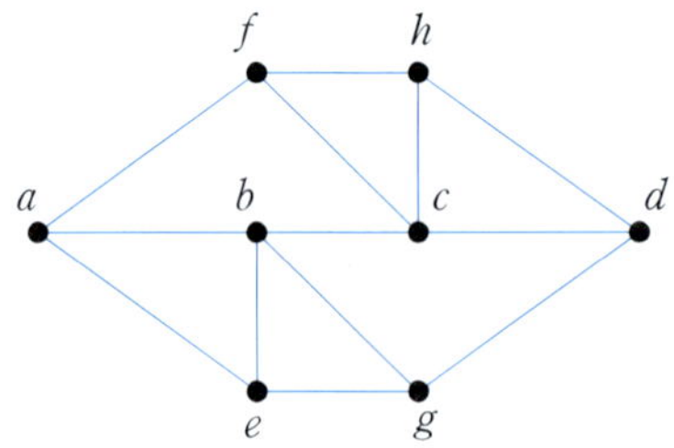

(4) 다음과 같이 다시 그릴 수 있으므로 평면그래프이다.

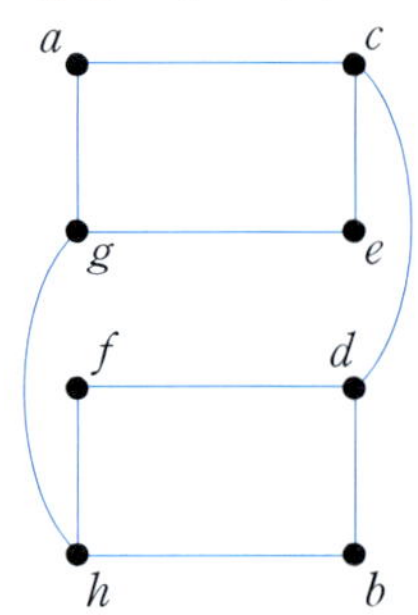

(5) 다음과 같이 다시 그릴 수 있으므로 평면그래프이다.

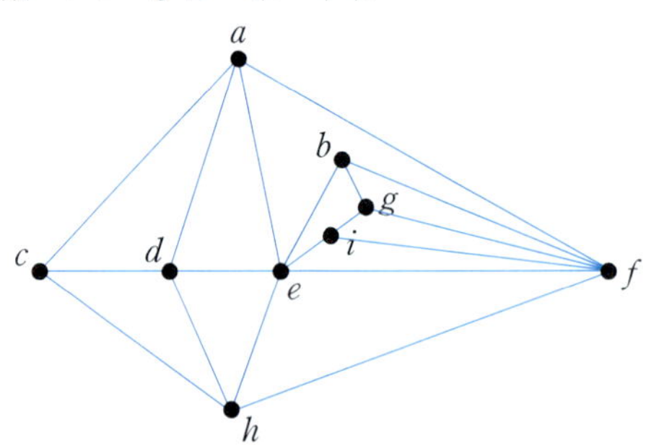

02 (1) 어떤 변도 교차하지 않는 그래프이므로 평면그래프이다.

(2) 다음과 같이 다시 그릴 수 있으므로 평면그래프이다.

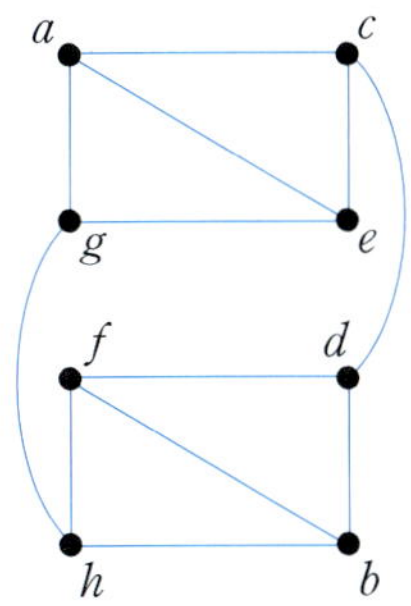

(3) K_5를 포함하고 있으므로 평면그래프가 아니다.

(4) 다음과 같이 다시 그릴 수 있으므로 평면그래프이다.

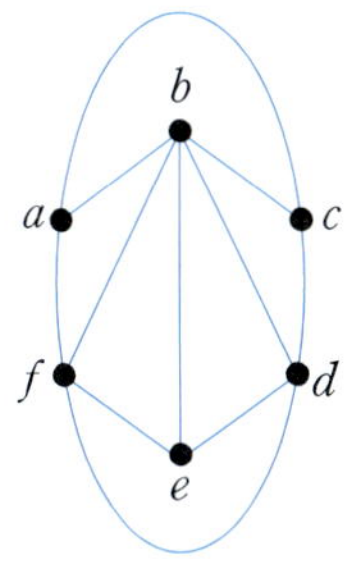

(5) 다음과 같이 다시 그릴 수 있으므로 평면그래프이다.

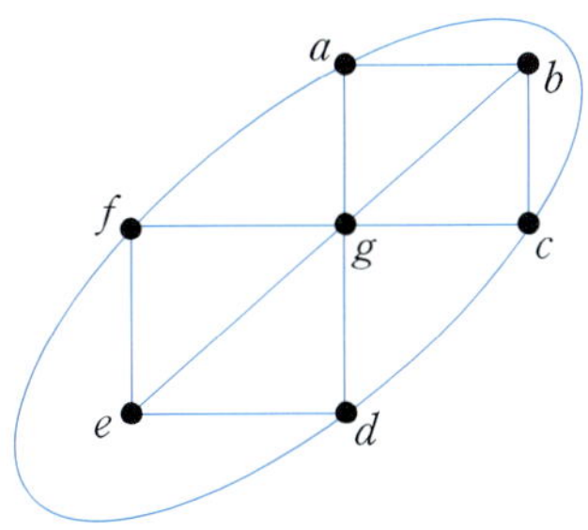

03 꼭지점의 수는 $v=6$, 변의 수는 $e=9$, 면의 수는 $f=5$이므로

$$v-e+f=6-9+5=2$$

이다.

04 꼭지점이 4개인 그래프는 K_5 또는 $K_{3,3}$와 동형인 부분그래프를 포함하지 않으므로 평면그래프이다.

별해 K_4가 평면그래프이고 K_4의 부분그래프는 평면그래프이다. 꼭지점이 4개인 그래프는 K_4의 부분그래프이므로 평면그래프이다.

05 차수가 3인 꼭지점이 12개이므로 모든 꼭지점의 차수의 합은 36이다. 그러므로 변의 개수는 18개이다. 또한 $v-e+f=2$이므로 $12-18+f=2$로부터 $f=8$이다.

06 G의 모든 꼭지점의 차수가 6이상이라 하자. 그러면 차수의 합은 적어도 6 이상이고 정리 5.1.1에 의하여 $2e \geq 6v$, 즉 $e \geq 3v$이다. 이것은 정리 5.4.3의 $e \leq 3v-6$에 모순이다. 따라서 모든 평면그래프에는 차수가 5 이하인 꼭지점이 존재한다.

07 (1) $f_1=2,\ f_2=2,\ f=3$이므로 $(f_1-1)+(f_2-1)=f-1$이다. 따라서 $f-(f_1+f_2)=-1$ 이다.

(2) G의 꼭지점의 수, 변의 수, 면의 수를 각각 $v,\ e,\ f$라 하자. 그리고 연결된 부분그래프 $G_1,\ G_2,\ \cdots,\ G_k$의 꼭지점의 수를 각각 $v_1,\ v_2,\ \cdots,\ v_k$ 변의 수를 각각 $e_1,\ e_2,\ \cdots,\ e_k$면의 수를 각각 $f_1,\ f_2,\ \cdots,\ f_k$라 하자.

G

그러면

$$v=v_1+v_2+\cdots+v_k$$
$$e=e_1+e_2+\cdots+e_k$$

이고

$$(f_1-1)+(f_2-1)+\cdots+(f_k-1)=f-1$$

이다. 각 $i=1,\ 2,\ \cdots,\ k$에 대하여 오일러의 공식에 의하여 $v_i-e_i+f_i=2$이므로 다음이 성립한다.

$$\begin{aligned}v-e+f&=(v_1+v_2+\cdots+v_k)-(e_1+e_2+\cdots+e_k)+\{(f_1-1)+(f_2-1)+\cdots+(f_k-1)\}+1\\&=1+\sum_{i=1}^{k}\{v_i-e_i+(f_i-1)\}\\&=1+\sum_{i=1}^{k}\{(v_i-e_i+f_i)-1\}\\&=1+\sum_{i=1}^{k}(2-1)\\&=1+\sum_{i=1}^{k}1\\&=1+k\end{aligned}$$

연습문제 5.5

01 아래 그림과 같이 검은색, 흰색을 교대로 색칠하면 그래프를 적절히 색칠할 수 있으므로 그래프의 채색수는 2이다.

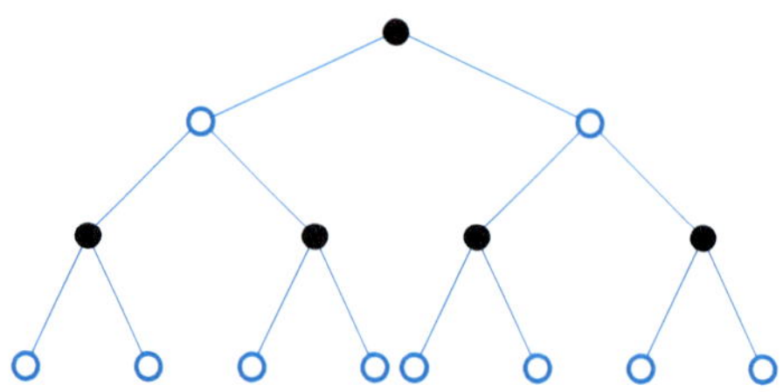

02 $K_{m,n}$의 채색수는 2이다.

03 (1) 2 (2) 3 (3) 3

04 (1) 2 (2) 3 (3) 3 (4) 3 (5) 4

05 꼭지점의 개수가 짝수인 회로의 채색수는 2이다.

06 꼭지점의 개수가 홀수인 회로의 채색수는 3이다.

07 (1)

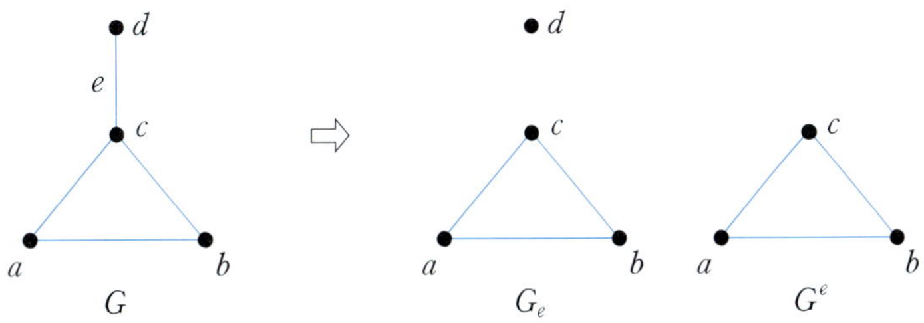

$P(G_e, x) = x \cdot x(x-1)(x-2) = x^2(x-1)(x-2)$ 이고

$P(G^e, x) = x(x-1)(x-2)$이다. 따라서

$P(G, x) = x^2(x-1)(x-2) - x(x-1)(x-2) = x(x-1)^2(x-2)$이다.

(2) $x(x-1)(x-2)^2$ (3) $x(x-1)(x-2)^2(x-3)$

(4) $x(x-1)(x-2)^2$ (5) $x(x-1)(x-2)^2$s

08 a, d에 같은 색을 칠하는 경우와 a, d에 다른 색을 칠하는 경우로 나눌 수 있다.

(i) a, d에 같은 색을 칠하는 경우	(ii) a, d에 다른 색을 칠하는 경우
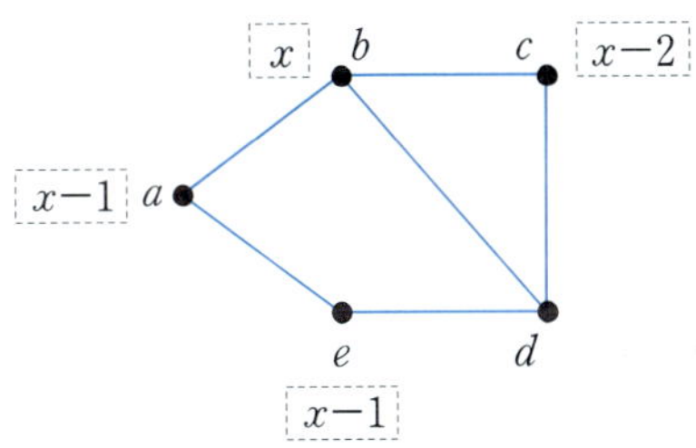 $x(x-1)^2(x-2)$	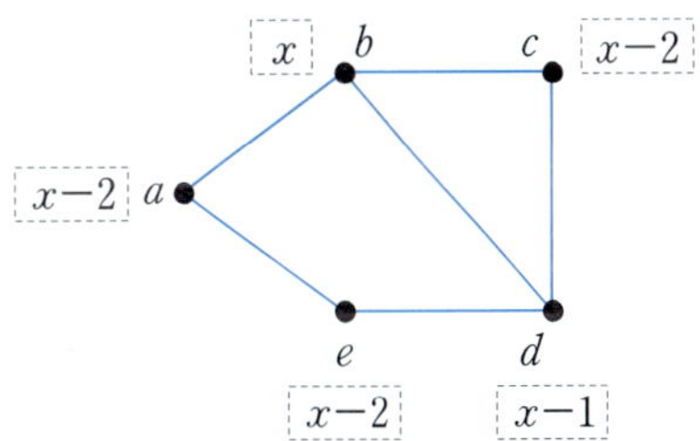 $x(x-1)(x-2)^3$

(i), (ii)에 의하여

$$P(G, x) = x(x-1)^2(x-2) + x(x-1)(x-2)^3 = x(x-1)(x-2)(x^2-3x+3)$$

09

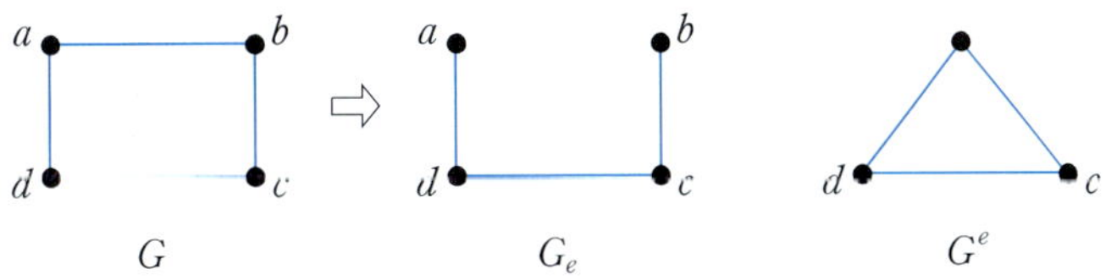

$P(G_e, x) = x(x-1)^3$이고 $P(G^e, x) = x(x-1)(x-2)$이므로

$P(G, x) = x(x-1)^3 - x(x-1)(x-2) = x(x-1)(x^2-3x+3)$이다.

연습문제 5.6

01

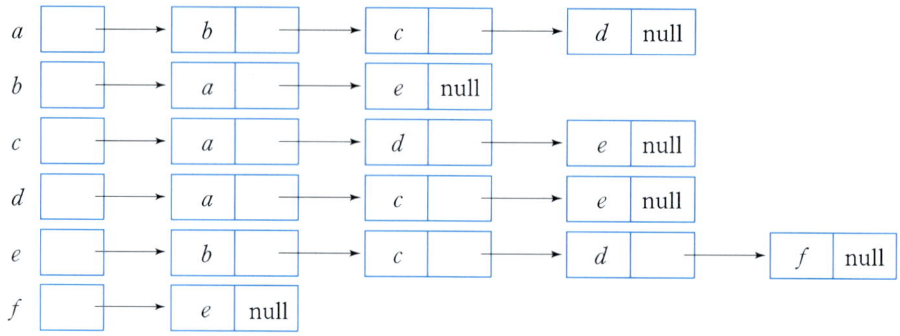

02

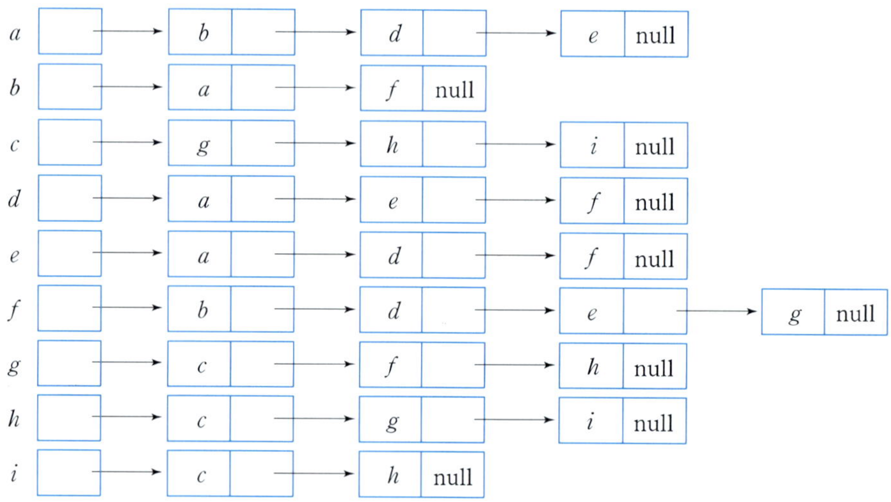

03 (1) a, b, c, d, e, f, g의 순서로 그래프 G의 인접행렬을 구하여보자. 인접행렬 $A(G)$는 다음과 같다.

$$A(G)=\begin{array}{c} \\ a\\ b\\ c\\ d\\ e\\ f\\ g \end{array}\begin{array}{c} \begin{array}{ccccccc} a & b & c & d & e & f & g \end{array} \\ \begin{pmatrix} 0&1&1&0&0&0&0\\ 1&0&0&1&1&0&0\\ 1&0&0&1&0&1&0\\ 0&1&1&0&1&0&1\\ 0&1&0&1&0&0&1\\ 0&0&1&0&0&0&1\\ 0&0&0&1&1&1&0 \end{pmatrix} \end{array} \qquad A(G)^2=\begin{pmatrix} 2&0&0&2&1&1&0\\ 0&3&2&1&1&0&2\\ 0&2&3&0&1&0&2\\ 2&1&0&4&2&2&1\\ 1&1&1&2&3&1&1\\ 1&0&0&2&1&2&0\\ 0&2&2&1&1&0&3 \end{pmatrix}$$

$$A(G)^3=\begin{pmatrix} 0&5&5&1&2&0&4\\ 5&2&1&8&6&4&2\\ 5&1&0&8&4&5&1\\ 1&8&8&4&6&1&8\\ 2&6&4&6&4&2&6\\ 0&4&5&1&2&0&5\\ 4&2&1&8&6&5&2 \end{pmatrix} \qquad A(G)^4=\begin{pmatrix} 10&3&1&16&10&9&3\\ 3&19&17&11&12&3&18\\ 1&17&18&6&10&1&17\\ 16&11&6&30&20&16&11\\ 10&12&10&20&18&10&12\\ 9&3&1&16&10&10&3\\ 3&18&17&11&12&3&19 \end{pmatrix},$$

$$A(G)^5=\begin{pmatrix} 4 & 36 & 35 & 17 & 22 & 4 & 35 \\ 36 & 26 & 17 & 66 & 48 & 35 & 26 \\ 35 & 17 & 8 & 62 & 40 & 35 & 17 \\ 17 & 66 & 62 & 48 & 52 & 17 & 66 \\ 22 & 48 & 40 & 52 & 44 & 22 & 48 \\ 4 & 35 & 35 & 17 & 22 & 4 & 36 \\ 35 & 26 & 17 & 66 & 48 & 36 & 26 \end{pmatrix} \qquad A(G)^6=\begin{pmatrix} 71 & 43 & 25 & 128 & 88 & 70 & 43 \\ 43 & 150 & 137 & 117 & 118 & 43 & 149 \\ 25 & 137 & 132 & 82 & 96 & 25 & 137 \\ 128 & 117 & 82 & 246 & 180 & 128 & 117 \\ 88 & 118 & 96 & 180 & 148 & 88 & 118 \\ 70 & 43 & 25 & 128 & 88 & 71 & 43 \\ 43 & 149 & 137 & 117 & 118 & 43 & 150 \end{pmatrix}$$

(2) $A(G)^2$의 $(1,\ 5)$성분이 1이므로 a에서 e로 가는 길이 2인 길은 1개다.

(3) $A(G)^4$의 $(1,\ 5)$성분이 10이므로 a에서 e로 가는 길이 4인 길은 10개다.

(4) $A(G)^6$의 $(1,\ 5)$성분이 88이므로 a에서 e로 가는 길이 6인 길은 88개다.

04 $a,\ b,\ c,\ d$의 순서로 그래프 G의 인접행렬을 구하여보자. 인접행렬 $A(G)$는 다음과 같다.

$$A(G)=\begin{array}{c|cccc|} & a & b & c & d \\ a & 0 & 1 & 1 & 1 \\ b & 1 & 0 & 1 & 0 \\ c & 1 & 1 & 0 & 1 \\ d & 1 & 0 & 1 & 0 \end{array},\quad A(G)^2=\begin{array}{c|cccc|} & a & b & c & d \\ a & 3 & 1 & 2 & 1 \\ b & 1 & 2 & 1 & 2 \\ c & 2 & 1 & 3 & 1 \\ d & 1 & 2 & 1 & 2 \end{array},\quad A(G)^3=\begin{array}{c|cccc|} & a & b & c & d \\ a & 4 & 5 & 5 & 5 \\ b & 5 & 2 & 5 & 2 \\ c & 5 & 5 & 4 & 5 \\ d & 5 & 2 & 5 & 2 \end{array},\quad A(G)^4=\begin{array}{c|cccc|} & a & b & c & d \\ a & 15 & 9 & 14 & 9 \\ b & 9 & 10 & 9 & 10 \\ c & 14 & 9 & 15 & 9 \\ d & 9 & 10 & 9 & 10 \end{array}$$

(1) $A(G)$의 $(1,\ 4)$성분이 1이므로 a에서 d로 가는 길이 1인 길은 1개다.

(2) $A(G)^2$의 $(1,\ 4)$성분이 1이므로 a에서 d로 가는 길이 2인 길은 1개다.

(3) $A(G)^3$의 $(1,\ 4)$성분이 5이므로 a에서 d로 가는 길이 3인 길은 5개다.

(4) $A(G)^4$의 $(1,\ 4)$성분이 9이므로 a에서 d로 가는 길이 4인 길은 9개다.

05 $a,\ b,\ c,\ d,\ e,\ f,\ g,\ h$의 순서로 그래프 G의 인접행렬을 구하여보자. 인접행렬 $A(G)$는 다음과 같다.

$$A(G)=\begin{pmatrix} 0&1&0&1&0&0&0&0 \\ 1&0&1&1&0&0&0&1 \\ 0&1&0&1&0&0&0&0 \\ 1&1&1&0&0&0&0&0 \\ 0&0&0&0&0&1&0&1 \\ 0&0&0&0&1&0&1&1 \\ 0&0&0&0&0&1&0&1 \\ 0&1&0&0&1&1&1&0 \end{pmatrix},\quad A(G)^2=\begin{pmatrix} 2&1&2&1&0&0&0&1 \\ 1&4&1&2&1&1&1&0 \\ 2&1&2&1&0&0&0&1 \\ 1&2&1&3&0&0&0&1 \\ 0&1&0&0&2&1&2&1 \\ 0&1&0&0&1&3&1&2 \\ 0&1&0&0&2&1&2&1 \\ 1&0&1&1&1&2&1&4 \end{pmatrix},\quad A(G)^3=\begin{pmatrix} 2&6&2&5&1&1&1&1 \\ 6&4&6&6&1&2&1&7 \\ 2&6&2&5&1&1&1&1 \\ 5&6&5&4&1&1&1&2 \\ 1&1&1&1&2&5&2&6 \\ 1&2&1&1&5&4&5&6 \\ 1&1&1&1&2&5&2&6 \\ 1&7&1&2&6&6&6&4 \end{pmatrix},$$

$$A(G)^4=\begin{pmatrix} 11&10&11&10&2&3&2&9 \\ 10&25&10&16&9&9&9&8 \\ 11&10&11&10&2&3&2&9 \\ 10&16&10&16&3&4&3&9 \\ 2&9&2&3&11&10&11&10 \\ 3&9&3&4&10&16&10&16 \\ 2&9&2&3&11&10&11&10 \\ 9&8&9&9&10&16&10&25 \end{pmatrix},\quad A(G)^5=\begin{pmatrix} 20&41&20&32&12&13&12&17 \\ 41&44&41&45&17&26&17&52 \\ 20&41&20&32&12&13&12&17 \\ 32&45&32&36&13&15&13&26 \\ 12&17&12&13&20&32&20&41 \\ 13&26&13&15&32&36&32&45 \\ 12&17&12&13&20&32&20&41 \\ 17&52&17&26&41&45&41&44 \end{pmatrix},$$

$$A(G)^6=\begin{pmatrix} 73&89&73&81&30&41&30&78 \\ 89&179&89&126&78&86&78&104 \\ 73&89&73&81&30&41&30&78 \\ 81&126&81&109&41&52&41&86 \\ 30&78&30&41&73&81&73&89 \\ 41&86&41&52&81&109&81&126 \\ 30&78&30&41&73&81&73&89 \\ 78&104&78&86&89&126&89&179 \end{pmatrix}$$

(1) $A(G)^4$의 $(1,\ 7)$성분이 2이므로 u에서 g로 기는 길이 4인 길은 2개다.

(2) $A(G)^5$의 $(1,\ 7)$성분이 12이므로 a에서 g로 가는 길이 5인 길은 12개다.

(3) $A(G)^6$의 $(1,\ 7)$성분이 30이므로 a에서 g로 가는 길이 6인 길은 30개다.

연습문제 5.7

01 (1)

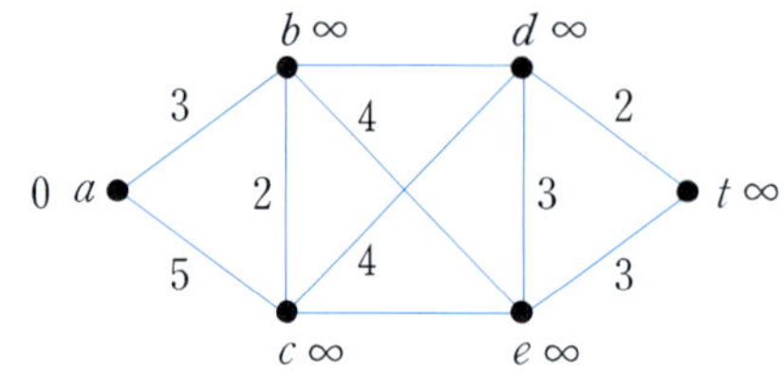

초기화

(2)

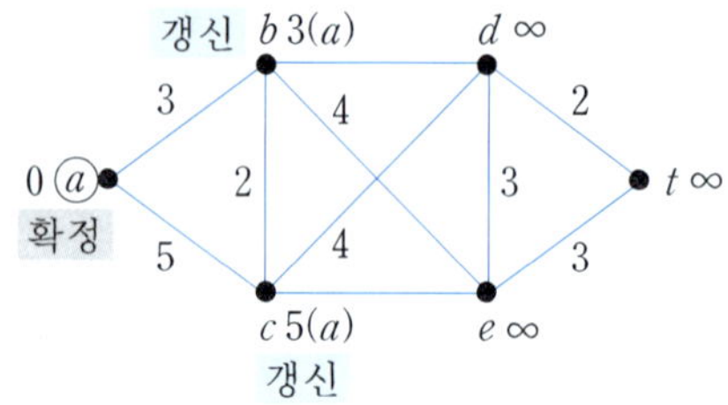

(3)

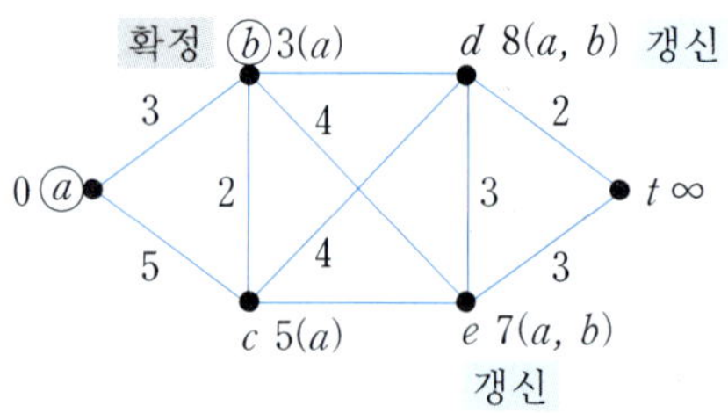

(4)

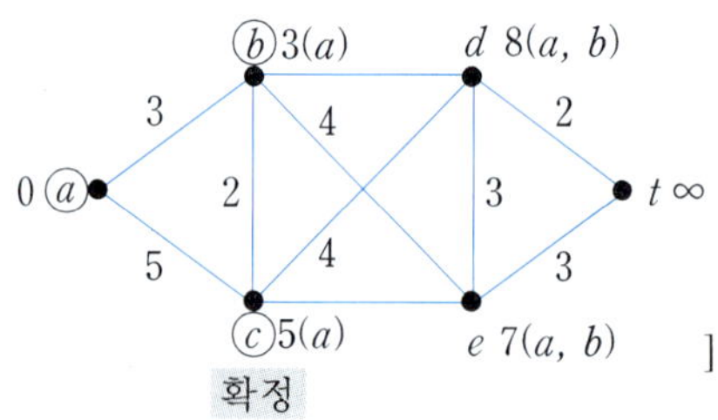

(5)

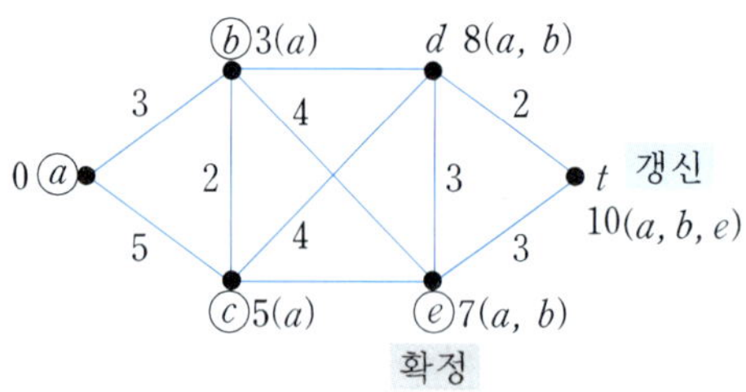

(6)

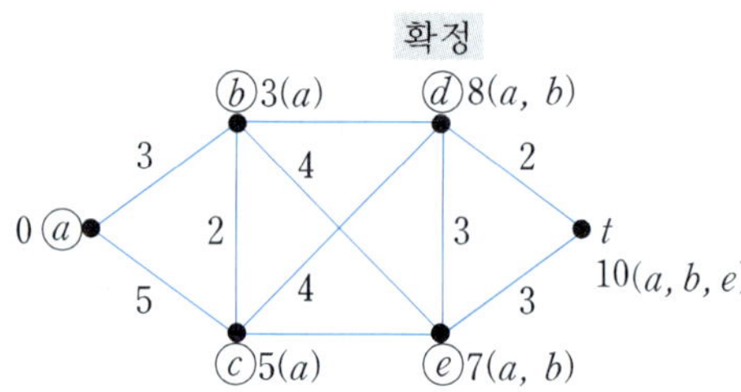

(7)

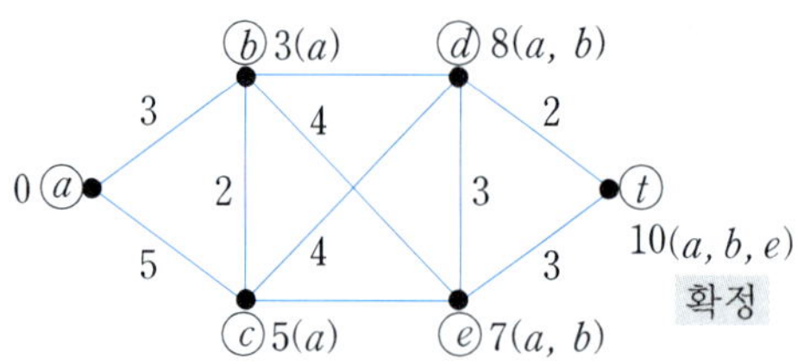

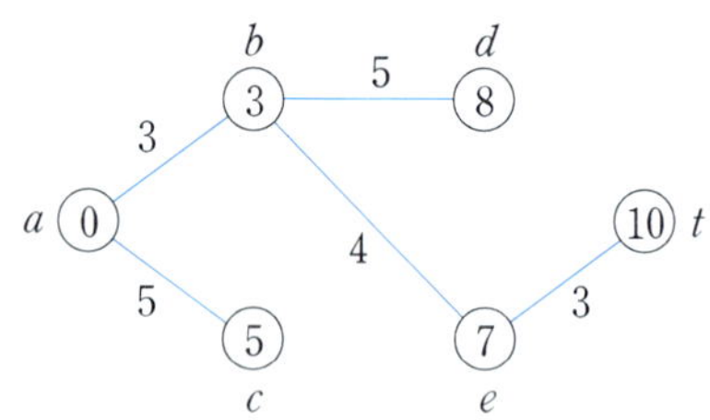

각 꼭지점까지의 최단거리 및 최단경로

02 (1)

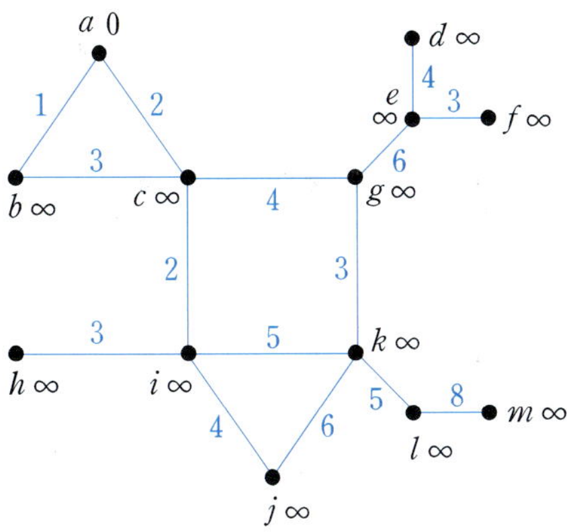

초기화

(2)

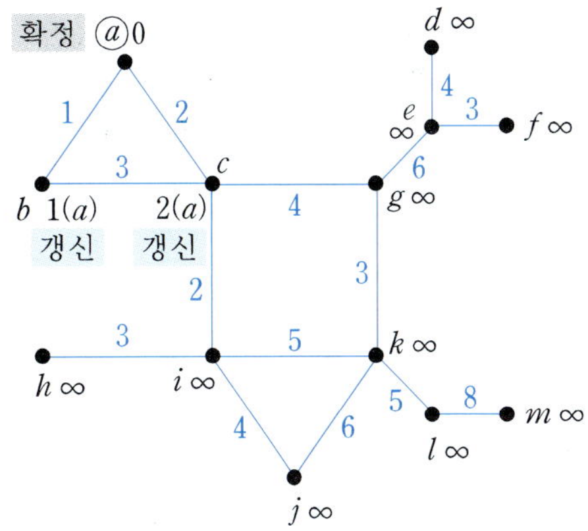

(3)

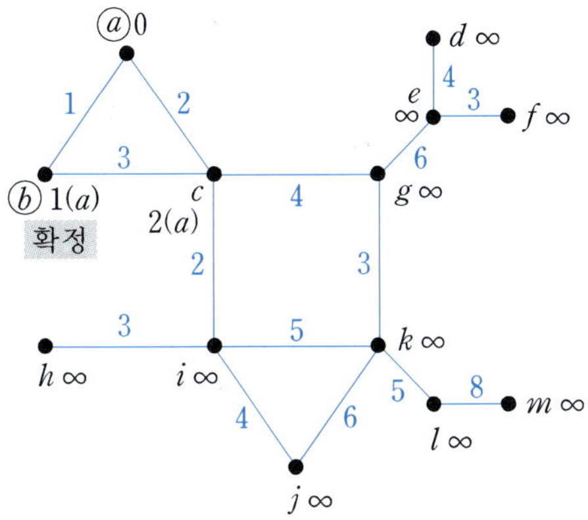

(4)

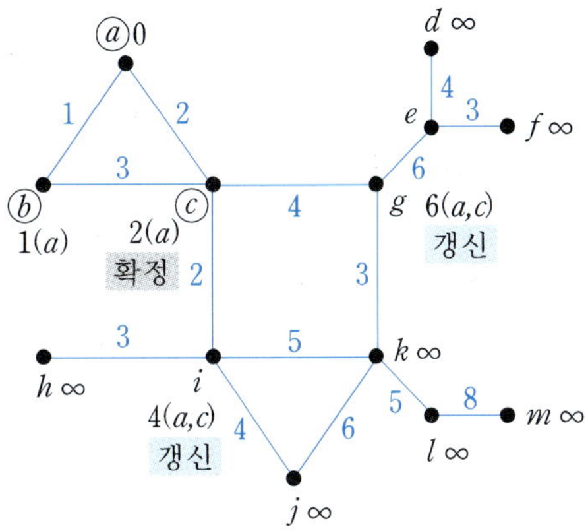

(5)

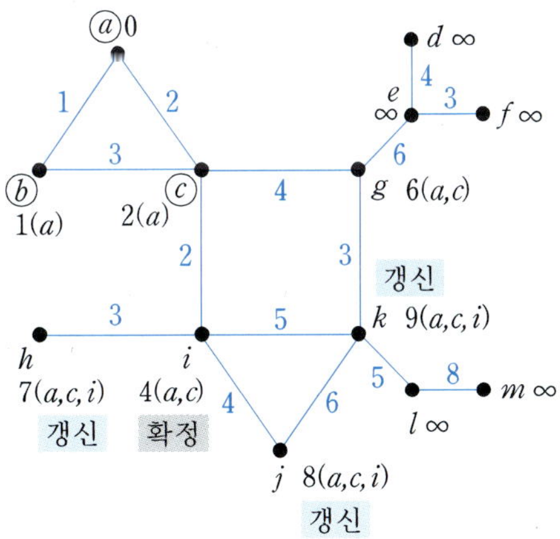

(6)

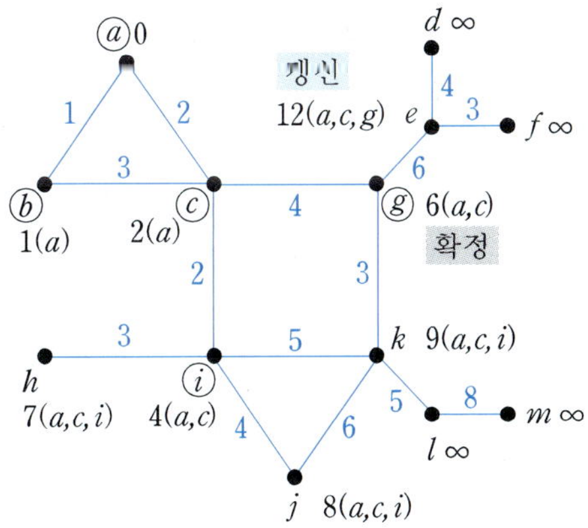

(7)

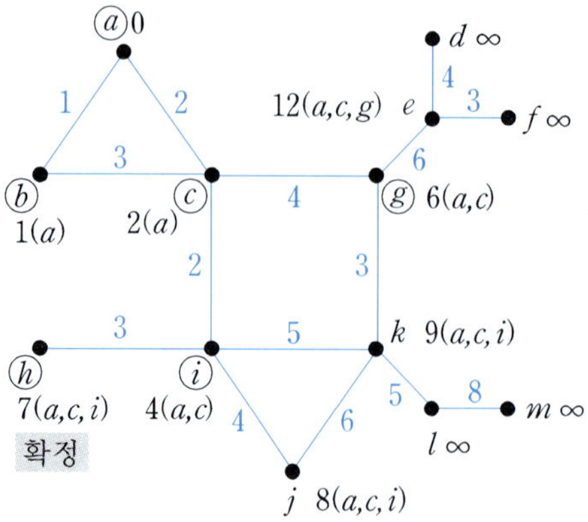

ⓐ0
1
2
3
ⓑ 1(a)
ⓒ 2(a)
4
ⓖ 6(a,c)
12(a,c,g) e
d ∞
4
3
f ∞
6
2
3
3
5
ⓗ 7(a,c,i)
확정
ⓘ 4(a,c)
k 9(a,c,i)
4
6
5
8
l ∞
m ∞
j 8(a,c,i)

(8)

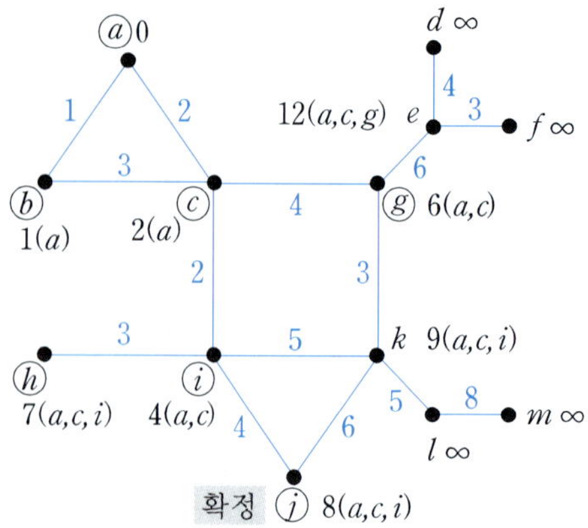

ⓐ0
ⓑ 1(a)
ⓒ 2(a)
ⓖ 6(a,c)
12(a,c,g) e
d ∞
f ∞
ⓗ 7(a,c,i)
ⓘ 4(a,c)
k 9(a,c,i)
l ∞
m ∞
확정
ⓙ 8(a,c,i)

(9)

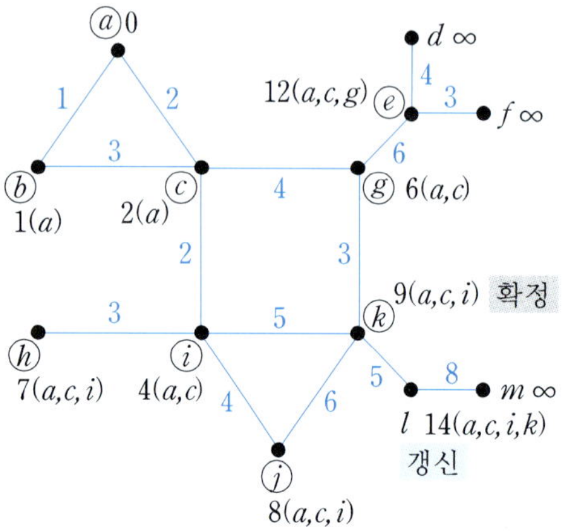

ⓐ0
ⓑ 1(a)
ⓒ 2(a)
ⓖ 6(a,c)
12(a,c,g) ⓔ
d ∞
f ∞
9(a,c,i) 확정
ⓚ
ⓗ 7(a,c,i)
ⓘ 4(a,c)
l 14(a,c,i,k)
갱신
m ∞
ⓙ 8(a,c,i)

(10)

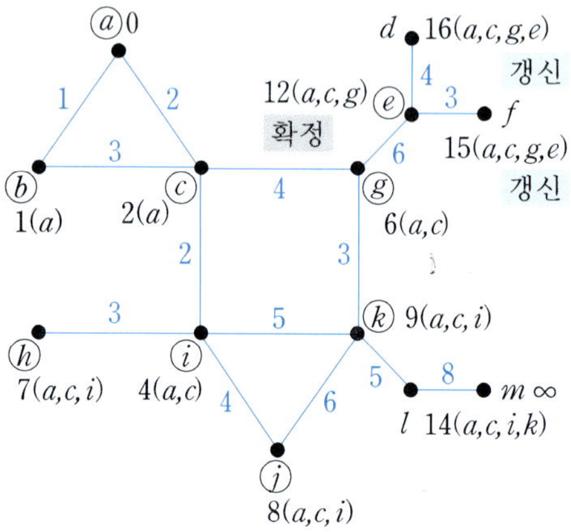

ⓐ0
ⓑ 1(a)
ⓒ 2(a)
ⓖ 6(a,c)
12(a,c,g) ⓔ
확정
d 16(a,c,g,e)
갱신
f 15(a,c,g,e)
갱신
ⓚ 9(a,c,i)
ⓗ 7(a,c,i)
ⓘ 4(a,c)
l 14(a,c,i,k)
m ∞
ⓙ 8(a,c,i)

(11)

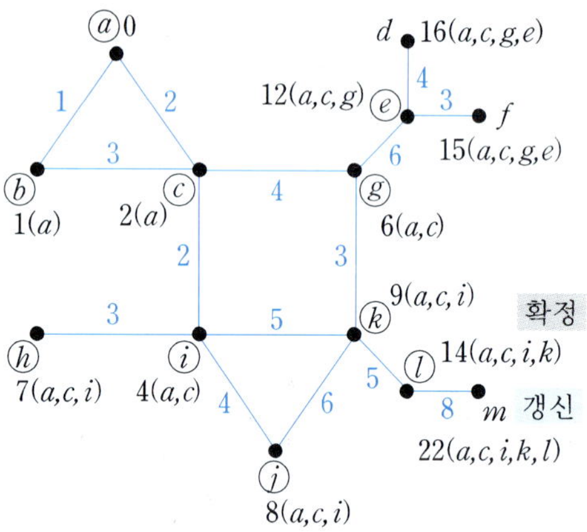

ⓐ0
ⓑ 1(a)
ⓒ 2(a)
ⓖ 6(a,c)
12(a,c,g) ⓔ
d 16(a,c,g,e)
f 15(a,c,g,e)
ⓚ 9(a,c,i)
ⓛ 14(a,c,i,k)
확정
m 갱신
22(a,c,i,k,l)
ⓗ 7(a,c,i)
ⓘ 4(a,c)
ⓙ 8(a,c,i)

(12)

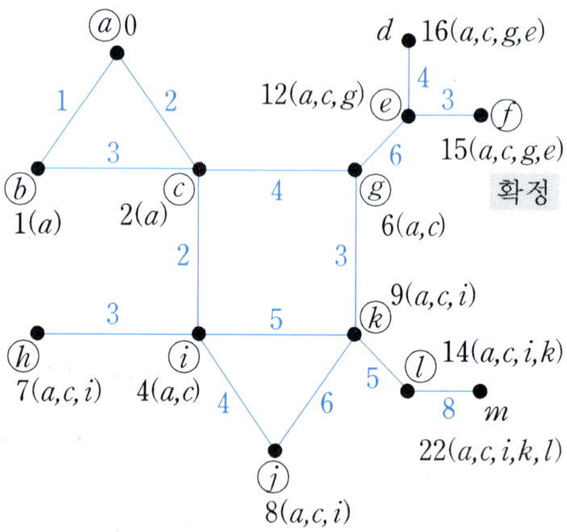

ⓐ0
ⓑ 1(a)
ⓒ 2(a)
ⓖ 6(a,c)
12(a,c,g) ⓔ
d 16(a,c,g,e)
ⓕ 15(a,c,g,e)
확정
ⓚ 9(a,c,i)
ⓛ 14(a,c,i,k)
m 22(a,c,i,k,l)
ⓗ 7(a,c,i)
ⓘ 4(a,c)
ⓙ 8(a,c,i)

(13)

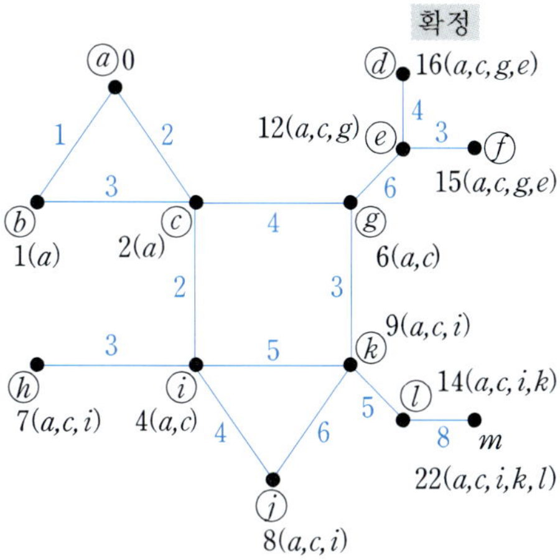

(14)

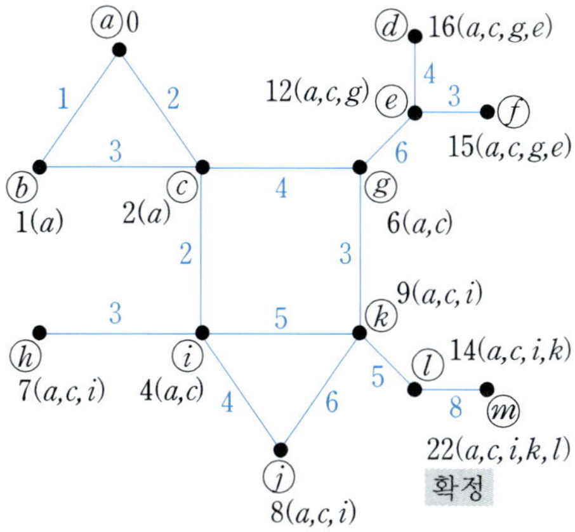

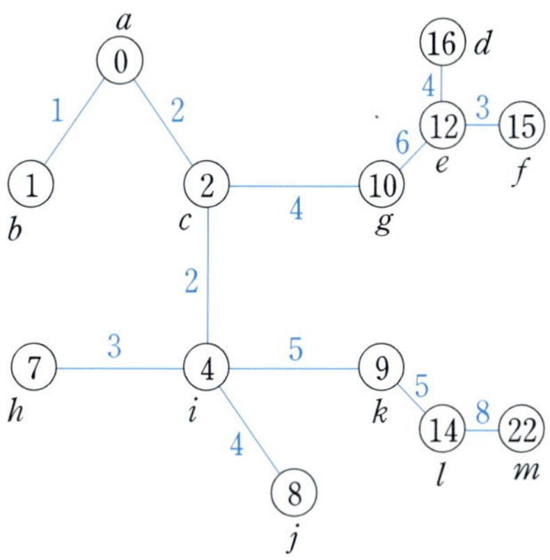

각 꼭지점까지의 최단거리 및 최단경로

03 (1)

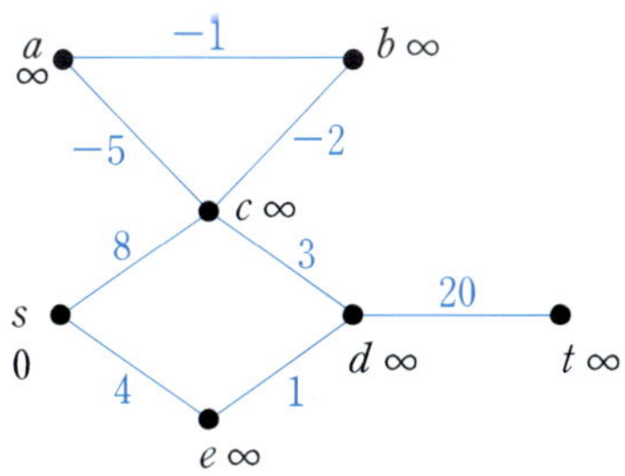

초기화

(2)

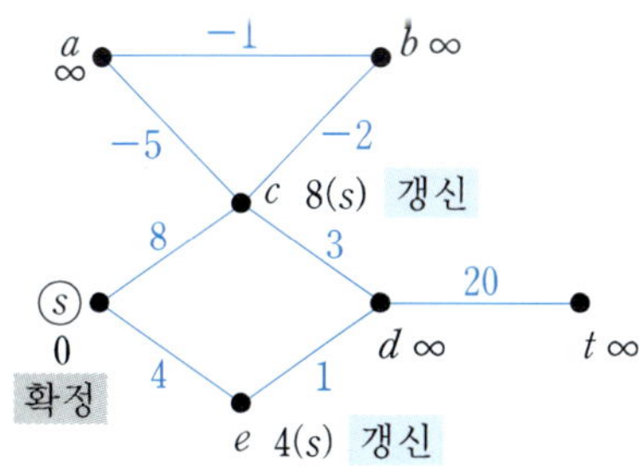

(3)

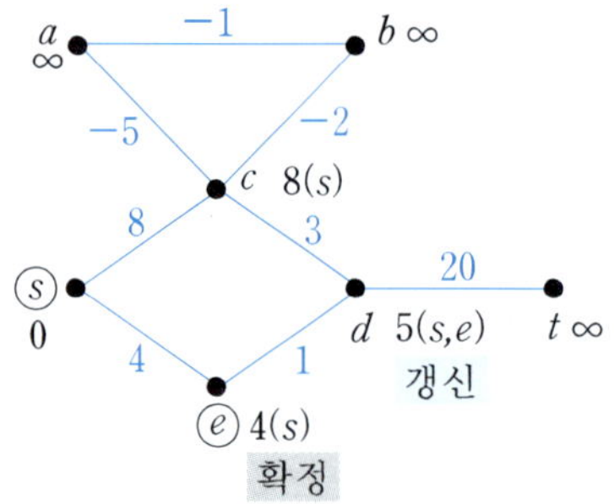

(4)

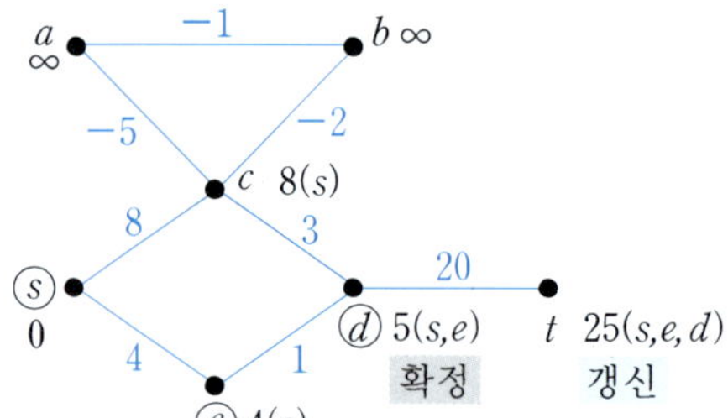

(5)

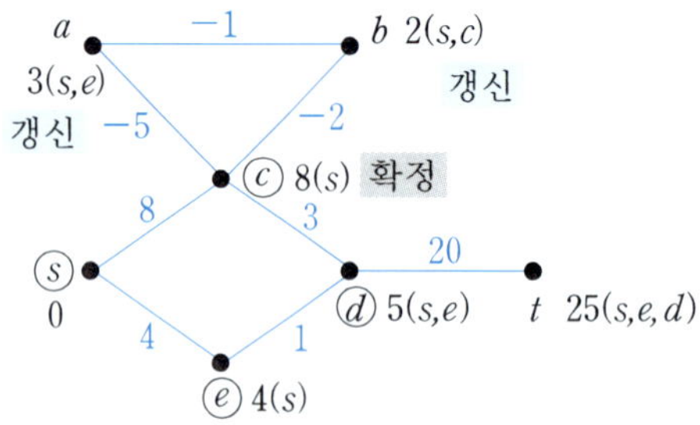

(6)

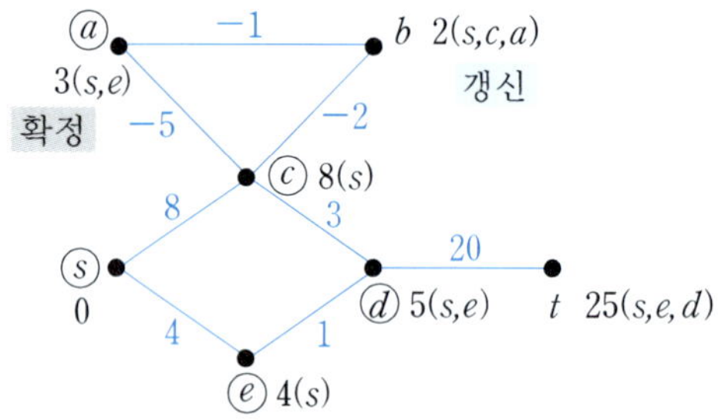

(7)

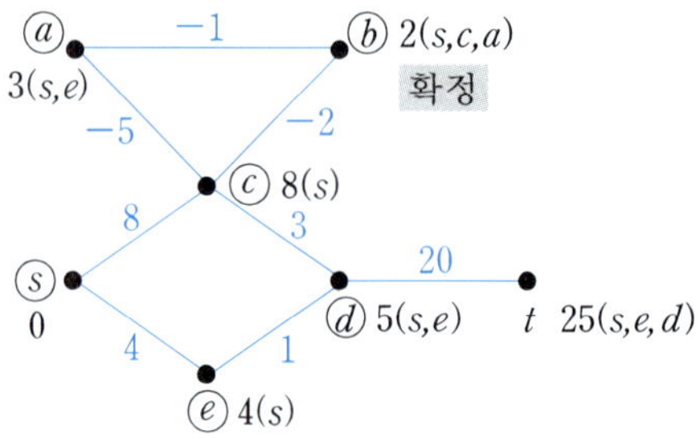

(8)

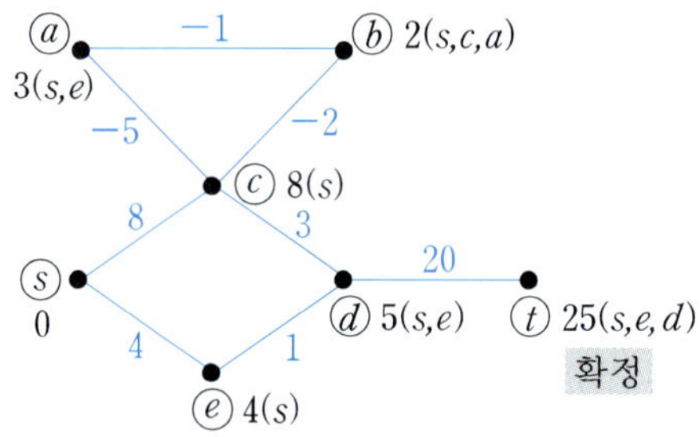

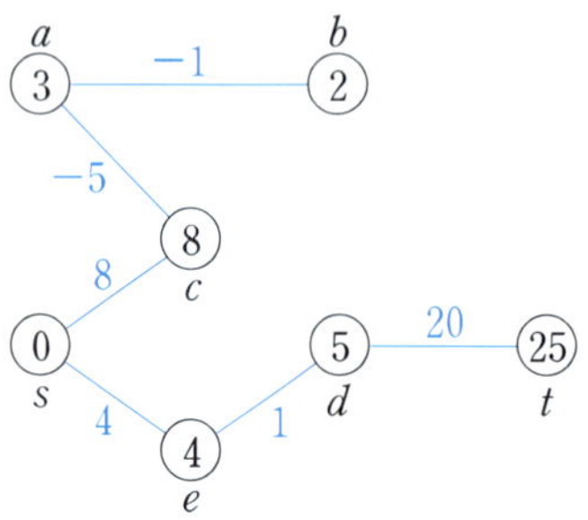

다익스트라 알고리즘을 이용하여 구한
각 꼭지점까지의 최단거리 및 최단경로

경로 $s \to c \to a \to b \to c$의 거리는 0, 경로 $s \to c \to a \to b \to c \to d$의 거리는 3, 경로 $s \to c \to a \to b \to c \to d \to t$의 거리는 23이다. 가중치가 음수인 회로를 포함하고 있으므로 회로를 돌면 거리가 줄어들기 때문이다.

04

$D^{(0)} = (d^{0}_{ij})$

	v_1	v_1	v_3	v_4	v_5
v_1	0	5	2	∞	6
v_2	5	0	∞	3	1
v_3	2	∞	0	4	∞
v_4	∞	3	4	0	∞
v_5	6	1	∞	∞	0

$D^{(1)} = (d^{1}_{ij})$

	v_1	v_1	v_3	v_4	v_5
v_1	0	5	2	∞	6
v_2	5	0	7	3	1
v_3	2	7	0	4	8
v_4	∞	3	4	0	∞
v_5	6	1	8	∞	0

$D^{(2)} = (d^{2}_{ij})$

	v_1	v_1	v_3	v_4	v_5
v_1	0	5	2	8	6
v_2	5	0	7	3	1
v_3	2	7	0	4	8
v_4	8	3	4	0	4
v_5	6	1	8	4	0

$D^{(3)} = (d^{3}_{ij})$

	v_1	v_1	v_3	v_4	v_5
v_1	0	5	2	6	6
v_2	5	0	7	3	1
v_3	2	7	0	4	8
v_4	6	3	4	0	4
v_5	6	1	8	4	0

$D^{(4)} = (d^{4}_{ij})$

	v_1	v_1	v_3	v_4	v_5
v_1	0	5	2	6	6
v_2	5	0	7	3	1
v_3	2	7	0	4	8
v_4	6	3	4	0	4
v_5	6	1	8	4	0

$D^{(5)} = (d^{5}_{ij})$

	v_1	v_1	v_3	v_4	v_5
v_1	0	5	2	6	6
v_2	5	0	7	3	1
v_3	2	7	0	4	8
v_4	6	3	4	0	4
v_5	6	1	8	4	0

$D^{(5)} = (d^{5}_{ij})$로부터 모든 꼭지점 사이의 최단거리를 알 수 있다.

연습문제 6.1

01 수형도의 루트에 검은 색을 칠한 다음, 홀수 레벨에 있는 꼭지점들에 흰색을 칠하고 짝수 레벨에 있는 꼭지점들에 검은색을 칠하면 수형도를 적절히 색칠할 수 있다.

02 수형도에는 회로가 없으므로 K_5나 $K_{3,3}$의 부분분할그래프와 동형인 부분그래프를 포함하지 않는다. 왜냐하면 K_5나 $K_{3,3}$의 부분분할그래프와 동형인 부분그래프에는 회로가 있기 때문이다. 그러므로 정리 5.4.5에 의하여 수형도는 평면그래프이다.

03 k개의 수형도 T_1, T_2, $\cdots$, T_k 각각에서 변의 개수가 꼭지점의 개수보다 1개 적으므로 G의 변의 개수는 꼭지점의 개수보다 k개 적다. 따라서 G의 변의 개수는 $n-k$이다.

04 꼭지점이 v_1, v_2, $\cdots$, v_n인 수형도에서 차수가 1인 꼭지점의 수를 x라 하자. 차수가 1인 꼭지점 v에 대하여 $d(v)=1$이므로 $|d(v)-2| = (d(v)-2)+2$가 성립한다. 그러므로 차수가 1인 꼭지점의 수가 x개인 수형도에서 변의 개수를 e라 하면 다음이 성립한다.

$$\sum_{i=1}^{n}|d(v_i)-2| = 2x + \sum_{i=1}^{n}(d(v_i)-2)$$

$$= 2x + \sum_{i=1}^{n} d(v_i) - \sum_{i=1}^{n} 2$$
$$= 2x + 2e - 2n = 2x + 2(e-n) = 2x - 2$$

이다. 따라서

$$x = 1 + \frac{1}{2}\sum_{i=1}^{n} |d(v_i) - 2|$$

05

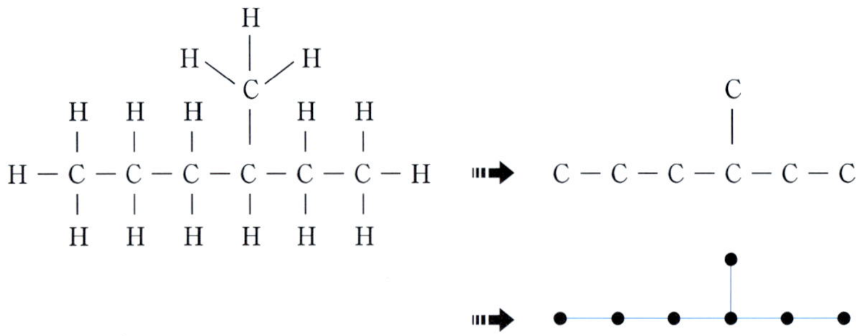

06

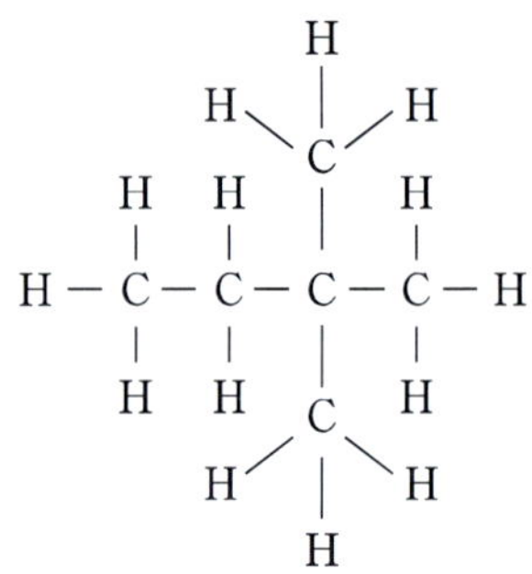

07 (9)번 수형도는 차수 5인 꼭지점이 있고, (11)번 수형도는 차수 6인 꼭지점이 있으므로 탄소그래프일 수 없다. 그러므로 C_7H_{16}의 구조 이성질체는 예제 6.1.6의 11개의 수형도 중 (9)번과 (11)번을 제외한 9개다.

08 (12)번 수형도, (19)번 수형도, (21)번 수형도는 차수 5인 꼭지점이 있고, (20)번 수형도는 차수 6인 꼭지점이 있고, (23)번 수형도는 차수 7인 꼭지점이 있으므로 탄소그래프일 수 없다. 그러므로 C_8H_{18}의 구조 이성질체는 예제 6.1.7의 23개 수형도 중 (12), (19), (20), (21), (23)번을 제외한 18개다.

연습문제 6.2

01 깊이를 n이라 할 때, 깊이가 n인 포화이진수형도의 모든 꼭지점의 개수는 $2^{n+1}-1$이므로 $2^{n+1}-1=31$이 성립한다. 따라서 포화이진수형도의 깊이는 $n=4$이다.

02 $b_{10} = b_0 \cdot b_9 + b_1 \cdot b_8 + b_2 \cdot b_7 + b_3 \cdot b_6 + b_4 \cdot b_5 + b_5 \cdot b_4 + b_6 \cdot b_3 + b_7 \cdot b_2 + b_8 \cdot b_1 + b_9 \cdot b_0$
$= 2(b_0 \cdot b_9 + b_1 \cdot b_8 + b_2 \cdot b_7 + b_3 \cdot b_6 + b_4 \cdot b_5)$

$= 2(4862 + 1430 + 2 \times 429 + 5 \times 132 + 14 \times 42)$
$= 2 \times 8398 = 16796$

03 주어진 순서대로 이진탐색수형도를 만든다. 먼저 12는 루트가 되고 그 다음 원소 1은 $1 < 12$이므로 왼쪽 자식이 된다. 그 다음 원소 8은 $1 < 8$이므로 꼭지점 1의 오른쪽 자식이 된다. 이 과정을 남은 원소에 대해 반복하면 다음과 같은 이진탐색수형도가 완성된다.

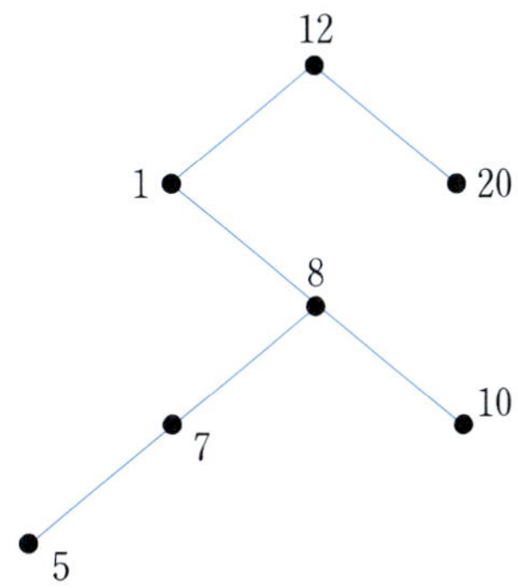

04 주어진 순서대로 이진탐색수형도를 만든다. 먼저 FILE이 루트가 되고 그 다음 원소 DATA는 DATA < FILE 이므로 왼쪽 자식이 된다. 그 다음 원소 COMPUTER는 COMPUTER < DATA 이므로 꼭지점 DATA의 왼쪽 자식이 된다. 이 과정을 남은 원소에 대해 반복하면 다음과 같은 이진탐색수형도가 완성된다.

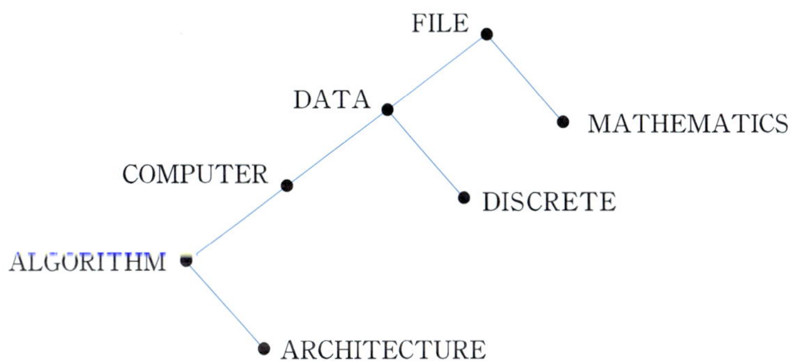

연습문제 6.3

01 6개의 변 중 3개의 변을 선택하는 방법은 ${}_6C_3 = 20$가지이고, 이 중에서 3개의 변이 회로를 만드는 다음과 같은 4개를 빼면 생성수형도는 16개이다.

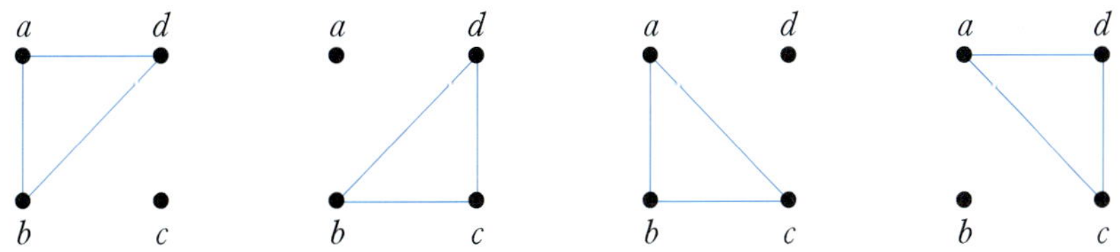

[16개의 생성수형도]

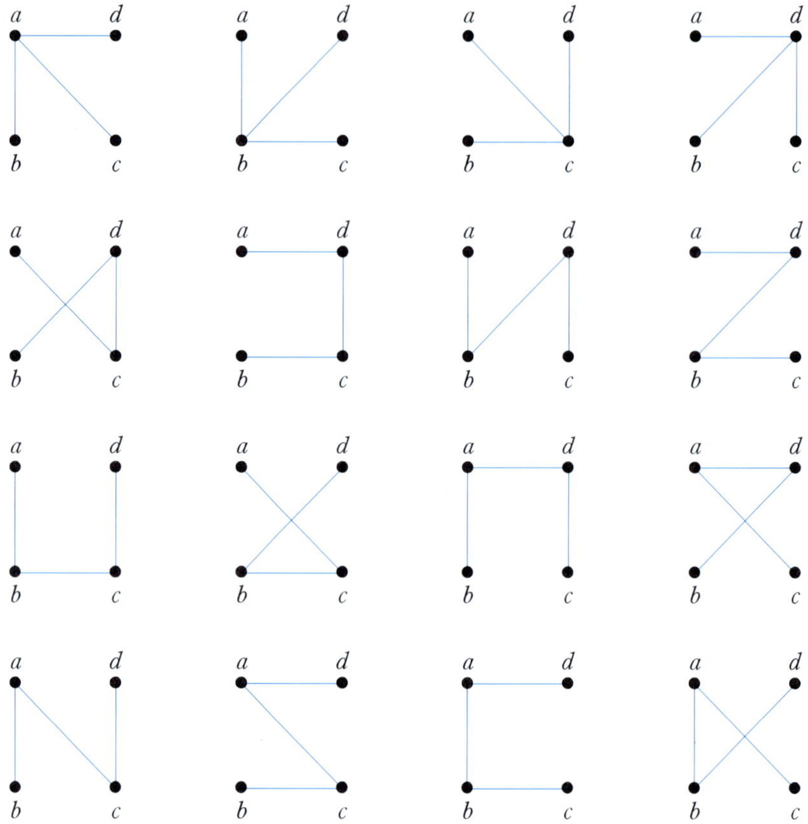

02 선택할 꼭지점이 여러 개인 경우에는 알파벳 순으로 선택하기로 한다.

깊이우선탐색으로 얻은 수형도	너비우선탐색으로 얻은 수형도
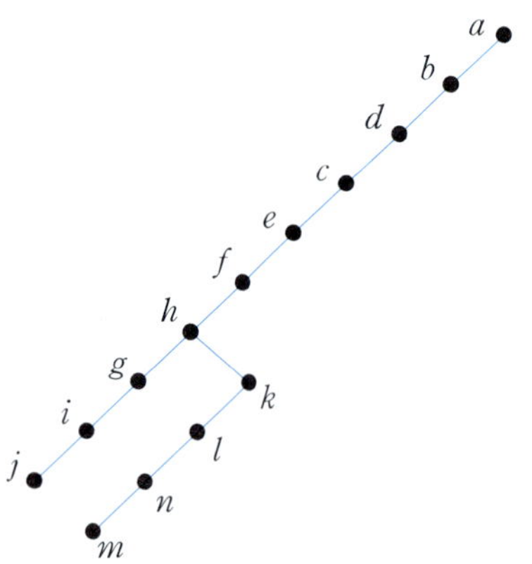	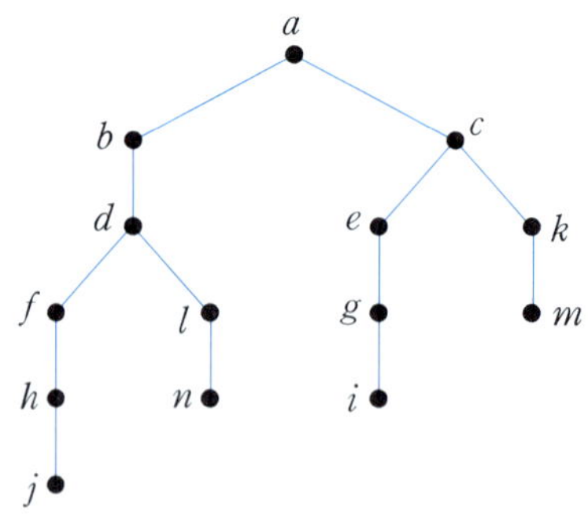

03

깊이우선탐색으로 얻은 수형도	너비우선탐색으로 얻은 수형도

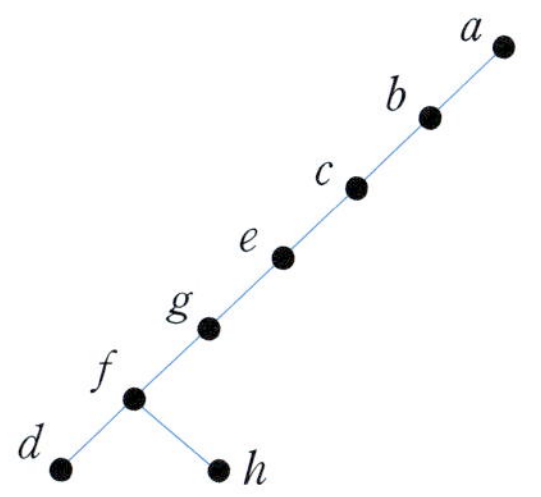

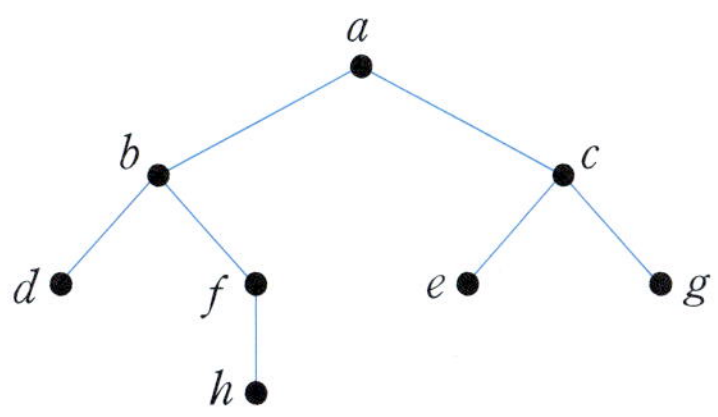

04

깊이우선탐색으로 얻은 수형도	너비우선탐색으로 얻은 수형도

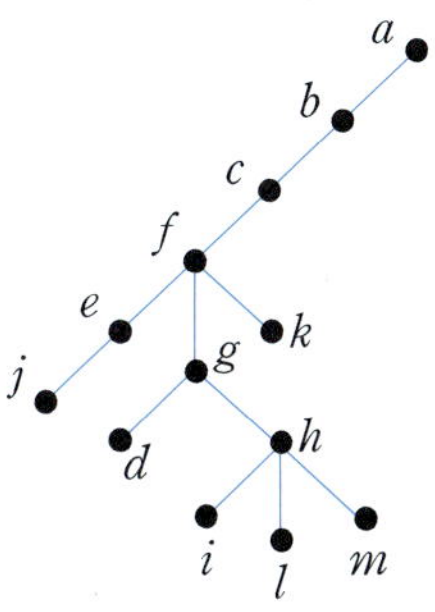

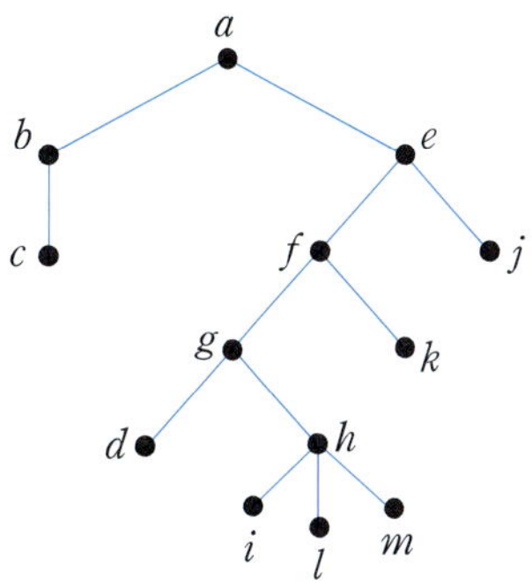

05

깊이우선탐색으로 얻은 수형도	너비우선탐색으로 얻은 수형도

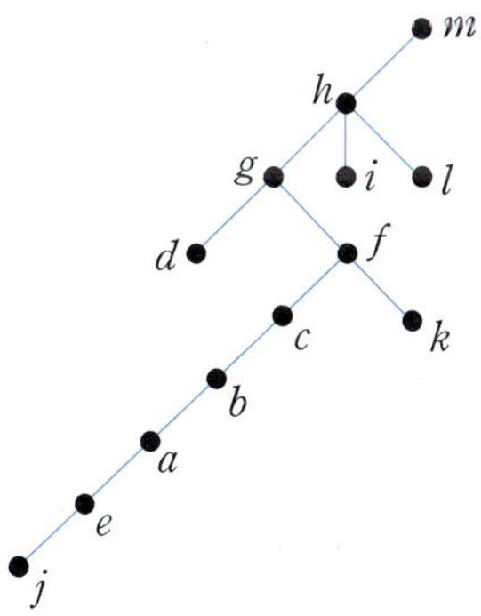

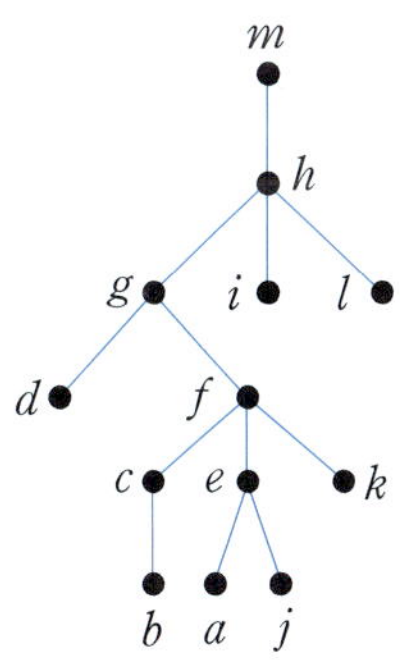

연습문제 6.5

01 프림 알고리즘에서는 이미 선택된 부분그래프의 꼭지점들에 연결된 변들 중에서 가중치가 가장 작으면서 회로를 형성하지 않는 변을 추가하여 최소생성수형도를 구하는데, 크루스칼 알고리즘은 이미 선택된 부분그래프의 꼭지점들에 연결되어 있지 않은 변이라도 가중치가 가장 작으면서 회로를 형성하지 않는 변을 추가하여 최소생성수형도를 구한다.

02 (프림 알고리즘) 먼저 가중치가 가장 작은 변 $\{b, g\}$를 선택한다. 이 변을 e_1이라 하자.

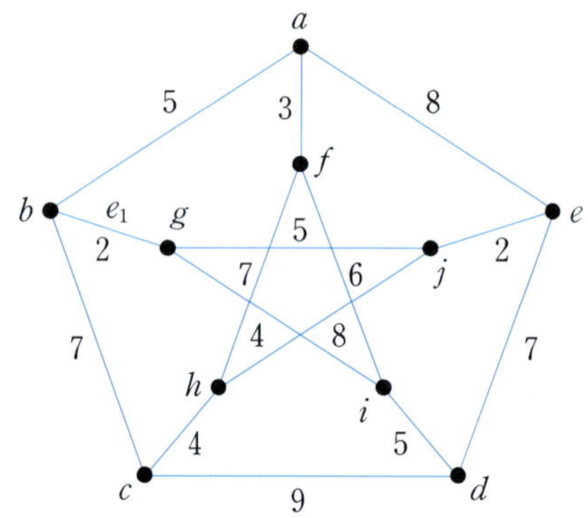

프림 알고리즘을 이용하여 구한 최소생성수형도는 다음과 같다. 변의 선택은 e_1, e_2, e_3, e_4, e_5, e_6, e_7, e_8, e_9 순서로 선택한다.

그러면 다음과 같이 비용이 2+4+5+2+5+5+3+7+4 = 37인 최소생성수형도가 완성된다.

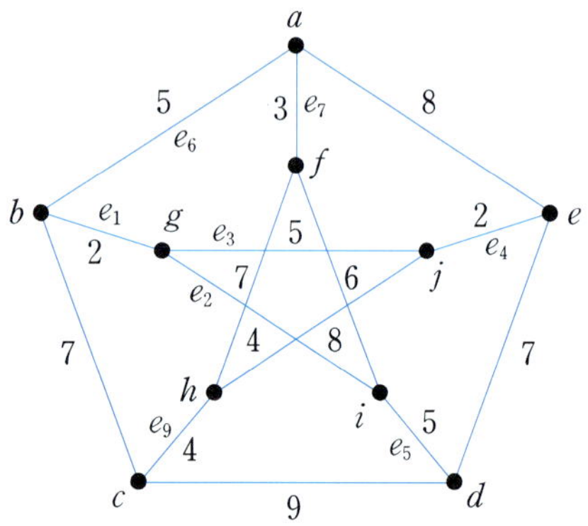

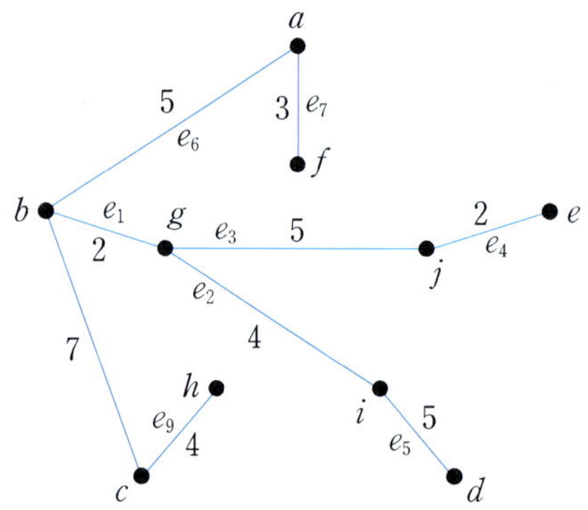

(크루스칼 알고리즘) 가중치가 가장 작은 순서대로 나열하면 다음과 같다.

가중치	변	가중치	변	가중치	변
2	$\{b, g\}$	5	$\{a, b\}$	7	$\{f, h\}$
2	$\{e, j\}$	5	$\{g, j\}$	7	$\{d, e\}$
3	$\{a, f\}$	5	$\{d, i\}$	8	$\{a, e\}$
4	$\{g, i\}$	6	$\{f, i\}$	8	$\{h, j\}$
4	$\{c, h\}$	7	$\{b, c\}$	9	$\{c, d\}$

크루스칼 알고리즘을 이용하여 구한 최소생성수형도는 다음과 같다. 변의 선택은 e_1, e_2, e_3, e_4, e_5, e_6,

e_7, e_8, e_9 순서로 선택한다.

크루스칼 알고리즘을 이용하여 구한 최소생성수형도			
1	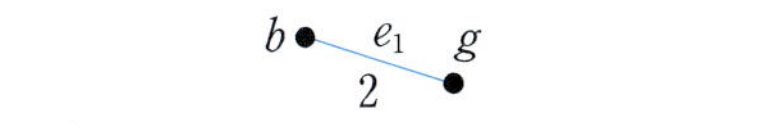	2	
3	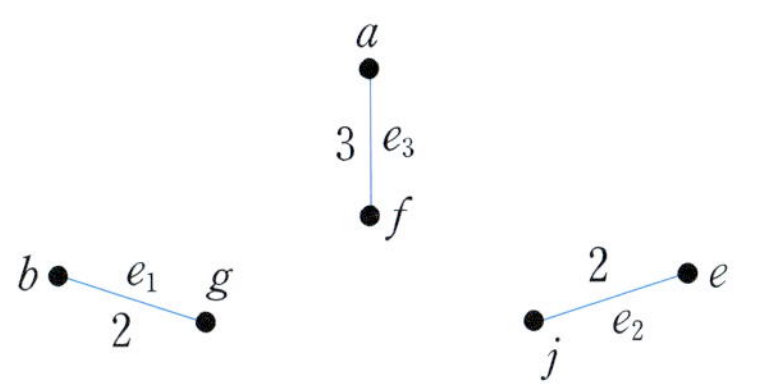	4	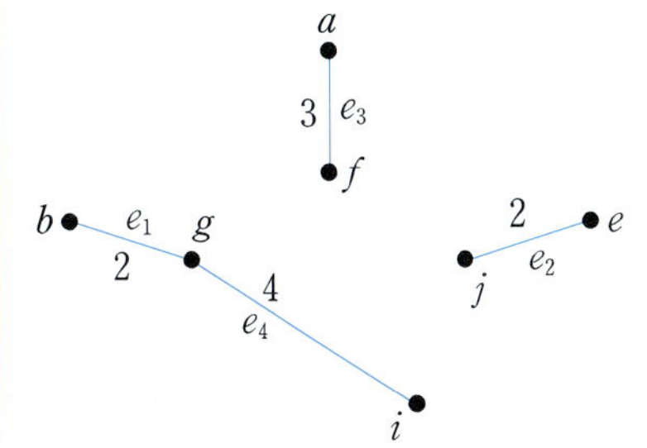
5	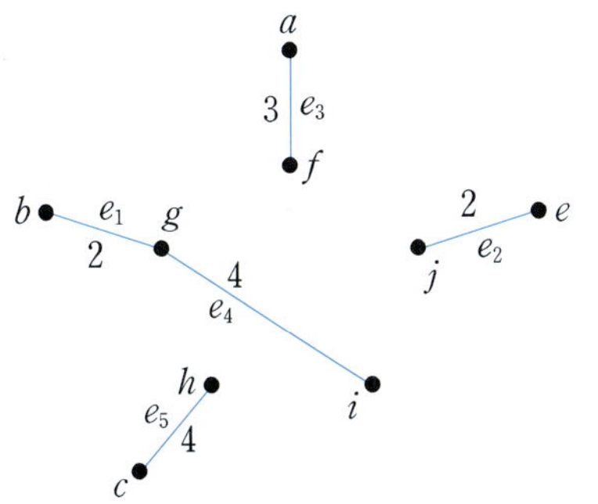	6	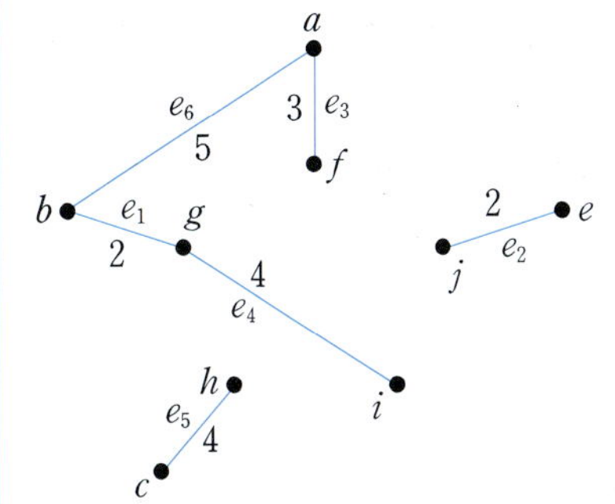
7	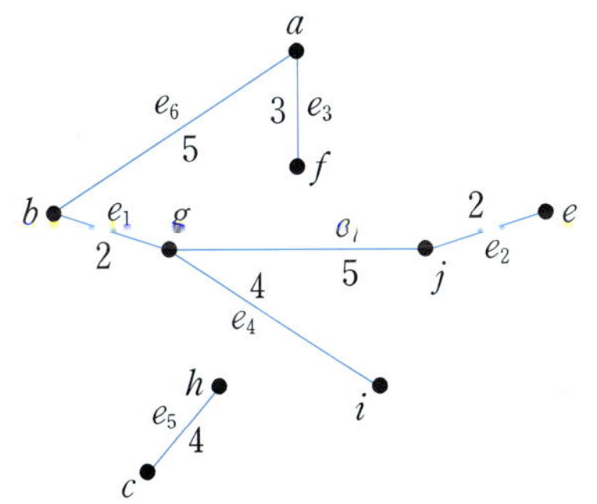	8	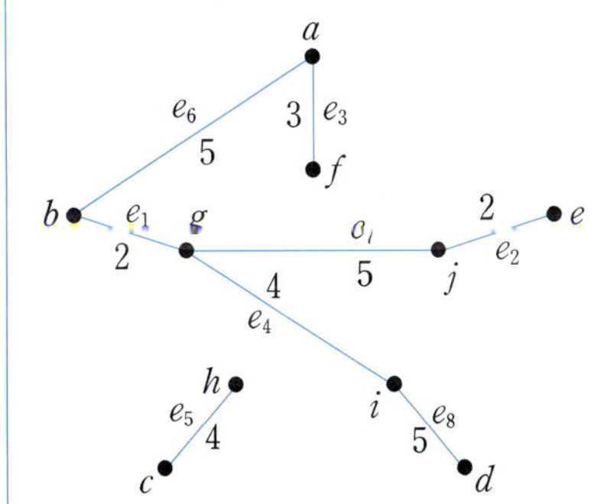

그러면 다음과 같이 비용이 2+2+3+4+4+5+5+5+7 = 37인 최소생성수형도가 완성된다.

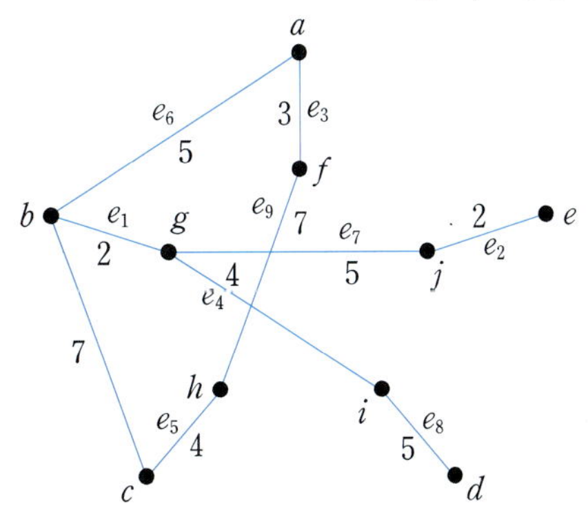

프림 알고리즘을 이용하여 구한 최소생성수형도와 비용은 같지만 최소생성수형도는 다르다. 그래프의 각 변의 가중치가 같은 변이 존재하므로 변을 선택할 때 차이가 생길 수 있다.

03 프림 알고리즘을 이용하여 구한 최소생성수형도는 다음과 같다. 변의 선택은 e_1, e_2, e_4, e_5, e_3, e_6, e_7, e_8 순서로 선택한다.

그러면 다음과 같이 비용이 2+3+4+3+2+4+5+3 = 26인 최소생성수형도가 완성된다.

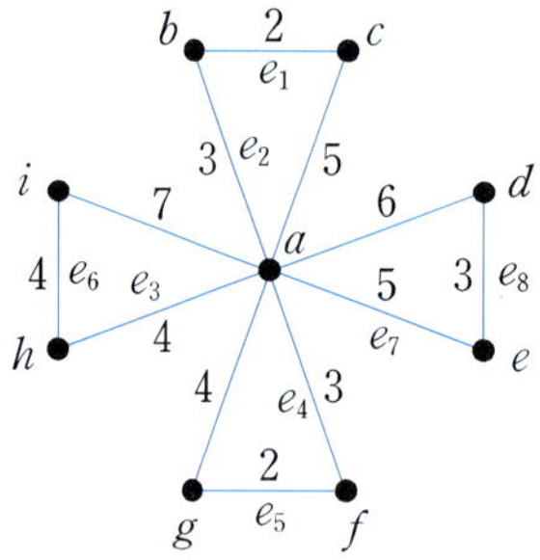

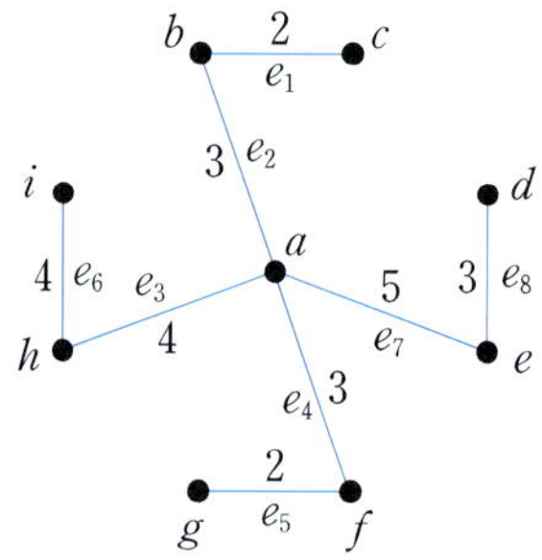

크루스칼 알고리즘을 이용하여 구한 최소생성수형도는 다음과 같다. 변의 선택은 e_1, e_2, e_3, e_4, e_5, e_6, e_7, e_8 순서로 선택한다.

그러면 다음과 같이 비용이 2+2+3+3+3+4+4+5 = 26인 최소생성수형도가 완성된다.

크루스칼 알고리즘을 이용하여 구한 최소생성수형도			
1	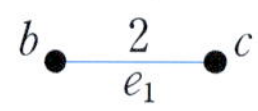	2	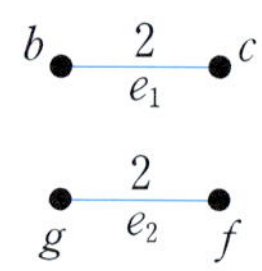
3	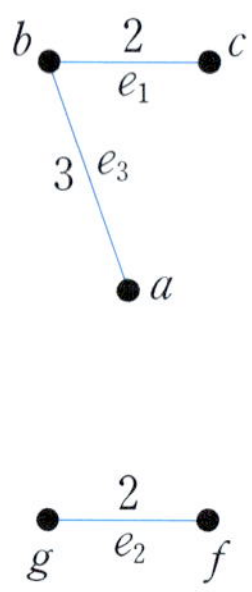	4	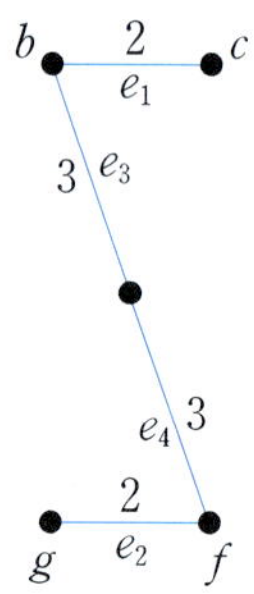
5	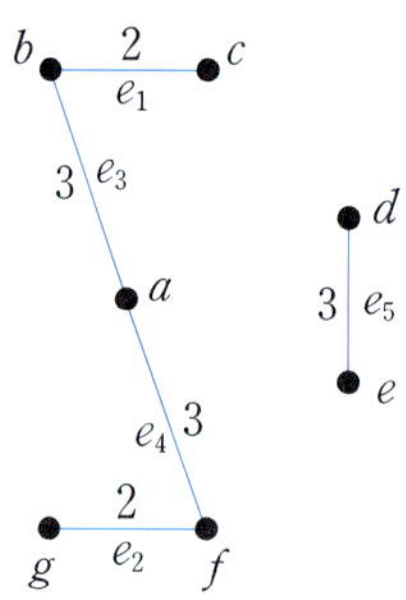	6	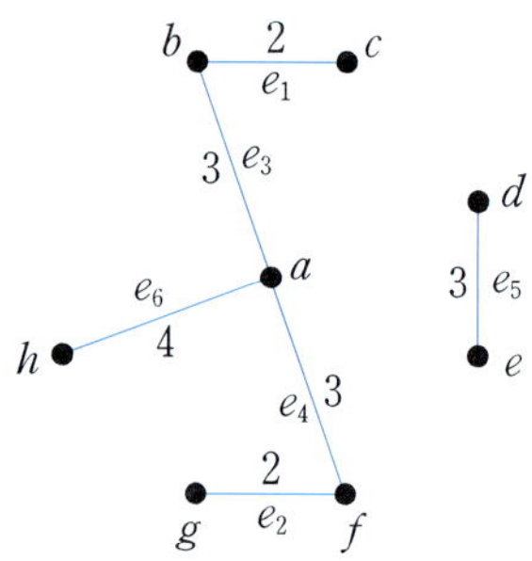

1	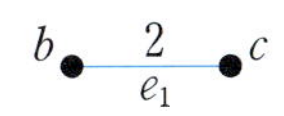	2	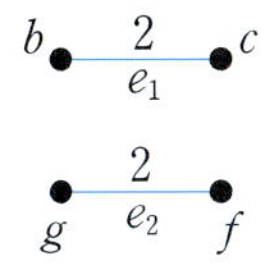
7	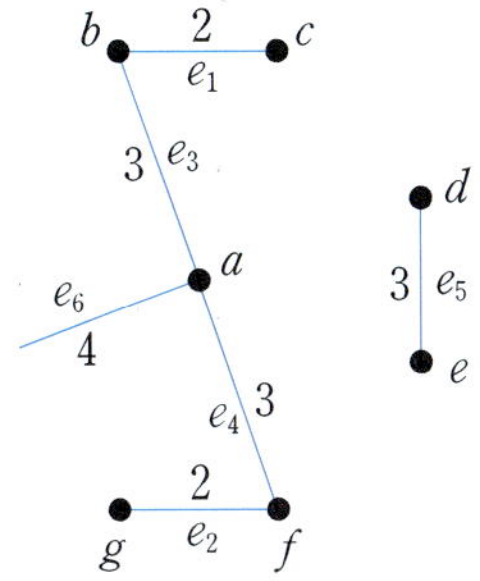	8	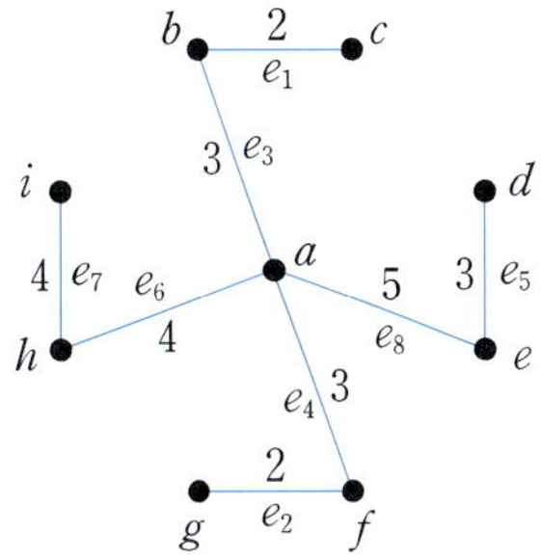

프림 알고리즘을 이용하여 구한 최소생성수형도

04 변의 선택은 e_1, e_2, e_3, e_4, e_5, e_6, e_7, e_8, e_9, e_{10}, e_{11}, e_{12} 순서로 선택한다.
그러면 다음과 같이 비용이 1+2+2+3+4+3+4+5+6+3+4+8 = 45인 최소생성수형도가 완성된다.

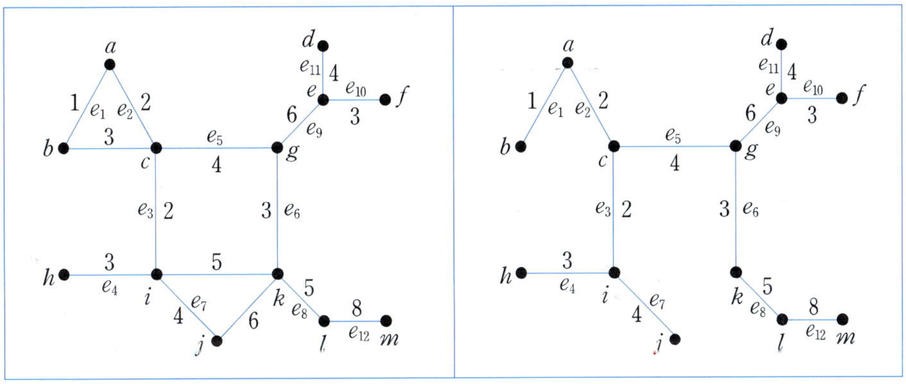

크루스칼 알고리즘을 이용하여 구한 최소생성수형도

변의 선택은 e_1, e_2, e_3, e_4, e_5, e_6, e_7, e_8, e_9, e_{10}, e_{11}, e_{12} 순서로 선택한다.
그러면 다음과 같이 비용이 1+2+2+3+3+3+4+4+4+5+6+8 = 45인 최소생성수형도가 완성된다.

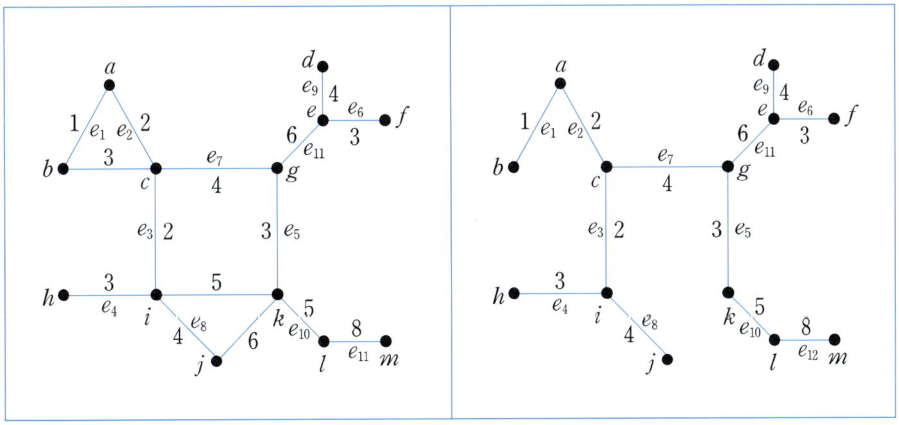

프림 알고리즘을 이용하여 구한 최소생성수형도

05 변의 선택은 e_1, e_2, e_3, e_4, e_5, e_6, e_7, e_8, e_9, e_{10}, e_{11} 순서로 선택한다. 그러면 다음과 같이 비용이 1+2+3+4+5+6+7+17+14+15+16 = 90인 최소생성수형도가 완성된다.

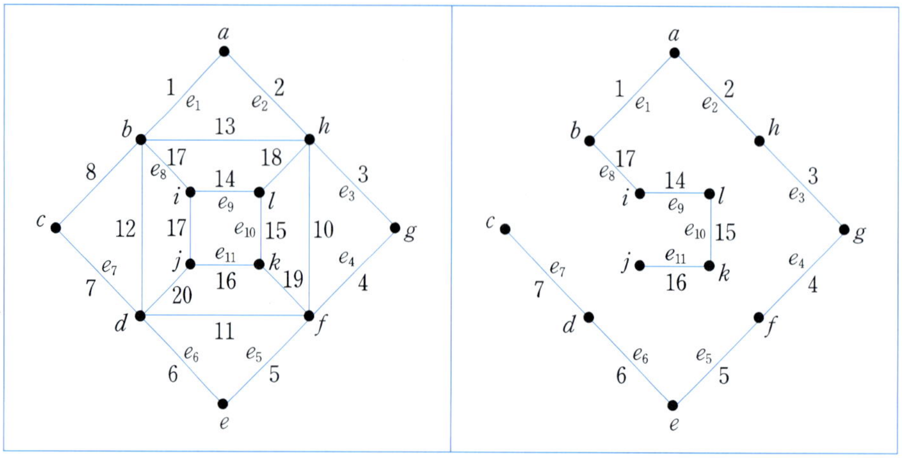

크루스칼 알고리즘을 이용하여 구한 최소생성수형도

변의 선택은 e_1, e_2, e_3, e_4, e_5, e_6, e_7, e_8, e_9, e_{10}, e_{11} 순서로 선택한다. 그러면 다음과 같이 비용이 1+2+3+4+5+6+7+14+15+16+17 = 90인 최소생성수형도가 완성된다.

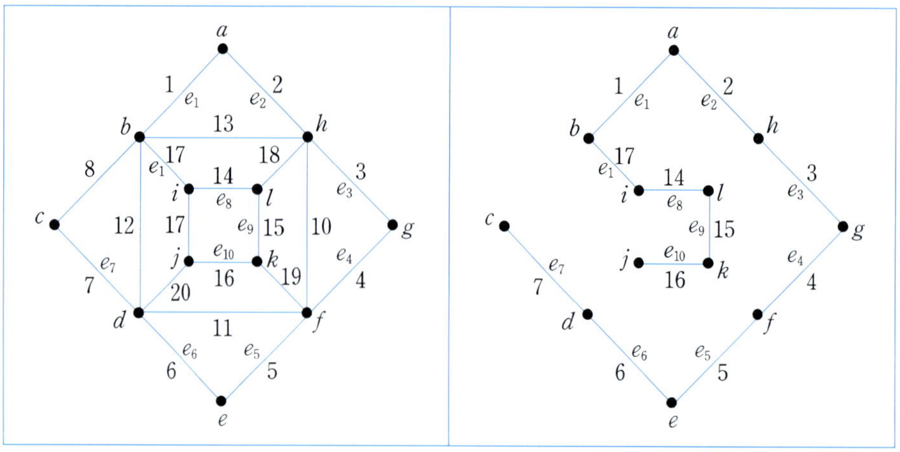

연습문제 6.5

01 전위순회 : $a \to b \to c \to d \to e$
중위순회 : $a \to b \to c \to d \to e$
후위순회 : $e \to d \to c \to b \to a$

02 전위순회 : $a \to b \to c \to d \to e$
중위순회 : $e \to d \to c \to b \to a$
후위순회 : $e \to d \to c \to b \to a$

03 전위순회 : $a \to b \to d \to e \to c$
중위순회 : $d \to b \to e \to a \to c$

04 전위순회 : $a \to b \to c \to d \to e$
중위순회 : $b \to a \to d \to c \to e$

후위순회 : $d \to e \to b \to c \to a$

후위순회 : $b \to d \to e \to c \to a$

05 전위순회 : $a \to b \to d \to h \to i \to n \to o \to e \to j \to k \to c \to f \to l \to m \to g$

중위순회 : $h \to d \to n \to i \to o \to b \to j \to e \to k \to a \to l \to f \to m \to c \to g$

후위순회 : $h \to n \to o \to i \to d \to j \to k \to e \to b \to l \to m \to f \to g \to c \to a$

06 전위순회 : $a \to b \to d \to e \to h \to i \to c \to f \to g \to j \to k$

중위순회 : $d \to b \to h \to e \to i \to a \to f \to c \to j \to g \to k$

후위순회 : $d \to h \to i \to e \to b \to f \to j \to k \to g \to c \to a$

07 전위표기법 : $*+abc$

후위표기법 : $ab+c*$

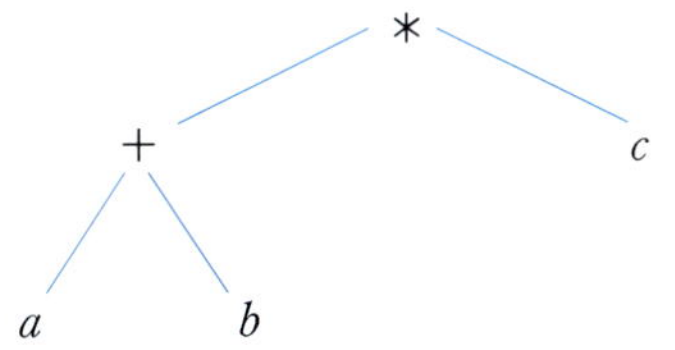

08

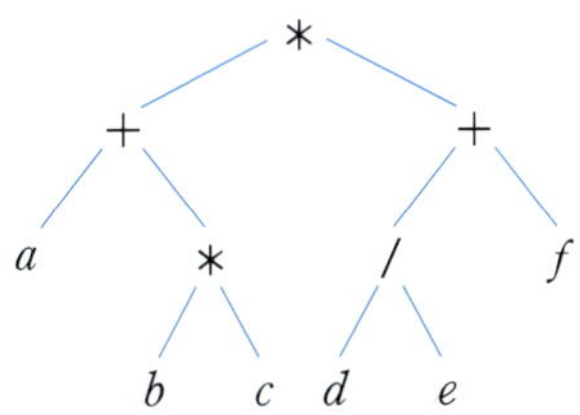

전위표기법	후위표기법
$(a+b*c)*(d/e+f)$	$(a+b*c)*(d/e+f)$
$*bc$ $/de$	$bc*$ $de/$
$+a*bc$ $+/def$	$abc*+$ $de/f+$
$*+a*bc+/def$	$abc*+de/f+*$
전위표기법 : $*+a*bc+/def$	후위표기법 : $abc*+de/f+*$

09 전위표기법 : $\div\times+abc+cd$

후위표기법 : $ab+c\times cd+\div$

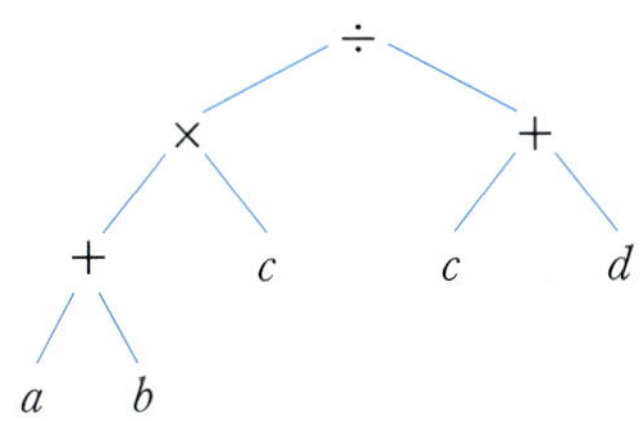

10 전위표기법 : $\div \times a + b - d + ef \times + gh + ij$

후위표기법 : $abdef + - + \times gh + ij + \times \div$

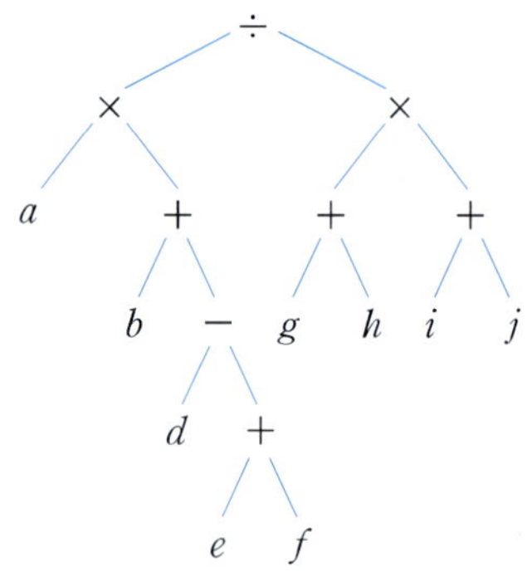

11 전위표기법 : $\div \times - + abcd - e \times f + gh$

후위표기법 : $ab + c - d \times efgh + \times - \div$

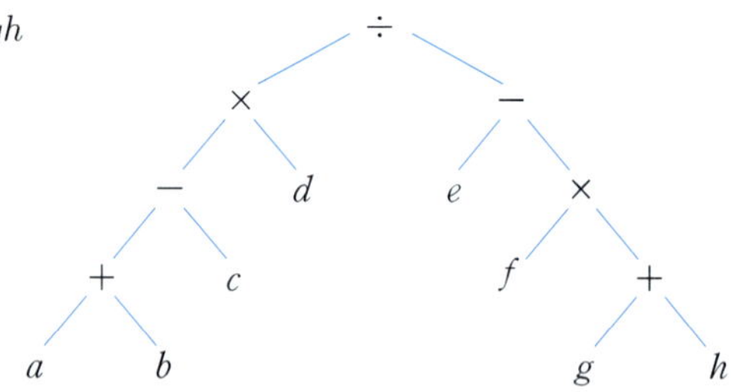

12

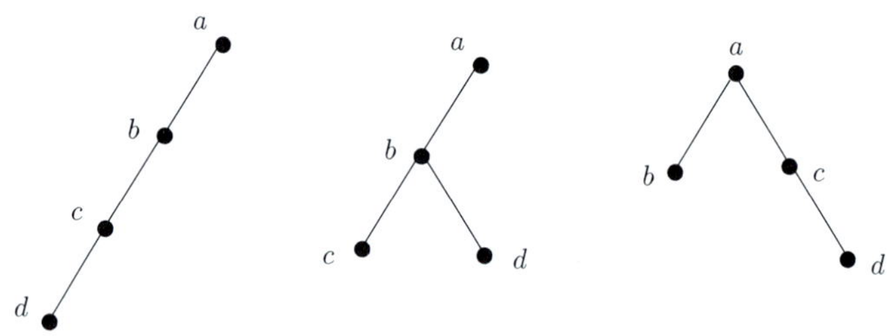

13

후위표기법	$acedb$	b: 루트
중위표기법	$\underline{ac}\ b\ \underline{de}$	ac: 왼쪽 부분수형도 de: 오른쪽 부분수형도
후위표기법	$\underline{ac}\ \underline{ed}\ b$	
	c: 왼쪽 부분수형도에서 루트 d: 오른쪽 부분수형도에서 루트	
중위표기법	$\underline{ac}\ b\ \underline{de}$	
	a: 왼쪽 자식 e: 오른쪽 자식	

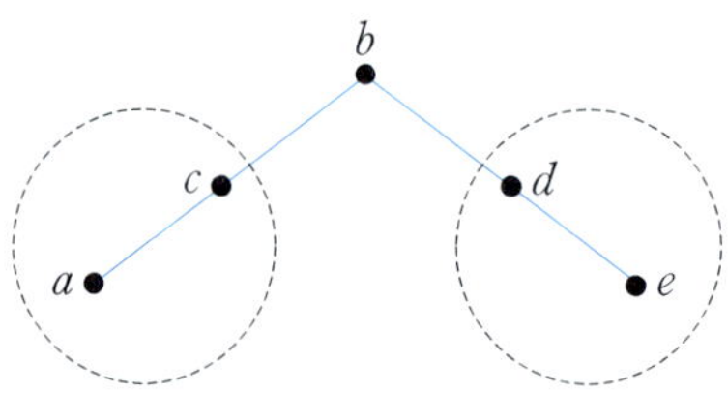

14

전위표기법	$edcabfg$	e: 루트
중위표기법	$\underline{acbd}$ e $\underline{fg}$	$\underline{acbd}$: 왼쪽 부분수형도 $\underline{fg}$: 오른쪽 부분수형도
전위표기법	e $\underline{dcab}$ $\underline{fg}$	
	d: $\underline{dcab}$에서 루트 f: $\underline{fg}$에서 루트	
중위표기법	$\underline{acb}$ d e f $\underline{g}$	
	$\underline{acb}$: 루트 d의 왼쪽 부분수형도 $\underline{g}$: 루트 f의 오른쪽 자식	
전위표기법	e d $\underline{cab}$ f g	
	c: $\underline{cab}$에서 루트	
중위표기법	$\underline{a}$ c $\underline{b}$ d e f g	
	a: $\underline{acb}$에서 루트 c의 왼쪽 자식 b: $\underline{acb}$에서 루트 c의 오른쪽 자식	

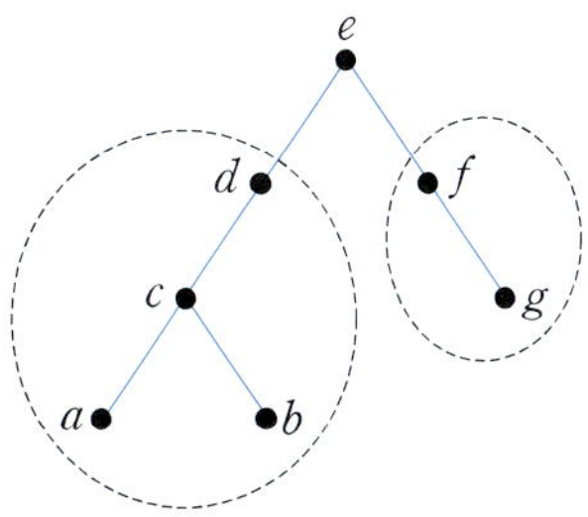

15

전위표기법	$abdehicfgjk$	a: 루트
중위표기법	$(\underline{dbhei})$ a $(\underline{fcjgk})$	$\underline{dbhei}$: 왼쪽 부분수형도 $\underline{fcjgk}$: 오른쪽 부분수형도
전위표기법	a $(\underline{bdehi})$ $(\underline{cfgjk})$	
	b: $\underline{bdehi}$에서 루트 c: $\underline{cfgjk}$에서 루트	
중위표기법	$(\underline{d}$ b $\underline{hei})$ a $(\underline{f}$ c $\underline{jgk})$	
	$\underline{d}$: 루트 b의 왼쪽 자식 $\underline{hei}$: 루트 b의 오른쪽 부분수형도 $\underline{f}$: 루트 c의 왼쪽 자식 $\underline{jgk}$: 루트 c의 오른쪽 부분수형도	
전위표기법	a $((b)d(\underline{ehi}))$ $((c)$ f $(\underline{gjk}))$	
	e: $\underline{ehi}$에서 루트 g: $\underline{gjk}$에서 루트	
중위표기법	$(d$ b $((h)$ e $(i))$ a $(f$ c $((j)$ g $(k)))$	
	$h(i)$: $\underline{hei}$에서 루트 e의 왼쪽 자식(오른쪽 자식) $j(k)$: $\underline{jgk}$에서 루트 g의 왼쪽 자식(오른쪽 자식)	

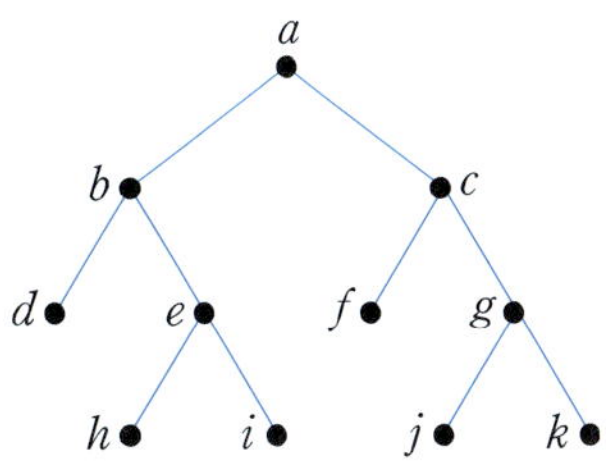

16 이진수형도에서 루트의 오른쪽 부분수형도에 꼭지점이 하나라도 있다면 그 꼭지점은 중위표기법에서는 루트보다 나중에 나타나지만 후위표기법에서는 루트보다 먼저 나타난다. 그러므로 중위표기법과 후위표기법에서 같은 식이 되려면 이진수형도에서 각 루트의 오른쪽 부분수형도가 없어야 한다.
예를 들어 중위표기법과 후위표기법에서 같은 식이 되는 꼭지점이 3개(a, b, c)인 이진수형도와 꼭지점이 n개(v_1, v_2, $\cdots$, v_n)인 이진수형도는 다음과 같은 왼쪽 자식만 있는 사향이진수형도뿐이다.

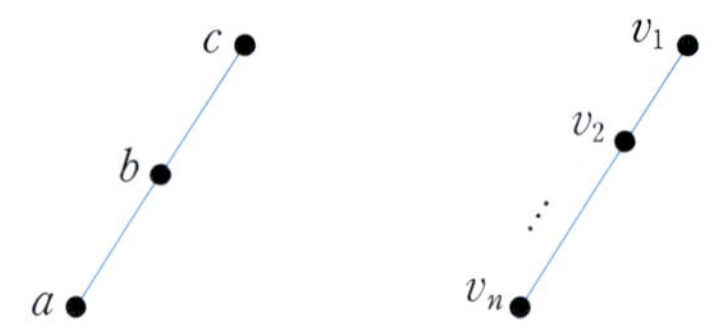

연 습 문 제 6.6

01 (1) 9개의 문자 a, c, e, i, g, h, m, s, t의 빈도수가 각각 13, 7, 20, 15, 8, 4, 5, 10, 18이다. 빈도수에 따라 오름차순으로 나열하면 다음과 같다.

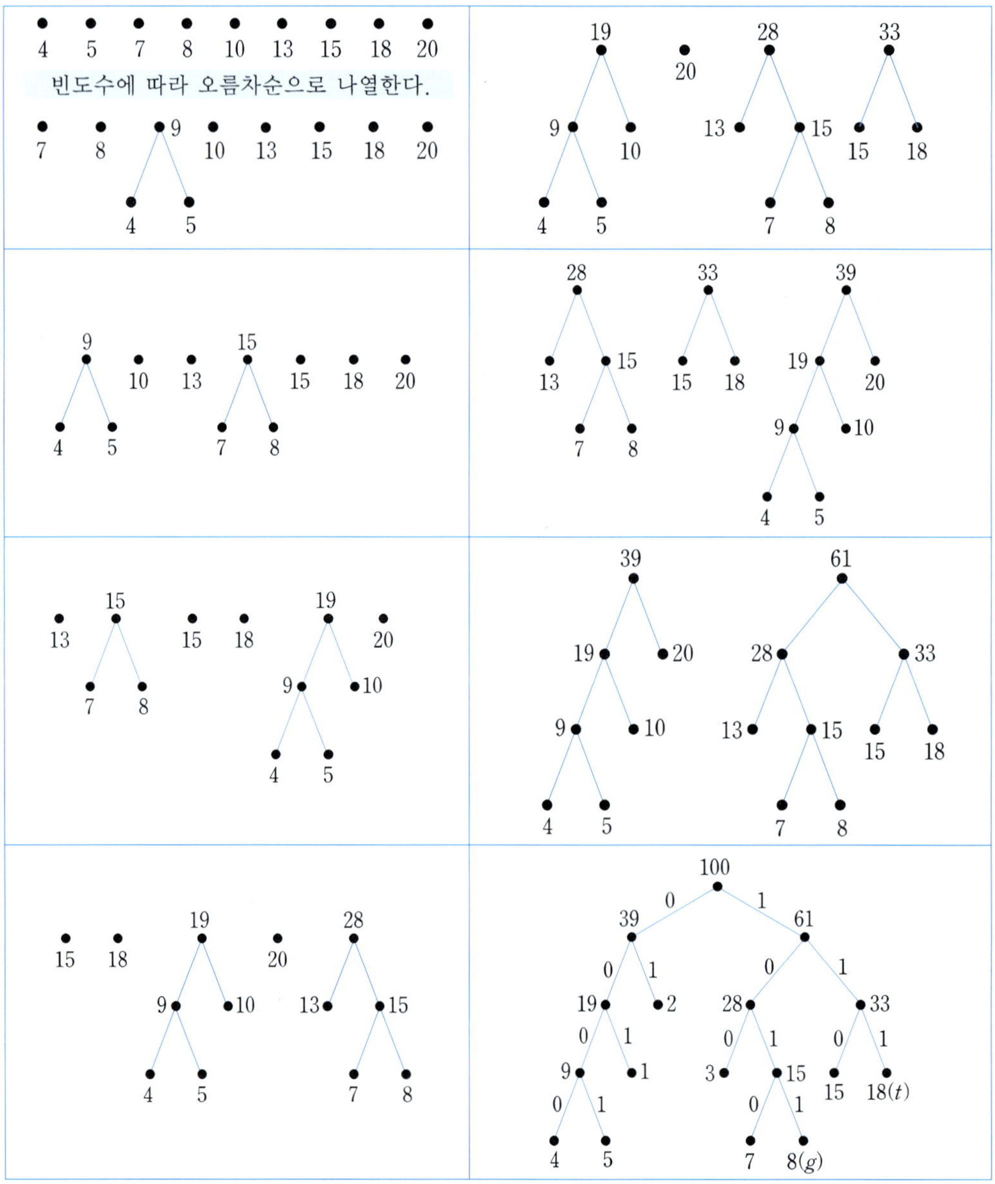

(2)

문자	허프만 코드	문자	허프만 코드
a	100	i	110
c	1010	m	0001
e	01	s	001
g	1011	t	111
h	0000		

(3) 00011001110000

(4) *state*

02 (1) 10개의 문자 a, b, c, d, e, f, g, h, i, j의 빈도수가 각각 12, 3, 8, 10, 20, 9, 6, 11, 19, 2이다. 빈도수에 따라 오름차순으로 나열하면 다음과 같다.

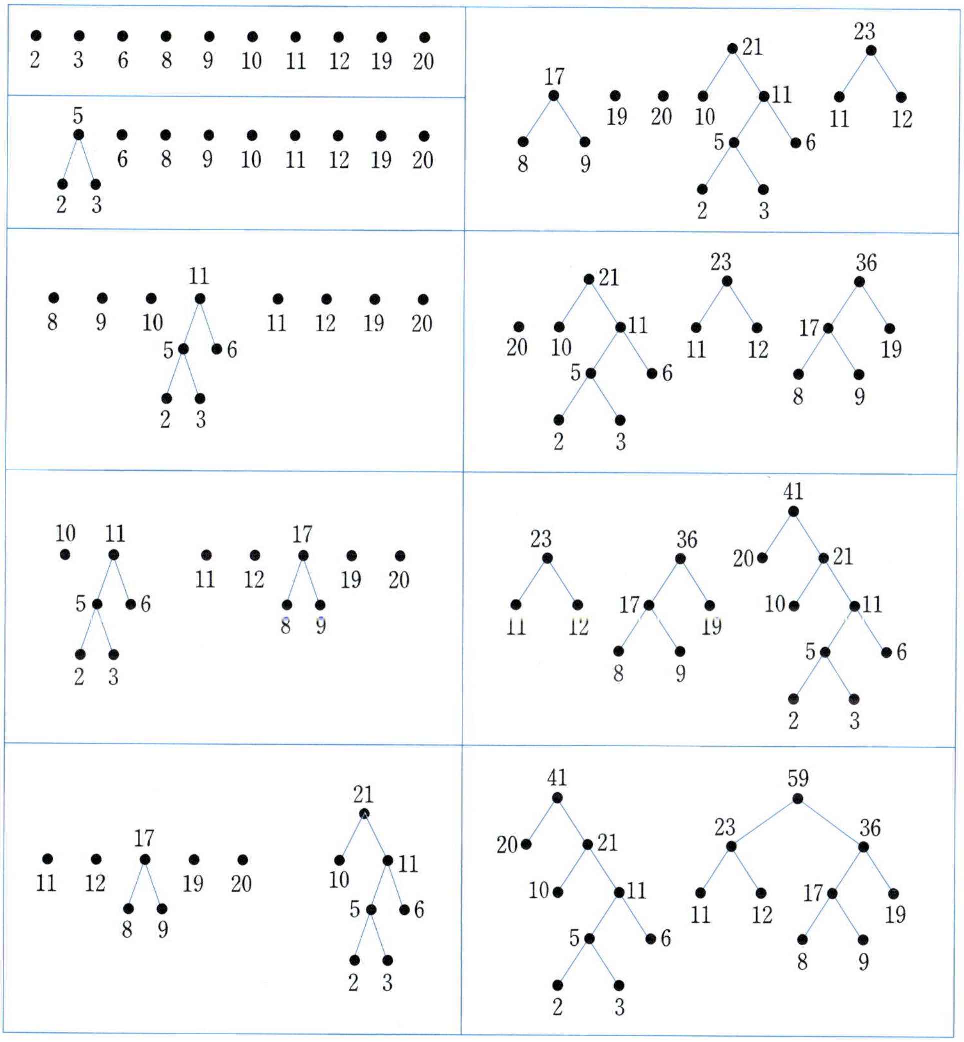

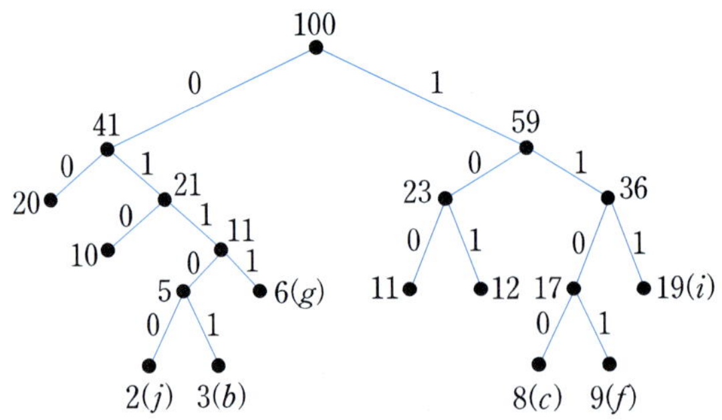

허프만 수형도

(2)

문자	허프만 코드	문자	허프만 코드
a	101	f	1101
b	01101	g	0111
c	1100	h	100
d	010	i	111
e	00	j	01100

연습문제 7.1

01 (1) $(x+y)(x+\bar{y}z)=(0+1)(0+\bar{1}\cdot 1)=1(0+0)=1\cdot 0=0$

(2) $xyz+\bar{x}\bar{y}z+y\bar{z}=0\cdot 0\cdot 1+\bar{0}\cdot\bar{0}\cdot 1+0\cdot\bar{1}=0+1\cdot 1\cdot 1+0=1$

(3) $\overline{x+y+z}=\overline{1+0+0}=\bar{1}=0$

(4) $\bar{x}y\bar{z}+\bar{x}\bar{y}z+xz=\bar{1}\cdot 0\cdot\bar{1}+\bar{1}\cdot\bar{0}\cdot 1+1\cdot 1$

$=0\cdot 0\cdot 0+0\cdot 1\cdot 1+1\cdot 1=0+0+1=1$

02 $x+(xy)=x\cdot 1+xy=x(1+y)=x\cdot 1=x.$

$x(x+y)=x$은 $x+(xy)=x$의 쌍대 부울식이므로 성립한다.

03 $(x+y)(\bar{x}+\bar{y})$

$=((x+y)\bar{x})+((x+y)\bar{y})$	분배법칙
$=((x\bar{x})+(y\bar{x}))+((x\bar{y})+(y\bar{y}))$	분배법칙
$=(0+(y\bar{x}))+((x\bar{y})+0)$	보수법칙
$=y\bar{x}+x\bar{y}$	항등법칙

$(xy)+(\bar{x}\bar{y})=(y+\bar{x})(x+\bar{y})$은 $(x+y)(\bar{x}+\bar{y})=y\bar{x}+x\bar{y}$의 쌍대 부울식이므로 성립한다. 이를 확인해보자.

$(xy)+(\bar{x}\bar{y})$	
$=(xy+\bar{x})(xy+\bar{y})$	분배법칙
$=(\bar{x}+xy)(\bar{y}+xy)$	교환법칙
$=((\bar{x}+x)(\bar{x}+y))((\bar{y}+x)(\bar{y}+y))$	분배법칙
$=(1\cdot(\bar{x}+y))((\bar{y}+x)\cdot 1)$	보수법칙
$=(\bar{x}+y)(\bar{y}+x)$	항등법칙
$=(y+\bar{x})(x+\bar{y})$	교환법칙

04 (1) $0\oplus 0=0$, $1\oplus 0=1$이므로 $x\oplus 0=x$

(2) $0\oplus 1=1$, $1\oplus 1=0$이므로 $x\oplus 1=\bar{x}$

(3) $0\oplus 0=0$, $1\oplus 1=0$이므로 $x\oplus x=0$

(4) $1\oplus\bar{1}=1$, $0\oplus\bar{0}=1$이므로 $x\oplus\bar{x}=1$

05

x	y	$x\oplus y$	$x+y$	$\bar{x}$	$\bar{y}$	$\bar{x}+\bar{y}$	$(x+y)(\bar{x}+\bar{y})$	$y\bar{x}$	$x\bar{y}$	$y\bar{x}+x\bar{y}$
1	1	0	1	0	0	0	0	0	0	0
1	0	1	1	0	1	1	1	0	1	1
0	1	1	1	1	0	1	1	1	0	1
0	0	0	0	1	1	1	0	0	0	0

06

$(x+y)(y+z)(z+x)$	
$=(x+y)(yz+yx+z+zx)$	분배법칙, 멱등법칙
$=xyz+xyx+xz+xzx+yyz+yyx+yz+yzx$	분배법칙
$=(xyz+xyz)+(xy+xy)+(yz+yz)+(zx+zx)$	교환법칙, 멱등법칙
$=xyz+xy+yz+zx$	멱등법칙
$=zx(y+1)+yz+xy$	분배법칙
$=zx\cdot 1+yz+xy$	우등법칙
$=xy+yz+zx$	항등법칙

07

$\bar{x}\bar{y}\bar{z}+\bar{x}y\bar{z}+\bar{x}yz+x\bar{y}\bar{z}$	
$=(\bar{x}\bar{y}\bar{z}+x\bar{y}\bar{z})+(\bar{x}y\bar{z}+\bar{x}yz)$	교환법칙
$=\bar{y}\bar{z}(\bar{x}+x)+\bar{x}y(\bar{z}+z)$	분배법칙
$=\bar{y}\bar{z}\cdot 1+\bar{x}y\cdot 1$	보수법칙
$=\bar{y}\bar{z}+\bar{x}y$	항등법칙

08 $(x+y)+(\overline{x}\,\overline{y})$

$= ((x+y)+\overline{x})((x+y)+\overline{y})$ 분배법칙

$= (\overline{x}+(x+y))(x+(y+\overline{y}))$ 교환법칙, 결합법칙

$= ((\overline{x}+x)+y)(x+1)$ 결합법칙, 보수법칙

$= (1+y)(x+1)$ 보수법칙

$= 1\cdot 1$ 우등법칙

$= 1$

드모르간의 법칙에 의하여 $\overline{x}\,\overline{y}=\overline{(x+y)}$ 이므로 $(x+y)+(\overline{x}\,\overline{y})=(x+y)+\overline{(x+y)}=1$이다.
$(xy)(\overline{x}+\overline{y})=0$은 $(x+y)+(\overline{x}\,\overline{y})=1$의 쌍대 부울식이므로 성립한다.

09 $(x+y)(\overline{x}\,\overline{y})$

$= ((x+y)\overline{x})\overline{y}$ 결합법칙

$= (\overline{x}(x+y))\overline{y}$ 교환법칙

$= ((\overline{x}x)+(\overline{x}y))\overline{y}$ 분배법칙

$= (0+\overline{x}y)\overline{y}$ 보수법칙

$= (\overline{x}y)\overline{y}$ 항등법칙

$= \overline{x}(y\overline{y})$ 결합법칙

$= \overline{x}\cdot 0$ 보수법칙

$= 0$ 우등법칙

드모르간의 법칙에 의하여 $\overline{x}\,\overline{y}=\overline{(x+y)}$ 이므로 $(x+y)+(\overline{x}\,\overline{y})=(x+y)+\overline{(x+y)}=0$이다.
$xy+(\overline{x}+\overline{y})=1$은 $(x+y)(\overline{x}\,\overline{y})=0$의 쌍대 부울식이므로 성립한다.

연습문제 7.2

01

$f(x,\ y)=x\oplus y$의 진리표

x	y	$f(x,\ y)$
0	0	0
0	1	1
1	0	1
1	1	0

이 진리표에서는 다음과 같은 두 가지 경우에 해당하는 값이 1이다.

(1) $x=0,\ y=1$ (2) $x=1,\ y=0$

이것을 다른 방식으로 표현하면 다음과 같다.

$(\bar{x}=1,\ y=1)$ OR $(x=1,\ \bar{y}=1)$일 때 $f(x, y)=1$이다. 그러므로 부울함수 $f(x, y)=x \oplus y$의 DNF는 $\bar{x}y+x\bar{y}$이다.

02

$f(x, y)=x+xy$의 진리표

x	y	xy	$f(x, y)$
0	0	0	0
0	1	0	0
1	0	0	1
1	1	1	1

$f(x, y)=x+xy$의 DNF는 $xy+x\bar{y}$ 이다.

별해 $x+xy=x(y+\bar{y})+xy$ 보수법칙

$=xy+x\bar{y}+xy$ 분배법칙

$=(xy+xy)+x\bar{y}$

$=xy+x\bar{y}$ 멱등법칙

03 부울함수 $f(x, y, z)=x+y+z$의 진리표는 다음과 같다.

x	y	z	$x+y$	$f(x, y, z)$
0	0	0	0	0
0	0	1	0	1
0	1	0	1	1
0	1	1	1	1
1	0	0	1	1
1	0	1	1	1
1	1	0	1	1
1	1	1	1	1

$f(x, y, z)$에 대한 DNF는 $xyz+xy\bar{z}+x\bar{y}z+x\bar{y}\bar{z}+\bar{x}yz+\bar{x}y\bar{z}+\bar{x}\bar{y}z$이다.

04 부울함수 $f(x, y, z)=(x+y)(x+\bar{y})(\bar{x}+z)$의 진리표는 다음과 같다.

x	y	z	$x+y$	$x+\bar{y}$	$\bar{x}+z$	$f(x, y, z)$
0	0	0	0	1	1	0
0	0	1	0	1	1	0
0	1	0	1	0	1	0
0	1	1	1	0	1	0
1	0	0	1	1	0	0
1	0	1	1	1	1	1
1	1	0	1	1	0	0
1	1	1	1	1	1	1

$f(x, y, z)$에 대한 DNF는 $xyz+x\bar{y}z$이다.

05 $f(x, y, z)$에 대한 DNF는 $\bar{x}\bar{y}\bar{z}+x\bar{y}\bar{z}+xy\bar{z}$이고 $g(x, y, z)$에 대한 DNF는 $\bar{x}yz+x\bar{y}\bar{z}+xyz$이다.

06 $f(w, x, y, z)$에 대한 DNF는 $\bar{w}\bar{x}\bar{y}z+\bar{w}\bar{x}\bar{y}\bar{z}+w\bar{x}\bar{y}z+w\bar{x}\bar{y}\bar{z}$이다.
이 부울식을 간단히 하면 다음과 같다.

$$\begin{aligned}
f(w, x, y, z) &= \bar{w}\bar{x}\bar{y}z+\bar{w}\bar{x}\bar{y}\bar{z}+w\bar{x}\bar{y}z+w\bar{x}\bar{y}\bar{z} \\
&= \bar{w}\bar{x}\bar{y}(z+\bar{z})+w\bar{x}\bar{y}(\bar{z}+z) \\
&= \bar{w}\bar{x}\bar{y}\cdot 1+w\bar{x}\bar{y}\cdot 1 \\
&= \bar{w}\bar{x}\bar{y}+w\bar{x}\bar{y} \\
&= (\bar{w}+w)\bar{x}\bar{y} \\
&= 1\cdot\bar{x}\bar{y} \\
&= \bar{x}\bar{y}
\end{aligned}$$

연습문제 7.3

01

x	y	$x\oplus y$	$y\oplus x$
0	0	0	0
0	1	1	1
1	0	1	1
1	1	0	0

02

x	y	z	$x\oplus y$	$y\oplus z$	$(x\oplus y)\oplus z$	$x\oplus(y\oplus z)$
0	0	0	0	0	0	0
0	0	1	0	1	1	1
0	1	0	1	1	1	1
0	1	1	1	0	0	0
1	0	0	1	0	1	1
1	0	1	1	1	0	0
1	1	0	0	1	0	0
1	1	1	0	0	1	1

03

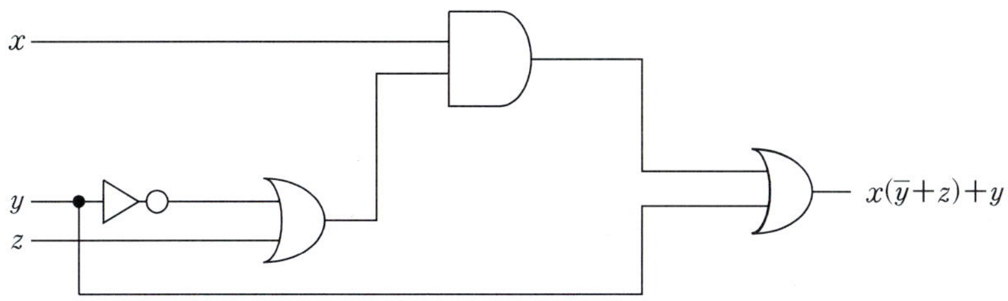

04

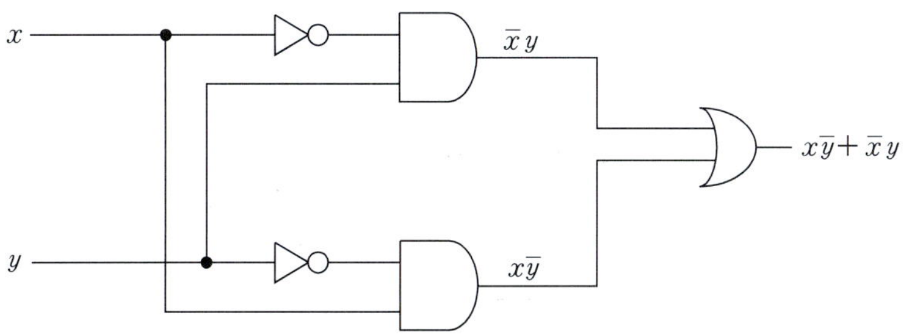

별해 $x\bar{y}+\bar{x}y=(x\bar{x}+x\bar{y})+(\bar{x}y+\bar{y}y)=x(\bar{x}+\bar{y})+y(\bar{x}+\bar{y})=x\cdot\overline{xy}+y\cdot\overline{xy}=(x+y)\overline{xy}$ 를 이용하여 논리회로를 그리면 게이트의 개수를 4개로 줄일 수 있다.

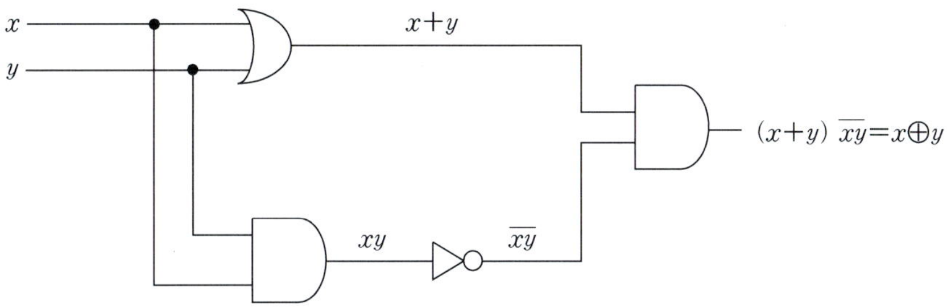

05

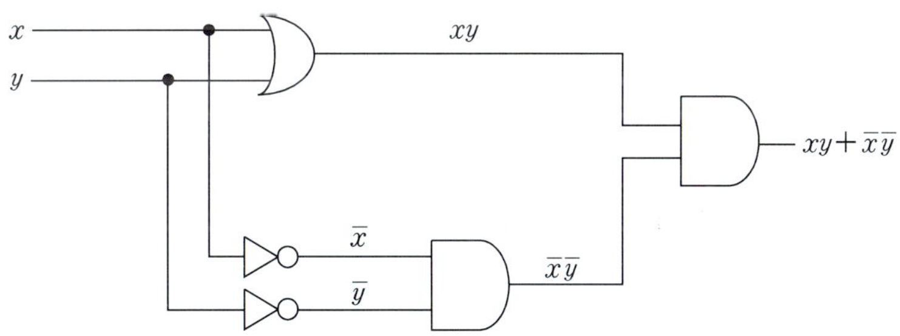

별해 연습문제 7.1.3과 7.1.5에 의하여 $xy+\bar{x}\bar{y}=(x+\bar{y})(\bar{x}+y)=\overline{(\bar{x}y)}\,\overline{(x\bar{y})}=\overline{(\bar{x}y+x\bar{y})}=\overline{(x\oplus y)}$ 이므로

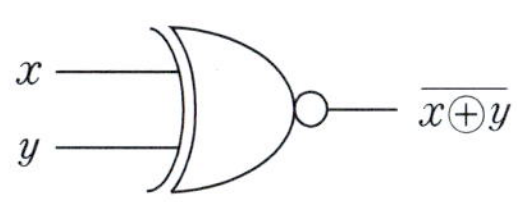

이다.

연습문제 7.4

01 (1) $x\bar{y}+y=y+x\bar{y}=(y+x)(y+\bar{y})=(y+x)\cdot 1=y+x=x+y$

(2) $xyz+xy\bar{z}+x\bar{y}z+\bar{x}\bar{y}z=xy(z+\bar{z})+(x+\bar{x})\bar{y}z$

$$=xy\cdot 1+1\cdot \bar{y}z=xy+\bar{y}z$$

02 아래와 같이 묶으면 구하는 부울식은 $xy+xz+yz$이다.

x \ yz	00	01	11	10
0			1	
1		1	1	1

03 $f(x, y, z)=(x+y)\bar{z}$의 진리표는 다음과 같다.

x	y	z	$x+y$	$\bar{z}$	$f(x, y, z)=(x+y)\bar{z}$
0	0	0	0	1	0
0	0	1	0	0	0
0	1	0	1	1	1
0	1	1	1	0	0
1	0	0	1	1	1
1	0	1	1	0	0
1	1	0	1	1	1
1	1	1	1	0	0

위의 진리표에서 f의 DNF는 $f(x, y, z)=\bar{x}y\bar{z}+x\bar{y}\bar{z}+xy\bar{z}$이다.

04 구하는 부울식은 $xy+\bar{y}\bar{z}$이다.

wx \ yz	00	01	11	10
00	1			
01	1		1	1
11	1		1	1
10	1			

05 구하는 부울식은 $x\bar{z}$이다.

$wx \backslash yz$	00	01	11	10
00				
01	1			1
11	1			1
10				

06 구하는 부울식은 $xz+\bar{x}\bar{z}$이다.

$wx \backslash yz$	00	01	11	10
00	1			1
01		1	1	
11		1	1	
10	1			1

07 구하는 부울식은 $\bar{w}x+\bar{w}\bar{y}+\bar{w}\bar{z}$이다.

$wx \backslash yz$	00	01	11	10
00	1	1		1
01	1	1	1	1
11				
10				

08 카르노맵은 다음과 같다.

$wx \backslash yz$	00	01	11	10
00			1	1
01			1	
11	1			1
10			1	1

가능한대로 크게 묶으면 다음과 같다.

$wx \backslash yz$	00	01	11	10
00			1	1
01			1	
11	1			1
10			1	1

구하는 부울식은 $\bar{x}y+\bar{w}yz+wx\bar{z}+wy\bar{z}$이다.

09 반가산기는 더할 때 아랫자리로부터 올라온 캐리를 고려하지 못한다.
2진수 한 자리 덧셈 회로로서 아랫자리로부터 올라온 캐리 z를 포함하여 두 개의 1비트를 더하여 합비트와 캐리 비트를 출력하는 장치를 전가산기라 한다. 그러므로 입력변수는 x, y, z로 정하고, 출력변수는 C, S로 정한다.

z	0	0	0	0	1	1	1	1
x	0	0	1	1	0	0	1	1
$+\ y$	+ 0	+ 1	+ 0	+ 1	+ 0	+ 1	+ 0	+ 1
CS	00	01	01	10	01	10	10	11

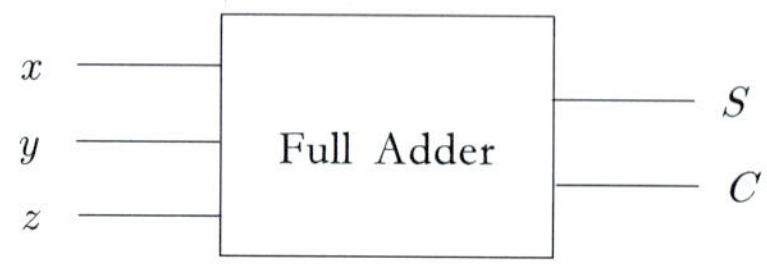

전가산기의 진리표는 다음과 같다.

입력			출력	
x	y	z	C	S
0	0	0	0	0
0	0	1	0	1
0	1	0	0	1
0	1	1	1	0
1	0	0	0	1
1	0	1	1	0
1	1	0	1	0
1	1	1	1	1

진리표에서 입력변수 x, y, z와 출력변수 C의 관계를 카르노맵으로 나타내면 다음과 같다.

입력			출력	
x	y	z	C	S
0	0	0	0	0
0	0	0	0	0
0	0	1	0	1
0	1	0	1	1
0	1	1	0	0
1	0	0	1	1
1	0	1	1	0
1	1	0	1	0

입력			출력	
x	y	z	C	S
0	0	0	0	0
0	0	1	0	1
0	1	0	0	1
0	1	1	1	0
1	0	0	0	1
1	0	1	1	0
1	1	0	1	0
1	1	1	1	1

x \ yz	00	01	11	10
0			1	
1		1	1	1

$C = xy + \bar{x}yz + x\bar{y}z = xy + z(\bar{x}y + x\bar{y}) = xy + z(x \oplus y)$

진리표에서 입력변수 x, y, z와 출력변수 S의 관계를 카르노맵으로 나타내면 다음과 같다.

x \ yz	00	01	11	10
0		1		1
1	1		1	

인접하는 1이 없으므로 부울식을 간략하게 할 수 없다.

$xy + \bar{x}\bar{y} = (x + \bar{y})(\bar{x} + y) = \overline{(\bar{x}y)}\,\overline{(x\bar{y})} = \overline{(\bar{x}y + x\bar{y})} = \overline{(x \oplus y)}$을 이용하면

$S = \bar{x}\bar{y}z + \bar{x}y\bar{z} + x\bar{y}\bar{z} + xyz = z(\bar{x}\bar{y} + xy) + \bar{z}(\bar{x}y + x\bar{y})$

$= z\overline{(x \oplus y)} + \bar{z}(x \oplus y)$

$= (x \oplus y) \oplus z$

그러므로 전가산기 회로는 2개의 반가산기와 한 개의 OR 게이트로 구성된다.

$C = xy + z(x \oplus y)$

$S = (x \oplus y) \oplus z$

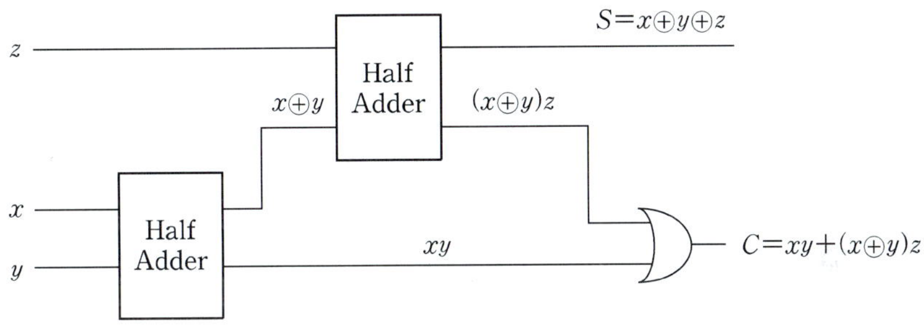

전가산기를 논리회로로 나타내면 다음과 같다.

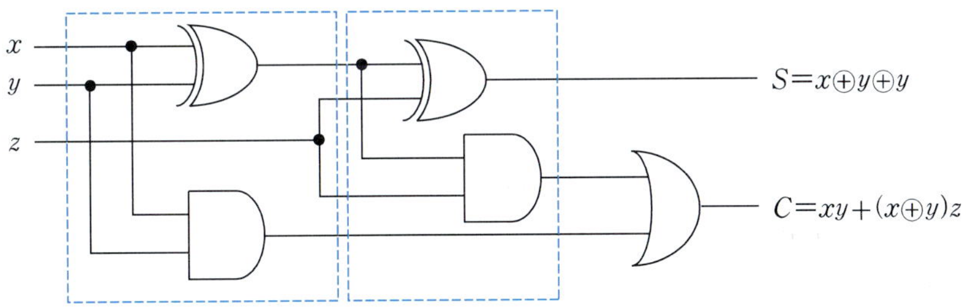

10

(1)

x \ yz	00	01	11	10
0	d			1
1	1	d	1	1

(2)

x \ yz	00	01	11	10
0			1	
1		1	d	1

(1) $x+\overline{z}$

(2) $xy+xz+yz$

11

wx \ yz	00	01	11	10
00	1	1	1	1
01			1	
11	d	d	d	d
10	1	1	d	d

$\overline{x}+yz$

12

wx \ yz	00	01	11	10
00	1			d
01	d			1
11	d	1	1	1
10	d	d		

$\overline{w}\,\overline{z}+wx$

13 $C\overline{D}+BD\overline{E}$

14 $\overline{A}B\overline{D}+B\overline{C}\overline{D}+A\overline{D}E$

15 $\overline{A}\,\overline{B}D\overline{E}+ABD\overline{E}=(\overline{A\oplus B})D\overline{E}$

16 $\overline{C}\,\overline{D}F+\overline{B}D\overline{F}+C\overline{D}E\overline{F}$

연습문제 8.1

01 $\Sigma^0=\{\epsilon\}$, $\Sigma^1=\{a\}$, $\Sigma^2=\{aa\}$, $\Sigma^*=\{\epsilon, a, aa, aaa, \cdots\}$.
$\Sigma^+=\Sigma^*-\{\epsilon\}=\{a, aa, aaa, \cdots\}$

02 $\Sigma^0=\{\epsilon\}$, $\Sigma^1=\{a, b\}$, $\Sigma^2=\{aa, ab, ba, bb\}$,
$\Sigma^3=\{aaa, aab, aba, abb, baa, bab, bba, bbb\}$,
$\Sigma^4=\{aaaa, aaab, aaba, aabb, abaa, abab, abba, abbb,$
$baaa, baab, baba, babb, bbaa, bbab, bbba, bbbb\}$

03 (1) $L_1L_2=\{aaa, aaca, aa, aba, abca, ab\}$

(2) $L_2^0 = \{\epsilon\}$

(3) $L_2^2 = \{aa,\ aca,\ a,\ caa,\ caca,\ ca,\ \epsilon\}$

04 $\Sigma^2 = \{xy \mid x,\ y \in \Sigma\} = \{aa,\ ab,\ ac,\ ba,\ bb,\ bc,\ ca,\ cb,\ cc\}$

연습문제 8.2

01 $L = \{10,\ 1100,\ 111000,\ \cdots\}$은 1이 몇 번 나온 후에 그 개수만큼 0이 나오는 문자열들로 이루어져 있다. 맨 앞에 1, 맨 뒤에 0을 추가하여 긴 문자열을 생성하므로 생성규칙은 $S \rightarrow 1S0$이다. 두 번째 생성규칙은 $S \rightarrow 10$이다. 구하는 문법은 다음과 같다.

$$N = \{S\},\ T = \{0,\ 1\},\ P = \{S \rightarrow 1S0,\ S \rightarrow 10\}$$

$S \rightarrow 1S0$을 $n-1$번 적용한 다음 $S \rightarrow 10$을 한 번 적용하면 1^n0^n을 얻는다. 예를 들어 $S \rightarrow 1S0$을 3번 적용한 다음 $S \rightarrow 10$을 한 번 적용하면 111000을 얻는다.

$$S \Rightarrow 1S0 \Rightarrow 11S00 \Rightarrow 111S000 \Rightarrow 11110000$$

02 $L = \{0,\ 100,\ 11000,\ \cdots\}$은 0을 포함하여 1이 몇 번 나온 후에 그 개수보다 하나 더 0이 나오는 문자열들로 이루어져 있다.
구하는 문법은 다음과 같다.

$$N = \{S,\ A\},\ T = \{0,\ 1\},\ P = \{S \rightarrow A0,\ A \rightarrow 1A0,\ A \rightarrow \epsilon\}$$

$$\begin{array}{ccccccccccc} S \Rightarrow & A0 & \Rightarrow & 1A00 & \Rightarrow & 11A000 & \Rightarrow \cdots \Rightarrow & 1^n A0^{n+1} & \Rightarrow \cdots \\ & \Downarrow & & \Downarrow & & \Downarrow & & \Downarrow & \\ & 0 & & 100 & & 11000 & & 1^n0^{n+1} & \end{array}$$

03 $S \Rightarrow AB \Rightarrow 10B \Rightarrow 1000$이므로 $L(G) = \{1000\}$은 단 하나의 문자열만으로 이루어진 언어이다.

04

$$\begin{array}{llll} S \Rightarrow & A & B \Rightarrow 1B \Rightarrow & 101 \\ & \Downarrow & \Downarrow & \\ & 1A & A01 & \\ & \Downarrow & \Downarrow & \\ & 11 & 101 & \end{array}$$

구하는 언어는 다음과 같다. $L(G) = \{11,\ 101\}$이다.

05 (1) 속한다. (2) 속하지 않는다. (3) 속한다.
(4) 속한다. (5) 속한다.

연습문제 8.3

01 (1) 상태전이그래프는 다음과 같다.

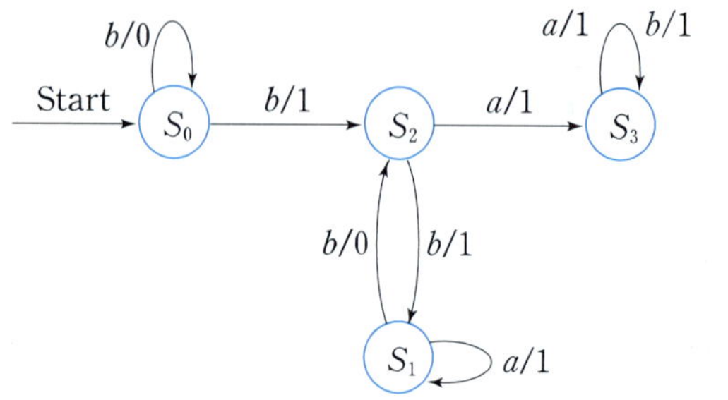

(2) $$\begin{array}{cccccccccccccccc} & a & & b & & b & & a & & b & & a & & b & \\ s_0 & \to & s_1 & \to & s_2 & \to & s_1 & \to & s_1 & \to & s_2 & \to & s_3 & \to & s_3 \\ & 0 & & 1 & & 1 & & 1 & & 0 & & 1 & & 1 & \end{array}$$

로부터 출력문자열은 0111011이다.

02 (1) 상태표는 다음과 같다.

S \ I	f: a	f: b	g: a	g: b
s_0	s_0	s_1	0	1
s_1	s_0	s_2	0	1
s_2	s_2	s_0	1	0

03 (1) M의 상태는 s_0, s_1, s_2이다.

(2) 입력기호는 0, 1이다.

(3) 초기상태는 s_0이다.

(4) 수용상태는 s_2이다.

(5) M의 상태표는 다음과 같다.

S \ I	f: 0	f: 1
s_0	s_0	s_1
s_1	s_2	s_1
s_2	s_0	s_1

(6) $$\begin{array}{cccccccccccccccc} & 0 & & 1 & & 1 & & 1 & & 0 & & 1 & & 0 & \\ s_0 & \to & s_0 & \to & s_1 & \to & s_1 & \to & s_1 & \to & s_2 & \to & s_1 & \to & s_2 \end{array}$$

이므로 문자열 0111010은 수용한다.

$$s_0 \xrightarrow{0} s_0 \xrightarrow{0} s_0 \xrightarrow{1} s_1 \xrightarrow{1} s_1 \xrightarrow{1} s_1$$

이므로 문자열 00111은 수용하지 않는다.

$$s_0 \xrightarrow{1} s_1 \xrightarrow{1} s_1 \xrightarrow{1} s_1 \xrightarrow{0} s_2 \xrightarrow{1} s_1 \xrightarrow{0} s_2$$

이므로 문자열 111010은 수용한다.

$$s_0 \xrightarrow{0} s_0 \xrightarrow{1} s_1 \xrightarrow{0} s_2 \xrightarrow{0} s_0$$

이므로 문자열 0100은 수용하지 않는다.

$$s_0 \xrightarrow{1} s_1 \xrightarrow{1} s_1 \xrightarrow{1} s_1 \xrightarrow{0} s_2$$

이므로 문자열 1110은 수용한다.

04 aa로 시작하고 그 다음에는 어떤 기호가 입력되더라도 수용하는 유한상태오토마타는 다음과 같다.

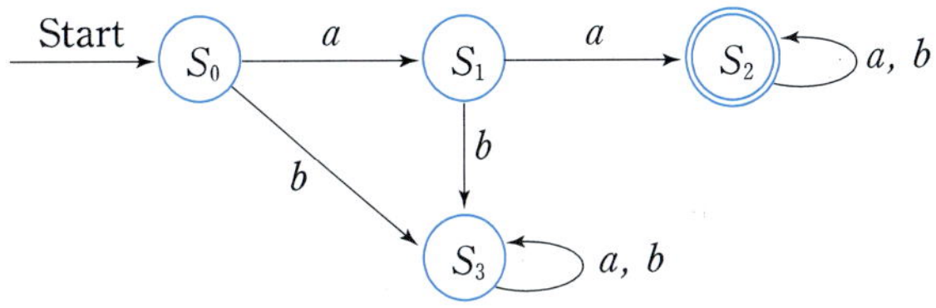

05 $\{a, ba, bb\}\{a, b\}^*$

06 $\{\epsilon\} \cup \{ab^n | n \geq 0\}$

07 bab로 끝나는 모든 문자열을 수용하는 유한상태오토마타는 다음과 같다.

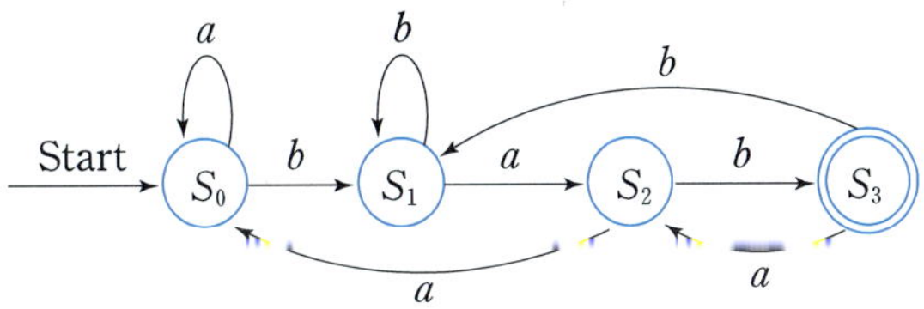

08

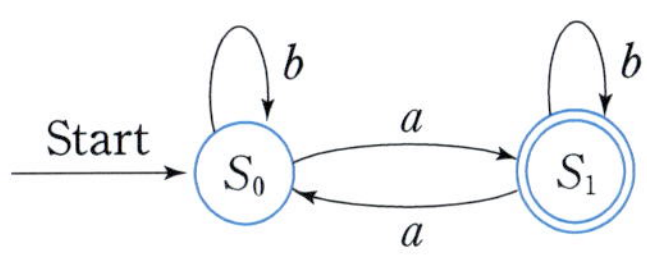

09 ab 또는 ba를 포함하는 모든 문자열을 수용하는 유한상태오토마타는 다음과 같다.

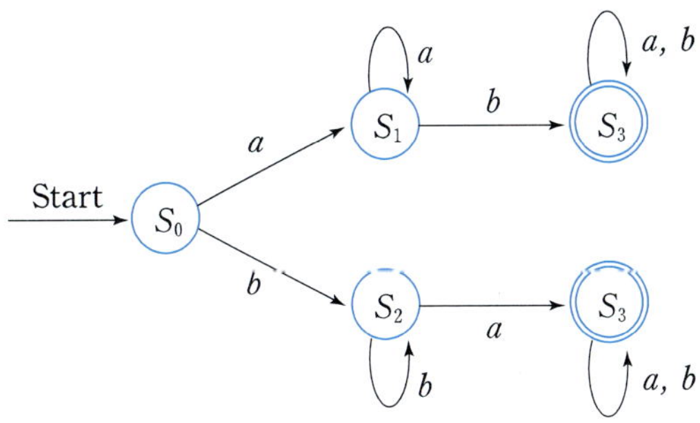

10 (1) M의 상태표는 다음과 같다.

	f	
S \ I	a	b
s_0	$\{s_0, s_1\}$	$\{s_0\}$
s_1	$\{s_4\}$	$\{s_2\}$
s_2	$\{s_3\}$	ϕ
s_3	ϕ	ϕ
s_4	ϕ	ϕ

(2) 수용상태는 s_3, s_4이다.

(3) $s_0 \xrightarrow{b} s_0 \xrightarrow{a} s_1 \xrightarrow{a} s_4$

이므로 문자열 baa은 수용한다.

(4) $s_0 \xrightarrow{b} s_0 \xrightarrow{b} s_0 \xrightarrow{a} s_0 \xrightarrow{b} s_0 \xrightarrow{b} s_0 \xrightarrow{a} s_1 \xrightarrow{a} s_4$

이므로 문자열 $bbabbaa$은 수용한다.

(5) $s_0 \xrightarrow{a} s_1 \xrightarrow{a} s_4$ 와 $s_0 \xrightarrow{a} s_1 \xrightarrow{b} s_2 \xrightarrow{a} s_3$

을 통해서만 수용상태인 s_3와 s_4에 도달할 수 있다.

그러므로 M에 의해 수용되는 문자열은 다음과 같다:

$u \in I^*$일 때 uaa 또는 $uaba$꼴의 문자열

11 $\{a, ab, bb\}$

참고문헌

1. 박승안, 이산수학, 경문사, 2006
2. 박종안, 이재진, 이준열, 이산수학(개정판), 경문사, 2006
3. 신현성 외 10명, 이산수학(고등학교 교과서), 교육인적자원부, 2003
4. 신현성 외 10명, 이산수학(교사용 지도서), 교육인적자원부, 2003
5. 함미옥, 홍영진, 이산수학, 한빛미디어, 2005
6. 황석근, 이재돈, 김익표, Easy New Visual 이산수학, 성안당, 2006
7. J.M. Aldous and R.J. Wilson, *Graphs and applications: An introductory approach*, Springer, 2000
8. J.A. Anderson, *Discrete mathematics with combinatorics*, Prentice-Hall, 2001
9. K.P. Bogart, *Introductory combinatorics, 2nd ed.*, HBJ, 1990
10. R.A. Brualdi, *Introductory combinatorics, 3rd ed.*, Prentice-Hall, 1999
11. J.A. Dossey, A.D. Otto, L.E. *Spence and C.V. Eynden, Discrete mathematics, 4th ed.*, Addison-Wesley Longman, Inc., 2002
12. Susanna S. Epp, *Discrete mathematics with applications, 3rd ed.*, Brooks Cole, 2003
13. P. Fletcher, H. Hoyle and C.W. Patty, *Foundations of discrete mathematics*, PWS-KENT Publishing Company, 1991
14. J.L. Gersting, *Mathematical structures for computer science, 6th ed.*, W.H. Freeman, 2006
15. Goodaire E.G. and M.M. Parmenter, *Discrete mathematics with graph theory, 3rd ed.*, Pearson Education, Inc., Upper Saddle River, New Jersey, 2006
16. E. Gossett, *Discrete mathematics with proof, Pearson Education*, Inc., 2003
17. Grimaldi, R.P., *Discrete and combinatorial mathematics, 4th ed.*, Addison- Wesley Longman, Inc., 1999
18. J.L. Gross and J. Yellen(editors), *Handbook of graph theory*, CRC Press, 2004
19. Johnsonbaugh, R., *Discrete mathematics, 7th ed.*, Prentice-Hall, 2008
20. Harris, J.L. Hirst and M.J. Mossinghoff, *Combinatorics and graph theory*, Springer, 2000
21. D.E. Knuth, *The Art of Computer Programming Vol. 1 & 2*, Addison Wesley Longman, 1997
22. Lint J. H. and R. M. Wilson, *A course in combinatorics*, Cambridge University Press, 1996
23. G.E. Martin, *Counting: the art of enumerative combinatorics*, Springer, 2001
24. D.S. Malik and M.K. Sen, *Discrete mathematical structures: theory and applications*, THOMSON, 2004
25. S. Pemmaraju and S. Skiena, *Computational discrete mathematics: combinatorics and graph theory with Mathematica*, Cambridge University Press, 2003
26. R.C. Read and R.J. Wilson, *An atlas of graphs*, Oxford University Press 1998
27. F.S. Roberts, *Applied combinatorics*, Prentice-Hall, 1984
28. Rosen, K.H., *Discrete mathematics and its applications, 4th ed.*, McGraw-Hill, 1999
29. Rosen, K.H., Michaels, J.G., Gross J.L., Grossman J.W., and D.R.Shier, editors, *Handbook of discrete and*

combinatorial mathematics, CRC Press Inc., 2000

30. Ross, K. and Wright, C.R., *Discrete mathematics, 4th ed*, 1999
31. A. Slomson, *An introduction to combinatorics*, CHAPMAN&HALL/CRC
32. A. Tucker, *Applied combinatorics, 3rd ed.*, Wiley, 1995
33. S. Washburn, T. Marlowe and C.T. Ryan, *Discrete mathematics*, Addison Wesley Longman, 2000
34. D. Zwillinger, *CRC standard mathematical tables and formulae, 31st ed.*, CHAPMAN & HALL/CRC

찾아보기

ㅊ

ㅋ

ㅌ

ㅍ

ㅎ

■ 조성진 부경대학교 수리과학부 교수
■ 김한두 인제대학교 컴퓨터응용과학부 교수
■ 최언숙 동명대학교 멀티미디어공학과 교수

이산수학 제2판

지은이 조성진 · 김한두 · 최언숙
펴낸이 박문규
펴낸날 2008년 3월 3일 1판 1쇄
2009년 2월 28일 2판 1쇄
펴낸곳 경문사
등 록 1979년 11월 9일 제9-9호
주 소 121-818, 서울특별시 마포구 동교동 184-17
전 화 (02)332-2004 팩스 (02)336-5193
이메일 kms2004@kyungmoon.com

값 30,000원

ISBN 978-89-6105-217-7

★ 경문사 홈페이지에 오시면 즐거운 일이 생깁니다.
http://www.kyungmoon.com